PROFESSIONAL ENGINEER

KEC반영
개정판

건축
전기설비
기술사

최근 17개년 출제경향 심층분석

서 학 범 저
건축전기설비기술사

365일 학습관리 질의응답

- 본 도서 학습시 궁금한 사항은 전용 홈페이지를 통해 질의응답

본서의 특징

- 기본적인 개념과 원리를 기반으로 확고한 기초지식과 응용력을 배양시키는데 역점
- 출제빈도가 높은 최신경향문제 수록과 함께 최신 국내외 규정, 신기술 등을 적극 반영
- 충분한 이론과 실무지식을 담아 필기 합격 후에도 면접자료로 활용 가능

下

한솔아카데미
HANSOL ACADEMY

QNA e-learning Academy
www.inup.co.kr

머
리
말

21세기 전기기술은 반도체 및 첨단 정보통신 기술과 융합하여 비약적으로 발전하고 있는 한편 국제적으로는 지구온난화와 기존의 에너지자원 고갈에 대비한 새로운 형태의 에너지창출에 박차를 가하는 모습이다.

최근의 건축전기설비도 이러한 시대적 변화의 요구에 발빠르게 진화하고 있다.

이러한 가운데 기술사 공부에 전념하는 수험생 입장에서 보면 예전보다 출제범위가 한층 다양하고 방대해지고 있지만 시중에는 이렇다 할 기술서적을 찾아보기 힘든 시점에 마침 본서를 출간하게 된점은 매우 다행스런 일이라 생각한다.

본서는 필자가 수년간의 강의경험을 토대로 기본서를 서브노트 형식으로 정리한 것이며 기초 강의교재로 활용할 수 있게 이를 체계적으로 다시 보완한 관계로 보통 수험생들이 작성하는 정형화된 서브노트 보다는 다소 내용이 길어진 점을 미리 밝혀두는 바이다.

다양한 수식을 활용한 점에 있어서는 정확한 이해를 위해 논리를 정교하게 표현하고자 한 것으로 굳이 지나친 부담을 느낄 필요는 없을 것이다.

아울러 본서를 기본서로 활용하면서 충분한 실력을 배양한 후에 이를 참고하여 반드시 본인 스스로 별도의 창의적인 서브노트를 작성해 보도록 권하고 싶다.

본서의 특징은

1. 기본적인 개념과 원리를 기반으로 확고한 기초지식과 응용력을 배양시키는데 역점을 두었다.
2. 수식의 상세한 유도과정을 들고 다양한 예제를 통해 수리적인 이해력과 계산능력 향상에 도움이 되도록 하였다.
3. 출제빈도가 높은 최신경향문제 수록과 함께 최신 국내외 규정, 신기술 등을 적극 반영하였다.
4. 실제 시험에서 활용성이 높은 다양한 그림 수록과 함께 참고란에 보충해설을 실어 보다 폭넓은 이해가 되도록 구성하였다.
5. 충분한 이론과 실무지식을 담아 필기 합격 후에도 면접자료로 활용할 수 있도록 하였다.

긴 시간 최선의 노력을 기울였지만 미처 발견 못한 오탈자나 미흡한 부분에 대해서는 기탄없는 지적과 충고를 바란다.

그밖에 본서 집필에 참고, 인용된 많은 서적들의 저자 여러분께 존경을 표하며 일일이 밝히지 못한 점에 대해서도 널리 이해를 구하자 한다.

끝으로 독자 여러분의 영광과 건승을 빌며 본서를 편집하는데 장고의 인내로 적극 협조해 주신 (주)한솔 아카데미 직원여러분께 깊은 감사의 뜻을 전한다.

저자 서학범

기 술 사 수 험 요 강

❶ 시험 개요

전기의 생산, 수송, 사용에 이르기까지 모든 설비는 부하의 특성에 적합하게 안전하게 설계, 시공 되어져야 한다.
특히 대량의 전력수요가 있는 건물이나 공공장소에서는 전기시설에 세밀한 주의가 요구된다. 이에 따라 건축전기설비의 설계에서부터 시공, 감리, 유지보수에 이르기까지 전문지식과 실무경험을 겸비한 전문인력을 양성할 목적으로 자격제도를 제정하기에 이름

❷ 기술사의 정의

기술사(PE : Professional Engineer)라 함은 해당 기술분야에 관한 고도의 전문지식과 실무경험에 입각한 응용능력을 보유하고 국가 기술자격법 제4조의 규정에 의하여 기술사의 자격을 취득한 자

❸ 기술사의 직무

기술사는 과학기술에 관한 전문적 응용능력을 필요로 하는 사항에 대하여 계획, 연구, 설계, 분석, 조사, 시험, 시공, 감리, 평가, 진단, 사업관리, 기술판단, 기술중재나 이에 관한 기술자문과 기술 지도를 그 직무로 함으로서 기술계 전체에 관한 사항을 종합적으로 담당하는 것을 그 업무로 하고 있다.

❹ 진로 및 전망

- 설계사무소 운영
- CM 및 감리분야 진출
- 전기공사업, 건설업, 안전관리 대행업계 진출
- 설계(PQ)심의 위원, 전문대 또는 대학의 겸임교수 활동
- 에너지 진단 관련 업계 진출(에너지 진단 Consulting, 신재생 분야)
- 기술용역(기술자문, 기술 Consulting)

❺ 기술사 배출 현황(1회~125회)

- 전 분야 기술사(2021. 12월)

분 야	배출인원수
전기	2,496
기계	3,283
전자	228
통신	739
토목	19,771
건축	13,087
소방	1,108
기타	16,285
Total	56,997

- 전기 분야 기술사(2021. 12월)

분야	배출인원수
발송배전	877
전기응용	284
전기철도	176
철도신호	146
건축전기	1,013
전기안전	496
Total	2,992

❻ 전기 기술사 응시자 대비 필기 합격자 현황(2016~2022년)

구분	응시자	합격자	합격률(%)
발송배전	6,513	231	3.5
전기응용	878	120	14.0
전기철도	511	54	11.0
철도신호	409	55	13.4
건축전기	8,662	213	2.5
전기안전	1,569	112	7.1

❼ 년도별 건축전기설비기술사 응시대비 합격률 현황

연도	필기			면접		
	응시	합격	합격률(%)	응시	합격	합격률(%)
소 계	32,465	1,005	3.1%	1,908	1,005	52.7%
2022	1,372	28	2%	51	24	47.1%
2021	1,326	29	2.2%	59	31	52.5%
2020	1,189	33	2.80%	63	31	49.20%
2019	1,190	31	2.6%	65	34	52.3%
2018	1,196	33	2.8%	72	32	44.4%
2017	1,197	41	3.4%	70	35	50%
2016	1,192	18	1.5%	38	25	65.8%
2015	1,210	26	2.1%	37	17	45.9%
2014	1,268	18	1.4%	44	24	54.5%
2013	1,214	23	1.9%	44	20	45.5%
2012	1,309	16	1.2%	24	11	45.8%
2011	1,423	16	1.1%	43	27	62.8%
2010	1,525	38	2.5%	88	46	52.3%
2009	1,409	53	3.8%	119	53	44.5%
2008	1,008	27	2.7%	80	35	43.8%
2007	947	36	3.8%	71	36	50.7%
2006	738	29	3.9%	69	35	50.7%
2005	645	31	4.8%	57	32	56.1%
2004	553	36	6.5%	69	29	42%
2003	573	23	4%	44	21	47.7%
2002	698	20	2.9%	37	24	64.9%
2001	934	21	2.2%	37	17	45.9%
1984~2000	8,949	379	4.5%	627	366	58.4%

❽ 응시자격 및 검정 방법

- 시행처 : 한국산업인력공단(http : //www.q-net.or.kr)
- 관련학과 : 대학의 전기공학, 전기시스템공학, 전기제어공학, 전기전자공학
- 시험범위 : 건축전기설비의 계획과 설계, 감리 및 의장, 기타 건축전기설비
- 응시자격
  - 기술사(유사분야 타종목)
  - 기사+실무경력 4년, 산업기사+실무경력 5년, 기능사+실무경력 7년
  - 대졸(관련학과)+실무경력 6년, 전문대졸(2년제)+실무경력 8년,
    기타 실무경력 9년
- 검정방법
  - 필기 : 단답형 및 주관식 논술형(매교시당 100분, 총400분 소요)
  - 면접 : 경력 심사 후 구술형 면접(30분정도)
- 합격기준
  - 필기, 면접 : 100점을 만점으로 하여 60점 이상

❾ 문제 배당 및 점수 기준

구분	문항수	점수(평균)	
		문항수당	total
1교시	13	10점	100점
2교시	6	25점	100점
3교시	6	25점	100점
4교시	6	25점	100점

※ total점수는 출제위원 3인의 평균값임
 • 1교시 : 13문항 중 10문항 선택　　　　• 2~4교시 : 6문항 중 4문항 선택

❿ 답안 작성 요령

- 서론, 본론, 결론 형태
- 계산 문제의 경우 서론이나 결론 없이 쓸 수도 있고 내용에 따라 서론대신 개요 등으로, 본론없이 직접 문제의 요지를 작성하거나, 결론 대신 맺음말, 향후 전망, 검토의견, 최근 동향, 문제점 및 향후과제 등으로 상황에 맞게 적절히 기술 할 수 있다
- 10점당 답안지(A4용지) 1Page 정도, 시간은 10분 정도 소요
- 1문제를 풀고나면 시간을 확인해보고 진도관리 할 것
- 문체는 간결하고도 논리 정연하게, 중간에 적절한 그림이나 도표 삽입
- 자신의 점수를 중간 평가해 보고 포기하지 말고 끝까지 최선을 다한다. (문제가 어려우면 남들도 어려운법이다)

⓫ 목표달성 학습자세

- 오직 노력한 만큼의 댓가를 치른다.
- 암기를 위한 노력보다 완전 이해를 바탕으로 한 반복학습이 중요하다.
- 타인의 모범 답안은 참고만 하고 자신의 창조적인 모범 답안 작성 과정이 중요하다.
- 실전 연습보다 더 효과적인 학습방법은 없다.
- 기술사 취득 목표를 꼭 출세의 수단 보다는 진정한 최고의 전문 기술자가 되겠다는 자세로 임할 것
- 일상사에서 과감히 벗어나 집중력을 키울 것
- 중도 포기하지 말고 일정시간 이상 매일 지속적으로 끈기있게 전진하는 노력이 필요하다.
- 일단 시작했으면 즐거운 마음자세로 공부에 임할 것
- 때때로 전체를 살펴보고 취약한 분야를 보완해 나갈 것
- 주변 지인들의 양해를 구하고 집사람의 내조를 구한다.
- 매일 일정시간 운동을 병행하여 건강관리에도 힘쓸 것

⑫ 효과적인 학습방법

- 최근 10년간의 과년도 문제 분석 및 내용 파악
- 일과성이나 시사성 문제에 미련을 버리고 기본문제만 엄선할 것
- 기본서 선택이 중요
- 기본서에 충실하면서 내용을 완전히 숙지토록 노력 할 것
- 내용 숙지가 끝나면 과년도의 기본문제 중심으로 서브노트를 작성할 것
- 서브노트의 key-word를 암기 할 것
  - 눈으로 읽기보다는 이해 – 반복쓰기 – 암기과정 필요
- 효과적인 정보 습득과 그룹 스터디가 필요하다.
  - 주기적으로 도서관이나 전문서점에 들러 필요한 정보습득
  - 내공이 비슷한 수험생끼리(5명 내외) 스터디하며 상호 정보교환
  - 다양한 기술잡지 활용
- 전체 목차로부터 내용의 윤곽과 큰 흐름을 먼저 파악한 다음 단계별로 내용의 폭을 넓혀 갈 것

⑬ 반복 학습의 효과

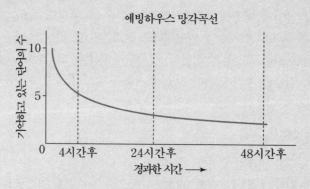

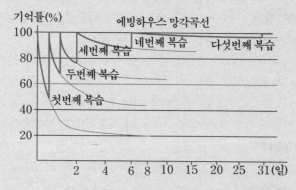

목차

15 반송설비　　189

22 건축물전기설비, 설계, 감리　　　　　　　　　627

전력간선

PART 13

| 문제1 | 전력간선 설계시 고려사항 |

1. 개요

1. 간선의 정의

변압기 또는 배전반에서 분전반에 이르는 배선 또는, 발전기나 축전지로부터의 전원공급 배선을 말함

2. 간선의 설계순서

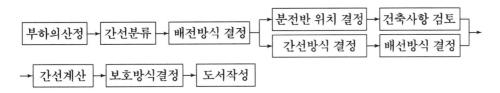

Ⅱ. 간선 설계시 고려사항

1. 부하의 산정

(1) 부하설비파악 : 부하명칭, 설치장소, 용도, 용량 등
(2) 부하설비검토 : 부하 운전특성, 중요도, 비상전원유무, 수용률 등

2. 간선의 분류

(1) 전등간선 : 상용, 비상용
(2) 동력간선 : 상용, 비상용
(3) 특수용간선 : 컴퓨터용, 기타(OA용, 의료기기용)

3. 배전방식 결정

전압에 따른 분류	저압배전	고압배전	특고압배전
전기방식에 따른 분류	$1\phi(2, 3W)$ $3\phi(3, 4W)$	$3\phi\ 3W$	$3\phi\ 3W(22kV)$ $3\phi\ 4W(22.9kV-Y)$

4. 간선방식 결정

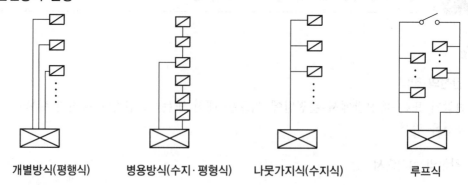

| 개별방식(평행식) | 병용방식(수지·평형식) | 나뭇가지식(수지식) | 루프식 |

5. 배선방식 결정

(1) 재료에 따른 분류 : 절연간선, 케이블, 나도체

(2) 간선부설방식에 따른 분류

간선부설방식	장점	단점	종류
배관배선 방식	• 화재의 우려 없고 기계적 보호성 우수 • 경제적, 시공간편	• 수직배관시 장력지지 어려움 • 증설불리 • 간선용량이 제한적	합성수지관 공사 금속관 공사
케이블 Tray 방식 (케이블 배선방식)	• 허용전류 크고 방열 특성 우수 • 증설, 변경, 유지보수 용이 • 내진성이 큼	• 굴곡반경이 크고 공간이 많이 점유 • 화재시 유독가스 발생	사다리형(래더형) 바닥밀폐형 펀칭형 메쉬형
Bus Duct 방식	• 대용량을 컴펙트하게 공급 • 부하증설 용이 • 임피던스, 전압강하 작다 • 방재성 우수, 친환경적	• 접속부품이 많다 • 사고시 파급범위 크다 • 내진성이 작다	Feeder Bus Duct Plug-In Bus Duct Expension, Tap off, Transposition Bus Duct

(3) 경제성 비교

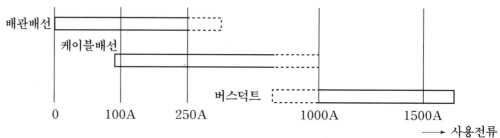

6. 분전반 위치결정

각층별 가급적 부하의 중심 배치, 점검 및 유지보수 공간 확보 등 고려
(복도 or EPS실 등에 설치)

7. 건축사항, 타 공종 간의 협의

(1) 건축주 : 장래증설 계획, 부하율, 수용률 검토

(2) 건축 설계자 : 간선 루트, Shaft, 점검구 등 위치, 넓이

(3) 설비 설계자 : 동력설비 제원, 제어반 위치, 배관 상호간섭부 조정 협의

8. 간선용량 계산

(1) 허용전류(IEC-60364-4, 5)

① 상시 허용전류 $I = AS^m - BS^n \,[\text{A}]$

② 단락시 허용전류 $I = k \dfrac{S}{\sqrt{t}}\,[\text{A}]$

　　　S : 단면적(mm^2)

　A, B : 시공방법에 따른 계수

　m, n : 시공방법에 따른 지수

　　　k : 절연재료, 도체에 따른 계수

　　　t : 단락 지속시간(5초 이하)

(2) 전압강하

① 임피던스 법

$$\Delta e = K_w (R\cos\theta + X\sin\theta) \cdot I$$

② 간이실용식(옥내배선)

$$\Delta e = \frac{K \cdot I \cdot l}{1000A}$$

구분	1φ 2W	1φ 3W 3φ 4W	3φ 3W
K_w 값	2	1	$\sqrt{3}$
K 값	35.6	17.8	30.8

③ 수용가설비의 전압강하(KEC 232.3.9)

설비의 유형	조명 (%)	기타 (%)
저압으로 수전하는 경우	3	5
고압 이상으로 수전하는 경우	6	8

※ 배선설비가 100m 초과분은 m당 0.005% 증가(최대 0.5%)

※ IEC 규정 : 인입구에서 부하말단까지 4% 이하

(3) 기계적 강도

  ① 단락 : 열적용량, 단락전자력, 신축 : Expansion Joint 사용(접속부 이완 방지)

  ② 진동 : Cable은 cleat 고정, Bus Duct는 Spring Hanger로 고정

(4) 기타 : 고조파, 열방산 조건, 연결점 허용온도, 다수조포설시 불평형 대책, 장래 부하 증설 고려

9. 보호방식 결정

(1) 과전류 보호(과부하, 단락)

  설계, 정격, 허용, 동작 전류 관계(IEC 60364-4-43)

  $I_B \leq I_N \leq I_Z$, $I_2 \leq 1.45 I_Z$

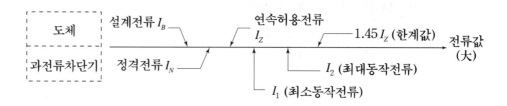

(2) 지락보호 → 감전보호, 열적보호, 과전압보호 등

케이블 단락 시 열적 용량, 허용전류 및 단락 전자력

1. 열적용량

(1) 단락전류에 의한 줄열은 수초이하로 도체의 온도를 상승시킴과 동시에 외기 온도와의 차이는 절연물을 통하여 외부로 발산된다.

(2) S^2K^2(케이블 열적용량) $\geq I^2t$(차단기 동작 열적용량)

2. 단락시 허용전류

$$S^2K^2 \geq I^2t, \qquad I = \frac{S.K}{\sqrt{t}}$$

여기서, S : 케이블 단면적[mm^2], K : 케이블 절연물의 열적용량 계수(CV 143)

I : 단락전류[A], t : 단락 고장시간[sce]

3. 단락전자력

(1) 케이블 전자력

케이블의 경우 두 개의 케이블 도체에 전류가 흐르면 전자력에 의해 도체 상호간에 힘이 작용한다. 즉 전류가 같은 방향으로 흐르면 흡인력, 반대 방향이면 반발력이 되고 이때,

$$F = K \times 2.04 \times 10^{-8} \times \frac{I_m^2}{D}[\text{kg/m}]$$

여기서, K : 케이블 배열에 따른 정수(삼각배열 K=0.866)

I_m : 단락전류 최대값(비대칭)[A]

D : 케이블 중심 간격[m]

(2) 3심 케이블 단락 장력과 비틀림모멘트

케이블에 단락이 생기면 아래 식에 의하여 기계력이 생기고 3심 케이블에서 축방향 장력과 비틀림 모멘트가 발생한다. 따라서 3심 케이블은 트리플렉스형을 사용한다.

$$T = \frac{3rFP\sqrt{(2\pi r)^2 + P^2}}{(2\pi r)^2}[\text{kg}], \qquad Q = \frac{3rF\sqrt{(2\pi r)^2 + P^2}}{2\pi}[\text{kg} \cdot \text{m}]$$

여기서, T : 축방향 장력[kg], F : 전자력[kg/m], P : 피치[m]

r : 케이블 중심간격[m], Q : 비틀림모멘트[kg·m]

문제2 IEC 배선방식 선정 및 시공

Ⅰ. 개요

1. 배선설비 선정과 시공시 IEC 60364-1의 기본원칙(감전예방, 열적영향, 과전류, 고장전류, 과전압에 대한 보호)에 대한 적용이 고려되어야 함
2. **관련규정** : KSC IEC 60364-5-52

Ⅱ. 배선설비의 공사방법

1. 전선과 Cable 종류에 따른 공사방법

전선, 케이블	공사방법	고정안함	직접고정	전선관	케이블 트렁킹	케이블 덕트	케이블 래더, 트레이, 브라켓	애자 사용	지지 용선
나전선		×	×	×	×	×	×	O	×
절연전선		×	×	O	O	O	×	O	×
외장 케이블	다심	O	O	O	O	O	O	–	O
	단심	–	O	O	O	O	O	–	O

O : 사용, × : 사용불가, – : 적용안함(실용상)

2. 시설상황에 따른 공사방법

건물 빈공간, 케이블 채널, 지중, 콘크리트 매설, 노출설치, 가공, 수중 등의 시설상황 고려 (표 52G에 따름)

Ⅲ. 허용전류

1. **적용범위** : 공칭전압 AC 1kV, DC 1.5kV 이하의 비외장 케이블과 절연전선
2. **적용시 고려사항**

(1) 허용온도(최대 운전온도)

절연물의 종류	허용온도(℃)
염화비닐(PVC)	70(도체)
XLPE, EPR	90(도체)
무기물(PVC 피복 또는 나전선으로 사람접촉우려 있는 것, 노출되지 않고 가연물과 접촉우려 없는 나전선)	70(시즈)

(2) 주위온도

① 공기중의 케이블 및 절연전선 : 공사방법과 상관없이 30℃

② 매설케이블 : 토양에 직접 또는 지중 덕트 내 설치시 20℃

(3) 토양의 열저항률

2.5K·m/w 적용(그 이상은 허용전류 적절히 감소 또는 토양재료 교체)

(4) 복수회로로 포설된 그룹의 전선이나 케이블

① 동일그룹 경우 : 그룹 감소계수 적용

② 서로다른 그룹 : 그룹 중 가장 낮은 허용온도 기준으로 그룹감소계수 적용

③ 다른굵기를 포함한 그룹

㉠ 전선관, 케이블 트렁킹 또는 케이블 덕트 내 포설 경우

: 그룹 감소계수 $F = \dfrac{1}{\sqrt{n}}$ n : 그룹내 다심케이블 또는 회로수

㉡ 트레이 포설 : 안전한 쪽의 값 적용

(5) 부하도체수

① 다심케이블에서 상전류 불평형시 가장 높은 상전류 기준으로 중성도체 크기결정

② 고조파 전류크기가 15% 이상인 경우 그 중성선은 상전선 이상일 것

③ 기타 : PEN도체는 중성선과 동일취급, 고조파 전류 보정계수 고려

(6) 병렬전선

같은 재질, 같은 단면적, 같은 길이에 따라 분기회로가 없을 것

(7) 경로중의 공사조건 변화

경로중 냉각조건이 다른 경우 가장 악조건에 적합토록 허용전류 결정

(8) 허용전류 산출식

$I = AS^m - BS^n$

I : 허용전류

S : 공칭단면적(mm²)

A, B : 시설방법에 따른 계수

m, n : 설치방법에 따른 지수

Ⅳ. 외적영향

1. 주위온도(AA), 2. 외부열원, 3. 물의 존재(AD), 4. 침입 고형물 존재(AE)

5. 부식 또는 오염물질 존재(AF), 6. 충격(AG), 7. 진동(AH), 8. 기계적 응력(AJ)

9. 식물과 곰팡이 존재(AK), 10. 동물의 존재(AL), 11. 태양방사(AN)

12. 지진의 영향(AP), 13. 바람의 영향(AR)

14. 가공 또는 장시간 보관된 자재특성(BE), 15. 건축물의 설계(CB)

V. 전선의 최소 단면적(mm²)

구분	전력 및 조명회로	신호 및 제어회로	특별 저압회로
케이블 및 절연전선	Cu 1.5, Al 10	Cu 0.5	–
나도체	Cu 10, Al 16 (전력회로)	Cu 4	–
가요접속	–	–	0.75

VI. 기타 고려사항

1. 수용가 설비의 전압강하

(1) 공칭전압의 4% 이하

(2) 전동기 등 기동돌입전류에 대한 시동시간 고려

2. 전기적 연속성 및 충분한 기계적 강도 확보

3. 화재 확대 최소화

(1) 난연, 내화성 제품 사용

(2) 관통부 내화등급에 따른 밀봉

(3) 화염확산 방지조치(방화구획내 설치, 불연성 건축재로 보호 등)

4. 기타 공급설비와의 접근

(1) 전압밴드 Ⅰ, Ⅱ의 회로는 같은 배선 설비내 수납 삼가

(2) 비 전기공급설비와 접근시 : 충분한 이격, 기계적, 열적 차폐

문제3 **Bus Duct 선정시 고려사항**

Ⅰ. 개요

1. **Bus Duct란** : 금속 덕트내의 절연물에 의해 적당한 간격으로 도체를 배열하여 일체화시킨 제품으로 초고층, 대단위 공장 등의 대전류 부하 공급에 주로 사용됨
2. **간선부설방식** : 배관배선, Cable Tray(Cable 배선), Bus Duct 방식
3. **관련규정** : KSC-IEC 60439-2, KSC-8450

Ⅱ. Bus Duct 구조 및 구성품

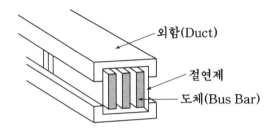

1. **Straight Feeder** : 표준 3m
2. **Elbow** : 상하좌우 방향전환
3. **Tee** : Main 간선분기
4. **Plug-In Box** : 부하분기
5. **Expansion** : 열수축, 팽창 대응(직선길이 60mm 변화 흡수)
6. **Reducer** : 대 → 저용량 변환되는 곳에 연결, 경제적 라인 구성시
7. **Spring Hanger, Rigid Hanger** : 입상 Hanger로써 Bus Duct 신축, 진동에 따른 완충작용
8. **End Closer** : 말단보호
9. **기타 지지금구 등**

Ⅲ. Bus Duct의 분류

1. **사용전압별** : 저압, 고압
2. **극수별** : 2, 3, 4W(200% 중성선), 5W(N, E 포함)
3. **재질별**

도체(Bus-bar)	Cu		Al	
외함(Duct)	Al	Fe	Al	Fe

※ 최근 Cu-Al을 주로 사용(Al/Cu 중량비 : 2/3)

4. 사용장소별- 옥내형(IP 41), 옥외형(IP54, 65)

IP 등급적용

보호등급(IP)	Bus Duct 종류	사용환경
IP 54	Feeder, Plug-In	Drip-proof/Splash-proof
IP 65	Riser Feeder	Water jet-proof

Ⅳ. 간선 부설방식 비교

1. 경제성 검토

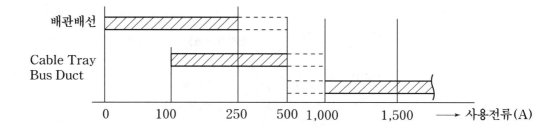

2. Cable Tray/Bus Duct 방식 비교

간설부설방식	장점	단점	종류
Cable Tray 방식 (Cable배선 방식)	• 허용전류 크고 방열특성 우수 • 부하증가시 대응용이 • 내진성 크다.	• 굴곡반경 크고 공간 많이 점유 • 화재시 유독가스	• 사다리형(래더형) • 바닥밀폐형 • 펀칭형 • 메쉬형
Bus Duct 방식	• 대용량을 Compact하게 공급 • 부하증설 용이 • 임피던스, 전압강하 적다. • 방재성 우수, 친환경적	• 접속부품 과다. • 사고시 파급 크다. • 내진성 작다.	• Feeder-Bus Duct • Plug-In Bus Duct • 기타

V. Bus Duct 종류 및 정격

명칭	형식		정격전류(A)
Feeder Bus Duct	옥내, 옥외용	환기, 비환기형	100, 200, 300, 400, 600, 800, 1000, 1200, 1500, 2000, 2500, 3000, 3500, 4000, 4500, 5000
Plug-In Bus Duct	옥내용	환기, 비환기형	
익스펜션, 탭붙이 Transposition Bus Duct	옥내용	비환기형	

VI. 전압강하 고려

1. 전압강하 $V_d = \sqrt{3}\,I(R\cos\theta + X\sin\theta)$

2. 실제 전압강하 $= a \times V_d \times \dfrac{\text{실제부하전류}}{\text{정격전류}} \times \dfrac{\text{실제길이}}{100\text{m}}$

α : 부하상수 $\begin{cases} a = 1 \rightarrow \text{집중부하(예 : 전기실)} \\ a = 0.5 \rightarrow \text{분산부하(예 : 입상부)} \end{cases}$

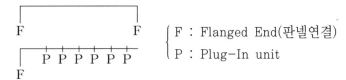

$\begin{cases} F : \text{Flanged End(판넬연결)} \\ P : \text{Plug-In unit} \end{cases}$

문제4 | Bus Duct 시공시 고려사항

Ⅰ. 시설방법

1. 수평 3m, 수직 6m 이하 간격으로 지지
2. Bus Duct 끝부분 막을 것(비환기형)
3. 습기, 물기 장소는 옥외용 Bus Duct 사용
4. Bus Duct 관통부에서 접속금지

Ⅱ. 도체의 접속과 절연

1. 상호 볼트접속 or 동등 이상
2. 접속면에 은, 주석, 카드뮴 등 도금처리
3. 버스덕트내 0.5m 이하 간격으로 절연물로 견고히 지지

Ⅲ. Bus Duct Riser 구성방안(T-PJT 현장시공 예)

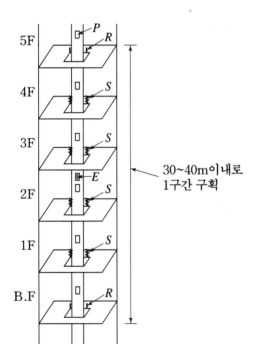

E : Expansion Joint
S : Spring Hanger
R : Rigid Hanger
P : Plug-In Box

① 직선구간 30-40M 이내로 구간 구획하여 중간에
   Expansion Joint 부 설치
② 층간 Spring Hanger 설치
③ 상, 하 양단에 Rigid Hanger 설치

Ⅳ. 접속부 조립절차

1. 접속면에 변형이나 이물질 확인
2. 접속방향으로 Bus Duct 정렬
3. 토크랜치 이용, 이중볼트의 바깥쪽 볼트가 파단 될 때까지 볼트 서서히 조임
   (적정 Torque 값 : 700~1,000kg·f·cm)

Ⅴ. 입상 Hanger 시공방법

1. Spring Hanger

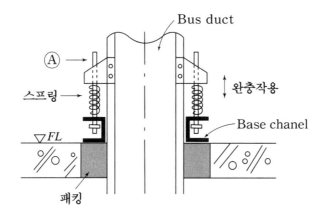

(1) 층간 Bus Duct지지
(2) 원활한 완충작용을 위하여 설치 완료후 A부분 너트를 제거
(3) 층간 높이 4.5m 이상 시 Medium Hanger설치(높낮이 조정가능)

2. Rigid Hanger

Spring 없는 고정 Type으로 30~40M 이내 구간에서 상, 하층 양단에 설치
(설계상 필요한 개소에 Spring Hanger 대신 설치가능)

Ⅵ. 수평구간 Hanger 시공방법

1. 일반 Hanger

수평구간 1.5m 간격으로 설치(직경 12mm 전산볼트 이용)

2. Wall Hanger

일반 Hanger설치 어려운 장소에 벽면 이용

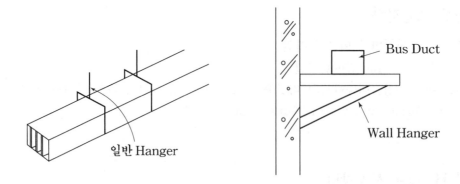

Ⅶ. Expansion Joint 시공방법

1. **설치기준 :** 직선구간 40M 초과시 30~40M 이내로 구간구획하고 각 중간부에 설치
2. **용도 :** 주위온도 및 부하전류의 증감에 따른 온도변화로 발생되는 도체의 열신축과 건물 Shortening, 진동 및 내진대책
3. **효과**

   Rigid/Spring Hanger 등과 조합 설치 → 1구간당 15~20mm 정도의 완충작용 효과
   (설치 완료후 신축 방지용 볼트제거)

Ⅷ. 방화구획 관통부 시공방법

1. Wall Flange 마감

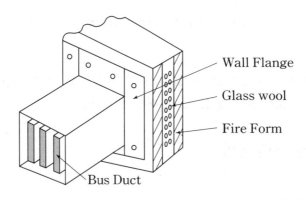

(1) 벽체나 천장, 바닥 등 Bus Duct를 관통시키기 위해 생긴 공간을 Wall Flange로 마감
(2) 벽체 Opening 치수는 Bus Duct 외곽치수의 +30mm

2. Floor opening

바닥 Floor opening 치수는 Bus Duct 외곽치수의 +30mm

IX. 진동 및 내진대책

1. 건물 진동고려

(1) Bus Duct는 건물에 기대어 포설되므로 건물과의 진동을 검토해야 함

(2) 중·고층 건물 진동주기 $T_1 = (0.06 \sim 0.1)N$(sec)

2. Bus Duct 진동

(1) 수직 Bus Duct는 Spring Hanger에 의해 적당한 간격으로 설치하여 진동분담

(2) Spring Hanger 상호간 공진고려, Hanger 간격 결정

(3) Bus Duct 고유진동 주기

$$T = \frac{2\pi l^2}{\lambda^2} \sqrt{\frac{\rho_A}{E_I \cdot g}} \text{ (sec)}$$

ρ_A : Bus Duct 단위길이당 중량kg/m

E_I : Bus Duct 휨강성(kg·cm^2)

3. Bus Duct 신축

(1) 열신축에 따른 이상응력, 구부러짐 발생 방지를 위함

(2) 직선부가 긴 구간에 적당한 개소에 Expansion Joint부 설치

X. 기타 고려사항

1. 3,000A 이상 대전류는 Eddy Current 고려, 한쪽 Sus 시공

2. Bus Duct 온도감시 시스템 구성

Optical Fiber 이용, 후방 산란광(Back scattering light) Spectrum 검사

문제5 OA 간선(배선) 부설방식

Ⅰ. 개요

OA 빌딩의 환경변화	대응방안
• IB화, OA기기 증가	• 공급신뢰도, 안정성, 방재성, 경제성
• 다양한 통신서비스, Multivendor	• 통합배선구축
• 시스템, 기기변경 및 확장	• 장래증설, 유연성, 유지보수성
• 기타	• 미관, EMC, 환경대책 등

Ⅱ. OA 배선 설계 및 시공시 고려사항

1. 배선방식 선정

(1) 건물규모, 용도, 구조 및 형태 등 고려

(2) 건축주 의도 반영, 서비스 종류 or Grade 결정

(3) 시공 및 유지보수 편리성, 장래확장성, 경제성 고려

2. 배선재료 선정

(1) 유도장해, 열적(FR3, FR8), 환경적(HFCO) 고려

(2) 통합배선(Voice + Data + 영상) : UTP, 동축, 광 Cable

3. 기타 고려사항

(1) 전용간선 Shaft 별도구획 → EPS/TPS 실 분리

(2) 소동물 침입대책 → 기피제 도포, 개구부 폐쇄 등

(3) 관통부 방화 조치, 내진 및 소방대책

(4) 동선 및 가구배치 고려, 타 설비와의 간섭고려

(5) 용도별 배선구분 시공(통신/전력)

(6) EMC 대책 → 차폐, 이격, 뇌서지 대책 등

(7) 공급신뢰도 대책 → 무정전, 이중화 방안 고려

Ⅲ. OA배선 부설방식

배선수납방식	시공방법/적용	시공도
1. 이중바닥 (OA, Access Floor)	• 슬라브 위에 높이 300mm(OA Floor는 100mm)이내의 간이 이중바닥 구조 내부로 배선 • 배선이 집중되는 곳이나 배선변경이 빈번한 테넌트 빌딩 등에 적용	
2. 평형 보호층 (Under Carpet)	• 절연된 Flat Cable을 타일카펫 아래 부설 • 배선변경이 빈번한 Show room 등에 적용	
3. Floor Duct	• 슬라브 내 금속제 덕트 매입, 일정 간격 설치된 인서트 홀에서 전선을 인출하는 방식 • 중간급 OA빌딩에 적용	
4. Cellular-Duct	• Deck plate 하부 홈 이용, 특수 cover를 부착하고 인서트캡을 이용하여 전선을 인출하는 방식 • 대규모 OA빌딩에 적용	

5. 기타 부설방식

(1) Trench Duct(pit), Cable Duct, Cable Tray, Bus Duct

(2) 전선관, Race way, 배선 partition 등

Ⅳ. 주요 부설방식별 성능비교

① 양호 ② 보통 ③ 나쁨

배선방식	경제성	기능성(유연성)	안정성	시공성
이중바닥	③	①	①	①
UnderCarpet	③	①	③	①
Floor-Duct	②	②	①	③
Cellular-Duct	②	②	①	③
Trench-Duct	③	②	①	③
전선관	①	③	②	②

Ⅴ. OA 간선재료의 최근동향

1. 조립식 분기 Cable → 비용절감, 공기단축, 분기부 신뢰성 향상
2. 멀티타입 플랫형 Cable → 도체부 여러개 분할, 유연성 및 공사능력 향상
3. 비할로겐(HF) 난연 Cable → 난연성, 저연, 무독성 가스
4. 환경 친화형 Cable → 폴리올레핀 피복, 유해물질 없고 재활용 가능
5. 소용량 Bus Duct → 중간급 규모의 OA 빌딩 수직 간선용

문제6 | 동상 다수조 케이블의 불평형 현상과 대책

Ⅰ. 개요

건축물의 규모가 대형화, 첨단화되면서 부하의 용량 증가로 케이블이 다수조 포설되면서 전선 상호간의 인덕턴스, 자체 선로정수의 변화 등의 영향으로 선로에 불평형이 발생하므로 케이블 시설에 있어서 전류를 평형시키는 배치를 해야 한다.

Ⅱ. 동상 다수조 케이블의 불평형 현상과 대책

1. 동상 다수조 케이블의 불평형 원인

(1) 이론적 배경

① 전선 평형 배치시 작용 인덕턴스[mH/km]

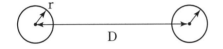

$$L = 0.05 + 0.4605 \log_{10} \frac{D}{r} \, [\text{mH/km}]$$

② 삼각 배치시 작용 인덕턴스

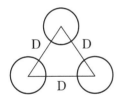

$$L = 0.05 + 0.4605 \log_{10} \frac{D_e}{r} \, [\text{mH/km}]$$
$$= 0.05 + 0.4605 \log_{10} \frac{\sqrt[3]{D \cdot D \cdot 2D}}{r} \, [\text{mH/km}]$$

(2) 원인

① 케이블 포설 방법에 따라 선로 인덕턴스의 불평형으로 각상 임피던스($Z = R + jX_L$)가 각 케이블마다 심하게 차이가 나므로 각상에 전류의 차가 발생

② 임피던스 $Z = R + jX_L$에서 무효성분 X_L의 증가로 무효분 전류가 증가하여 전체역률 저하

2. 불평형으로 인한 영향

3상평형 부하에도 선로정수의 불평형 즉 인덕턴스의 불평형으로 케이블의 각 임피던스가 심하게 달라지며 아래와 같은 영향이 발생한다.

(1) 역률저하로 전압강하 및 손실증가

(2) 임피던스가 적은 케이블이 과전류 현상 발생

(3) 각 케이블의 전류 위상차로 케이블 이용률 저하

(4) 3상에서 불평형률이 30% 넘을 경우 계전기 동작 우려

3. 대책

여러 가닥의 전선을 병렬로 하여 사용할 경우 선로정수 평형을 위해 다음 조건이 필요함

(1) 동일 굵기의 케이블 사용

(2) 동일 종류의 케이블 사용

(3) 동일한 길이

(4) 선로정수가 평형이 되도록 케이블 포설

① 연가

선로의 전 구간을 3등분하여 각 선로를 일주시킨 것

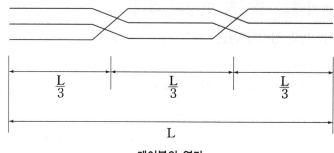

케이블의 연가

② 동상 다수조 케이블의 불평형이 없는 대표적인 배치 예(KSC IEC 60364-5-52)

㉠ 6병렬 단심 케이블의 수평배치

㉡ 6병렬 단심 케이블의 상위배치

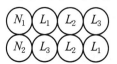

㉢ 6병렬 단심 케이블의 삼각배치

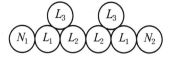

㉣ 9병렬 단심 케이블의 수평배치

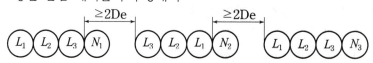

De : 케이블 바깥지름

ⓜ 9병렬 단심 케이블의 상위배치

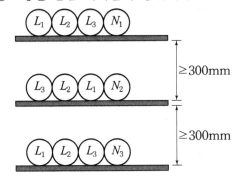

ⓗ 9병렬 단심 케이블의 삼각배치

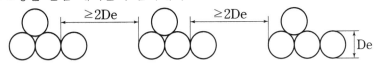

참고 1 설비 불평형률 한도

1. 저압 단상 3선식

$$설비불평형률(\%) = \frac{\text{각상과 중성선간 접속부하설비용량의 차}}{\text{총부하설비용량} \times \frac{1}{2}} \times 100 \leq 40\%$$

2. 저·고·특고압 3상 3선식/3상 4선식

$$설비불평형률(\%) = \frac{\text{각선간 접속단상부하설비용량의 최대와최소의 차}}{\text{총부하설비용량} \times \frac{1}{3}} \times 100 \leq 30\%$$

문제7 **저압 옥내 배전방식에 대하여(결선도, 공급전력, 선전류, 전선단면적, 전압강하, 배전손실 등 비교설명)**

Ⅰ. 개요

1. 배전방식의 분류

단상 2선식, 단상 3선식, 3상 3선식, 3상 4선식

2. 계산 전제조건

(1) 선간전압 동일

(2) 부하말단 집중부하, 용량, 역률 동일

(3) 전선중량, 길이, 재질 동일

(4) 중성선 귀로 전류는 제로(상전선과 단면적 동일)

Ⅱ. 결선도

1. 단상 2선식   **2. 단상 3선식**   **3. 3상 3선식**   **4. 3상 4선식**

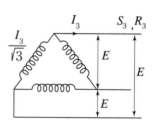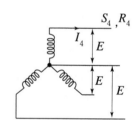

Ⅲ. 공급전력과 선전류

1. 용량, 선간전압은 동일조건이므로 공급전력 P는

$$P = E \cdot I_1 = 2E \cdot I_2 = \sqrt{3}\,E \cdot I_3 = 3E \cdot I_4$$

2. 상기의 관계로부터 선전류는(단상 2선식과 비교하면)

$$I_2 = \frac{1}{2}I_1 = \frac{50}{100}I_1, \qquad I_3 = \frac{1}{\sqrt{3}}I_1 \simeq \frac{57.7}{100}I_1, \qquad I_4 = \frac{1}{3}I_1 \simeq \frac{33.3}{100}I_1$$

Ⅳ. 전선 단면적과 저항

1. 소요전선 중량은 동일조건이므로(단, 중성선은 다른선과 동일 단면적)

$$2S_1 = 3S_2, \qquad 2S_1 = 3S_3, \qquad 2S_1 = 4S_4$$

이것으로부터 전선 단면적은

$$S_2 = \frac{2}{3}S_1, \qquad S_3 = \frac{2}{3}S_1, \qquad S_4 = \frac{2}{4}S_1 = \frac{1}{2}S_1$$

2. 저항은 단면적에 반비례하므로

$$R_2 = \frac{3}{2}R_1, \qquad R_3 = \frac{3}{2}R_1, \qquad R_4 = 2R_1$$

Ⅴ. 전압강하

$e \fallingdotseq k \cdot I \cdot R$에서

$$k값 \begin{cases} 단상\ 2선식\ :\ 2 \\ 3상\ 3선식\ :\ \sqrt{3} \\ 단상\ 3선식,\ 3상\ 4선식\ :\ 1 \end{cases}$$

$$e_1 = 2I_1 \cdot R_1$$

$$e_2 = I_2 \cdot R_2 = \frac{1}{2}I_1 \times \frac{3}{2}R_1 = \frac{3}{8} \times 2I_1R_1 = \frac{37.5}{100}e_1$$

$$e_3 = \sqrt{3}\,I_3 \cdot R_3 = \sqrt{3} \times \frac{1}{\sqrt{3}}I_1 \times \frac{3}{2}R_1 = \frac{3}{4} \times 2I_1R_1 = \frac{75}{100}e_1$$

$$e_4 = I_4 \cdot R_4 = \frac{1}{3}I_1 \times 2R_1 = \frac{1}{3} \times 2I_1R_1 \simeq \frac{33.3}{100}e_1$$

Ⅵ. 배전손실

$$W = \alpha I^2 \cdot R에서\ 손실계수\ \alpha \begin{cases} 단상\ :\ 2 \\ 3상\ :\ 3 \end{cases}$$

$$W_1 = 2I_1^2R_1$$

$$W_2 = 2I_2^2R_2 = 2\left(\frac{1}{2}I_1\right)^2 \times \frac{3}{2}R_1 = \frac{3}{8} \times 2I_1^2R_1 = \frac{37.5}{100}W_1$$

$$W_3 = 3I_3^2R_3 = 3\left(\frac{1}{\sqrt{3}}I_1\right)^2 \times \frac{3}{2}R_1 = \frac{3}{4} \times 2I_1^2R_1 = \frac{75}{100}W_1$$

$$W_4 = 3I_4^2R_4 = 3\left(\frac{1}{3}I_1\right)^2 \times 2R_1 = \frac{1}{3} \times 2I_1^2R_1 \simeq \frac{33.3}{100}W_1$$

Ⅶ. 배전방식별 비교표

구분 \ 전기방식	단상 2선식	단상 3선식	3상 3선식	3상 4선식
결선도				
공급 전력 (역률 1.0, 동일조건)	$P = EI_1$	$P = 2EI_2$	$P = \sqrt{3}\,EI_3$	$P = 3EI_4$
선전류(비교)	I_1 (100%)	$I_2 = \dfrac{I_1}{2}$ (50%)	$I_3 = \dfrac{I_1}{\sqrt{3}}$ (57.7%)	$I_4 = \dfrac{I_1}{3}$ (33.3%)
전선총중량 (동일조건)	$v \propto 2S_1 L$	$v \propto 3S_2 L$	$v \propto 3S_3 L$	$v \propto 4S_4 L$
전선의 단면적 (비교)	S_1 (100%)	$S_2 = \dfrac{2}{3}S_1$ (66.7%)	$S_3 = \dfrac{2}{3}S_1$ (66.7%)	$S_4 = \dfrac{1}{2}S_1$ (50%)
저항	R_1	$\dfrac{3}{2}R_1$	$\dfrac{3}{2}R_1$	$2R_1$
전압강하 (비교)	e_1 (100%)	$e_2 = \dfrac{3}{8}e_1$ (37.5%)	$e_3 = \dfrac{3}{4}e_1$ (75%)	$e_4 = \dfrac{1}{3}e_1$ (33.3%)
배전손실 (비교)	W_1 (100%)	$W_2 = \dfrac{3}{8}W_1$ (37.5%)	$W_3 = \dfrac{3}{4}W_1$ (75%)	$W_4 = \dfrac{1}{3}W_1$ (33.3%)

Ⅷ. 결론

1. 단상 2선식에 비해 단상 3선식이, 3상 3선식에 비해 3상 4선식이 전압강하, 배전손실이 모두 작으므로 부하의 종류, 특성에 따라 적당한 배전방식을 선정함이 중요

2. $W = \dfrac{P^2 R}{V^2 \cos^2 \phi}$ 에서 배전선 손실을 작게하려면 선로의 저항은 작게, 부하의 단자전압 및 역률을 크게 유지하여야 함

참고 **1**

1. 전기방식 별 송전전력 및 전선 총중량 비교

전기방식	송전전력(P)	전선 1가닥당 송전전력		전선총중량
		송전전력(P_1)	백분율 (단상 2선식 대비)	단상 2선식 대비
단상 2선식	$VI\cos\phi$	$VI\cos\phi/2$	100%	100%
단상 3선식	$VI\cos\phi$	$VI\cos\phi/3$	66.6%	37.5%
3상 3선식	$\sqrt{3}\ VI\cos\phi$	$\sqrt{3}\ VI\cos\phi/3$	115%	75%
3상 4선식	$\sqrt{3}\ VI\cos\phi$	$\sqrt{3}\ VI\cos\phi/4$	87%	33.3%

(단, V, I, $\cos\phi$ 일정)

2. 배전방식과 공칭전압

구분	표준공칭전압(V)	배전방식별 전압(V)				회로 최고전압(V)
		단상 2선식	단상 3선식	3상 3선식	3상 4선식	
저압	110	110	110	–	110/220	–
	220	220	220	200	220	–
	380	220	–	–	220/380	–
	440*	–	(440)*	–	–	–
고압	6,600	6,600	–	6,600	–	7,200
특고압	22,900	13,200	–	–	13,200/ 22,900	25,800

* 부득이한 경우 이외에 사용하지 않음

문제8 선로정수(R, L, G, C)

Ⅰ. 개요

선로정수가 중요하게 적용되는 이유는
1. 보호협조를 위한 계전기 설정
2. 전력손실, 전압강하, 이상전압발생 검토
3. 송전용량, 전력계통 안정도 해석 등

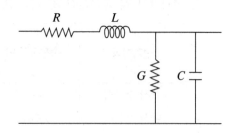

Ⅱ. 저항

1. 직류도체저항

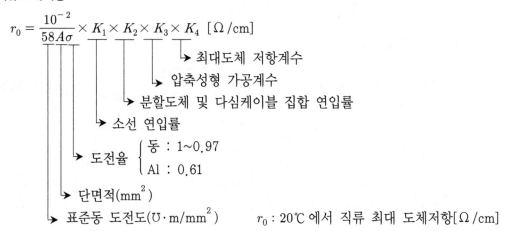

$$r_0 = \frac{10^{-2}}{58A\sigma} \times K_1 \times K_2 \times K_3 \times K_4 \ [\Omega/cm]$$

최대도체 저항계수

압축성형 가공계수

분할도체 및 다심케이블 집합 연입률

소선 연입률

도전율 $\begin{cases} 동 : 1{\sim}0.97 \\ Al : 0.61 \end{cases}$

단면적(mm²)

표준동 도전도(℧·m/mm²) r_0 : 20℃에서 직류 최대 도체저항[Ω/cm]

2. 교류도체 실효저항

$R_T = r_0 \times k_1 \times k_2$

$k_1 = 1 + \alpha(T - 20)$: 온도 T℃에서의 직류도체저항과 20℃에서의 직류도체 저항비

$k_2 = 1 + \lambda_s + \lambda_p$: 교류저항과 직류저항비(at T℃)

(α : 저항온도계수, λ_s : 표피, λ_p : 근접효과계수)

R_T : 온도 T℃에서의 교류도체 실효저항

(1) 표피효과

① 도체에 전류가 흐르면 교번자속에 의한 역기전력으로 전류밀도는 도체 내부로 들어 갈수록 작아지고 위상각도 늦어짐

② 이러한 경향은 주파수가 높을수록 더욱 심하여 전류는 거의 표면에 집중됨

→ 침투깊이(표피두께) $\delta = \dfrac{1}{\sqrt{\pi f \mu \sigma}} = k \dfrac{1}{\sqrt{f}}$ (mm)

표피효과가 클수록 침투깊이가 얕다.

따라서 도체의 단면적은 실효적으로 축소되는 결과를 초래함

③ 표피효과계수

간략식 표현($X < 2.8$인 경우) : $\lambda_s = F(X) = \dfrac{X^4}{192 + 0.8X^4}$

$$X = \sqrt{\dfrac{8\pi f \mu_s K_{s1}}{r_0 k_1 \times 10^3}}$$

K_{s1} : 도체계수(비분할 1, 4분할 0.44, 6분할 0.29)

(2) 근접효과

① 도체가 평형배치 될 때 양 전류의 상호작용에 의해 두개의 전선이 서로 가깝거나 먼 부분의 전류밀도가 증가하는 현상

② 주파수가 높을수록, 도체가 근접배치 될수록 이 현상은 심해짐

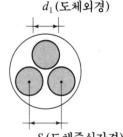

③ 근접효과계수(간략식 : $X < 2.8$인 경우)

$$\lambda_p = F(X') \cdot \left(\dfrac{d_1}{S}\right)^2 \cdot \left\{0.312\left(\dfrac{d_1}{S}\right)^2 + \dfrac{1.18}{F(X') + 0.27}\right\}$$

$$F(X') = \dfrac{X'^4}{192 + 0.84X'^4} \quad (X' = \sqrt{0.8}\,X = 0.894X)$$

(3) 표피/근접 효과에 따른 전류분포

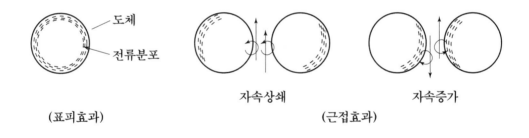

(표피효과) 자속상쇄 (근접효과) 자속증가

(4) 교류저항과 직류저항비

$$k_2 = (1 + \lambda_s + \lambda_p) = \phi(m,r), \quad m = 2\pi\sqrt{\dfrac{2f\mu}{\rho}} = 2\pi\sqrt{2f\mu\sigma}$$

3. 요약

따라서 직류도체저항은 도체재료의 도전율, 단면적과 소선연입률, 가공경화계수 등에 따라 변화하고 교류도체저항은 이런 특성이외에 온도, 표피효과, 근접효과에 따라 변화한다.

Ⅲ. 인덕턴스(L)

1. 가공선의 인덕턴스

단도체 : $L = 0.05 + 0.4605 \log_{10} \dfrac{D}{r}$ [mH/km]

복도체 : $L' = \dfrac{0.05}{n} + 0.4605 \log_{10} \dfrac{D}{\sqrt[n]{rS^{n-1}}}$

$\sqrt[n]{rS^{n-1}} = r'$: 등가반지름(r : 도체반지름, S : 도체중심간격)

$\qquad\qquad D$: 선간거리

$r < r'$ 이므로 단도체에 비해 복도체가 L값이 적다.

2. Cable의 인덕턴스

$L = 0.05 + 0.4605 \log_{10} \dfrac{R}{r}$ (단심의 경우)

R : 연피 반지름

$R \ll D$ 이므로 가공선에 비해 L값이 작다.

Ⅳ. 정전용량(C)

1. 가공선

단도체(3상 1회선) : $C = \dfrac{1}{2\log_e \dfrac{D}{r}} \times \dfrac{1}{9} = \dfrac{0.02413}{\log_{10} \dfrac{D}{r}}$ [μF/km]

복도체 : $C' = \dfrac{0.02413}{\log_{10} \dfrac{D}{\sqrt[n]{rS^{n-1}}}}$ [μF/km]

$r < r'$ 이므로 단도체에 비해 복도체가 C값이 크다.

2. Cable

(1) 단심(차폐단심 or 각심차폐 Cable) : $C = \dfrac{\epsilon_s}{2\log_e \dfrac{R}{r}} \times \dfrac{1}{9} = \dfrac{0.02413\epsilon_s}{\log_{10} \dfrac{R}{r}}$ [μF/km]

$\quad r$: 도체반지름(m)

$\quad R$: 연피 반지름

$\quad \epsilon_s$: 절연체 비유전율

(2) 다심(일괄차폐) : $C' = \dfrac{n\epsilon_s}{2G} \times \dfrac{1}{9} = \dfrac{0.0556n\epsilon_s}{G}$

$\quad$ (n : 심선수, G : 형상계수)

$\quad$ Cable에서는 연피반지름 사용으로 C값은 가공선의 대략 30배정도 크다.

V. 콘덕턴스(G)

저항의 역수로써 누설전류의 통로(누설전류는 통상 정격전류의 1/2000 이하)

VI. 리액턴스와 계통안정도 관계

1. $X = j(X_L - X_c)$에서 X_L값이 적어지거나 X_c값이 커지면 X는 감소

$P_s = \dfrac{E_s \cdot E_r}{X} \sin\delta$에서 X값이 적어지면 → 송전용량 증대 → 계통안정도 향상

2. 따라서 단도체보다 복도체 사용이 바람직함

VII. 결론

1. 교류도체저항은 직류도체저항보다 크다.

→ 사용온도, 표피효과, 근접효과에 의한 손실발생

2. 단도체에 비해 복도체 사용시

(1) 계통 안정도 향상

(2) 표피효과, 인덕턴스, 코로나손 적고 정전용량은 크다.

3. Cable은 가공전선에 비해 인덕턴스는 작고 정전용량은 크다.

> 참고 **1** 인덕턴스

1. 自己 인덕턴스(Self Inductance)

임의의 폐회로 C에 전류 i를 흘리면 자속 ϕ가 발생해서 폐회로 C와 쇄교한다. 만약 폐회로 C의 권수를 N이라 하면 쇄교 자속량은 $N\phi$이다. 이때 시간 dt사이에 전류 i를 di 만큼 변화시키면 쇄교자속의 변화량 $Nd\phi$에 의해서 폐회로 C에는 자속의 변화를 방해하는 방향으로 역기전력 e가 유기된다. 역기전력 e는 쇄교자속의 시간적 변화율 $N\dfrac{d\phi}{dt}$에 비례하거나 또는 전류 i의 시간적 변화율 $\dfrac{di}{dt}$에 비례하는데 그 비례계수가 폐회로 C의 자기 인덕턴스를 L이라 하면

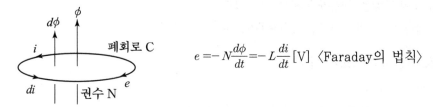

$$e = -N\frac{d\phi}{dt} = -L\frac{di}{dt}\,[\mathrm{V}]\ \langle\text{Faraday의 법칙}\rangle$$

한편 역기전력 e의 식에서 인덕턴스는 $L = N\dfrac{d\phi}{di}$가 되고, 만약 투자율이 일정한 경우라면 인덕턴스는 $L = \dfrac{N\phi}{i}$, 또는 쇄교자속수는 $N\phi = Li$ 이다.

권수가 $N = 1$인 경우에는 자기 인덕턴스는 다음과 같다.

$$L = \frac{\phi}{i}\,[\frac{wb}{A} = H]$$

즉, 매초 1[A]의 비율로 전류의 변화가 있을 때 1[V]의 역기전력을 유기하는 회로의 인덕턴스가 바로 1[H]이다.

2. 相互 인덕턴스(Mutual Inductance)

A회로의 전류 i_a에 의하여 생긴 자속 중 일부가 B회로를 쇄교하면 B회로에도 역기전력이 유기된다. 또는 반대의 관계도 성립하는데 이때의 비례계수를 상호 인덕턴스 M이라 한다.

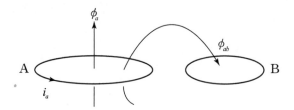

즉, $e_b = -M\dfrac{d\phi_{ab}}{dt}$ 또는 $e_a = -M\dfrac{d\phi_{ba}}{dt}$ 이다. 송전선로에서는 자기 인덕턴스와 상호 인덕턴스를 하나로 묶어서 전선 1가닥당의 값(작용 인덕턴스)을 사용한다.

문제9 ## 교류도체 실효저항

Ⅰ. 개요

교류에 있어서는 표피작용으로 직류저항보다 저항 값이 커지게 되는데 이것을 종합해서 교류도체저항이라고 함

Ⅱ. 직류도체저항

1. 20℃에서의 직류도체저항

$$r_0 = \frac{10^3}{58A\sigma} \times K_1 \cdot K_2 \cdot K_3 \cdot K_4 (\Omega/\text{km})$$

A : 도체단면적(mm^2), σ : 도전율(동 : 0.93~1, Al : 0.61)

K_1 : 소선연입률(1.02~1.03)

K_2 : 분할도체 및 다심 Cable 집합 연입률(1.01~1.02)

K_3 : 압축성형에 따른 가공경화계수(1~1.01)

K_4 : 최대 도체저항계수(1.03~1.04)

2. 사용온도에서의 직류도체저항

(1) $r_T = r_0\{1 + \alpha(T_1 - 20)\} = \text{k}_1 \cdot r_0$

(2) 도체저항비 $\text{k}_1 = \dfrac{r_T}{r_0} = 1 + \alpha(T_1 - 20)$

T_1 : 사용온도, α : 저항온도계수(동 : 0.00393, Al : 0.00403)

Ⅲ. 교류도체 실효저항

1. $r_{AC} = r_0 \times k_1 \times k_2$

r_0 : 20℃에서 직류 최대 도체저항(Ω/cm)

$\text{k}_1 = \dfrac{r_T}{r_0}$: 사용온도에서의 도체저항과 20℃에서의 도체저항비

$\text{k}_2 = \dfrac{r_{AC}}{r_T}$ (교류저항과 직류저항비)$= \phi(m, r)$ (단, $m = 2\pi\sqrt{2f\mu\sigma}$)

$= 1 + \lambda_s + \lambda_p$ (λ_s : 표피효과계수, λ_p : 근접효과계수)

2. 표피효과(Skin Effect)

(1) 정의 : 도체에 교류가 흐를때 교번자속에 의한 기전력에 의해 도체 내부의 전류밀도는 균일하지 않고 전선 바깥으로 갈수록 커지는 경향이 있는데 이를 표피효과라 하며 도체 단면적은 실효적으로 축소되는 결과를 초래함

(2) 원인

① 전류가 일정한 상태에서 전선 단면적 내의 중심부일수록 전류가 만드는 전자속과 쇄교하므로 같은 단면적을 통과하는 자력선 쇄교수가 커져 인덕턴스가 증가하여 전류의 흐름을 방해하기 때문

$$L = \frac{N\phi}{I} \text{에서 } N\phi(\text{자속쇄교수})\text{가 커지면 } L\text{증대} \to X_L\text{증대} \to I\text{감소}$$

② 중심부일수록 위상각이 늦어지게 되어 전류가 도체외부로 몰림

(3) 표피효과계수(λ_s)

$$\lambda_s = F(X) = \frac{X^4}{192 + 0.8X^4}, \quad X = \sqrt{\frac{8\pi f \mu_s K_{s1}}{r_o k_1 \times 10^9}}$$

여기서, K_{s1}(비분할도체 1, 4분할도체 0.44, 6분할도체 0.39)

$r_0 k_1$: 사용온도에서의 직류도체저항

μ_s : 도체 비투자율

  ← 전류밀도는 표면으로 갈수록 커짐

고주파에 의한 전류밀도 분포

(4) 표피효과에 영향을 주는 요소

① 침투깊이 $\delta = \dfrac{1}{\sqrt{\pi f \mu \sigma}}$ (침투깊이가 작다는 것은 표피효과가 크다는 의미)

② 주파수, 전선단면적, 도전율, 투자율이 클수록 증가하고 온도에 반비례함

(5) 개선대책

① 가공선 – 복도체, 지중선 – 분할도체사용

② 중공연선 사용

3. 근접효과(Proximity-Effect)

(1) 정의 : 도체가 평행배치될 때 양전류의 상호작용에 의해 2개의 선이 서로 가깝거나 먼 부분의 전류밀도가 증가하는데 이를 근접효과라 함

(2) 현상

① 표피효과는 근접효과의 일종으로 1가닥의 도체인 경우에 나타나는 현상인데 비해 근접효과는 2가닥 이상의 평형도체에서 볼 수 있는 현상으로 주파수가 높을수록, 도체가 근접배치 될 수록 현저하게 나타남

② 양도체에 같은 방향의 전류가 흐를 경우 바깥쪽의 전류밀도가 높아지고 그 반대인 경우에는 가까운 쪽의 전류밀도가 높아짐

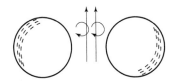

전류 동일방향 일때   전류 반대방향 일때

(3) 근접효과계수(λ_p)

간략식 ($X <$ 2.8인 경우)

$$\lambda_p = \frac{X'^4}{192 + 0.8X'^4} \cdot \left(\frac{d_1}{S}\right)^2 \cdot \left\{0.312 \cdot \left(\frac{d_1}{S}\right)^2 + \frac{1.18}{\dfrac{X'^4}{192 + 0.8X'^4} + 0.27}\right\}$$

(단, $X' = \sqrt{0.8}\,X$)

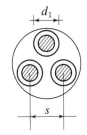

$\begin{bmatrix} S \ : \ 도체 \ 중심간격 \\ d_1 : \ 도체 \ 바깥지름 \end{bmatrix}$

Ⅳ. 결론

1. 직류도체저항은 그 도체의 도전율, 단면적과 소선연입률, 가공경화계수 등에 따라 변화
2. 교류도체 실효저항은 전선에 직류가 흐를 때보다 교류(실효치)가 흘렀을때 표피효과 및 근접효과에 의해 저항값이 더 증가하게 됨

참고 1 구리의 표피두께

구리의 경우 표피(침투)두께는 $\delta = \dfrac{1}{\sqrt{\pi f \mu \sigma}}$ (m)에서

$\sigma = 5.8 \times 10^{-7}$ (S/m)d, $\mu_s = 1$, $\mu_0 = 4\pi \times 10^{-7}$ 이므로

$\therefore \delta = \dfrac{66.7}{\sqrt{f}}$ (m)

| 문제10 | 전력 Cable 손실 |

I. 전력 Cable 구조

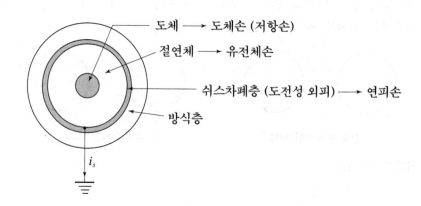

II. Cable 발생손실 및 저감대책

1. (도체) 저항손

(1) Cable 도체에서 발생하는 손실로써 손실중 가장크며 Cable의 허용전류를 결정하는 요소

① $P_l = I^2 \cdot R(W)$

$$R = r_0 \times k_1 \times k_2 \quad \begin{cases} k_1 \; : \; 1 + \alpha(T-20) \\ k_2 \; : \; 1 + \lambda_s + \lambda_p \end{cases}$$

           ↳ 20℃에서 직류도체저항

      ↳ 교류도체실효저항

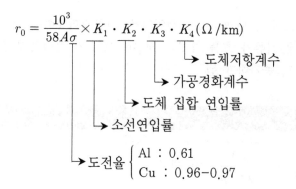

$$r_0 = \frac{10^3}{58A\sigma} \times K_1 \cdot K_2 \cdot K_3 \cdot K_4 (\Omega/km)$$

                       ↳ 도체저항계수

                  ↳ 가공경화계수

             ↳ 도체 집합 연입률

         ↳ 소선연입률

        ↳ 도전율 $\begin{cases} Al \; : \; 0.61 \\ Cu \; : \; 0.96 - 0.97 \end{cases}$

② 따라서 도체저항은 도체재료의 도전율, 단면적과 소선연입률, 가공경화계수 등에 따라 변화

(2) 저감대책

   ① 단면적 증대 → 다회선 채용

   ② 직류송전

   ③ 도전율↑, 저항률↓ : 초전도 Cable 채용

2. 유전체손(Dielectric loss)

(1) Cable 유전체속에서 생기는 손실

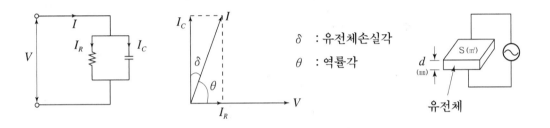

δ : 유전체손실각

θ : 역률각

① $\tan\delta = \dfrac{I_R}{I_c} \rightarrow I_R = I_c \cdot \tan\delta = \omega C V \tan\delta$

② 유전체손 $W_d = I_R \cdot V = \omega C V^2 \cdot \tan\delta = 2\pi f \epsilon E^2 d\, S \tan\delta\,(\mathrm{W})$

$$= 2\pi f \epsilon E^2 \tan\delta\,(\mathrm{W/m^3}) = \frac{5}{9} f \epsilon_s E^2 \tan\delta \times 10^{-10}\,(\mathrm{W/m^3})$$

(2) 저감대책

   ① 비유전율(ϵ_s)을 작게함

   ② 직류송전

   ③ 우수한 절연체 사용

3. 연피손(Cable sheath loss)

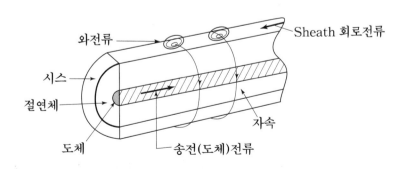

(1) 연피 및 Al피 등 도전성 외피를 갖는 Cable에서 발생

(2) 도체 전류에 의한 쉬스 유기전압

$$V_s = -jX_m \cdot I(\text{V/km}) \begin{cases} I : \text{도체전류(A)} \\ X_m : \text{도체와 쉬스간 상호리액터스}(\Omega/\text{km}) \end{cases}$$

(3) 연피손의 종류 및 원인

① 쉬스회로손 : Cable 도체전류에 의한 전자유도작용으로 쉬스전압 유기

→ 쉬스 양단접지시 대지 귀로를 통해 순환전류 흐름

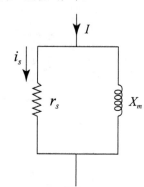

이때의 전류 $i_s = \dfrac{X_m}{\sqrt{X_m^2 + r_s^2}} \times I(\text{A})$

∴ 손실 $W_s = i_s^2 \cdot r_s = \dfrac{X_m^2 \cdot I^2}{X_m^2 + r_s^2} \times r_s (\text{W/km})$

(X_m은 Cable 배열에 따라 값이 다름)

② 와전류손 : 쉬스에 근접효과로 발생

(4) 연피손 증가요인

① 연피저항이 작을수록

② 도체전류가 클수록

③ 주파수가 높을수록

④ 단심 Cable의 경우 각상 이격거리가 클수록

(5) 영향

① 전력손실 초래 및 임피던스 증가요인

② 열손실에 의한 송전용량 감소

③ Cable 길이가 긴 경우 Cable 손상 원인

(6) 저감대책

① 단심 Cable은 가능한 근접시공(정삼각배열)

② Cable 연가

③ 3심 Cable 채용

④ 차폐층 접지시 → 편단, 크로스 본딩방식 채용

III. 결론

상기와 같이 살펴본 바 대로 전력 Cable의 손실에 영향을 주는 요소로는 도체의 종류, 굵기, 외부절연체의 특성, 주위온도, 주파수, 표피효과, 근접효과, Cable 부설방식 등에 좌우된다.

문제11 22kV급 전력 Cable의 종류 및 특징 비교

Ⅰ. 개요

1. CV Cable(XLPE 절연 PVC 시즈 Cable)이란

폴리에틸렌(EV)을 가교하여 부하를 입체망 구조로 해서 내연성, 내약품성 등의 화학적 특성을 개선한 것

2. 22.9kV-Y 동심 중성선 Cable의 기술변천

1세대	2세대	3세대	4세대	5세대
CV-CN	CN-CV	CNCV-W	FR-CN/CO-W	TR-CN/CV-W
일반형 (PVC 시즈)	차수형 (PVC/PE)	수밀형 (PVC/PE)	난연형 (폴리올레핀)	수Tree 억제형
폐기됨	사용중			

Ⅱ. CV와 CNCV-W Cable 비교

구분	22kV CV Cable	22.kV-Y CNCV-W Cable
구조	(단심) ① 도체 ② 내부반도전층 ③ 절연체(XLPE) ④ 외부반도전층 ⑤ 차폐층(동테이프) ⑥ 절연(면)테이프 ⑦ 외피(방식층) (3심) ① ~ ⑤ 개재물 바인더 쉬즈체	도체 수밀층 내부반도전층 절연층 외부반도전층 반도전성 부풀음 테이프 (발포성) 차폐층 (중성선 : 동선) 일반 부풀음 테이프 PVC/PE 피복 └→ 내한,내수성 └→ 난연성
특징	1) 내연성 우수 • 연속 최고 사용온도 : 90℃ • 단락시 허용온도 : 250℃ 2) 내수성 우수 3) 유전체 손실이 매우작다 4) 가요성 우수, 보수·고장복구 용이 5) Tree 발생 (Void, 돌기, 이물질·원인)	1) CV, CNCV 특성을 모두 만족 2) CV Cable에 중성선 추가 → 다중 접지계통 전선로의 과대한 지락전류를 흘릴 수 있도록 제작 (지락사고로 인한 Cable 소손, 손상 방지) 3) CN-CV Cable에 수밀층 보강 4) 부풀음 테이프 : 물이 침투시 자기 부풀음 특성을 지님
용도	1) 3.3, 6.6, 22kV급의 비접지 또는 편단 접지방식의 전력회로 2) 직매 관로 덕트 및 Tray등의 장소	1) 22.9kV 중성선 직접 또는 다중접지의 3상 4선식 배전선로 2) 옥외 수직 입상부 장소

Ⅲ. 3심/단심 Cable 비교(단심에 대한 3심 특징)

1. 시공성 – 도체 Size 100mm^2 초과시 불리
2. 보수성 – 단락사고 파급, Cable 교체면에서 불리
3. 안전전류 – 공기와의 접촉 면적이 적어 방열특성 떨어짐(약 10% 전류용량 감소)
4. 전압강하 작아 유리
5. 전자 유도장해 작아 유리(단심을 다조 포설하는 경우 배치방법 중요)

문제12 고압 Cable의 반도전층과 차폐층에 대해

Ⅰ. 고(특고) Cable 종류(3.3~22.9kV급)

1. **CV Cable** : XLPE 절연 PVC 시즈 전력 Cable(3.3, 6.6, 22kV)
2. **CV-CN Cable** : 22.9kV-Y 동심 중성선 일반형 전력 Cable(근래 사용안함)
3. **CN-CV Cable** : 22.9kV-Y 동심 중성선 차수형 전력 Cable
4. **CNCV-W Cable** : 22.9kV-Y 동심 중성선 수밀형 전력 Cable
5. **FR-CNCO-W Cable** : 22.9kV-Y 동심 중성선 난연성 수밀형 전력 Cable
6. **TR-CNCO-W Cable** : 22.9kV-Y 동심 중성선 수트리 억제용 수밀형 전력 Cable

Ⅱ. 반도체층 역할 - 평등자계 형성

1. **전기력선 분포 개선(절연체의 절연성능 향상)**
2. **간극형성 방지로 부분방전(코로나) 억제**
   (1) 내부 반도전층 : 도체와 절연체간
   (2) 외부 반도전층 : 절연체와 금속 차폐층간 공극의 전계 균일화

3. **차폐층**
   (1) 차폐층 설치목적
      ① 절연체에 균일한 전계 인가 → 절연체의 내전압 성능 향상
      ② 부분방전 or 충전전류에 의한 트래킹 현상 방지
      ③ 통신선으로의 유도장해 방지
      ④ 22.9kV-Y에서 중성선 역할 겸비(고장전류 귀로)
      ⑤ 선로측정 및 고장점 탐색에 이용

   (2) 차폐층 접지와 비접지 비교

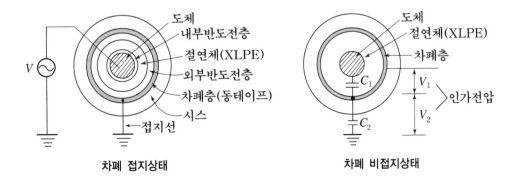

차폐 접지상태　　　　　　　　　차폐 비접지상태

① 차폐층 접지의 경우

    ㉠ 도체와 대지사이에 전압 인가시 도체와 외부 반도체층 및 차폐 동테이프(차폐층)
      사이가 인가전압과 거의 동일한 전압이 됨

    ㉡ 차폐층은 대지와 동일한 전위가 되어 안전한 상태 유지

② 차폐층 비접지의 경우

    → 정전용량(C_1, C_2)에 의해 인가전압이 분할됨

    ㉠ $V \propto \dfrac{1}{C}$ 이므로 $V = V_1 + V_2 \rightarrow \dfrac{V_1}{V_2} \propto \dfrac{C_2}{C_1}$

    ㉡ 보통 $C_1 \gg C_2$ 이므로 $V_2 \gg V_1 \rightarrow V \fallingdotseq V_2$

      즉 차폐층에 발생전압 V_2는 인가전압 V에 가까운 값이 됨

    ㉢ 따라서 차폐층 비접지시 차폐층에 높은 전압 발생으로 위험

③ 차폐층 접지방식

    편단접지, 양단접지, Cross bonding 접지

(3) 정전 차폐계수

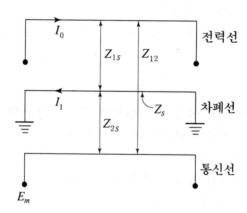

$$E_m = -Z_{12} I_0 + I_1 Z_{2s} \left(Z_{1s} I_0 = Z_s I_1 \Rightarrow I_1 = \frac{Z_{1s} I_0}{Z_s} \right)$$

$$= -Z_{12} I_0 + \frac{Z_{1s} I_0 Z_{2s}}{Z_s}$$

$$\therefore E_m = -Z_{12} I_0 \left(1 - \frac{Z_{1s} Z_{2s}}{Z_{12} Z_s} \right) = -K \cdot Z_{12} \cdot I_0$$

$$\therefore \ \text{차폐계수} \ K = \frac{V_0{}'}{V_0} = 1 - \frac{Z_{1s} Z_{2s}}{Z_{12} Z_s} \quad \begin{cases} V_0{}' : \text{차폐후 유도전압} \\ V_0 : \text{차폐전 유도전압} \end{cases}$$

• 따라서 차폐계수가 작아야 차폐효과 크다.

    → 차폐계수 작으려면 차폐선 임피던스(Z_s)가 작아야 함

4. 전압별 반도전층 및 차폐층 사용범위

구분	내부 반도전층	외부 반도전층	차폐층
600V	×	×	×
3.3kV	×	△	O
6.6kV 이상	O	O	O

문제13 · Cable sheath 유기전압과 접지방식

I. 개요

1. Cable 금속 sheath역할

(1) 외상으로부터 절연체 보호

(2) 지락전류 귀환경로 제공

(3) 도체를 전기적으로 차폐

2. Cable 시스손(sheath loss) : 시스 와전류손, 시스 회로손($i_s^2 r_s$)

여기서는 시스 유기전압 발생과 이에 따른 시스손 저감대책으로 sheath 접지방식을 설명하고자 함

II. sheath 유기전압

1. 단심 Cable에 송전전류가 흐르면 도체회로의 전자 유도작용에 의해 sheath에 전압이 유기됨

$$V_s = -jX_m \cdot I = -j\omega L \cdot I \,[\text{V/km}]$$

2. sheath 유기전압 영향 → 송전능력 저하

(1) 주회로 리액턴스 상승

(2) sheath손 발생

① 유기된 sheath 전압에 의해 와전류와 시스 접지회로의 순환전류로 전력손실 및 Cable 발열

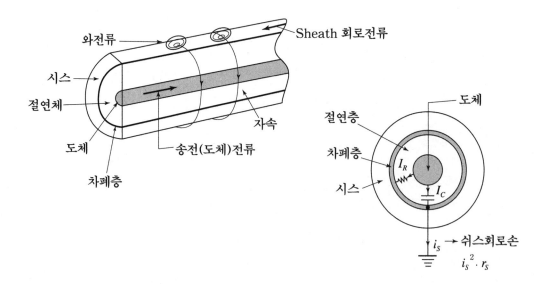

② 연피전류 $i_s = \dfrac{X_m \cdot I}{X_m^2 + r_s^2}[\text{A}]$

연피손 $W_s = i_s^2 r_s = \dfrac{X_m^2 I^2}{X_m^2 + r_s^2} \cdot r_s [\text{W/km}]$

(r_s : 시스저항, I : 송전전류)

③ 이러한 유도전압에 의한 손실과 장해를 저감시키기 위해 Cable을 적당히 연가하거나 시스자체를 접지하는 방법이 있음

Ⅲ. sheath 접지방식

1. 편단접지(Single point Bonding)

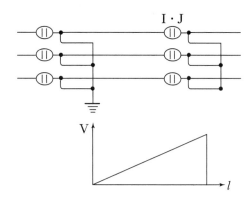

I·J(Insulation Joint)를 중심으로 sheath의 한쪽만 접지하고 다른 쪽 단은 접지하지 않는 방식

(1) 장점 : 대지와 폐회로가 형성되지 않아 순환전류에 의한 악영향 없음

(2) 단점

① 개방단의 시스에는 Surge 침입시 이상전압 발생

→ 피뢰기, 방식층 보호설비가 필요

② 선로 길이가 긴 경우 $E = j\omega Ml \cdot I$에 의한 비접지 차폐층 유기전압 증가로 감전사고 위험

③ 적용 : 발·변전소 인출용 선로와 같이 긍장이 짧은 구간에 적용

2. 양단접지(Solid-Boding)

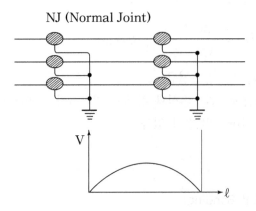

NJ (Normal Joint)

Cable 시스를 2개소 이상에서 일괄 접속하는 방식
(1) **장점** : 시스유기전압 저감
(2) **단점**
    ① 장거리 선로에서는 차폐층과 대지간 폐회로 형성에 의한 순환전류가 흘러 전력 손실 및 발열, 계전기 오동작
    ② 이 순환전류는 차폐층의 유기전압에 비례
    ③ ZCT 설치 시 전원측과 부하측 접지선 설치에 주의(전원측 관통, 부하측 미관통)
(3) **적용** : 순환전류에 의한 손실 문제없고 허용전류 충분한 여유 있는 곳
    (해저 Cable과 같이 장거리 포설이 불가피한 곳)

3. Cross Bonding 접지

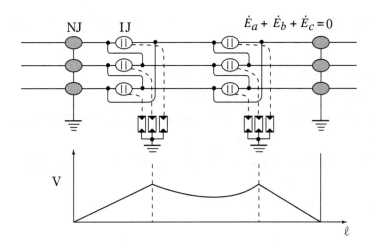

NJ   IJ $\dot{E}_a + \dot{E}_b + \dot{E}_c = 0$

(1) Cable 길이를 3등분하여 3상의 차폐선을 I·J(절연 접속함)를 통해 상호 연가형태 구성
(2) 차폐전압의 Vector 合이 Zero가 되어 접지간 거리의 긍장이 불평형 되어도 차폐손실 저감

(3) 장점 : 단심 Cable의 구간 길이가 긴 경우 접지전위를 낮출 수 있어 매우 유리함

(4) 단점 : 실제 시설장소의 포설방법, 토양, 주변여건상 각상 차폐 유기전압의 벡터합을 0으로 만들 수 없다.

　　•대책 ㉠ 정삼각형 포설 등 각종 배열형태 검토

　　　　　㉡ 154kV 경우 절연 접속함에 보호 장치 취부(각상과 대지간 LA 설치)

(5) 적용 : ① 선로 긍장이 길어 편단접지 효과가 없을 때 적용

　　　　　② 긍장이 긴 154kV 이상의 초고압 단심 Cable 포설에 경제성 및 보수성 면에서 유리하므로 널리 사용

참고 1 양단, 편단접지 문제점

1. 양단접지 문제점

(1) 단심 Cable에 전자유도로 인해 케이블 시스에 전압이 유기되고 2개소 이상 접지시 접지점간의 대지 및 시스전위차로 시스에 순환전류 발생

(2) 시스에 흐르는 순환전류로 시스발열 및 시스손실 발생 → Cable 용량 감소

2. 편단접지 문제점

(1) 시스 접지시 접지점으로부터 거리에 비례하여 전위차 발생

(2) 시스전위 허용값 : 30~60V(일본에서는 50V 초과시 감전 안전조치)

문제14 전압 강하 계산방법

Ⅰ. 개요

1. 전압강하란 부하전류가 회로에 흐르면 계통의 임피던스에 의해 전원측 전압보다 부하측 전압이 낮아지는 현상

2. 전압강하 범위(내선규정 1415-1절)

공급변압기 2차단(인입접속점)에서 최원단 부하까지 전선길이(m)	전압강하(%)	
	구내변압기에서 공급하는 경우	전기사업자로부터 저압으로 공급하는 경우
60 이하	3 이하	2 이하
120 이하	5 이하	4 이하
200 이하	6 이하	5 이하
200 초과	7 이하	6 이하

3. 계산방법

(1) 임피던스법
(2) 등가저항법 } 변압기를 포함하지 않는 간단한 회로에 적용

(3) % 임피던스법 : 변압기를 포함한 복잡한 회로에 적용

(4) 암페어 미터법 : 선로 길이가 긴 배전선이나 Cable에 적용

(5) 옥내 배선의 전압강하 약산법

Ⅱ. 전압강하 계산방법

1. 임피던스법

(1) 단상 등가회로 및 Vector도

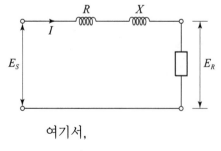

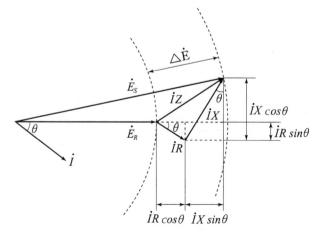

여기서,

$$\begin{cases} \Delta \dot{E} : \text{전압강하} \\ \dot{E}_S : \text{전원전압} \\ \dot{E}_R : \text{부하측 전압} \end{cases}$$

(2) 계산식 유도

① $\dot{E}_S = (\dot{E}_R + \dot{I}R\cos\theta + \dot{I}X\sin\theta) + j(\dot{I}X\cos\theta - \dot{I}R\sin\theta)$

j항을 무시하면 $\Delta\dot{E} = \dot{E}_S - \dot{E}_R = \dot{I}(R\cos\theta + X\sin\theta)$

② 각 배전 방식의 전압강하 일반식은

$\Delta\dot{E} = K\dot{I}(R\cos\theta + X\sin\theta)$

여기서, K : 배전방식별 정해지는 계수 $\begin{cases} \text{단상 2선식 : 2} \\ \text{단상 3선식/3상 4선식 : 1} \\ \text{3상 3선식 : } \sqrt{3} \end{cases}$

2. 등가저항법

$\dot{E}_S = \dot{E}_R + \dot{I}(R + jX)\epsilon^{-j\theta}$ 에서 j항무시

$\Delta\dot{E} = \dot{E}_S - \dot{E}_R = \dot{I}(R\cos\theta + X\sin\theta) = \dot{I} \cdot R_e = \dot{I} \cdot r_e \cdot l(V)$

R_e : 등가저항으로 전선의 굵기, 배치, 부하역률에 따라 정해짐

r_e : 단위 길이당 등가저항(Ω/km)

3. %임피던스법

$\varepsilon = \dfrac{\dot{E}_S - \dot{E}_R}{\dot{E}_R} \times 100(\%) = \dfrac{P \cdot R + Q \cdot X}{10 V^2}(\%) = \dfrac{P \cdot \%R + Q \cdot \%X}{\text{기준kVA}}(\%)$

여기서, P : 유효전력(kW) $\%R$: 퍼센트 저항 강하

Q : 무효전력(kVAR) $\%X$: 퍼센트 리액턴스 강하

V : 선간전압(kV)

4. 암페어미터법

(1) 암페어미터 : 1V의 전압강하에 대한 전류(A)와 배선의 선로 길이(m)와의 곱으로 나타낸 것 (암페어미터표를 이용하면 편리)

(2) $\Delta\dot{E} = K(r\cos\theta + x\sin\theta)\dot{I} \cdot L(r,\ x$는 $\Omega/\text{m})$

$\Delta\dot{E} = 1V$라 하면 $\Rightarrow \dot{I} \cdot L = \dfrac{1}{K(r\cos\theta + x\sin\theta)}[\text{A} \cdot \text{m}]$

5. 옥내배선의 전압강하

(1) 계산조건

교류회로의 배선도체 저항은 직류저항과 같다고 본다.

→ 배선의 리액턴스 무시, $\cos\theta = 1$(∵ 전선의 긍장이 짧으므로)

(2) 약산식

① $\triangle E = K \cdot I \cdot R = K \cdot I \cdot r \cdot L = \dfrac{K}{k} \times \dfrac{I.L}{A}$

여기서 $\begin{cases} K : \text{배전방식별 전압강하 계수} \\ \text{표준동의 도전도 } k = 58 \times \dfrac{234.5+20}{234.5+t} \quad (\mho \text{m/mm}) \\ \text{배선의 단위 길이당 저항 } r = \dfrac{1}{kA} = \dfrac{1}{58A} \cdot \dfrac{234.5+t}{234.5+20} \quad (\Omega/\text{m}) \\ A : \text{전선단면적(mm}^2) \end{cases}$

② 20°에서 도체의 k값

　㉠ 표준동 : $58 \times 10^3\,\mho/\text{mm} = 58\,\mho \cdot \text{m/mm}^2$(도전율 100%)

　㉡ 연동선 : $56.2 \times 10^3\,\mho/\text{mm} = 56.2\,\mho \cdot \text{m/mm}^2$(도전율 97%)

(3) 전압강하식 요약(배선의 허용온도 20°를 근거한 연동선의 경우)

배전 방식별	$\dfrac{K}{k}(\Omega \cdot \text{mm}^2/\text{m})$	전압강하 근사식($\Delta E = \dfrac{K}{k} \times \dfrac{I.L}{A}$)
단상 2선식	35.6×10^{-3}	$\Delta E = \dfrac{35.6L \cdot I}{1000A}$
단상 3선식/3상 4선식	17.8×10^{-3}	$\Delta E' = \dfrac{17.8L \cdot I}{1000A}$(중성선과 외측선간)
3상 3선식	30.8×10^{-3}	$\Delta E = \dfrac{30.8L \cdot I}{1000A}$

참고 1 전선재료의 도전도와 도전율(20℃ 기준)

전선재료	도전도($\mho$m/mm^2)	도전율(%)
표준동	58	100%
경동선	55.6	96%
연동선	56.2	97%
알루미늄선	35.3	61%
철선	9.2	16%

• 표준동의 고유저항 및 도전도(20℃기준)

$\begin{cases} \rho = 1.7241(\mu\Omega \cdot \text{cm}) = 1.7241 \times 10^{-5}(\Omega \cdot \text{mm}) \\ k = \dfrac{1}{\rho} = \dfrac{1}{1.7241 \times 10^{-5}} = 58 \times 10^3(\mho/\text{mm}) \end{cases}$

참고 **2** 암페어미터법

$I \cdot L$의 값을 각 배선사이즈, 부하 역률에 대해서 구한 예를 〈표〉에 표시한다. 이 표에서 배전사이즈 60[mm²] 부하역률 0.85, 3상 3선의 $I \cdot L$을 구하면 $I \cdot L = 1,700$이다. 즉 부하전류가 170[A]이면 10[m] 배선에서 1[V]의 전압강하가 생긴다는 것을 알 수 있다. 500[m]에서 50[V]의 전압강하가 일어나는 셈이다.

암페어미터표

배전 방식	전선사이즈[mm²] 역률	2.0	3.5	5.5	8	14	22	30	38	50	60	80	100	125	150	200	250	325
단상 2선	$\cos\phi = 0.95$	50	90	140	200	350	550	700	900	1,200	1,400	1,800	2,200	2,700	3,200	3,900	4,700	5,500
	$\cos\phi = 0.85$	60	100	150	220	380	600	750	950	1,200	1,500	1,900	2,300	2,700	3,100	3,600	4,300	4,900
단상 3선	$\cos\phi = 0.95$	100	180	270	390	690	1,100	1,400	1,800	2,300	2,700	3,600	4,400	5,400	6,400	7,700	9,300	11,000
	$\cos\phi = 0.85$	100	200	300	440	760	1,200	1,500	1,900	2,400	2,900	3,700	4,500	5,400	6,200	7,200	8,500	9,700
3상 3선	$\cos\phi = 0.95$	58	100	160	230	400	640	810	1,000	1,300	1,600	2,100	2,500	3,100	3,700	4,400	5,400	6,400
	$\cos\phi = 0.85$	64	120	180	250	440	690	870	1,100	1,400	1,700	2,100	2,600	3,100	3,600	4,200	4,900	5,600

CV 케이블 (동) $3C$, 온도 : 50[℃]

예제1 3상 배전선 325[mm²] 3심 1조가 있다. 말단에 역률 80[%], 550[kW], 6,600[V]인 부하가 있다. 배전선을 10[Km]로 했을 때의 전압강하는 얼마인가, 또 전압강하를 200[V] 이하까지 허용한다면 배전선은 몇[Km]까지 가능한가, 또 배전선이 10[Km]라면 역률 80[%]의 부하를 몇 [kW]까지 취할 수 있는가? (단, 배전선의 정수 $r = 0.06$ (Ω/Km), $x = 0.1$ (Ω/Km)

해설 단위길이당 등가저항

$$r_e = r\cos\theta + x\sin\theta = 0.06 \times 0.8 + 0.1 \times 0.6 = 0.108 [\Omega/\mathrm{km}]$$

부하전류

$$I_1 = \frac{550 \times 10^3}{0.8 \times 6,600 \times \sqrt{3}} = 60.14 [\mathrm{A}]$$

(a) 배전선 $l = 10[\mathrm{Km}]$일 때의 전압강하 ΔE_1은

$$\Delta E_1 = I_1 \cdot r_e \cdot l = 60.14 \times 0.108 \times 10 = 65 [\mathrm{V}]$$

(b) 200[V] 이하 전압강하에 대해 배전선 길이는

$$l = \frac{\Delta E_2}{r_e \cdot I_1} = \frac{200}{0.108 \times 60.14} = 30.8 [\mathrm{Km}]까지\ 가능하다.$$

(c) $\Delta E = 200[\mathrm{V}]$, $l = 10[\mathrm{Km}]$ 일 때, 역률 80[%] 부하전류는

$$I_2 = \frac{\Delta E_2}{r_e \cdot l} = \frac{200}{0.108 \times 10} = 185 [\mathrm{A}]$$

$$\frac{I_2}{I_1} = \frac{185}{60.14} = 3.08$$

즉, $3.08 \times 550 = 1,694[\mathrm{kW}]$까지 부하를 취할 수 있다.

문제15 | **전동기 기동시 순시 전압강하 계산방법**

Ⅰ. 순시 전압 강하란

계통사고나 전동기 기동 등의 원인으로 짧은 시간동안 발생하는 전압저하 현상

Ⅱ. 순시 전압 강하 발생 Mechanism

전동기 기동 → 큰 기동전류 발생(정격의 4~7.5배) → 수전단 계통 전압강하

→ 전동기 단자 전압 강하 $\begin{cases} \rightarrow \text{기동 토크저하}(\propto V^2) \rightarrow \text{기동실패} \\ \rightarrow \text{기동용량 감소}(\propto V) \rightarrow \text{기동전류 변동(감소)} \rightarrow \text{Flicker 발생} \end{cases}$

Ⅲ. 순시 전압 강하율 계산

1. 기동순시의 전압강하율

$$\varepsilon = \frac{T_s - T}{T_s} \times 100(\%) \quad \begin{cases} T_s : \text{전전압 기동용량(kVA)} \\ T : \text{감소된 기동용량(kVA)} \\ T_B : \text{기준용량(kVA)} \end{cases}$$

$$\therefore \ T = (1 - \frac{\epsilon}{100}) \cdot T_s$$

기동순시의 유효전력, 무효전력 변동분과의 관계 $\begin{cases} P = T \cdot \cos\theta \\ Q = T \cdot \sin\theta \end{cases}$

2. %Z법에 의한 순시전압 강하율

$$\varepsilon = \frac{E_s - E_r}{E_r} \times 100 = \frac{P \cdot \%R + Q \cdot \%X}{\text{기준kVA}} = \frac{T(\%R\cos\theta + \%X\sin\theta)}{T_B}$$

$$= \frac{(1 - \frac{\epsilon}{100}) \cdot T_s}{T_B}(\%R\cos\theta + \%X\sin\theta) \quad \begin{cases} E_s : \text{전동기 정격전압} \\ E_r : \text{기동시 전동기 단자전압} \end{cases}$$

$$\varepsilon \cdot \frac{T_B}{T_S} = \left(1 - \frac{\epsilon}{100}\right) \cdot (\%R\cos\theta + \%X\sin\theta)$$

이를 정리하면

$$\therefore \ \varepsilon = \frac{\%R\cos\theta + \%X\sin\theta}{100\frac{T_B}{T_s} + \%R\cos\theta + \%X\sin\theta} \times 100(\%)$$

3. 등가회로(%Z법)

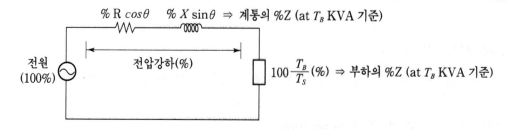

$\% R \cos\theta$ $\% X \sin\theta$ ⇒ 계통의 %Z (at T_B KVA 기준)

전원(100%)

전압강하(%)

$100 \dfrac{T_B}{T_s}(\%)$ ⇒ 부하의 %Z (at T_B KVA 기준)

4. 간략식

유도 전동기 기동시 역률이 0.2~0.4 정도 이므로 이를 무시하면($\cos\theta = 0$이라 가정)

$$\varepsilon \simeq \frac{\% X}{100 \dfrac{T_B}{T_s} + \% X} \times 100(\%)$$

Ⅳ. 결론

농형 유도 전동기를 직입 기동순간 큰 기동전류와 매우 낮은 역률로 인하여 계통에 큰 전압강하를 초래하므로써 기동실패나 Flicker의 원인이 되기도 한다.

따라서 용량이 큰 전동기에 대해서는 사전에 기동특성에 대하여 충분한 검토가 필요하다.

문제16 # 전압 변동률 계산방법

※ 전압변동률의 상세식과 간략식을 유도하고, 역률 100%일 때
$\varepsilon = \dfrac{전부하동손}{정격용량} \times 100(\%)$ 가 됨을 증명하시오.

Ⅰ. 전압 변동률의 정의

$$\varepsilon = \frac{\dot{V}_{20} - \dot{V}_{2n}}{\dot{V}_{2n}} \times 100(\%)$$

변압기에 정격 부하를 접속하고, 1차측 전압을 조정하여 2차 전압이 정격치와 같게 되었을 때, 1차 전압을 그대로 두고 부하를 떼어버리면 2차 전압이 상승하게 되는데, 이를 2차 정격 전압에 대한 백분율로 나타낸 것

Ⅱ. 등가회로 및 Vector도

1. 등가회로도

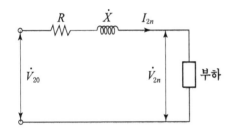

1차를 2차로 환산한 저항, 리액턴스

$$R = \frac{r_1}{a^2} + r_2$$

$$\dot{X} = \frac{\dot{x}_1}{a^2} + \dot{x}_2$$

2. Vector도

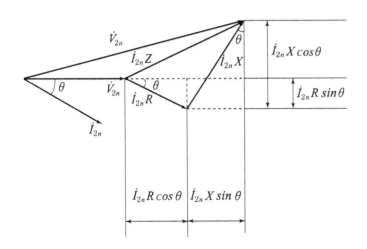

$\dot{V}_{20}$: 무부하시 수전단 전압(V)

$\dot{V}_{2n}$: 전부하시 수전단 전압(V)

III. 계산방법

1. 상세식

(1) $V_{20} = V_{2n} + I_{2n} \cdot Z$

$\qquad = V_{2n} + I_{2n}(R\cos\theta + X\sin\theta) + jI_{2n}(X\cos\theta - R\sin\theta)$

$V_{20}{}^2 = (V_{2n} + I_{2n}R\cos\theta + I_{2n}X\sin\theta)^2 + (I_{2n}X\cos\theta - I_{2n}R\sin\theta)^2$ ············· ①식

(2) 조건(정의)

- %저항강하 $p = \dfrac{I_{2n} \cdot R}{V_{2n}} \times 100(\%)$

- %리액턴스 강하 $q = \dfrac{I_{2n} \cdot X}{V_{2n}} \times 100(\%)$

$\left.\begin{array}{l} \\ \\ \end{array}\right\}$ ····························· ②식

(3) 식유도

①식을 $V_{2n}{}^2$ 으로 양변을 나누어 주면

- $\left(\dfrac{V_{20}}{V_{2n}}\right)^2 = \left(1 + \dfrac{I_{2n} \cdot R}{V_{2n}}\cos\theta + \dfrac{I_{2n} \cdot X}{V_{2n}}\sin\theta\right)^2 + \left(\dfrac{I_{2n} \cdot X}{V_{2n}}\cos\theta - \dfrac{I_{2n} \cdot R}{V_{2n}}\sin\theta\right)^2$ ··· ③식

- ③식을 ②식에 의해 정리하면

$\left(\dfrac{V_{20}}{V_{2n}}\right)^2 = \left(1 + \dfrac{p}{100}\cos\theta + \dfrac{q}{100}\sin\theta\right)^2 + \left(\dfrac{q}{100}\cos\theta - \dfrac{p}{100}\sin\theta\right)^2$ ··············· ④식

- $\epsilon = \left(\dfrac{V_{20}}{V_{2n}} - 1\right) \times 100$ 이므로

$\qquad = \left\{\sqrt{\left(1 + \dfrac{p}{100}\cos\theta + \dfrac{q}{100}\sin\theta\right)^2 + \left(\dfrac{q}{100}\cos\theta - \dfrac{p}{100}\sin\theta\right)^2} - 1\right\} \times 100$ ·········· ⑤식

- 여기서

$\qquad \dfrac{p}{100}\cos\theta + \dfrac{q}{100}\sin\theta = a$

$\qquad \dfrac{q}{100}\cos\theta - \dfrac{p}{100}\sin\theta = b$ 라 놓으면

$\qquad \epsilon = \left(\dfrac{V_{20}}{V_{2n}} - 1\right) \times 100 = \left\{\sqrt{(1+a)^2 + b^2} - 1\right\} \times 100$

$\qquad\qquad\qquad = \left\{(1+a) \cdot \sqrt{1 + \left(\dfrac{b}{1+a}\right)^2} - 1\right\} \times 100$

- 이항정리 → 즉 $\sqrt{1+x} \simeq 1 + \dfrac{x}{2}$ 의 형태를 이용하여 정리하면

$$\epsilon = \left[(1+a)\left\{ 1 + \frac{\left(\dfrac{b}{1+a}\right)^2}{2} \right\} - 1 \right] \times 100$$

$$= \left\{ 1 + a + \frac{b^2}{2(1+a)} - 1 \right\} \times 100 = \left\{ a + \frac{b^2}{2(1+a)} \right\} \times 100$$

- 여기서 즉, $a \ll 1$ 이므로

$$\epsilon \simeq \left(a + \frac{b^2}{2} \right) \times 100 \quad \cdots\cdots\cdots\cdots\cdots\cdots\cdots\cdots\cdots\cdots\cdots\cdots\cdots\cdots\cdots\cdots ⑥식$$

- 이를 다시 정리하면

$$\epsilon = \left\{ \frac{p}{100}\cos\theta + \frac{q}{100}\sin\theta + \frac{1}{2} \times \frac{(q\cos\theta - p\sin\theta)^2}{100^2} \right\} \times 100$$

$$\boxed{\therefore \epsilon = p\cos\theta + q\sin\theta + \frac{(q\cos\theta - p\sin\theta)^2}{200}} \quad \cdots\cdots\cdots\cdots\cdots\cdots\cdots ⑦식$$

2. 약산식

(1) $V_{20} = V_{2n} + I_{2n}R\cos\theta + I_{2n}X\sin\theta + j(I_{2n}X\cos\theta - I_{2n}R\sin\theta)$

여기서 j항을 무시하면

(2) $V_{20} - V_{2n} \simeq I_{2n}(R\cos\theta + X\sin\theta)$

(3) $\epsilon = \dfrac{V_{20} - V_{2n}}{V_{2n}} \times 100(\%) = \dfrac{I_{2n}(R\cos\theta + X\sin\theta)}{V_{2n}} \times 100(\%)$

$$\boxed{\therefore \epsilon = p\cos\theta + q\sin\theta\,(\%)}$$

3. 역률 100%일 때의 전압 강하

(1) 역률 100%(즉 $\cos\theta = 1$)시 $\epsilon = p$가 되므로

(2) $\epsilon = \dfrac{I_{2n} \cdot R}{V_{2n}} \times 100 = \boxed{\dfrac{I_{2n}^2 \cdot R}{V_{2n}I_{2n}} \times 100 = \dfrac{\text{전부하동손}}{\text{정격용량}} \times 100(\%)}$

예제1 정격용량 1000kVA, 1차 전압 22.9kV, 2차 전압 3.3kV인 몰드변압기의 부하손실이 8.0kW, 임피던스 전압이 1100V인 경우 부하의 역률 0.8, 부하율 100%일 때 변압기의 전압변동률을 계산하시오.

해설 **1. 계산 전제조건**

- 정격용량 P = 1000 kVA
- 1차 전압 V_{1n} = 22.9kV
- 2차 전압 V_{2n} = 3.3kV
- 부하손실 = 8.0kW
- 임피던스 전압 V_{1s} = 1100V
- $\cos\theta$ = 0.8
- 부하율 = 100%

2. 전압변동률 계산

- $I_{2n} = \dfrac{P}{V_{2n}} = \dfrac{1000}{3.3} = 303.03\,(A)$

- $I_{2n}^2 R = 8\text{kW}$ 이므로 $R = \dfrac{8 \times 10^3}{303.03} = 0.087\,ohm$

- %저항강하 $p = \dfrac{I_{2n}R}{V_{2n}} \times 100 = \dfrac{303.03 \times 0.087}{3.3 \times 10^3} \times 100 = 0.8\,(\%)$

- %임피던스 $z = \sqrt{p^2 + q^2} = \dfrac{V_s}{V_{1n}} \times 100 = \dfrac{1100}{22.9 \times 10^3} = 4.8\,(\%)$

  ∴ %리액턴스강하 $q = \sqrt{\%z^2 - p^2} = \sqrt{4.8^2 - 0.8^2} = 4.733\,(\%)$

따라서 전압변동률을 계산하면

$\varepsilon = p\cos\theta + q\sin\theta = 0.8 \times 0.8 + 4.733 \times \sqrt{1 - 0.8^2} = 3.48\,(\%)$

참고 1 **뉴턴의 이항정리**

1. $(A+B)^n = A^n + nA^{n-1} \cdot B + \left(\dfrac{n(n-1) \cdot A^{n-2} \cdot B^2}{2!} + \dfrac{n(n+1) \cdot (n-2)A^{n-3} \cdot B^3}{3!} + \cdots + B^n \right)$

2. 예) $\sqrt{1+x} = (1+x)^{\frac{1}{2}}$

$$= 1 + \frac{1}{2}x + \left(\frac{\frac{1}{2} \cdot \left(-\frac{1}{2} \right) \cdot x^2}{2} + \frac{\frac{1}{2}\left(-\frac{1}{2} \right) \cdot \left(-\frac{3}{2} \right) \cdot x^3}{3} + \cdots + x^{\frac{1}{2}} \right)$$

$$\simeq 1 + \frac{1}{2}x$$

참고 2 **전압강하율**

1. **정의**

임의의 송수전단 구간에서 부하변동에 따른 전압 강하폭이 수전단 전압에 대해 어느 정도 되는가를 백분율로 나타낸 것

2. **관련식**

$$\varepsilon = \frac{\Delta E}{E_r} \times 100 = \frac{E_s - E_r}{E_r} \times 100 = \frac{PR + QX}{10 V^2} (\%)$$

$$\begin{cases} \text{P(kW)} & : \text{유효전력 변동분} \\ \text{Q(kVAR)} & : \text{무효전력 변동분} \end{cases}$$

참고3 전압변동률과 %임피던스의 차이점

• 부하시 2차 기준 등가회로

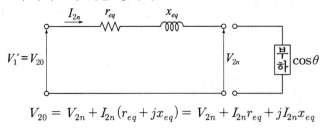

$$V_{20} = V_{2n} + I_{2n}(r_{eq} + jx_{eq}) = V_{2n} + I_{2n}r_{eq} + jI_{2n}x_{eq}$$

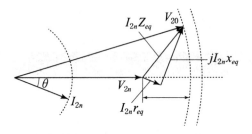

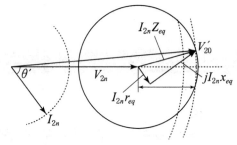

• 전압 변동률

$$\varepsilon = \frac{V_{20} - V_{2n}}{V_{2n}} \times 100$$

부하역률에 좌우(V_{20} 크기 변동)

• %임피던스

$$\%Z = \frac{I_{2n}Z_{eq}}{V_{2n}} \times 100$$

부하역률에 무관($I_{2n}Z_{eq}$ 크기 일정)

문제17 ## 순시 전압강하의 주요원인, 부하에 미치는 영향과 대책

Ⅰ. 개요

1. 순시 전압강하란

(1) 계통사고, 기타원인으로 차단기가 개방되어 고장점 제거까지의 짧은 시간동안 발생하는 전압저하 현상(IEC : Dip, IEEE : Sag로 표현)

(2) IEEE(Std. 1159-2009)에서의 정의

0.5cycle에서 1분 동안 전력계통의 전압이 rms값으로 0.1~0.9pu 이내로 감소하는 것

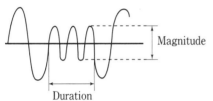

Category	Duration	Voltage Magnitude
Instantaneous	0.5~30Cycle	0.1~0.9pu
Momentary	30Cycle~3sec	0.1~0.9pu
Temporary	3sec~1Min	0.1~0.9pu

2. 관련 국제기준

IEC 61000-4-11, SEMI F-47, ITI_c 등

Ⅱ. 전압변동 허용기준 ITIc-curve(Revised 2000)

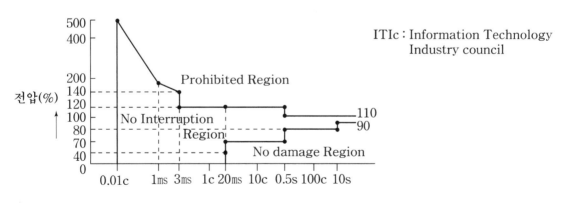

ITIc : Information Technology Industry council

Ⅲ. 순시 전압강하의 원인

1. 계통사고(단락, 지락, 낙뢰 등)에 의한 재폐로 동작
2. 과부하, 부적정한 선로 굵기, 장거리 선로에 기인
3. 대용량 전동기 기동, 아크로, 용접기 가동
4. 개폐서지, 고조파, 상간전압 불평형 등

Ⅳ. 부하에 미치는 영향

1. 기기별 변동범위 및 영향

부하(기기)	전압저하율(%)	지속시간(ms)	미치는 영향
FA, OA기기	10~20% 이상	3~20	메모리 소실, 오동작, 정지
전자개폐기	50% 이상	5~20	여자소실, 전동기 정기
가변속 Drive	20% 이상	5~20	위상제어 실패, 전동기정지
HID 램프	20~30% 이상	50~1,000	LAMP소등(재점등 수분소요), Flicker 현상
UVR	20~30% 이상	1,000	계전기(오)동작, 정전사고

Ⅴ. 순간 전압 강하 대책

1. 전압강하 기본 개념

(1) 관련식 : $\Delta V = X_s \cdot \Delta Q$ (X_s : 전원리액턴스, ΔQ : 무효전력 변동분)
(2) 전압강하 감소대책 : ΔQ, ΔV, X_s를 감소

2. 전원계통측 대책

(1) 무효분 보상 → ΔQ를 감소
   단락, 전동기 기동 등 무효분 감소에 의한 전압강하 보상

   ① DVR(Dynamic Voltage Restorer)
   ② AVC(Active Voltage Conditioner)
   ③ SVC, SVG 등

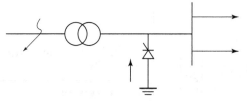

(2) TR Tap 조정 → ΔV를 감소
   SCR로 신속하게 변압기 Tap 조정 → S-DVR(Step-DVR)

3. 계통 %임피던스 조정→X_s를 감소

(1) TR 단락용량증가 : 부하에서 본 전원측 임피던스를 작게함

(2) 직렬 콘덴서 설치

전압변동에 문제가 되는 모선에서 전원측으로 직렬콘덴서 삽입

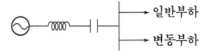

(3) 3권선 보상 변압기에 의한 방법

4. 기타 : BESS, SMES 등

Ⅲ. 수용가 측 대책

1. DPI(Dip Proofing Inverter) 사용(단상 제어 회로 전원)

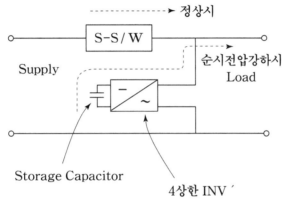

(1) 인버터를 통하여 Capacitor에 에너지를 충, 방전(1초 이내 재충전)

(2) 순간전압 강하시 Static S/W를 off하고 $600\,\mu s$ 이내에 Inverter가 전력공급

2. UPS(Static, Dynamic, Flywheel형) 사용

3. STS(Static Transfer Switch)

고속 ALTS로 1/4 cycle이내 전원 절체(본선, 예비선수전, 비상발전기 전원)

4. 제어회로 Time Delay → Sequence 변경

5. 기타 고려사항

(1) 전자 접촉기 – 지연개방형

(2) HID램프 – Hot Strike 안정기 채용

(3) 가변속 Drive – 전류형 INV′ 사용(자동 재시동, 정전보상기능)

(4) 전동기 적정기동방식 선정

(5) UVR 오동작 대책

Ⅵ. 결론

미 EPRI 보고서에 의하면 전력품질 중 순간정압강하(Sag)가 차지하는 비중이 60% 정도인 것으로 조사됨(국내의 경우 매년 수천억 경제적 손실 초래)

따라서 이에 대응한 공급자측과 수용가측의 다각적인 대책 마련으로 고품질 전원을 유지하는 것이 중요하다.

참고 1 **3권선 보상변압기에 의한 전압변동 대책**

1. 개요

(1) 변압기 누설 임피던스는 권선 간격이 멀수록 그에 비례하여 커지고 그 값이 변압기 임피던스 값을 결정함

(2) 3권선 변압기의 누설 임피던스를 등가회로(Y등가변환)에 의해 각 권선으로 분해하면 1차권선의 임피던스를 영 or 음으로 할 수 있다.

2. 3권선 변압기에 의한 보상방법 – 임피던스 조정

(1) 권선을 등 간격으로 배치할 경우

① 기준 용량 베이스를 환산한 각 권선의 누설 리액턴스

X_{12}, X_{23}, X_{13}의 관계는

$$X_{12} = X_{13}, \ X_{23} = 2X_{12} = 2X_{13}$$

② 3권선 변압기 임피던스를 분해하면

$$X_{12} = X_1 + X_2$$
$$X_{23} = X_2 + X_3$$
$$X_{13} = X_1 + X_3$$

권선의 등간격 배치

좌변, 우변을 함께하면

$$X_{12} + X_{23} + X_{13} = 2(X_1 + X_2 + X_3)$$
$$X_1 + X_2 + X_3 = \frac{X_{12} + X_{23} + X_{13}}{2}$$

여기서 $X_{23} = X_2 + X_3$이므로

$$X_1 + X_{23} = \frac{X_{12} + X_{23} + X_{13}}{2} \qquad X_1 = \frac{X_{12} + X_{13} - X_{23}}{2}$$

∴ 같은 방법으로

$$X_2 = \frac{X_{12} + X_{23} - X_{13}}{2} \qquad X_3 = \frac{X_{23} + X_{13} - X_{12}}{2}$$

가 되어 $X_1 = 0$으로 할 수 있다.

③ 그림과 같이 2차 권선에서 일반부하, 3차 권선에서 변동부하로 공급하면 직렬
콘덴서와 마찬가지로 ΔV를 작게 할 수 있다.

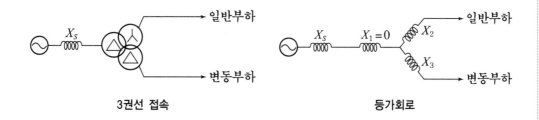

3권선 접속   등가회로

(2) 권선을 아래 그림과 같은 방법으로 배치하면

$X_{23} > X_{12} + X_{13}$가 되어 $X_1 < 0$이 되므로 $X_s + X_1 = 0$으로 할 수 있다.

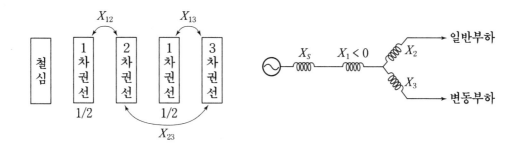

3. 결론

3권선 변압기 임피던스는 권선 상호 간격에 따른 누설 임피던스의 크기에 비례하여
변하므로 권선배치 형태에 따라 전압 변동을 억제 할 수 있다.

전동기 제어

PART 14

문제1 ## 전동기의 분류 및 적용법칙

Ⅰ. 전동기의 분류

1. 직류 전동기

(1) 타여자 전동기

(2) 자여자 전동기 $\begin{cases} \text{직권, 분권} \\ \text{복권 : 가동, 차동} \end{cases}$

(3) BLDC

2. 교류전동기

(1) 3상 교류

① 유도기 $\begin{cases} \text{농형 : 일반, 이중, 심구} \\ \text{권선형} \end{cases}$

② 동기기(일반, PMSM)

③ 교류정류자기

(2) 단상교류

① 반발형

② 콘덴서 기동형

③ 분산형

④ 세이딩 Coil형

Ⅱ. 적용법칙

1. 로렌츠힘과 Fleming 왼손법칙

(1) Lorentz force

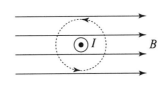
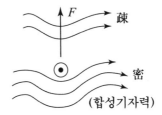

(2) Fleming 왼손법칙

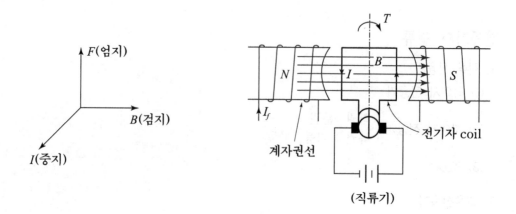

(3) 관련식

$F = I\ell \times B = IB\ell\sin\theta \,(\theta : I\ell$과 B 사이의 각)

$\theta = 90°$이면 $F = BI\ell \,[N]$

2. 평등자계 내 도체가 운동할 때의 유기기전력(Fleming 오른손 법칙)

자속밀도 $B(Wb/m^2)$인 평등자계내에 수직으로 놓인 길이 $l(m)$인 Coil a, b가 $dt(\sec)$ 동안에 $dx(m)$만큼 이동하였다면 이로 인한 Coil과 쇄교하는 자속의 변화 $d\phi = -B \cdot l \cdot dx(Wb)$가 되므로 이동하는 도체의 유기기전력은

$e = -\dfrac{d\phi}{dt} = Bl\dfrac{dx}{dt} = Blv(V)$

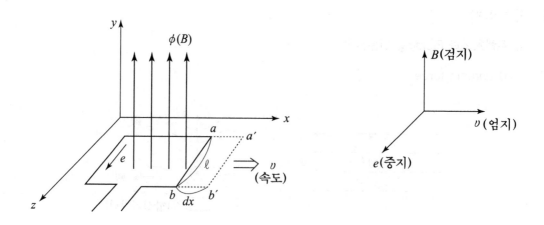

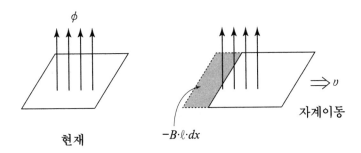

ϕ

현재

$-B \cdot \ell \cdot dx$

$\Rightarrow v$

자계이동

Ⅲ. 결론

1. 전류가 자속을 자르면 기자력이 密→疎로 힘 F작용
   - 로렌츠, 플레밍 왼손법칙(응용 : 전동기)
2. 도체(Coil)가 자속을 자르면 기전력 E작용 – 플레밍 오른손법칙(응용 : 발전기)

참고 **1** **로렌츠 힘(Lorentz force)**

*헨드릭 안톤 로렌츠 : 네덜란드 이론 물리학자(1853~1928)

전하를 띤 물체가 전자기장에서 받는 힘

$\begin{cases} 전기장 \ 내에서 \ 받는 \ 힘 = qE(쿨롱력) \\ 자기장 \ 내에서 \ 받는 \ 힘 = qv \times B(로렌츠 \ 힘) \end{cases}$

$\therefore F = q(E + v \times B)$

$qv = q\dfrac{l}{t} = \dfrac{q}{t}l = Il$

자기장에서 운동하는 전하가 받는 로렌츠 힘은

$F = Il \times B$와 같다.

즉 길이 $l(m)$인 도선에 $I(A)$의 전류가 흐를 때 자기장 내 작용하는 힘으로 나타낼 수 있다.

$F = Il \times B = IlB\sin\theta \ \hat{n}$

θ : Il과 B가 이루는 각

$\hat{n}$: Il이 B쪽을 향해 오른손 손가락이 회전할 때
   엄지손가락이 가르키는 방향(오른나사 진행방향)

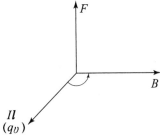

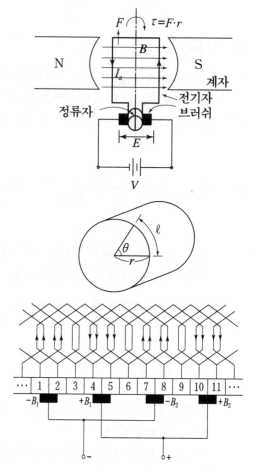

문제2 직류전동기의 유기기전력, 단자전압, 회전속도, 토크, 출력관계

Ⅰ. 유기기전력

$$e_a = Blv(V)$$

하나의 도체에 $e_a(V)$의 기전력이 유기되므로 브러쉬 사이의 기전력은 브러쉬사이에 직렬로 연결된 도체수에 e_a를 곱한 것이 된다.

여기서
$\begin{cases} D \text{ : 전기자직경}(m) \\ P \text{ : 극수}, \ \phi \text{ : 1극당 자속}(Wb/pole) \\ n \text{ : 회전수(rps) } Z \text{ : 전도체수} \\ a \text{ : 브러쉬사이의 병렬회로수} \\ B \text{ : 평균 자속밀도}(Wb/m^2) \\ l \text{ : 전기자 도체 길이}(m) \end{cases}$

각속도 $\omega = \dfrac{\theta}{t} = \dfrac{2\pi}{T} = 2\pi n$

전기자 주변속도 $v = \dfrac{\ell}{t} = \dfrac{r \cdot \theta}{t} = r \cdot \omega$

$$= r \cdot 2\pi n = \pi Dn (\text{m/sec})$$

따라서, $e_a = B \cdot l \cdot \pi Dn(V)$

전기자 주변의 全면적(원주 표면적) : πDl

전기자 표면의 총자속 $P\phi = B\pi Dl$이므로

$\therefore \ e_a = P\phi n(V)$

그런데 브러쉬사이에 직렬도체수는 $\dfrac{Z}{a}$이므로

브러쉬 사이의 전체 유기기전력

$$E = \frac{Z}{a}e_a = \frac{Z}{a}P\phi n = K_1\phi n(V)$$

$\begin{cases} \text{중권 : } a=\text{브러쉬수}=P(\text{극수}) \\ \text{파권 : } a = 2 \end{cases}$

중권 Coil 배치

Ⅱ. 단자전압

전기자전류 $I_a(A)$, 전기자 저항 $R_a(\Omega)$라 하면

단자전압 $V = E + I_a R_a(V)$

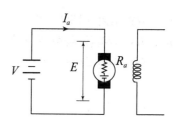

Ⅲ. 회전속도

$$E = K_1 \phi n \text{에서} \rightarrow \therefore n = \frac{E}{K_1 \phi} = K_2 \frac{V - I_a R_a}{\phi} (rps)$$

Ⅳ. 토크

1. 길이 $l(m)$인 도체 하나에 작용하는 힘

$F = B \cdot I_a \cdot l \ [N] (I_a : 1$개의 도체에 흐르는 전류$)$

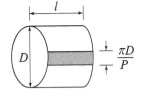

2. 1개의 도체에 작용하는 토크

$$\tau = F \cdot r = F \times \frac{D}{2} = B \cdot I_a \cdot l \cdot \frac{D}{2}$$

3. 평균자속밀도

한 極下의 Area $\frac{\pi D}{P} \cdot l$

(또는 전기자 표면의 총 자속 $P\phi = B \cdot \pi Dl$ 관계에서)

$B \cdot \left(\frac{\pi D}{P} l \right) = \phi$: Effective flux/pole

$\therefore B = \frac{P\phi}{\pi Dl}$

4. 브러쉬 양단의 전도체에 작용하는 토크

$$\therefore T = \frac{Z}{a} \cdot \tau = \frac{Z}{a} \cdot \frac{P\phi}{\pi Dl} \cdot I_a \cdot l \cdot \frac{D}{2}$$

$$= \frac{PZ}{2\pi a} \phi \cdot I_a = K_3 \phi I_a (\text{N} \cdot \text{m})$$

5. 입, 출력과 토크 관계

(1) $V = E + I_a R_a$ 에서

(2) $V I_a = E I_a + I_a{}^2 R_a$

전기자입력 ↑
전동기출력 ↑
전기자회로의 저항손 ↑

(3) $T = \frac{PZ}{2\pi a} \phi I_a$ 와 $E = \frac{P}{a} Z \phi n$ 의 관계에서

따라서 전동기출력

$P = E \cdot I_a = 2\pi n T = \omega \cdot T (\text{W})$

문제3 직류기의 전기자 반작용과 정류작용

I. 직류기의 주요구성

1. **전기자(電機子)** : 자속을 끊어 기전력을 유도하는 부분
2. **계자(界子)** : 전기자를 관통하는 자속을 만드는 부분
3. **정류자(整流子)** : 브러쉬와 접촉하여 유도기전력을 정류하여 직류로 변환하는 부분
4. **브러쉬** : 스프링 압력으로 정류자편에 접촉하여 외부 단자와 연결, 접촉저항이 큰 탄소나 흑연 브러쉬가 사용됨

II. 직류기의 전기자 반작용

1. 직류기에 부하가 인가되면 전기자 권선에 전류가 흐르고 이 전기자 전류에 의해 기자력이 발생되어 주계자에 의해 공극에 만들어진 자속에 영향을 주어 그 분포와 크기가 변화되는데 이를 전기자 반작용(Armature reaction)이라함

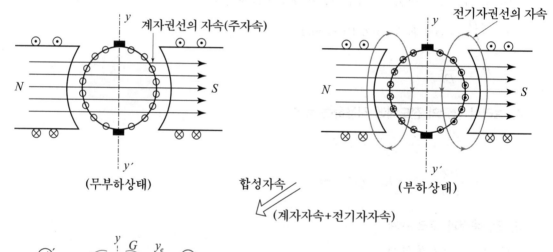

(무부하상태)

합성자속 (계자자속+전기자자속)

(부하상태)

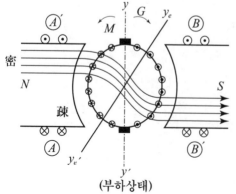

(부하상태)

$y - y'$: 기하학적 중성축
$y_e - y_e'$: 전기적 중성축

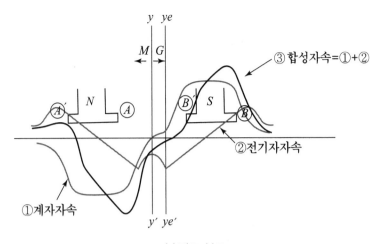

자속밀도 분포

부하전류(전기자전류) 세기에 비례하여 중성축의 이동각도가 증가하고 감자현상이 두드러짐

2. 극철의 자기포화에 의한 비선형성 때문에 ⑧′부분에서의 자속증가폭은 ⑧부분에서의 자속 감소폭보다 적으며 결과적으로 총 자속은 감소됨

 즉, 전기자 기자력에 의한 자속축의 이동이 자기포화와 함께 감자효과를 발생함

AT_f : 계자 기자력
AT_c : 전기자 교차 기자력
AT_d : 전기자 감자 기자력
AT_a : 전기자 합성 기자력
AT_1 : 자속포화 무시한 합성기자력
AT_2 : 자속포화 고려한 합성 기자력

$AT_1 > AT_f$ (감자작용×)
$AT_2 < AT_f$ (감자작용)

3. 전기자 반작용 영향

(1) 중성축 이동(기하학적 중성축 → 전기적 중성축)

 ① 브러쉬에 접하고 있는 Coil의 위치에 자계 이동

  → 브러쉬에 의해 단락된 Coil이 극간 영역의 자속을 끊어 기전력 발생

 ② 정류자편간 전압 불균일

  → 정류하고 있는 Coil에 전압을 유기시켜 브러쉬에 아크불꽃 발생

(2) 주자속이 감소함(감자작용)

　① 발전기 → 총 극자속의 감소에 따라 발전전압(유기기전력)감소 초래

　② 전동기 → 의도치 않은 토크저하나 속도증가 초래

4. 전기자 반작용 대책

(1) 브러쉬를 전기적 중성축에 이동

부하전류 세기에 따라 이동각도가 변하여 그때마다 브러쉬 이동에 따른 불편으로 거의 사용 안함

(2) 보상권선 설치

전기자 전류와 동일크기의 반대방향의 전류를 흘려 전기자 반작용 기자력 상쇄

Ⅲ. 정류(Commutation)작용

1. 정류 작용이란

전기자 도체의 유도기전력은 N, S극하에서는 방향이 서로 반대이고 그 중간에 중성축이 있어 여기에 Brush가 위치함

따라서 전기자 도체가 브러쉬를 통과할 때 마다 전류의 방향도 반전되나 외부회로의 전압은 같은 극성을 유지하게 되는데 이를 정류작용이라 함

2. 정류과정

(1) 그림(a)와 (c)처럼 Coil이 중립면을 통과 할 때 Coil이 브러쉬에 의해 단락되지만 Coil 변이 자속을 쇄교하지 않기 때문에 전기자에 전압이 유기되지 않으며 따라서 단락전류도 흐르지 않는다.

(2) 그러나 실제 기기에서는 전기자에 많은 분포된 coil이 있으며, 중립면에도 한번에 1개의 Coil만이 통과 하지만 한 coil이 중립면으로 진입하면 다른 Coil이 중립면에서 나와 항상 일정크기의 전압이 발생함

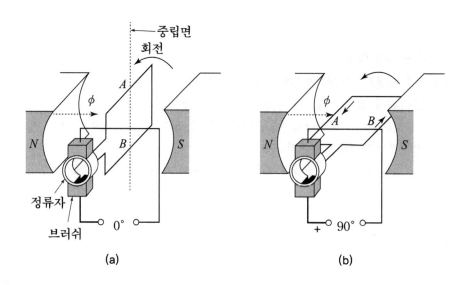

(a)　　　　　　　　　　(b)

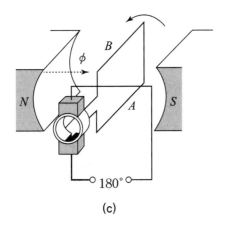

(c)

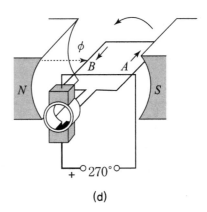

(d)

〈직류 발전기 유기 전압파형〉

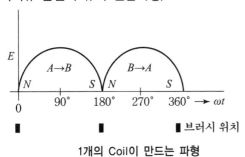

■ ■ ■ 브러시 위치

1개의 Coil이 만드는 파형

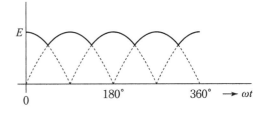

여러개의 Coil이 만드는 파형

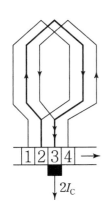

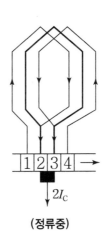

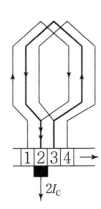

(정류중)

3. 정류불량 원인

(1) 단락 순환 전류

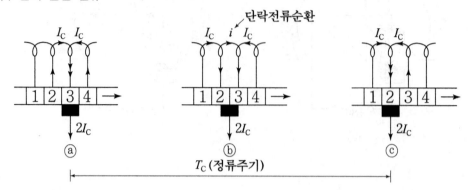

(2) 리액턴스전압

$\begin{cases} @에서 \ Coil \ 2와 \ 3사이의 \ 전류를 \ I_c라 \ 하면 \\ ©에서 \ Coil \ 2와 \ 3사이의 \ 전류는 \ -I_c인 \ 셈 \end{cases}$

정류기간 T_c사이에 I_c에서 $-I_c$로 변화시키면 리액턴스 전압은

$$e_r = -L\left(\frac{-I_c - I_c}{T_c}\right) = L\frac{2I_c}{T_c}$$

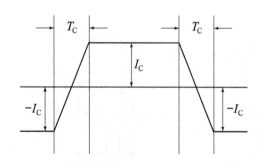

정류기간동안 L에 의해 전류 변화를 방해하는 작용 때문에 높은 역기전력이 단락 Coil에 유기되면서 브러쉬 단부에서 불꽃 발생

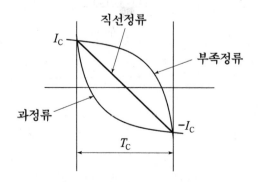

$\begin{cases} 직선정류 : 브러쉬 \ 접촉면에 \ 전류밀도 \ 균일(이상적) \\ 부족정류 : 후단부 \ 불꽃 \ \boxed{B} \ (정류말기 \ 상태불량) \\ 과정류 : 전단부 \ 불꽃 \ \boxed{B} \ (정류초기 \ 상태불량) \end{cases}$

4. 정류불량 대책

(1) 리액턴스전압 억제

① 기본대책

$$e_r = L\frac{2I_c}{T_c} \text{에서}$$

$$\begin{cases} L \text{ 감소} \rightarrow \text{단절권 채용} \\ T_c \text{ 증가} \rightarrow \text{회전속도 감소시키거나 정류주기를 길게 함} \end{cases}$$

② 전압정류 → 보극설치

㉠ 리액턴스전압 e_r와 반대의 전압 e_c를 정류중의 Coil내에 유도시켜 역기전력을 상쇄시키는데 이를 전압정류라 하며 이 e_c를 정류전압이라 함

㉡ 일반적으로 Brush는 기하학적 중성축에 고정시키고 이곳에 보극을 설치하여 리액턴스 전압 해소

㉢ 보극을 설치한 중성점 부근 이외는 전기자 반작용이 남게 되는데 이것을 보상권선이 해결함(보상권선은 생략할 수 있어도 보극은 폐지할 수 없다.)

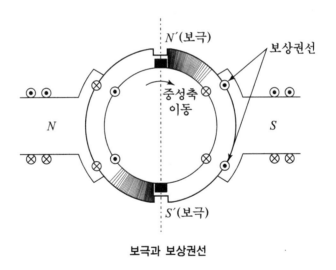

보극과 보상권선

(2) 단락순환전류 억제

저항정류 → 탄소, 흑연 브러쉬 사용

① 브러쉬로 단락된 회로의 저항을 증대

② 저항이 큰 브러쉬 사용 : 탄소, 흑연 브러쉬

참고 1 중성축 이동에 의한 전기자기자력

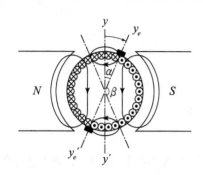

(감자기자력과 교차기자력)

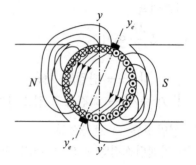

(전기자 합성 기자력)

⇓

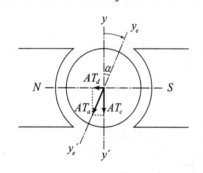

감자기자력 $ATd = \dfrac{NI_a}{aP} \times \dfrac{2\alpha}{180} = \dfrac{Z \cdot I_a}{2aP} \times \dfrac{2\alpha}{180}\,(\because 2N = Z)$

교차기자력 $ATc = \dfrac{ZI_a}{2aP} \times \dfrac{\beta}{180}$

(여기서, α : 브러쉬 이동각도, β : $180 - 2\alpha$)

문제4 # 직류전동기의 속도, 토크 특성

Ⅰ. 개요

1. 직류전동기의 속도, 토크 특성이란

   단자전압과 계자저항을 일정하게 유지한 상태에서 부하전류와 속도, 토크의 관계를 나타낸 것

2. **관계식** $\begin{cases} 속도\ n = K_1 \dfrac{V - I_a R_a}{\phi}(rps) \\ 토크\ T = K_2 \cdot \phi \cdot I_a(Nm) \end{cases}$

Ⅱ. 타여자 전동기

1. 속도특성

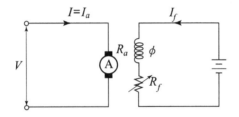

$n = \dfrac{V - I_a R_a}{k\phi}$ 에서 ϕ와 V가 일정상태에서 속도는 I_a가 커지면 약간 감소하나 어느정도 이상되면 전기자 반작용에 의한 감자작용으로 자속 감소되어 속도는 약간 상승

2. 토크특성

$T = \dfrac{PZ}{2\pi a}\phi \cdot I_a = K_2 \cdot \phi \cdot I_a$ 에서 $\begin{cases} 부하전류\ 작은\ 범위 : T \propto I_a(직선적\ 비례) \\ 부하전류\ 큰\ 범위 : 감자작용으로\ 거의\ 일정(약간\ 감소) \end{cases}$

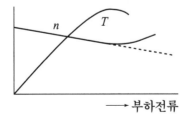

3. 용도

(1) 세밀한 속도 조정(대형 압연기 등)

(2) 종래의 고급 E/V(일그너, 위드레너드 방식의 주 전동기로 사용)

Ⅲ. 분권 전동기

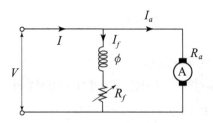

1. 전기자 권선과 계자권선이 병렬로 접속
2. 단자전압 일정하면 계자전류도 일정하므로 ϕ 일정
3. ϕ 와 V 일정 상태에서 I_a 증가에 대해 타여자와 유사한 속도-토크 특성을 나타냄
4. **용도** : 정속도 운전을 요하는 곳(공작기계, 콘베이어)

Ⅳ. 직권전동기

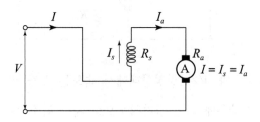

1. 속도특성

(1) 직권계자 저항을 R_s 라 하면

$$n = K_1 \cdot \frac{V - I_a(R_a + R_s)}{\phi} \text{에서}$$

(2) 부하전류가 작은 범위 일 때

자속은 전류에 비례 → $n \doteqdot K_1' \dfrac{V}{I_a} (\because \ V \gg I_a(R_a + R_s))$

전압이 일정하면 속도는 부하전류 크기에 점근적으로 반비례

(3) 부하전류가 큰 범위

자기회로 포화로 사속일정 → $n = K_1''\{V - I_a(R_a + R_s)\}$ 로 되어 부하전류 증가에 직선적으로 감소

(4) 부하전류가 0에 가까워지면

　① 속도가 매우 높아져 잔류자기마저 없다면 무구속 속도(run-away speed)에 이름
　　→ 원심력으로 전기자 파괴

　② 따라서 직권 전동기에서는 안전속도로 운전 할 수 있는 최소한의 부하가 걸려 있어야 함

2. 토크 특성

(1) 부하전류가 작은 범위

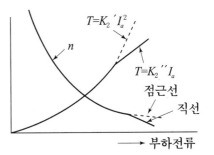

$$\begin{cases} \phi \propto I_a \text{이므로} \\ T = K_2 \phi I_a = K_2{}' I_a{}^2 \rightarrow \text{포물선} \end{cases}$$

(2) 부하전류가 큰 범위

자기포화로 ϕ : 일정, $T = K_2{}'' I_a \rightarrow$ 직선적비례

3. 용도

부하 변동이 심하고 큰 기동 토크 요하는 곳이나 정출력 특성 요하는 곳(전차, 기중기)

V. 복권 전동기

분권 + 직권의 중간적 특성 $\begin{cases} \text{직권계자 기자력이 크면 직권 전동기 특성에 유사} \\ \text{분권계자 기자력이 크면 분권 전동기 특성에 유사} \end{cases}$

1. 가동복권(외분권)특성

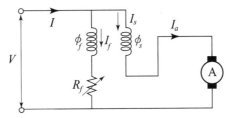

(1) 분권계자 권선이 있어 무부하에서도 무구속 속도에 이를 염려가 없음
(2) 직권계자 권선이 있어 기동토크 크고 전원에 대한 위협이 적음

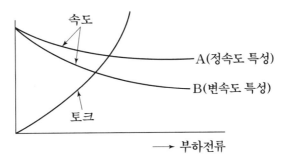

(3) 용도 : 권상기, 압연기, 공작기계

2. 차동복권(내분권)

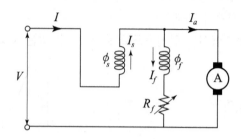

(1) 직권계자 기자력이 분권계자 기자력 상쇄($\phi = \phi_f - \phi_s$)
(2) 부하전류가 증가함에 따라 분권계자자속 감소로 인한 속도강하 보상 → 정속도 특성

$$n = K_1 \frac{V - I_a R_a}{(\phi_f - \phi_s)}$$

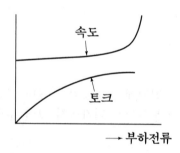

(3) 부하전류가 어느 정도 이상 증가시 직권계자 기자력 = 분권계자 기자력이 되어 자속은 0, 그 이상 증가시 역전
(4) 기동 토크가 작아 별로 사용안함

문제5 직류전동기의 동작원리, 특징, 종류, 기동방법에 대하여

Ⅰ. 직류전동기의 구조 및 동작원리

1. 구조

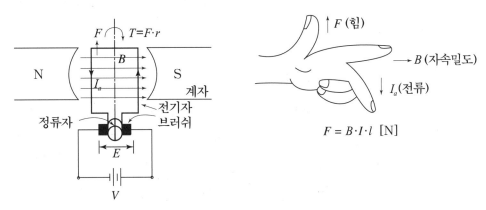

플레밍의 왼손 법칙

2. 동작원리

(1) 브러쉬 양단에 직류전압인가시 전기자도체에 전류가 흘러 계자권선의 자속을 자르게 되므로 플레밍의 왼손법칙에 의한 전자력(電磁力)으로 전기자 회전

(2) 전기자 회전시 플레밍의 오른손 법칙에 의해 역기전력이 발생하고 그 이상의 직류 단자전압이 공급되면서 전동기회전 지속

① 역기전력(브러쉬 사이 유기 기전력) $E = \dfrac{PZ}{a} \phi \cdot n = K_1 \phi \cdot n (V)$

② 회전속도 $n = \dfrac{E}{K_1 \phi} = K_2 \dfrac{V - I_a R_a}{\phi} (\text{rps})$

③ 토크 $T = \dfrac{PZ}{2\pi a} \phi I_a = K_3 \phi I_a (N \cdot m)$

④ 전동기 출력 $P = E I_a = 2\pi n T = \omega T (W)$

P : 극수

a : 병렬회로수

Z : 도체수

ϕ : 극당 자속

V : 단자전압

I_a : 전기자전류

R_a : 전기자저항

Ⅱ. 직류전동기의 특징

장 점	단 점
• 기동 토크가 크다 • 기동 및 속도제어가 용이	• 가격 고가 • 정류자, 브러쉬가 있어 구조 복잡하고 정기점검 필요 • 정류자와 브러쉬 사이 불꽃에 의한 장해발생 원인 및 고전압, 고속회전 제한

Ⅲ. 직류전동기의 종류별 특징, 용도

종 류			결선방식	특 징	용 도
타여자				• 계자권선과 전기자 권선 각기 다른 전원에 접속 • 속도를 세밀히 넓은 범위로 조정 가능 (정속도 특성)	• 대형 압연기 • 고급 엘리베이터(종전)
자여자	직권			• 전기자 권선과 계자권선 직렬접속 • 토크 증가시 속도저하 (정출력 특성, 변속도 특성) • 무부하시 무구속 속도 위험	• 전철, 기중기 • 부하변동 심하고 큰 기동토크 요구되는 곳
	분권			• 계자권선과 전기자권선 병렬접속 • 타여자 전동기와 특성 유사(정속도 특성)	• 공작기계, 콘베이어 • 정속도 운전 요하는 곳
	복권	가동 복권 (외분권)		• 직권계자와 분권계자 권선으로 구성 • 계자자속 합성 • 기동토크 크다.	• 권상기, 공작기계, 압연기
		차동 복권 (내분권)		• 상동 • 계자자속 상쇄 • 정속도 특성, 기동토크 적다.	• 별로 사용안함

Ⅳ. 속도-토크 특성

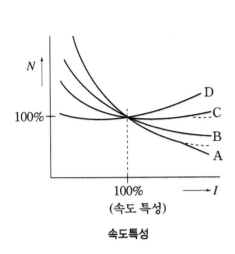

속도특성

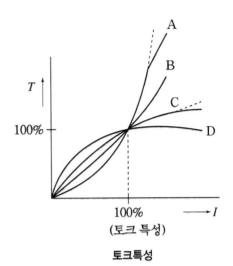

토크특성

A : 직권　　　　　　　B : 가동복권
C : 분권 및 타여자　　D : 차동복권

Ⅴ. 직류전동기 기동법

1. 개요

(1) 관계식 $I_a = \dfrac{V-E}{R_a}$

R_a : 전기자 저항(직권 및 복권 : 전기자 + 직권 계자권선 저항)

(2) R_a 는 매우 작지만 운전 중 E 가 충분히 발생하므로 I_a 는 적정값 유지하나 기동시 $E = 0$ 이므로 I_a 는 매우 큰 전류가 흘러 전기자 권선 소손우려

2.저항기동

적정저항(R_{st})을 전기자에 직렬삽입
→ 회전속도 상승으로 역기전력 E 가 증가하면 저항을 순차적으로 감해주는 방법

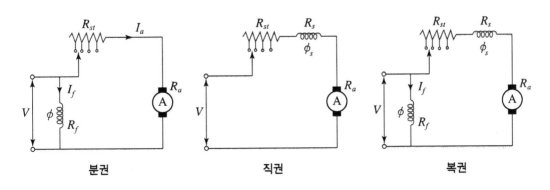

분권　　　　　　　　직권　　　　　　　　복권

Ⅲ. 감전압 기동(저항기동 방식과 병행)

전동기의 단자전압을 변화시켜 기동전류를 제한하는 방법

(1) 직병렬기동

① 기동시

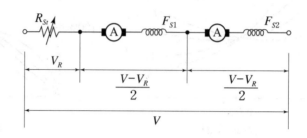

② 운전시

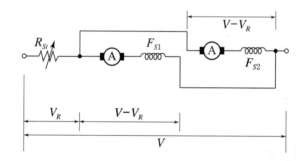

(2) 가변전압을 갖는 전원 채택

Ward Leonard, Static Leonard 방식, 직류쵸퍼 방식 등

문제6 ## 직류 전동기 속도제어

Ⅰ. 개요

1. 관계식 $N = K_1 \dfrac{V - I_a R_a}{\phi}$ (제어요소 : V, R_a, ϕ)

2. 종류

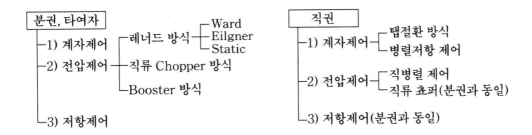

Ⅱ. 분권, 타여자 전동기 속도제어

1. 계자제어(Field Control)

(1) 자속 ϕ를 바꾸기 위해 보통 계자저항기로 I_f 가감(타여자 전동기는 여자기로 V_f 조정 → I_f 가감)

(2) ϕ가 $\dfrac{1}{2}$, $\dfrac{1}{3}$ → 속도는 2, 3배로 증가

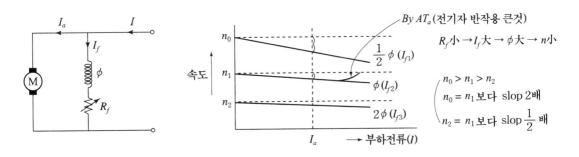

(3) 특징

① 비교적 광범위한 속도제어 가능하나

계자저항 감소시 → 자속포화로 인해 속도저하에 한계

계자저항 증가시 → 전기자 반작용 커짐

② 정속도 특성이 요구되는 부하에 적합

③ 저항손실 작고 조작 간편

2. 전압제어(Voltage-Control)

(1) Leonard 방식 - 정·역 양방향으로 광범위한 속도조정

① Ward Leonard 방식 : (DCM + DCG) + DCM

② Eilgner방식 : Flywheel 관성에너지 이용, 부하급변에 대처

　　[ACM(권선형) + Flywheel + DCG] + DCM

③ Static Leonard 방식

　㉠ 워드레너드 방식의 M-G set 대신 → Thyristor 변환장치 이용

　㉡ 특징비교(Ward Leonard 방식에 비해)

장점	단점
• 전력손실(변환손실)이 작아 효율이 높다. • 회전부분의 브러쉬 마모 없이 보수용이 • 설치면적 작고 보수비 절감 → 경제적	• 위상제어로 역률이 나쁘다. • 고조파 발생 • 회전기와 같은 관성에너지가 없고 과부하 내량 적음

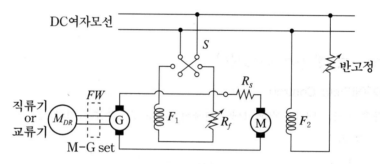

Ward Leonard/일그너 방식

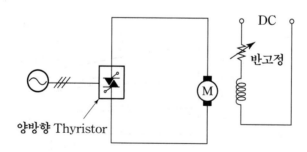

Static - Leonard 방식

(2) 직류 쵸퍼제어(DC Chopper Control)

① Thyristor Chopper에 의한 직류회로 개폐

→ on, off 조정으로 전동기 평균 직류전압 조정

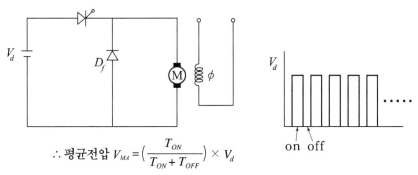

$$\therefore \text{평균전압 } V_{MA} = \left(\frac{T_{ON}}{T_{ON} + T_{OFF}} \right) \times V_d$$

② 기동 및 속도제어 용이

③ 전력손실 적어 효율 좋다.

(3) Booster 방식

① 승압기(Booster) : 선로에 직렬로 삽입, 전압을 상승, 하강시키는 기기

② 그림과 같이 직류전원에 직렬로 승압기 B(직류전압 조정용 발전기)를 접속하고 그 계자전류 I_{Bf}를 정, 부 양방향 조정하며, 주 전동기 M의 전압 V_M은 전원전압과 발전기전압을 합성한 값

즉 $V_M = V \pm V_B(V)$

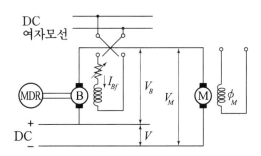

③ 승압기 용량이 주전동기 용량보다 작아도 된다.

3. 저항제어법

(1) 전기자 회로에 직렬저항 R_s를 삽입, 부하전류에 의한 전압강하를 증, 감 시켜 속도를 가변시키는 방법

즉 $N = K_2 \dfrac{V - I_a(R_a + R_s)}{\phi}$

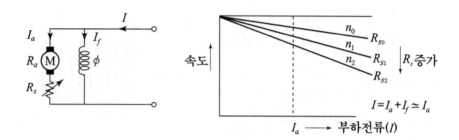

(2) 특징

① 저항기에 큰 전류가 흐르므로 열손실에 의한 효율저하
② 분권전동기의 정속도 특성 상실(단점)
③ 정토크 구동을 요하는 부하에 적합(ϕ, I_a 일정)

III. 직권 전동기 속도제어

1. 계자제어

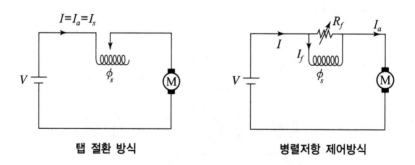

탭 절환 방식   병렬저항 제어방식

2. 전압제어

(1) 직·병렬 제어법

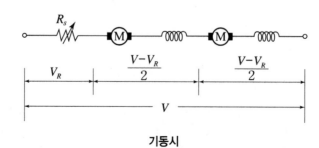

기동시

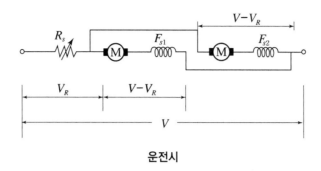

운전시

- 저항제어법 병용 $\begin{cases} 기동시\ 직렬연결 : \frac{1}{2}전압 \\ 운전시\ 병렬연결 : 全전압 \end{cases}$

- 저항제어보다 손실 적고 매우 광범위한 속도제어(전기철도에 응용)

(2) **직류 쵸퍼제어** : 분권과 동일방법

3. 저항제어

(1) 전기자 회로에 직렬로 저항 R_s 삽입, 제어(분권과 같은 방법)

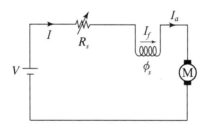

(2) 분권 전동기의 저항제어 방식처럼 효율이 떨어지지만 직병렬제어법과 병용해서 많이 사용됨

문제7 · BLDC Motor

Ⅰ. 개요

BL(Brush Less) DC Motor는 DC Motor의 결점을 보완, 브러쉬와 정류자 대신 반도체 소자를 이용한 전자적인 Switching으로 구동하는 모터로써 무정류자 Motor라고도 함

Ⅱ. DC Motor와 BLDC Motor의 비교

항목	일반 DC Motor	BLDC Motor
기본구조	회전 전기자형	회전 계자형(영구자석)
회전자 위치 검출	브러쉬의 기계적인 위치	위치 검출 소자 및 Logic 회로
정류방법	브러쉬와 정류자의 접촉에 의한 기계적인 스위칭	반도체 소자를 이용한 전자 스위칭
역회전 방법	단자전압의 극성 변경	스위칭 순서 변경
특징	(1) 속응성 및 제어성 우수 (2) 브러쉬/정류자 사용으로 ① 정기적인 보수 필요 ② 전기적(불꽃), 기계적 잡음발생 ③ 브러쉬의 전압강하, 마찰손실 발생 ④ 고속운전 불가능 ⑤ 외형이 크고 복잡	(1) DC Motor와 유사한 제어 (2) 브러쉬/정류자 필요 없어 ① 장기간 사용가능(보수 불필요) ② 전기, 기계적 잡음 없음 ③ 고신뢰성, 효율 양호 ④ 고속운전 가능 ⑤ 소형화 가능 (3) 로터의 저관성화에 제한

Ⅲ. BLDC Motor의 구성

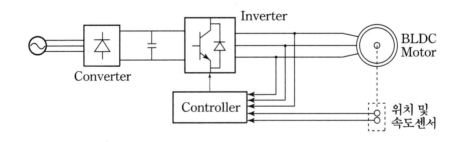

Ⅳ. 동작원리

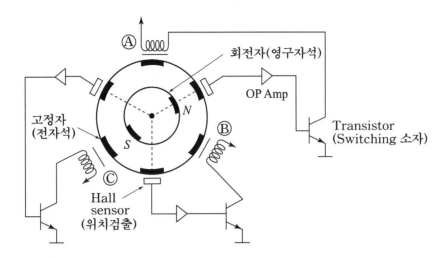

1. Hall sensor의 위치정보에 따라 해당 고정자 Coil의 전류를 Transistor 소자에 의해 Switching

2. Hall sensor와 전기자 Coil : 각기 전기적으로 120° 위상차로 배치
   → 고정자와 회전자 사이에 회전 Torque가 발생하도록 Switching동작

3. 회전자가 60°(N극의 착자각 180° − 고정자의 위상각 120°) 만큼 이동시
   → Hall소자 위치 신호 출력정지, Transistor 개방 → Coil 여자 정지

Ⅴ. 종류(회전자 위치에 따른 분류)

구분	내전형(Inner type)	외전형(Outer type)
구조	위치검출소자 ─ Stator ─ Magnet / Rotor / Shaft / 볼베어링 / 베어링 브라켓 / Armature Coil	Stator / Armatare Coil / 볼베어링 / Magnet / 위치검출소자 로터
특징	1) 회전자 외경이 작아 관성 모멘트를 작게 할 수 있다. (Torque/Inertia 比크다.) 2) 고속 회전이 어렵다. 3) 속응(가감속 운전)이 요구되는 용도 4) Motor 구조가 비교적 간단	1) 회전자 외경이 커서 관성 모멘트가 크다. 2) 정속, 고속용으로 적합 3) 마그네트를 비교적 크게 할 수 있어 고효율, 고토크화 용이 4) 회전자 지지구조 복잡

Ⅵ. 속도/토크 특성

1. 전압, 전류와 속도, 토크 관계식

$$E = \frac{PZ}{a}\phi n = K_E \cdot n$$
$$T = \frac{PZ}{2\pi a}\phi I_a = K_T \cdot I_a \quad \Bigg\} \text{에서}$$

$$V = I_a R_a + K_E \cdot n \quad \cdots\cdots\cdots\cdots\cdots \quad (1)$$

$$n = \frac{V}{K_E} - \frac{R_a}{K_E \cdot K_T} T \quad \cdots\cdots\cdots\cdots \quad (2)$$

$$T = -\left(\frac{K_E \cdot K_T}{R_a}\right)n + \frac{K_T \cdot V}{R_a} \quad \cdots\cdots\cdots \quad (3)$$

한편 $n = 0$에서

(1)식으로부터 기동전류 $I_s = \dfrac{V}{R_a}$

(3)식으로부터 기동토크 $T_s = \dfrac{K_T \cdot V}{R_a} = K_T \cdot I_s$

$\quad$ $T = 0$일 때 (2) 식으로부터 $n = \dfrac{V}{K_E}$

2. 특성곡선

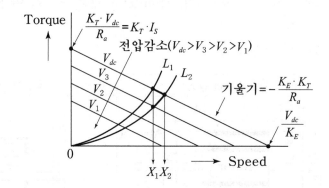

3. 특징

(1) 회전속도, 토크는 인가전압에 직선적으로 비례

(2) DC Motor와 같이 회전속도와 토크 특성이 선형적인 반비례 관계

(3) 입력전류에 대해 토크가 직선적으로 비례하며 출력효율이 양호함

(4) 기동토크가 크다.

(5) 부하의 변동에 대해 인가전압 조정으로 Motor의 회전속도 제어 가능

Ⅶ. 응용분야

1. VTR의 드럼, Floppy Disc의 회전 Motor용
2. 복사기, 산업용 기기, 자동차용 등

Ⅷ. 최근동향

Sensorless 제어방법에 의한 구동 개발 中
→ Motor의 전류와 전압 검출제어

참고 1 BLDC Motor 구동제어

1. 홀 센서

N극이 다가설 때 1
S극이 다가설 때 0

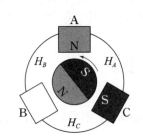

2. 고정자의 권선

\+ 방향으로 전류를 흘리면 N 극이 되고
\- 방향으로 전류를 흘리면 S 극이 된다고 가정

홀센서로 회전자의 위치를 측정하여 회전자인 영구자석을 당겨주고 밀어줄 수 있도록
고정자 코일을 순차적으로 여자하여 구동하는 방식

3. 6단계 제어

Step	Hall Sensor			Switch driver					
	H_A	H_B	H_C	A^+	A^-	B^+	B^-	C^+	C^-
1	0	1	1	1	0	0	0	0	1
2	0	0	1	0	0	1	0	0	1
3	1	0	1	0	1	1	0	0	0
4	1	0	0	0	1	0	0	1	0
5	1	1	0	0	0	0	1	1	0
6	0	1	0	1	0	0	1	0	0

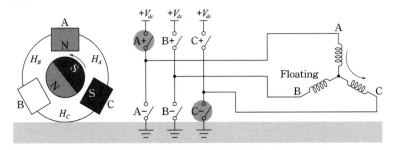

〈stetp 1 제어 예〉

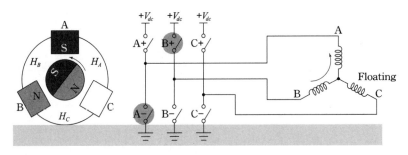

〈stetp 3 제어 예〉

문제8 **3상 유도 전동기의 회전원리(회전자계 발생이론)**

Ⅰ. 개요

1. Arago's Disc 실험(1824年)

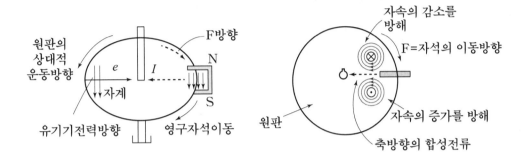

(1) 플레밍의 법칙

① 구리원판에 영구자석을 끼워 회전 → 그 원판의 상대적 운동방향과 자계에 의한 유기기전력 발생(오른손법칙)

② 동판이 자속을 끊음 → 자속의 변화에 의한 유기기전력 발생($e = -\dfrac{d\phi}{dt}$) → 와전류 발생 → 축 방향의 합성전류와 자계에 의한 회전력 발생 → 구리원판 회전(왼손법칙)

(2) 슬립의 발생

① 슬립의 정의

$$S = \frac{N_s - N}{N_s} \times 100(\%)$$

N_s : 동기속도(회전자계 속도)

N : 회전자 속도

② 발생사유

동원판이 자석보다 느리게 회전하여야 자속을 끊어 기전력을 유기하여 회전력을 발생시키기 때문

$$\therefore \ N = N_s(1 - S) = \frac{120}{p}f(1 - S)$$

2. Nicola Tesla의 응용(1886年)

실제의 3상 유도 전동기는 영구자석을 돌리는 대신 고정자 권선에 3상 교류를 흘려 회전자계를 만들어 주고 동원판 대신 원통형의 철심(회전자) 사용

II. 구조 및 기본원리

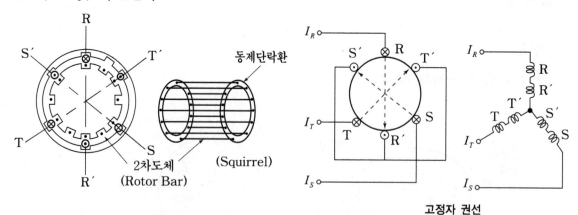

동제단락환

(Squirrel)

2차도체
(Rotor Bar)

고정자 권선

1. 고정자 권선, 고정자철심, 회전자권선(도체), 회전자철심 등으로 구성

2. 고정자 권선에 3상 전압인가 → 회전자계형성 → 회전자속이 2차도체와 쇄교 → Rotor Bar에 기전력 유기 → 단락환을 통해 전류 흐름 → 이 전류와 회전자계에 의한 회전력 발생 → Rotor회전

III. 회전자계 발생원리

1. 권회수N, 반경 a(m)인 코일이 120° 전기각으로 배치되고 여기에 전류 I가 흐를 때 Coil 중심에서의 자계 $H = \dfrac{NI}{2a}(AT/m)$, 그 방향은 암페어의 오른나사 법칙에 따름

2. 3개의 Coil Ⅰ,Ⅱ,Ⅲ를 120°씩 배치

각각 $I_m \sin\omega t$, $I_m \sin(\omega t - \dfrac{2\pi}{3})$, $I_m \sin(\omega t - \dfrac{4\pi}{3})$로 표시되는 3상 교류를 흘리면

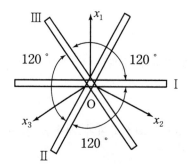

① Coil Ⅰ에 흐르는 전류에 의해 O점에 만들어지는 자계는 O_{x1}의 방향이 되고 그 크기는 전류에 비례

즉 $O_{x1}(H_a) = \dfrac{NI_m}{2a} \sin\omega t = H_m \sin\omega t$

마찬가지 방법으로 $O_{x2}(H_b) = H_m \sin(\omega t - \dfrac{2\pi}{3})$

$$O_{x3}(H_c) = H_m \sin(\omega t - \dfrac{4\pi}{3})$$

가 되어 이들 3개를 합성한 자계가 O점에 생긴다.

② 여기에서 이것을 O_{x1} 방향과 O_{x1}과 직각방향 즉, 종축과 횡축으로 분해하면

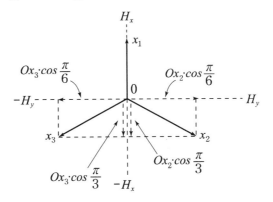

㉠ 종축에 대해서는

$$H_x = H_m \sin\omega t - H_m \sin\left(\omega t - \frac{2\pi}{3}\right) \cdot \cos\frac{\pi}{3}$$

$$- H_m \sin\left(\omega t - \frac{4\pi}{3}\right) \cdot \cos\frac{\pi}{3}$$

$$= H_m\left[\sin\omega t - \cos\frac{\pi}{3}\left\{\sin\left(\omega t - \frac{2\pi}{3}\right) + \sin\left(\omega t - \frac{4\pi}{3}\right)\right\}\right]$$

여기서, $\sin\left(\omega t - \frac{2\pi}{3}\right) = -\frac{1}{2}(\sin\omega t + \sqrt{3}\cos\omega t)$ ·················· A

$\sin\left(\omega t - \frac{4\pi}{3}\right) = -\frac{1}{2}(\sin\omega t - \sqrt{3}\cos\omega t)$ ·················· B

$$\therefore\ A + B = -\sin\omega t,\ A - B = -\sqrt{3}\cos\omega t$$

$$\therefore\ H_x = H_m\left[\sin\omega t + \cos\frac{\pi}{3}\times\sin\omega t\right] = H_m\sin\omega t\left(1 + \frac{1}{2}\right)$$

$$= \frac{3}{2}H_m\sin\omega t$$

㉡ 횡축분에 대해서는

$$H_y = H_m\sin\left(\omega t - \frac{2\pi}{3}\right) \cdot \cos\frac{\pi}{6} - H_m\sin\left(\omega t - \frac{4\pi}{3}\right) \cdot \cos\frac{\pi}{6}$$

$$= \frac{\sqrt{3}}{2}H_m\left\{\sin\left(\omega t - \frac{2\pi}{3}\right) - \sin\left(\omega t - \frac{4\pi}{3}\right)\right\} = -\frac{3}{2}H_m \cdot \cos\omega t$$

따라서 O점의 합성자계 $|H_o| = \sqrt{H_x{}^2 + H_y{}^2}$ 이므로

$$|H_o| = \sqrt{\left(\frac{3}{2}H_m\sin\omega t\right)^2 + \left(\frac{3}{2}H_m\cos\omega t\right)^2} = \frac{3}{2}H_m \quad \text{이 되어}$$

t 를 포함하지 않는 즉, 시간과는 무관하게 언제나 세기가 일정

ⓒ 다음에 합성자계와 횡축사이의 각을 θ라 하면

$$\theta = \tan^{-1} \frac{\dfrac{3}{2}H_m \cdot \sin\omega t}{-\dfrac{3}{2}H_m \cdot \cos\omega t} = -\tan^{-1}(\tan\omega t) = -\omega t$$

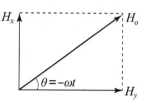

즉, 자계는 코일과 같은 주기를 가지며 동기속도로 시계방향으로

회전하고 그 세기는 각 coil이 만드는 최대 자계의 $\dfrac{3}{2}$배임

만일 Ⅱ와 Ⅲ의 위상을 반대로 하면 $\theta = \omega t$가 되어 반대방향(반시계방향)으로 회전함

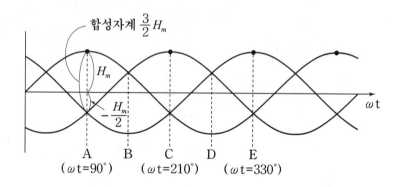

Ⅳ. 결론

1. 3개의 120° 전기각을 갖는 Coil에 3상 교류를 흘리면 시계방향으로 시간과 무관하게 언제나 세기가 일정한 $\dfrac{3}{2}H_m$의 크기를 갖는 합성자계가 동기속도로 회전함

2. 이러한 회전자계에 의해 2차도체에 기전력유기 및 토크발생으로 Rotor가 회전함

참고 1 　3상 유도전동기의 장점

1. 구조가 간단하고 견고하다.
2. 취급이 간편하고 운전이 용이하다.
3. 정속도 전동기이며 가격이 싸다.
4. 3상 교류전원에서 회전자계를 쉽게 얻을 수 있다.

참고 2 회전 자계의 발생

3상 유도 전동기 : 3상 교류 전원 인가 → 회전 자계 발생
(단상 유도 전동기 : 단상 교류 전원 인가 → 교번 자계 발생)

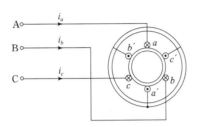

3상 고정자 권선

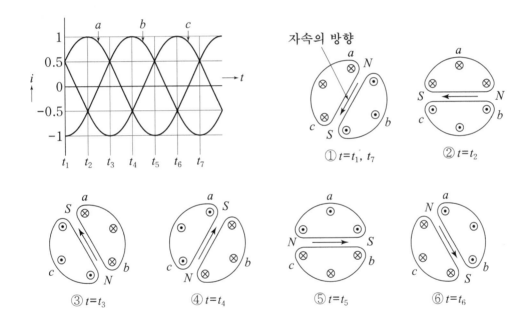

회전 자기장의 발생

문제9 3상 유도전동기의 특성

Ⅰ. Slip과 회전속도

1. 슬립의 정의 $S = \dfrac{N_s - N}{N_s} \times 100(\%)$

회전자계와 회전자의 상대속도는

$N_s - N = SN_s$

$S = 1$이면 $\rightarrow$ $N = 0$: 전동기 정지

$S = 0$이면 $\rightarrow$ $N = N_s$: 이상적인 무부하 상태

2. 회전자 속도 $N = N_s(1 - S) = \dfrac{120}{p}f(1 - S)(\text{rpm})$

Ⅱ. 속도 - 토크 곡선

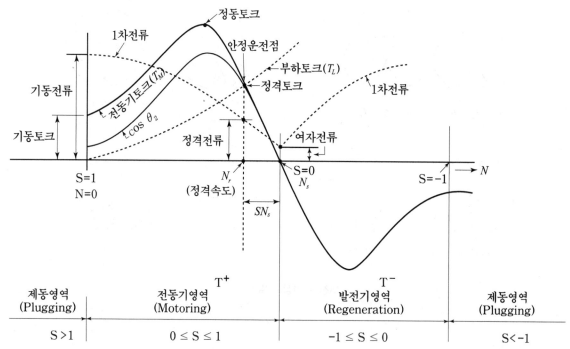

Ⅲ. 여자전류(Exciting-Current)

1. 회전자에 마찰이 없고 축에 부하를 전연 걸지 않았을 경우(완전 무부하 상태)

토크가 불필요 $\rightarrow$ $S = 0$가 되어 회전자는 동기속도가 됨

2. 이런 경우 회전자 도체는 자속을 끊지 않으므로 전류가 흐르지 않지만 고정자에는 회전자계를 만드는데 필요한 전류가 흘러 들어가는데 이를 여자전류라함

IV. 유기 기전력과 권수비

1. 고정자 권선에서 회전자계가 만들어지면 고정자 권선은 이 자계를 끊으므로 기전력을 유기함

$$E_1 = 4.44\,Kw_1 \cdot f_1 \cdot n_1\,\phi\,(V)$$

2. 고정자가 만드는 자속 ϕ 는 회전자 권선에도 기전력을 유기시킴

(1) 회전자 정지시$(S=1) \;\rightarrow\; E_2 = 4.44 f_1 \cdot K_{w2} \cdot n_2 \cdot \phi\,(V)$

(2) 회전자 회전시 $\rightarrow E_2{}' = 4.44\,s\,f_1 \cdot K_{w2} \cdot n_2 \cdot \phi = s E_2\,(V)$

3. 권수비

(1) 회전자 정지시 $\rightarrow \dfrac{E_1}{E_2} = \dfrac{K_{w1} \cdot n_1}{K_{w2} \cdot n_2} = a$

(2) 회전자 회전시 $\rightarrow \dfrac{E_1}{E_2{}'} = \dfrac{K_{w1} \cdot n_1}{s \cdot K_{w2} \cdot n_2} = \dfrac{1}{s}a$

(여기서 $a = \dfrac{K_{w1} n_1}{K_{w2} n_2}$: Effective turn ratio)

V. 고정자와 회전자 전류

1. 고정자와 회전자의 두 기자력은 평형관계

→ $I_1{}'$에 의한 고정자 기자력과 I_2 에 의한 회전자 기자력은 크기가 서로 같고 방향이 반대

2. 즉, $m_1 K_{w1} n_1 I_1{}' = - m_2 K_{w2} n_2 I_2$ 에서

고정자측 부하전류 $I_1{}' = -\dfrac{m_2}{m_1} \cdot \dfrac{1}{a} I_2 = -\dfrac{1}{ua} I_2$ (여기서 $u = \dfrac{m_1}{m_2}$: 상수비)

$$m_1 = m_2 = 3 \text{ 일 때 } I_1{}' = -\frac{1}{a} I_2$$

3. 1차 숫전류 $I_1 = I_1{}' + I_o$

4. 회전자 전류 $I_2 = \dfrac{s E_2}{r_2 + j\,s x_2} = \dfrac{s E_2}{\sqrt{r_2{}^2 + (s x_2)^2}}$

따라서 I_2 는 $s E_2$ 보다 $\theta = \tan^{-1}\dfrac{s x_2}{r_2}$ 만큼 위상이 뒤짐

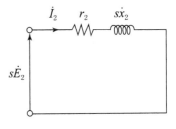

2차 등가회로

5. 1차로 환산한 등가회로, 전류관계

$$I_1{}' = -\frac{1}{ua} I_2 = -\frac{1}{ua} \cdot \frac{s E_2}{r_2 + j s x_2}$$

$$= -\frac{1}{ua} \cdot \frac{1}{\dfrac{r_2}{s} + j x_2} \cdot \left(-\frac{E_1{}'}{a}\right) = \frac{E_1{}'}{\dfrac{r_2{}'}{s} + j x_2{}'}$$

(여기서 $E_1 = - E_1{}'$)

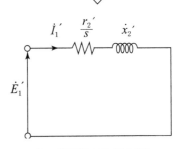

1차로 환산한 2차 등가회로

Ⅵ. 등가회로와 Vector도

1. 등가회로

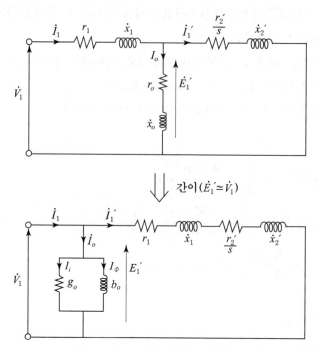

전체 등가회로(2차 → 1차로 환산)

$$\dot{I_1} = \frac{\dot{E'}_1}{(r_1 + \dfrac{r'_2}{s}) + j(x_1 + x'_2)}$$

$$\fallingdotseq \frac{\dot{V_1}}{\sqrt{(r_1 + \dfrac{r'_2}{s})^2 + (x_1 + x'^2)^2}}$$

$$\therefore \ \dot{I_1} = \dot{I_0} + \dot{I_1} = \dot{I_0} + \frac{\dot{V_1}}{\sqrt{(r_1 + \dfrac{r'^2}{s})^2 + (x_1 + x'^2)^2}}$$

Vector도

Ⅶ. 2차 입력과 토크관계

1. 2차 입력(회전자 숯입력)

$$P_2 = m_2 E_2 I_2 \cos\theta_2 = m_2 I_2^2 \times \frac{r_2}{s} = m_1 I_1'^2 \times \frac{r_2'}{s}$$

2. 토크

(1) 전동기 토크 $T = \dfrac{P_o}{\omega_2} = \dfrac{P_2}{\omega_1} = \dfrac{p}{4\pi f_1} \times P_2$

P_o : 출력 p : 극수

$$\therefore T = \frac{p}{4\pi f_1} \cdot \frac{m_1 \cdot V_1^2}{\left(r_1 + \dfrac{r_2'}{s}\right)^2 + (x_1 + x_2')^2} \cdot \frac{r_2'}{s} \, (\mathrm{N \cdot m})$$

(2) 동기 왓트로 나타낸 토크

$$\tau_s = P_2 = \frac{m_1 V_1^2 \dfrac{r_2'}{s}}{(r_1 + \dfrac{r_2'}{s})^2 + (x_1 + x_2')^2}$$

참고 **1** 전동기의 4상한 운전영역

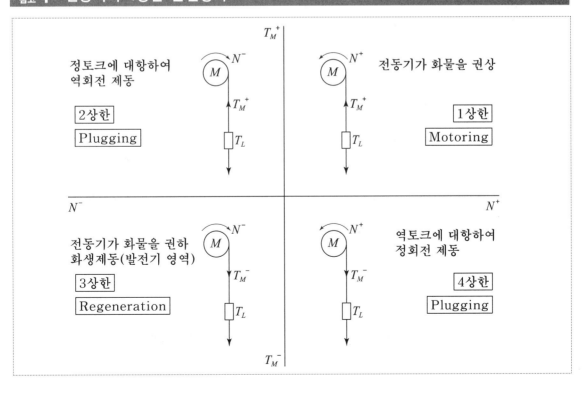

문제10 비례추이와 최대토크

I. 비례추이(比例推移 : Proportional shifting)

1. 관련식

(1) $P_2 = m_2 E_2 I_2 \cos\theta_2 = m_2 I_2^2 \dfrac{r_2}{s} = m_1 I_1'^2 \dfrac{r_2'}{s}$

(2) $I_1' = \dfrac{V_1}{\sqrt{(r_1 + \dfrac{r_2'}{s})^2 + (x_1 + x_2')^2}}$

(3) $\tau_s = P_2 = \dfrac{m_1 \cdot V_1^2 \cdot \dfrac{r_2'}{s}}{(r_1 + \dfrac{r_2'}{s})^2 + (x_1 + x_2')^2}$: 동기 Watt로 나타낸 토크

상기式으로부터 V_1, r_1, x_1 및 x_2'는 일정하므로 τ_s는 $\dfrac{r_2'}{s}$에 따라 변화하는 함수임

따라서 r_2'가 변화할 때 s도 변화시키면 $\dfrac{r_2'}{s}$는 일정하게 유지되므로 τ_s는 변하지 않는다.

(즉 $\dfrac{r_2'}{s} = \dfrac{mr_2'}{ms}$)

⇒ 이와 같은 관계를 토크의 比例推移라 한다. : (3)식 참고

이것은 I_1' 즉 2차 전류 I_2에 대해서도 성립한다. : (2)식 참고

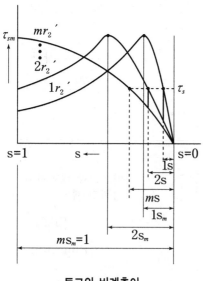

토크의 비례추이

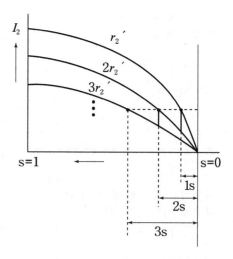

전류의 비례추이

Ⅱ. 최대 토크

1. 토크는 어떤 슬립에서 최대치에 이르는데 이 최대토크 τ_{sm}과 이것을 발생케 하는 슬립 s_m을 구하면

$$\frac{d\tau_s}{ds}=0 \text{을 놓고 풀면} \begin{cases} s_m = \dfrac{r_2{}'}{\sqrt{r_1{}^2 + (x_1 + x_2{}')^2}} \\ \tau_{sm} = \dfrac{m_1\,V_1{}^2}{2\left\{r_1 + \sqrt{r_1{}^2 + (x_1 + x_2{}')^2}\right\}} \end{cases}$$

2. 그런데 토크는 비례추이를 하므로 회전자 권선에 적당한 저항을 넣으면 기동시 최대토크 τ_{sm}을 발생시킬 수 있다.

   이 경우 회전자 권선에 넣을 기동저항을 $R_2{}'$(2차 → 1차로 환산한 값)라 하면 기동시 $s = 1$이 되므로 슬립 s_m 점에서의 비례추이식은

$$\frac{r_2{}'}{s_m} = \frac{mr_2{}'}{ms_m} = \frac{r_2{}' + R_2{}'}{1} \text{가 되어}$$

$$r_2{}' + R_2{}' = \sqrt{r_1{}^2 + (x_1 + x_2{}')^2}$$

$$\therefore R_2{}' = \sqrt{r_1{}^2 + (x_1 + x_2{}')^2} - r_2{}' = \frac{1 - S_m}{S_m} r_2{}' (\Omega)$$

   이와 같이 기동시 $R_2{}'$되는 저항을 회전자 회로에 삽입하면 최대 기동토크를 발생시킬 수 있다.

Ⅲ. 비례추이의 특징

1. 기동저항을 삽입하여 기동시 기동전류를 줄이고 기동토크를 최대로 할 수 있다.
2. $r_2{}'/s$를 동시 가변하므로써 운전 중 토크와 전류는 일정하게 유지한채 원하는 속도로 운전이 가능하다.

Ⅳ. 결론

권선형 유도전동기는 슬립링을 통하여 2차 외부저항을 이용, 비례추이의 원리로 원활한 기동 뿐 아니라 속도제어가 가능하다.

문제11 3상 유도전동기 기동방식

Ⅰ. 개요

1. 유도전동기는 구조가 간단하고 취급용이, 운전효율이 양호한 반면, 기동시 기동전류가 크고 기동 역률이 매우 낮다.

2. **기동전류 발생원리**

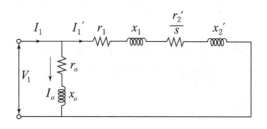

간이 등가회로

(1) 관계식

① $\dot{I_1} = \dot{I_0} + \dot{I_1}' = \dot{I_0} + \dfrac{\dot{V_1}}{(r_1 + \dfrac{r_2'}{s})^2 + (x_1 + x_2')^2}$ (I_1 : 운전중 1차측 전류)

② $\dot{I_{1s}} = \dot{I_0} + \dfrac{\dot{V_1}}{(r_1 + r_2')^2 + (x_1 + x_2')^2}$ ($\dot{I_{1s}}$: 기동시 1차측 전류)

(2) 현상

① 운전중 : 슬립이 작아(0.05정도) 임피던스 크고 역률 높다.

② 기동시 : s = 1이 되어 전체적인 임피던스가 낮아 기동전류 크고 역률이 매우 낮다.
따라서 적정 기동방식이 필요함

Ⅱ. 기동방식의 분류

1. 농형

(1) 전전압기동

(2) 감압기동 : $Y-\Delta$, 리액터, 기동보상기, Korndorfer, Soft starter, 인버터 기동

(3) 기타 : 1차 저항, Kusa 기동 등

2. 권선형

2차 저항기동, 2차 임피던스 기동

Ⅲ. 농형 유도전동기 기동법

1. 전전압 (직입)기동

(1) 기동장치 없이 직접 전전압을 가하여 기동하는 방식

(2) 특징

　① 장점 : 가장간단, 가격 저렴

　② 단점 : 전원용량 불충분시 전압강하로 기동실패, 큰 기동 토크로 기기 충격

(3) 적용

　① 보통 15HP 미만의 소용량

　② 최근 100kW 이상 사용사례도 있음(특수농형)

2. $Y-\Delta$ 기동

(1) 기동시 Y 결선 운전, 가속시 Δ 전환운전

(2) 회로도

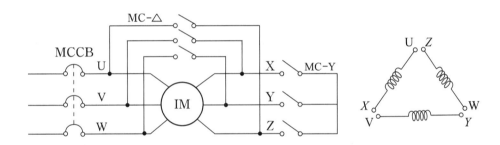

(3) 종류 : open transition방식, closed transition방식

(4) 특징

　① 장점 : 기동전류, 기동토크 → Δ 운전시의 $\dfrac{1}{3}$ 배

　② 단점 : 유지보수번잡, 절환시 접점손상, 돌입전류 발생(open transition방식)

(5) 적용 : 보통 15~30HP 미만의 중규모

3. 리액터 기동

(1) 리액터에 의해 $\dfrac{1}{a}$ 배 감압기동시 → 기동전류 $\dfrac{1}{a}$ 배, 기동토크 $\dfrac{1}{a^2}$ 배

(2) 특징

　① 장점 : 기동토크가 작아 기동시 충격방지, 기동 보상기에 비해 저렴, 간단

　② 단점 : 기동전류 대비 기동 토크값 저하$\left(\dfrac{기동토크}{기동전류}=\dfrac{1}{a}\right)$

(3) 적용 : 방직기계 실의 권취기

4. 기동 보상기 기동

(1) 3상 단권 변압기 이용한 감압기동

(2) 1, 2차 전압비에 비해 기동전류 및 기동토크가 작다.

→ $\frac{1}{a}$로 감전압시 기동전류 및 기동토크는 $\frac{1}{a^2}$배

(3) 특징 : 전전압 탭 절환시 순간 큰 돌입전류 발생, 별로 사용안함

5. Kormdorfer 기동

(1) 감압시

1단계 → 기동보상기로서 기동, 2단계 → 리액터로서 기동

(2) 회로도

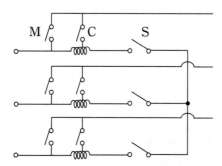

구 분	M	C	S
기동보상기 기동	off	on	on
리액터 기동	off	on	off
전전압 운전	on ①	off ②	off

(3) 특징

원활한 기동(기동 돌입전류발생 보완), 기동손실적음, 결선복잡, 가격고가

(4) 적용

대용량 냉동기, Compressor 등

6. Soft start 기동

(1) 기동 및 정지시 Thyriston 소자를 이용, 인가전압 크기를 단계적으로 상승시켜 부드러운 기동 및 정지 실현

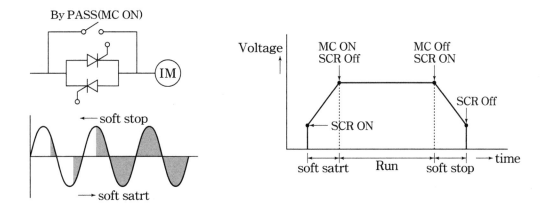

(2) 특징

① 기동전류 및 기동토크제한, 에너지 절감

② 전환시 과도서지 발생 없고 기계적 충격완화

7. 인버터 기동

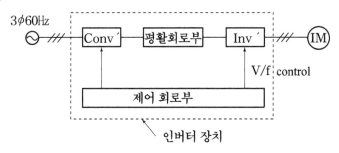

(1) 상용 교류전원을 인버터에 의해 임의의 주파수와 전압으로 가변시켜 유도 전동기를 기동, 제어하는 방식

(2) 특징 : 최적의 기동 조건 실현, 가격 고가, 근래에 주로 사용

Ⅳ. 권선형 유도 전동기 기동법

1. 2차 저항 기동

(1) 비례추이 특성 이용

$$\frac{r_2{}'}{s} = \frac{mr_2{}'}{ms} \text{ 관계 성립}$$

(2) 회로도

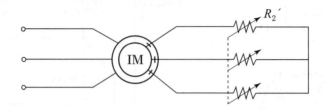

$$\frac{r_2{'}}{S_m} = \frac{mr_2{'}}{ms_m} = \frac{r_2{'} + R_2{'}}{1} \, \text{에서}$$

기동시 최대토크 발생 기동저항

$$R_2{'} = \sqrt{r_1{}^2 + (x_1 + x_2{'})^2} - r_2{'}(\Omega)$$

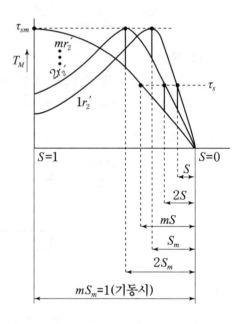

(3) 비례추이 특징

① 기동전류 감소

② 기동토크 증가

③ 운전시 토크일정 유지

(4) 특징

비교적 제어간단, 저항손실로 효율저하

2. 2차 임피던스 기동

(1) 전동기 2차회로에 저항 R_2 와 리액터 L_2 병렬 삽입, 기동

(2) 기동초기 저항측으로, 속도 상승시 리액턴스 측으로 전류 흐름

동기속도 근처 : L_2 거의 단락상태유지(S ≒ 0)

(3) 특징 : 비교적 기동 양호하나 대형

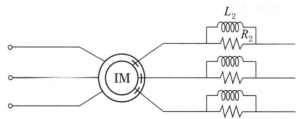

V. 기동 방식 선정시 고려사항

1. 기동시 전압강하
2. 부하토크에 대한 전동기 기동토크 확인
3. 기동시 시간내량
4. 전원용량
5. 기타(기동계급, 제어방식 등)

참고 1 3상 농형 유도 전동기의 기동 방식별 기동전류와 기동토크 관계

1. 기동방식별 기동전류와 기동토크 비교

기동방식		기동전류	기동토크
전전압 기동(직입기동)		전부하 전류×5~7배	전부하전류×1~2배
Y-Δ 기동		Δ 운전의 $\frac{1}{3}$ 배	좌동
리액터 기동($\frac{1}{a}$ 배 감압시)		직입기동×$\frac{1}{a}$ 배	직입기동×$\frac{1}{a^2}$ 배
기동보상기 기동($\frac{1}{a}$ 배 감압시)		직입기동×$\frac{1}{a^2}$ 배	직입기동×$\frac{1}{a^2}$ 배
Korn dorfer 기동	1단계 (기동보상기 기동)	직입기동×$\frac{1}{a^2}$ 배	직입기동×$\frac{1}{a^2}$ 배
	2단계(리액터 기동)	직입기동×$\frac{1}{a}$ 배	직입기동×$\frac{1}{a^2}$ 배

2. 해설(상기관계 유도)

(1) Y-Δ 기동

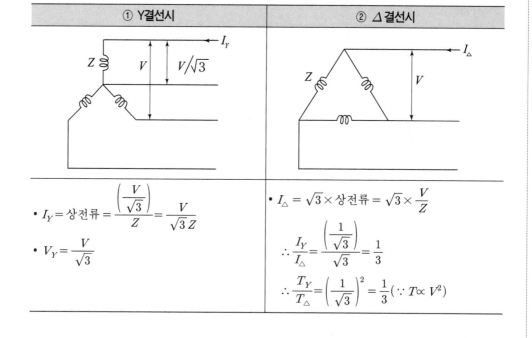

① Y결선시	② Δ 결선시
• $I_Y =$ 상전류 $= \dfrac{\left(\dfrac{V}{\sqrt{3}}\right)}{Z} = \dfrac{V}{\sqrt{3}\,Z}$ • $V_Y = \dfrac{V}{\sqrt{3}}$	• $I_\Delta = \sqrt{3} \times$ 상전류 $= \sqrt{3} \times \dfrac{V}{Z}$ $\therefore \dfrac{I_Y}{I_\Delta} = \dfrac{\left(\dfrac{1}{\sqrt{3}}\right)}{\sqrt{3}} = \dfrac{1}{3}$ $\therefore \dfrac{T_Y}{T_\Delta} = \left(\dfrac{1}{\sqrt{3}}\right)^2 = \dfrac{1}{3}\,(\because T \propto V^2)$

(2) 리액터 기동

① 전동기를 리액터에 의해 $\frac{1}{a}$배로 감압기동시

$$\frac{V-\frac{1}{a}V}{X}=\frac{\frac{1}{a}V}{X_m} \text{이므로}$$

$$\frac{X}{X_m}=\frac{1-\frac{1}{a}}{\frac{1}{a}}=a-1 \text{이 된다.}$$

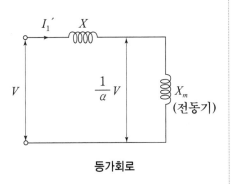

등가회로

② 그런데 전동기 직입기동시 기동전류 $I_1=\dfrac{V}{X_m}$이므로 리액터 기동시 기동전류

$$I_1'=\frac{V}{X+X_m} \text{가 됨}$$

$$\therefore \frac{I_1'}{I_1}=\frac{\left(\dfrac{V}{X+X_m}\right)}{\left(\dfrac{V}{X_m}\right)}=\frac{X_m}{X+X_m}=\frac{1}{\dfrac{X}{X_m}+1}=\frac{1}{a} \text{배}$$

③ 기동토크는 전압의 제곱에 비례하므로

$$\therefore \frac{T_1'}{T_1}=\left[\frac{(\frac{1}{a}V)}{V}\right]^2=\frac{1}{a^2} \text{배}$$

④ TAP을 50-65-80% 설정시
　㉠ 기동전류 : 50-65-80%
　㉡ 기동토크 : 25-42-64%

(3) 기동 보상기 기동

① 기동보상기의 全전압과 감전압 비를 $\frac{1}{a}$이라 하면

$$\frac{V_1'}{V_1}=\frac{I_1' \cdot (X+X_m)}{I_1 \cdot X_m}=\frac{1}{a}$$

따라서, 전류 $\dfrac{I_1'}{I_1}=\dfrac{1}{a}\times\left(\dfrac{X_m}{X+X_m}\right)=\dfrac{1}{a}\times\dfrac{1}{a}=\dfrac{1}{a^2}$

토크 $\dfrac{T_1'}{T_1}=\dfrac{1}{a^2}(\because T\propto V^2)$

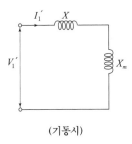

(기동시)

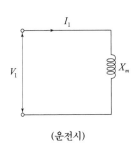

(운전시)

② 기동 보상기 사용 탭

　　㉠ 단자전압 : 50-65-80%

　　㉡ 기동전류, 기동토크 : 25-42-64%

(4) Korndorfer 기동

$\dfrac{1}{a}$ 배로 감전압 기동시 직입 기동에 비해

① 1단계 운전(기동보상기로써 이동) → 기동전류, 기동토크 : $\dfrac{1}{a^2}$

② 2단계 운전(리액터로써 기동) → 기동전류 $\dfrac{1}{a}$ 배, 기동토크 $\dfrac{1}{a^2}$ 배

참고 2 기동방식별 전압, 전류, 토크곡선

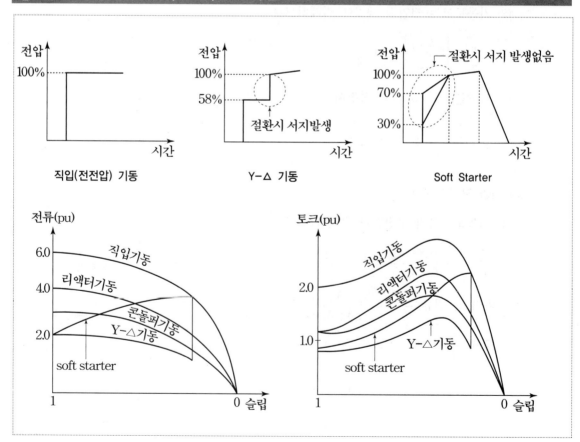

문제12 유도전동기 기동방식 선정시 고려사항

I. 개요

1. 기동방식의 분류

(1) 농형

① 전전압(직입)기동

② 감압기동 : Y-Δ, 리액터, 기동 보상기, Korndorfer, Soft starter, 인버터 기동

③ 기타 : 1차저항, Kusa 기동 등

(2) 권선형

2차 저항기동, 2차 임피던스 기동

2. 따라서 기동방식 선정시 다음과 같은 사항을 고려하여야 한다.

II. 기동방식 선정시 고려사항

1. 기동시의 전압강하

(1) 기동시 전압강하는 단시간이므로 정상 부하시의 전압변동에 비해 전체 15%정도 허용 (기동시 10% + 정상시 5%)

(2) 전압강하 허용치 초과시

① 감전압 기동방식 채용

② 변압기 Bank 분리 or 용량 증가

2. 부하 소요토크에 대한 전동기 토크의 확인

(1) 전동기 토크와 부하토크와의 관계

① 전동기 토크(T_M)와 부하토크(T_L)의 교차점에서 안정운전 조건

㉠ 속도 상승시 → $T_M < T_L$ ⇒ 감속해서 P점 복귀

㉡ 속도 감소시 → $T_M > T_L$ ⇒ 가속해서 P점 복귀

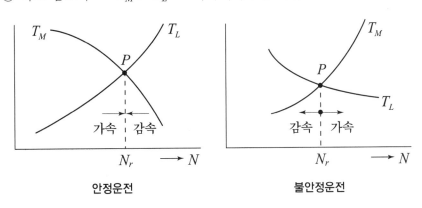

안정운전   불안정운전

(2) Y-Δ 기동시 T_M 과 T_L 의 관계

① $T \propto V^2$ → 기동전압을 너무 내리면 부하의 소요토크 불충족으로 기동불가

② Y기동시 전동기 토크곡선과 부하토크곡선이 동기속도의 80% 이하에서교차시 (즉, 가속이 부족한 상태에서 Δ전환하면) 전환시의 전류가 직입 기동전류와 비슷해짐(다만 지속시간이 조금 짧아짐)

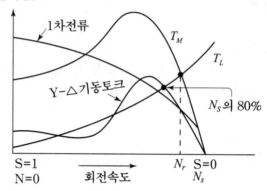

3. 기동시의 시간내량(耐量)확인

(1) 전동기의 기동장치들은 매우 단시간 기동으로 기동시간이 길어지면 소손 우려 있으므로 그 내량 이내로 검토

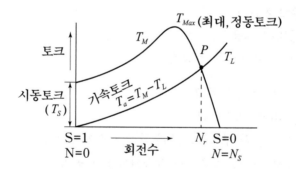

$$가속시간 \ t = \frac{GD^2(N_2 - N_1)}{375(\beta T_M - T_L)} = \frac{GD^2 \cdot N_r}{375 \, T_a}$$

T_M, T_L : 전동기, 부하토크(Kg, m)

N_1 : 기동시작의 회전수(rpm)

N_2 : 기동 끝의 회전수(rpm)

여기서, GD^2 : 플라이휠효과(Kg, m²)

β : 토크저감율 $= \left(\dfrac{V'}{V}\right)^2$

V : 정격전압

V' : 기동전압

(2) 기동방식에 따른 시간내량

① 직입기동

15초(전자접촉기만으로 시간내량 결정)

② Y-Δ 기동

$4 + 2\sqrt{P}$ (sec)(P : 전동기용량 kW)

③ 리액터, 콘돌퍼 기동

$2 + 4\sqrt{P}$ (sec)

4. 전원용량 검토

(1) $P_T < 3P_m$: 직입불가

(2) $3P_m < P_T < 10P_m$: 직입검토

(3) $10P_m < P_T$: 직입기동

(P_T : 전원용량, P_m : Motor 용량)

5. 기타

기동계급, 제어방식과 환경설정

Ⅲ. 표준 기동방식(일본 건축전기설비 기준)

전압별	직입기동	기동장치에 의한 기동
220V	11kW 미만	11kW 이상
380V	30kW미만(국내 15HP 미만)	30kW 이상
6kV	–	전부

참고 1 유도전동기 회로에 사용되는 배선용 차단기의 선정조건

1. 전동기의 기동조건

(1) 직입기동의 경우

① 전부하 전류의 600% 10초 이내

② 기동직후의 비대칭 전류는 전부하 전류의 1000%(실효치) 이하로 한다.

(2) Y-△ 기동의 경우

△절체시 돌입전류는 전부하 전류의 1000%(비대칭 실효치는 대칭 실효치의 800%)
이하로 한다.

2. 일반 배선용 차단기의 특성

(1) 정격전류 100A 이하인 경우

① 정격전류의 300%에서 동작시간 10초 이내

② 순시트립 전류는 정격전류의 750% 이상

(2) 정격전류 125A 이상인 경우

① 정격전류의 500%에서 동작시간 10초 이내

② 순시트립 전류는 정격전류의 750% 이상

문제13 **3상 유도전동기의 속도제어**

Ⅰ. 개요

1. 정의

전동기의 속도 – 토크 특성을 변화시켜 부하의 속도 – 토크 특성과의 평형점을 찾아 속도를
조정하는 방법(안정 운전조건 : $\dfrac{\partial T_M}{\partial \omega} < \dfrac{\partial T_L}{\partial \omega}$)

2. 속도, 토크 관계식

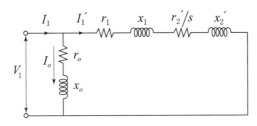

간이 등가회로

(1) $N = \dfrac{120}{p} f (1 - s) [\mathrm{rpm}]$

(2) $T = \dfrac{p}{4\pi f_1} \times \dfrac{m_1 \cdot V_1{}^2 \cdot r_2'/s}{(r_1 + r_2'/s)^2 + (x_1 + x_2')^2} [\mathrm{N \cdot m}]$

3. 제어방식 분류

농 형	권선형
극수변환, 주파수 제어, 전압제어	2차 저항제어(비례추이 : r_2'/s)
인터버제어(V/f, 슬립주파수, 벡터제어)	2차 여자제어

Ⅱ. 농형 유도전동기의 속도제어

1. 극수변환

(1) 원리

고정자 권선의 접속을 전환하여 극수변환

(2) 특징

제어간단하나, 장치복잡, 불연속제어, 거의 사용안함

2. 1차전압제어

(1) 원리

상기 토크식에서 $T \propto V^2$

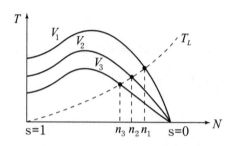

$V_1 > V_2 > V_3 \Rightarrow n_1 > n_2 > n_3$

따라서 1차전압 변화시 토크·슬립곡선에서 부하의 평형점을 따라 속도변화

(2) 전압제어방법

단권변압기 이용, 위상제어, PWM제어

(3) 특징

제어범위 좁다, 속도변동 크고 감속시 손실 크다.

3. 전원 주파수 제어

(1) 원리(가변 주파수 전원이용)

① 종래 : 발전기 전원의 주파수 가변(예 : 선박 추진모터, 인견(人絹)공장 Pot Motor)

② 근래 : Cyclo-Converter, Inverter사용

(2) 특징

광범위한 속도제어, 고속 및 저속운전용이

4. 인버터제어

(1) V/f 일정제어(일명 VVVF)

①V/f 일정제어의 필요성

만일 전압을 일정하게 유지하고 주파수만 가변시키면

f 를 낮추어 속도 감소시 → $\phi \propto \dfrac{V}{f}$: 과여자로인한 자기포화로 여자전류, 철손증대

(과열, 소손 우려)

f 를 증가시켜 속도 증가시 → $T \propto \phi$: 약여자로 인한 토크부족

② 원리

주파수와 전압 동시가변, V/f 일정유지(ϕ일정) → 일정크기의 토크로 속도제어

(2) 슬립 주파수 제어

원리 : V/f 일정제어에 슬립 주파수 조정기능 부가(폐루프방식)

(3) Vector제어

① 급전된 1차전류를 Vector 적으로 소정의 계자분, 토크분 전류로 분리제어

② 직류기에 비해 Maintenance 유리, 고속, 광범위한 제어

③ 과도응답 특성과 순시토크 제어성 우수

(4) 제어방식별 특성비교

구분	V/F일정제어	Slip주파수 제어	Vector제어
급가감속특성/과전류 억제능력	△	○	◎
과도응답특성/순시토 크제어	×	△	◎
제어범위	1:10	1:20	1:100 이상
속도검출여부	검출안함	속도검출	속도, 위치검출
제어 구성의 간편성/범용성	◎	○	△
제어방식	개루프	폐루프	폐루프
적용대상	저감토크부하	차량용가변속제어	Robot, CNC, E/L

Ⅲ. 권선형 유도전동기의 속도제어

1. 2차 저항제어

(1) 원리

Slip-ring을 통해 2차 회로에 외부저항 가변, 비례추이 원리 이용

(2) 비례추이식

$$\frac{r_2'}{s} = \frac{mr_2'}{ms}$$

2차저항 m배 변화시 슬립도 m배 증가

즉, 어떤점의 슬립에서도 비례추이로 동일 토크를 유지하면서 속도제어 가능

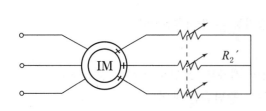

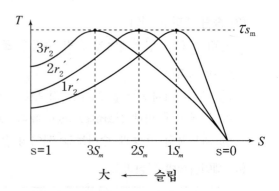

대 ← 슬립

외부기동저항

$$R_2' = \sqrt{r_1{}^2 + (x_1 + x_2')^2} - r_2'(\Omega)$$

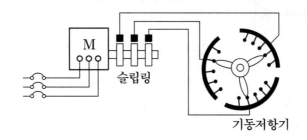

기동저항기

(3) 특징

조작 비교적 간단, 2차 동손에 의한 효율저하

(4) 용도

크레인, 권상기제어

2. 2차여자제어

(1) 원리

2차회로에 적당한 전력 변환장치 이용, sf의 회전자 주파수에 의한 2차전압(sE_2)에 외부에서 전압(E_c)을 가역적으로 인가하는 방법

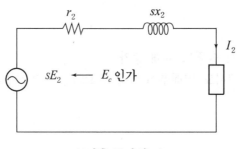

(2차측 등가회로)

① 관계식 : $I_2 = \dfrac{sE_2 \mp E_c}{\sqrt{{r_2}^2 + (sx_2)^2}} \fallingdotseq \dfrac{sE_2 \mp E_c}{r_2}$

② E_c의 크기로 I_2 및 토크 조정 → 속도제어(S변화) → 부하토크와 평형점에서 안정 운전

(2) 특징

2차 전력손실 회수

(3) 제어방식

Kramer, Scherbius방식

Ⅳ. 최근동향

Elevator 속도제어 : PM 동기전동기 + Vector 인버터제어 방식 도입

참고 1 Kramer와 Scherbius 방식 비교

구분	Kramer 방식	Scherbius 방식
구성도		
2차전력(손실) 회수방식	SP_2를 동력으로 반환	SP_2를 전원측으로 반환
원리	• 권선형 유도 전동기 + 직류전동기 결합 • 2차 出力을 정류기에서 직류변환 → 직류기로 공급 → 主機(IM)에 동력으로 반환 • S_f에 의한 전압과 외부의 역전압 E_c와의 차전압에 의한 직류전류(I_{dc})발생 → 토크 발생 → 슬립변화 → 부하 토크와의 평형점 에서 안정운전 • 계자전류 I_f 조정으로 E_c전압 조정 ($E_c = K\phi n$)	• $Sf_1(\text{Hz})$의 2차전력 주파수를 Converter에서 직류로 변환 → Inverter에서 $f(\text{Hz})$의 전원주파수로 변환 → 전원으로 반환 • E_{2dc}와 E_{inv}와의 차전압으로 I_{dc}발생 → 토크발생 → 부하토크 와의 평형점에서 안정운전 • Thyristor 위상점호각제어로 E_{inv} 조정 • 정류기를 Thyristor Bridge로 바꾸면 인버터 동작을 겸할 수 있음
특징	Brush, 정류자가 있어 유지보수 번잡	전력변환을 가역적으로 행하며 超동기 운전도 가능

참고 2 전동기의 안정운전

1. 안정운전 조건

$$\frac{\partial T_M}{\partial \omega} < \frac{\partial T_L}{\partial \omega}$$

평형점의 속도 ω_1 보다 낮은 속도에서는 가속, ω_1 보다 빠른 속도에서는 감속되어 항상 ω_1 으로 수렴하는 운전

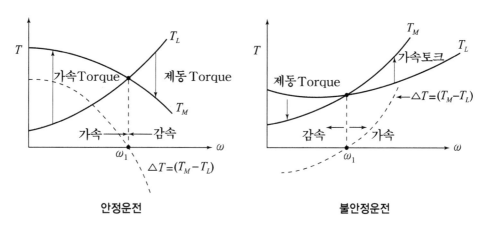

안정운전   불안정운전

2. 전동기와 부하의 토크 특성

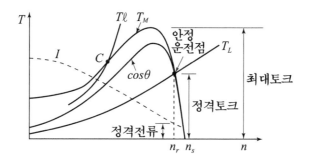

(1) 부하토크가 T_l 같은 곡선일 경우 교점 C에서 안정운전 가능하나, 운전전류가 크고 효율, 역률이 모두 나빠 실제사용 불가함

(2) 따라서 정격 토크는 동기속도 근처에서 최대토크의 약 $\frac{1}{2}$ 정도로 설계됨

문제14 유도전동기의 속도제어 방식 중 인버터 제어 방식에 대하여 기술

Ⅰ. 개요

최근 전력전자 소자에 의한 구동회로와 μ-프로세서, LSI 기술에 의한 제어회로의 발전에 힘입어 유도전동기의 가변속 System으로 인버터 제어방식이 그 주류를 이룸

Ⅱ. 인버터 제어방식

1. V/F 일정제어(일명 VVVF)

(1) 관련식

$$
\begin{cases}
E_1 = 4.44 K_{w1} f_1 n_1 \phi (V) \rightarrow \phi \propto \dfrac{E_1}{f} \fallingdotseq \dfrac{V_1}{f} \\[2mm]
T_m = \dfrac{\tau_{sm}}{\omega_1} = \dfrac{p \cdot m_1}{(4\pi)^2 \cdot (L_1 + L_2{}')} \times (\dfrac{V_1}{f})^2
\end{cases}
$$
.... (1)

(2) 제어필요성

① 식으로부터 만일 전압을 일정하게 유지하고 주파수만 가변시키면

$\begin{cases} f \text{ 를 낮추어 저속 운전시} \rightarrow \text{과여자로 인한 자기포화로 여자전류, 철손증대} \rightarrow \\ \text{역률이나 효율의 현저한 저하} \\ f \text{ 를 증가시켜 고속 운전시} \rightarrow T \propto \phi \text{ 이므로 약여자로 인한 전동기 토크부족} \\ (T_M < T_L) \rightarrow \text{불안정 운전 or 저속에서 안정운전} \end{cases}$

② 따라서 주파수와 전압을 동시가변시켜 V/F를 일정 유지한 체 속도제어

(3) 주파수 변화에 따른 전압 가변의 원리

① 저 주파수 時

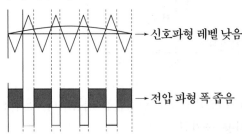

→ 신호파형 레벨 낮음

→ 전압 파형 폭 좁음

② 고 주파수 時

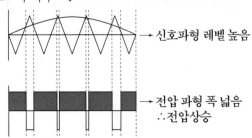

→ 신호파형 레벨 높음

→ 전압 파형 폭 넓음
∴ 전압상승

③ V/F제어시 토크와 출력관계

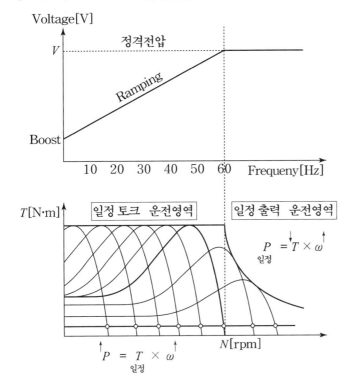

전압 일정상태 시
주파수 증가시키면
토크가 감소(일정 출력 운전)
$P = T \times \omega : constant$

⬇

주파수에 비례한 전압 제어 시
토크 일정(일정 토크 운전)
$T = \dfrac{P}{\omega} \propto \dfrac{V}{f} : constant$

(4) 특징(제어효과)

① 최대토크, 자속, 여자전류 거의 일정

② 정격운전시 동기속도 근처에서 부하토크와 평행하므로 안정도가 높아 부하변동에 대한 속도변동이 작고 연속제어 가능

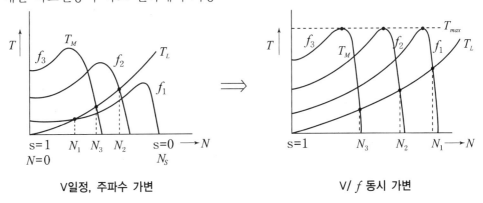

V일정, 주파수 가변   V/ f 동시 가변

③ 저역 토크 부스트 기능필요

　㉠ 저속시 토크저하 경향 → $V_1 = E_1 + I_1(r_1 + jx_1)$에서 주파수에 비례해 전압을 낮추면 주파수에 무관한 저항 강하분이 발생하므로

　㉡ 따라서 낮은 주파수에서는 공급전압을 약간 높게 V/f 를 설정해서 기동토크 보상

ⓒ 보통 발생토크의 부하패턴에 따른 전압패턴 상정

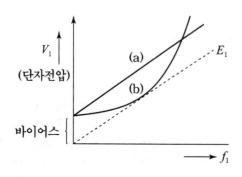

(a) 정토크 부하용 패턴
(b) 제곱 토크 부하용 패턴

2. 슬립 주파수 제어

(1) 제어원리

$$T \propto \phi \times I_{2x} = K\frac{\omega_s \cdot r_2}{(r_2 + j\omega_s l_2)^2}(\frac{E_1}{f_1})^2 \text{으로부터 } (E_1 \to V_1)\text{제어}$$

V/F일정 제어에 슬립 주파수 (ω_s)제어 기능을 부가한 방식

(2) 특징

① $\dfrac{E_1}{f}$ 일정 제어로 약여자나 과여자에 의한 결함 없음

② 슬립 주파수 허용 과부하 토크까지 제한 설정함에 따른 전류제한 기능부여

③ 슬립 주파수에 대해 발생토크와 전류가 거의 비례 제어(역률, 효율 거의 일정)

④ 속도 feed back을 이용한 폐루프 제어방식(속도 검출기 필요)

⑤ V/F제어 방식에 비해 가감속 특성, 안정성, 과전류 억제능력 향상

(3) ω_s 對 토크, 전류 곡선

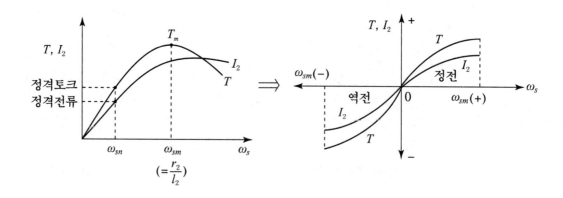

3. Vector 제어

(1) 제어의 필요성

① 정류자와 브러쉬를 갖는 직류기의 단점 보완

② 직류기와 동등이상의 제어 실현 ⎫
③ 과도 및 순시 토크 제어 구현 ⎭ 전력전자 소자 및 μ-프로세서 기술 이용

(2) 제어원리

① 공급된 1차 전류를 전동기 내부에서 소정의 계자분 전류와 토크분 전류로 분리시켜 직류기처럼 각각 자유로이 제어하는 방식

② 등가회로 해석

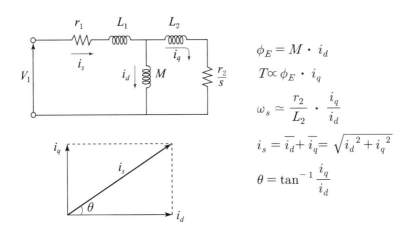

$$\phi_E = M \cdot i_d$$

$$T \propto \phi_E \cdot i_q$$

$$\omega_s \simeq \frac{r_2}{L_2} \cdot \frac{i_q}{i_d}$$

$$i_s = \overline{i_d} + \overline{i_q} = \sqrt{i_d{}^2 + i_q{}^2}$$

$$\theta = \tan^{-1} \frac{i_q}{i_d}$$

(3) Vector 제어 분류

① 직접 벡터제어(자속 검출형)

　㉠ 유도기 고정자 내 Hall Sersor 부착, 회전자속 검출

　㉡ 급전된 i_s로부터 $i_{d,}$ i_q 각각 분리제어

② 간접 벡터 제어(슬립 주파수형)

회전자속을 직접 검출하지 않고 고정자 전압, 전류 측정치와 등가회로 정수로부터 연산에 의해 회전자속 크기와 위치를 알아내어 슬립 각 주파수를 구한 후 이를 통한

i_d와 i_q의 비를 조정함($\omega_s \simeq \dfrac{r_2}{L_2} \cdot \dfrac{i_q}{i_d}$)

③ Sensorless형

　㉠ 별도의 Sensor없이 내부추정 알고리즘 이용, 속도와 변수를 추정해서 i_d, i_q를 연산제어

　㉡ 센서 방식보다 제어성능 약간 떨어지나 개루프에서도 최적제어 가능하고 유지 보수편리

　㉢ 간접 벡터제어와 함께 온도에 따른 전동기 상수 보상을 위해 슬립 보정연산기 필요

(4) 특징

① 직류기에 비해 Maintenance free(정류자 및 Brush ×)

② 고 정밀도의 속도제어 실현

　　－ 광범위하고 빠른 응답속도, 과도 및 순시 토크제어 가능

③ 연속 4상한 제어 및 과전류 억제 기능 우수

④ V/F에 비해 토크/전류 비가 커서 낮은 전류로 큰 토크 발휘

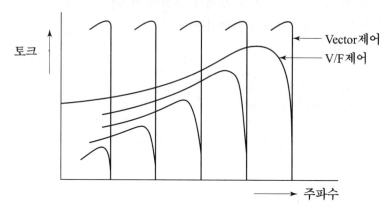

토크-주파수 특성 비교

Ⅲ. 제어 방식별 특성비교

구분	V/F 일정제어	Slip 주파수 제어	Vector 제어
급 가감속 특성/과전류 억제 능력	△	○	◎
과도 응답특성/순시 토크 제어	－	5~10rad/s	30~1000rad/s
Torque 제어	×	△ (일부적용)	◎ (스톨토크 제어도 가능)
제어범위	1:10	1:20	1:100 이상
속도 검출여부	검출안함	속도검출	속도, 위치 검출 (직접제어형)
제어 구성의 간편성/범용성	◎	○	△
제어방식	개루프	폐루프	폐루프 (직접제어형)
적용방식	저감 토크부하	차량용 가변속 제어	ROBOT, CNC, E/L

1. V/F 제어 방식

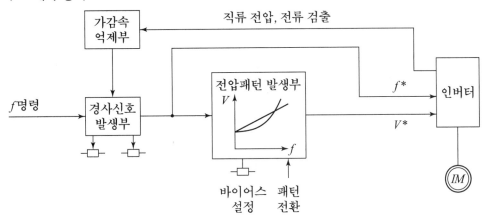

2. Slip 주파수 제어 방식

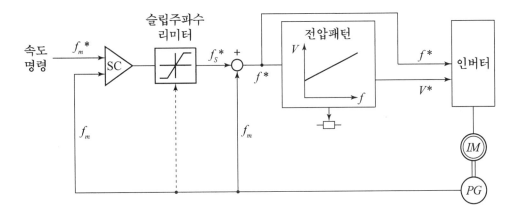

3. Vector 제어 방식

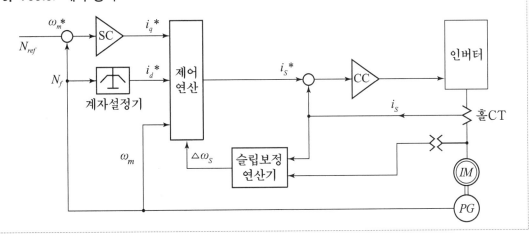

문제15 유도 전동기의 Vector 제어

Ⅰ. 개요

최근 새로운 전력전자 소자의 발전과 μ-프로세서 및 LSI 기술 진보로 구동 및 제어회로에 혁신적인 향상을 가져와 종래의 직류 전동기를 대신하여 인버터를 이용한 유도 전동기의 가변속 시스템이 그 주류를 이루고 있음

Ⅱ. 직류기와 유도기 특성 비교

구분	직류 전동기(타여자)	유도 전동기(농형)
구조 (계자, 전기자 회로)	1) 별도 개별 급전 2) 기계적 분리 3) 계자자속과 전기자 전류 상호직교	1) 단일 급전 2) 전기적 분리 가능$(i_s = i_d + i_q)$ 3) 계자자속과 전기자 전류 상호간섭
장점	1) 제어 용이 2) 제어 성능 우수	1) 구조 간단, 견고 2) Maintenance 용이, 가격저렴
단점	1) Maintenance 불리 → 정류자, Brush 존재 2) 대용량화 및 설치 환경에 제약	1) 제어난이 2) 제어장치(Inverter) 고가

Ⅲ. Vector 제어기법

1. 전동기 토크제어 개념

(1) 직류 전동기 모델 적용

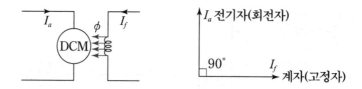

① 토크 = 자속과 그에 직교하는 2차 전류(전기자)의 적

② 계자전류에 의해 자속제어

③ 전기자 전류에 의해 토크 제어

$$T = K I_a \cdot I_f$$
$$\quad\quad \downarrow \quad \downarrow$$
$$\quad\quad 변환 \ 고정$$

(3) 순시 토크제어 조건

   ① 전기자 전류(I_a)의 즉각적 제어

   ② 계자전류(I_f)의 독립적 제어

   ③ 계자 자속과 전기자 자속의 공간 각이 직각일 것

(4) 유도전동기의 토크제어

   ① 고정자 회로에 자속분전류(i_d)와 토크분 전류(i_q) 동시공급

   ② 두 전류성분 Vector적으로 분리하여 독립제어(Vector 제어기법 적용)

Ⅳ. 유도 전동기 벡터제어

1. $d-q$ 좌표 변환

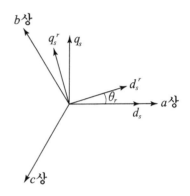

(1) a, b, c상 → d, q, n상 변환

(2) d, q축 기계적 출력 관여

(3) n축 무시(손실분)

(4) 3상의 복소수 표현을 d축(실수), q축(허수)으로 분리하여 적용

(5) $f_{abc} = f_{dq}(f_d + jf_q)$: 고정자 $d-q$ 변환

(6) $f_{abc}^{-j\theta r} = f_{dq}^r(f_d^r + jf_q^r)$: 회전자 $d-q$ 변환

2. Vcetor 제어 구현

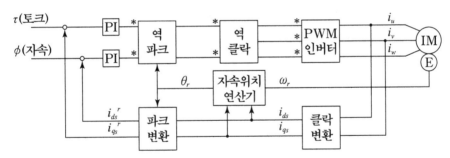

{ 클럭 변환 : 3상 전류성분 → 2상변환(고정자 $d-q$변환 : d축 고정, q축 변동)
  파크 변환 : 고정자 $d-q$변환 → 회전자 $d-q$변환

(1) 직류 전동기 토크(T) $\propto I_a$(전기자)・I_f(계자)

(2) i_{ds}^r은 계자전류 I_f(자속구성)에 해당

   i_{qs}^r은 전기자 전류 I_a(토크구성)에 해당

   $\therefore T \propto i_{ds}^r \cdot i_{qs}^r$

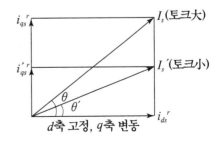

(3) i_d에 대해 i_q가 직각이 되도록 유지시키고

   인버터에서 공급전류를 위상제어($\theta = \tan^{-1}\dfrac{i_q}{i_d}$)

d축 고정, q축 변동

3. Vector 제어의 분류

(1) 직접 Vector제어(자속 검출형)

    ① 고정자내 Hall Sensor 부착, 회전자속 직접 검출 → 위상제어

    ② 적용 및 유지보수 난이, 저속영역에서 검출 부정확

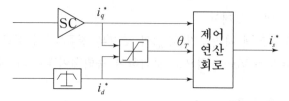

(2) 간접 Vector제어(슬립 주파수형)

    ① 고정자전압, 전류와 회로 정수로부터 회전자속 크기와 위치 연산 → 슬립 각 주파수제어

    ② 온도에 따른 슬립 보정연산기(전동기 상수 보상)필요

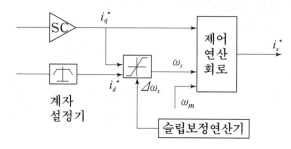

(3) Sensorless Vector제어

    ① 내부 추정 알고리즘 이용 속도와 변수 추정 연산제어

    ② 센서 방식에 비해 제어 성능 약간 저하(전동기상수 보상필요)

    ③ 개루프 상태에서도 최적제어 가능하고 유지 보수유리 → 최근주류

참고 1 **Vector/Scalar제어 특징 비교**

구분	Vector제어		Scalar 제어	
	직/간접 제어	Sensorless 제어	V/F제어	슬립 주파수 제어
제어성능	①	②	④	③
제어계구성	폐루프	개루프	개루프	폐루프
속도센서	○	×	×	○
기동토크	①	②	④	③
Torque Boost 기능	×	×	○	○
제어방법	1차 전류를 Vector적으로 d, q성분으로 분리제어		스칼라량의 크기 제어	
제어의 특징	토크(순시 토크제어)		평균 토크제어	
적용	ROBOT, CNC, ELEV		FAN, pump	차량용 가변속 제어

문제16

인버터의 기본구성과 분류 및 특징

I. Inverter의 정의

1. 사전적 의미
직류를 교류로 변환하는 역변환 장치

2. 통상적 의미
주파수 변환장치로써 우선 교류(AC)를 순변환기(Converter)에 의해 DC로 변환 후 역변환기(Inverter)를 사용하여 이를 다시 원하는 주파수의 교류로 변환하는 장치임

II. Inverter의 기본구성 및 주요기능

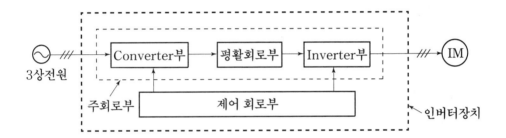

1. 주회로부
  (1) Converter부
   교류를 직류로 변환(가역, 비가역)

  (2) 평활 회로부
   직류를 평활(L or C)

  (3) Inverter부
   직류를 가변 주파수의 교류로 역변환

2. 제어 회로부
  (1) 연산회로
   전압, 전류신호 비교 연산

  (2) 검출회로
   ① 전압/전류 검출 : PT, CT, Shunt
   ② 속도검출 : PG, TG(폐루프제어)

  (3) 구동회로부
   주회로 소자의 ON, OFF(전압형, 전류형/PAM, PWM형)

(4) 브레이크 회로부

급제동시 회생전력을 소비하거나 전원으로 반환

(5) 보호회로

사고로부터 인버터나 전동기 보호

① 인버터 보호

순시 및 지락 과전류, 과부하, 회생과전압, 순시정전 온도상승(냉각FAN이상 등) 보호

② 유도전동기 보호

과부하, 과주파수(과속도)보호

Ⅲ. Inverter의 분류

1. 주회로 전원 방식에 따라 : 전압형, 전류형
2. 펄스제어 방식에 따라 : PAM, PWM형
3. 제어회로 구성방식에 따라 : 개루프제어, 폐루프제어/Scalar제어, Vertor제어
4. 주회로 소자 구성 방식에 따라 : Thyristor, Transistor형

Ⅳ. 종류별 특징 비교

1. 전압형과 전류형

구 분	전압형	전류형
Converter부	• 전압원의 파형제어 • 가역 컨버터 사용(대용량)	• 전류원의 파형제어 • 비가역 컨버터 사용
평활 회로부	평활 콘덴서 사용	평활 리액터 사용
Inverter부	Transistor소자 채용	Thyristor소자 채용
Snubber 회로	×	○
특징	제어회로 간단, 과전류 보호 필요	제어회로 복잡, 사고전류 제한 가능
적용	범용인버터	속응제어 요구되는 곳

2. Thyristor와 Transistor형

구 분	Thyristor형	Transistor형
특 징	• 자기소호능력 없음(轉流회로 필요) • 스위칭 시간 (수100ms)필요하고 고주파 스위칭이 어렵다.	• 자기소호가능(轉流회로×) • 고속스위칭, 스너버리스화 • 저손실, 고효율 • 주회로 간단하나 Base구동회로 복잡
소자종류	SCR, TRIAC, SCS 등 *GTO(중간적 성질)	BJT, Power Tr, MOS FET IGBT 등
적 용	전압/전류형, PAM형	전압형, PWM형

3. PAM과 PWM형

구 분	PAM형	PWM형
출력 파형제어	•펄스 진폭(Amplitude)제어 0 ─ E_d (or I_d) (고전압) 0 ─ (저전압)	•펄스폭(Width)제어 carrier파(변조파) Signal wave ωt upper S/W ON Ed ─ ωt lower S/W ON (During Half Cycle)
제어방법	•컨버터부 : 출력전압 or 전류크기 제어 •인버터부 : 주파수만 제어	•컨버터부 : 일정 직류유지(보통 Diode로 구성) •인버터부 : 신호파 변조에 의해 전압, 주파수 동시 변화 (등간격과 부등간격 제어가 있음)
특 징	•제어회로간단 •저차고조파 및 전동기 토크 맥동 발생	•제어회로복잡 •고조파 작고 출력파형 개선(정현파에 가까움) •전원고조파 저감에 유리
적 용	Thyristor Inverter	GTO, Transistor Inverter

V. 문제점 및 최근동향

1. 종래의 PWM 제어방식은 PAM에 비해 장점이 많으나 1~10kHz의 가청주파수 대 영역 사용으로 Motor소음(or 진동)이 발생됨

2. 고 Carrier 주파수 PWM방식 출현

(1) IGBT 소자 이용, 고 Carrire주파수(10~20kHz) or 가청 주파수대 이상으로 높혀 스위칭하는 방식으로 상기문제점 해소

(2) 유도성 부하에만 적용가능

참고 1 PWM과 PAM방식

1. PWM 방식

컨버터부에서 전압의 진폭을 일정하게 하게 하고 인버터부에서 쵸핑하여 펄스폭을 제어하여 전압을 변화시키면서 동시에 출력 주파수를 제어하는 방법

(1) 등 펄스폭제어 : 모든 주파수에 대해서 펄스폭이 등간격

　　(특징) : 제어는 간편하나, 고조파를 많이 포함한다.

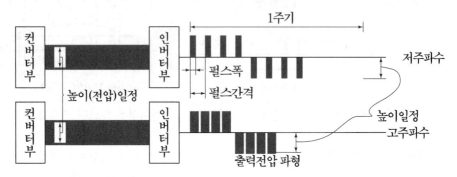

(2) 부등 펄스폭제어(정현파 PWM) : 1/2주기에 대해서, 펄스폭이 중앙에는 크고 양쪽 끝에는 작음

　　(특징) 제어는 복잡하나, 저차 고주파가 작음, 이의 경우 전동기에 흐르는 전류 파형이 개선되어, 정현파에 가깝게 됨. 따라서 부등 펄스폭 제어를 정현파 PWM방식이라고 한다.

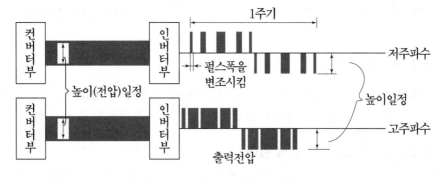

2. PAM방식

컨버터부에서 전압의 진폭(펄스크기)을 변화시켜, 전원 주파수와 동기되는 가변직류 전압을 출력하고, 인버터부에서 임의의 주파수로 변화시키는 제어방식

가변의 직류전압을 만드는 방법은 위상제어와 쵸핑제어 방식이 있다.

출력파형은 그림에 나타낸 파형과 같고, 제5차, 제7차와 같은 저차 고조파가 많이 포함되어 전동기의 토크맥동이 나타남

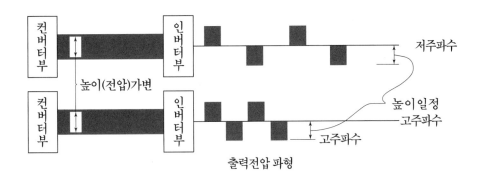

출력전압 파형

참고 2 DBR(Dynamic Brake Resistor) 설치 이유

제동저항은 반드시 달아야 하는 것은 아니지만 관성이 큰 부하는 짧은 시간내에 정지시키면 모터는 회전관성에 의해 유도발전기 역할로 인버터쪽으로 회생전력을 보내 인버터는 과전압(OV)트립이 발생함

제동저항이 없으면 회생전력은 인버터의 평활콘덴서에 축적되면서 콘덴서 용량이나 내압에 따라 회생능력은 약 20% 정도이다.

외부에 제동저항을 달면 회생전력을 소비시키면서 100% 이상의 제동토크를 발휘함

따라서 관성이 큰 부하를 고빈도 가감속 운전시 제동저항설치가 필요함

문제17 단상 유도전동기 회전원리

Ⅰ. 개요

1. 3상 교류전압에서는 회전자계를 이용하여 전동기를 용이하게 회전 시킬 수가 있으나, 단상 교류전압에서는 원리적으로 교번자계는 발생해도 회전자계가 발생하지 않기 때문에 단상 전동기를 회전시키는 것은 용이하지 않다.
2. 단상 유도전동기의 회전원리에는 교차자계설과 2회전자계설이 있는데 여기서는 2회전 자계설에 대하여 설명하기로 함

Ⅱ. 2회전 자계설에 의한 단상 유도전동기의 회전원리

1. 교번자계의 분해

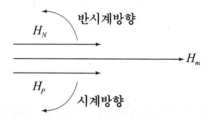

(1) 계자 Coil에 흐르는 전류가 만드는 자계를 그림과 같이 둘로 나누어 하나는 정방향(시계 방향)으로 도는 자계 H_P 와 반대방향으로 도는 H_N 으로 분해함
(2) H_P 와 H_N 이 만드는 합성자계의 최대치를 H_m 이라 하고, 이 두 회전자계가 만드는 자계 의 합성자계를 45° 씩 회전시켜 고찰하면 그림과 같다.

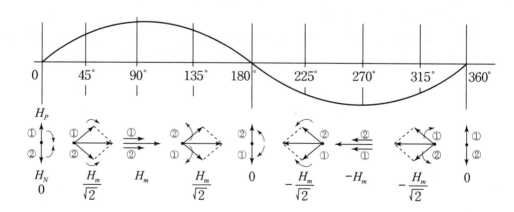

(3) 여기서 합성자계는 회전각도에 따라 크기가 변하면서 좌우로 교번할 뿐 회전하지 않음 즉 교번자계는 서로 반대방향으로 회전하는 두개의 회전자계로 분해 할 수 있음을 알 수 있다.

2. 회전원리

(1) 3상 유도전동기의 회전속도 또는 슬립에 따른 토크곡선

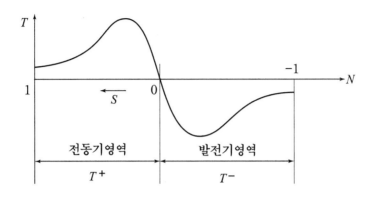

(2) H_P 는 정방향으로 회전하는 회전자계 이므로 이 자계가 회전자 Coil에 가해지면 3상 유도전동기와 동일한 원리로 회전자에 그림과 같은 토크발생
→ 전동기 영역에서의 토크곡선을 나타냄

(3) H_N 은 역방향으로 회전하는 회전자계 이므로 3상유도 전동기의 발전기 영역에서와 같은 토크곡선을 나타냄

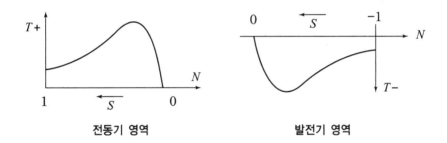

전동기 영역   발전기 영역

(4) 여기서 두 회전자계의 슬립을 생각하면

회전자의 회전속도	H_P 에 대한 슬립	H_N 에 대한 슬립
H_P 에 대해 동기속도로 회전할 때	0	-2
정지해 있을 때	1	-1
H_N 에 대해 동기속도로 회전할 때	2	0

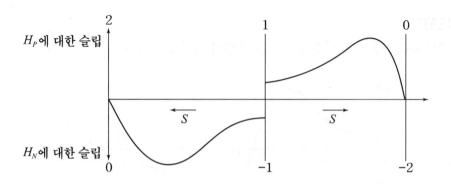

(5) 앞의 그림에서 H_P 에 대한 토크곡선을 슬립 2까지, H_N 에 대한 슬립을 -2까지 연장해서 그리고 이를 합성하면 아래와 같다.

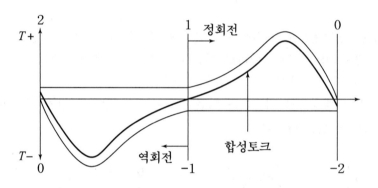

Ⅲ. 결론

1. 상기 그림에서 회전자가 정지해 있을 때 즉 H_P 에 대한 슬립이 1이고 H_N 에 대한 슬립은 -1일 때는 기동시 합성 토크가 0이 되어 어느 쪽으로도 회전하지 않으나 어떤 방법을 이용해서 회전자를 어느 한쪽으로 회전시켜주면, 그쪽으로의 토크가 증가해서 계속 회전하게 됨

2. 즉 S=1에서는 (+),(−) 상쇄되므로 기동토크가 0이되나 H_P 에 대해 정회전 방향(시계방향)으로 외력을 가해 S가 1보다 작게 되면 합성토크가 정회전 방향으로 치우쳐 이것이 부하토크 보다 크면 점차 가속하게 된다.

참고 1　**교차(직교) 자계설(Cross field theory)**

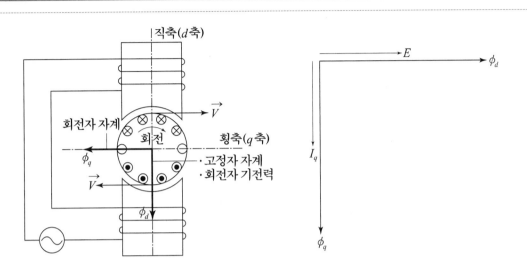

- $\overrightarrow{E} = \overrightarrow{V} \times \overrightarrow{B}$
- ϕ_d : 고정자전류가 만든 고정자자계($\overrightarrow{E}$와 동상)
- I_q : 속도기전력(회전자기전력) $\overrightarrow{E}$가 만든 회전자 전류
  - $\overrightarrow{V}$가 $\overrightarrow{B}$쪽을 향해 오른손 손가락을 회전할 때 엄지손가락이 가르키는 방향
  - L성분에 의해 I_q는 $\overrightarrow{E}$보다 90° 위상이 늦다.
- ϕ_q : 회전자 전류가 만든 회전자 자계(ϕ_d보다 90° 늦다)

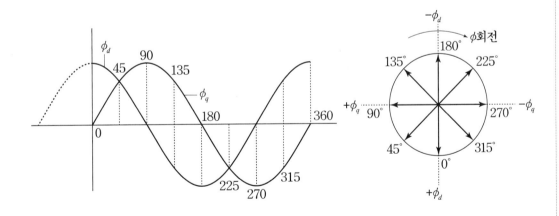

- 결론

  단상유도전동기는 교번자계(ϕ_d)만으로는 회전할 수 없지만 그림과 같이 회전자를 $\overrightarrow{V}$속도로 움직이면 속도기전력에 의한 ϕ_q가 발생, 두 직교자계 상호간 합성자계인 ϕ가 회전자계를 형성하여 회전하게 된다.

참고 2 단상 유도전동기의 특징

1. 속도 – 토크 특성

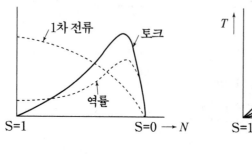

속도-토크 곡선
기동토크=0

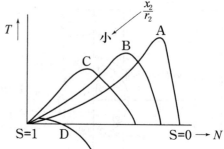

비례추이 성립불가
D의 경우 단상제동에 이용

2. 3상 유도전동기에 비해
- 전부하 전류에 대한 무부하 전류 비율이 매우 크고 역률, 효율 등 저하
- 중량이 무겁고 고가
- 전등선에서 사용이 간편하다.
- 가정용, 소공업용, 농사용 등에서 주로 0.75kW 이하의 소출력용으로 사용됨

문제18	단상 유도전동기 기동방법

Ⅰ. 개요

단상 유도 전동기는 정지 상태에서는 교번자계뿐이므로(회전자계 발생無) 어떤 형태로든 회전자계 또는 이동자계를 만들어 주어야 기동토크가 발생하여 기동이 가능하게 됨

Ⅱ. 단상 유도전동기 기동방식

1. 반발기동형(Repulsion type)

(1) 원리

① 회전자는 직류전동기와 같은 정류자를 갖고 있고 브러쉬를 단락, 기동시 반발전동기로써 기동하며 가속 후 동기속도의 70~80%가 되면 원심력 스위치로 정류자편을 단락하여 단상 농형 유도전동기로써 운전함

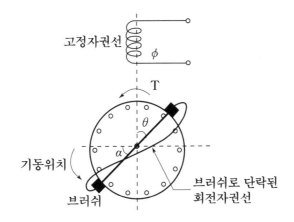

② 브러쉬는 고정자 권선축과 각θ 만큼 위치

③ 고정자가 여자되면 교번자계에 의해 단락된 회전자 권선에 전압이 유기 → 전류발생 → 자계형성 → 고정자 권선이 만드는 자계와 상호작용 → 반발력 발생하여 기동

(2) 토크 – 속도 특성 곡선

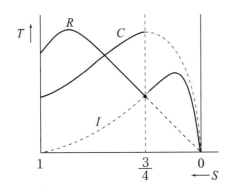

R : 반발전동기
Ⅰ : 단상유도전동기
C : 콘덴서 기동형

   ① 동기속도의 약 3/4인 점에서 곡선 R → I로 특성 이전

   ② R은 저속에서 토크가 크다.

(3) 용도

  우물 펌프용, 공기압축기용

(4) 특징

   ① 기동토크가 가장 크다(보통 全부하 토크의 400~500%) → 부하를 건채 기동가능

   ② 값이 비싸고 정류자가 있어 보수곤란 → 최근 콘덴서 기동형 사용 경향

2. 콘덴서 기동형(Capacitor type)

(1) 기동(보조)권선에 직렬로 콘덴서 연결, 기동시에만 사용

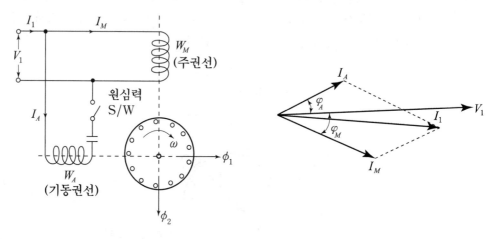

(2) 위상차에 의해 $W_A → W_M$ 쪽으로 토크 발생

  즉, 콘덴서의 진상전류로 인해 두 전류 사이의 상차각이 커져 분상 기동형 보다 더 큰 기동토크 발생

(3) 2직 콘덴서형(or 콘덴서 기동 – 콘덴서 운전형)

   ① 기동시뿐 아니라 운전중에도 보조권선에 콘덴서 접속, 운전중 전동기의 역률과 운전 특성을 개선한 것

   ② 기동시 C_S 와 C_R 동시 병렬투입, 기동후 C_S 는 원심력 S/W에 의해 분리되나 C_R 은 접속한 채 운전함

   ③ 기동용은 전해 콘덴서, 운전용은 유입 콘덴서 사용

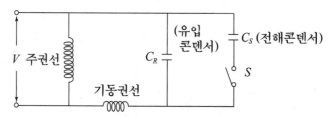

(4) 특징

① 효율, 역률향상, 기동토크大, 소음·진동 적다(거의 원형의 회전자계 발생)

② 스위치 접점불량 or 기계적 결함에 의한 고장 발생이 쉽다.

(5) 용도

소형펌프나 공기 압축기 등의 구동용

3. 분상기동형(Split phase type)

(1) 원리

① 고정자에 주권선과 90° 위치로 기동(보조)권선 배치

② 기동권선은 주권선보다 권선을 적게 감고 외측에 직렬저항 R을 접속, 인덕턴스가 작고 저항이 크므로 위상차에 의해 기동함

$$\cos\phi_A > \cos\phi_M \quad \therefore \ \phi_A < \phi_M$$

즉 $\phi_M - \phi_A$ 만큼 주 권선이 보조권선보다 뒤지므로 보조권선 → 주권선 쪽으로 이동자계가 생겨 회전

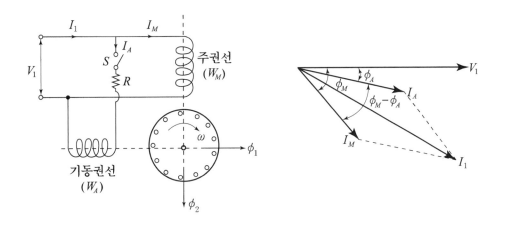

기동 후 동기속도의 75~80%에 도달하면 원심력 스위치에 의해 보조권선을 전원에서 개방

(2) 특징

기동토크가 작고 원심력 S/W고장이 잦아 별로 사용안함

(3) 용도

소출력 전동기(1/2 HP 이하의 FAN, 송풍기 등), 선풍기

4. 세이딩 Coil형

(1) 원리

고정자에 돌극을 만들고 Shading Coil을 삽입
- 1차권선에 전압인가 → 자극철심내 교번자속에 의해 세이딩 Coil에 단락전류가 흘러 B부분의 자속을 방해하도록 작용하므로 ϕ_B 는 ϕ_A 보다 시간적으로 늦어져 이동자계가 화살표 방향으로 형성

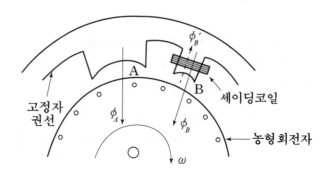

(2) 특징

① 회전방향을 바꿀 수 없다, 이동자계가 약하고 시동토크가 작다
② 운전중에도 세이딩 Coil에 전류가 흘러 동손 발생, 효율저하, 속도변동大
③ 구조 매우 간단, 가격 저렴

(3) 용도

수10W 이하 소형 전동기(레코드 플레이어, 소형선풍기 등)에 사용

문제19 특수 농형 유도전동기

I. 개요

1. 특수 농형 유도전동기는 농형 유도전동기의 기동특성을 개량하기 위하여 고안된 것으로 2차 실효저항이 기동시에는 자동적으로 크게 되고 운전시에는 작게 되는 구조임
2. **종류** : 2중농형, 심구형(Deep Slot형)

II. 2중농형 유도 전동기

1. 2중농형의 상부도체는 저항이 큰 동합금으로 하고, 하부도체는 저항이 작은 硬引銅(경인동)을 사용하여 그림과 같이 배치
   이 경우 상부도체는 철심표면에 가깝기 때문에 누설자속이 작고, 하부 도체는 철심 깊숙한 내측에 있어 누설자속이 커짐
2. 기동시 → 슬립이 커서 2차 주파수(sf)가 높을 때는 2차 전류는 저항보다 리액턴스에 의해 제한되므로 하부도체는 거의 전류가 흐르지 않고 대부분 저항이 높은 상부도체에 흘러서 기동전류를 제한하게 되고 비례추이에 의해서 기동토크가 커짐
3. 운전시 → 정격 속도에 이르면 슬립은 0.05 정도로 작아져 sf는 3Hz(0.05×60Hz)정도 밖에 되지 않아 하부도체의 누설리액턴스가 감소하여 대부분의 전류는 저항이 작은 하부도체에 흐름
4. 따라서 상부권선을 기동권선, 하부권선을 운전 권선이라함

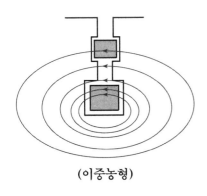

(이중농형)

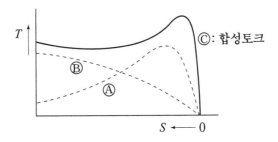

Ⓐ 하부도체(내측권선)에 의한 토크 (저저항, 고 리액턴스/운전권선)
Ⓑ 상부도체(외측권선)에 의한 토크 (고저항, 저 리액턴스/기동권선)

III. 심구형(Deep slot형)

1. 아래 그림과 같이 슬롯내에 들어있는 도체에 전류가 일정하게 흐르면 누설자속의 분포는 슬롯 밑부분에 가까운 도체 일수록 많은 자속과 쇄교하므로 누설 인덕턴스가 크게 됨
2. **표피효과(Skin-Effect)** : 교류의 경우 누설리액턴스가 큰 부분일수록 전류가 적게 되어 전류밀도의 분포는 슬롯의 상부일수록 크게 되어 전체적으로 실효저항이 증가
3. 심구형은 회전자 슬롯의 형태가 반경방향으로 길게 되어있고 도체는 저항이 작은 균일한 도체 사용
   (1) 일반적으로 상부를 좁게, 하부를 넓게 하여 표피효과 이용, 상부저항은 크게, 하부 저항은 작게 함으로써 2중 농형과 유사한 특성을 가지도록 한 것
   (2) 도체는 동봉 or 알루미늄 주물사용

4. 구조 및 특성 비교

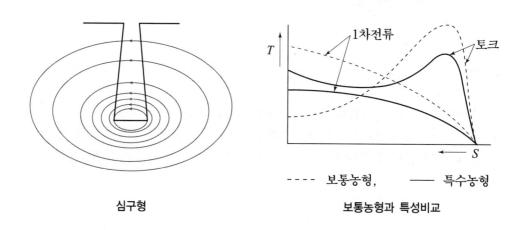

심구형

보통농형과 특성비교

- - - - 보통농형, ―――― 특수농형

5. 심구형의 특징 및 용도(2중 농형과 비교)

(1) 단일도체이므로 냉각효과가 우수 → 기동·정지를 빈번하게 하는 곳에 적합
(2) 도체가 가늘면 기계적으로 취약 → 단면이 큰 중·대형의 비교적 저속도 기계
(3) 2차 저항을 설계하는데 융통성이 별로 없다
   → 기동토크가 큰 것보다 기동전류가 작은 것을 요구하는 곳에 적합

IV. 결론

일반농형에 비해 특수농형은 기동토크가 크고, 기동전류가 작은 것이 특징이다.

유도 전동기의 이상기동 현상(게르게스, 크로우링 현상)

Ⅰ. 게르게스(Görges)현상

1. 1896년 Görges가 발견한 현상으로 권선형 유도전동기에서 무부하 또는 경부하 운전 중 회전자 1상이 결상되면 정격속도에 이르기 전에 어떤 낮은 속도(동기속도의 1/2배)에서 안정되어 버리는 현상

   (1) 회전자 1상이 단선이 되면 2차는 단상 회전자가 되고, 2차 전류는 교번자계를 만들며 이것은 正相과 진폭이 半이고 서로 반대방향으로 회전하는 逆相의 두 회전자계로 분해됨

   (2) 정상자계는 문제가 없으나 역상자계는 회전자에 대해서

   ① $-SN_s + (1-S)N_s = (1-2S)N_s\,(\mathrm{rpm})$으로 회전

   ② 이 역상토크는 $S = 0.5$일 때 0, $S \rangle 0.5$일 때 전동기토크 발생

   　　　　　　　　$S \langle 0.5$일 때 발전기토크 발생

   ③ 토크 – 속도 특성

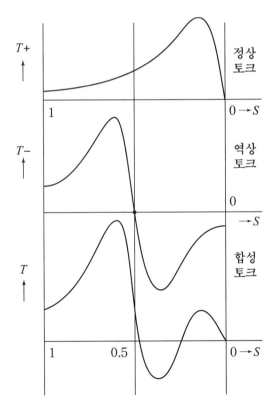

2. 결론

S는 0.5점에서 함몰(陷沒)이 생겨 회전자는 동기속도의 50%까지만 올라가고 그 이상 가속하지 않음

Ⅱ. 크로우링(Crawling)현상

1. 크로우링 현상(차동기 운전)이란

농형 유도전동기에서 고정자나 회전자의 슬롯에 의한 고조파 회전자계로 인해 매끄럽게 상승하지 못하고 중간지점에서 갑자기 감소하거나 푹 꺼진 부분에서 부하의 속도·토크 곡선과 만나게 되면 그 점에서 더 이상 가속하지 못하게 되는 현상

(1) 회전자 권선을 감는 방법과 slot수가 적당하지 않으면 고조파 회전자계로 인한 T-S 곡선 왼편에 凹凸발생 → 부하토크 곡선의 모양에 따라서는 4개의 교점이 생길 수 있다.

(2) c와 a는 안정점이고 b와 d는 불안정점이다.

(3) 전동기는 기동중에 c와 같은 낮은 속도에 안정되어버려 全속도에 이르지 못하는 경우가 발생

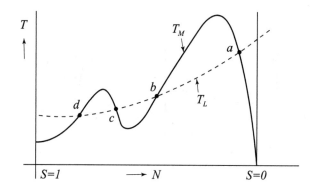

2. Crawling 현상의 특징

(1) 차동기 운전 중에는 소음 발생 및 슬립이 큰 상태로 운전하므로 1차 전류가 크게 흘러 전동기가 소손될 우려가 있다.

(2) 차동기 운전은 소용량 농형 유도전동기에 많다.

3. 주 원인 : 고정자 슬롯에 대해 회전자 슬롯수가 부적당한 경우에 발생

4. 대책

회전자에 사구(Skewed Slot)채용

(어느 정도 고조파제거 가능하나 완전한 방지책은 아님)

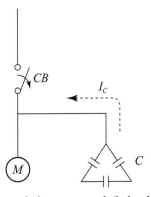

문제21

유도 전동기의 자기여자 현상

Ⅰ. 정의

유도 전동기와 콘덴서가 부하측에 직결시 개폐기 개방후에도 콘덴서 충전전류에 의해 전압이 즉시 0이 되지 않고 이상 상승하거나 감쇄가 지연되는 현상

Ⅱ. 자기 여자 발생조건($I_{c3} > I_o$)

1. 유도 전동기의 여자용량 보다 큰 콘덴서 삽입시 개방후 $I_{c3} > I_o$일때 A, B 교점에서 정격 전압보다 높은 자려전압으로 회전함

2. 이 전압도 점차 저하하지만 정격 출력에 대해 전동기 단자전압의 140% 정도까지 전압 상승초래(전동기 소손 원인)

3. **자기여자 특성곡선**

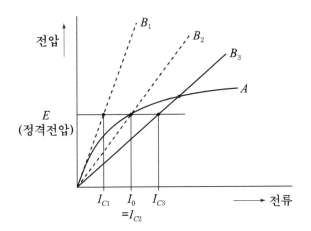

① $I_{C1} < I_0$: 자기여자 발생 없음
② $I_{C2} = I_0$: 자기여자 발생 한계
③ $I_{C3} > I_0$: 자기여자 발생

$\begin{cases} A : 유도전동기\ 무부하\ 포화\ 곡선 \\ B_1 \sim B_3 : 콘덴서\ 전압,\ 전류직선(콘덴서\ 충전\ 특성곡선) \end{cases}$

Ⅲ. 발생과정

개폐기 개방시 유도기 잔류자기에 의한 미소전압 발생 → 콘덴서 전류 I_c 흐름 → 고정자 권선 여자 → 회전자계 발생 → 기전력 유기 → I_c증가($I_c = j\omega CE$) → 자속증가 → 단자전압 상승 → 유도기 자화 포화곡선과 콘덴서 특성 곡선과의 교점에서 안정 → 이 교점이 정격전압보다 높을 때 자려전압으로 회전

Ⅳ. 대책

1. 콘덴서에 의한 여자 용량 = 보통 전동기 출력 값의 $\frac{1}{2} \sim \frac{1}{4}$ 정도로 함
2. 고정자 또는 회전자 회로에 외부저항 삽입
3. 콘덴서 전용 개폐기 설치 : 유도전동기 개방과 함께 콘덴서 분리
4. 콘덴서를 일괄적으로 별도 모선에 접속

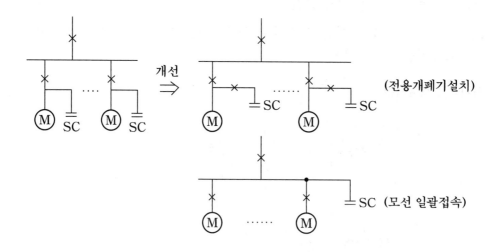

문제22 **동기전동기의 구조, 원리 및 특성**

Ⅰ. 개요

1. 동기전동기는 항상 동기속도와 같은 일정 속도로 고역률 운전이 가능하나 자기 기동능력이 없어 최종 동기속도로 인입시키기 위한 기동대책이 필요하다.

2. 종류

(1) 회전 전기자형, 회전계자형 : 회전계자형을 주로 사용

(2) 회전자 형태에 따라 원통형, 돌극형 : 돌극형을 주로 사용

Ⅱ. 구조

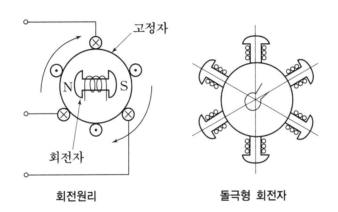

회전원리   돌극형 회전자

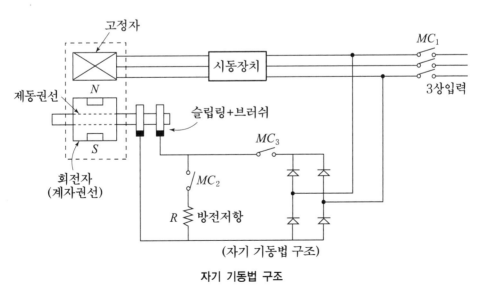

자기 기동법 구조

1. 고정자

3상권선으로 구성, 유도전동기와 동일구조

2. 회전자

N·S의 자극으로 구성

(1) 영구자석형 → PM동기전동기

(2) 전자석형 → 동기전동기

3. 여자 Coil

자극을 여자시킴(직류 전원필요)

4. 슬립링

Coil에 직류(계자전류)를 흘려 넣기 위해 (+), (−) 2개로 구성

Ⅲ. 원리

1. 기본 회전원리

고정자 Coil에 3상 교류인가 → 회전자계 형성 → 별도 기동장치에 의해 회전자 기동 후 동기속도 근처에서 직류여자 → 회전자인 자극 N·S는 이 회전자계에 흡인되어 동기속도로 따라 돌게 됨

2. 기동방법

자기기동법, 3상 기동권선 사용법, 기동전동기에 의한 기동법

고정자 회전 기동법, 저주파 기동법

3. 기동순서(자기기동법 例)

MC_2 투입(계자권선을 R로 단락) → MC_1 투입(유도전동기로서 기동) → 회전자 가속 → 동기 속도부근 도달 → MC_3 투입 → $MC_2 \; off$ → 계자권선을 직류여자(전자석) → 동기속도로 인입

Ⅳ. 동기전동기 입, 출력 특성

1. 등가회로 및 Vector도

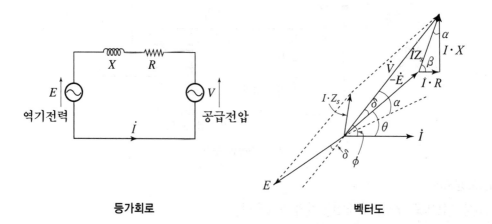

등가회로   벡터도

$$\begin{cases} \delta : V와 \ E의 \ 상차각(부하각) \\ \theta : E와 \ I의 \ 위상각 \\ \phi : V와 \ I의 \ 위상각 \end{cases}$$

2. 입력 $P_i = V \cdot I \cdot \cos\phi = \dfrac{V^2 \cdot \sin\alpha}{Z_s} + \dfrac{V \cdot E\sin(\delta-\alpha)}{Z_s}$

여기서 전기자 저항 R을 무시하면 $\alpha = 0$이므로

$$\therefore P_i = \frac{V \cdot E}{X} \sin\delta$$

3. 출력 $P_o = E \cdot I\cos\theta = \dfrac{V \cdot E\sin(\delta+\alpha)}{Z_s} - \dfrac{E^2 \cdot \sin\alpha}{Z_s}$

여기서 전기자 저항 무시하면 $\therefore P_o = \dfrac{V \cdot E}{X} \sin\delta \Leftrightarrow$ 입력과 일치

V. 토크특성

1. 동기와트

(1) 동기전동기는 항상 일정속도인 동기속도(N_S)로 운전하므로 기계적 출력은 토크에 정비례함

$$T = \frac{P_o}{\omega} = \frac{P_o}{2\pi \cdot \dfrac{N_s}{60}} (N \cdot m) = \frac{P_o}{9.8 \times 2\pi \cdot \dfrac{N_s}{60}} = 0.975 \frac{P_o}{N_s} (Kg \cdot m)$$

(2) 따라서 기계적 출력 P_o를 토크로 표시한 것을 동기 Watt라 함

동기왓트 $\tau_s = P_o$

2. 기동토크

동기전동기는 회전자가 동기속도로 회전할 때만 토크가 발생하므로 기동시의 토크는 "0"
→ 따라서 별도 기동방법 필요

3. 인입토크(Pull-in torque)

(1) 동기전동기가 기동하여 동기속도 근처에 이르렀을 때의 torque
(2) 동기속도의 95%정도까지의 torque를 공칭 인입토크라 함

4. 최대토크

전동기가 정격 주파수, 정격전압, 정격 여자 상태에서 동기이탈 되지 않고 동기운전 할 수 있는 최대한도의 토크 $\begin{cases} 돌극기 : \delta가 \ 50\sim70^\circ \ 일 \ 때 \\ 비돌극기 : \delta = 90^\circ \ 일 \ 때 \end{cases}$

→ 일정 여자 상태에서 발생최대 토크를

$P_o = \dfrac{V \cdot E}{Z_s} \sin(\delta+\alpha) - \dfrac{E^2}{Z_s} \sin\alpha$에서 $\sin(\delta+\alpha) = 1$인 경우이므로

(즉 $\delta + \alpha = 90^\circ$인 경우)

$$\therefore P_m = \frac{E}{Z_s}(V - E\sin\alpha)$$

5. 탈출토크(Pull-out torque)

부하토크가 전동기 최대 토크 이상되면 회전자는 회전자계 속도보다 늦어져 결국 정지하게 되는데 이를 동기 이탈(pull-out)이라 하며 이때의 토크를 말함

즉, 부하를 걸었을 때 속도는 일정하지만 부하 증가에 따라 회전자계와 회전자극 사이에 상차각 δ도 증가 → 출력증가 → 부하토크 증가 → 이에 대응한 전동기 발생토크도 증가 반면, $\delta + \alpha = 90°$이상 되면 → $\sin(\delta + \alpha) \langle 1$ → 출력감소 → 발생토크 더욱 감소 → 동기이탈 → 전동기 정지

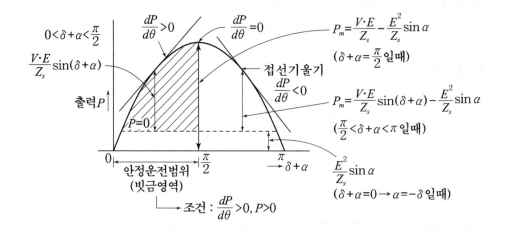

$$0 < \delta + \alpha < \frac{\pi}{2}$$

$$\frac{dP}{d\theta} > 0$$

$$\frac{dP}{d\theta} = 0$$

$$P_m = \frac{V \cdot E}{Z_s} - \frac{E^2}{Z_s} \sin \alpha$$

$$\left(\delta + \alpha = \frac{\pi}{2} 일때 \right)$$

$$\frac{V \cdot E}{Z_s} \sin(\delta + \alpha)$$

접선기울기

$$\frac{dP}{d\theta} < 0$$

$$P_m = \frac{V \cdot E}{Z_s} \sin(\delta + \alpha) - \frac{E^2}{Z_s} \sin \alpha$$

출력 P

$$P = 0$$

$$\left(\frac{\pi}{2} < \delta + \alpha < \pi 일때 \right)$$

안정운전범위 (빗금영역)

$$\frac{E^2}{Z_s} \sin \alpha$$

$$(\delta + \alpha = 0 \to \alpha = -\delta 일때)$$

조건 : $\frac{dP}{d\theta} > 0, P > 0$

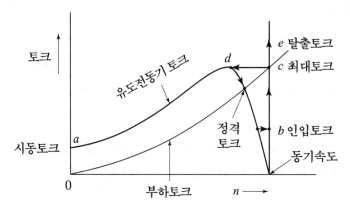

토크

유도전동기 토크

e 탈출토크
c 최대토크
정격토크
b 인입토크

시동토크

동기속도

0 부하토크 $n \longrightarrow$

보통 부하의 정격토크를 100%로 했을 때 $\begin{cases} 기동토크 : 50\% 정도 \\ 탈출토크 : 150\sim300\% 정도 \\ 인입토크 : 50\% 정도 \end{cases}$

Ⅵ. 특징 및 용도

1. 장단점(유도전동기와의 비교)

장점	단점
• 일정 속도로 회전(슬립 無)	• 여자용 직류전원 별도 필요
• 전부하 효율, 역률 양호	• 회전체 관성 大, 난조 및 동기이탈 발생
• 공극이 커서 고장 발생 적다.	• 구조 복잡, 소음진동, 보수 및 점검 불편

2. 용도

소형기 : 전기시계, 오실로 그래프, 전송사진 등
대용량기 : 공기 압축기, 송풍기, 압연기, 분쇄기 등

참고 1 동기 전동기의 입출력 특성($P_i = P_o = \dfrac{V \cdot E}{x_s} \sin\delta$ 임을 증명)

1. 전기자 入力

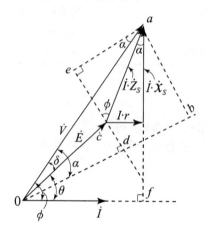

(1) $\dot{V} = \dot{E} + \dot{I}(r + jx_s)$ 에서 전류 $\dot{I}$ 를 기준 Vector로 함

(2) $\angle oae$ 를 각 α ($\alpha = \tan^{-1}\dfrac{r}{x_s}$)와 같도록 하고 c 에서 ae 에 수선을 긋는다.

(3) ae 선에 평행하게 od 를 그으면 $\angle aod = \alpha$ ($\because$ 엇각)가 된다.
$\triangle aof \sim \triangle ace \Rightarrow \therefore \angle ace = \phi$

(4) 전기자 입력에 대하여

$$P_i = VI\cos\phi \text{에서} \begin{cases} \overline{ec} = I \cdot Z_s \cos\phi = \overline{ed} - \overline{dc} \\ \overline{ed} = \overline{\alpha b} = V\sin\alpha \\ \overline{dc} = E\sin(\alpha - \delta) \end{cases}$$

$I \cdot X_s \cos\phi = V\sin\alpha - E\sin(\alpha - \delta) = V\sin\alpha + E\sin(\delta - \alpha)$

$\therefore I\cos\phi = \dfrac{V\sin\alpha + E\sin(\delta - \alpha)}{Z_s}$

$\therefore P_i = VI\cos\phi = \dfrac{V^2}{Z_s}\sin\alpha + \dfrac{V \cdot E}{Z_s}\sin(\delta - \alpha)$

간단히 취급하기 위해 r 을 무시하면

즉 $r \doteqdot 0 \rightarrow Z_s \simeq x_s$, $\alpha = 0$ 이므로

$\therefore$ 입력 $P_i \simeq \dfrac{V \cdot E}{x_s}\sin\delta$

2. 전기자 出力

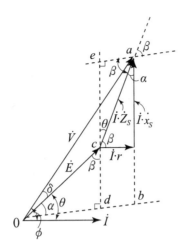

(1) $\angle ocd$ 를 각 $\beta(\beta = \tan^{-1}\frac{x_s}{r})$ 와 같게 취하고 o에서 $\overline{cd}$ 에 수선 od 를 긋고 a에서 $\overline{cd}$ 의 연장선에 수선 $\overline{ae}$ 를 그으면 $\overline{ea}$ 는 $\dot{I}\cdot r$ 방향과 거의 평형이므로 $(\beta + \alpha = 90°)$

$\therefore \triangle ace \sim \triangle cod$

$\therefore \angle ace = \alpha \fallingdotseq \theta$

(2) 전기자 출력에 대하여

$$P_o = E \cdot I\cos\theta \text{ 에서 } \begin{cases} \overline{ce} = I \cdot Z_s\cos\theta = \overline{de} - \overline{dc} \\ \overline{de} = V\sin(\delta + \alpha) \\ \overline{dc} = E \cdot \sin\alpha \end{cases}$$

$$I \cdot Z_s\cos\theta = V\sin(\delta + \alpha) - \frac{E}{Z_s}\sin\alpha$$

$$\therefore I \cdot \cos\theta = \frac{V}{Z_s}\sin(\delta + \alpha) - \frac{E}{Z_s}\sin\alpha$$

$$\therefore P_o = E \cdot I\cos\theta = \frac{V \cdot E}{Z_s}\sin(\delta + \alpha) - \frac{E^2}{Z_s}\sin\alpha$$

여기서 $r \fallingdotseq 0$로 놓으면 $Z_s \simeq x_s,\ \alpha = 0$이므로

$$\therefore \text{ 출력 } P_o \simeq \frac{V \cdot E}{x_s}\sin\delta$$

3. 결론

상기와 같이 전기자 저항을 무시하면 동기전동기의 전기자 입력과 출력은 같다.

즉 $P_i = P_o \simeq \dfrac{V \cdot E}{x_s}\sin\delta$ 가 된다.

문제23 동기전동기의 기동방법

Ⅰ. 개요

동기전동기는 그 자체로는 기동할 수 없으며 어떤 방법으로든 동기속도 근처까지 가속하여
상차각을 최대한 좁혀준 상태에서 자극을(직류로)여자시켜 동기속도로 인입시킴

Ⅱ. 동기전동기의 구조

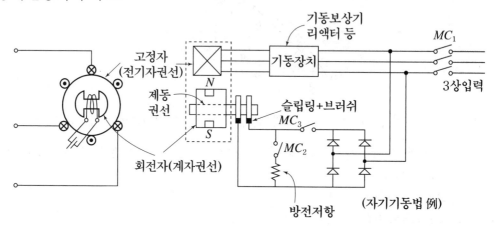

(자기기동법 例)

Ⅲ. 동기기의 종류

1. 회전전기자형, 회전계자형
2. **회전자 형태**
   (1) 돌극형 : 지름 크고 짧다(저속, 중소용량기)
   (2) 원통형 : 지름 작고 길다(고속, 대용량기)
3. 전자석형(직류여자형), 영구자석형(PMSM)

Ⅳ. 동기전동기 기동법

1. **자기기동법(농형 유도전동기로써 기동)**
   (1) 원리
      ① 돌극형 회전자의 자극편의 슬롯에 유도전동기의 농형권선과 같은 제동권선(Damper
         - winding)을 설치하여 기동권선으로 이용
      ② 처음에 계자회로를 열어놓고($MC_3\,off$, $MC_2\,on$) 전기자권선에 기동장치에 의해 낮
         은 전압을 인가, 제동권선이 농형회전자 권선 역할을 하여 유도전동기로서 기동함
         (기동방식 : 전전압기동, 리액터기동, 기동 보상기 기동)
      ③ 기동후 속도 상승하여 동기속도 근처에 도달시 계자회로를 닫고($MC_3\,On$, $MC_2\,Off$)
         계자권선을 직류여자 시킴 → 인입토크(Pull-in torgue)에 의해 동기속도로 인입

(2) 기동中 발생토크

　① 기동권선(농형제동권선)에 의한 토크

　　㉠ 제동권선 저항이 클수록 기동토크 크다.

　　㉡ 전전압 기동시 특수농형이나 황동 같은 고저항 도체 주로사용

　② 와전류에 의한 토크

　　㉠ 자극편면 및 자극철심 죄임용 리벳 등에 발생

　　㉡ 기동권선에 비해 토크 적고 속도에 의한 변화가 적다.

　③ 계자권선에 의한 토크

　　㉠ 권선 절연관계로 방전저항으로 폐로하여 기동

　　㉡ 단상 권선형 회전자와 동일토크 발생(게르게스현상)

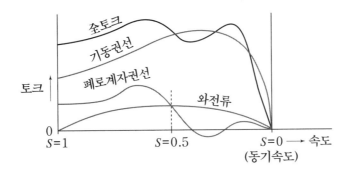

이러한 3가지의 합성토크는 그림과 같이 되어 동기속도의 90~95%의 속도에 도달시 토크가 정(+)방향으로 작용하여 동기인입가능

(3) 특징

　가장 널리 사용, 기계적 강도가 커서 중·고속기로 사용

2. 3상 기동권선을 사용하는 방법(권선형 유도전동기로서 기동)

(1) 돌극형 동기전동기의 자극에 농형 제동권선 대신 3상 권선을 설치하여 슬립링을 통해 외부저항을 접속, 권선형 유도전동기로서 기동함

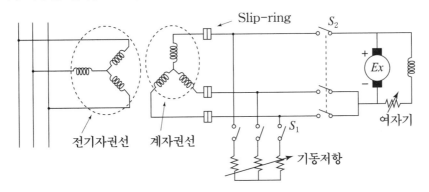

(2) 기동시 개폐기 S_1 을 닫아 2차 권선에 기동저항을 접속 기동 후, 동기속도에 거의 도달시 S_1 을 열고 S_2 를 닫아 2차 권선을 직류여자 시키면 동기속도로 인입운전

3. 기동전동기(기동용 보조전동기)에 의한 기동법

(1) 동기전동기에 기계적으로 결합한 유도전동기나 직류전동기로 기동시켜 동기속도 가까이 가속하는 방법

(2) 주로 대용량기의 기동에 이용됨

4. 고정자 회전 기동법(초동기전동기로서 기동)

(1) 고정자인 전기자가 2중구조의 베어링에 의해 회전자의 外周를 회전할 수 있도록 한 구조로 회전자는 중부하가 걸려있는 경우 기동이 어려우므로 고정자(전기자)를 먼저 회전자계와 반대방향으로 회전시켜 점차 가속 → 동기속도로 된 후
고정자 외측에 설치된 브레이크로 서서히 제동을 걸면 회전자가 고정자와 반대방향으로 (즉, 회전자계 방향으로) 회전시작 → 고정자를 정지시키면 회전자는 동기속도에 도달 → 정상운전

(2) 용도 : 전원용량이 적고 고기동 토크가 필요한 시멘트 분쇄기의 구동용

(3) 특징 : 중부하를 건채 기동 가능하며 탈출토크 부근까지 기동토크 발생가능

5. 저주파 기동법

(1) 동기전동기가 동기 인입하는 데는 기동시 주파수가 낮을수록 유리하므로 동기전동기를 가변주파수의 단독전원으로 기동시 저주파(정격주파수의 25~50%)로 동기화 한 후 주파수를 상승시켜 정격 주파수로 되었을 때 주전원으로 바꾸어 운전

(2) 소용량의 기동용 전원으로 동기화 가능

(3) 전기추진선의 주전동기 기동에 사용

Ⅲ. 최근동향

엘리베이터 속도제어 : PM동기 전동기 + 벡터제어 인버터 방식 적용

동기전동기의 난조 및 동기이탈 현상

Ⅰ. 난조(Hunting현상)

1. 동기기는 전원주파수 (or 부하)가 급변하면 → 부하각 δ 변화 → 부하토크(T_L)와 전기자 발생토크(T_M)간 평형이 깨짐 → 회전자 관성으로 즉시 새로운 평형점의 부하각 δ_1 으로 이전하지 못하고 $T_M < T_L$ 이 되어 회전자는 순간 감속하나 δ 는 점차 증가하여 $\delta_o \to \delta_1$ 으로 이동 → 회전자가 δ_1 에 도달하기 위해 출력의 증가와 함께 회전체의 운동에너지 일부를 방출(면적 abd) → δ_1 에 도달한 회전자는 다시 관성이 작용 → δ_1 을 지나침

2. δ_1 이상이 되면 $T_M > T_L$ 이 되어 회전자 가속 → 운동에너지 축적(면적bcf) → 前에 상실한 에너지(면적 abd)와 같게 되는 부하각 δ_2 까지 이동하여 동기속도에 이른 후 δ 는 감소 → 재차 δ_1 을 향해 되돌아 오지만 관성으로 지나쳐 변동전 부하각 δ_0 부근까지 도달 → 재차 δ_1 을 향해 되돌아옴을 반복

3. δ 는 δ_1 을 중심으로 진자와 같은 주기적인 진동을 계속하지만 전기적, 기계적 손실로 인하여 그 진폭은 점차 감쇠하여 결국 δ_1 으로 안정됨. 이와 같이 회전자가 동기속도를 중심으로 가·감속되는 진동을 반복하는 현상을 난조(Hunting)현상이라 함

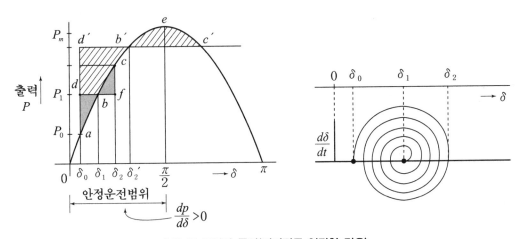

출력 對 부하각 곡선(여자전류 일정한 경우)

Ⅱ. 동기이탈(pull-out)

1. 부하토크 증가로 부하각 δ가 커졌을 때 전동기 발생토크는 P와 함께 증가하여 부하토크 와 평형할 수 있으면 새로운 부하각 δ'에서 운전을 계속 할 수 있으나 이렇게 되지 않고 δ증가시 P가 감소하여 이에 대응하지 못할 때 운전을 계속할 수 없고 결국 동기를 벗어 나는 현상

2. **동기이탈조건**

   (1) 그림에서 면적 $ab'd' >$ 면적 $b'c'e$ 일 때 발생

   (2) 그림에서 δ가 $\dfrac{\pi}{2}$ 이상 영역 일 때 즉 $\dfrac{dP}{d\delta} < 0$ 일 때

   (3) 회전부의 고유진동수 $\simeq$ 전원 or 부하의 강제진동수 일 때
   → 진동증폭으로 난조가 확대되면서 발생

Ⅲ. 난조 방지대책

1. **플라이 휠 효과 이용**

   회전자에 적당한 크기의 휠 부착
   → 회전체 관성모멘트를 증가시켜 고유진동 주기를 길게 함

2. **제동권선(Damper winding) 설치**

   (1) δ가 변동하면 회전자속을 끊어 역기전력($e = -\dfrac{d\phi}{dt}$) 발생 → 회전자속 사이에 제동 토 크 발생 → δ의 변화 억제(δ를 일정하게 유지)

   (2) 운전시 부하의 급변을 피할 것

문제25 ## 동기기의 전기자 반작용(Armature Reaction)

Ⅰ. 개요

1. 정의

동기기의 전기자(Armature)권선에 부하전류가 흐르면 그 기자력에 비례하여 발생된 자속이 계자권선의 기자력에 의해 형성된 주자속에 영향을 끼치는 현상($NI = R\phi$)

2. 전기자전류 I_a 가 단자전압과의 90° 위상차를 갖는 직축 반작용의 경우 동기 발전기와 동기전동기의 반작용은 서로 반대가 됨

전기자 전류위상	동상전류	90° 지상전류	90° 진상전류
작용분류	횡축 반작용	직축 반작용	
발전기	교차자화(편자)작용	감자작용	증자(자화)작용
전동기	교차자화(편자)작용	증자작용	감자작용

(1) **횡축반작용** : 전기자에 의한 기자력(F_a)이 계자기자력(F_f)에 대해 횡축방향으로 작용함을 의미

(2) **전기자 전류 위상조건** : 단자전압 기준

Ⅱ. 교차 자화작용(저항만의 회로 : R) = 편자작용

1. 단자전압과 전기자 전류가 동상인 경우(역률 = 1)

2. 전기자 전류에 의한 자속(ϕ_a)이 주계자의 자속(ϕ_f)과 공간적으로 90° 각이 되는 방향으로 작용

(돌극 회전계자형) $V \fallingdotseq E$(편자시 E 약간감소)

3. 단자 전압과 동상인 유효분 전류 발생하며, 직류기와 같이 편자에 의한 감자현상 동반

Ⅲ. 감자작용(유도성 : L)

1. 전기자 전류가 단자전압 보다 90° 뒤지는 경우(전동기는 90° 앞섬)
2. 전기자 전류에 의한 반작용 기자력이 계자자속을 감소시키는 방향으로 작용(동기전동기는 과여자시 이에 대해 진상 전류를 취하여 감자작용 – C작용)

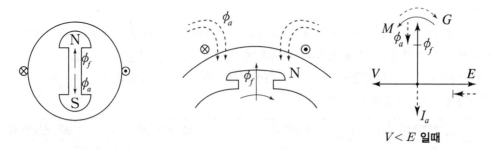

$V < E$ **일때**

Ⅳ. 증자작용(용량성 : C)

1. 전기자 전류가 단자전압보다 90° 앞서는 경우(전동기는 90° 뒤짐)
2. 전기자 전류에 의한 반작용 기자력이 계자자속을 증가시키는 방향으로 작용(동기전동기는 부족여자에 대해 지상전류를 취하여 증자작용 – L작용)

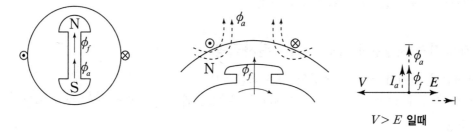

$V > E$ **일때**

Ⅴ. 영향

1. **감자(or 편자) 작용시 :** 감자로 인한 속도증가, 토크저하, 유기전압감소
2. **증자 작용시 :** 발전기 유기전압 상승, 자기여자현상 발생

Ⅵ. 결론

1. 직류기에서는 부하전류가 전기자 권선에 흐르면 브러쉬가 기하학적 중성축에 있을 경우에는 전기자 반작용은 교차자화(편자) 작용에 의한 감자효과로 인해 전기자 유도 기전력이 무부하일 때 보다 다소 감소하지만, 동기기에서는 전기자 전류 위상에 따라 교차, 감자, 증자 작용을 하여 유도기전력을 감소하거나 증가시키는 작용을 한다.
2. 특히 동기조상기(R·C)는 동기진동기를 무부하 운전하여 전원계통이 과여자시 진상전류를 취하여 감자작용을 하고 부족여자시 지상전류를 취하여 증자작용을 하므로써 계통의 무효전력 (역률)을 자동으로 조정하는 역할을 함

참고 1 직류기의 전기자 반작용

1. 편자작용으로 전기적 중성축 이동(발전기 : CW, 전동기 CCW 방향)

　(1) 기하학적 중성축 위치시 정류자편 사이 전압 불균일에 의한 Flash-over 현상
　(2) 감자효과에 의한 기전력 감소

2. 방지대책

　(1) 보상권선 설치 : 자극편에 설치하여 전기자 기자력 상쇄
　(2) 기타 : 브러쉬를 전기적 중성축으로 이동

문제26 동기전동기의 전기자반작용과 위상특성곡선(V-곡선)

Ⅰ. 개요

동기전동기의 주요 운전특성으로 ① 인입, 탈출토크 ② V-곡선 ③ 난조 등이 있으나 이중에서 V곡선에 대하여 기술하고자 함

Ⅱ. 여자전류와 전기자 전류 관계

1. 일정부하 운전시

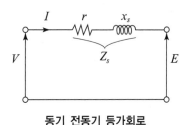

동기 전동기 등가회로

운전中의 동기전동기의 전기자에는 기전력이 유기되며 공급전압과 방향이 반대임

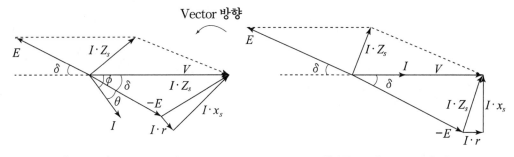

(지상역률) $V > E$ 일 때

동상(역률100%) $V = E$ 일 때

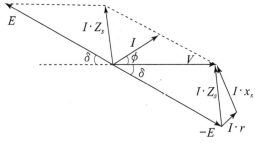

(진상역률) $V < E$ 일 때

V : 공급(단자)전압
E : 역기전력
I : 전기자 전류
$Z_s = r + j x_s$: 동기임피던스
ϕ : 역률각 δ : 상차각(부하각)

Vector방정식 $V = |\dot{E}| + \dot{I} \cdot \dot{Z}_s$

∴ 같은 단자전압과 같은 전기자 전류에 대한 역기전력의 값은 진상역률일 때 가장 크며 지상 역률일 때 가장 작다.

2. 무부하 운전시(= 동기조상기)

(1) $\dot{E} = \dot{V}$이면

여자전류(직류계자분 전류)에 의해 만들어지는 자속이 적당한 값에서 전압은 평형을 이루어 전류가 흐르지 않음(전기자 전류 = 0)

(2) $\dot{E} > \dot{V}$ 이면

① 여자전류가 너무 많이 흘러 무부하 유기전압이 단자전압 보다 크면 평형이 깨져 역기전력을 줄이기 위해(평형을 유지시키기 위해)전기자 회로에 무효전류가 흘러 그 반작용(감자작용)에 의해 계자자속을 감소시킴

② 이 무효전류는 역기전력에서 $90°$ 뒤진 전류이므로 공급전압에 대해서는 $90°$ 진상전류가 된다.

(3) $\dot{E} < \dot{V}$이면

증자작용에 의해 역기전력을 증가시키므로 공급전압에 대해서는 지상의 무효전류 발생

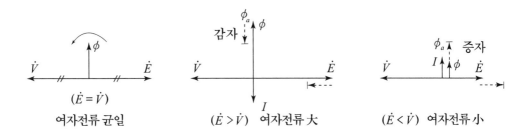

(4) 이처럼 동기전동기의 전기자 무효전류는 공급전압과 역기전력의 차에 의해 흐르며 공급전압에 대해 과여자되면 진상전류가 부족여자되면 지상전류가 흐른다.

전압비교 \ 구분		$E = V$	$E > V$	$E < V$
계자전류		일정	증가(과여자)	감소(부족여자)
전기자 반작용	동기 전동기	교차자화작용	감자작용	증자작용
	동기 조상기	×		
전기자 전류	동기 전동기	동상전류(유효분)	진상무효전류	지상무효전류
	동기 조상기	$I = 0$		

III. 위상특성 곡선(V-곡선)

1. 단자전압과 부하를 일정하게 하고 여자전류 I_f 와 전기자전류 I_a의 관계를 구하면 그림과 같이 V형 곡선이 된다.

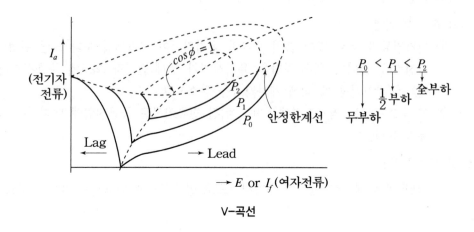

V-곡선

2. 이 곡선의 I_a가 최소가 되는 점을 점선으로 연결하면 이 선상의 역률이 1.0이 되어 이 선으로부터 좌, 우로 멀어짐에 따라 역률이 낮아져 좌측은 늦은 역률, 우측은 앞선 역률이 됨 즉, 일정한 출력에서 여자를 약하게 해주면 지상역률의 전기자 전류를 취하고 여자를 강하게 하면 진상 역률의 전류를 취하게 됨

3. 특징

V곡선 이용 전동기로써 운전하고 있는 경우 I_f를 조정하여
① 고역률 운전 ② 운전효율개선 ③ 운전경비절감
이런 목적으로 사용되는 동기전동기를 동기 조상기라하며 보통 송전계통의 수전단에 있는 1차 변전소에서 뒤진 부하의 역률 개선과, 송전 선로를 무부하 충전할 경우 전원에 대해 앞선 전류에 의한 전압 상승을 방지하기 위해 뒤진 전류를 취하여 보상하는 역할을 함

참고 1 3상 유도전동기와 동기전동기의 비교

구분	3상 유도전동기(IM)	동기 전동기(SM)
기본구성	고정자 : 3상 권선 회전자 : 농형 or 권선형으로 구성	고정자 : 3상 권선 회전자 : 직류 계자권선(회전 계자형) 　　　　 or 영구자석
회전속도	$N=\dfrac{120}{P}f(1-S)=(1-S)N_s$ (N : 실제속도, N_s : 동기속도)	$N=N_s$, 슬립 $S=0$
회전원리	고정자 권선에 3상 교류전원 인가 → 회전 자기장 발생 → 회전자 도체에 전압유기 → 2차에 기동 전류 발생과 회전 자기장 사이 토크발생 → 회전	고정자 권선에 3상 교류전원 인가 → 회전자기장 발생 → 별도 기동장치에 의해 회전자가 동기속도 근처로 인입 → 회전자를 $N.S$극으로 직류여자 시킴 → 고정자의 회전자계에 흡인 → 회전
여자원	고정자 권선 : 3상 교류전원 회전자 권선 : 2차 기전력 유도 　　　　　　 (별도 전원 無)	고정자 권선 : 3상 교류전원 회전자 권선 : 직류전원(슬립링 필요)
공극자속	고정자 자속	고정자 자속 + 회전자 자속
회전자 구조	• 농형 : Squirrel Bar + 단락환 • 권선형 : 3상 권선 + 슬립링 + 2차 　저항	• 일반형 : 계자극(주로 돌극형) + 　계자권선 + Brush + 직류여자장치 • PMSM형 : 계자극(영구자석)
기동법	• 농형 : Y-Δ, 리액터, 기동보상기, 　콘돌퍼 기동, Soft starter 기동 • 권선형 : 2차 저항, 2차 임피던스 　기동	• 자기기동법(농형), 권선형 기동법, 　기동전동기에 의한 법, 고정자 　회전기동법, 저주파 기동법
특 징	• 농형의 경우 구조, 취급 간단 　운전효율 대체로 양호 • 권선형의 경우 슬립링 필요하며 2차 　저항 기동시 기동토크 크나 효율저하 • 슬립 존재 • 자속생성을 위해 1차측 여자전류 　필요	• 정속도(동기속도) 운전, 고역률, 고효율 • 난조 대책필요 : Flywheel, 제동권선 • 구조복잡, 소음진동, 보수점검 불편 • PMSM형은 구조간단(여자장치×), 　에너지 Saving • 슬립이 없어 개루프 제어로도 고정밀 　속도제어 가능 • 전기자 반작용 발생(무효전류 조정)

문제27	동기기(발전기)의 자기여자 현상(Self excitation - Phenomenon)

I. 발전기 자기여자 현상이란

용량이 적은 발전기로 장거리 무부하 송전선로를 충전할 경우 단자전압보다 90° 앞선 진상 충전전류로 인한 전기자 반작용으로 발전기 단자전압이 상승하는 현상

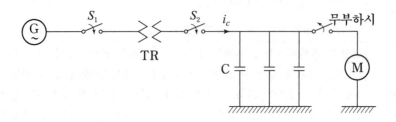

무부하 충전전류 $i_c = |\omega CE| \angle 90°$

II. 발전기 전기자 반작용

1. S_1 투입시

(1) 변압기만의 리액턴스 부하

(2) 감자작용

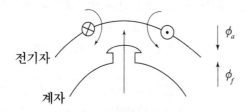

$\phi' = \phi_f - \phi_a$

$E' = 4.44f \cdot K_w \cdot \phi' \cdot n \,(\text{V})$

자속감소($\phi' < \phi_f$)하면 → E감소(감자작용)

2. S_2 투입시

(1) 진상 충전전류에 의한 C부하

(2) 증자작용에 의한 단자전압 상승

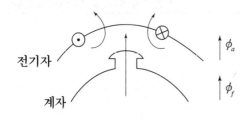

$\phi' = \phi_f + \phi_a$

$E' = 4.44f \cdot K_w \cdot \phi' \cdot n \,(\text{V})$

자속증가($\phi' > \phi_f$) → E증가(증자작용)

Ⅲ. 발전기 단자전압과 전기자전류 곡선

1. 정전용량(C)에 주파수의 교류전압을 가하면 $i_c = \omega C V = 2\pi f\, C V$ (A)가 흐르고 oca 같은 충전특성곡선이 얻어짐

2. 동기발전기를 무여자상태에서 동기속도로 회전시키고 여기에 정전용량부하를 접속하면 발전기에는 잔류자기에 의해 매우 낮은 기전력이 유도
   → 이 기전력에 의해 정전용량을 충전하는 진상전류 흐름 → 전기자반작용(자화작용) → 단자전압 상승 → 반복과정에 의한 전압 Build-up → 어느 값에서 포화, 안정상태 유지

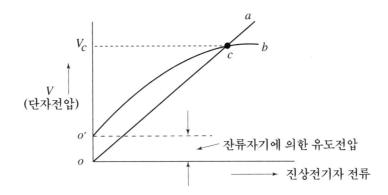

oca : 충전특성곡선(I_c와 V 관계)

$o'cb$: 진상 전기자전류에 의해 여자되는 발전기 포화곡선(I_0(여자전류)와 V 관계)

(1) 충전특성 곡선과 앞선전류에 의한 유기전압곡선의 교점(c)에 상당하는 전압 V_c에서 안정을 찾게됨

(2) 만약 V_c의 전압이 발전기 정격전압보다 현저히 클 경우 발전기 절연에 위험 초래됨
   → 과열, 열화, 소손

Ⅳ. 발전기 자기여자현상 원인

1. **역률개선용 콘덴서의 과보상**

2. **장거리 무부하 송전선로의 정전용량**

V. 방지대책

1. 발전기의 단락비(K)를 크게 한다 → K가 클수록 교점의 전압이 낮아짐

$$K \geq \frac{Q'}{Q}(\frac{V}{V'})^2(1+\sigma) \ : \ 자기여자 \ 미발생 \ 조건$$

$\begin{cases} V' : 충전전압 \\ V : 발전기 \ 정격 \ 전압 \\ Q : 발전기 \ 정격 \ 출력 \\ Q' : V'에 \ 의한 \ 송전선 \ 소요 \ 충전용량 \\ \sigma : 포화계수(0.05{\sim}0.15) \end{cases}$

2. 콘덴서의 과보상 억제

3. 발전기 용량을 크게 한다.

4. 변전소 분로리액터 설치

5. % 임피던스를 작게 하여 전기자반작용 감소

6. 수전단에 병렬리액터 설치

참고 1 동기기의 단락비(Short-Circuit ratio)

1. 정격속도에 있어서 무부하로 정격전압 V_n을 발생시키는데 필요한 여자전류 I_{f1}과 3상 단락의 경우에 정격전류 I_n과 같은 단락전류를 발생시키는데 필요한 여자전류 I_{f2}의 비 (K)를 말함

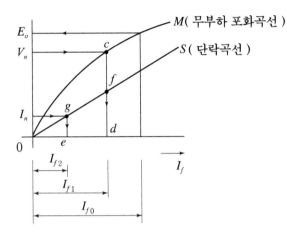

그림에서

$$\begin{cases} 단락비\ \ K = \dfrac{\overline{od}(I_{f1})}{\overline{oe}(I_{f2})} \\[2mm] 동기\ 임피던스\ \ Z_S = \dfrac{\overline{cd}}{\overline{fd}} \end{cases}$$

2. **단위법(per unit system)**

정격값을 1로하여 전압, 전류, 임피던스를 표시하면

$$Z(\mathrm{pu}) = \frac{I_n \cdot Z_s}{V_n} = \overline{ge} \times \frac{\overline{cd}}{\overline{fd}} \Big/ \overline{cd} = \frac{\overline{ge}}{\overline{fd}} = \frac{\overline{oe}}{\overline{od}} = \frac{1}{K}$$

즉, 단위법으로 표시한 동기 임피던스는 단락비의 역수와 같다.

$$I_s\,(pu) = \frac{I_f\,(pu)}{Z\,(pu)} = K \cdot I_f\,(pu) \quad (I_f : 단위법으로\ 표시한\ 여자전류)$$

3. **단락비에 따른 특징비교**

구분	단락비 大	단락비 小
단락곡선 기울기	급경사	완만
전기자반작용	적다	크다
계자 주재료	Fe(철기계) - 중량, 대형	Cu(동기계) - 경량, 소형
기타 특징	전압변동 小, 안정도증대, 고가	전압변동 大, 안정도저하, 저가

문제28　2대의 동기발전기가 기전력과 위상이 다른 경우 병렬운전 했을 때 나타나는 현상을 각각 설명하시오.

Ⅰ. 개요

1. 2대 이상의 발전기를 동일 모선에 접속하여 공통의 부하에 전력을 공급하는 방식
2. 병렬운전 목적은 전력을 필요로 하는 부하에 정전없이 정격의 전압을 안정하게 공급하게 위함

Ⅱ. 동기발전기의 병렬운전조건

1. 기전력의 크기가 같을 것　⇨　같지 않을 경우 무효순환전류 발생
2. 기전력의 위상이 같아야 한다.　⇨　다를 경우 동기화 전류에 의한 동기화력 발생
3. 기전력의 주파수가 같아야 한다.　⇨　다를 경우 동기화 전류가 지속적으로 발생
4. 기전력의 파형이 같아야 한다.　⇨　같지 않을 경우 고조파 무효순환전류 발생

Ⅲ. 기전력의 크기와 위상각

1. 기전력의 크기가 다를 경우

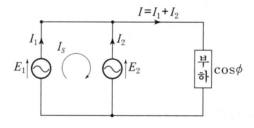

① $E_1 \neq E_2$이면 → 무효순환전류(무효횡류) 발생

$E_1 > E_2$이면

무효순환전류 $I_S = \dfrac{E_1 - E_2}{2Z_S} = \dfrac{E_S}{j2X_S}$

② 기전력이 큰 발전기 → 감자작용(유도성) → 전압 감소
③ 기전력이 작은 발전기 → 증자작용(용량성) → 전압 증가
④ 이 무효순환전류는 전기자의 동손을 증가시키고 과열소손의 원인

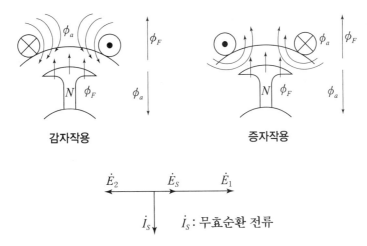

감자작용   증자작용

$$\dot{E_2} \quad \dot{E_S} \quad \dot{E_1}$$

$\dot{I_S}$ $\dot{I_S}$: 무효순환 전류

기전력의 크기가 다른 경우 전압 전류 백터도

⑤ 대책 : 횡류 보상장치 내에 전압조정기(AVR)을 적용하여 출력전압을 정격전압과 일정하게 유지한다.

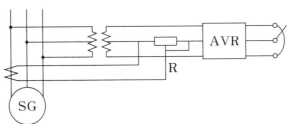

횡류 보상장치

2. 기전력의 위상이 같지 않을 경우

① 두 기전력간 위상차를 줄이기 위한 동기화전류(유효횡류) 발생

$$E_S = 2E_1 \sin\frac{\delta}{2}$$

$$I_S = \frac{E_S}{2Z_S} = \frac{E_1}{Z_S}\sin\frac{\delta}{2}$$

I_S : 동기화 전류

δ : 동기화 위상차

② 위상이 늦은 발전기 → 부하가 감소 → 회전속도가 증가

③ 위상이 빠른 잘전기 → 부하가 증가 → 회전속도가 감소

④ 즉, 두 발전기 위상이 같아지도록 작용한다.

⑤ 위상이 빠른 발전기는 부하증가로 과부하 발생 우려가 있다.

⑥ 대책 : 동기점정기를 사용하여 계통의 위상일치 여부를 검출한다.

문제29 ## 전동기 제동방식

Ⅰ. 개요

1. 전동기에서 제동(Braking)이란 운전 중에 급정지 하거나 속도의 상승을 방지하기 위해 부하측에서 에너지를 흡수 또는 역방향의 토크를 가하여 감속, 정지시키는 방법임

2. 전동기의 제동방식

(1) 전기적 제동법	(2) 기계적 제동법
• 발전제동(Dynamic braking) • 회생제동(Regenerative braking) • 역전 or 역상제동(plugging) • 단상제동 • 와전류 제동	• 마찰제동

Ⅱ. 발전제동

운전중 1차전원 분리, 전동기를 발전기로서 작동시켜 저항에서 에너지를 흡수하거나 역기전력에 의한 제동토크를 발생시키는 방법

1. 직류기(저항제동 이라고도함)

(1) 제동저항 연결, 에너지를 흡수(열로 소비)

(2) 저속시 제동력 감소로 기계적 제동과 병행 실시함

2. 유도기(직류제동 이라고도함)

(1) 운전중 전원에서 분리 후 1차 권선에 직류전압 인가 → 고정자에 일정한 직류자계 형성 → 회전자 회전에 의한 역기전력 유기 → 발전기로써 동작 → 제동토크발생

(2) 농형 : 회전도체가 부하로 작용하여 과열우려

(3) 권선형 : 2차저항을 접속, 부하로 동작시켜 제동함

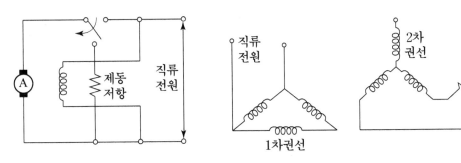

(직류기) → 저항제동   (유도기 – 권선형) → 직류제동

Ⅲ. 역전 or 역상제동(Plugging)

정회전중에 역회전으로 접속을 전환하여 급속히 감소시키고, 역방향으로 가속되기前에 시한계전기 or 영회전 검출 계전기(Plugging Relay)에 의해 전원에서 분리 후 정지시키는 방식

1. 직류기(역전제동)

전기자 회로의 접속을 반대로하여 직렬저항 삽입 → 에너지 흡수

2. 유도기(역상제동)

(1) 3상 전원중 2상분의 단자전원 접속을 바꿈
(2) 전원의 접속을 바꿀 때 과대전류(정격전류의 5~10배)발생
  ① 농형 : 2차권선 과열우려
  ② 권선형 : 2차 저항 삽입, 에너지 흡수
(3) 제동시 발생 열로 전력손실 및 기계적 충격이 크다.

Ⅳ. 단상(單相) 제동

1. 권선형 유도전동기의 1차 측을 단상 교류로 여자하고 2차측에 적당한 크기의 저항 r_2을 넣으면 전동기와는 역방향으로 토크가 발생하므로 제동된다.

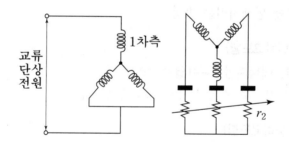

2. **발전제동과의 차이점 :** 직류전원 대신에 교류 단상전원을 접속한 것임
3. 단상 전동기의 Torque와 2차 저항의 영향

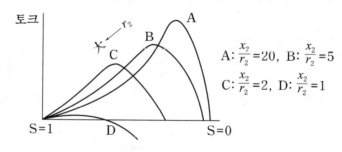

A: $\frac{x_2}{r_2}=20$, B: $\frac{x_2}{r_2}=5$

C: $\frac{x_2}{r_2}=2$, D: $\frac{x_2}{r_2}=1$

단상 유도전동기의 토크와 $\frac{x_2}{r_2}$와의 관계

(1) 3상 권선형 비례추이 특성(2차 저항 크기가 변하여도 최대 토크 값은 일정하게 유지 한채 그 토크를 발생시키는 슬립이 비례추이 하는 것)과는 달리 단상 유도전동기는 최대토크를 발생시키는 슬립뿐 아니라 최대토크의 크기도 변화함

(2) 상기 그림과같이 r_2를 크게 함에 따라 최대 토크값은 감소하고 그 슬립은 증가함

   또한, r_2를 어느정도 이상 크게 하면 부의 토크가 생겨 전동기 회전방향과 반대로 작용하는 토크가 생기는데 이것이 단상제동의 원리임

V. 회생제동

승강기의 하강시나 전동차가 언덕길을 내려 올 때 전동기가 부하에 의해 가속되어 회전하는 경우 발생한 전력을 전원으로 반환하면서 제동하는 방식으로 기계적 제동에 비해 마모, 발열이 없고 전력을 회수할 수 있어 가장 손실이 적고 효율 높은 경제적인 방법임

1. 유도기

동기속도 이상의 속도로 회전하면 반대로 도체가 자속을 끊게 되므로 유도 발전기로 동작, 속도 – 토크 특성이 그림과 같이 변화하여 마이너스 토크가 생겨 동기속도에 근접하는 방향으로 제동을 일으킴

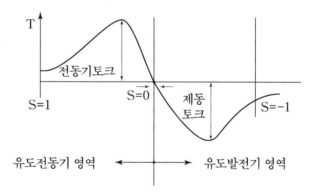

2. 직류기

과속 회전시 전동기의 유기기전력이 전원 전압보다 높게 되어 발전기로 동작하여 회생제동이 발생함

3. 적용

권상기, 기중기, 승강기, 전동차 등

Ⅵ. 와전류제동

전동기 축 끝에 구리판 또는 철판을 붙이고 이것을 직류 전자석의 극 사이에 회전하도록 하여 전자석을 여자시키면 금속판 중에 와전류(Eddy Current)가 유기되어 제동력 발생

Ⅶ. 마찰제동

1. 회전하고 있는 Brake wheel에 Brake shoe를 접촉시켜 제동을 일으키는 방식(수동, 전자, 유압 Brake 사용)
2. 고속 운전 중에는 발열과 Brake shoe 마모가 크므로 타제동법으로 1차 제동후 저속 운전시 마찰제동을 함

3. 동작원리

(1) 전자석을 여자시키면 스프링 힘을 이겨 라이닝이 휠에서 떨어져 개방됨
(2) 전자석을 개방(무전압, 무여자)하면 스프링 힘으로 라이닝을 압박하여 제동력 발생

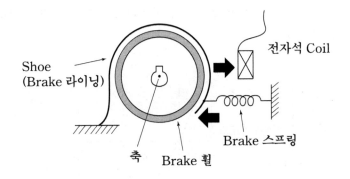

(3) 특징
① 정전시에도 제동토크를 걸 수 있는 반면, 마찰부 마모발생
② 저속 제동용

Ⅷ. 결론

운전 중인 전동기를 제동하는 방법에는 기술한 바와 같이 여러 가지가 있으며 일반적으로 고속제동에는 전기적 제동을 이용하고 저속제동에는 마찰제동을 이용하여 감속, 징지하는 방법을 많이 사용함

Professional Engineer
Building Electrical
Facilities

반송설비

PART 15

문제1 # 엘리베이터 설계 및 시공시 고려사항

I. 개요

Elevator란 동력(or 유압)을 매체로 승강로 Rail을 따라 사람이나 화물을 운반하는 건축물 내에서 필수적인 상하 수직 운송 장치임

II. E/V 설계시 기본 고려사항(시설계획시 기본요소)

1. 교통수요에 적합한 수량 및 허용값 이하의 대기시간 결정
2. 건물 중심부 배치 및 운용에 편리한 배열
3. 교통수요량이 많은 경우 출발 기준층은 1개 층이 바람직함
4. 군관리 운전시 동일군 내의 서비스 층은 같을 것
5. 대규모, 초고층 빌딩은 서비스 그룹 분할 검토

III. E/V 설계 순서

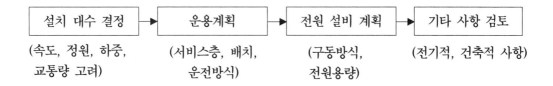

설치 대수 결정	운용계획	전원 설비 계획	기타 사항 검토
(속도, 정원, 하중, 교통량 고려)	(서비스층, 배치, 운전방식)	(구동방식, 전원용량)	(전기적, 건축적 사항)

IV. 설치대수 결정

1. 속도 결정

구분	저속	중속	고속	초고속
속도(m/min)	45 이하	60~105	120~180	210~540 (최근 700~1000)
적용	병원 침대용, 5층 이하	6~15층 건물	15~30층 건물	30층 이상 건물

2. 정원, 적재하중 결정

(1) 승강속도, 건물규모, peak 시간대 이용객 수 고려 정원 산출
(2) 적재하중(kg) = 정원 × 1인당 평균 체중(75kg)
(3) 적재하중과 Car 바닥 면적 관계(승강기 검사 기준) (A : 카 바닥 면적)

구분	승용			화물
Car 바닥 면적(m²)	1.5 이하	1.5~3	3초과	-
적재하중(kg)	370A	550+500(A-1.5)	600+1300(A-3)	250A

3. 설치대수(건축법)

(1) 일반(승용) E/V : 6층 이상, 연면적 2,000m² 이상

건물 용도	설치대수(A : 6층 이상 거실면적)	
	3,000m² 이하	3,000m² 초과
관람, 집회, 의료, 판매시설	2대 이상	$\dfrac{A-3,000}{2,000}+2$대
숙박, 위락, 문화, 업무시설	1대 이상	$\dfrac{A-3,000}{2,000}+1$대
공동주택, 교육연구시설	1대 이상	$\dfrac{A-3,000}{3,000}+1$대

(2) 비상 E/V : 높이 31m 초과, 10층 이상 APT

$$\text{설치대수} \geq \left(\frac{31\text{m 초과층 최대 바닥면적}-1500}{3,000}\right)+1$$

4. 교통량 계산

(1) 건물 용도별 운전특성 고려

건물용도	peak시간	평균운전간격	전체 이용객 수	승객 집중률
사무실	출근시간	30~40초	3층 이상 1인/8m²	16~25%
호텔	저녁시간	40초 이하	숙박정원의 80%	8~10%
아파트	저녁시간	80~120초	가구당 3~5인	3.5~5%

(2) 평균 일주시간 R_{TT} = 승객 출입 시간 + 문 개폐시간 + 주행시간 + 손실시간

(3) 설치대수 $N = \dfrac{Q}{P} = \dfrac{M \times \phi}{\left(\dfrac{5 \times 60 \times r}{R_{TT}}\right)} = \dfrac{M \times \phi \times R_{TT}}{5 \times 60 \times 0.8 \times C}$

여기서, P : 1대당 5분간 수송 능력

Q : peak 시간 5분간 이용객 수

r : 승객수 = $0.8 \times C$(C : 카의 정원)

ϕ : 승객집중률(%)

M : 전체 이용객 수

(4) 평균 운전간격(대기시간) $T = \dfrac{R_{TT}}{N}$ (Sec)

V. 운용계획

1. 서비스층 결정

(1) Zoning 계획 : 1개의 서비스 Zone 10~15층 정도(고층 빌딩 기준)

(2) 서비스 Zone 별 E/V 수량은 최대 8대 이내

(3) 대규모 지하층의 경우 별도 셔틀 Zone 구성

2. 배치 결정

(1) 일렬, 대면, 코브 배치, 교통 동선 중심에 배치

(2) 승강기 Hall : Car 정원 합계의 50% 수용(1인당 0.5~0.8m²)

3. 운전방식

(1) 단독, 병렬, 군관리 운전방식

(2) 여러대 설치시 전자동 군관리 운전방식 적용

VI. 전원설비 계획

1. **구동방식** : VVVF 제어방식 적용(최근 PMSM에 Vector 제어 방식 채용)

2. **TR 용량** : 높은 기동빈도 고려

3. **전기실 과전류 차단기** : E/V 전용 선정, E/V 기계실 차단기보다 용량 크고 상호 보호 협조

4. **전원 공급 간선** : 허용 전류, 전압 강하 고려

5. **권상기용 전동기 용량** : 적재하중, 정격속도, 기동토크 고려

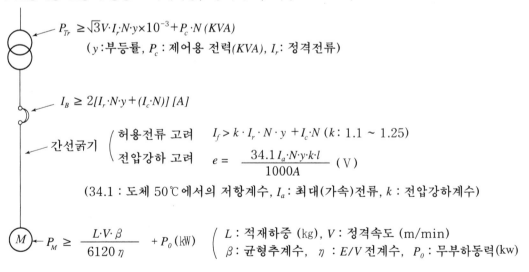

$$P_{Tr} \geq \sqrt{3} V \cdot I_r \cdot N \cdot y \times 10^{-3} + P_c \cdot N \, (KVA)$$

(y : 부등률, P_c : 제어용 전력(KVA), I_r : 정격전류)

$$I_B \geq 2[I_r \cdot N \cdot y + (I_c \cdot N)] \, [A]$$

간선굵기

$\begin{cases} \text{허용전류 고려} & I_f > k \cdot I_r \cdot N \cdot y + I_c \cdot N \ (k : 1.1 \sim 1.25) \\ \text{전압강하 고려} & e = \dfrac{34.1 I_a \cdot N \cdot y \cdot k \cdot l}{1000A} \ (V) \end{cases}$

(34.1 : 도체 50℃에서의 저항계수, I_a : 최대(가속)전류, k : 전압강하계수)

$$P_M \geq \frac{L \cdot V \cdot \beta}{6120 \eta} + P_0 \, (\text{kW})$$

$\begin{cases} L : \text{적재하중 (kg)}, \ V : \text{정격속도 (m/min)} \\ \beta : \text{균형추계수}, \ \eta : E/V \text{ 전계수}, \ P_0 : \text{무부하동력(kw)} \end{cases}$

VII. 기타 고려사항

1. **전기적 사항** : 고조파 대책, E/V 간선(2계통, 방재화), 비상조명(카내, 승강장)

2. **건축적 사항** : 진동, 바람, 굴뚝 현상 대책, 소음, 지진, 시공안전대책 등

3. **기타** : 안전장치 확보, 승강로 OH, TC, Pit 깊이 확보, Pit내 배수펌프시설, 기계실 바닥 하중, 환기 및 냉방장치, 층고 등 고려

> 참고 1 **Elevator 군관리 방식**

1. 개요

(1) E/V 운전 방식 분류
① 운전원 유무에 따라 : 요 운전원 방식, 무 운전원 방식, 병용방식
② 운전 형태에 따라 : 전자동 단독 운전, 전자동 병렬 운전, 군관리 운전

(2) E/V의 群관리 방식이란
대형 건축물 내에서 몇 대의 E/V를 군(Group)으로 묶어서 건축물내의 교통 수요 변동에 효율적으로 대응할 수 있는 운전모드를 갖는 운전조작 방식을 말함

(3) E/V 群관리 목적
① 이용 승객의 대기시간 단축
② 서비스 질 향상
③ 운전효율 향상

2. 群관리 운전의 기본 패턴

운전 Mode	적용	출발기준층	특징
Heavy-up	기준층으로부터 올라가는 승객이 많고 내려오는 승객이 적은 경우 (출근, 점심식사 종료 시)	1층	• 하층용과 상층용으로 나누어 서비스층 분담 • 바쁠 경우 호출에 불응가능
Heavy-Down	Heavy-up과 반대 (퇴근 시, 점심식사 시작 시)	최상층	하층용과 상층용으로 나누어 서비스층 분담
Balanced	상, 하행 승객이 거의 동수이고 교통량이 평균으로 Balance된 경우	1층	기준층에서 1대만 출발 준비하고 나머지는 문을 닫고 있다가 1대 출발 후 다음차례 출발 준비
Intermittent	교통량이 한산한 경우 (야간, 공휴일)	1층	1대만 운행대기 나머지는 전원 off

2. 群관리 방식의 분류

(1) 입력방식에 따라

① Conventional Group Control 방식 : Car에서 목적층 입력 방식

② Destination Dispatch Control 방식 : Hall에서 목적층 입력 방식

㉠ 승강장에서 행선지 버튼 누를 시 승객이 탈 수 있는 가장 빠른 E/V를 계산하여 알림(내부 행선지 버튼 사용 불필요)

㉡ 행선지 중복배제, 이동시간 감소, Lobby층 혼잡도 감소

㉢ 일반 군관리 대비 도착시간 및 운송량 약 25% 향상

(2) 할당 방식에 따라

① 최저방해 할당 방식

호출에 대해 모든 E/V의 응답에 방해되는 내용을 평가, 방해 점수가 낮은 E/V를 할당

② 인공지능 방식

사용량이 많아질 수록 적중률이 높다 → 학습기능, 즉시 예보기능

4. 群관리 방식의 효과

(1) 운전 효율 극대화 및 운전비용 경감

(2) 부하율(승객수, 시동횟수, 운전총거리 등)균일화, 보수상의 수명 증대

(3) 승객의 대기시간 대폭감소

(4) 러쉬아워 해소

문제2 엘리베이터의 속도제어방식의 종류와 특성에 대하여 설명하시오.

Ⅰ. E/V 제어 기술의 변천

구분	변천과정
직류기	M/G Set(워드레오나드 → 일그너 방식) → 정지(Thyristor) 레오나드 방식
교류기	1단속 → 2단속 제어 → AC-VV(귀환) 방식 → 인버터 제어(VVVF → Vector제어)

최근 교류 인버터 제어방식 중 Vector 제어 방식이 그 주류를 이루고 있음

Ⅱ. 엘리베이터 속도제어방식의 종류 및 특성

1. 교류 1단 속도제어방식

가장 간단한 제어방식으로 1단으로 기동 후 정속도 운전을 하고 정지는 전원을 끊은후 기계적으로 브레이크를 거는 방식임.

2. 교류 2단 속도방식

(1) AC2라고도 불리는 방식으로 60m/min이하에 적용. 통상 4/16P의 농형(籠形) 또는 6/24P의 권선형 모터가 사용됨.

(2) 농형에서는 이중권선이, 권선형에서는 탠덤 구조가 사용됨.

(3) 기동 시 또는 정격속도 주행 시는 고속측 권선을 사용하고, 정지층의 일정거리 앞에서 저속측 권선으로 전환하여 감속시키며 착상 위치 직전에서 브레이크를 체결하여 정지시킴.

(4) 승차감 개선을 위해 1차측(권선형 모터의 경우는 2차측)에 저항을 넣어 순차 단락시킴.

(5) 구조가 간단하고 견고하기는 하지만, 승강실 내 부하변동에 따른 착상 오차를 줄이기 위한 저속운전시간(크리프 시간)이 있기 때문에 층간 운전시간이 길고, 노치 투입에 의한 토크 변동이 커 승차감이 떨어짐.

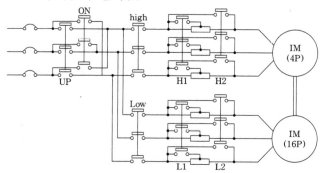

교류2단 속도방식의 구성 예

3. 교류 귀환 제어방식

(1) AC-VV라고도 불리는 교류 귀환 제어방식으로 105m/min이하에 적용.
카의 실속도와 지령속도를 비교하여 싸이리스터의 점호각을 바꿔 속도제어하는 방식임.

(2) 구동측은 사이리스터에 의한 1차 전압제어 또는 교류 2단 속도와 동일한 기동저항을
이용한 방식으로 하고, 제동측은 사이리스터에 의한 직류전압을 모터에 가하는 다이
나믹 브레이크(DB제어)를 작동시킴.

(3) 속도 지령에 따라 크리프 리스로 착상 가능하기 때문에 층간 운전시간이 짧고 승차감
이 뛰어나지만, 모터의 발열이 크다는 것이 단점임.

(4) 2권선 모터를 사용하지 않고, 1권선모터를 이용해 감속시에는 구동 회로에서 모터를
전원으로부터 분리하여 제동 전류를 모터에 가하는 등 다양한 어레인지가 이루어짐.

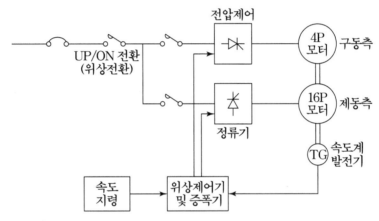

1차 전압제어 방식의 구성의 예

4. 워드 레오나드 방식

(1) 정격속도가 105m/분 이상의 직류 전동기의 속도제어에 전동 발전기를 사용한 워드
레오나드 방식을 적용, 제어범위가 넓다.

(2) 계자 전류의 제어에 사이리스터를 이용하고 있지만, 사이리스터가 널리 이용되기까지
는 저항기를 보조계전기의 접점에서 순차 단락하여 제어하는 방식을 사용하였으며,
그 이전에는 직류전원의 확보가 어려워 전동 발전기에 직류 발전기를 동축(同軸)접속
한 적도 있음.

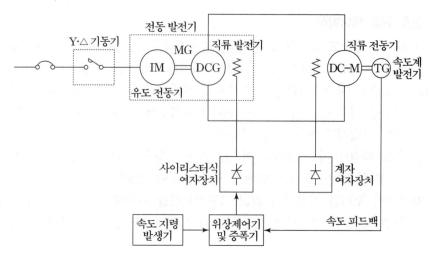

워드 레오나드 방식의 구성 예

5. 사이리스터 레오나드 방식

(1) 정지 레오나드 방식이라고도 불리는 이 방식은 대용량 사이리스터가 사용가능해진 시점부터 사용, 이후 인버터 방식으로 대체됨.

(2) 사이리스터의 전류(轉流) 개폐잡음(Switching Noise)이 발생하기 때문에 이의 고려가 필요하다.

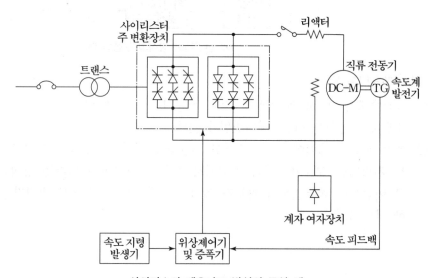

사이리스터 레오나드 방식의 구성 예

6. 인버터 방식

(1) VVVF(가변전압, 가변주파수) 제어방식

① 유도전동기에 인가되는 전압과 주파수를 동시에 가변시키는 제어방식으로 제어성능이 수하고 승차감이뛰어나며 저속영역에서 에너지절약효과가 커서 근래까지 널리 사용되고 있는 방식.

② 엘리베이터에서는 승강실 내 하중과 운전방향에 따라 회생전력이 발생하며 이를 흡수하기 위해 인버터의 직류단에 회생전류 흡수용 저항기를 설치해 열을 소비하거나 정격속도 120m/분을 넘는 것의 대부분은 컨버터를 정류회로로 바꾸어 회생전력을 전원으로 반환함.(전원회생 타입)

(2) 벡터 제어방식

① 자속성분의 전류와 토크성분의 전류를 벡터적으로 분리하여 직교제어함으로써 직류기와 같은 방법으로 제어하는 방식으로 순시토크제어 및 급가감속제어특성이 우수함

② 최근에는 영구자석형 동기전동기와 함께 사용하여 보다 컴펙트한 제어실현이 가능해짐

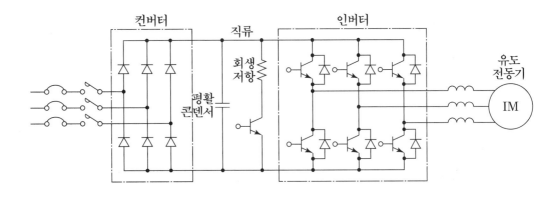

인버터 방식의 구성 예

문제3 **E/V의 기본구성 및 안전장치**

Ⅰ. 개요

1. Elevator란 승강로에 설치된 Rail을 따라 Car를 동력으로 승강시키는 장치이며, 사람이나 화물을 운송하는 건축물 내 중요 수송수단으로써 안전하고 쾌적한 운행을 실현하는데 그 목적이 있음

2. **E/V 제어 기술의 변천**

구분	변천과정
직류기	M/G Set(워드레오나드 → 일그너 방식) → 정지(Thyristor) 레오나드 방식
교류기	1단속 → 2단속 제어 → AC-VV(귀환) 방식 → 인버터 제어(VVVF → Vector제어)

최근 교류 인버터 제어방식 중 Vector 제어 방식이 그 주류를 이루고 있음

Ⅱ. Elevator 설치 대상(건축법)

1. **승용** : 6층 이상으로써 연면적 $2,000m^2$ 이상인 건축물
2. **비상용** : 높이 31m 초과 또는 10층 이상의 아파트

Ⅲ. E/V의 분류

1. **용도별** : 승용, 화물용, 비상용, 병원침대용, 장애자용, 자동차용, 전망용, 사행
2. **속도별** : 저속, 중속, 고속, 초고속
3. **동력매체** : Rope식, 유압식 / 직류식, 교류식
4. **감속기유무** : Geared, Gearless형

Ⅳ E/V의 구조(Rope식)

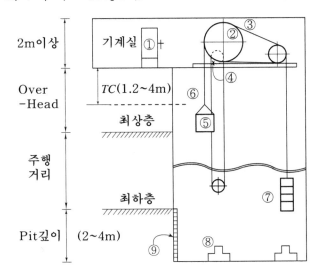

① 전기제어장치

② 권상기

③ 전자 brake

④ 조속기

⑤ Car

⑥ Rope (Main, 조속기, 보조)

⑦ 균형추

⑧ 완충기

⑨ 점검사다리

V. 주요 기기 기능

1. **전기제어장치** : 수전반, 제어반(또는 군관리 제어반), 신호반 등으로 구성

2. **권상기(Driving, Traction Machine)**
   전동기 축의 회전동력을 Rope에 전달(Geared형, Gearless형)

3. **전자 Brake** : 권상기에 설치된 Spring력에 의한 마찰 제동 장치

4. **조속기(Governor)** : 승강기 과속감지 → 전자 Brake 및 비상정지장치 작동(디스크, 플라이볼형)

5. **Car** : 사람이나 화물을 적재하는 상, 하부 Frame으로 구성된 Cage

6. **Rope** : 높은 인장강도와 유연성 요구(3가닥 이상, 직경 12mm 이상), Main Rope, 보조로프, 조속기 Rope 등이 있음

7. **균형추(Counter Weight)**
   (1) Car 무게와 균형 유지, 전동기 용량 경감
   (2) 균형추 중량 = Car 중량 + (최대 적재량 × 0.4 ~ 0.6)

8. **완충기(Buffer)**
   Car 또는 균형추가 바닥에 충돌시 충격 완화(스프링식-저속, 유압식-고속)

9. **Guide rail** : 가이드슈와 맞물려 상하주행시의 궤도 역할(T자형)

10. **Guide shoe** : Car가 Guide rail을 따라 주행하도록 함(슬라이드, Roller 방식)

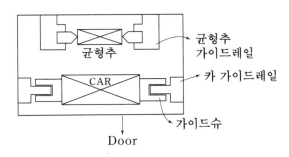

11. **자동 착상장치** : 승강로 내 각 층마다 유도판
(전자석)을 설치하여 목적층에 Car가 자동착상 되도록 함

12. **기타** : Hall door, Car door, 신호장치(지시, 버튼, 차임벨 등)

VI. 안전장치

1. 전자 Brake, 조속기, 완충기 : 주요기기 설명 참조

2. 비상(강제)정지장치 : 조속기 제2동작 시 Car 하부의 Clamp와 Guide rail사이에 쐐기를
밀어 넣어 Car를 강제로 정지시킴

3. 과속도 검출기 : Car의 과속검출로 조속기 동작 전에 급정지시킴

4. 감시타이머(Watch dog timer)
마이크로컴퓨터의 이상 상태를 검출하여 카를 급정지시킴

5. Door 안전장치

(1) Door Switch : Door 사이에 사람 끼임 검출하여 Door open(기계식, 광전식)

(2) Door Interlock(기계적 잠금장치)

→ Hall door나 Car door가 완전히 닫혀야만 운전되고 목적층에서 Car door가 열리는
경우 외에는 Hall door가 열리지 않도록 함

6. 종단층 감속 정지 Limit switch

→ Car가 최상층 or 최하층에 접근시 감속 정지시켜 최종층을 지나치는 것을 방지

7. 최종 Limit switch

→ 최종 층을 지나쳤을 경우에 작동하여 전원차단 및 전자 Brake 작동시켜 Car를 정지

8. 승객구출 안전장치

(1) 구출 운전 장치 : E/V 제어장치 고장(or 정전)으로 Car가 층간에 정지시 비상운전조작
으로 가장 가까운 층까지 저속 운전하여 Door open

(2) 출입문 걸쇠(Outside door latch) : 정전 or 비상시 Car내 승객 구출을 위해 밖에서 출
입문을 열 수 있도록 하는 장치

(3) 추락방지판(Facia-plate) : Car가 층간 정지시 승객이 Car door를 열고 나갈 때 Car와
승강로 벽 사이로 사람 추락 방지

9. 방범, Car내 안전장치 : 인터폰, 비상조명, CCTV

10. 기타 : 역상, 결상 계전기, 과적 방지장치, 관제 운전장치 등

참고 1 E/V 비상정지장치 및 조속기

1. 비상정지장치의 동작

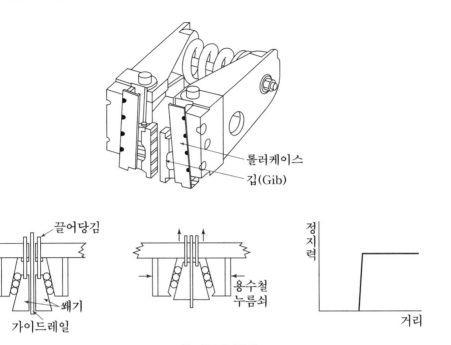

F·G·C형 비상정지장치

2. 조속기의 종류

(1) 디스크 조속기(disk governor)

조속기 시브의 속도가 빠르면 원심력에 의거 웨이트가 벌어지는데, 이때 고속스위치가 작동해 전원이 차단된다. 따라서 브레이크가 걸린다. 디스크 조속기는 저·중속 엘리베이터에 사용된다.

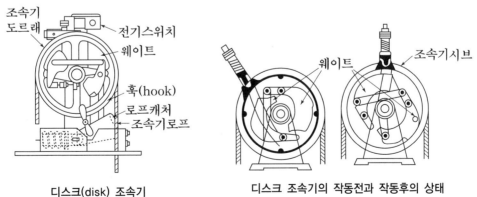

디스크(disk) 조속기   디스크 조속기의 작동전과 작동후의 상태

(2) 플라이볼 조속기(fly ball governor)

시브의 회전을 종축으로 변환시켜 그 원심력(속도가 빠르면)으로 플라이볼이 작동해 전원스위치와 비상정지장치를 작동시킨다. 플라이볼 조속기는 고속용 엘리베이터에 사용된다.

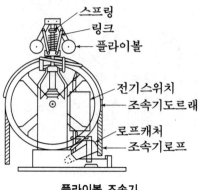

플라이볼 조속기

문제4 **고층빌딩용 E/V 계획시 건축적 고려사항**

Ⅰ. 개요

1. 정의
승강기라 함은 건축물, 기타 공작물에 부착되어 일정한 승강로를 통하여 사람이나 화물을 운반하는데 사용하는 시설로써 엘리베이터, 에스컬레이터, 휠체어 리프트 등을 통칭함

2. 관련법규
승강기시설 안전관리법, 승강기 검사 기준, KS규정 등

Ⅱ. E/V 계획시 건축적 고려사항

1. 고층건물에서 진동, 바람, 굴뚝 현상

구분	원인, 현상	대책
진동의 영향 (Sway Effect)	건물과 Rope진동수가 공진 → 진동 증폭 → 승강로 벽에 Rope충돌로 손상	이동식 Rope Guide 설치
바람의 영향 (Wind Effect)	초고속 운행시(보통 210m/min 이상) → 풍압에 의한 충격	승강로 상, 하부, 중간층에 풍압흡수 공간 설치
굴뚝 현상 (Stack Effect)	현관문과 기계실 창문 개방시 굴뚝 작용 → 승강기 문 안 닫힘, 화재시 사람 질식	현관문 - 이중문, 회전문 기계실 창문 - 닫아둘 것

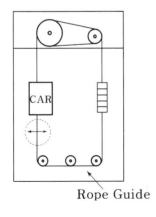

Sway-Effect

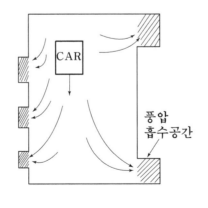

Wind-Effect

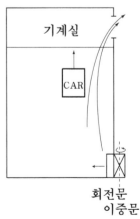

Stack-Effect

2. 고속 엘리베이터의 소음대책

소음종류	발생원인, 현상	대책
주행음 (고체전파음)	주행진동 → Rail Bracket → 벽으로 전달 → 벽의 진동으로 발생되는 소음	거실 격리, 승강로벽 이중화, Separated Beam 이용 Rail bracket 설치, 거실벽 200mm 이상 시공
풍절음 (공기마찰음)	협소한 승강로를 고속 주행시 → 공기의 압출로 발생	승강로와 본체의 틈을 크게 함 (180m/min 초과시 승강로 면적 1.4배 이상)
협부통과음	승강로내 요철 부분(Beam, 돌출보)에 풍압이 가해져 발생되는 소음	• 요철 제거 • 경사판, 막음판 설치
돌입음	승강로가 급격히 좁아지는 구역에서 공기 압축에 의해 발생	• 승강로 면적 확장 • 통풍구 설치(1.5~1.8㎡ 정도)
드래프트음	• 주행시 Hall door와 Jamb사이 수 mm틈새로 급격한 압력 변화에 의한 소음 • 원인 : Stack-Effect, 동절기 난방에 의한 승강로내 공기 상승	• 외기 억제 • 현관 : 2중문, 회전문 • 기계실 내 : 환기 Fan 또는 공조시설
기계실내 소음	• Crank 회전음, Brake 작동음, 제어반 S/W 동작음, 환기 Fan소음 등	• 흡음재 시공 • 기계실 바닥 두껍게 (신더 콘크리트 150mm 이상)

3. E/V 기계실 시공

(1) 위치 : 승강로 최상부(Rope 식)

(2) 구조 : 내화구조, 불연재 마감

(3) 면적 : 승강로 투영면적의 2배 이상

(4) 층고 : 기계실 바닥에서 천장 보하단까지 2m 이상

(5) 실온 40℃ 이하 유지 : 냉방, 환기장치

(6) 임시개구부 : 기기 반출입 고려

(7) 기타 : 바닥하중 검토, 천장 Hook 설치, 침수대책, 소음방지대책 등

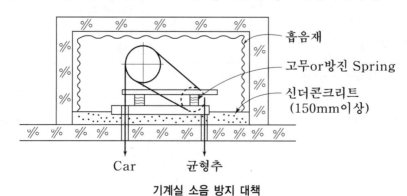

기계실 소음 방지 대책

4. 승강로 시공

(1) 하부 Pit, Over Head, 꼭대기 틈새(TC) 간격 확보
   ① 속도, 완충기 종류 등에 따라 달라짐
   ② KS규정(KSF 1506, 2802), 승강기 검사 기준에 의거

(2) 시공시 승강로 추락방지대책
   ① 타 공종과 공사 Scope 명확히 구분
   ② 각 부문별 공사감리한계 설정 및 안전 대책 강구

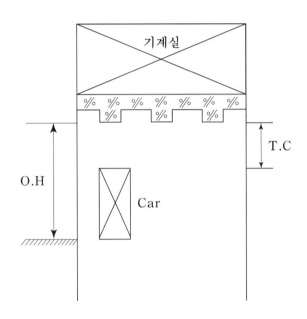

5. Zoning에 따른 수송방식

(1) Sky Lobby 방식
   ① 약 15개층 단위로 zoning하여
      스카이로비층까지 직통의 대용량 고속
      E/V(셔틀E/V)를 운행하고 서비스 Zone은
      로컬 E/V를 운행시키는 방식
   ② 적용사례 : 도곡동 타워 팰리스 外 다수

(2) Double Deck 방식
   ① E/V실을 2층으로 만들어 승차정원을
      늘리고 한번에 2층씩 정지함으로써
      운행효율을 높이고 수송 능력을 극대화

② 적용사례 { 외국 –Time life(미 시카고)
국내–잠실 롯데슈퍼 타워,
송도 NEATT 등

(3) Combination 방식

Sky Lobby 방식의 셔틀 E/V에
Double Deck를 혼용 사용하는 방식

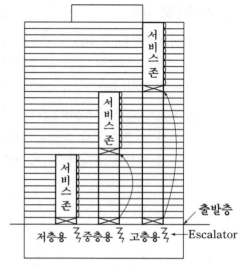

Zoning의 예

6. 내진대책

(1) 승강로 구조 변형 or Rail 이탈 방지

(2) Rope, Cable 등이 승강로 내 돌출물에 걸리지 않도록 조치

(3) 지진 관제운전 장치(E/V 제어반과 연동)

(4) Car, 균형추, 로프 이탈 및 권상기, 제어반 등 이동 및 전도 방지

III. 기타 기술동향

1. PMSM + Vector제어 인버터 → 소형화, 에너지 Saving, 고성능제어 실현

2. E/V 초고속화 : 최근 750~1000m/min 실현

3. 리니어 모타 실용화 단계

4. MRL(Machine Room Less)도입

→ Compact화, 건축공간 절약, 기존 유압식 → MRL로 대체 추세

5. 群 관리 운전에 퍼지제어 기법 적용 → 지능화 실현

6. 최근 Twin E/V, Multi Deck 상용화

(1) 티센 크루프 社 : 세계최고의 Twin E/V 상용화 성공

(2) Burj Khalifer(두바이–삼성) : Supper 더블데크 개발적용

(3) Combination 방식으로 더블(or 멀티)Deck + Twin E/V 혼용 : E/V 면적 획기적 감소

문제5 | **E/V 전원설비 계획시 고려 사항(E/V 설계시 전기적 고려사항)**

Ⅰ. 개요

1. Elevator란 동력을 이용, 승강로 Rail을 따라 사람이나 화물을 운반하는 상하, 수직 운송 장치이며, 건축물에서 Escalator와 함께 교통수단으로써 그 역할이 매우 중요해지고 있다.

2. **구동방식 :** 인버터 제어 방식 채용(최근 주류)

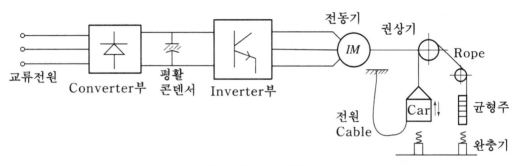

인버터제어 E/V 구성도

Ⅱ. 전원설비의 선정조건

1. 전압강하

가속전류에 대한 전압 강하율

구분	변압기	간선	합계	비고
직류	4%	3%	7%	E/V 전동기 정격
교류	5%	5%	10%	전압에 대한 %

2. 주위온도

(1) E/V 기계실 주위 온도 40℃ 이하, 간선주위 온도 30℃, 도체 허용온도 50℃ 이하

(2) 직사광선, 옥외노출 공중배선은 가급적 피할 것

3. 전압강하계수(K)

(1) 저항 성분만을 고려한 전압강하와 역률, 주파수를 고려한 전압강하의 비

(2) 전선 굵기, 역률에 따라 결정(0.72~2.14 사이)

4. 부등률

(1) 사용대수에 반비례, 기동빈도에 비례

(2) 전원용량은 부등률에 비례

Ⅲ. 전원설비, 전동기 용량 계산

1. 전원변압기 용량

$$P_T \geq \sqrt{3} \, V I_r N y \times 10^{-3} + P_c \, N \, [\text{kVA}]$$

$\begin{cases} V : \text{전원전압(V)}, \quad I_r : \text{정격전류(A)}, \quad N : \text{E/V 대수} \\ y : \text{부등률}, \quad P_C : \text{제어용 전력(kVA)} \end{cases}$

2. 과전류 차단기

(1) 건물측 배선용 차단기 선정조건

E/V 전용으로 E/V 기계실 차단기보다 용량이 크고 상호 보호 협조될 것

(2) 전동기용(제어 회로 용량 포함)

$$I_B \geq 2[I_r \, Ny + (I_C \times N)] [\text{A}]$$

3. 전원공급 간선

(1) 허용전류(I_f)

① 주위온도 40℃ 기준, 정격속도시 통전전류보다 크게 선정($I_f > I_t$)

② 통전용량(I_t) $\begin{cases} I_r \, Ny \leq 50\text{A일 때} : I_t = 1.25 I_r \, Ny + (I_c \, N) \\ I_r \, Ny > 50\text{A일 때} : I_t = 1.1 I_r \, Ny + (I_c \, N) \end{cases}$

(2) 전압강하

① 최대전규(가속전류)와 제어전류가 전원공급 간선에 흐르므로 간선의 전압강하는 규정값 이하가 되도록 전선 굵기 선정

② 3상 3선식의 경우 $e = \dfrac{34.1 \times I_a \, N y l \, K}{1,000 A} \, [\text{V}]$

여기서 $\begin{cases} 34.1 : \text{도체 50℃일 때 저항계수} \\ I_a : \text{최대 전류(가속 전류)(A)}, \quad K : \text{전압강하 계수} \\ l : \text{배선길이(m)}, \quad A : \text{전선단면적(mm²)} \end{cases}$

4. 권상기 전동기 용량

적재하중, 정격속도 고려 → $P_M = \dfrac{L\,V\,\beta}{6120\eta} + P_0$ (kW)

여기서 $\begin{cases} L \;:\; \text{적재하중(kg)}, \quad V \;:\; \text{정격속도(m/min)} \\ \beta \;:\; \text{균형추계수(승용 0.55, 화물 0.5)} \\ \eta \;:\; \text{E/V 전계수(Gearless의 경우 0.8~0.85)} \\ P_0 \;:\; \text{무부하동력(Gearless에 한함. 2~4 정도)} \end{cases}$

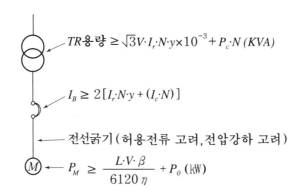

$$TR\text{용량} \geq \sqrt{3}V \cdot I_r \cdot N \cdot y \times 10^{-3} + P_c \cdot N\,(KVA)$$

$$I_B \geq 2\left[I_r \cdot N \cdot y + (I_c \cdot N)\right]$$

전선굵기 (허용전류 고려, 전압강하 고려)

$$P_M \geq \dfrac{L \cdot V \cdot \beta}{6120\,\eta} + P_0\,(kW)$$

IV. 기타 전기적 고려 사항

1. 인버터 제어에 따른 고조파 저감 대책 필요

(1) TR 및 간선 내량 증대, 타 배선과의 이격, 전용급전 등

(2) Active Filter, SPD 설치, 차폐

2. 전력간선

(1) 2계통 배전방식 채용(모선 2중화) : 4대 이상 군 관리 E/V에 적용

(2) 방재화 $\begin{cases} \text{승용 : 난연 Cable(TFR-CV)} \\ \text{비상 : 내화전선(FR-8)} \end{cases}$

3. 비상용 E/V

(1) 비상전원 절환 60초 이내, 2시간 이상 지속(병원 24시간)

(2) 승강장 비상조명 설치

4. 전동기, 제어기, 권상기

Car마다 독립적 설치

참고 1 MRL(Machine Room Less)

1. MRL이란

(1) 기존에 기계실에 설치되었던 Motor(권상기), Control panel(제어반)을 승강로에 붙박이 형태로 시설해 기계실을 없앤 신개념의 승강기

(2) 과거 유압식에 비해 에너지 절감, 쾌적한 승차감, Speed 개선을 도모한 Shuttle 용으로써 지하 저층용, 중저급의 최적 기종임

2. MRL의 분류

(1) 상부구동형 : Machine이 승강로 상부에 위치

(2) 하부구동형 : Machine이 승강로 하부 Pit에 위치

3. MRL의 특징

(1) 권상기 부피와 무게 개선(경량화, compact화) → PMSM(영구자석형 동기 전동기) +Rope(or Belt), 2:1 로핑이 주류

(2) 제어반은 최상층 or pit부 승강로에 시설되며 간단한 Monitoring 및 보수제어장 치만 승장에 시설함

(3) 고장시(장시간 정전시) 승객 구출을 위해 Battery로 구동되는 Break 수동개방장치 구비

(4) 건축물의 상부 기계실이 필요 없음 → 공간효율 극대화, 건축미 고려한 다양하고 세련된 설계로 가치 상승

(5) 에너지 절감 효과(기존의 약 30%)

(6) 유지보수가 어렵다. → 고신뢰성 제품이 요구됨

(7) 일반 E/V에 비해 고가임

(8) Machine 부가 시설된 인접층에 소음전달 없도록 주의 필요

문제6 **Escalator 설계시 고려사항**

Ⅰ. 개요

Escalator는 건물내 교통수단의 하나로 일종의 계단식 Conveyor이며, 일시에 많은 인원을 효율적으로 운송하는데 적절한 장치로 최근 그 수요가 급증하고 있다.

Ⅱ. ESC 형식 및 제원

형식	공칭수송능력 (명/h)	실효능력 (명/h)	난간 폭 (mm)	스텝 폭 (mm)	속도 (m/min)	경사각도 (°)	효율
800형	6,000	4,100	800	600	30	30	0.75
1,200형	9,000	6,710	1,200	1,000	30	30	0.84

Ⅲ. ESC의 특징

1. 대기시간이 거의 없이 연속적인 승객 수송이 가능
2. 단거리 대량수송에 적합(수송능력은 E/V의 7~10배)
3. 백화점 등에서는 구매충동 유발효과
4. 점유면적, 기동횟수가 작아 E/V에 비해 전원설비용량 경감

Ⅳ. ESC 설비 계획

1. 설계 착수 전 검토 사항

(1) 빌딩의 성질
(2) 층고 및 설치에 필요한 층수
(3) ESC 이용자 수 산출
(4) 서비스 방향

2. 설계시 착안 사항

(1) 안전장치 고려
(2) 경사각도 30° 이하
(3) 난간 상부와 디딤판 부분은 같은 속도 운행(정격속도 30m/min)

3. 배치(배열) 계획

(1) 배치 계획시 고려사항
　① ESC 바닥 면적은 가능한 작게 되도록 함
　② 건물 지지보와 기둥에 균등하게 하중분포 분산
　③ 승객의 보행거리 짧게, 시야 넓게, 동선 중심에 배치

(2) 배열방식과 특징

	배열방식	배열형태	특징
단열형	연속일렬배열 (Continuous Line type)		바닥면적이 평면적으로 연장되어 실용적이지 못함
	단열승계배열 (Scissors type)		• 이동거리가 짧아 서비스 양호 • 승객의 승계가 용이하며 고객을 상승계로 유도하는데 적합
	단열겹침배열 (Single bank type)		• 설치면적이 작고 점포 내가 잘 내다보임(구매 충돌유발) • 승객이 한 방향만 응시 • 서비스 나쁘고 승강장 혼잡
복렬형	복열승계배열		• 연속적 승계 가능하고 승강장 혼잡 적음 • 시야 넓고 ESC 존재 쉽게 파악 • 설치면적 커짐 • 계고(Raiser) 낮은 곳에 적합
	교차승계배열 (Cross attached type)		• 승강 모두 연속적 승계 가능, 서비스 양호 • 승강장 혼잡 적고 점유면적이 작음 • 시야 좁고 ESC 위치 표시 어려움

4. 대수산정

(1) 밀도율(Density-Ratio)로 판단

(2) $R = \dfrac{10 \times 2층\ 이상의\ 유효바닥면적\,(\text{m}^2)}{1시간의\ 수송능력}$

$\begin{cases} R \leq 20 \sim 25 \ : \ 양호 \\ R > 25 \ : \ 수송능력\ 나쁨 \end{cases}$

5. 적재하중 계산

P=270A(kg), A=S·L($L=\sqrt{3}\,H$)

$$\therefore P = 270\sqrt{3}\,H \cdot S\,[\text{kg}]$$

$\begin{cases} P : \text{적재하중(kg)} \\ A : \text{ESC 스텝 수평 투영 면적(m}^2) \\ S : \text{스텝 폭(mm), } H : \text{계단 높이(m)} \end{cases}$

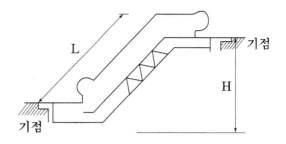

6. 전원설비계획

(1) 전원 변압기 선정

① 연속정격전류에 충분한 열적내량, 기동전류에 대한 전압강하율 5% 이하

② 변압기용량(건물측) $P_{TR} \geq 1.25 \times \sqrt{3}\,V \cdot I_r \cdot N \times 10^{-3}\,(\text{kVA})$

(2) 간선 굵기 – 허용전류, 허용전압강하 고려

① 허용전류 $I_a = \dfrac{k_1(I_M + I_L)}{\alpha_1 + \alpha_2}$

k_1 : 허용전류계수 $\begin{cases} I_m + I_L \leq 50A \to 1.25 \\ I_m + I_L > 50 \to 1.1 \end{cases}$

$\alpha_1,\ \alpha_2$: 주위온도, 배선조건에 따른 전류감소계수

② 간선 굵기 $A \geq \dfrac{34.1(I_S + I_M + I_L) \cdot k\,L}{1,000e}\,[\text{mm}^2]$

여기서 $\begin{cases} I_S : \text{기동전류, } I_M : \text{전동기 정격전류 합계, } I_L : \text{기타(조명등) 전류} \\ L : \text{전선 길이, } k : \text{전압강하 계수, } 34.1 : \text{도체저항계수}(at\ 50℃) \\ e : \text{허용전압강하(V)} \end{cases}$

(3) 배선용 차단기 선정

① $I_f \geq 3 \times \Sigma I_M + \Sigma I_H$

② $I_f \geq 2.5 I_a$

$\begin{cases} I_f : \text{차단기 정격 전류} \\ I_M : \text{전동기 정격 전류} \\ I_H : \text{전동기 이외 정격 전류, } I_a : \text{전선 허용전류} \end{cases}$

(4) 전동기 출력용량 산정

$$P_M = \frac{P \times 0.5\,V}{6120\eta} = \frac{270\sqrt{3}\,H \cdot S \times 0.5\,V}{6120\eta} = 0.0382 \times \frac{H \cdot S \cdot V}{\eta} \,(\text{kW})$$

여기서, V : ESC 운행속도(30m/min)

η : 효율(0.6~0.9)

P : 적재하중(kg)

S : 스텝폭(mm)

7. 에너지 Saving 대책

(1) 감속기 변경 : worm → Helical gear

(2) 주행저항 저감 : Hand rail 굴곡개소 대폭 삭감

예제1 지상 5층 바닥면적 3500m²인 백화점에 800형 에스컬레이터 설치 시 각층 몇 대 설치가 적당한가?

해설

1. 2층 이상의 합계 면적 3500 × 4 = 14,000m²

2. 피크 1시간당 2층 이상 매장면적에 약 0.7인/m²이 출입하는 것으로 예상하면

 14,000 × 0.7 = 9,800인/시간

 여기에서 에스컬레이터, 엘리베이터를 입장객의 90%가 이용하고 이중 에스컬레이터 이용승객을 85%로 가정하면

 9,800인/시간 × 0.9 × 0.85 = 7,497인/시간

3. 800형 에스컬레이터의 실효수송능력은 4,100인/시간 이므로

 설치대수 $= \frac{7,497}{4,100} = 1.83 \Rightarrow$ 2대 선정

4. **밀도율판단**

$$R = \frac{10 \times 2층\ 이상의\ 유효바닥면적(\text{m}^2)}{1시간의\ 수송능력}$$

$$= \frac{10 \times 14,000}{4,100 \times 2} = 17$$

 따라서 밀도율은 20이하로 2대선정은 적정하다고 판단됨

참고 1 ESC 전체 구성도

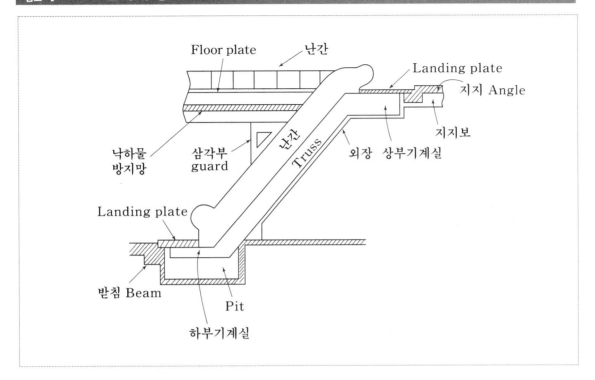

문제7 Escalator 주요 구성기기 및 안전장치

Ⅰ. 개요

Escalator는 건물 내 교통수단의 하나로 일종의 계단식 Conveyor이며, 일시에 많은 인원을 효율적으로 운송하는데 적절한 설비로써 그 수요가 증가 추세임

Ⅱ. ESC 분류

1. **형식에 따라** : 800, 1,200형
2. **난간 의장에 따라** : 불투명식(B형), 투명식(N형), 반투명식(SN형)
3. **난간 조명 방식에 따라** : 전조명식(AL), 반조명식(SL)

Ⅲ. 형식 및 제원

형식	공칭수송능력 (명/h)	실효능력 (명/h)	난간 폭 (mm)	스텝 폭 (mm)	속도 (m/min)	경사각도 (°)	효율
800형	6,000	4,100	800	600	30	30	0.75
1,200형	9,000	6,710	1,200	1,000	30	30	0.84

Ⅳ. ESC의 특징

1. 대기시간 거의 없이 연속적인 승객 수송 가능
2. 단거리 대량 수송에 적합(수송능력은 E/V의 7~10배)
3. 백화점 등에서는 구매충동 유발효과
4. 점유면적, 기동횟수 작아 E/V에 비해 전원 설비 용량 경감

Ⅴ. 주요 구성기기

1. 구동장치

구동기(Driving Machine)와 구동륜(Main Drive)으로 구성

2. Step

승객을 태우는 것으로 스텝 chain에 의해 가이드레일 따라 연속 운동

3. Step Chain

(1) ESC 좌우에 설치, step을 구동시키는 역할
(2) 일정 간격의 환봉강 연결, 좌우에 스텝의 전륜이 설치됨

4. 난간(Balustrade)

(1) 내측판(Interior panel) : 내측 ledge, skirt guard, deck board 등 구성

(2) 외측판(Exterior panel)

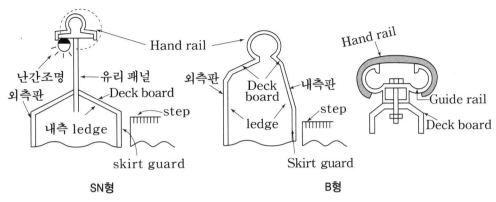

5. Hand-rail

난간 상부에서 가이드레일을 따라 움직이는 고무판 손잡이 부분

VI. ESC 안전장치

1. 본체 안전장치

(1) 기계 브레이크(Machine brake)

① 전동기 축을 직접 제동하는 방식(드럼식, 디스크식)

② 전원이 끊기면 Spring 힘에 의해 안전하게 정지

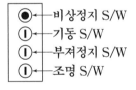

(2) 비상정지 스위치

조작반에 설치되며 비상시 누르면 기동정지

(3) 구동체인 절단 검출 안전장치

구동체인이 느슨하거나 절단시 Brake Shoe가 작동, 전원차단 및 Main drive 역전 방지

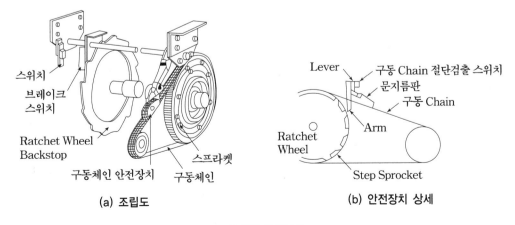

구동체인 안전장치

(4) 스텝 체인 절단 검출 안전장치

스텝 체인이 느슨하거나 절단시 tension carriage가 Limit S/W를 동작시켜 기동 정지

(5) 스텝 이상 검출 장치(발판주행 안전장치)

스텝 사이 이물질이 끼거나 틈새(4mm 이상)가 생기면 이를 검출하여 정지시킴

(6) skirt guard 안전장치

스커트 가드 패널과 스텝 사이에 신체의 일부, 옷 등이 끼이는 경우 스커트 가드 패널에 일정 압력 이상의 힘이 가해져 Limit S/W 작동, 정지

(7) 핸드레일 인입구 안전장치

Inlet부에 물건이 끼일 경우 정지시키는 안전 스위치

(8) 조속기

전동기축에 연결, 규정 속도 보다 빠르거나 늦으면 전원 차단하여 운행정지(상승 운전 중 오동작으로 하강시에도 과속검출)

(9) 기타

MCCB, OCR, 역상 및 결상 검출장치, 보수 및 점검 스위치 등

(2) 발판체인 안전장치
(5) 핸드레일 인입안전장치
(1) 구동체인 안전장치
(4) 스커트거드 안전장치
(6) 과전류 계전기
(7) 안전나이프 스위치
(4) 스커트거드 안전장치
(3) 발판주행 안전장치
(5) 핸드레일 인입안전장치
(8) 비상정지버튼
(2) 발판체인 안전장치

2. 건물측 안전장치

(1) 삼각부 안내판(Wedge-guard)

천장 밑 협각이 이뤄지는 부분에 설치하여 경고 표시

(2) 칸막이판

ESC와 Floor plate 측면에 간격이 있는 곳에 설치하여 지입 방지

(3) 낙하물 방지망

ESC 상호간, ESC와 건축물 바닥, Floor plate 사이 간격이 있을 경우

(4) 안전 난간

상층부의 Floor plate 부근에 설치하여 추락 방지

(5) 방화 샷타

화재시 작동, ESC와 인터록시켜 운행정지

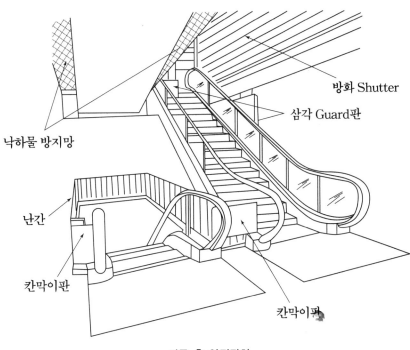

건물 측 안전장치

에너지절약

PART 16

문제1 업무용 건물의 첨두부하 제어방식

Ⅰ. 개요

1. **도입배경** : 전력수요의 급신장에 따른 발전설비 확충 어려움
2. **효과** : 설비 이용률 향상 및 발전 예비율 확보

Ⅱ. 제어부하 선정시 고려사항

1. 부하특성 파악 및 변동패턴 조사
2. 첨두 부하 억제 방안 검토
3. 제어가능 부하선정 → 안정성 고려(조업, 업무차질영향 최소화)
4. 제어의 우선순위 선정 → 가장 중요도 낮은 순위부터 순차제어

Ⅲ. 첨두부하 제어방식

1. **전력 수요관리(DSM : Demand Side Management)**

(1) 수요관리 유형

유형	개요	효과	적용 예
① 최대수요 억제(peak cut) 	발전원가가 높음 peak 가동설비 축소	• 발전 예비율 확보 • 기본요금 감면	• 첨두부하 억제 (냉방기기 등) • Demand Control

② 기저부하 증대
  (Valley Filling)
 	
	off-peak(경부하)
	시간대 전력수요
	증대
		• 설비 이용률 향상
		• 전력 공급원가
		  저감
			• 심야 전력기기 활용
			• 심야 시간대 요금
			  할인제 적용

③ 최대부하 이전(peak shift) 	peak전력 경부하 시간대로 이동	• 최대부하 억제 • 심야부하 창출	• 심야 전력기기 활용 • 계절, 시간대별 차등요금제 적용

④ 전략적 소비절약 (Strategic-Conversation) kW ↓↓ t	전기 서비스 수준 유지하면서 전력 수요만 감소	• 수급불안 대처 • 비용절감	• 절전 • 에너지 고효율 기기 사용
⑤ 전략적 부하증대 (Strategic-Load growth) kW ↑↑ t	공급 〉수요 일 때 설비 이용률 향상 방법	• 전력생산성 향상 • 화석연료 의존도 경감(국내실정과 안맞음)	• 전전화 주택보급 • 이중연료 사용 설비 보급
⑥ 가변부하 조성 (Flexible Load Shape) kW t	불필요 부하에 전력공급 중단시켜 전력수요 조정	• 공급신뢰도 향상 • 예비율 확보	• DLC(직접부하제어) • 요금 차등제 적용

(2) 수요관리 지원제도
  ① 최대전력 관리장치 : 설치비 지원(계약 1,000kW 이상 수용가)
  ② 휴가, 보수기간 조정 : 일시 휴가, 보수로 peak치 절감시 지원
  ③ 자율정전 : 7~8월 중 약정 시기에 일정수준 절감시 지원
  ④ 비상 절전 : 비상시 요청에 의해 일정수준 절감시 지원
  ⑤ 직접부하제어 : 필요시 한전에서 원격제어, 약정지원금 혜택
  ⑥ 심야전력 : 축냉식 냉방설비 등 지원

2. Demand Contol
  (1) 항시 부하 전력 감시, 수요시간 15분내 임의 시간 t에서 예측, 연산
  (2) 예측 수요전력이 목표치 초과 예상시 경보 및 순차적 부하차단

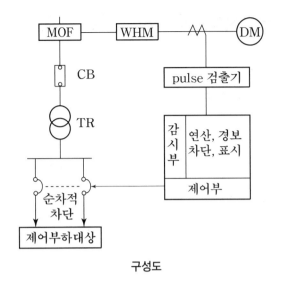

구성도

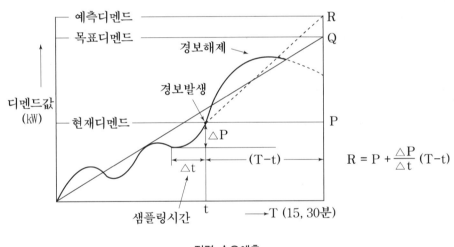

$$R = P + \frac{\triangle P}{\triangle t}(T-t)$$

전력 수요예측

3. peak 분담 운전(최대 전력 공급 능력 확대)

peak 부하제어의 가장 적극적인 방법

(1) 자가 발전기 이용	(2) 분산형 전원 이용
• 하절기 냉방부하 群 모선분리, 절체운전 • 목표전력 초과시 발전기 가동	• 열병합 발전, 태양광 발전, 연료전지 등

Ⅳ. 결론

1. 최근 도심지 업무용 빌딩 증가와 더불어 냉방부하도 날로 증가 추세
2. 하절기 peak 상승과 함께 전력 예비율 저하 및 지구온난화 가속
3. 따라서 이에 대응한 다각적인 peak 관리 대책이 필요하다.

문제2 조명설비에서의 에너지 절약 대책

Ⅰ. 조명설비 에너지 절감 7대 포인트

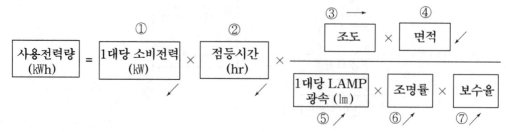

1. **고효율 광원 사용** : ①, ⑤
2. **효율, 조명률 높은 기구사용** : ⑥
3. **조명의 T·P·O** : ②, ③, ④
4. **조명설비 청소, LAMP 교환** : ⑦

Ⅱ. 조명설비 에너지 절감 방안

1. **적정조도 기준선정(KSA 3011)**

2. **고효율 광원의 선정**

    (1) 관경이 작을수록 발광밀도(효율) 높다.
    (2) 최근 16mm 형광램프 등장

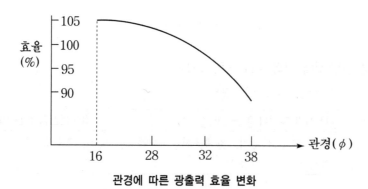

관경에 따른 광출력 효율 변화

(3) 신광원 채용

　　→ 저 소비전력, 친환경, 장수명(LED, 무전극 LAMP등)

3. 고효율 조명기구 선정

(1) 기구효율 = $\dfrac{조명기구로부터나오는광속}{LAMP전광속} \times 100(\%)$

(2) 저휘도, 고조도 반사갓 채택

　① 휘도 낮고 기존 반사갓보다 약 20~30% 조도 향상

　② 최근 은필름 반사갓 출현 → 고효율(95%)

(3) 직접, 하면개방형 조명기구 적용

4. 센서부착 조명기구 선정

→ 밝기센서, 인체감지센서를 이용한 에너지 절약

5. 에너지 절약 조명제어 시스템 도입

(1) 주광센서, 타임스케쥴, 재실자 감지제어, 수동조작제어 등

(2) TPO에 대응한 적절한 관리 및 운용

(3) 구성도(예)

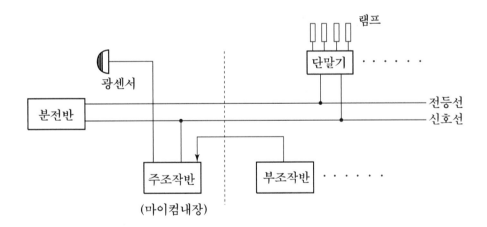

(4) 조광장치의 적용

　　→ 전류제어식, 전압가변식, 위상제어식

6. 조명설비의 보수

① 램프 교체 → 개별, 집단, 개별 + 집단 교환 방식
② 안정기 교체
  일반 40W → 32W 고효율 안정기로 교체시(FLR, T-5 FPL 32W×2 기준), 개당 36W
  절전
③ 조명기구 청소 → 보수율(유지율) 개선

7. 기타

① 주광(자연채광)활용의 극대화
② 자동절전 제어장치(대기전력 저감)
③ 공조 조명기구 적극 채용
④ 태양광 가로등 설비 등
⑤ 유도등 소등제어(3선식 배선)

Ⅲ. 결론

1. 전력 소비 중 조명에너지가 차지하는 비중은 가정 16% 사무실 및 빌딩 32%정도 차지하는 것으로 보고 됨
2. 고유가, 온실가스 의무감축등 국가에너지 절약 시책에 부응, 소비율 높은 조명 에너지 절감과 함께 친환경의 저소비 고효율 신광원의 개발이 활발히 진행되고 있다.

문제3 대형 빌딩의 동력설비 설계시 에너지 절약

Ⅰ. 동력설비의 에너지 절약 대책

1. 고효율 전동기 채용
2. 전동기의 인버터 제어방식 채용
3. 전동기 절전기(VVCF) 사용
4. 적절한 기동방식 선정
5. 진상용 콘덴서 설치
6. 심야 전력기기 이용
7. 열병합 발전 시스템 등

Ⅱ. 고효율 전동기 채용(KSC 4202)

1. 일반 전동기에 비해 손실을 20~30%정도 감소 시켜 효율 4~10%정도 향상
2. 신규 또는 교체 설치시 지원금 제공

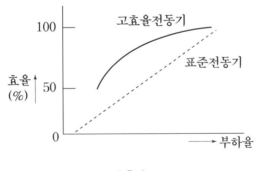

효율비교

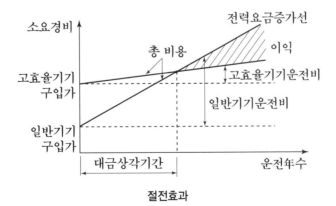

절전효과

Ⅲ. 전동기의 인버터 가변속 제어

(1) 인버터 기본 구성회로

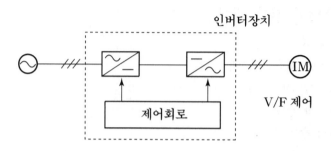

(2) 인버터 사용시 에너지 절감 효과
  ① 제곱토크 특성부하(Fan, Blower, Pump)
    ㉠ 운전 특성 곡선

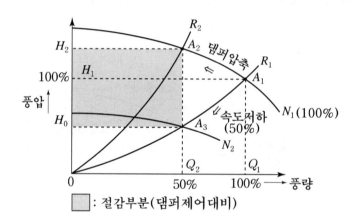

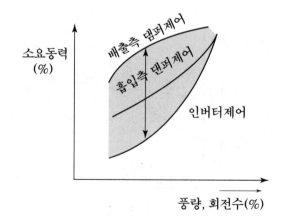

㉡ 절감원리 : $P \propto Q \cdot H \propto N^3 (\propto N, H \propto N^2$이므로)

유량비 = 속도비($\frac{Q_2}{Q_1} = \frac{N_2}{N_1}$)

㉢ 에너지 절감 예

- $\frac{P_2}{P_1} = (\frac{N_2}{N_1})^3 = (\frac{Q_2}{Q_1})^3$
- 풍량 50% 제어시 $P = (\frac{50}{100})^3 \times 100(\%) = 12.5\% \Rightarrow 87.5\%$ 절감

② Elevator 제어시(VVVF or 벡터제어)

㉠ IGBT에 의한 PWM제어로 소비전력 절감

㉡ 하강시 기계적 에너지의 회생전력을 양방향 컨버터를 통하여 전원으로 반환시켜 에너지 절감

Ⅳ. 전동기의 절전기(VVCF)사용

가변전압, 정주파수 장치로 경부하시 전압감소 → 손실저감, 효율 극대화

Ⅴ. 적정 기동방식 적용

1. **직입** : 소용량(15HP 미만)
2. Y-Δ : 중용량
3. **리액터, 콘돌퍼** : 중, 대용량

Ⅵ. 진상용 콘덴서 설치

1. 설치효과

(1) 설비용량의 여유도 증가

(2) 전압강하 경감

(3) 변압기, 배전선의 손실경감

(4) 전력요금 경감

Ⅶ. 심야 전력기기 이용

1. 심야 시간대 전력이용, 주간대 peak부하 경감
2. **적용** : 빙축열 시스템, 흡수식 냉동기, 전기온수기 등

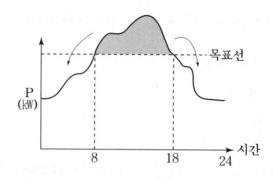

Ⅷ. 열병합 발전 시스템 채용

1. 열과 전기 동시 생산 : 폐열 이용 에너지 절감(보일러, 냉방동력 경감)

2. 시스템 구성

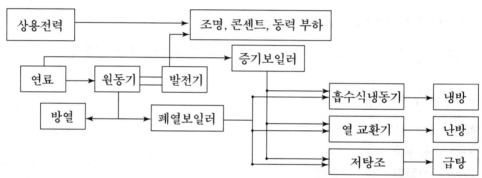

Ⅸ. 기타 고려사항

1. 경부하, 무부하 운전 삼가
2. 대용량 전동기 대수제어 운전
3. 적정 전동기 용량 선정
4. 전압강하 최소화, 전압평형 유지
5. FCU의 Zoning회로 구성
6. 승강기 群 관리 방식 채택 및 격층 운행

Ⅹ. 결론

1. 국내 에너지의 90% 이상이 수입에 의존, 전기에너지의 60~70%가 전동기에서 소비되는 것으로 조사됨
2. 특히 냉방부하 증가는 지구온난화를 가중시키고 하절기 peak상승을 발생시켜 전력 예비율 저하 초래
3. 따라서 국가, ESCO사업체, 소비자 주체간 긴밀한 협조로 다각적인 에너지절약 대처 방안이 필요하다.

2승 저감 토크부하(Fan, Blower, Pump 등)의 유도전동기 운전을 VVVF를 적용하여 50% 감속 운전 시 에너지 절약 효과에 대하여

Ⅰ. 2승 저감 토크부하의 제어방식(流量제어)

1. 일정속도 전동기에 의한 ON/OFF 제어

→ Valve나 Damper에 의한 제어

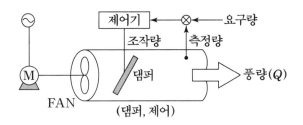

2. 가변속 제어(VVVF)

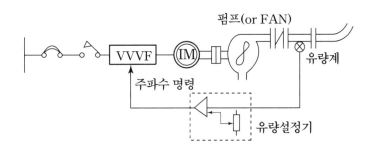

Ⅱ. 송풍기의 특성 및 소요동력

1. 송풍기의 특성

(1) 송풍기의 능력은 풍량과 정압(or 全壓)에 의해 결정됨

(2) 환기 송풍기의 풍량은 환기량으로 결정되고, 정압은 덕트와 부속기기 저항을 합한 것

2. 소요동력

(1) 송풍기의 전동기 축동력

$$P_f = \frac{Q \cdot H \cdot \alpha}{6120 \eta \beta} [\text{kW}]$$

$\begin{cases} Q : \text{풍량}(\text{m}^3/\text{min}) \\ H : \text{全壓}(\text{mmAq or kg}_f/\text{m}^2) \\ \eta : \text{효율}, \ \alpha : \text{여유율}(1.1{\sim}1.2) \\ \beta : \text{동력전달장치 효율}(0.9) \end{cases}$

(2) 전동기 입력

$$P_{mi} = \frac{P_f}{\eta_m}(\eta_m \ : \ 전동기 \ 효율)$$

3. 유량, 정압, 소요동력과 속도관계(Fan, Blower)

구분	유량	정압	소요동력
관련식	$Q \propto N$	$H \propto N^2$	$P \propto N^3$

Ⅲ. 제어방식별 소요동력 비교

1. Valve나 Damper에 의한 유량제어(종래 방식)

(1) **軸流式** FAN(프로펠러형) : 유량을 감소시키면 관로저항 증가로 소요동력 거의 일정 $(P_2 \simeq P_1)$

(2) 원심식 FAN(Sirocco(多翼), 터보, 래디알형) : 유량 감소시키면 소요동력 감소하나, 유량을 0으로 해도 약 40%의 소요동력을 요함

$$즉 \ P_2 = (0.4 + 0.6Q) \cdot P_1 \begin{cases} Q \ : \ 유량비 = \dfrac{Q_2}{Q_1} \\ P_1 \ : \ Motor출력(kW), \ P_2 \ : \ 소요동력(kW) \end{cases}$$

2. VVVF에 의한 유량제어

소요동력은 유량의 3승에 비례함

$$\frac{P_2}{P_1} = \left(\frac{N_2}{N_1}\right)^3 = \left(\frac{Q_2}{Q_1}\right)^3 \Rightarrow P_2 = Q^3 \cdot P_1 (\because 속도비 \propto 유량비)$$

3. 유량제어시 소요동력 관계

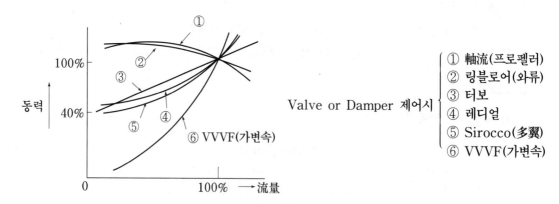

동력, 100%, 40%, 0, 100% 流量

① 軸流(프로펠러)
② 링블로어(와류)
③ 터보
④ 레디얼
⑤ Sirocco(多翼)
⑥ VVVF(가변속)

Valve or Damper 제어시

⑥ VVVF(가변속)

Ⅳ. VVVF 적용시 에너지 절감효과

1. VVVF에 의한 유량 – 정압 관계

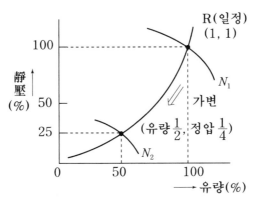

(1) 운전점은 저항곡선과 유량–정압 특성곡선의 교차점에서 운전되며, 이때 정압–저항곡선의 교점은 유량의 자승에 비례

(2) $P_2 \propto QH$에서 $H \propto Q^2$이므로

$$\therefore \ P_2 = Q^3 P_1$$

2. 종래방식(Valve, Damper 제어)과의 에너지 절감 비교

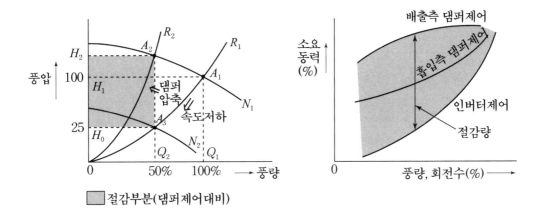

▨ 절감부분(댐퍼제어대비)

(1) 프로펠러 FAN(轉流), 링 블로어(過流)부하

　① Valve나 Damper 제어시

　　유량과 소요동력 관계에서 $P_2 \simeq P_1$

　② VVVF 제어시 $P_2 = Q^3 P_1$

　　$\therefore$ 절감액 $\Delta P = (1 - 0.5^3)P_1 = 0.875 P_1 \Rightarrow 87.5\%$ 감소

(2) 터보, 레디알, Sirocco(多翼) FAN 부하

　① V/V, Damper 제어시 $P_2 = (0.4 + 0.6 \times 0.5)P_1 = 0.7 P_1$

② VVVF제어시 $P_2 = (0.5)^3 P_1 = 0.125 P_1$

$\Delta P = (0.7 - 0.125) P_1 = 0.575 P_1 \Rightarrow 57.5\%$ 감소

Ⅴ. 가변속 제어시 검토사항

1. 원심응력의 반복에 따른 피로 증가문제
2. 온도상승 문제
3. 맥동토크의 영향–기계적 비틀림, 진동
4. 고조파의 영향
5. 상각기간 검토

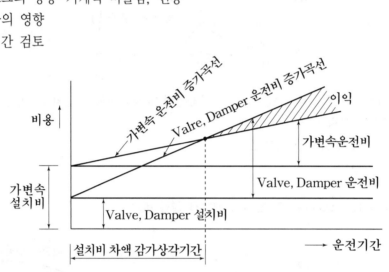

Ⅵ. 결론

1. 流量(氣体 or 液体)제어시 Valve나 Damper에 의한 경우보다 VVVF제어 방식이 에너지 절감면에서 매우 유리하며 특히 프로펠러 FAN이나 Blower의 경우 가장 큰 효과를 기대할 수 있다.
2. VVVF 방식 채택 시 경제성 평가를 파악해야 하며 초기투자비와 기계적 수명, 감가 상각 년수를 고려한 종합적인 검토가 필요하다.

참고 1 전동기의 소비전력 특성

1. 개요

전동기 축 출력 P(kW), 회전수 N(rpm), 부하토크 T(kg·m)사이에는

$$P = \frac{T \cdot N}{974} \text{(kW)}$$

따라서 축출력은 회전수에 비례함

$\therefore P \propto T \cdot N$ 관계에서
- (1) 정토크 부하 : T = 일정이므로 $P \propto N$
- (2) 비례토크 부하 : $T \propto N$ 이므로 $P \propto N^2$
- (3) 제곱토크 부하 : $T \propto N^2$ 이므로 $P \propto N^3$
- (4) 정출력 부하 : P = 일정 이므로 $T \propto \dfrac{1}{N}$

2. 전동기의 축출력과 회전수와의 관계

NO	토크특성	관계식	축출력과 회전수와의 관계	속도-토크 특성도	부하종류
1	정토크 부하	$P = \dfrac{T \cdot N}{974} \propto N$ ($\because T$ = 일정)	축출력은 회전수에 비례		중력, 마찰부하 (컨베이어, 권상기)
2	비례토크 부하	$P = \dfrac{T \cdot N}{974} \propto N^2$ ($\because T \propto N$)	축출력은 회전수 제곱에 비례		—
3	2승 토크 부하	$P = \dfrac{T \cdot N}{974} \propto N^3$ ($\because T \propto N^2$)	축출력은 회전수 3승에 비례		유체부하 (송풍기, 원심펌프)
4	정출력 부하	$P = \dfrac{T \cdot N}{974} =$ 일정 ($\because T \propto \dfrac{1}{N}$)	축출력은 일정 토크는 회전수에 반비례		특수부하 (권취기, 전철 공작기계)

참고 2 전동기 Service Factor

1. Service Factor 1.0과 1.15의 차이점

Coil Size 및 절연 등급 등은 모두 동일하나 S.F=1.15의 경우는 Motor Frame Size만 1단계 크게 설계하여 냉각 효과 증대로 15%까지의 비 연속적인 과부하에 대해서 Motor 수명에 영향을 주지 않도록 제작된 것을 의미한다.

2. S.F 1.15로 설계된 Motor의 경우

15% 과부하 운전시 Motor 사양의 권선온도 상승을 10℃ 더 허용함

예) Class F종의 경우

S.F 1.0은 105℃   S.F 1.15는 115℃

3. S.F에 따른 절연 수명($\frac{1}{2^n}$, $n = \frac{\Delta\theta}{10}$)

(1) 권선온도 10℃ 상승시 Motor 절연 수명은 $\frac{1}{2}$로 줄어듬

(2) 권선온도 30℃ 상승시 Motor 절연 수명은 $\frac{1}{2^3} = 0.125$배로 줄어듬

4. 예) 절연계급 : F종, S.F 1.15, 주위온도 40℃, 권선온도 상승 80℃인 Motor의 경우

(1) 권선온도 상승이 Motor 명판의 권선온도 상승 80℃보다 낮은 70℃로 제한된다.
따라서, 이 Motor 절연수명은 Motor 설계수명보다 2배 길어짐

(2) 15% 과부하 연속 운전시 Max 90도까지 상승 허용(설계보다 10도 높다)

문제5 **국가 및 공공기관의 각종 에너지관련 제도**

Ⅰ. 개요

1. 우리나라는 에너지 자원의 대부분을 수입에 의존하면서 에너지 다소비국가로 지목되고 있어 범국가적 에너지 절약 대책이 절실히 요구되는 실정임

2. **국내에너지 절약 지원제도**

   효율 관리제도, 자발적 협약(VA), ESCO 사업 지원제도, 신재생 에너지 관련 지원제도, CES 지원제도, 전력수요 관리제도 등

3. **관련 규정 :** 에너지 이용 합리와 법(17~24조), 지경부 고시, 신재생 에너지 보급 촉진법, 한전약관 등

Ⅱ. 에너지 절감 필요성

1. 자원 빈국 → 에너지의 높은 해외 의존도(총 수입액 중 20%차지)
2. 고유가 지속전망 → 무역수지 악화, 물가상승
3. 기후 변화 협약 → 온실가스축소로 지구환경 보전
4. 국가 및 기업 경쟁력 강화

Ⅲ. 제도 주요내용

1. 효율관리 제도

분류	주요내용
(1) 에너지 소비효율 등급 표시제도	• 생산 단계부터 에너지 절약형 제품을 생산, 판매하도록 의무화 • 에너지 소비효율 등급라벨 사용(1~5등급) • 냉장고, 자동차 등 35개 품목 적용
(2) 대기전력 저감 프로그램	• 대기전력을 저감 시킬 수 있는 절전형 제품을 보급하는 제도 • 에너지 절약형 마크 사용 • 컴퓨터, TV등 21개 품목 적용
(3) 고효율 에너지 기자재 인증제도	• 일정기준 이상의 고효율 제품에 대해 인증해주는 제도 • 고효율 기자재 마크, 인증제 발급 • 고효율 조명 기기 등 45개 품목 적용 • 자발적(인증)제도
(4) 건물에너지 효율 등급 인증제도	• 설계단계부터 건물의 에너지 절감률에 따라 인증 부여 • 인증마크, 인증서 발급 • 20세대 이상의 신축 공동주택, 업무용 건축물 • 자발적(인증)제도(1~5등급)

2. 온실가스/에너지 목표 관리제

(1) 국가 온실가스 감축 목표(2020년까지 예상량의 30%)를 달성하기 위해 대규모 사업장을 관리대상으로 함

(2) 대상기업의 온실 가스 매출 및 에너지 감축 목표를 설정제시하고 그 이행을 관리하는 제도

3. ESCO 사업 지원제도

(1) ESCO 사업 활성화를 유도하기 위한 제도적 지원

(2) ESCO와 성과 보증계약 체결, 에너지 절약형 시설 소요자금 지원

4. 신재생에너지 보급지원 제도

분류	주요내용
(1) 공공기관 신재생 에너지설치 의무화	• 공공기관이 신·증·개축하는 연면적 1,000m² 이상 건물에 대해 예상에너지 사용량의 일부를 투자 의무화
(2) 신재생에너지 공급 의무화(RPS)	• 일정 규모 이상의 발전 사업자에게 총 발전량 중 일정량 이상을 신재생 에너지 전력으로 공급 의무화
(3) 신재생에너지 건축물 인증	• 연면적 1,000m² 이상의 업무시설 • 인증등급 : 1~5등급
(4) 신재생에너지 설비 인증	• 일정기준 이상의 신재생에너지 설비에 대해 인증 • 신재생 설비 보급촉진 및 신재생 산업의 성장기반 조성목적

5. 구역에너지 사업(CES : Community Energy Service)

(1) 특정 공급구역을 정하여 열병합 발전설비를 갖추고 소비자에게 열과 전기를 공급하는 종합에너지 사업

(2) 2020년까지 3,800MW 목표

(3) 투자비, 연료비 인하혜택

6. 수요관리 제도(DSM : Demand Side Management)

(1) 전력수요의 합리적 조절로 부하율 향상을 통해 원가절감, 전력수급 안정화 도모를 위한 전력회사의 제반 활동

(2) 관리 유형 : 수요관리 요금제도, 부하관리 지원제도 고효율기기 및 심야 전력기기 보급 원격제어 에어컨 보급 등

7. 에너지 진단 제도

에너지 진단기관으로부터 에너지 사용 시설 전반에 걸친 이용실태를 분석, 에너지 절감을 위한 최적의 개선안을 제시하는 기술 컨설팅제도(연 에너지 소비 2,000 toe 이상인 사업장)

Ⅳ. 결론

장기적인 국가 에너지 부족 해결을 위해 대체에너지 개발 및 보급 활성화, 에너지 절약과 효율 향상을 위한 정책 및 제도적 지원이 지속적으로 이루어져야 함

문제6 **에너지 진단제도**

Ⅰ. 개요

1. 배경

(1) 국제 고유가 상화에서 에너지 절약기반 강화

(2) 온실가스 배출 감축 대비 – 교토 의정서 발효에 대처

(3) 에너지 다소비 사업자의 에너지 이용효율 개선

2. 관련법규

(1) 에너지 이용 합리화법 제 24조

(2) 에너지 진단 운영 규정 제정 고시, 에너지 관리기준 고시

Ⅱ. 목적

1. 에너지 진단 정의

에너지 관련 전문 기술장비 및 인력을 구비한 진단기관으로로부터 에너지의 공급부문, 수송부문, 사용부문 등 에너지 사용시설 전반에 걸쳐 사업장의 에너지 이용현황 파악, 손실요인 발굴 및 에너지 절감을 위한 최적의 개선을 제시하는 기술 컨설팅 제도임

2. 진단내용

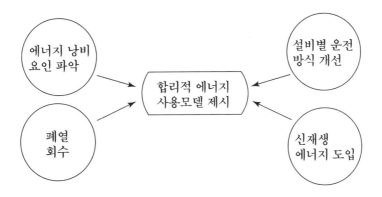

Ⅲ. 에너지 진단 효과

1. 경영부문

(1) 절감을 위한 투자와 활동의 동기부여로 에너지 소비율 감소

(2) 에너지 이용 부담경감에 따른 기업의 경쟁력 향상

(3) 전사적 에너지절약 마인드 고취

(4) 합리적인 에너지 사용 모델 제시

2. 설비 및 기술 부문

(1) 설비별 운전 최적화에 따른 에너지손실 방지

(2) 에너지 원단위 향상과 환경부담 감소

(3) 에너지 운용의 최적화 모델 구축으로 생산지원설비의 안정화

(4) 자체 절감활동을 위한 자료 및 정보구축

Ⅳ. 진단 대상(의무)

연간 에너지 사용량이 2,000 toe 이상인 에너지 다소비 사업자

연간 에너지 사용량	진단 주기
20만 toe 미만 업체	전체진단 : 5년
20만 toe 이상 업체	전체진단 : 5년
	부분진단 : 3년

※ 부분 진단의 경우 10만 toe 이상의 사용량을 기준으로 구역별 나누어 실시

Ⅴ. 에너지 진단 절차

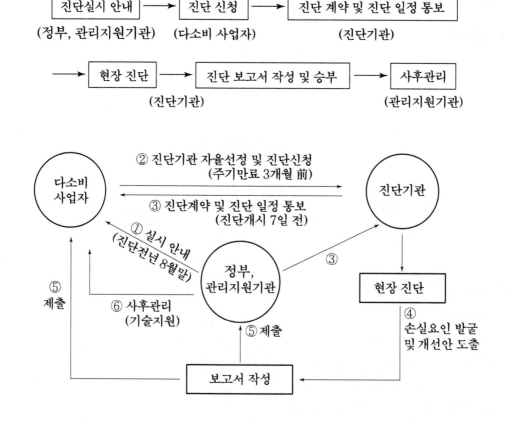

VI. 전기분야 진단 내용

1. 수변전 설비

전력수급 계약의 적정성, 변압기 용량, 부하측 전압공급 방식 검토

2. 전열 및 조명 설비

열원 대체여부, 폐열 회수방안, 적정부하, 적정조도 검토

3. 동력설비

(1) 동력설비 용량 및 운전효율, 부하율·역률에 대한 개선안
(2) 조업 개선을 통한 절전 가능성 검토

4. 기타

전기화학설비의 효율 측정, 각종 절전장치의 적용 검토

VII. 지원내용

1. 중소기업 전단비용 지원

연간에너지 사용량 1만 TOE 미만의 중소기업에 한하여 진단비용의 70% 이내

2. 에너지 절약시설 설치사업 자금지원

진단결과에 따라 수행하는 시설, 공정 등을 개선하는 것으로서 진단완료 후 5년 이내에
실시하는 사업(공정별 또는 설비별 에너지 절감 효과가 5% 이상인 경우)

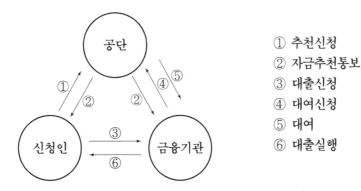

① 추천신청
② 자금추천통보
③ 대출신청
④ 대여신청
⑤ 대여
⑥ 대출실행

VII. 결론

1. 에너지 진단을 통한 에너지 손실요인 조기 개설 및 에너지 저 소비형 산업구조로의 전환
   유도

2. 기후변화 협약 대응

국가적 에너지 로드맵 구성 및 2013년 온실가스 감축 의무화 대비

문제7   대기전력(Stand by-power) 절감

Ⅰ. 개요

1. 대기전력의 정의

(1) 전원을 끈 상태에서도 전기제품에서 소비되는 전력

(2) 기기가 외부의 전원과 연결된 상태에서 해당기기의 주 기능을 수행하지 않거나 내·외부로부터 켜짐 신호를 기다리는 상태에서 소비되는 전력

2. 최근 리모콘으로 작동되고 작동 상태를 알려주는 디스플레이 장치가 장착된 전자제품의 증가와 함께 대기전력 소비도 증가 추세

Ⅱ. 대기전력 Mode

Mode	개념
Off Mode	전원 버튼을 꺼도 소비되는 전력(3W 정도)
Sleep Mode	기기 동작 중 사용하지 않는 대기상태의 전력
Idle Mode	컴퓨터 개시 시 기본 어플리케이션만 동작

Ⅲ. 대기전력 발생기기

1. **복사기, 비디오레코더** : 전체 사용전력의 80%가 대기전력으로 추정

2. 컴퓨터 모니터, 프린터, FAX, 세탁기, 에어컨, TV, DVD 홈 플레이어, 전자레인지, 휴대전화 충전기 등

Ⅳ. 대기전력 절감 필요성

1. 국내전력소모의 1.7%정도가 대기전력으로 추정

2. 가구당 연간 대기전력 소모량은 약 300kWh로 추정

3. 디지털 가전기기의 급속 증가 추세

Ⅴ. 대기전력 절감대책

1. 미사용 전기제품의 전원 플러그를 뽑거나 차단

2. 전기 사용 유무 자동인식기능을 구비한 멀티탭 사용

   → 멀티탭 스위치를 끄면 플러그를 뽑는 것과 같은 효과

3. 조도센서 및 인체 감지센서에 의한 전원 ON/OFF

VI. 주요국가 대기전력 절감제도

1. 국내

(1) Stand by Korea 2010 : 2010년까지 대기전력 1W 실현

(2) 정부조달 구매시 대기전력 1W제품을 우선 구매

2. 해외

(1) 미국(환경청)

Energy star program : 에너지 스타 등급 표기

(2) 유럽 8개국

GEEA(Group for Energy Efficient Appliances) : 대기전력 감소를 위한 에너지 절약 제품 보급 프로그램

(3) 스위스

Energy 2,000 : GEEA와 동일 기준 및 동일 라벨 사용

(4) 스웨덴

TCO : 에너지 절약 및 전자파 환경에 관한 국제규격

VII. 최근동향

1. OECD 회원국의 가구당 소비전력량의 10%인 60W가 대기전력으로 추정

2. 이러한 심각한 대기전력 문제를 해결하기 위해 국제 에너지 기구는 2010년까지 모든 전자제품의 대기전력을 1W 이하로 줄이도록 세계 각국에 권고함

문제8 변압기 통합 운전방식

I. 변전설비 효율 개선 대책

1. 경부하시 부변압기 Bank 분리
2. 전력 수요에 따라 운전 대수 제어

II. 변압기 Bank 구성 방법

1. 부하 특성을 파악 분석하여 분할
2. 1차측에 운전제어용 차단기 설치

3. 병렬운전

(1) 병렬운전 조건
(2) 병렬 운전이 적합하지 않는 경우
(3) 병렬 운전 결선(가능, 불가능)

III. 변압기의 통합 운전

1. **정의** : 변압기를 효율적으로 운전하여 변압기 손실을 절감하기 위한 운전방식으로 변압기 병렬운전 대수가 최소가 되도록 필요시 정지하여 운전하는 것

2. 통합 운전 조건

(1) 통합 운전 중에 고장이 발생하여도 공급 신뢰도를 유지할 것
(2) 통합 운전 시간이 변압기의 단시간 과부하 운전조건을 만족할 것
(3) 변압기 전체의 손실을 충분히 경감할 것

3. 변압기 손실의 최소화를 위한 부하조건과 변압기 대수

(1) $Z_n = \dfrac{1}{\dfrac{P_1}{\% Z_1} + \dfrac{P_2}{\% Z_2} + \cdots + \dfrac{P_n}{\% Z_n}}$

$P_1,\ P_2, \ldots P_n$: 변압기 용량
$\% Z_1,\ \% Z_2, \ldots \% Z_n$: %임피던스

(2) 변압기 n대 운전시 전력 손실(W_n)

$$W_n = \sum_{n=1}^{n} [P_{in} + P_{cn}(\frac{Z_n}{\% Z_n} \times P)^2]$$

Z_n : 변압기 n대의 병렬 임피던스

(3) 변압기 n-1 대 운전시 전력손실

$$W_{n-1} = \sum_{n=1}^{n-1} [P_{in} + P_{cn}(\frac{Z_{n-1}}{\% Z_n} \times P)^2]$$

P_{IN} : n대 운전시 변압기 철손

P_{cn} : n대 운전 변압기 100% 부하시의 동손

$\% Z_n$: 변압기 n대의 %임피던스

(4) 상기 式에서

변압기 n대를 운전하는 것보다 운전 중에서 임의의 1대를 정지하여(n-1)대로 운전하는 것이 전력손실이 적어지는 조건은 $W_n > W_{n-1}$ 이다

4. 통합 운전의 例

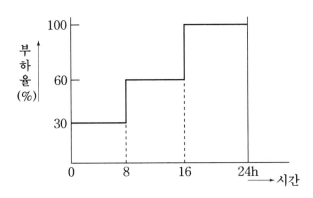
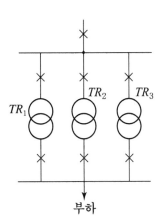

부하율(%)	운전TR
100	TR_1, TR_2, TR_3
60	TR_1, TR_2
50	TR_1

| 문제9 | **에너지절약 설계기준** |

Ⅰ. 개요

1. 건축물의 효율적 에너지 관리를 위해 열손실 방지 등 에너지 절약 설계에 관한 기준, 에너지 절약 계획서 및 설계 검토서 작성 기준, 녹색 건축물의 건축을 활성화하기 위한 건축기준 완화에 관한 사항
2. 건축, 기계설비, 전기설비 및 신재생에너지 설비로 분류
3. **관련근거** : 녹색 건축물 조성법 제14조, 제15조
   동법 시행령 제10조, 제11조 및 동법 시행규칙 제7조

Ⅱ. 적용대상(주차장, 기계실 면적 제외)

용도	적용규모
아파트, 연립주택	–
숙박, 의료시설	연면적의 합계 500m^2 이상
판매, 업무시설	

Ⅲ. 전기설비 부문 의무사항

1. 수전설비
고효율 변압기 채용

2. 간선 및 동력설비
(1) **역률 개선용 콘덴서 전동기별 설치**
   다만, 소방 설비용 전동기 및 인버터 설치 전동기 제외

(2) **간선의 전압강하**
   내선규정에 따름

3. 조명설비
(1) 안정기 내장형 형광램프 채택시 최저 소비효율기준을 만족하는 제품사용
(2) 유도등, 주차장 조명기기는 LED설치
(3) 조도 자동조절 조명기구 채택 : 세대 현관 및 객실 내부 입구
   인체 감지 점멸형, 점등 일정시간 후 자동 소등
(4) 창측 부분 조명, 필요에 따라 부분 조명 가능한 점멸 회로를 구분설치
(5) 일괄소등 스위치 설치

4. 대기전력 차단장치

거실·침실·주방은 대기전력 차단장치를 1개 이상 설치, 대기전력 차단 콘센트 개수는 거실 전체콘센트 개수의 30% 이상

Ⅲ. 전기설비 부문 권장사항

1. 수변전 설비

(1) 변전설비 용량산정

부하의 특성, 수용률, 여유율(부하증설), 운전조건, 배전방식 고려

(2) 변압기 운전 대수제어가 가능한 뱅크 구성 : 부하종류, 특성, 계절부하 고려

(3) 수전전압 25kV 이하 수전설비 → 직접 강하 방식 채택(무부하 손실 경감)

건축물 규모, 부하특성, 부하용량, 간선손실, 전압강하 고려

(4) 최대 수요 전력제어 설비 채택

(5) 역률 자동 조절장치 설치

(6) 임대 건축물은 전력량계 설치 : 합리적 전력절감 유도

2. 동력설비

(1) 승강기 구동용 전동기의 제어 방식-에너지 절약적 제어방식(인버터 방식)

(2) 고효율 유도 전동기 채택, 단 소방용 제외

3. 조명설비

(1) 옥외 등은 고효율 조명기기(HID, LED 램프) 사용

옥외용 조명회로 - 격등 점등, 자동점멸기

(2) 공동주택 지하 주차장에 자연채광 이용 : 자동점멸(주위밝기에 따라), 스케줄 제어

(3) LED 조명기구는 고효율 인증제품 설치, LED 유도등 설치

(4) 백열전구 사용금지

(5) KS A 3011에 의한 표준 조도 확보

4. 제어설비

(1) 군 관리 운행방식

(2) 팬 코일 유닛 설치시 통합제어

(3) 수변전 설비 : 종합 감시 제어와 기록 가능한 자동제어 설비

(4) 실내조명 : 군별, 회로별 자동제어

5. 대기전력 우수제품 사용 - 도어폰

6. 건물에너지 관리시스템(BEMS) 설치의 경우 - 센서, 계측장비, 분석 소프트웨어 포함

Ⅴ. 신·재생 에너지 설비

신에너지 및 재생에너지 개발·이용·보급 촉진법에 따른 산업통상자원부 고시 준수

문제10   수변전 설비 설계시 에너지절약 대책

I. 개요

1. 수변전 설비의 에너지절약은 전력설비들의 손실을 줄이고 전기에너지를 효율적이고 합리적으로 이용하기 위함

2. **관련규정** : 건축물의 에너지절약 설계기준
   고효율 에너지 기자재 보급촉진 규정

II. 건축물의 에너지절약 설계기준

의무사항	권장사항
• 고효율 변압기 설치 • 전동기별 진상콘덴서 설치 • 간선의 전압강하 규정치 이내	• 변압기 용량 적정산정 • 변압기 대수제어 • 직강압 방식 채용 • 최대수요전력 제어장치 • 역률 자동제어 장치 • 임대건물 : 임대구획별 전력량계 설치

III. 세부내용

1. 변압기

(1) 변압기 적정용량 산정

① 변압기 용량 $\geq$ 최대부하용량 = 총설비용량 $\times \dfrac{수용률}{부등률} \times \alpha$

② 2007년 고압 수용가 평균 부하율 : 18.4%

(2) 저손실·고효율 변압기 채택(고효율 에너지 기자재 보급촉진규정 개정)

① 변압기 무부하 손실 → 총 손실 기준으로 변경, 부하율 7단계 세분화

② 부하율 50% 미만 → Amorphus 변압기 유리

③ 부하율 50% 이상 → 자구미세화(레이져 코어) 변압기 유리

(3) 직강압 방식 채택 : 주변압기 사용손실 저감

(4) 변압기별 계량기 설치 : 부하율 형태, 사용현황 파악

(5) 변압기 에너지 절약 운영(대수제어)

① 변압기 고효율 운전

㉠ 변압기 효율 $\eta = \dfrac{mP\cos\theta}{mP\cos\theta + P_i + m^2 P_c} \times 100(\%)$

㉡ 최고효율 조건 $P_i = m^2 P_e \Rightarrow m = \sqrt{\dfrac{P_i}{P_c}}$ (철손 = 동손)

② 변압기 운전 대수제어(통합운전)

변압기 손실이 최소가 되는 변압기 조합 운전

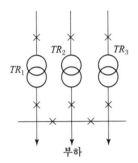

부하율(%)	사용TR
100	TR_1, TR_2, TR_3
40	TR_1, TR_2
20	TR_1

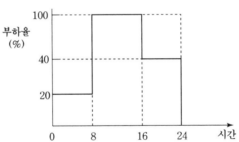

2. 진상콘덴서 설치

(1) 설치효과 : 변압기손실, 배전손실경감, 설비 여유도 증가
　　　　　　　선로 전압강하, 전기요금 경감

(2) 설치방법 : 모선집중, 분산, 말단 설치(말단 설치가 효과적)

3. 자동 역률제어장치 설치

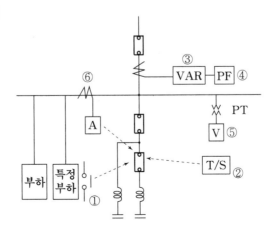

(1) 자동제어방식

　① 특정 부하의 개폐 신호에 의한 제어

　② 프로그램에 의한 제어

　③ 수전점 유효전력에 의한 제어

　④ 수전점 역률에 의한 제어

　⑤ 모선전압에 의한 제어

　⑥ 부하전류에 의한 제어

4. 최대 수요전력제어장치(Demand-Control)

(1) peak 부하관리

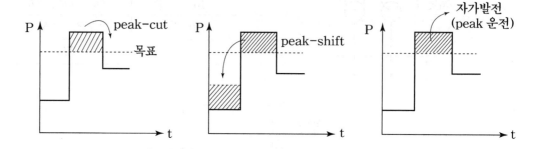

(2) Demand-Control

　① 구성도

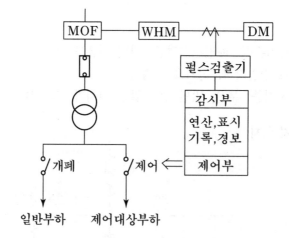

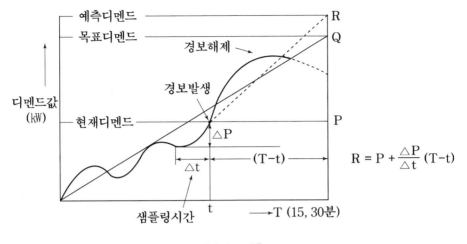

전력 수요예측

② 예측전력이 설정 peak 전력을 초과예상 시 수요시한 15분내에서 제어대상 부하를 단계적 차단, 최대 전력 억제

4. 복합 기능형 수배전반 시스템 도입

수배전반 내 고효율 전력 변압기(1250kVA 이하) + 최대수요전력기기 + 자동역률제어장치 조합

5. 기타

통합감시제어, 열병합발전, 분산형전원, 빙축열 sys' 도입 등

참고 **1** 건축전기설비 설계시 설비별 에너지 절약을 위한 적용기술

1. 수변전설비

(1) 변압기에서의 에너지 절감
  ① 변압기용량의 적정 선정
  ② 저손실·고효율변압기 선정
  ③ 변압기 TAP의 적정 선정
  ④ 변압기의 최고효율 운전
  ⑤ 변압기 운전 대수제어
  ⑥ One-Step 강압방식 채택

(2) 역률개선
  ① 부하말단 콘덴서 설치
  ② 자동역률 조정장치
  ③ 동기조상기 운전

(3) Peak 부하관리
  ① Demand Control에 의한 peak 관리
  ② 부하율개선
  ③ Peak-Cut, Peak-Shift
  ④ 자가 발전기에 의한 peak 분담

(4) 분산형 전원의 확대 적용 → 신재생 에너지 활용
  ① 태양광, 태양열 발전
  ② 연료전지
  ③ 풍력발전
  ④ 소형 열병합발전 등
(5) 전자화 배전반의 채택
(6) 변전실은 가급적 부하중심에 위치
(7) 적정 수전방식 선정 – Loop, SNW 수전

2. 조명설비

(1) 적정 조도기준 선정(KSA 3011)
(2) 고효율 광원의 선정
(3) 신광원채용(무전극, LED램프)

(4) 고효율 조명기구 선정

　① 저휘도 고조도 반사갓 채용

　② 직접조명기구, 하면개방형 채용

(5) 센서부착 조명기구 선정

　① 밝기 센서(Cds)이용

　② 인체 감지센서

　③ 창측 조명제어(회로 별도 분리)

(6) 에너지 절감 조명 설계

(7) 적정 조명제어 시스템 채택

(8) PSALI 방식 채용

3. 동력설비

(1) 고효율 전동기 채용

(2) 전동기 VVVF 제어방식 채택

(3) 진상용 콘덴서 설치

(4) 흡수식 냉동기 설치

(5) 빙축열 시스템 적용

(6) 배전전압의 승압화

(7) VVCF 기동방식 채용

(8) E/V 君 관리 운전 방식

4. 배전설비

(1) 적정 배전방식 – 1ϕ 3W, 3ϕ 4W 방식

(2) 적정 배전선 굵기 – 전압강하 감소, 손실감소

(3) 배전 전압의 적정화

(4) 기타

　① 전압강하(변동)대책

　② 전압, 부하 불평형 대책

　③ 고조파 대책

　④ 대기전력 저감 등

5. 전력저장기술

(1) 양수발전 설비

(2) 압축 공기저장 설비(CAES)

(3) 초전도에너지 저장설비(SMES)

(4) BESS, 연료전지 시스템

(5) Flywheel 전력저장설비

Professional Engineer
Building Electrical
Facilities

조명설비

PART 17

문제1 원자의 전자배열과 전리현상

Ⅰ. 수소와 헬륨의 원자모형

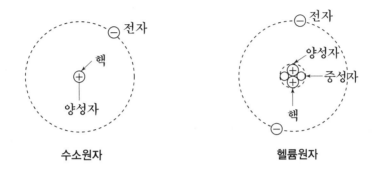

수소원자 **헬륨원자**

1. 궤도전자의 전하량은 양성자의 전하량과 같은 크기의 음전하를 띰
2. 수소 이외의 모든 원소의 핵은 중성자를 가지며 양성자와 비슷한 무게로 전하를 띠지 않음
3. 모든 중성 원자에서 양성자와 전자는 동일 갯수로 구성
4. $\dfrac{\text{양성자 질량}}{\text{전자의 질량}} = \dfrac{1.672 \times 10^{-24}(g)}{9.11 \times 10^{-28}(g)} = 1836\,\text{배}$
5. $\dfrac{\text{전자궤도 반지름}}{\text{원자핵 반지름}} = \dfrac{5 \times 10^{-8}(m)}{2 \times 10^{-11}(m)} = 2500\,\text{배}$

Ⅱ. 원자구조의 전자배열

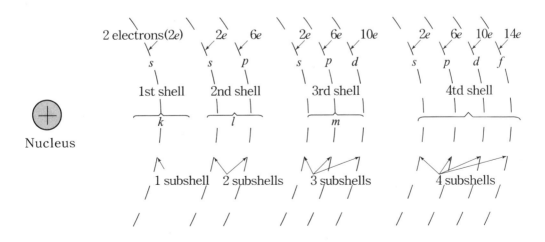

III. Bohr의 원자 Model

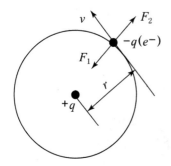

$$\frac{e^2}{4\pi\epsilon_0 r^2} = \frac{m_e v^2}{r}$$

(쿨롱력) = (역학적 원심력)

e : 전자의 전하량($1.602 \times 10^{-19}C$)

m_e : 전자의 질량

IV. 전자배열에 의한 물질의 화학적 성질

1. 완전각(Complete Shell)

(1) 일반적으로 어떤 전자각이 $2n^2$개의 전자로써 만원이 된 상태로 폐각(Closed Shell) 구조라고도 함

(2) 0족의 희귀가스(He, Ne, Ar, Kr, Xe 등)가 이에 속하며 외부의 작용을 받지 않고 화학적으로 대단히 안정

2. 불완전각(Incomplete Shell)

(1) 폐각구조에 반하여 전자로써 완전히 채워져 있지 않은 상태

(2) 불완전각 구조의 외측에 존재하는 전자는 비교적 원자로부터 이탈하기 쉽고 화학적 결합에 관여하기 때문에 이를 가전자(Valence Electron)라 함

(3) I족의 알칼리 금속(Li, Na, K 등), VII족의 할로겐 원소가 이에 속함

3. 구리의 원자구조

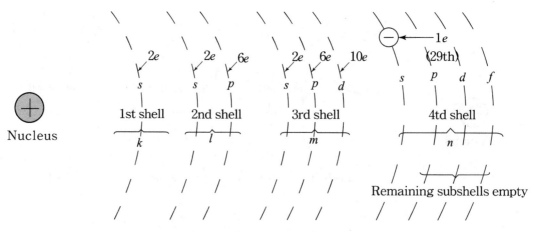

(1) 29번째 전자가 궤도이탈 용이 → 자유전자

(2) 실온하의 자유전자수= 1.4×10^{24}개/IN^2

V. 전자의 에너지 준위와 전리현상

1. 전자의 전에너지

$$E_n = -\frac{m_e \cdot e^4}{32\pi^2 {\epsilon_0}^2 h^2} \cdot \frac{1}{n^2} = -13.6\frac{1}{n^2}\,[\text{eV}]\,(\text{단}\;\; h = \frac{h}{2\pi},\;\; h\;:\;\text{프랑크 상수})$$

※ 1전자볼트(1eV) : 하나의 전자가 1V의 전위차에 의해 가속되는 경우에 얻는 에너지로 크기는 $1.602 \times 10^{-19}[\text{J}]$임

2. 핵외전자의 에너지 준위(수소원자)

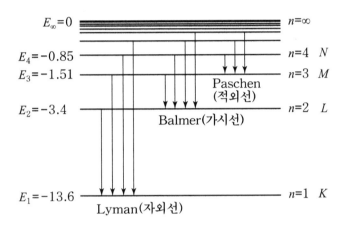

(1) 기저상태(Ground State)

전자는 보통 상태에서는 에너지가 가장 낮은 상태로 낙착하여 안정하려 하는 상태 ($n = 1$인 상태)

(2) 여기상태(Excitation Phenomena)

① 외부에서 어떤 형태의 에너지가 가해지면 핵외전자는 그 에너지를 얻어 기저상태에서 $n > 1$의 에너지 준위로 전이하는 상태

{ 여기에너지(여기전압) : 이때 필요한 에너지(eV)
{ 공진에너지(공진전압) : 그 중 가장 최소치

② 여기상태는 불안정한 상태로 극히 단시간($10^{-8}\sec$)에 원상태로 복귀하며 이때 과잉 에너지는 빛(전자파)으로 방출됨

③ 여기상태에서 기저상태로 돌아갈 때 방출에너지는

$$\Delta W = E_2 - E_1 = h\nu = h \cdot \frac{C}{\lambda}$$

h : Plank 상수 $= 6.626 \times 10^{-34}[\text{J} \cdot \sec]$

ν : 전자파의 진동수

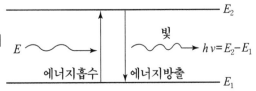

(3) 준안정상태(Metastable State)

여기상태 중 훨씬 수명이 긴 것(평균수명 10^{-2}sec 정도)이 있는데 이와 같은 상태를 말하며 Hg, He, Ne, Ar 등의 희귀가스가 이에 속함

3. 전리현상(Ionization)

(1) 여기상태가 더 나아가 외곽전자가 원자핵으로부터 이탈해버리면(여기상태가 $n = \infty$ 인 경우) 원자는 전자를 잃고 양이온이 되는데 이와 같은 현상을 말함

(2) 전리에너지(전리전압) : 이에 필요한 에너지(eV)

수소의 예 : $E_\infty - E_1 = \dfrac{m_e \cdot e^4}{8{\epsilon_0}^2 h^2} = 13.58\,\mathrm{eV}$

(3) 폐각구조를 가진 0족의 희귀가스는 최외곽 전자가 하나인 I족의 알칼리 금속에 비해 전리전압이 높다.

참고 1 Bohr의 원자 모델

1. 쿨롱력 = 원심력

$$\frac{e^2}{4\pi\epsilon_o r^2} = \frac{m_e v^2}{r} \quad \cdots\cdots\cdots\cdots\cdots\cdots\cdots (1)$$

여기서, $\begin{cases} m_e(\text{전자의 질량}) = 9.1 \times 10^{-31}(\text{kg}) \\ \epsilon_o = 8.855 \times 10^{-12}(\text{F/m}) \\ e(\text{전자의 전하량}) = 1.602 \times 10^{-19}(\text{c}) \end{cases}$

2. 전자의 숲에너지

$E = $ 운동에너지$(We) +$ 위치에너지(Ue)

$$\begin{cases} W_e = \frac{1}{2}m_e v^2 = \frac{e^2}{8\pi\epsilon_o r} \\ U_e = \int_{\infty}^{r} \frac{e^2}{4\pi\epsilon_o r^2}dr = -\frac{e^2}{4\pi\epsilon_o r} \end{cases}$$

$$\therefore E = \frac{e^2}{8\pi\epsilon_o r} - \frac{e^2}{4\pi\epsilon_o r} = -\frac{e^2}{8\pi\epsilon_o r}(\text{eV}) \quad \cdots\cdots\cdots\cdots (2)$$

3. planck의 양자가설

(1) 양자조건 : 궤도에 있는 전자의 각 운동량(P_θ)을 그의 정상궤도를 따라 1회전하여 적분한 값은 planck의 상수 h의 양의 정수배$(n$배$)$가 된다.

$$\oint P_\theta \cdot d\ell = \oint P_\theta \cdot r \cdot d\theta = nh \quad \cdots\cdots\cdots\cdots\cdots\cdots (3)$$

$n = 1, 2, 3, 4, \cdots$ $(n$: 주양자수$)$

플랑크상수 $\begin{cases} h = 6.626 \times 10^{-34}(J.\sec) \\ \overline{h} = \frac{h}{2\pi} = 1.055 \times 10^{-34}(J.\sec) \end{cases}$

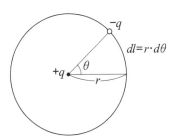

(3)식으로부터

$m_e v \, 2\pi r = nh$

$$\therefore v = \frac{n\overline{h}}{m_e \cdot r} \quad \cdots\cdots\cdots\cdots\cdots\cdots\cdots (4)$$

(4)식을 (1)식에 대입, 궤도 반지름 r_n을 구하면

$$r_n = \frac{4\pi\epsilon_o \overline{h^2}}{m_e \cdot e^2} n^2 = 0.529 \times 10^{-10} n^2 (\text{m}) \quad \cdots\cdots\cdots\cdots (5)$$

$n = 1$인 경우 : 기저상태(Ground State)

$$\rightarrow r_1 = 0.529 \times 10^{-10} (\text{m})$$

$n = 2$인 경우 $\rightarrow r_2 = 2^2 r_1 = 4 r_1$

$n = 3$인 경우 $\rightarrow r_3 = 3^2 r_1 = 9 r_1$

$$\vdots$$

n인 경우 $\qquad\qquad \rightarrow r_n = n^2 r_1$

따라서 전자의 궤도 반경은 주양자수 n에 따라 정해지며 그 사이의 궤도는 존재하지 않는다.

4. 궤도 전자의 숲에너지

(2)식에 (5)식을 대입하여 풀면

$$\therefore E_n = -\frac{m_e \cdot e^4}{32\pi^2 \epsilon_o^2 \overline{h^2}} \cdot \frac{1}{n^2} = -13.6 \frac{1}{n^2} (eV)$$

문제2 **이온의 발생과 소멸 과정**

Ⅰ. 이온의 발생

1. 전자에 의한 충돌 전리(α 작용)

(1) 전계에 의해 가속된 전자가 기체분자와 충돌하여 전자가 가지고 있던 운동에너지를 기체 분자에 전달하여 중성 기체분자나 원자를 전리시키는 현상

(2) 전자의 운동에너지가 기체의 전리에너지 W_i보다 클 때

즉 $\frac{1}{2}m_e v^2 \geq W_i$일 때 발생

m_e : 전자질량

v : 전자 운동속도

2. 양이온의 충돌전리(γ 작용)

방전공간에서 생긴 양이온이 음극에 충돌, 그 운동에너지가 전리에너지로써 음극에 전달해서 2차 전자를 방출시키는 작용

3. 누적전리(Cumulative Ionization)

(1) 불활성 원자인 He, Ne, Ar 등의 준안정 상태에 있는 원자에 전자가 충돌할 때 전자가 중성원자를 전리하는 경우보다 적은 에너지로도 전리 가능(즉, $V_i - V_m$의 에너지로 충분) : $A^* + e + K_E \rightarrow A^+ + 2e$

(2) 때로는 여기 원자끼리 충돌하여 전리 : $A^* + A^* \rightarrow A + A^+ + e$

(A : 중성기체원자, K_E : 전자의 운동에너지)

4. 광전리(Photo-Ionization)

(1) 전자가 여기된 상태로부터(10^{-8}sec 정도) 원상태로 복귀할 때 빛인 광자에너지($h\nu$)를 방출

(2) 이 방출에너지가 원자의 전리에너지보다 커지면($h\nu > W_i$이면) 광자에 의한 전리가 발생하는 현상

$A + h\nu \rightarrow A^+ + e$

파장 $\lambda \leq \dfrac{h \cdot C}{W_i}$에서 전리전압이 높을 수록 짧은 파장의 빛이 필요함

5. 열전리(Thermal Ionization)

(1) 기체분자의 온도가 절대온도 T이면

$$e\,V = \frac{3}{2}kT_e = \frac{1}{2}m_e v^2 (\mathrm{J})$$

k : Boltzmann 상수$= 1.38 \times 10^{-23}(\mathrm{J/k \cdot mole})$

T_e : 전자의 절대온도

이 식에 의한 값이 전리에너지 W_i보다 크게 되면 원자는 전리가 일어나는데 이와 같이 열에너지에 의한 전리현상

(2) 대기중 스파크가 발생하면 열에너지에 의해 여기된 기체입자 일부가 상당히 빠른 속도 성분을 가지게 되어 중성 입자와 충돌해 전리 가능

$$A + A^* + K_E \rightarrow A^* + A^+ + e$$

또는 $A + A^* + K_E \rightarrow A + A^+ + e$

6. 전자분리(Electron Detachment)

(1) 강한 전계 중 높은 음이온 밀도를 가진 경우 어느 조건하에서 전자는 음이온으로부터 분리될 수 있다.

(2) Leob의 산소원자에 대한 전자분리실험

E/P의 값이 90(V/cm/mmHg)인 경우 전자분리발생이 관측됨

7. 방사선 및 우주선에 의한 전리

(1) 방사선의 종류 : α선(He^{2+}), β선(전자선), γ선 등

고에너지를 가진 광자들로 전계 내에서 가속된 전자와 같이 충돌전리를 일으킴(전리확률은 낮음)

(2) 지구상에서는 이러한 방사선과 우주선에 의해 항상 적으나마 전리작용이 이루어짐

Ⅱ. 이온의 소멸

1. 전자부착(Electron attachment)

(1) 기체 中에 발생한 전자는 산소, 수증기, 할로겐이 존재하면 어떤 확률로 이들 기체분자에 부착하여 음이온을 만드는 현상

(2) 이러한 음이온은 전자보다 질량이 매우 커서 전계에 의해 가속되더라도 고속으로 될 수 없으므로 전리에너지에 도달하기 힘들어 전리시킬 능력이 없게 되는데 이와 같이 전자를 부착하여 음이온을 만들기 쉬운 기체를 부성기체(electron-negative gas)라 함

2. 재결합(Recombination)

양이온과 음이온 또는 양이온과 전자 등이 충돌해서 중성원자나 분자로 되돌아가는 과정

(1) 전자와 정이온의 재결합 : $e + A^+ \rightarrow A + h\nu$

재결합시 전자의 여분의 에너지는 중성원자의 운동에너지가 되지 않고 전자파로서 빛을 방사함 → 이를 방사 동반 재결합이라 함

그 여분의 에너지는 재결합 전의 전자의 운동에너지와 전리에너지의 합

즉 $h\nu = eV_i + \dfrac{1}{2}m_e V_e^2$

(2) 정이온과 부이온의 재결합 : $A^- + B^+ = A + B$

(3) 표면재결합 : 기벽에서 전자와 양이온 결합

(4) 공간재결합 : 공간에서 입자상호간 충돌로 재결합

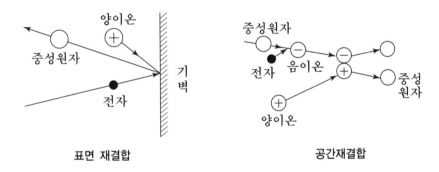

표면 재결합   공간재결합

3. 확산(Diffusion)

(1) 기체분자의 밀도가 장소에 따라 다른 밀도분포를 갖는 경우나 어떤 기체 중에 이종의 기체가 혼입하여 밀도분포를 갖는 경우에는 밀도가 높은 데서 낮은 쪽으로 기체분자가 점차 이동하여 밀도의 분포가 균일하게 되는 현상

(2) 이 현상은 하전입자가 전리되어 기체공간에서 소실되어가는 과정의 일종임

(3) 확산의 예

① 쌍극성 확산

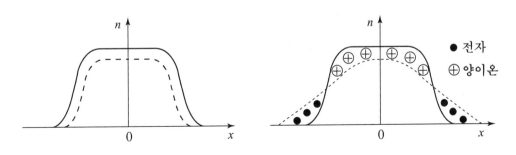

② ACB : 공기중의 확산에 의한 전자소멸을 이용한 차단기

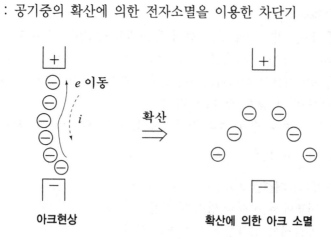

Ⅲ. 기체방전과정

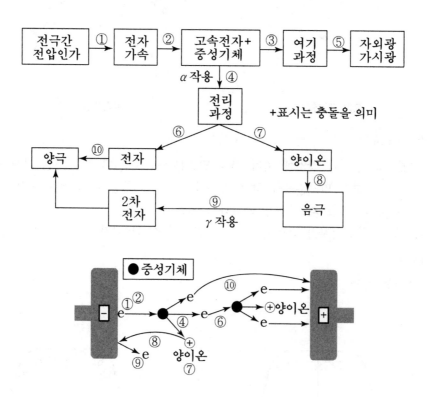

참고 1 탄성충돌과 비탄성 충돌

1. 탄성충돌(Elastic Collision)

(1) 전자가 가속력이 낮아 충돌하여도 원자의 내부상태에 아무런 변화를 일으키지 않는 충돌

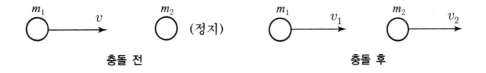

충돌 전   **충돌 후**

(2) 충돌 전, 후의 운동량과 에너지 변화가 없다.

$$\begin{cases} m_1\,v = m_1\,v_1 + m_2\,v_2 \ (\text{운동량 보존}) \\ \dfrac{1}{2}m_1 v^2 = \dfrac{1}{2}m_1\,{v_1}^2 + \dfrac{1}{2}m_2\,{v_2}^2 \ (\text{운동에너지 보존}) \end{cases}$$

2. 비탄성 충돌(Inelastic Collision)

(1) 강력한 전계 등으로 가속된 전자 에너지가 어느 값 이상이 되어 원자와 충돌시 충돌 후의 원자내부 에너지에 변화(여기 또는 전리)를 일으키는 충돌

(2) 지금 운동에너지 중 E만이 다른 에너지(퍼텐셜 에너지)로 변했다면

$$\frac{1}{2}m_1 v^2 = \frac{1}{2}m_1{v_1}^2 + \frac{1}{2}m_2{v_2}^2 + E$$

$$\begin{cases} \text{이온이 분자와 비탄성 충돌시} \to \text{에너지의 } \tfrac{1}{2}\text{을 상대편에 전달} \\ \text{전자가 분자와 비탄성 충돌시} \to \text{전자는 자신의 운동에너지를 전부 분자에 전달} \end{cases}$$

(3) 충돌 후 운동량은 보존 되지만 운동에너지가 보존되지 않고 감소
   (운동량은 보존되어야 하므로 충돌 후 운동에너지는 0이 될 수 없다)

(4) 충돌 손실계수(Collision Loss Factor)
   ① 천이 되는 에너지에 대하여
   $$\delta E_{k_1} = f(E_{k_1} - E_{k_2}) \quad f : \text{충돌 손실계수}$$
   ② f 는 탄성 충돌에서 최소로 되고 비탄성 충돌이 일어남에 따라 커져서 드디어 1에 가까워짐

3. 제1종 충돌 및 2종 충돌

비탄성 충돌은 다음 2종류로 나눌 수 있다.

(1) 제1종 충돌(Collision of the first kind)

  ① 전자가 중성원자를 전리하는 경우와 여기하는 경우의 충돌로써 운동에너지가
    다른 형태의 에너지로 변환하는 충돌

  ② 충돌 변환형태

    ㉠ 전자의 충돌전리 : $A + e(빠름) \rightarrow (A^{+} + e) + e(늦음)$

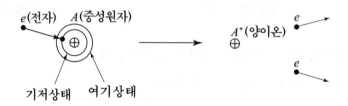

    ㉡ 전자의 충돌여기 : $A + e(빠름) \rightarrow A^{*} + e(늦음)$

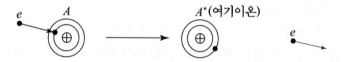

    ㉢ 원자의 충돌전리(열전리) : $A + A \rightarrow A + (A^{+} + e)$

    ㉣ 원자의 충돌여기(열여기) : $A + A \rightarrow A^{*} + A$

(2) 제2종 충돌(Collision of the Second kind)

  ① 여기 원자가 전자나 다른 여기원자와 충돌하여 그 전자가 큰 에너지를 얻거나 여기원자를 전리하는 충돌

  ② 충돌 변환형태

    ㉠ $A^* + e \rightarrow A + e$ (빠름)

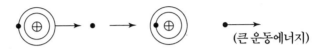

    (큰 운동에너지)

    ㉡ $A^* + A^* \rightarrow A + (A^+ + e)$

    전리

    ㉢ $A_a^* + A_b \rightarrow A_a + A_b^*$

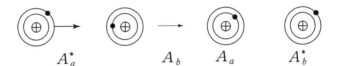

    A_a^* A_b A_a A_b^*

    ㉣ $A_a^* + A_b \rightarrow A_a + (A_b^+ + e)$

    • 두 단계로 전리가 행해지는 경우로 페닝효과라 함

    • A_a의 준안정상태의 전압 V_m이 A_b의 전리전압 V_i보다 높은 경우에 전리가 가능함

    예) $N_e^* + A_r \rightarrow N_e + A_r^+ + e$

        ($V_m = 16.6\text{eV}$)   ($V_i = 15.7\text{eV}$)

문제3 타운젠드 방전(Townsend Discharge)

I. 개요

기체내 전극간 전압 V를 인가시켜 이를 상승시켜가면 처음에는 그림에 나타낸 바처럼 암전류 or 누설전류만이 흐르나 어떤 전압 이상으로 되면 급격히 전류가 증가 → $\dfrac{dI}{dV} = \infty$ 인 점에서 불꽃방전이 개시됨

II. 평행전극간의 전압전류 특성

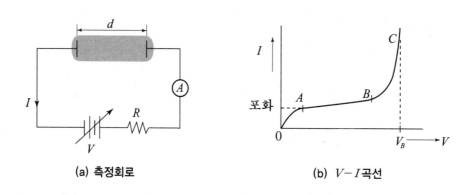

| (a) 측정회로 | (b) $V - I$ 곡선 |

1. 0구간

(1) 우주선, 방사선, 광전효과에 의한 전리 등으로 양이온, 음이온, 자유전자 생성
(2) 전자는 기체 분자에 부착하여 음이온 생성 or 양이온에 충돌하여 중성분자로 환원하는 과정이 일어나 이온의 생성과 소멸이 행하여짐
    → 전도전류에 기여 못함

2. 0-A구간(Ohmic 영역)

전압을 가해 전계증대 → 이온이나 전자 이동속도 증대 → 전류 증가시작

3. A-B구간(Saturation 영역)

전압 증가 → 전극간 순전하는 전리나 재결합 없이 전극에 흡인되어 포화상태

4. B-C구간(Townsend 방전영역)

전압증가 → 전자가속 → 큰 운동에너지로 분자와의 충돌 전리(α 작용) → 전자와 양이온 발생 : 비자속 방전(암류 발생)
이때 전자는 빠르게 양극으로 양이온은 천천히 음극으로 이동

5. C 이후 구간(자속 방전개시 영역)

전압증가 → 전자 더욱 가속 → $\left\{\begin{array}{l}\text{기체분자와 충돌 전리 활발}\\\text{다수의 전자와 양이온 발생}\end{array}\right\}$ → 양이온 가속 → 음극에

충돌 → 2차전자 방출(γ작용) → 전류급증(전자사태) → 기체 절연파괴(V_B) → 자속방전 개시

문제4 자속방전(Self Sustaining discharge)Mechanism

Ⅰ. 충돌전리 작용

전계가 가해진 기체內를 전자가 속도 v로 이동시 그 자유행정 중에 전계에서 얻는 에너지가 $\frac{1}{2}mv^2 \geq eV_i$ 일 때(eV_i : 기체원자의 전리전압)기체를 충돌 전리 시킬 수 있다.

1. α 작용

(1) 상기조건을 만족하는 전계내에서 하나의 전자가 가속되면서 단위거리를 주행하는 사이에 충돌 전리하는 회수를 충돌전리 계수 α로 나타내며 이와 같은 전리 작용을 α작용이라 함

(2) α는 기체의 종류, 압력(P), 전계강도(E) 등에 관계

2. β작용

양이온이 전계에 의해 가속 → 기체분자를 충돌전리시키는 작용

3. γ 작용

(1) 방전공간에서 생긴 양이온은 음극에 충돌하여 그 운동에너지로 부터 전리에너지를 음극에 공급해 2차 전자를 방출함

(2) 양이온 1개당 방출되는 2차 전자 수를 γ로 나타내며 이와 같은 전리 작용을 γ작용이라 함

Ⅱ. 자속방전 조건

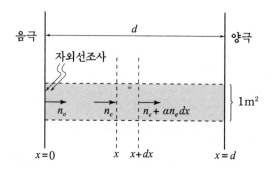

1. 그림과 같은 평행 평판 전극내 단위 단면적을 갖는 원통에서 음극으로부터 단위시간당 n_o개의 전자가 방출되어 x에 도달 시 n_e개가 되었다고 가정

2. n_e개의 전자가 x에서 $x+dx$까지 진행하는 사이 증가 전자수 dn_e는 평등전계 中에서 α는 전극 사이에서 모두 일정하다고 가정하면 α의 정의에서(하나의 전자가 1m 진행하는 사이에 α개의 기체원자를 전리)

$$dn_e = \alpha \cdot n_e dx \qquad \frac{dn_e}{n_e} = \alpha \cdot dx \xrightarrow{\text{적분}} \quad \therefore n_e = n_0 \cdot e^{\alpha x}$$

3. 전극의 간격을 $d(m)$, 양극에 도달하는 전자수 n_d(개)는 $x = d$ 라 놓으면

$$\therefore \; n_d = n_o \cdot e^{\alpha d} \Rightarrow e^{\alpha d} = \frac{n_d}{n_o}$$

따라서 1개의 초전자가 양극에 도달할 때는 $\dfrac{n_d}{n_o}$ 배가 되며 그 증가분은

$$\frac{n_d - n_o}{n_o} \left(= \frac{n_d}{n_o} - 1 = e^{\alpha d} - 1 \right) 배가 되고 이것은 초전자 1개가 만든 양이온 수와 같다.$$

이 양이온이 음극에 도달하여 그로부터 양이온 1개당 평균 γ개의 2차전자를 튀어 나오게 할 때 $\gamma \geq \dfrac{1}{(e^{\alpha d} - 1)}$ 이면 초전자의 뒤를 이을 수 있고 음극에서의 자외선 쬐임을 중지해도 방전이 지속되는데 이것을 자속방전이라 함

4. 따라서 자속방전 개시조건은

$$\gamma(e^{\alpha d} - 1) \geq 1 \; : \; \text{Schumann의 조건식}$$
$$\therefore \; \alpha d = \ln\left(1 + \frac{1}{\gamma}\right)$$

Ⅲ. α, γ 작용에 의한 방전전류 확립

1. n_o개의 초전자가 양극에 도달시 그 증가분은 $n_d - n_o = n_o(e^{\alpha d} - 1)$개가 되고
   이것은 n_o개의 초전자가 만든 음극에 유입하는 양이온수와도 같다.

2. 다음에 양이온과 음극의 충돌에 의한 전자
   방출작용(γ작용)이 가해졌을 경우
   $\gamma n_o(e^{\alpha d} - 1) = \gamma M n_o$(단, $M = e^{\alpha d} - 1$)
   이것이 재차 α작용에 의해 $\gamma M n_o \cdot e^{\alpha d}$로
   증폭되어 양극에 유입됨

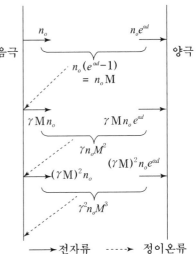

3. 음극에서의 초기전자 n_o가 연속적으로 방출 될
   경우 결국 양극에 단위시간당 유입되는 총 전자개수 n

$$n = n_o e^{\alpha d} + \gamma M n_o e^{\alpha d} + (\gamma M)^2 n_o e^{\alpha d} + \dots + \sum_{n=1}^{\infty} (\gamma M)^{n-}$$

$\gamma M < 1$ 일 때

$$\therefore n = \frac{n_o \cdot e^{\alpha d}}{1 - \gamma M} = \frac{n_o \cdot e^{\alpha d}}{1 - \gamma (e^{\alpha d} - 1)}$$ 가 된다.

이 값은 음극에 유입하는 양이온 개수와 n_o의 합과도 같다.

4. 여기서 n_o가 양극에 도달 시 발생하는 전자전류

$I_e = n_d \cdot e = n_o \cdot e^{\alpha d} \cdot e = I_o \cdot e^{\alpha d}$(단, $I_o = n_o \cdot e$: 음극 표면에서의 전자전류)

따라서 간극을 흐르는 전류

$$I = n \cdot e = \frac{I_o \cdot e^{\alpha d}}{1 - \gamma (e^{\alpha d} - 1)}$$ 가 된다.

5. 윗 식에서 $\gamma (e^{\alpha d} - 1) = 1$에 접근 시

(1) 간극에 흐르는 전류는 무한대가 되어 절연파괴에 이름
   실제로는 직렬 저항이 있어 어떤 값에 정착함
(2) 초기전자수가 없어도(음극에서 자외선 쪼임을 중지해도) 방전지속

문제5 **Glow 방전과 Arc방전**

Ⅰ. Glow 방전

1. 개요

(1) 글로우 방전은 매우 부드러운 빛을 수반하는 방전으로 수 mmHg 정도의 저기압에서 일어나기 쉬운 자속방전임

(2) 음극 강하부, 양광주, 양극강하부의 3구역으로 분류

(3) 음극강하의 강한 전계에 의해 가속된 양이온이 음극에 충돌함으로써 음극으로부터 전자 방출 → 양극을 향해 가속 → 기체원자와 충돌전리 → 이때 발생한 양이온이 다시 음극으로부터 전자 방출

(4) 이와 같이 음극강하가 크고 음극에서의 전자 방출이 주로 양이온에 의한 방전을 말함

2. 각부의 명칭 및 특성 곡선

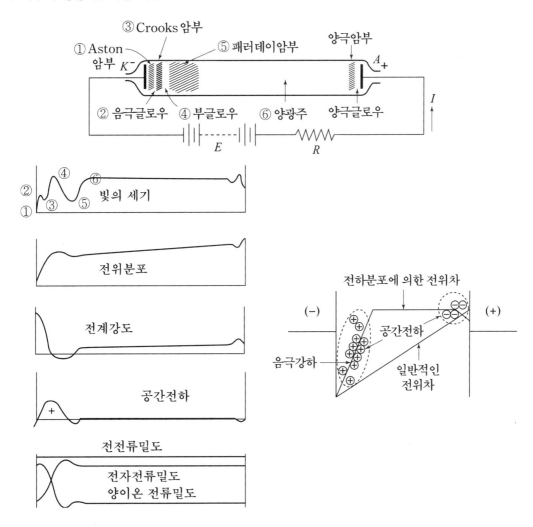

3. 각부의 발광현상

(1) 아스톤 암부(Aston dark space)

음극의 직전은 전계가 세기 때문에 전자가 받는 에너지가 커서 전리작용은 활발하나 여기의 확률이 적어 거의 발광을 볼 수 없다.

(2) 음극 글로우(Cathod glow)

① 아스톤 암부에서 전자의 높은 에너지가 전리작용으로 소모되어 전계는 약하지만 여기하기에 적당한 에너지에 의해 발광이 일어남

② 전자와 양이온 밀도가 커서 재결합에 의한 발광도 발생

(3) 음극암부(Crooks dark space)

전자의 수는 계속되는 전리의 수에 의해 증가하나 공간전하는 속도가 느린 양이온에 의한 것으로 전자 밀도는 도리어 감소 → 발광은 거의 없음

(4) 부글로우(Negative glow)

① 전자가 갖는 에너지가 적어지나 원자, 분자가 충돌 → 여기 → 발광

② 전자와 양이온 밀도가 커져 재결합에 의한 발광도 겹침

③ 글로우방전 중 가장 밝은 영역

(5) 페러데이 암부(Faraday dark space)

전자의 밀도는 다시 적어지며 여기가 불충분하고 재결합 기회도 적어 발광이 없음

(6) 양광주(Positive Column)

① 양극 글로우까지의 부분으로 전자와 양이온 밀도 같고 플라즈마 상태 형성

② 전체가 수~수십 V/cm의 균등전계

③ 이 부분은 여기와 약간의 재결합으로 발광

④ 방전관의 중요한 발광부분 → 네온사인, 저압 수은등 에 이용

⑤ 음극과 양극간 거리는 양광주만 변화

II. Arc 방전

1. 방전전류가 증가하여 양이온의 충격에 의해 음극이 가열되면 음극으로부터 열전자 방사 → 음극강하 급격히 감소 → 기체의 전리전압 정도로 낮아지는 방전 현상

2. 글로우 방전과 아크 방전은 양광주와 양극 부분에서는 본질적으로 같으나 음극 부근의 상태가 다르다.

Ⅲ. GLow 방전과 Arc방전의 특성 비교

구분	Glow 방전	Arc 방전
기압	저기압	고기압
전류	소전류	대전류
전압	고전압	저전압
전자방출	전계전자 방출(γ작용)	열전자 방출(Glow 방전 지속에 기인)
음극강하	大	급격히 감소
응용	네온사인, 저압수은등	열음극관, 고압 수은등, Xe, Na램프
특징	음극강하의 강한 전계에 의한 양이온 충돌로 음극의 전자 방출	양이온의 반복된 충돌에 의한 음극가열로 열전자 방출

문제6 Paschen의 법칙($V_s = kPd$ 관계임을 유도)

1. 전자가 전계의 세기에 의해 단위 거리 당 주행하는 동안 행해지는 전리횟수가 α이므로 결국 λ_e 만큼 주행하는 동안은 $\alpha\lambda_e$회의 전리가 행하여지며 이것은 전리확률 P_i와 같다.
   또 전리는 $E \cdot \lambda_e$의 함수로써 일어나므로

   $$P_i = \alpha\lambda_e = f(E \cdot \lambda_e)$$

   여기서 λ_e는 P에 역 비례하므로 $\therefore \dfrac{\alpha}{P} = f\left(\dfrac{E}{P}\right)$

   이 관계식은 다음과 같이 유도할 수 있다.
   전자는 전계 E에서 x거리를 진행하는 사이에 얻는 에너지 eEx가 전리전압 eV_i 이상일 때 한번의 충돌로 반드시 전리를 일으킨다고 하면

   $$eEx = eV_i \text{에서 } x = \frac{V_i}{E} \text{가 됨}$$

   e가 평균 자유행정을 진행하는 사이에 전리하는 수(확률)는 결국 전체 입자 중 탄성 충돌을 일으키지 않고 남은 입자수 확률과 같다.

   $$\therefore \ \alpha\lambda_e = \frac{n}{n_o}$$

   여기서 $\dfrac{n}{n_o} = \mathrm{Exp}(-\dfrac{x}{\lambda_e})$이므로 이 식에 x를 대입하면

   $$\frac{n}{n_o} = \mathrm{Exp}(-\frac{V_i}{\lambda_e E})$$

   즉 $\alpha = \dfrac{1}{\lambda_e} Exp(-\dfrac{V_i}{\lambda_e E})$가 됨

   λ_e는 P에 반비례 하므로 $\dfrac{1}{\lambda_e} = AP$라 놓으면

   $$\frac{\alpha}{P} = A\,\mathrm{Exp}(-\frac{AV_i}{E/P}) = A\,\mathrm{Exp}(-\frac{B}{E/P})(\text{단, } B = AV_i)$$

   따라서 각종 기체에 대한 정수를 A, B라 하면 $\dfrac{\alpha}{P}$는 $\dfrac{E}{P}$에 대해 그림과 같은 곡선을 나타냄

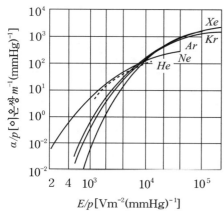

$$e^{-\frac{B}{E/P}} = \frac{\alpha}{AP} \text{에서}$$

$$e^{\frac{B}{E/P}} = \frac{AP}{\alpha} \rightarrow \text{양변 } \ln \text{을 취하면}$$

$$\frac{BPd}{V_s} = \ln\frac{AP}{\alpha}$$

전리계수

여기서 자속방전 조건 $\alpha d = \ln\left(\dfrac{1}{\gamma}+1\right)$ 이므로 $\alpha = \dfrac{1}{d}\ln\left(1+\dfrac{1}{\gamma}\right)$ 을 대입하여

V_s 를 구하면

$$\therefore\ V_s = \frac{BPd}{\ln\left[\dfrac{APd}{\ln\left(1+\dfrac{1}{\gamma}\right)}\right]}$$

A, B, γ 는 일정 상수로 놓으면 기동전압
V_s 는 결국 Pd 의 함수에 비례

$$\therefore\ V_s = \mathrm{k}\,P\,d$$

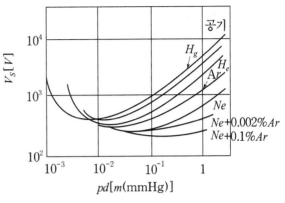

각종 기체의 파센 곡선

참고 1 **평균자유행정(Mean free path)**

1. 개념

(1) 그림과 같이 충돌점 사이에서 전자들이 일련의 직선운동을 할 경우 충돌에서 다음 충돌까지의 거리를 각각 $l_1, l_2,\ \cdots,\ l_n$ 이라 하면 이들의 평균거리를 평균자유행정이라 함

(2) 또 각각의 직선거리 $l_1, l_2,\ \cdots,\ l_n$ 을 통과하는데 걸리는 시간을 t_1, t_2, $\cdots$, t_n 이라 하면 이들 시간의 평균을 평균자유시간(mean free time)이라 함

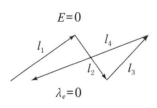

열적 평형상태에서의 운동

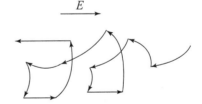

전계 E인가시 전자의 운동

2. 자유행정의 크기 분포

전체 입자수를 n_o, 평균 자유행정을 λ_e, x거리만큼 이동시 충돌하지 않고 남은 수를 n이라고 하고 dx만큼 이동시 n의 변화분을 dn이라 하면

$\dfrac{dn}{n} = -\dfrac{1}{\lambda_e} \cdot dx$이므로

$\therefore \ n = n_o \exp\left(-\dfrac{x}{\lambda_e}\right)$

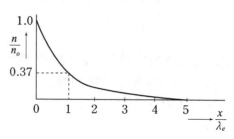

여기서 $\dfrac{n}{n_o}$: 총 개수 중 충돌하지 않고 남은 입자수 확률 $e^{-\frac{x}{\lambda_e}}$와 같다.

$\dfrac{n}{n_o} = 1$: 全입자가 모두 충돌하지 않았을 경우로 시작점을 의미

$\dfrac{x}{\lambda_e} = 1$: 입자 이동거리가 평균 자유행정 만큼 이동한 경우로 $\dfrac{n}{n_o} = 0.37$일 때임

즉, 시정수(time constant)값에 상당 → n_o개의 입자가 λ_e만큼 이동하면 약 63%는 충돌, 나머지는 충돌 않고 진행 중임을 의미함

3. 기체의 온도와 압력 관계

(1) Mmol의 기체에 대하여 기체의 상태 방정식은

$$PV = MRT \quad \begin{cases} P : 압력, \ V : 체적, \ T : 절대온도 \\ R : 기체상수=8.314(\text{J/K} \cdot \text{mole}) \end{cases}$$

(2) 1g 분자의 체적은 기체의 종류에 관계없이 0℃, 1기압하에서 22.4ℓ가 되고 그 안에는 6.23×10^{23}개의 분자가 포함되는데 이 분자수를 아보가드로수 (N_o)라고 함

(3) 분자의 총수 $N' = MN_o$개가 되므로

$N = \dfrac{N'}{V} = \dfrac{N_o P}{RT}$ (N : 단위 체적당 입자수(개/m³))

$\dfrac{R}{N_o} = k$라 놓으면(k : Boltzman 상수 : 1.38×10^{-23}(J/K))

$\therefore \ P = kNT$

4. 평균 자유행정과 온도 T, 압력 P와의 관계

(1) 분자, ion, 전자는 모두 구형이라 가정하면 전자는 분자나 ion보다 훨씬 적은 반지름을 갖는다.

그림과 같이 2개의 입자의 중심간 거리가 반지름의 합이 되었을 때 충돌(collision)이 일어난다고 생각하면 지금 정지한 입자 B에 운동하고 있는 입자 A가 충돌하려면 $(r_1 + r_2)^2 \pi$의 단면적이 필요하다.

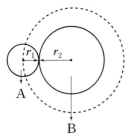

(여기서 r_1, r_2는 A와 B의 반지름)

이것을 탄성 충돌 단면적이라 하고 σ로 나타냄

만일 전자가 분자와 충돌 시 $r_1 \fallingdotseq 0$이 되어 $\pi r_2{}^2$이 되고 또한 분자끼리나 이온과 분자간은 $r_1 = r_2$가 되어 $4\pi r_2{}^2$이 충돌 단면적이 되어 4배 만큼 크다.

(2) 각 입자가 충돌하는 사이의 이동하는 자유행정은 길고 짧은 것이 분포하므로 평균자유행정 λ_e로 나타내면 $\sigma \lambda_e$는 1개의 입자가 충돌하여 λ_e를 진행하는 동안 차지하는 체적이며 이것은 $\frac{1}{N}$과 같다.

$$\lambda_e = \frac{1}{\sigma \cdot N}(\mathrm{m})$$

$N = \dfrac{P}{kT}$이므로

$$\therefore \ \lambda_e = \frac{k \cdot T}{\sigma P} = K\frac{T}{P} \ \text{가 됨}$$

(3) 따라서 λ_e는 T에 비례하고 P에 반비례한다.

문제7 파센의 법칙과 페닝효과

Ⅰ. 파센의 법칙(Paschen's Law)

1. 방전 개시전압(또는 기동전압) V_s는 전극간 거리(d)와 방전관 내부기압(P)에 비례한다는 법칙(Ⅱ영역)

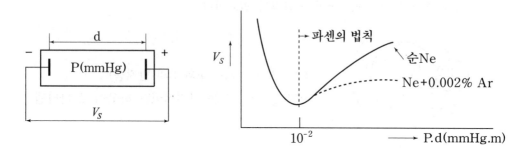

2. 관계식 $V_s = \dfrac{B \cdot P \cdot d}{\ln\left[\dfrac{APd}{\ln\left(1 + \dfrac{1}{\gamma}\right)}\right]} = \mathrm{k} \cdot \mathrm{P} \cdot \mathrm{d}$

$\begin{cases} A,\ B : \text{기체상수} \\ \gamma : \text{양이온에 의한 2차 전자 방출 수} \end{cases}$

3. 일정 전극재료와 기체의 조합에 대해 γ는 일정하므로 방전개시전압은 $P \cdot d$ 만의 함수로 나타낼 수 있다.

Ⅱ. 페닝효과(Penning Effect)

1. Ne, Hg 등 불활성 기체에 극히 미량의 Ar을 넣은 혼합기체의 방전 개시전압은 원기체에 비해 심히 낮아져 기동이 용이하게 되는 현상

2. 이것은 네온의 준안정 상태의 여기전압이 아르곤의 전리전압보다 약간 높아서 준안정 상태의 네온원자가 소량의 아르곤 원자를 효율 좋게 전리시키거나 또한 이미 전리된 아르곤 기체의 전자들이 준안정상태에(10^{-2}sec 동안) 머물고 있는 네온기체를 가격하여 쉽게 전리시키기 때문
   → 비탄성 충돌(2종 충돌현상)에 의한 전리작용

3. 다시 표현하면
   ① 2종의 기체 A와 B가 혼합되었을 경우, A가 준안정상태를 가지고 또 그 여기전압 $_AV_m$이 B기체의 전리전압 $_BV_i$보다 높은 경우에는 $A^* + B \rightarrow A + B^+ + e$인 전리가 가능하다.

실례를 들면 다음과 같다.

$$\underset{V_m = 16.6}{\underline{N_e}^*} + \underset{V_i = 15.75}{\underline{A_r}} \rightarrow N_e + A_r^{\ +} + e$$

$$\underset{V_m = 11.5}{\underline{A_r}^*} + \underset{V_i = 10.4}{\underline{H_g}} \rightarrow A_r + H_g^{\ +} + e \,(예 : 형광램프의 방전)$$

이 형의 전리는 B기체의 혼합량이 소량이고 전자가 직접 B를 충돌전리할 기회가 적은 경우에 주효함

이 때 전자가 충돌할 직접 상대는 A분자이다. 만일 B가 없으면 전자는 $_A V_i$인 에너지를 필요로 하게 되는데 B가 있어서 $_A V_m$ 만큼의 에너지로 전리가 가능하다.

② 기 전리된 전자가 준안정상태에 있는 원자와 충돌 할 때는 전자가 중성원자를 전리시키는 경우보다 적은 에너지로 가능함

즉 $V_i - V_m$의 에너지로 충분하므로 여기된 A원자를 용이하게 전리시킬 수 있다.

$$e + A^* \rightarrow \underset{\text{전리}}{\underline{e + A^+}} + \underset{\text{Kinetic E 감소}}{\underline{e}} \quad (누적전리)$$

참고 1 각종 기체의 준안정 상태에서의 여기전압과 전리전압

기체	He	Ne	Ar	Kr	Cd	Hg	Mg	Xe
여기전압(eV)	20	16.6	11.5	10	3.8	5.0	2.7	9.0
전리전압(eV)	24.5	21.5	15.7	14	9.0	10.4	7.6	12.1

문제8 음극의 전자방출 현상에 대하여

Ⅰ. Townsend Mechanism

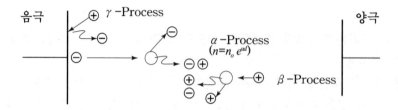

Ⅱ. 음극의 전자방출

1. 광전자 방출

금속에 빛을 비추면 그 부분에서 전자가 방출되는 현상

(1) 광자의 에너지가 음극의 일함수보다 크면($h\nu > \phi$) 광전효과에 의해 음극에서 전자가 방출됨

(2) 전자기파인 빛 (진동수 10^{16}Hz 이상)이 금속면에 부딪치면 그 파동에너지에 의해 자유전자가 장벽을 넘어 방출됨(예 : X선파 → 10^{18}Hz, 방사선파 → 10^{20}Hz)

(3) 금속에서 튀어나오는 전자 에너지는 조사되는 빛의 세기에 무관하고 빛의 파장이 짧을수록 크다.

2. 전계전자 방출

(1) 정의

금속면에 $10^8 \sim 10^9$ V/m정도의 강한전계 인가시 전자가 방출되는 현상

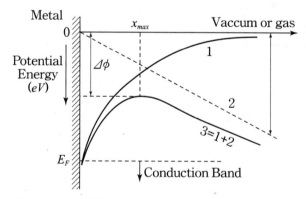

① 영상전하에 의한 에너지 곡선

$$W_1 = \frac{-e^2}{16\pi\epsilon_0 x}$$

② 전계에 의한 에너지 곡선

$$W_2 = -eEx$$

③ 총에너지 곡선

$$W = W_1 + W_2 = -\frac{e^2}{16\pi\epsilon_0 x} - eEx$$

(2) Schottky Effect

열전자를 방출하고 있는 상태의 금속에 전계를 가하면 방출효과가 금속온도에 의한 열전자 방출보다 더 증가되는 현상

(3) Tunneling Effect

① 외부에서 더욱 강한 전계를 가하면 전위분포 곡선 경사가 급해지고 금속과 유전체 사이의 에너지장벽이 얇아짐

② 양자역학적으로 전자는 파동적인 성질이 있어 장벽 두께가 상당히 얇아질 경우 장벽을 넘지 않고 직접 장벽을 투과하는데 이러한 현상은 온도에 무관하다.

③ 이처럼 장벽을 뛰어 넘는 충분한 에너지가 없는 전자라도 장벽을 직접 뚫고 나오는 현상

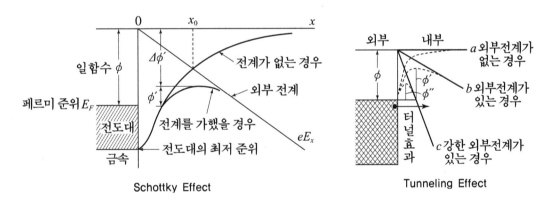

Schottky Effect   Tunneling Effect

3. 2차전자 방출

양이온이 가속하여 금속의 음극표면에 충돌시 전자는 음극표면으로부터 운동에너지를 얻어 공간으로 방출

4. 열전자 방출

(1) 정의 : 금속을 고온(약 1500°K 이상)으로 가열시 전자들은 금속 격자의 열적 진동으로 부터 에너지를 받아 탈출준위를 넘어 금속 밖으로 방출되는 현상

(2) 열전자 방출에 따른 전류 밀도

① Richardson-Dushmann방정식

$$J = A T^2 e^{-\phi/kT} (A/m^2)$$

$\begin{cases} A : \text{물질과 그 표면처리에 따르는 정수}(A \simeq 1.2 \times 10^6 A/cm^2 \cdot deg) \\ k : \text{볼쯔만 상수, } T : \text{절대온도} \\ \phi : \text{일함수} \end{cases}$

② 열전자 방출을 크게 하려면 온도를 높이거나 일함수가 적은 재료 사용

전자의 에너지 준위와 에너지장벽

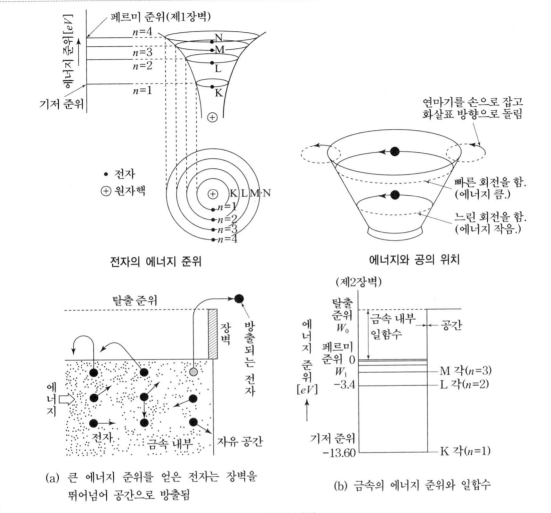

에너지 준위와 장벽

1. 에너지 장벽
(1) 제1장벽 – 원자의 표면에는 전자가 원자핵의 구속으로부터 탈출하는데 필요한 에너지에 상당하는 장벽 존재
(2) 전도전자 – 원자핵의 구속에서 빠져 나온 전자
  (도선에 전류가 흐르는 것은 전도전자가 금속안에서 전기장과 역방향으로 가속되어 이동하기 때문이다.)
(3) 제2장벽 – 전도전자라도 금속표면을 탈출해 자유공간으로 이동은 불가하다.
  (금속중에 남은 원자의 양전하 사이의 정전력 때문이다.)

2. 에너지 준위
(1) 일함수 – 전자가 금속면을 탈출하는데 필요한 에너지 준위
(2) 기저준위 – 전자가 $n=1$인 궤도에 있는 가장 안정한 상태
(3) 페르미 준위 – 절대온도 0[K]에서 가장 바깥궤도의 전자가 가지는 에너지 준위

참고 2 광전효과

1. 광전효과란
- 금속면에 빛을 비추었을 때 금속에서 자유전자가 튀어나오는 현상
- 광전효과 실험결과 빛은 hv라는 에너지를 가진 입자이다.
- 아인슈타인은 플랑크의 양자화된 에너지개념을 이용하여 광전효과 설명

2. 광전효과 실험
(1) 그림과 같이 음극인 금속판에 적당한 크기의 진동수(문턱진동수 이상)를 가진 단색광을 비추면 광전자가 방출되어 양극에 도달함

이렇게 방출된 전자가 전류계에서 광전류로 측정됨 $I = \dfrac{N \cdot e}{\Delta t}$

(2) 이때 음극과 양극사이에 역전압을 걸어 방출된 광전자의 운동을 방해하면 역전압보다 큰 운동에너지를 가진 광전자는 음극에 도달할 것이고, 역전압을 점점 증가시키면 음극에 도달할 수 있는 광전자는 점점 줄어 마침내 광전류는 흐르지 않게 됨 이 전압을 정지전압(또는 저지전압) V_s라 하고 정지전압에 전자전하 e를 곱한 것이 광전자의 최대 운동에너지 (K_{max})와 같다.

즉, $K_{max} = \dfrac{1}{2}mv^2 = eV_s$(이때 m : 전자의 질량)

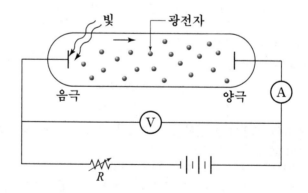

3. 광전효과 실험 결과

(1) 광전자의 방출(광전류 발생)은 진동수에 의존하고 빛의 세기에 무관

→ 어느 특정 진동수(문턱진동수) 이상일 때 광전자 방출(문턱진동수는 금속의 종류에 따라 다름)

	진동수가 큰 빛	진동수가 작은 빛
센 빛	전류(○)	전류(×)
약한 빛	전류(○)	전류(×)

※ 센 빛의 의미

- 파동성 : 비교적 짧은 파장의 빛을 여러번 중첩시켜 비춤(에너지가 쌓이는데 시간지연 필요)
- 입자성 : 빛(광양자)의 충돌 입자수가 많음(시간지연 없이 충돌과 동시에 광전자 방출)

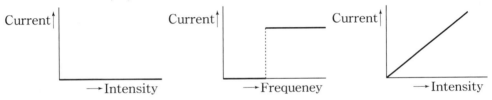

① 문턱(한계) 진동수 이하 일 때 ② 문턱 진동수 이상 일 때 (빛의 세기는 일정) ③ 문턱 진동수 이상 일 때 (빛의 세기 변화)

(2) 실험결과는 빛이 파동이라고 예측한 결과와 불일치 함

빛이 파동이라고 가정한 경우	광전효과 실험 결과
• 파동이 갖는 에너지는 진동수와 진폭의 제곱에 비례함 따라서 진동수가 작더라도 진폭이 큰 빛, 즉 센 빛은 큰 에너지를 가지므로 아무리 진동수가 작아도 광전자가 방출(긴파장의 빛이라도 여러번 중첩하여 비추면 센 빛. 즉, 큰에너지가 되어 광전자 방출)	• 금속표면에 비추는 빛의 진동수가 특정한 값(문턱진동수)보다 작으면 아무리 센 빛이어도 광전자가 방출되지 않음
• 약한 빛을 비추면 광전자가 방출하는데 필요한 에너지가 축적되기까지 어느정도 시간이 걸리므로 광전자는 즉시 방출 안됨	• 세기가 약한 빛이라도 문턱진동수보다 큰 빛을 비추면 즉시 광전자가 방출 됨
• 센 빛을 비추면 더 많은 수의 전자가 에너지를 얻을 수 있으므로 방출 전자수가 많아지고 광전자의 운동량도 크다.	• 문턱진동수 이상의 빛을 비추면 방출되는 광전자수는 빛의 세기에 비례하나 전자의 운동량은 같음 • 즉, 방출되는 광전자의 운동에너지는 빛의 세기와는 관계가 없고 빛의 진동수에 비례함

① 빛이 파동이라면 도저히 이해할 수 없는 현상

② 빛이 입자라고 가정해야 실험 결과를 해석 할 수 있음.

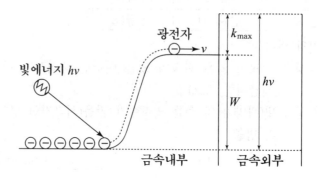

- 빛 에너지 $E = h\nu$ → 금속의 일함수(W)보다 커야 광전효과 발생
- 일함수(W) : 물질내에 있는 전자 하나를 밖으로 끌어내는데 필요한 최소한의 에너지
- 금속면에서 방출되는 빛의 최대 운동 에너지 $K_{max} = h\nu - W$

4. 빛의 입자설에 의한 광전효과 실험 설명

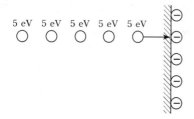

① 문턱진동수 이하일 때 빛의 세기와 전류
   진동수가 작은 빛은 충돌입자수가 아무리 많아도
   즉 센 빛이어도 전자를 뗄 수 없다.
   (전류발생 없음)

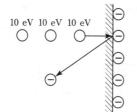

② 문턱진동수 이상일 때 진동수와 전류의 세기
   문턱진동수 이상의 큰 빛은 아무리 충돌 입자수가
   작아도 즉 약한 빛이어도 전자를 쉽게 뗄 수 있다.
   (전류 발생)

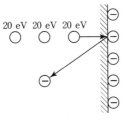

(광전자 방출 3)

충돌 입자수(빛의 세기)가 일정하다면 아무리 빛에 너지가 크더라도 광양자(photon) 1개는 전자 1개와만 충돌하고 나머지는 운동에너지로 변환

운동에너지 $E = h\nu - W = 20 \text{ eV} - 10 \text{ eV} = 10 \text{ eV}$

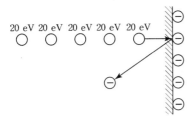

(광전자 방출 5)

③ 진동수가 큰 빛(광양자)은 충돌 입자수가 많을 수록(빛의 세기가 셀 수록) 더 많은 전자를 방출하여 전류의 세기는 증가하나 방출되는 광전자의 운동량은 같다.

※ photon(광양자)의 운동량

운동에너지 $E = h\nu = \sqrt{(mc^2)^2 + (pc)^2}$ 에서

photon의 $m = 0$ 이나 운동에너지를 가지고 있다.

그렇다면 운동량도 존재

$\therefore\ E = pc \rightarrow$ 운동량 $p = \dfrac{E}{c} = \dfrac{h\nu}{c} = \dfrac{h}{\lambda}$

참고 3 빛의 입자설, 파동설, 이중성에 대하여

1. 개요

(1) 입자설 : 빛은 눈에 보이지 않는 작은 입자의 흐름
(2) 파동설 : 빛은 파동으로 구성
(3) 관련 이론 추이

	고대~18세기초	19세기	20세기	양자론
입자설	피타고라스, 뉴턴	–	광전효과-아인스타인 콤프턴 효과	플랑크 보어
파동설	데오크리토스 아리스토텔레스 호이겐스	빛의 간섭무늬-영 전자기파-맥스웰	–	드브로이 슈뢰딩거 하이젠베르크

2. 파동설

(1) 빛의 회절 및 간섭
　① 회절

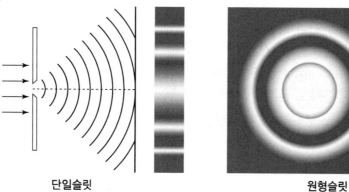

단일슬릿　　　　　　　　　원형슬릿

빛이 구멍을 통과할 때 직진하지 않고 동심원을 그리며 퍼져가서 진행 도중에 슬릿(틈)
이나 장애물을 만나면 빛의 일부분이 슬릿이나 장애물 뒤에까지 돌아들어가는 현상
　② 간섭 : 이중슬릿 실험(토마스 영)

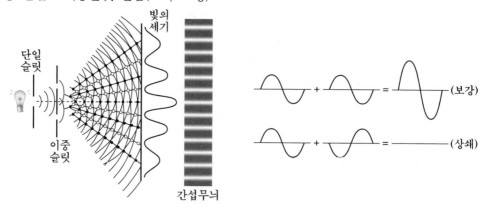

두개 이상의 파동이 한 점에서 만날 때 진폭이 서로 보강되거나 상쇄되어 밝고 어두운 무늬가 반복되어 나타나는 현상

③ 빛이 전자기파의 일종임을 이론(맥스웰)과 실험(헤르츠)을 통해 증명
진공에서 전자기파의 속도계산결과 빛의 속도와 일치
—전자기파는 파동의 형태로 전파되며 서로 직각으로 진동하는 전기장과 자기장임

3. 입자설

(1) 광전효과
금속표면에 특정 주파수 이상의 빛을 조사할 때 금속 표면에서 전자가 방출되는 현상
$E = h\nu$(플랑크 상수 $h = 6.626 \times 10^{-34} J.S$)
방출되는 전자는 빛의 세기가 아니라 진동수에 비례하며 특정 진동수보다 낮은 진동수를 가진 빛으로는 전자 방출 안됨

(2) 콤프턴 효과

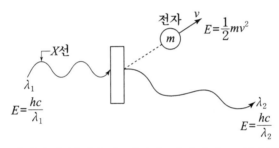

① 물질에 X선을 입사하면 물질속의 전자가 튀어나가고 입사된 X선은 전자에 의해 산란되면서 에너지를 잃고 파장이 길어지는 현상
② 파동설에 의하면 전자기파가 산란되어도 파장은 변하지 않아야 하나 측정결과 X선의 파장이 길어짐($\lambda_2 > \lambda_1$)

$$\frac{hc}{\lambda_1} = \frac{1}{2}mv^2 + \frac{hc}{\lambda_2}$$: 즉 충돌전과 충돌후의 에너지 보존법칙이 성립

4. 빛의 이중성

(1) 빛은 어떤 경우에는 파동성을 또 다른 경우에서는 입자성을 나타내는데 이를 빛의 이중성이라 함
(2) 상보성의 원리(complementarity Primciple)
파동성을 보이는 현상에서는 입자적인 성질이 나타나지 않고 입자성을 보이는 현상에서는 파동적인 성질이 나타나지 않음
즉, 입자성과 파동성을 동시에 갖는 것이 아님
• 파동성 : 광자의 수가 많고 진동수가 작은 경우 나타냄
• 입자성 : 광자의 수가 적고 진동수가 클 때 나타냄

(3) 물질의 파동성 및 이중성

빛과 마찬가지로 미시의 입자(전자, 양자, 중성자) 또한 파동성이 관측된다. 보통의 입자는 자신의 운동량이 매우 커서 물질파의 파장이 너무 짧으므로 파동으로서의 성질이 거의 드러나지 않는다.

5. 결론

미시적 세계에서의 자연은 본질적으로 이중성이고, 행하는 실험에 의해(관측의 영향으로) 파동이나 입자의 성격이 결정된다.

참고 4 광원의 분류와 Luminescence

1. 발광원리에 따른 광원의 분류

(1) 온도방사(복사)에 의한 발광 – 백열전구, 할로겐, 특수전구

(2) 연소에 의한 발광 – 섬광전구

(3) 루미네슨스에 의한 방전발광 – 방전램프

　① 저압 방전램프 – 저압 수은램프(형광등, 자외선램프), 저압 나트륨램프

　② 고압 방전램프 $\begin{cases} \text{고압 수은램프 : 수은램프, 형광수은램프, 메탈할라이드램프} \\ \text{고압 나트륨램프} \end{cases}$

　③ 초고압 방전램프 – 크세논램프, 초고압 수은램프

(4) Electro – luminescence에 의한 전계발광 – EL램프, LED 램프

(5) 유도방사에 의한 레이저 발광 – Laser 광원

2. Luminescence

(1) 개념

　① 온도방사 이외의 발광, 냉광이라고도 함 → 반드시 어떤 자극이 필요

　② 발광계속시간에 따라

　　㉠ 인광 : 자극이 제거된 후에도 일정기간 발광

　　㉡ 형광 : 자극이 지속되는 동안에만 발광

(2) 루미네슨스의 종류

　① 전기 루미네슨스

　　㉠ 기체, 금속증기 내의 방전에 따른 발광 현상

　　㉡ 네온관, 수은등

  ② 전계 루미네슨스

    ㉠ 전계에 의해서 고체가 발광하는 것

    ㉡ 발광 다이오드(LED), EL램프

  ③ 방사 루미네슨스

    ㉠ 광선, 자외선, X선 등의 방사를 받아 그 파장보다 긴 파장의 발광을 하는 현상 (Stokes'law)

    ㉡ 기체 or 액체 → 형광, 고체 → 인광을 발산

    ㉢ 형광등, 야광도료

  ④ 열 루미네슨스

    ㉠ 물체를 가열할 때 같은 온도의 흑체보다 대단히 강한 방사를 하는 것(산화아연 → 심한 청색 발산)

    ㉡ Gas mantle

  ⑤ 음극선 루미네슨스

    ㉠ 음극선이 어떤 물체에 충돌할 때 발광하는 현상

    ㉡ 오실로스코프, 브라운관

  ⑥ 초(Pyro) 루미네슨스

    ㉠ 금속증기가 발광하는 현상

    ㉡ 염색 반응에 의한 화학분석, 스펙트럼 분석, 발염 아크 등

  ⑦ 화학 루미네슨스

    ㉠ 황, 인이 산화할 때 발광하는 것

    ㉡ 화학반응에 의해 직접 생기는 발광

    ㉢ 생물 루미네슨스

      개똥벌레, 발광어류, 야광충(반딧불) 등의 발광

  ⑨ 기타 : 마찰 루미네슨스, 결정 루미네슨스, 고주파, 마이크로파, 방사선 루미네슨스 등

문제9 방전등의 방전이론

Ⅰ. 개요

방전등은 Luminescence의 발광원리를 이용한 광원으로써 별도의 점등장치가 필요하며 봉입가스 종류와 그 압력에 따라 빛의 성질이 달라진다.

Ⅱ. 방전등의 종류

1. 저압 방전램프 : 저압 수은램프(형광램프), 저압 나트륨램프

2. 고압 방전램프 : $\begin{cases} \text{고압 수은램프 : 수은램프, 형광 수은램프, 메탈 할라이드 램프} \\ \text{고압 나트륨 램프} \end{cases}$

3. 초고압 방전램프

4. 무전극 방전램프(E방전, H방전, Micro-wave 방전)

Ⅲ. 방전등의 발광 메카니즘

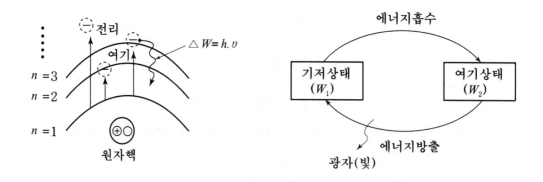

$$\Delta W = W_2 - W_1 = h \cdot v = \frac{h \cdot C}{\lambda} \quad \begin{cases} \Delta W \ : \ \text{에너지차} \\ v \ : \ \text{진동수,} \ C \ : \ \text{빛의 속도} \\ \lambda \ : \ \text{파장,} \ h \ : \ \text{플랑크정수} \end{cases}$$

Ⅳ. 방전등의 방전이론

1. 점등원리

음극의 전자방출 → 전계에 의한 가속 → 기체원자와 충돌 $\left\{\begin{array}{l}\text{탄성충돌} → \text{기체온도상승} \\ \text{비탄성충돌} → \text{여기, 전리}\end{array}\right\}$

→ 금속 증기압 상승 → 충돌전리계수 증가(α, β 작용) → Townsend 방전 → 양이온이 음극에 충돌(γ작용) → 2차 전자방출 → 자속 방전개시(Glow 방전 → Arc방전)

2. 음극의 전자방출

(1) 광전자(초전자)방출 → 우주선, 방사선 등에 의해 자연적 생성(광전효과)

(2) 전계전자 방출 → $\left\{\begin{array}{l}\text{Schottkey 효과} \\ \text{Tunneling 효과}\end{array}\right.$

(3) 2차전자 방출 → 양이온이 음극과 충돌에 의함(γ작용)

(4) 열전자 방출 → 음극가열에 따른 분자의 열운동에 의함(Richardson–Dushmann 방정식)

3. Townsend 방전(B–C 구간)

→ 비자속 방전(암류)으로써 전류는 흐르나 발광 수반 안함

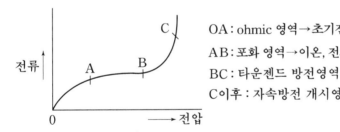

OA : ohmic 영역→초기전자의 이동(여기, 공진)

AB : 포화 영역→이온, 전자 평형 상태

BC : 타운젠드 방전영역

C이후 : 자속방전 개시영역

4. 자속방전(Self Mainteining Discharge, C이후 구간)

(1) 외부자극에 의한 전자방출이 중지되어도 스스로 지속되는 방전
　　(예 : 코로나, 불꽃방전, Glow 방전, Arc방전)

(2) 자속방전 개시조건

$$\gamma\left(\frac{n_d}{n_o}-1\right)=\gamma(e^{\alpha d}-1)\geq 1 \quad \left\{\begin{array}{l}\alpha \ : \ \text{전자의 충돌 전리계수} \\ \gamma \ : \ \text{2차 전자 방출수} \\ d \ : \ \text{전극의 간격}\end{array}\right.$$

(3) Glow 방전과 Arc 방전
　① Glow 방전
　　전계전자 방출에 의한 방전, 즉 음극강하(Cathod Fall)의 강한 전계에 가속된 양이온이 음극에 충돌 → 다량의 2차 전자방출 → 방전

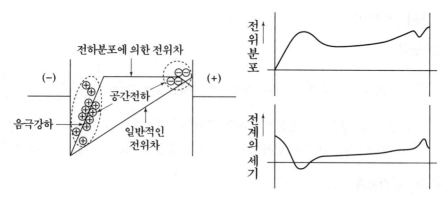

② Arc방전

양이온 충돌로 음극 가열 → 열전자 방출 → 음극강하 급감(전류 급증) → 기체전리
→ 방전의 최종형식

③ 글로우 방전과 Arc방전 비교

구분	Glow 방전	Arc 방전
기압	저기압	고기압
전압/전류	고전압/저전류	저전압/대전류
전자방출	전계전자방출	열전자 방출
응용	FL, Neon 등	HID, 탄소 등

5. 방전 이행과정

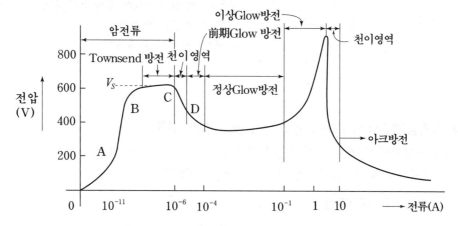

6. 적용법칙

(1) Paschen의 법칙

방전 개시전압(V_s)은 전극간 거리(d)와 방전관 내부기압 (P)에 비례한다는 법칙(Ⅱ영역)

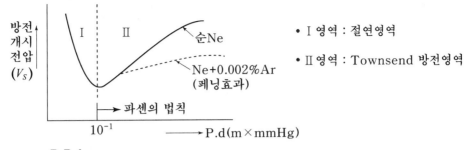

$$V_s = \frac{B.P.d}{\ln\left[\dfrac{A.P.d}{\ln\left(1+\dfrac{1}{\gamma}\right)}\right]} = k.P.d$$

$\begin{cases} A.\ B : \text{기체상수} \\ \gamma : \text{양이온 1개당 2차 전자 방출 수} \end{cases}$

(2) Penning 효과

네온에 극히 미량의 아르곤을 혼합하면 혼합기체의 방전전압이 원기체(순네온)에 비해 심하게 낮아져 기동이 용이하게 되는 현상(2종 충돌 현상)

V. 결론

최근 환경친화적인 고효율, 신광원(무수은, 무공해)의 개발과 더불어 방전등의 점등기법도 다양해지고 있어 이에 대한 지속적인 연구 개발이 요구 됨

참고 1 수소스펙트럼과 방전기체의 정수

원자에서 기저상태인 제1궤도로부터 전자를 높은 에너지준위(Energy Level)의 공진, 여기의 상태, 또는 원자 외로 이동시키는 데는 일정한 에너지가 필요하다. 반대로 이들의 높은 에너지준위로부터 내부의 낮은 에너지준위의 궤도로 전자가 되돌아올 때에는 전에 흡수한 것과 같은 에너지를 방사한다. 수소원자의 경우, $n=1$로 복귀할 때 발산하는 방사는 리맨선(Lyman series : 자외선), $n=2$로 복귀할 때 내는 방사는 발머선(Balmer Series : 가시선), $n=3$으로 복귀할 때는 파센선(Paschen series : 적외선), $n=4$의 경우는 브래킷선(Bracket Series : 적외선)이라 한다.

그림에 이들의 관계를 표시한다. 방전등에 가장 많이 사용되는 기체는 수은, 네온, 헬륨, 아르곤, 나트륨, 카드뮴 등이다.

표에 중요한 방전기체의 정수를 표시한다.

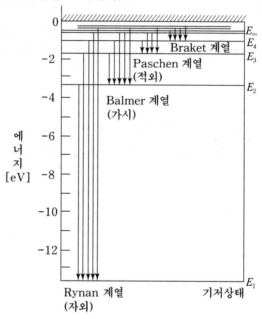

수소의 전리에너지와 스펙트럼 계열

- ■ 중요한 방전기체의 정수

정수 \ 방전기체	He	Ne	A	Kr	Na	K	Cs	Mg	Zn
공진전압[eV]	20.86 21.12	16.62 16.79	11.56 11.77	9.98 10.59	2.10 2.10	1.60 1.61	1.38 1.45	2.70 4.33	4.01 5.77
공진선파장[Å]	592 584	743 736	1067 1048	1236 165	5896 5890	7699 7665	8944 8521	4751	3.76
준안정전압[eV]	19.72 20.51	16.57 16.66	11.49 11.66	9.86 10.51				2.70	3.99 4.01
전리전압[eV]	24.47	21.47	15.69	13.94	5.12	4.32	3.87	7.61	9.36
분 자 량	4.00	20.18	39.94	83.71	23.00	39.10	132.91	24.32	65.38

정수 \ 방전기체	Cd	Hg	H	H_2	N_2	O_2	CO_2	CO	
공진전압[eV]	3.78 5.39	4.86 6.67	10.15	11.1	7.9	6.1	11.2	6	
공진선파장[Å]	3261 2289	2537 1850	1216						
준안정전압[eV]	3.71 3.93	4.66 5.43							
전리전압[eV]	8.96	10.38	13.54	15.4	12.5	12.5	14.4	14.2	
분 자 량	112.41	200.61	1.01	2.02	32.00	32.00	44.01	28.01	

참고 2 Glow의 3종류

① 전기(前期 : Sub – normal) Glow : 부저항(부특성)영역으로 불안정
② 정규(定規 : Normal) Glow : 전류가 증가하지만 전압은 일정한 영역
③ 이상(異常 : Ab – normal Glow : 일반 ohm의 법칙이 적용되는 영역

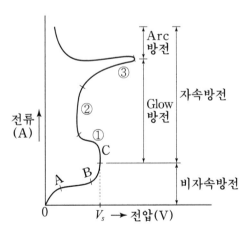

참고3 형광등의 방전 Mechanism

1. 구성회로

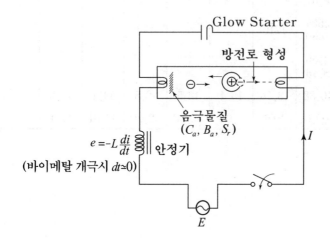

초기 $Z = \infty$, $I = \dfrac{E}{Z}$

안정기 역할

$$\begin{cases} \text{방전초기 : 고전압 인가} \\ \text{방전말기 : 대전류 억제} \end{cases}$$

2. 점등 순서

(1) 방전초기

바이메탈 글로우 방전 → 글로우의 열에 의해 U자형 바이메탈전극 팽창(접점 close) → 필라멘트 가열 → 열전자 방출 → 방전관의 방전로 형성 → 이 사이 바이메탈 냉각(회로차단) → $L\dfrac{di}{dt}$에 의한 인덕티브 킥(고전압)인가 → 방전개시

(2) 방전말기

방전개시 후 → 안정기에 의한 전압강하 이용 → 바이메탈 개극 유지 및 방전전류 제한

참고4 방전등의 V-I특성

1. 방전등은 전류가 증가하면 단자전압이 낮아지는 부특성이 있기 때문에 방전 개시 후 전류 크기가 결정되는 것은 방전관 자체보다는 외부회로에 더 많이 관계됨

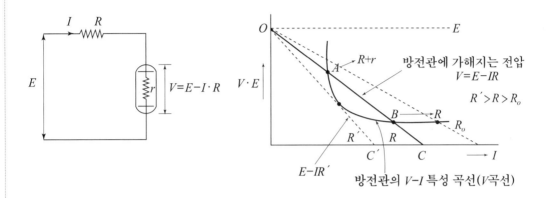

2. 저항 R에 전류 I가 흐르면
   방전관에 가해지는 전압은 $E-IR$이 되고 그림에서 직선 OC로 표시
   그림의 교점 A에서는 전류가 증가하면 관에 가해지는 전압이 관(내부)전압보다 높아져(즉, V곡선보다 OC가 커져) 더욱 전류가 증가하므로 방전은 불안정하게 되고 결국 B점에 도달

3. 한편 B점에서는 전류가 약간 증가해도 방전전압이 OC의 위쪽으로 오므로 방전관에 가해지는 전압이 부족해 전류는 다시 원상태로 돌아가므로 방전은 안정됨

$$\text{즉}\begin{cases} R+\left(\dfrac{dV}{dI}<0\right)\text{인 A점} \rightarrow \text{불안정} \\[2mm] R+\left(\dfrac{dV}{dI}>0\right)\text{인 B점} \rightarrow \text{안정} \end{cases}$$

4. 저항을 증가시켜 $E-IR'$가 그리는 직선 OC'가 그림과 같이 특성곡선에 접하게 되면 그 점에서 방전은 정지되고 반대로 저항을 0에 가까이 하면 방전전류가 심히 증가하여 교차점은 방전관의 전류용량 초과로 방전관이 파괴됨

5. 따라서 방전관 점등시 필히 전류제한 장치를 삽입해야 하는데 직류 점등에서 이렇게 사용하는 저항을 안정저항(Ballast Resistance)라 함
   그러나 교류에서는 저항 外에 인덕턴스와 콘덴서도 사용된다.

문제10 **방전등의 점등회로**

I. 형광등 램프의 점등회로

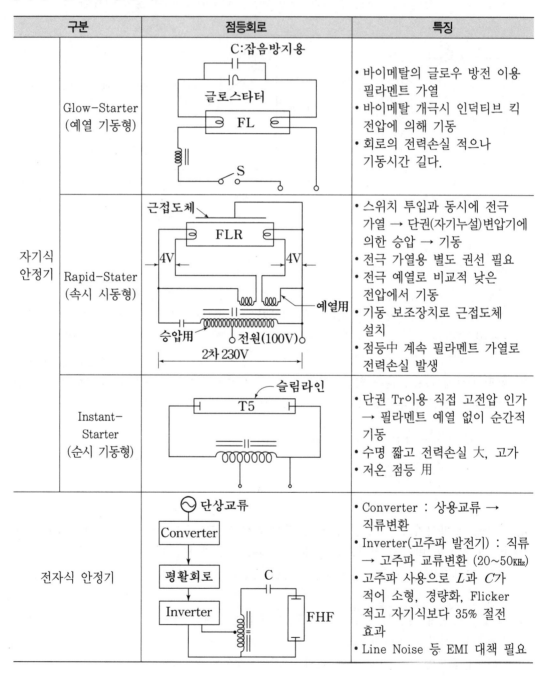

구분		점등회로	특징
자기식 안정기	Glow-Starter (예열 기동형)	C:잡음방지용 글로스타터 FL S	• 바이메탈의 글로우 방전 이용 필라멘트 가열 • 바이메탈 개극시 인덕티브 킥 전압에 의해 기동 • 회로의 전력손실 적으나 기동시간 길다.
	Rapid-Stater (속시 시동형)	근접도체 FLR 4V 4V 예열用 승압用 전원(100V) 2차 230V	• 스위치 투입과 동시에 전극 가열 → 단권(자기누설)변압기에 의한 승압 → 기동 • 전극 가열용 별도 권선 필요 • 전극 예열로 비교적 낮은 전압에서 기동 • 기동 보조장치로 근접도체 설치 • 점등中 계속 필라멘트 가열로 전력손실 발생
	Instant-Starter (순시 기동형)	슬림라인 T5	• 단권 Tr이용 직접 고전압 인가 → 필라멘트 예열 없이 순간적 기동 • 수명 짧고 전력손실 大, 고가 • 저온 점등 用
전자식 안정기		단상교류 Converter 평활회로 C Inverter FHF	• Converter : 상용교류 → 직류변환 • Inverter(고주파 발전기) : 직류 → 고주파 교류변환 (20~50KHz) • 고주파 사용으로 L과 C가 적어 소형, 경량화, Flicker 적고 자기식보다 35% 절전 효과 • Line Noise 등 EMI 대책 필요

Ⅱ. HID LAMP의 점등회로

점등회로	특징	용도
(1) 쵸크방식	• 점등 회로측에 예열회로 없이 회로 구성 매우 간단 • 높은 기동전압을 필요로 하지 않음	• 일반 고압수은 램프나 형광수은 램프 • 기동보조 유닛형 고압 나트륨램프
(2) 쵸크 + 이그나이터 방식	• 이그나이터에 의한 고전압 펄스 기동, 기동 후 전원전압으로 점등 유지 • Ignitor : Thyristor 등의 반도체 소자 이용	• 고압 나트륨 램프 • 메탈 할라이드 램프 • 크세논 램프
(3) 누설 변압기 방식	• 누설(단권) 변압기로 램프점등에 필요한 전압을 승압시켜 기동하고 램프전류를 제한함	• 고압 수은램프 • 저압 나트륨램프

참고 1 기동보조 유닛형 고압 나트륨램프 점등원리

1. 발광관과 병렬회로에 전류가 흘러 히타가열
2. 그 온도상승에 의해 바이메탈 S/W ⓐ open → 히타를 통해 흐르던 전류 차단
3. 급격한 전류차단으로 안정기 2차측에 역기전압 발생 → 발광관의 전극간 고압인가 → 방전개시
4. 방전 개시 후 발광관 온도가 올라가면 기동보조 도체와 직렬로 접속된 바이메탈 S/W ⓑ open

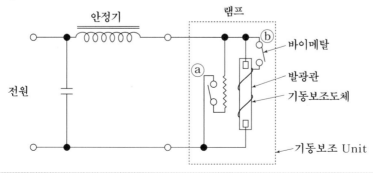

문제11 방전등의 종류 및 특성

I. 개요

방전등은 루미네슨스 발광을 이용한 광원으로써 양전극에 소정의 전압을 인가시키면 관내 기체 방전현상에 의한 발광이 이루어지며 이런 빛은 봉입기체의 종류 및 기압에 따라 달라진다.

II. 방전등의 분류

1. 저압 방전램프 - 저압 수은램프(형광램프, 자외선램프), 저압 나트륨 램프

2. 고압 방전램프(HID 램프) $\begin{cases} 고압 수은램프-수은램프, 형광수은램프, 메탈할라이드램프 \\ 고압 나트륨램프 \end{cases}$

3. 초고압 방전램프 - 크세논램프, 초고압 수은램프

4. 무전극 방전램프(E방전, H방전, Micro파 방전)

III. 방전등의 점등원리, 구조, 특성

1. 형광램프(Fluorescent Lamp)

(1) 원리

① 열음극형 저압 수은 방전램프로써 자외선(253.7nm)방사 → 관내벽 형광체 여기 → 가시광 변환 발광

② 관내 미량의 수은 +수 mmHg의 페닝가스(아르곤 or 크립톤) 봉입

③ 관 양단에 에미터(전자 방사물질)를 칠한 코일전극(텅스텐)을 예열 → 열전자확산, 페닝효과 이용 → 저전압 기동

(2) 구조

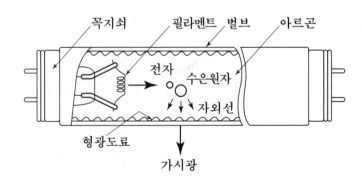

(3) 특성

① 전압특성 : 정격전압 ±6% $\left\{\begin{array}{l} \uparrow \text{ : 전극과열, 흑화촉진} \\ \downarrow \text{ : 기동시간 길어짐} \end{array}\right.$

② 온도특성 : 주위온도 20~25° 가 적당

③ 수명 및 동정특성 : 점멸횟수, 점등시간 경과와 함께 저하

2. 저압 나트륨 램프

① 나트륨 증기압(4×10^{-3} mmHg) 방전으로 전광속 60% 이상이 589~589.9nm의 D선인 등황색 단색광 발광

② 효율최고, 연색성 최저

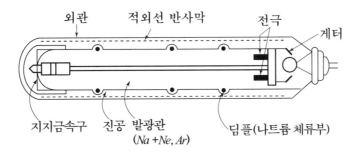

3. 고압 수은램프(High Pressure Mercury Lamp)

(1) 원리

① 수은 증기압을 고압(1,000~10,000Torr)에서 방전시켜 발광, 외관에는 구성품 보호를 위한 불활성 가스로써 약 1기압(750Torr 정도)의 질소가스 봉입

② 주전극과 보조전극사이 글로우 방전 → 전계전자 방출 → 발광관내 수은증발 → 수분 후 고압수은증기 형성(정격상태 도달) → 보조전극 고저항으로 Glow방전 소멸 → 주전극간 Arc 방전 이행

(2) 구조

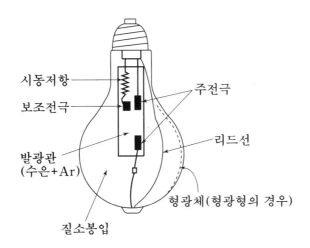

(3) 특성

① 주로 수은의 선스펙트럼으로 연색성이 나쁘다.

② 형광 수은램프는 일반형에 비해 다량의 가시광 방사 → 발광 스펙트럼 폭이 커짐 (연색성 개선)

③ 시동, 재시동시간 : 10분 이내(KS 규정)

4. 메탈할라이드 램프

(1) 원리

① 고압 수은램프에 금속 할로겐화물 첨가 → 발광스펙트럼 중첩 → 효율 및 연색성 개선

② 첨가물 종류에 따라 용도에 적합한 분광에너지 분포 변화

(2) 구조

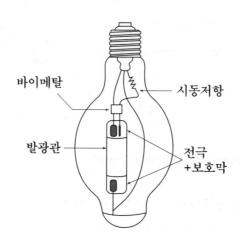

(3) 특징

① 방전 개시전압이 수은등보다 높다

→ 전극 표면에 부착된 금속첨가물에 기인(수은 : 200V, M/H : 300V)

② 할로겐 재생 Cycle이용

③ 시동 및 재점등 시간이 약간 길어짐, 점등방향에 제한

④ 점등회로 : 리드피크형, 펄스시동형

5. 고압 나트륨램프(High Pressure Sodium Lamp)

(1) 점등원리는 고압수은램프와 비슷

(2) 나트륨 증기압(100~200mmHg)방전으로 D선을 중심으로 밴드 스펙트럼을 형성한 황백색광

(3) 피크 전압 높고 펄스폭 짧다.

(4) 종류

① 이그나이터형(S형)

② 페닝형(L형)

③ 기동보조유닛형(D형)

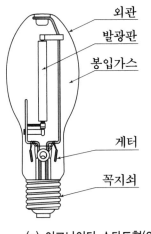

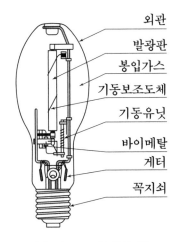

(a) 이그나이터 스타트형(S형)　　(b) 기동보조유닛형(D형)

6. 크세논램프(Xenon Lamp)

(1) 원리

　① 크세논 가스의 방전을 이용한 것

　② 초고압 수은램프와 비슷하나 발광관부가 더 가늘고 길다.

(2) 구조

　① 내부 봉입 크세논 가스압력 : 1~10기압 정도(점등中은 2~4Mpa)

　② Short Arc형과 Long Arc형이 있음

(3) 특징

　① 크세논램프의 분광에너지 분포 : 천연 주광과 근사, 연색성 가장 우수

　② 특별 기동장치 필요(안정기 + 펄스 Tr 회로 + 방전Gap) → 순시 재점등 가능

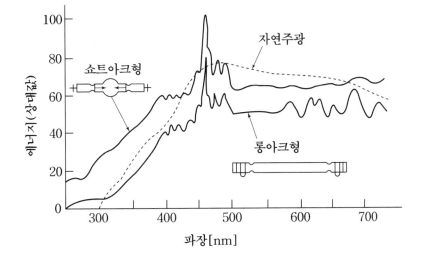

IV. HID(High Intensity Discharge) Lamp의 특징

1. 방전관을 가지며 관내봉입가스에 따라 특유의 색 발산
2. 기동시간, 재점등 시간이 길며 별도의 점등장치 필요
3. 고효율, 고휘도 광원
4. 고천장의 옥내외 조명, 가로등 조명 등에 적용

V. 방전등의 종류별 특징 비교

구분		효율	연색성 (수명)	색온도(K)	주요특징	적용 예
저압수은램프 (형광램프)		보통 (80lm/w)	70~80 (8,000h)	5,000~ 6,500	•저휘도 •열방사 적다	실내등
H I D 램 프	고압 수은램프	낮다 (45lm/w)	20~60 (10,000h)	4,200	•고휘도, 청백색 •저효율	골프장, 수목등 야간 분수조명
	메탈 할라이드	보통 (80lm/w)	80~90 (6,000h)	5,500	•효율, 연색성 개선 •재시동시간 길다	경기장 옥외조명
	고압 나트륨등	높다 (120lm/w)	30~60 (6,000h)	2,200	•고효율 •저압보다 연색성 개선	도로, 터널 가로등 조명
저압 나트륨 램프		높다 (150lm/w)	28	2,000	•최고효율, 연색성 최저 •안개, 매연 투시성 우수	도로 터널 조명
크세논램프		낮다 (20lm/w)	95	6,000	•태양광에 가까운 연색성 •순시 재점등 가능 •효율 최저, 고가	영사용 촬영 조명

문제12 측광량과 단위개념

Ⅰ. 파장대 범위

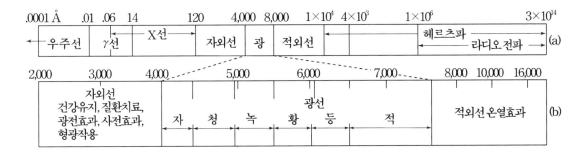

Ⅱ. 측광량과 단위개념

1. 방사속(ϕ : Radiant flux)-[W]

(1) 방사에너지란 전자파로 전달되는 에너지 총칭(J)

(2) 방사속이란 단위시간에 어떤 면을 통과하는 방사에너지의 양(W)

어느 파장λ(nm)대에 대한 방사속의 분광분포를 $S(\lambda)$(W/nm)라 하면

전방사속 $\phi(\lambda) = \int_0^\infty S(\lambda) \cdot d\lambda$

2. 광속(F : Luminous flux) − [lm]

(1) 인간이 빛을 느끼는 범위의 가시광선 영역(380~760nm)의 방사속

(2) 물리적인 양을 사람이 느끼는 생리적인 양으로 변환한 것

방사속의 파장에 따라 밝게 느끼는 정도가 다르므로 이를 고려한 것

$$F = K_m \int_{380}^{760} S(\lambda) \cdot V(\lambda) \cdot d\lambda \quad \begin{cases} K_m & : \text{최대 시감도에서의 발광효율(680lm/W)} \\ S(\lambda) & : \text{방사속의 분광분포(W/nm)} \\ V(\lambda) & : \text{CIE의 표준 비시감도, } d\lambda : \text{파장폭(nm)} \end{cases}$$

(3) 단위 시간당 통과한 광량

$F = \dfrac{dQ}{dt}$

3. 광량(Q : Quantity of light) − [lm-h]

(1) 광속의 시간적 적분량(전구가 수명 중에 발산한 빛의 총량)

$Q = \int_{t_1}^{t_2} F \cdot dt$

(2) 박물관이나 전시관 조명 설계 시 한계광량 적용

4. 광도(I: Luminous Intensity) – [cd]

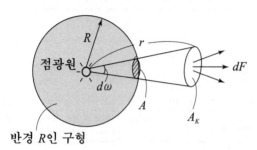

구의 어떤 미소면적에 대한 입체각

$$d\omega = \frac{A}{R^2} = \frac{A_k}{r^2} \; [\text{Sr}]$$

구의 전 표면적에 대한 입체각

$$\omega = \frac{4\pi R^2}{R^2} = 4\pi$$

(1) 점광원이 어떤 방향으로 발산하는 광속의 입체각 밀도(단위 입체각에 포함되는 광속수로써 어느 방향에 대한 빛의 세기)

(2) 미소 입체각 $d\omega$ 내에 포함되는 광속 dF가 있다면 그 광원의 광도 $I = \dfrac{dF}{d\omega}$

(3) 점광원으로부터 모든 방향으로 균등하게 광속이 발산되면

$$I = \frac{F}{\omega} = \frac{F}{4\pi}$$

5. 조도(I : Ilumination) – [lx]

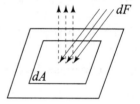

(1) 어떤 면에 대한 입사광속의 면적당 밀도

$$E = \frac{dF}{dA}$$

(2) 균등 점광원(I)을 반지름 R인 구 중심에 놓을 경우 구면위의 모든 점조도

$$E = \frac{F}{A} = \frac{4\pi I}{4\pi R^2} = \frac{I}{R^2} \; : \text{거리의 역자승 법칙}$$

(3) 종류

① 법선조도 $E_n = \dfrac{I}{R^2}$

② 수평면 조도 $E_h = E_n \cdot \cos\theta = \dfrac{I}{R^2}\cos\theta$

$$= \frac{I}{h^2}\cos^3\theta = \frac{I}{d^2}\sin^2\theta \cdot \cos\theta$$

③ 수직면 조도

$$E_v = E_n\sin\theta = \frac{I}{R^2}\sin\theta = \frac{I}{h^2}\cos^2\theta \cdot \sin\theta = \frac{I}{d^2}\sin^3\theta$$

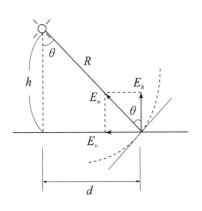
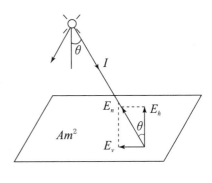

④ 단위관계

$$1\text{lx} = 1\text{lm/m}^2, \ 1\,\text{Photo} = 1\text{lm/cm}^2, \ 1\,foot\,cd = 10.76\text{lm/m}^2$$

6. 휘도(L : Luminance) − [cd/m²]

(1) 어떤 방향의 광도를 그 방향의 겉보기(투영)면적으로 나눈 값으로 광원의 빛나는 정도를 나타냄(눈으로부터 광원까지의 거리에 무관)

$$L = \frac{dI}{dA}$$

θ 방향의 휘도 $L' = \dfrac{dI_\theta}{dA'} = \dfrac{dI_\theta}{dA\cos\theta}$

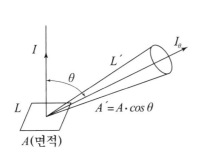
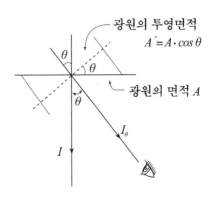

(3) 단위관계 : $1nt = 1\text{cd/m}^2, \ 1sb = 1\text{cd/cm}^2$

7. 광속 발산도(M : luminous emittance) − [rlx]

(1) 어떤 면에서 나오는 광속을 그 면의 면적으로 나눈 것으로 단위 면적에서 발산하는 광속을 나타냄

$$\rho = \frac{F\rho}{F}, \ \tau = \frac{F\tau}{F}, \ \alpha = \frac{F\alpha}{F}$$

반사율   투과율   흡수율
$(\rho + \tau + \alpha = 1)$

(2) 대상면의 반사나 투과율에 따라 값이 달라짐

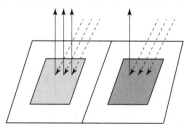

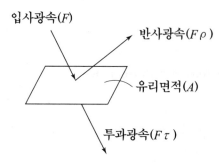

광속발산도 $M = \dfrac{dF}{dA}$

$$\begin{cases} \text{반사면} : M_\rho = \rho \dfrac{F}{A} = \rho E \\ \text{투과면} : M_\tau = \tau \dfrac{F}{A} = \tau E \end{cases}$$

8. 광속 발산도와 휘도 관계

(1) 완전확산면 : 어느 방향을 보아도 휘도가 같은 표면으로 청공, 젖빛 유리면 등이 이에 가깝다.

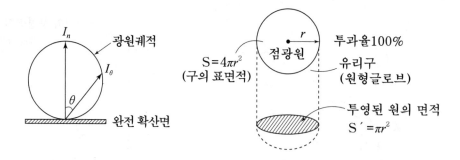

(2) 글로브 외면의 $\begin{cases} \text{광속 발산도} \ \ M = \dfrac{F}{S} = \dfrac{4\pi I}{4\pi r^2} = \dfrac{I}{r^2} \\ \text{휘도} \ \ L = \dfrac{I_\theta}{S'} = \dfrac{I}{\pi r^2} \quad (\because I_\theta = I) \end{cases}$

$I = \pi r^2 L = r^2 M$의 관계에서

$\therefore M = \dfrac{\pi r^2 L}{r^2} = \pi L$

따라서 보통면에서 휘도와 광속 발신도 관계는 없지만 완전 확산면에서는 $M = \pi L$ 관계가 성립됨

9. 발광효율(Luminous efficacy)[lm/w]

(1) 방사속에 대한 광속의 비율 $\epsilon = \dfrac{F}{\phi}$

(2) 최대 시감도 555nm에서 발광효율은 680lm/w 임

10. 전등효율(Lamp efficacy)[lm/w]

(1) 全 소비전력에 대한 광속의 비율 $\eta_L = \dfrac{F}{P}$

(2) 발광효율 〉전등효율 ($\because \phi < P$)

11. 기구효율(Apparatus efficiency)(%)

$$\text{기구효율}\eta = \frac{\text{조명기구에서 나오는 광속}}{Lamp\text{에서 나오는 전광속}} \times 100$$

※ Efficacy(lm/w) ≠ Efficiency(%)

12. 조명률

광원의 전광속이 피조면에 도달되는 유효 광속의 비율

$$\text{조명률(이용률)} \quad U = \frac{\text{피조면(작업면)에 도달하는 광속(lm)}}{\text{램프의 전광속(lm)}}$$

(일반적으로 조명률은 %로 나타내지 않는다.)

13. 측광량 상호관계

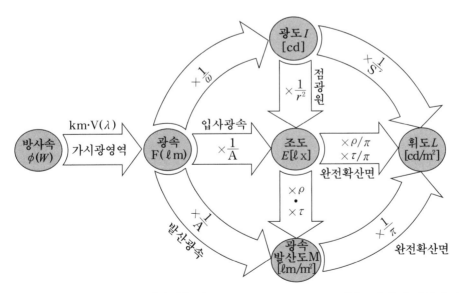

ω : 입체각[sr]　　　　　　　　　　S' : 광원의 겉보기 면적[m²]
A : 피조사면의 면적[m²]　　　　　　ρ : 반사율
r : 광원과 피조사면 사이 거리[m]　τ : 투과율

참고 1 방사속과 광속의 개념

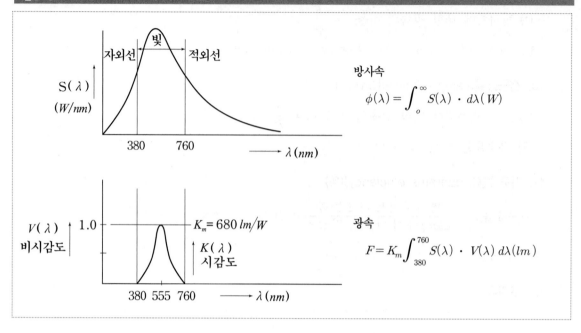

방사속

$$\phi(\lambda) = \int_{o}^{\infty} S(\lambda) \cdot d\lambda \,(W)$$

광속

$$F = K_m \int_{380}^{760} S(\lambda) \cdot V(\lambda)\, d\lambda \,(lm)$$

문제13	색온도와 연색성

Ⅰ. 색온도(Color temperature)

1. 흑체의 어느 온도에서의 광색과 어떤 광원의 광색이 동일 할 때 그 흑체의 온도를 기준 으로 그 광원의 광색을 표시한 것으로 단위는 K(켈빈)으로 나타내며 절대온도(°K)와 구 분된다.

2. 색온도 사용이유

전구나 태양의 자연체는 실제 온도측정이 곤란하므로

3. 조도와 색온도 관계

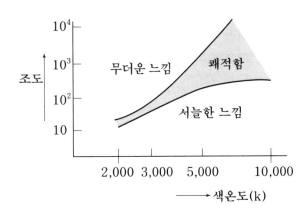

구분		색온도(K)	
		낮음	높음
조도	낮음	즐거움	서늘함
	높음	부자연	즐거움

4. 각종 광원의 색온도

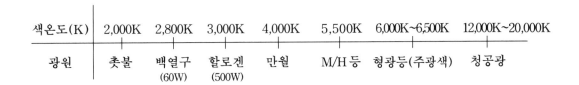

색온도(K)	2,000K	2,800K	3,000K	4,000K	5,500K	6,000K~6,500K	12,000K~20,000K
광원	촛불	백열구 (60W)	할로겐 (500W)	만월	M/H 등	형광등(주광색)	청공광

Ⅱ. 연색성(Color Rendition)

1. 같은 대상의 색이라도 인공조명하에서 본 경우와 태양빛 아래서 본 경우와는 색이 다르게 보이는데 이와 같이 빛의 분광특성이 색의 보임에 미치는 효과를 말함(분광분포에 따라 달라짐)

2. 연색성 평가지수(Color Rendering Index)

(1) 어떤 광원에 의해 조명된 물체색의 보임이 기준광원으로 조명했을 때의 보임과 일치 하는 정도를 수치화하여 표현한 것

(2) 연색성 평가에는 CIE 평가법과 KS 평가법이 있음

(3) CIE 평가법(연색성과 용도 관계)

연색그룹	R_a(연색성 평가지수)의 범위	광색의 느낌	용도
1	$R_a \geq 85$	서늘 중간 따뜻	직물, 도장, 인쇄공장 점포, 병원 주택, 호텔, 레스토랑
2	$70 \leq R_a \leq 85$	서늘 중간 따뜻	사무실, 학교, 백화점 등(고온지대) 사무실, 학교, 백화점 등(온난지대) 사무실, 학교, 백화점 등(한랭지대)
3	$R_a < 70$	–	연색성이 중요치 않은 장소
4	특별한 연색성	–	특별한 용도

(4) 여러 광원의 평균 연색 평가수

광원	평균 연색 평가수
백열전구	100
형광램프(백색)	61
형광 수은램프	40~50
메탈 할라이드 램프(고효율형)	65~70
고압 나트륨 램프(고효율형)	25

3. 연색성과 효율

보통 반비례 관계(주로 연색성이 높을 수록 온도방사 에너지가 높아 손실이 커짐)

참고 1 분광분포와 연색성 평가

1. 분광 Spectrum과 분광분포

(1) 분광 spectrum

　태양의 빛을 슬릿에 의해 한 가닥의 가는 선으로 해서 프리즘을 통과시켜 흰색 스크린에 비추면 색의 띠가 보이는데 이렇게 빛을 분해하는 것을 분광이라 하고 이렇게 얻어진 색의 띠를 분광 스펙트럼이라 함

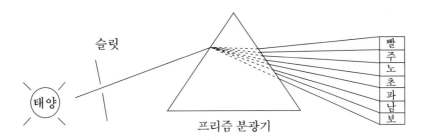

　이는 물질을 빠져나갈 때 파장이 짧은 빛일수록 큰 각도로 구부러져 진행하고(굴절률 大) 파장이 긴 빛 일수록 작은 각도로 구부러져(굴절률 小) 무지개처럼 배열되어 나타남(대기 중에는 물방울이 프리즘 역할을 하여 무지개로 나타남)

(2) 분광분포

① 색광을 분광해서 에너지양을 살펴보면 파장성분이 다양한 비율로 섞인 분광조성으로 나타낼 수 있는데 이를 분광분포라 함

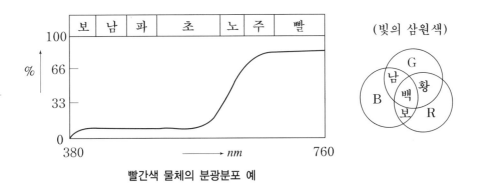

빨간색 물체의 분광분포 예

② 주광의 색온도와 주광색 형광등의 색온도는 6500K로 양자는 같은 색의 빛으로 눈에서 느끼나 프리즘으로 분광해보면 빛의 조성이 다름
　분광분포는 이런 관계를 각 파장대의 에너지 비교치로써 나타낸 것을 의미하며 같은 색이라도 에너지 분포는 다르다.

2. 연색성 평가방법의 개념

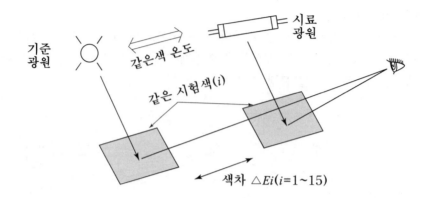

연색성 평가방법에 사용되는 시험색(KSA0075)

	평균 연색 평가용			특수 연색 평가용	
	색상	명도/채도		색상	명도/채도
R1	7.5R	6/4	R9	4.5R	4/13
R2	5Y	6/4	R10	5Y	8/10
R3	5GY	6/8	R11	4.5G	5/8
R4	2.5G	6/6	R12	3PB	3/11
R5	10BG	6/4	R13	5YR	8/4
R6	5PB	6/8	R14	5GY	4/4
R7	2.5P	6/8	R15	1YR	6/4
R8	10P	6/8			

3. 색의 3속성

(1) 색상 : 적, 청, 황 등 색의 차이

(2) 명도 : 밝고 어두운 정도

(3) 채도 : 선명하고 흐린정도

문제14 | 시감도, 순응, 퍼킨제 효과

Ⅰ. 시감도(Luminous Efficiency)

1. 시감도란 빛의 파장에 따라 느끼는 밝음의 정도
2. 사람의 눈으로 빛을 느끼는 전자파는 380~760nm의 파장범위이며, 파장이 555nm에서 최대 시감도(680lm/W)를 갖고 있다.
3. 파장 555nm에서 최대 시감도의 비를 1로 해서 다른 파장에 대한 시감도의 비를 비시감도라 하고 이것을 곡선으로 표시한 것이 비시감도곡선임

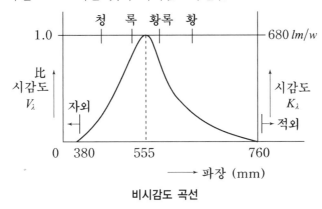

비시감도 곡선

Ⅱ. 순응(Adaptation)

1. 정의

눈에 들어오는 빛이 소량인 경우 눈의 감도는 대단히 커지며 그 반대인 경우 감도가 떨어진다. 이와 같이 눈의 감도조절을 통해 빛의 밝기 변화에 적응하는 현상

2. 시각이 일어나는 과정

수정체를 통해 망막에 빛이 투사 → 광화학적 반응 → 전기적 충격 → 신경흥분 → 시신경 → 대뇌로 전달

3. 망막내 시세포 기능

구분	추상체 (주간 시)	간상체 (야간 시)
위치	망막의 중심부인 황반에 밀집	망막의 20° 주변
기능	• 색상인식(R, G, B) • 밝은 곳에서 반응 • 물체의 세부적 상태 파악	• 흑백으로 인식 • 어두운 곳에서 반응 • 물체의 윤곽 파악
순응시간	1~2분	30분
최대 비시감도 파장대	555nm	510nm

3. 순응의 종류

(1) 동공순응 : 동공과 홍체가 맞물려 동공의 크기 변화(2~8mm)

　① 수정체 : 두께 변화로 초점 조절

　② 홍체 : 확장과 축소로 밝기 조절

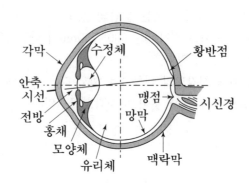

(2) 망막순응 : 망막의 감도변화(광화학적 반응 → 순응변화에 시간이 걸림)

　① 망막 : 간상체와 추상체로 구성

　② 명순응(추상체 반응) : 어두운 곳 → 밝은 곳(1~2분)

　③ 암순응(간상체 반응) : 밝은 곳 → 어두운 곳(최대 30분)

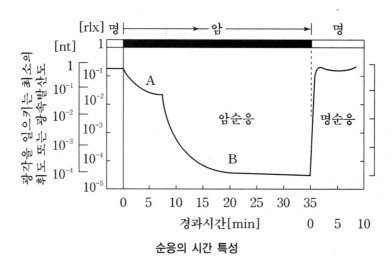

순응의 시간 특성

Ⅲ. 퍼킨제 효과(Purkinje - Effect)

1. 정의

(1) 시야가 밝은 상태에서 어두운 상태로 변해감에 따라 추상체에서 간상체로 바뀌어 가므로 시야가 어두워져 가는 과정에서는 파장이 긴 적색은 파장이 짧은 청색보다 급속히 어두워 보임

(2) 이와 같이 밝은 곳에서 같은 밝음으로 보이는 적색과 청색이 어두운 곳에선 적색이 어둡고 청색이 더 밝게 보이는 현상

2. 최대 비시감도

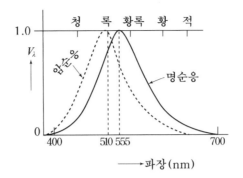

$$\begin{cases} 명순응된 눈 : 555nm \rightarrow 황록색 \\ 암순응된 눈 : 510nm \rightarrow 녹색 \end{cases} \quad \begin{array}{c} \downarrow \end{array} \begin{array}{l} 짧은 파장대로 \\ 이동 \end{array}$$

3. **적용** : 유도등, 유도표지, 간판, 신호등

문제15 Glare

Ⅰ. Glare란

1. 정의

시야내 어떤 휘도로 인하여 불쾌, 고통, 눈의 피로나 시력의 일시적인 감퇴를 초래하는 현상

2. 원인

(1) 고휘도 광원

(2) 반사면 및 투과면

(3) 순응의 결핍

(4) 입사 광속의 과다

(5) 시선 부근에 노출된 광원

(6) 물체와 그 주위사이의 고휘도 대비

(7) 눈부심을 주는 광원을 오랫동안 주시할 때

3. 영향

(1) 작업 능률의 저하

(2) 부상, 재해의 원인

(3) 피로, 권태, 시력저하

Ⅱ. Glare에 의한 빛의 손실

빛의 손실은 광원의 위치에 따라 달라지며 작업능률이 저하되고 작업자의 부상이나 재해원인이 된다

현휘광원과 시야간의 각도	눈부심에 의한 빛의 손실	실제조도
40°	42%	58lx
20°	53%	47lx
10°	69%	31lx
5°	84%	16lx

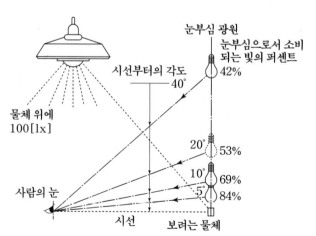

Ⅲ. Glare의 종류, 원인, 대책

1. 감능 or 불능(disability) Glare

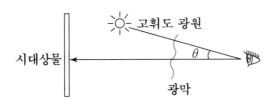

(1) **정의** : 시선방향의 고휘도 광원에서 눈에 들어간 빛이 안구내 산란으로 대상물의 식별을 저하시키는 현상

(2) **원인** : 눈과 시대상물 사이에 광막을 끼움으로써 시표와 배경의 휘도대비를 물리적으로 저하 즉, 광막의 휘도가 망막에 대해 겹쳐지므로 망막은 그 만큼 높은 휘도에 순응하게 되어 망막의 감도가 물리적으로 저하됨

(3) **대책**
　① 고휘도 광원 설치 배제
　② 그 위치를 중심 視에서 멀리함
　③ 배경휘도가 높은 조건을 피함

2. 불쾌(discomfort)Glare

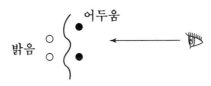

(1) **정의** : 심한 휘도차이로 눈의 피로나 불쾌감을 느끼는 시력장애

(2) **현휘 시간과 자극조도 관계**

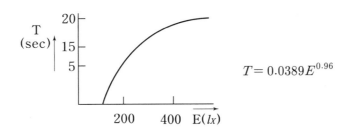

$$T = 0.0389 E^{0.96}$$

(3) **원인** : 물체와 그 주위사이의 고휘도 대비

(4) **대책** : 루버설치

3. 직시(direct)Glare

(1) 정의 : 극히 높은 휘도가 중심시야에 들어간 경우 나타나는 현상으로 불쾌 Glare와 상호관계를 갖는다.

(2) 원인 : 고휘도 광원을 직시했을 때

잔상지속시간 $Dt = 1.8\log(L \cdot t) + K$

$\begin{cases} L : \text{고휘도 광원의 휘도}(cd/m^2), \ t : \text{직시시간(sec)} \\ K : \text{고휘도 광원의 배경에 의해 정해지는 정수} \end{cases}$

(3) 대책

① 고휘도 광원이 시야에 없도록 배치

② 고휘도 한계를 제한

㉠ 항시 시야 내 있는 광원 : $0.2cd/cm^2$ 이하

㉡ 때때로 시야내 있는 광원 : $0.5cd/cm^2$ 이하

※ 형광등의 예 : 휘도는 약 $0.4cd/cm^2$으로 잠깐동안은 눈부심이 생기지 않지만 오래지속되면 눈부심을 느낌

4. 반사(Reflected)Glare

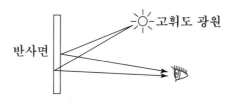

(1) 정의 : 고휘도 광원에서의 빛이 물질 표면에서 일단 반사하여 눈에 들어왔을 때의 현상

(2) 원인 : 반사면이 평활하고 광택이 있는 경우(정반사율이 높은 면일수록 강하다)

※ 광막반사 : 최근 OA환경에서 CRT 화면의 경면반사 때문에 종이와 문자 사이에 휘도 대비 저하를 일으키는 현상

(3) 대책

① 일정한 범위에 고휘도 광원 배제

② 보호각 조정으로 직사광 차광

㉠ Glare Zone(시선에서 ±30° 범위)을 피함

㉡ 아크릴 루버등 설치

③ 저휘도 광원이나 저휘도 반사판 채용

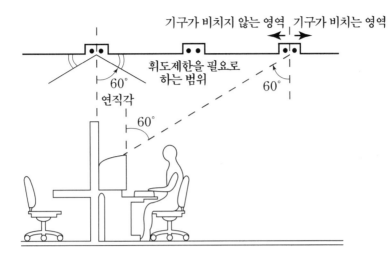

VDT 화면에 비치는 기구의 위치

문제16 온도방사의 3가지 법칙과 백열전구와의 관계

Ⅰ. 개요

1. 온도방사란

물체의 온도를 높이면 가시광선이 방사되는 것으로 연속적인 스펙트럼으로 그 에너지 분포는 온도에 따라 결정 됨

2. 온도방사체

(1) 흑체(Black body) : 입사에너지를 모두 흡수, 투과도 반사도 않는 가상적 물체로 완전 방사체를 말함(백금흑, 탄소 등)

(2) 회색체(Gray body) : 실존하는 물체로 완전 방사체 아님

3. 온도방사 법칙

(1) 스테판-볼쯔만 법칙 : 흑체온도(K)와 방사에너지 관계

(2) 플랭크의 방사 법칙 : 흑체온도(K)와 분광 방사속의 관계

(3) 빈의 변위 법칙 : 흑체온도(K)와 파장관계

4. 온도방사 법칙 적용

백열전구, 할로겐전구

Ⅱ. 본론

1. 스테판 볼쯔만 법칙(Stefan – Boltzman's Law)

(1) 관계식 : $S = \sigma T^4 (\text{W} \cdot \text{m}^{-2})$, T : 흑체온도(K)

  $\longrightarrow 5.67 \times 10^{-8} (\text{Wm}^{-2}\text{K}^{-4})$: 스테판 볼쯔만 상수

  $\longrightarrow$ 全 방사속

(2) 온도 T(K)인 흑체의 단위표면적당 방사속의 세기는 흑체온도의 4승에 비례함

(3) 백열전구와의 관계

- 필라멘트 온도를 융점까지 높여야 하는 이유

  → 온도 높을수록 방사에너지 증가 때문

    반면, 필라멘트 증발이 빨라 흑화현상에 의한 광속 저감 및 수명단축을 초래함

2. 플랭크의 방사법칙(Planck's Radiation Law)

(1) 관계식 : $T(K)$에서 파장 λ의 분광 방사속

① $S_\lambda = \dfrac{8\pi hc}{\lambda^5} \cdot \dfrac{1}{e^{hc/\lambda KT} - 1}(\mathrm{Wm}^{-2}\mathrm{nm}^{-1})$

② 플랭크 상수

$h : 6.626 \times 10^{-34}(\mathrm{J \cdot sec})$

(2) 온도 $T(K)$가 증가하면 분광방사속이 증가하고 이는 연색성의 개선을 의미함

(3) 할로겐전구가 백열전구보다 연색성이 좋은 이유 : 사진전구의 경우 수명을 희생시켜
→ 색온도 증가 → 연색성 높임

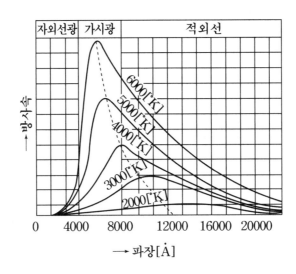

3. 빈의 변위법칙(Wiens' displacement Law)

(1) 관계식 : $\lambda_m = \dfrac{C}{T}(\mathrm{nm})$

$C : 2.896 \times 10^6(\mathrm{nm \cdot K})$

(2) 최대 분광방사가 일어나는 파장 λ_m은 온도 $T(K)$에 반비례함

(3) 백열전구와의 관계

① 발광온도를 높이면 방사파장이 짧아지는데 이는 휘도가 높아짐을 의미함

② 따라서 눈부심과 관계있는 휘도를 제어하려면 필라멘트의 온도를 제어하여야 함
예) 최대 시감도($\lambda = 555\mathrm{nm}$)에서 최대분광방사가 나타나도록 하는 온도

$T = \dfrac{2.896 \times 10^6(\mathrm{nm \cdot K})}{555(\mathrm{nm})} = 5,218\mathrm{K}$

흑체복사 이론

1. 흑체(Black Body)

(1) 입사에너지를 모두 흡수해서 100% 방사하는 가상적인 물체로 동일온도의 모든 물체 중 가장 강한 온도 방사체

(2) 반사 없이 모든 빛을 흡수하는 물체는 검은색을 띤다 하여 흑체라 부름

(3) 흑체로 간주되는 물질 : 구멍난 도가니, 태양, 백금흑, 탄소

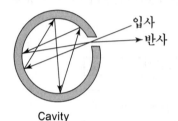

동공(Cavity)속으로 들어간 빛은 결국 빠져 나오지 못하고 흡수되며(모든 빛을 흡수하기 때문에 검게 보임) 내부의 온도에 따른 복사에너지가 이 구멍으로 방출되면서 열적 평형상태를 이룸.

Cavity

2. 흑체복사

(1) 복사(Radiation)란 온도방사로써 물질을 가열하면 물질에 쌓이는 열에너지가 전자파형태로 방출되는 현상

(2) 어떤 물체가 특정온도에서 복사의 흡수율과 방출율이 같을 때 열평형상태 유지

(3) 열적평형상태의 흑체는 흡수된 모든 진동수의 전자기파를 방출

(4) 흑체 복사의 에너지분포는 흑체의 온도와 전자기파의 파장에 따라 다르다.

→ 진동은 물체의 온도에 의존하여 온도가 높아지면 가시광영역으로 들어와 빛을 볼 수 있지만 온도가 낮으면 파장이 길어져 눈으로 볼 수 없다.

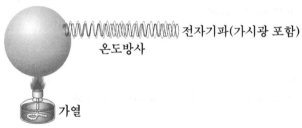

전자기파(가시광 포함)
온도방사
가열

3. 흑체 복사 공식

(1) Rayleigh-Jeans 공식

① 3차원 공간내에서 파동의 분포(수)ρ_λ를 구한 후 파동의 평균에너지$\overline{E}$를 곱하여 전체에너지를 구함

② $S_\lambda = \rho_\lambda \cdot \overline{E} = \dfrac{8\pi}{\lambda^4} KT$ (K : 볼츠만 상수= $1.38 \times 10^{-23} J/K$)

③ 문제점
자외선 파탄 현상 – 고전 물리학의 한계를 드러냄

(2) Wein의 공식

① 자외선 파탄을 해결하기 위해 평균에너지는 균등분배가 아닌 파의 밀집도가 주파수에 따라 다르다는 점을 고려

→ 지수함수 $e^{-f(t)}$에 의존한다고 보고 빈의 상수 β를 도입

$$S_\lambda = \frac{8\pi}{\lambda^4} \cdot \frac{K\beta c}{\lambda e^{\beta C/\lambda T}} = \frac{8\pi hc}{\lambda^5} e^{-\frac{hc}{\lambda KT}}$$

② 문제점

작은파장(큰주파수) 영역에는 잘 적용되나 큰 파장대에서 오차 발생

(3) Planck 공식

① 에너지 양자가설로 불연속적인 에너지 준위 개념 도입

→ 전자기파의 복사선 에너지는 연속적이 아니고 진동수에 비례하는 $h\nu$의 정수배만으로 양자화된 에너지 $nh\nu$를 갖는다고 가정

즉, 물질에 의한 열 복사의 방출 또는 흡수는 이미 정해진 불연속에너지($h\nu$)의 정수배로 나타난다.

이는 추후 아인슈타인의 광양자설과 보어의 원자모형의 기초가 됨

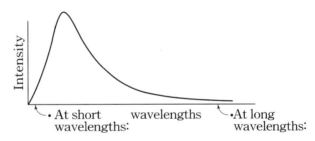

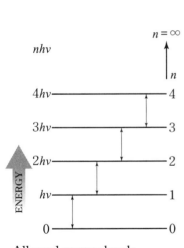

Allowed energy levels for an oscillator with frequency ν. Allowed transitions are indicated by the double-headed arrows.

At short wavelengths:
- large energy separation
- low probability of excited states
- few downward transitions

At long wavelengths:
- small energy separation
- high probability of excited states
- many downward transitions

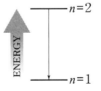

② 파동의 평균에너지는 ($E=nh\nu$로부터 유도된다.)

$$\overline{E}=\frac{h\nu e^{-h\nu/KT}}{1-e^{-h\nu/KT}}$$

$$S_\lambda = \rho_{(\lambda)} \cdot \overline{E}=\frac{8\pi}{\lambda^4}\frac{h\nu\ e^{-h\nu/KT}}{1-e^{-h\nu/KT}}$$

(플랑크 상수 $h=\mathrm{k}\beta=6.63\times10^{-34}(\mathrm{Jsec})$

$\nu=\dfrac{c}{\lambda}$이므로 ν를 바꾸고 양변을 $\mathrm{Exp}(\dfrac{hc}{\lambda KT})$로 나누면

$$\therefore\ S_\lambda = \frac{8\pi hc}{\lambda^5}\frac{1}{e^{hc/\lambda KT}-1}$$

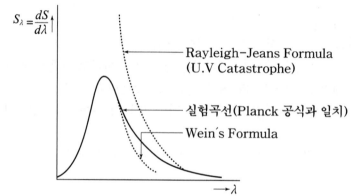

$S_\lambda=\dfrac{dS}{d\lambda}$

Rayleigh–Jeans Formula (U.V Catastrophe)

실험곡선(Planck 공식과 일치)

Wein's Formula

㉠ λ가 매우 작으면

$e^{hc/\lambda KT}\gg1$이 되어 1이 무시 되므로

$$S_\lambda = \frac{8\pi hc}{\lambda^5}e^{-hc/\lambda KT}$$가 됨(빈의 공식과 일치)

㉡ λ가 매우 크면

$\dfrac{hc}{\lambda KT}$는 아주 작으므로(x가 작을 때 $e^x\simeq1+x$인 근사식 이용)

$$e^{hc/\lambda KT}-1=1+\frac{hc}{\lambda KT}-1=\frac{hc}{\lambda KT}$$가 되므로

$$S_\lambda = \frac{8\pi hc}{\lambda^5}\cdot\frac{\lambda KT}{hc}=\frac{8\pi}{\lambda^4}KT$$가 됨 (레일리–진스공식과 일치)

4. Planck 공식으로부터

(1) Stefan–Boltzmann법칙 증명

$$S=\int_0^\infty S_\lambda d\lambda$$

$$=\int_o^\infty\left(\frac{8\pi hc}{\lambda^5}\frac{1}{e^{hc/\lambda KT}-1}\right)d\lambda$$

$$=\frac{8\pi^5 K^4}{h^3 c^3}T^4=\sigma T^4(\mathrm{W/m^2})$$

스테판 볼츠만 상수 $\sigma = 5.67 \times 10^{-8}(\mathrm{Wm^{-2}k^{-4}})$

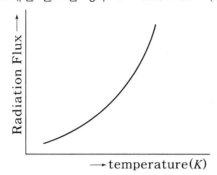

(2) Wein의 변위법칙 증명

최대 분광 방사에너지가 일어나는 파장 λ_m을 구하기 위해

$\dfrac{dS\lambda}{d\lambda} = 0$로 놓고 풀면

$$\frac{d}{d\lambda}\left(\frac{8\pi hc}{\lambda^5}\frac{1}{e^{hc/\lambda KT}-1}\right) = 0$$

이를 파장에 대해 정리하면 $\lambda_m = \dfrac{1}{4.96}\dfrac{hc}{KT}$

$$\frac{hc}{K} = \frac{(6.626 \times 10^{-23}J \cdot \sec) \cdot (3 \times 10^{10}\mathrm{cm/s})}{1.38 \times 10^{-23}J/K} = 1.44\mathrm{cm \cdot k}$$

$$\therefore \lambda_m = \frac{2.896 \times 10^6}{T}(\mathrm{nm})$$

| 문제17 | 백열전구와 크립톤 전구 |

I. 백열전구

1. 백열전구란

(1) 필라멘트에 통전하여 고온이 된 필라멘트로부터 나온 열방사 즉, 온도방사에 의한 빛을 이용한 광원임

(2) 적외선에 의한 방사가 많고 효율이 낮으며 수명이 짧은 단점이 있으나 특별한 점등장치가 필요 없고 광색과 연색성이 우수함

2. 구조

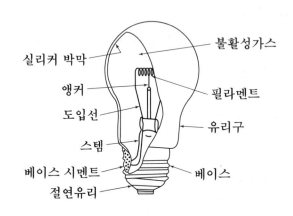

(1) 필라멘트

① 고온에서 증발하기 쉬운 금속은 점등시 분자가 증발하여 필라멘트가 가늘어져 끊어지거나 금속 분자가 유리구 내벽에 부착하여 흑화에 의한 광속 감퇴로 이어짐

② 텅스텐은 전기저항이 높고 가공 용이하며 융점이 3410℃로 높아 증발 적다.

③ 텅스텐을 Coil 형태로 하는 이유는 전도, 대류에 의한 열손실을 줄이고 필라멘트 외주면적을 적게 하기 위함

(2) 유리구

필라멘트로부터 방사되는 빛을 투과시키는 역할을 하는 것으로 연화온도 680~750℃의 붕규산유리 사용

(3) 베이스

전구를 소켓에 접속하기 위해 유리구에 부착시킨 부분으로 황동이나 알루미늄 사용

(4) 도입선

납유리인 스템과의 연결로 전류를 도입시키기 위한 것으로 팽창계수가 같은 재질 사용

(5) 봉입가스

① 램프 점등 시 필라멘트가 고온이 되어 산화, 단선 되는 것을 막기 위해 불활성 가스 봉입 → 텅스텐 증발 억제 및 필라멘트 온도를 높게 설계 가능

② 소용량은 진공전구, 중, 대용량은 아르곤, 질소 등을 혼입한 가스입 전구 사용

3. 특징

(1) 따스한 느낌이 나고 연색성 우수

(2) 점광원에 가깝고 빛의 집광이 용이함

(3) 안정기 필요 없고 즉시 점등 및 조광용이

(4) 광속저하가 적다.

(5) 열이 많이 발생하고 에너지 소모가 많다.

(6) 효율이 형광램프에 비해 약 1/5, 수명은 약 1,000시간으로 짧다.

(7) 전압특성 곡선

수명 $\dfrac{L_2}{L_1} = \left(\dfrac{V_2}{V_1}\right)^{-13.5}$

광속 $\dfrac{F_2}{F_1} = \left(\dfrac{V_2}{V_1}\right)^{3.5}$

효율 $\dfrac{\eta_2}{\eta_1} = \left(\dfrac{V_2}{V_1}\right)^{1.9}$

전력 $\dfrac{W_2}{W_1} = \left(\dfrac{V_2}{V_1}\right)^{1.55}$

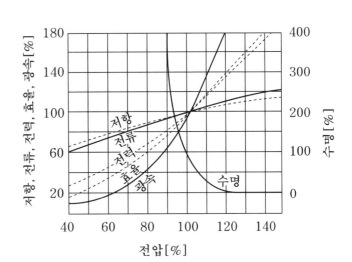

Ⅱ. 크립톤 전구

1. 크립톤 전구란

(1) 백열등에 사용되는 아르곤 가스대신 크립톤 가스를 봉입하여 연색성을 개선시킨 램프임

(2) 크립톤 가스는 원자량이 크고 열전도율이 낮기 때문에 텅스텐 증발속도가 저하되어 램프 수명이 길어지고 열손실이 적어 소비전력 감소됨

(3) 수명은 약 2,000시간으로 백열전구의 2배이며 소비전력 10%감소

2. 특징

(1) 일반전구에 비해 연색성 우수
  백화점, 의류상가, 레스토랑 등에 적합

(2) 수명이 길어 전구를 교환하기 힘든 장소에 사용

(3) 작고 세련된 디자인으로 장식효과 우수

(4) 일반전구 베이스에 그대로 교체 사용이 가능하여 편리

문제18 할로겐 Cycle과 할로겐램프

Ⅰ. 할로겐램프란

백열전구에 열방사 법칙 적용 시 발생하는 휘도증가, 수명저하 및 텅스텐 원자의 증발에 따른 관벽 흑화현상을 감소시키기 위해 할로겐 재생사이클을 이용한 램프이다.

Ⅱ. 할로겐 사이클

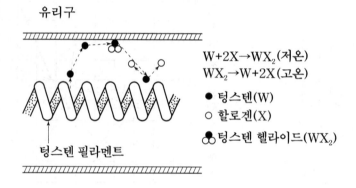

전구 속에 불활성 가스와 미량의 할로겐 물질(I, B_r, Cl)을 봉입하면 다음과 같은 현상이 일어남

1. 할로겐은 저온에서 텅스텐과 결합, 고온에서 분해하는 성질이 있음
2. 소량의 할로겐이 램프에서 증발, 확산하면 250° 이상의 온도에서 증기상태가 되어 유리 관내를 부착하지 않고 떠다니다 필라멘트로부터 증발된 텅스텐 중 온도가 낮은 유리구 관벽 가까이에 접근한 것과 결합 → 할로겐화 텅스텐이 된다.
3. 이것이 대류에 의해 확산 이동 → 2,000℃ 이상의 고온 필라멘트 근처에서 분해 → 텅스텐은 필라멘트로 가고 할로겐은 관벽으로 확산
4. 분해된 할로겐은 증발된 텅스텐과 관벽에서 재결합 → 사이클 반복
5. 이와 같이 할로겐 재생 사이클에 의해 필라멘트 수명단축, 흑화현상, 광속이나 색온도 저하를 방지 할 수 있다.

Ⅲ. 할로겐램프의 구조

1. 텅스텐 할로겐 화합물이 관벽에 부착하지 않도록 관벽 온도를 250℃ 이상 되도록 설계
2. 유리구는 종래 전구보다 소형으로 관벽 부하를 높게 한다.
   (고온에 견디는 석영유리를 주로 사용하고 경질 유리도 사용)
3. 석영 유리내 봉입금속은 텅스텐과 할로겐의 반응을 방해하지 않도록 고순도의 텅스텐 or 몰리브덴 사용 및 미량의 할로겐 불활성 가스가 고압으로 봉입됨

Ⅳ. 할로겐램프의 종류

1. 적외선 반사막 할로겐램프

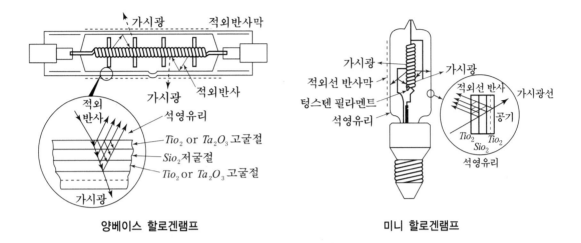

양베이스 할로겐램프   미니 할로겐램프

(1) 내 고온성 적외선 반사막(산화티탄 T_iO_2)을 석영유리구 표면에 도포
(2) 적외선 반사막은 고 굴절율의 금속 산화막인 산화티탄과 저 굴절율의 산화규소(S_iO_2) 금속 산화물을 교대로 증착한 다층 간섭막임
(3) 가시광을 투과시키고 적외선은 반사시켜 필라멘트로 뒤돌려주어 가열에너지로 재활용
　 → 할로겐램프 효율을 15~30% 향상시키고 열선도 1/2로 감소

2. 다이크로익 미러부 할로겐램프

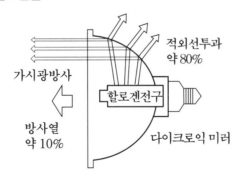

(1) 반사경으로 다이크로익 미러 사용
(2) 반사면에 고 굴절의 산화티탄(T_iO_2)과 저굴절의 불화마그네슘(M_gF_2)을 교대로 얇은 막으로 증착
(3) 증착된 얇은 막의 두께와 층수를 조절하여 반사특성 조절 가능
(4) 가시광은 전면반사, 적외선은 후방으로 80%투과
(5) 열방사 1/10로 감소 - 전시품 손상이나 변퇴색 방지

V. 할로겐 전구의 특성

1. 분광분포 특성

(1) 가시광선에서는 방사 에너지 변화가 선형적 - 광원의 안정성이 높다.

(2) 적외선 부근에서 방사가 많아 히타, 복사기 등의 열원으로 사용

2. 동정특성

동정곡선이 극히 완만하여 수명 및 광속의 변화가 적다.

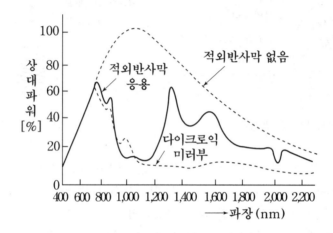

VI. 특징

1. 초소형, 경량 : 백열전구 체적의 1/10 이상
2. 단위 광속이 크고 연색성 우수, 수명은 백열전구의 2배
3. 별도의 점등장치 필요 없음
4. 정확한 Beam을 가지고 있어 배광제어 용이
5. 온도, 휘도가 높고 열 충격에 강함
6. 돌입전류가 크다.

VII. 용도

1. 옥외 투광조명, 고천장 조명, 광학용, 자동차용, 복사기용
2. 상점, 전시실의 Spot Light, Foot Light용
3. Color TV 스튜디오실의 Spot Light에 적용

참고 1 메탈할라이드 램프의 할로겐 사이클

1. 메탈할라이드 램프란

(1) 고압 수은램프의 연색성 및 효율을 개선하기 위하여 고압 수은램프에 금속 또는 금속 할로겐 화합물을 혼입한 것

(2) 금속원자(N_a, Tl, Th, I_n)에 할로겐 물질을 첨가하면 발광 스펙트럼이 중첩되어 연색성 및 효율이 개선됨

2. 메탈할라이드 램프의 할로겐 사이클

(1) 점등중 비교적 온도가 낮은 관벽 부근의 금속 할로겐 화합물은 증발하여 고온, 고압의 수은 아크내로 들어가서 금속과 할로겐으로 분해됨

(2) 분해된 금속은 아크내에서 여기되어 발광

(3) 아크부의 금속과 할로겐은 관벽 부근에서 또다시 결합하여 금속 할로겐 화합물이 되며 이것이 아크부로 들어가 분해, 발광을 반복한다.

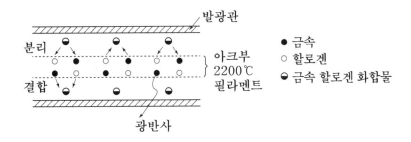

문제19 고효율 무전극 방전램프

Ⅰ. 개요

무전극 램프는 전극 또는 필라멘트를 제거하여 램프의 수명 단축 및 성능저하를 근본적으로 개선한 신광원임

Ⅱ. 신광원의 분류

방전형태	원리	적용광원
E(전계)방전	전극간 고주파 전계 작용($W= \frac{1}{2}CV^2 \cdot f$)	CCFL, EEFL, LED, EL
H(자계)방전	Coil에 의한 전자유도 작용($W= \frac{1}{2}Li^2 \cdot f$)	무전극 형광등
마이크로파 방전	마이크로파(2.5GHz)이용	PLS, 무전극 유황램프

Ⅲ. 무전극 형광램프

1. H방전(자계 or 유도결합형)에 의한 페러데이 법칙 이용

변압기 1차 Coil 역할 : 램프의 유도 Coil
변압기 2차 Coil 역할 : 램프內 저압가스와 금속증기

2. 발광순서

1차 Coil에 고주파 인가 → Core 주변 자기장 발생 → 기전력에 의한 2차 유도전류(방전관내 전자이동) → 플라즈마 발생(충돌 → 이온화 → 여기 → 발광) → 자외선 발광 → 가시광 변환

3. 구성

(1) 구형(球型)

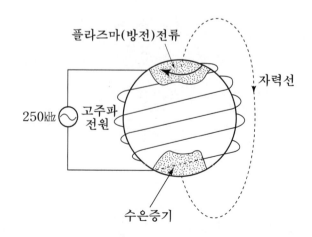

(2) 환형

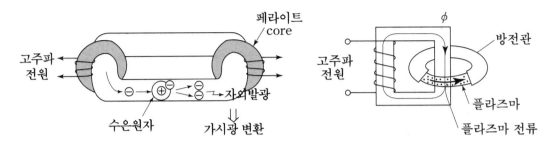

(3) 전구형

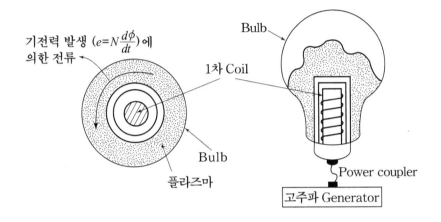

IV. 무전극 유황램프

1. 유황과 아르곤이 든 지름 25~40mm 석영구를 마이크로파 도파관에 가두고 마그네트론을 이용, 2.54GHz 마이크로파 방전 → 백색광원의 연속스펙트럼 발광
2. 점등 초기에는 페닝가스인 아르곤에 의해 방전 시작 → 온도가 증가함에 따라 유황분자 증기에 의한 방전 → 가시광 전역에 걸쳐 연색성 좋은 백색광 발광
3. 열이 많아 냉각 FAN 필요

V. 무전극 방전램프의 특징

1. 장단점

장점	단점
① 장수명 : 전극소모 없고 반영구적	① 고비용
② 고효율 : 기존 방전등에 비해 높다	② 점등 순간 돌입전류 크다.
③ 고연색성 : R_a 80~90 정도	③ 고주파 점등장치 등 기구수명 짧다.
④ 환경친화적 : 저수은	④ 고주파 점등에 따른 EMI 대책 필요
⑤ 순간 점등 : 고주파 점등으로 Flicker 현상 없고 예열 없이 즉시 점등	→ 금속망(박) 등으로 차폐

2. 용도(적용 장소)

(1) 장시간 점등 장소(지하주차장, 지하가 등)

(2) 유지보수를 고려한 장소(고천장, 공장, 가로등 등)

(3) 고연색성을 요하는 장소

(4) 화재, 폭발 우려 장소(주유소, 가스충전소 등)

(5) 기타 HID 램프 대체용

3. 기존 방전등과의 비교

구분	기존 방전램프	무전극 방전램프
원리	전극방전	무전극 방전
수은가스	多	小
종합효율	약 65lm/W	약 80lm/W
연색성	R_a =65 이상	R_a =80 이상
수명	약 8,000시간	약 60,000시간

Ⅵ. 최근동향

1. 무전극 형광등 개발동향

(1) 국외동향 : 대부분 상용화 제품

① 구형 : 마쓰시다 社의 에버라이트

② 환형 : Oslam 社의 Endura

③ 전구형 { GE 社의 Genura
Philips 社의 QL

(2) 국내동향 : 금호전기, 이텍 社 등 무전극 형광램프 국산화 개발 출시

2. 기타 무전극 방전 등 개발동향

(1) 국외동향 : Fusion Lightung 社의 5.9kW급 Sulfer Lamp 개발

(2) 국내동향 : 연세대/태원전기 공동수행 무전극 HID 램프개발

에스피라이팅스 社 : 장수명(10만 시간) Sulfer Lamp개발 상용화

Ⅶ. 결론

무전극 램프는 장수명, 고효율, 친환경적인 특징이 있어 향후 국내개발 사용화 진전에 따라 고가인 단점을 극복할 수 있다면 장시간 점등 및 유지보수 측면에서 매우 유리하여 다양한 분야에 널리 적용될 전망임

문제20 | LED(Light Emitting Diode : 발광다이오드)

Ⅰ. 개요

LED는 전기 에너지를 직접 광으로 변환시키는 고체 발광소자로써 저소비전력과 장수명의
특징을 지니며 기존 백열전구와 형광램프를 대신할 차세대 친환경적인 광원으로써 주목을
받고 있다.

Ⅱ. LED 발광이론

1. 발광 메카니즘

특정 원소의 반도체에 순방향 전압을 인가 → PN접합부를 통해 전자와 정공이 이동 →
상호 재결합 과정에서 전도대의 전자들이 가전자대의 정공(빈자리)으로 떨어지면서 에너지
Band Gap에 의해 빛 방출

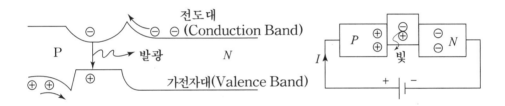

2. 에너지 Gap과 발광파장 관계

(1) $\lambda = \dfrac{h \cdot C}{E_g} \simeq \dfrac{1240}{E_g}$ (mm)

여기서, λ : 발광파장(mm)

h : plank 상수

C : 광속도

E_g : 반도체의 Energy Gap(eV)

(2) 에너지 Gap이 클수록 짧은 파장(청색계)

(3) 에너지 Gap이 작을수록 긴 파장(적색계)

Ⅲ. LED 소자의 구성 요건

1. 저항이 낮은 N형과 P형을 형성할 수 있을 것
2. 발광 파장에 있어서 투명할 것
3. 발광 천이 확률이 높을 것

Ⅳ. LED의 분류

1. 반도체 재료에 따라 : 직접 천이형, 간접 천이형

2. 형상에 따라

Lead Frame형, 표면 실장형(SMD : Surface Mount Device)

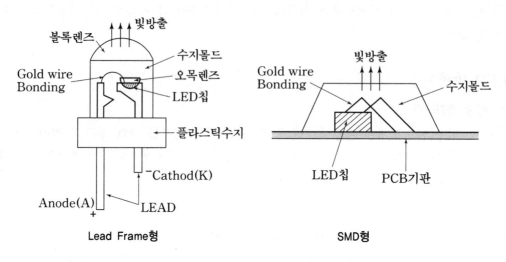

<table>
<tr><td>Lead Frame형</td><td>SMD형</td></tr>
</table>

3. 발광색에 따라

단색발광	백색발광	
	Single-칩 방식	Multi-칩 방식
• 적색(GaAlAs, GaAsP) • 녹색(GaP, AlP) • 청색(ZnSe, GaN)	• 청색 LED + 황색 형광체 • 보라(자색)LED + RGB 형광체	• RGB 3색 LED 혼광 • 보색관계 2색의 LED 혼광 (예 : 청·녹 LED + 등색 LED)

Ⅴ. LED 광원의 특징

1. 다양한 색상발광 → 고휘도 백색 광원 구현가능
2. 소형화, 저소비전력, 장수명(10만 시간)
3. 뛰어난 내구성, 빠른 점소등, 조광용이, 냉광
4. 친환경 광원, 에너지절감
5. 좁은 파장대의 점광원으로써 직진성, 시인성 우수
6. **단점** : 고가, 발열대책 필요, 효율 불투명

VI. LED 광원의 응용

분야	적용	파장
조명기기	전구형, 장식조명, 차량, 신호등, 유도표지	가시광
Display	전광판, LCD BLU, 휴대폰 키패드	
의료, 통신기기, 기타	원적외선 광원, 광통신, 태양광 전지	적외광
	살균, 소독 광원	자외광

VII. 최근동향

1. 국내동향

(1) 4대 중점전략 사업 중 하나로 지정, 조명용 백색 LED 기술개발 추진 중

(2) 2015년까지 LED 조명비중 30% 목표달성(15조원 규모)

2. 세계시장

(1) 현재 LED 시장규모 전세계적으로 약 30억 달러 규모

(2) 2010년까지 전체 조명시장의 30% 이상 LED 대체(150달러 규모)

3. 백색 LED 조명기술 과제

높은 광속 실현을 위한 LED의 대 면적화, 고전류 구동칩 개발이 요구됨

VIII. 결론

EU의 RoHS에 의해 형광등과 같이 수은이 함유된 광원의 사용을 규제하기로 잠정 합의됨에 따라 전세계적으로 LED광원의 수요가 급속히 증가될 전망임

문제21 OLED(Organic Light Emitting Diode)

Ⅰ. 개요

1. EL(Electro-Luminescence)이란 전계 발광현상을 말하며 유기 EL과 무기 EL이 있음
2. OLED(유기 EL, 유기 발광다이오드)란 유기물질에서 빛을 내는 것으로 에너지 효율이 좋고 친환경적이며 LCD보다 그 성능이 우수한 차세대 광원으로써 최근 각광을 받고 있음

Ⅱ. 동작원리

1. OLED 소자에 순방향 전압 인가 → 양극에서는 HOMO로 정공이 주입되고, 음극에서는 LUMO로 전자가 주입 → 주입된 전자, 정공이 유기층 분자간을 Hopping하면서 이동 → 이 유기층 내에서 전자와 정공이 재결합(즉, Excition이 기저상태로 천이) → 빛 방출

2. **OLED 내부 발광 과정과 손실**

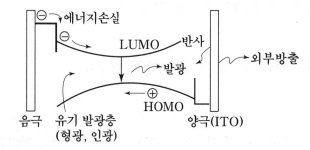

※ ITO(Indium Tin Oxide) : 투명전극

$$\lambda = \frac{h \cdot C}{E_g} \text{ 관계에서}$$

에너지차 $\begin{cases} \text{클수록 짧은 파장(청색계)} \\ \text{작을수록 긴 파장(적색계)} \end{cases}$

Ⅲ. OLED 구조

구분	구성	구성방법
단층구조		두 전극 사이에 두께 100~200㎛의 유기 박막층 삽입
다층구조		전하의 주입을 더욱 활성화시키기 위해 유기 발광층 상, 하부에 각각 전자와 정공 주입층과 수송층을 적층한 구조

Ⅳ. OLED의 분류

1. 구동 방식에 따른 분류

구분	PM (Passive-Matrix) 방식	AM (Active Matrix) 방식
발광방식	• 순간 고휘도 방식 • 비 상시점등(Duty 구동)	• 연속 발광 방식 • 상시점등(Static 구동)
구성	• 양극과 음극을 Matrix방식으로 교차배열 	• 화소마다 TFT(Thin Film Transistor) 소자 내장
특징	장점) • 제조공정 단순, 저가격, 제어용이 단점) • 순간 고휘도로 전력소모 크다 • row라인 증가에 따른 휘도 저하 • 대화면 구현에 부적합 • 동화상 곤란, 수명단축	장점) • TFT로 발광 휘도 조절 • 낮은 구동전류(저소비전력), 대화면화 • row라인 증가에 따른 휘도 저하 없음 • 고해상도, 동화상 가능 단점) • 제조 공정 복잡, 고비용
용도	저 해상도, 소형(3~5인치) OLED	대형 OLED

2. 유기 재료에 따른 분류

구분	단/저분자 (Monomer)방식	고분자 (Polymer)방식
특징	장점) • 재료의 특성이 잘 알려져 개발이 쉽고 조기 양산 가능 • Color patterning 공정단계 완성 단점) • 수명 짧고 발광효율 낮음 • 대화면 구현 어렵고 생산성 낮음 • Red 재료 수명개선 필요 ※ 현재 OLED의 주류는 저분자계 임	장점) • 기계적 강도 좋고 열적 안정성 우수 • 초기 투자비 적고 생산성 향상 • 구동전압 낮고 발광색상 다양 (대화면 Display 구현용이) 단점) • 재료의 신뢰성 낮음 • Color patterning 공정 미개발 • Blue 재료 수명개선 필요

V. OLED 특징(LCD에 비해)

1. 자발광의 고휘도 면광원(Back Light 불필요)
   → 휘도 15배, 명암비 200:1
2. 고효율, 저전력(1/3), 낮은 구동전압
3. 빠른 응답속도($10\mu s$ 이하, 1,000배)로 잔상이 없다
4. 넓은 시야각, 유연성(전자 paper)
5. 공정단순, 초박형 → 제작 공정수 1/3, 두께 1/5~1/10
6. **내진, 내열성 우수**
   → 열이 거의 발생 없고 -40~120℃의 넓은 온도범위에서 작동
7. LED에 비해 발광효율 낮고 고가

VI. 해결과제

1. 발광재료의 수명연장과 소비전력 삭감
2. 양산 기술의 확립, 열화 요인(내습, 방수 등) 개선필요

VII. 시장동향

1. 국내동향

(1) 2004년 현재 수동형 OLED 시장점유율 세계 1위
(2) 삼성에서 17인치 능동형 OLED 개발 성공

2. 해외동향

일본 소니 : 세계최초 OLED TV 제품화 발표

참고 1 **EL램프의 비교**

구분		무기 EL(EL 램프)	유기 EL(OLED)
전원		교류(100~200V)	직류 저전압(5~10V)
구조	발광층	무기박막	유기박막
	전극과 발광층 사이	절연층	전자와 정공 수송층
발광원리		전자와 원자의 충돌 여기에 의한 발광	전자와 정공의 재결합 발광
천이 에너지		낮다	높다
용도		계기의 문자판, 표시판, 유도등	전시조명, 점포용 조명

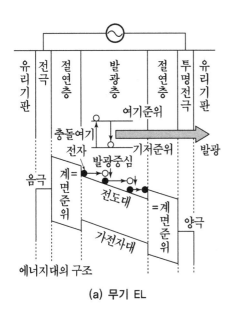

(a) 무기 EL

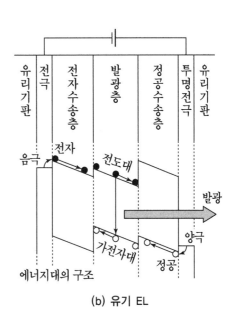

(b) 유기 EL

| 문제22 | PLS(Plasma Lighting System) |

Ⅰ. 플라즈마(Plasma)란

극도로 이온화된 고온의 기체상태를 지칭하는 것으로 기체가 수만도 이상의 고온이 되면서 만들어지기 시작하고, 보통의 기체와 다른 독특한 성질을 갖기 때문에 물질의 제4상태라 부른다.(예 : 전기 아크, 번개)

Ⅱ. 플라즈마 램프의 원리

1. 고주파 발진기(마그네트론)에 의해 발생된 마이크로웨이브(2.54GHz)를 웨이브 가이드 (도파관)를 통해 공진기로 전달되어 강한 전계가 형성되며, 이 전계에 의해 벌브 내 가스 와 금속 화합물이 플라즈마 상태에서 방전하면서 연속적으로 빛을 발산함
2. 마이크로파에 의한 표피효과 이용 → 표면 부근을 선택적으로 여기 → 발광

Ⅲ. 플라즈마 램프의 시스템 구성

마그네트론 (마이크로 웨이브 발생)		Bulb (금속 플라즈마 가시광 방사)
⇓ 2.54GHz		⇑
도파관(Wave Guide) (마이크로 웨이브 전송)	⇒	공진기 (내부에 강한 전계 발생)

Ⅳ. 플라즈마 램프의 특징

1. 태양광과 거의 유사한 스펙트럼 분포
2. 초기 광속 유지, 빠른점등
3. 고효율 장수명(2만 시간), 고연색성(시인성)
4. **환경친화적** : 수은 미사용, 자외선 및 적외선 방출 적다
5. 무전극이며 별도의 안정기 필요 없음
6. Flicker 발생 없음

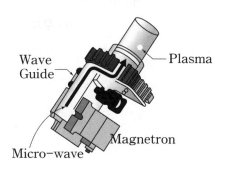

Ⅴ. 적용분야

도로, 터널, 실내체육관, 공장 조명, 네온 싸인, 가로등

Ⅵ. 국내 개발 동향

LS전자 PLS 상용화 모델 출시 → 옥외투광등(NYX-900), 산업용 실내등(IRIS 900, 700, 300)

문제23 광섬유 조명

Ⅰ. 개요

최근 건축물의 경관조명, 장식조명, 수중조명 등을 적용함에 있어 다양한 미적 효과의 연출, 유지관리의 용이성, 안전성, 환경성 등을 고려한 광섬유 System이 큰 각광을 받고 있다.

Ⅱ. 원리

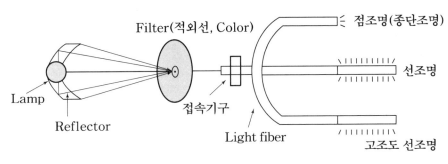

System 구성도

1. 램프에서 발생된 빛이 반사경과 Filter를 통해 접속기구로 입사
2. 입사된 빛은 광섬유를 통해 전달되며 최종 조사
3. 조사형식에 따라 점조명과 선조명으로 구분
   (1) **점조명** : 광섬유의 종단에서만 빛이 방출
   (2) **선조명** : 광섬유의 옆면에서만 빛이 방출
   (3) **고조도 선조명** : 광섬유의 한쪽 면에서만 빛이 방출

Ⅲ. 구성 및 기능

1. **Lamp** : 에너지 효율이 높은 M/H
2. **Reflector** : 집광효율이 높고 focus 조정이 용이할 것
3. **Filter** : 적외선 차단, Color 조절
4. **Connector** : 광원과 광섬유간의 조절
5. **Light fiber** : 빛의 전달목적으로 제작된 섬유

Ⅳ. 특징

1. **냉광조명** : 자체 열 발생 없다.
2. **다양한 연출** : 다양한 색상, 개성 있는 모양
3. **전기적 안전성** : 누전, 감전, 화재 우려가 없다.

4. **유지보수 용이** : 램프만 교체, 광섬유는 반영구적
5. **절전효과** : 일반 전구의 1/20~1/25
6. **내굴곡성** : 직선 및 곡선 연출이 가능
7. **전시조명 적용** : 냉광조명, 자외선 차단 가능
8. **특정 파장의 빛 사용 가능**
9. **균일한 고휘도 조명, 장식성, 기능성 탁월**
10. **초기 투자비 고가**

V. 적용

1. 경관조명
2. 건축물의 장식조명
3. Sign 조명
4. 수중 조명
5. 매설 조명
6. 산업용 조명
7. 박물관, 전시조명

VI. 최근동향

무전극 유황램프와 광 Fiber를 결합한 조명시스템 출시

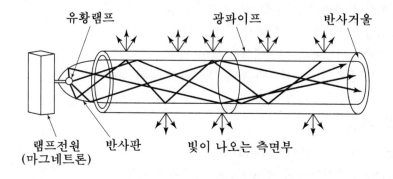

문제24 **조명용 광원의 최근동향**

I. 개요

1. 광원의 변천

백열등 → 형광등 → 고압 방전등(HID) → 신광원(무전극, LED, EL …)

(1880年式) (1940年式) (1960年式) (1990年式 이후)

2. 기존 광원의 기술변천

종류		기술변천 동향
백열전구	발광체 유리구	• 탄소전극 → 텅스텐 → 이중 Coil → 세로형 필라멘트 • 진공 → 가스입(질소 → Ar) → Krypton 전구
할로겐 전구		• 적외반사막 → 적외투과막(다이크로믹미러) → PAR type → MR type
형광등	형광체 안정기	• 할로린산 → 히토류, 무수은화(수은가스 → $H_e + X_e$, $N_e + X_e$) • 자기식 → 전자식(고주파화)
	램프	• 3파장 → 5파장, FL → FLR → FHF • 세관화(직관형) : T-10 → T-8 → T-5 → T-4 → T-2 • 직관형 → 전구형 → CFL
HID 램프		• 수은등 → 형광수은등 • M/H등 : 램프 → PSL, 안정기 → PSB 채용 • 고압나트륨등 : 안정기 → PSI채용 • 방전관 : 석영관 → 세라믹관

3. 신광원의 종류

무전극, 면광원(EL, CNT), LED, CCFL, EEFL, CDM, 기타(광섬유 조명, PLS, 레이져 광원 등)

II. 신광원의 기술 Trend

1. 에너지, 자원절약 : 광원의 장수명화, 고효율화, 소형화, 저전력화
2. 친환경, 인간친화적 : 무납, 무수은, 색상가변화, 고연색성
3. Ubiguitons 시대의 Smart한 조명연출

Ⅲ. 신광원의 종류별 원리, 특징, 용도

종류		기본원리	특징	용도
무전극 램프		고주파 무전극 방전 (E, H, 마이크로파 방전)	• 장수명, 친환경, 고효율 • 고가, EMI 발생	HID 램프 대체용 위험 고소지역 조명
LED 램프		다이오드의 PN 접합부에 전계인가 → 전자와 정공 재결합 → 발광	• 다양한 색상발광, 친환경 • 소형경량, 저전력, 장수명 • 고가, 발열	신호등, 유도표지 전광판, LCD BLU, 휴대폰 키패드
면광원	EL램프	두 전극간 전원인가 → 전계작용 → 형광체내 전자가속 → 충돌 → 여기 → 발광	• 유연성, 선명도 우수 • 저전력, 장수명, 초박형 • 휘도 낮아 일반조명으로 부적합 • 유기 EL(OLED), 무기 EL이 있음	계기 문자판 표찰, 표시판 유도등
	CNT(Carbon Nano Tube)	CNT를 이용한 전극과 형광체를 도포한 전극사이에 고전압 인가 → 전자방출 → 여기 → 발광	• 고휘도(최고 30,000nt) • 초박형(2~3mm) • 무수은	LCD BLU 광고용 조명
CCFL (Cold Cathode)		내부전극에 고주파 전원 인가 → 전계전자 방출 → 발광	• 저전력, 장수명, 고휘도 • 고연색성, 초슬림형	LCD BLU 유도등, 광고용 조명
EEFL (External Electrode)		외부전극에 고주파전원 인가 → LAMP 내부에 자기장 유도 → 발광	• CCFL에 비해 – 제조원가 절감 – 발광효율 높다. • 전극 제외한 CCFL과 구성동일	• CCFL 대체용 • 휴대폰, PDA • 카메라 LCD 창
CDM 램프 (Ceramic Discharge Matal)		• 기존 방전 LAMP와 원리 비슷 • 세라믹 방전관 사용	• 대폭적 에너지 절감 • 장수명, 유지보수비용 절감 • 고연색성, 균일색상유지 • 자외선 차단	• 대형 공장, 물류창고의 절전조명 • 옥외조명 • 백화점, 대형매장 전시조명

Ⅳ. 광원의 최근개발 동향

1. 무전극 Lamp

구분	해외동향	국내동향

무전극 형광등 개발	• Philips 社 : QL(55 → 165W)
	• Oslam 社 : Endura(65 → 150W)
	• GE 社 : Genura(23W)
		• 산학연(LG, 에기연, 한기연 등)
		  합동참여 개발
		• 금호전기, 이텍 社, 무전극형광등
		  국산화 개발

무전극 HID 개발	• Fusion Lighting 社
	  Sulfer Lamp(5.9kW급)개발
		• 연세대, 태원전기 공동개발
		• 에스피라이팅스 社 장수명
		  Sulfer Lamp 국산화 개발

2. LED램프

(1) 2010年까지 전체조명 시장의 30% 이상이 LED로 대체될 전망(시장규모 150억 달러 예상)

(2) 백색 LED(W-LED) 개발 추진 중

3. OLED(유기 EL)

해외동향	국내동향
일본 소니 OLED TV 제품화 세계최초 발표	삼성전자 17″ 능동형 OLED 개발 수동형은 2004년 현재 시장점유율 세계1위

Ⅴ. 결론

1. 전세계적으로 환경오염에 대한 법적 규제 움직임

   (1) EU : 각종 환경규제 법령 공포(WEEE, EEE, RoHS, ELV 등)

   (2) 미, 일본 : CO_2 저감을 위한 최저 효율제 실시

   (3) 국내 : 2004년부터 형광램프 효율관련 기준강화

2. 이러한 흐름 속에서 친환경적이고, 고효율 제품의 조명기술 개발은 더욱 가속화될 전망임

문제25 배광곡선과 조명기구의 분류

Ⅰ. 배광곡선

1. 배광이란 광원의 각 방향에 대한 광도분포를 말함
2. 배광곡선이란 조명기구의 배광을 그래프로 나타낸 것으로 광원의 중심을 통과하는 수직면 또는 수평면상의 광도는 각도에 따라 그리는 극좌표 형식으로 표현되며 실용상 조명 설계에서는 수직 배광곡선이 많이 활용됨

3. 배광 측정 목적

(1) 기구에서 나오는 광속의 양과 분포, 기구효율, 조명률, 눈부심 계산
(2) 상향과 하향 광속비에 따른 기구의 분류

Ⅱ. 조명기구의 분류

1. 배광에 따른 분류

구분 \ 분류	직접조명	반직접조명	전반확산조명	반간접조명	간접조명
배광 곡선					
조명기구 형태 (전구형)					
특징	• 하향광속이 80~100% • 고조도 • 눈부심 크다.	• 직접조명에 비해 눈부심이 적고 부드러움 (하향광속 60~90%)	• 상, 하향 휘도분포 균일 • 젖빛유리, 아크릴 수지 이용	• 상향광속이 60~90% • 천장을 주광원으로 이용	• 상향광속이 90~100% • 우수한 확산성과 낮은 휘도 • 차분한 분위기
용도	전반조명용 (공장, 사무실)	일반사무실 주택	고급사무실 상점	분위기조명 (병실, 침실)	대합실 회의실

2. 배치에 따른 분류

분류	특징	용도
전반조명	• 조명기구를 일정높이 및 간격으로 배치하여 방 전체의 조도를 균일하게 하는 조명 방식 • 명시조명이 요구되는 곳에 적합	사무실 학교조명
국부조명	• 필요한 작업 면에 국부적으로 광속을 집중시키는 방식 • 경제적이나 명암의 차이가 크고 눈부심이 많다.	공장의 작업실
전반+국부조명 (TAL)	• 전반조명으로 어느 정도 조도를 확보하고 국부적으로 조명을 추가하는 방식 • 전반조명에 비해 경제적	공부방 정밀작업실

3. 반사갓의 분류(1/2 조도각을 이용한 배광 분류)

배광형태	형식		1/2 조도각	최대기구간격(S/H)
	기호	명칭		
	1형	특협조형	14° 미만	0.5 미만
	2형	협조형	14°~19° 미만	0.5~0.7 미만
	3형	중조형	19°~27° 미만	0.7~1.0 미만
	4형	광조형	27°~37° 미만	1.0~1.5 미만
	5형	특광조형	37° 이상	1.5 이상

(1) HID램프나 백열전구 등을 광원으로 하고 주로 공장, 실내경기장 등에 사용하는 대칭 배광의 반사갓에 대해 규정한 것(JISC 8111)

(2) 1/2 조도각이란 조명기구 직하의 조도(최대조도)의 1/2이 되는 조도 위치가 조명 기구 대칭축과 이루는 각도

(3) 최대기구간격이란 기구의 취부간격(S)을 이 값 이하로 하면 조도분포가 거의 일정하게 되는 값(H : 기구의 높이)

4. 투광기의 분류

형	비임각		형식	용도
	*1	*2		
1	10°~18°	10°~20°	협각형	• 투광기에서 피조면까지 거리가 먼 경우 • 고조도를 필요로 하여 다수로 사용하는 경우
2	18°~29°	20°~30°		
3	29°~46°	30°~45°	중각형	• 협각형과 광각형의 중간
4	46°~70°	45°~60°		
5	70°~100°	60°~	광각형	• 투광기에서 피조면까지 거리가 가까운 경우 • 사용 등수가 적은 경우
6	100°~130°			
7	130°~			

(1) 옥외 스포츠 조명이나 건물의 라이트 업 조명에 사용되는 투광기에 대해서 그 집중의 비율을 분류한 것(조명의 반사갓 분류와 정의가 다름)

(2) 빔각과 필드각

투광기의 빔폭		국내	미국(NEMA)
	빔각	광속방향의 최대 광도의 1/10 범위	최대 광도의 1/2 범위
	필드각	-	최대 광도의 1/10 범위

문제26 평균조도 계산법(3배광법)

Ⅰ. 개요

1. **평균조도 계산법** : 해석적 방법, 입자 추적법, 광속법
2. **광속법** : 3배광법, ZCM, BZM
   여기서는 광속법에 의한 3배광법을 소개하기로 함

Ⅱ. 3배광법이란

1. 조명기구 배광을 상, 하, 측 3방향으로 나누어 각 성분이 작업면에 얼마나 도달하는지 실험식을 이용하여 찾아내는 방법
2. 최초의 광속법으로 조명률과 보수율의 정확도에 따라 결정됨

Ⅲ. 계산방법

$$E = \frac{F \cdot U \cdot N \cdot M}{A}(\text{lx})$$

여기서 $\begin{cases} \text{E : 조도(lx), F : 광속(lm)} \\ \text{U : 조명률, N : 램프수량} \\ \text{M : 유지율} \end{cases}$

1. 조명률의 결정

(1) 정의 : 광원의 전광속이 피조면에 도달하는 유효광속의 비율

$$U = \frac{\text{작업면에 입사하는 광속}}{\text{램프의 전광속}}$$

작업면 $\begin{cases} \text{사무실 : 바닥에서 0.85m} \\ \text{한실 : 바닥에서 0.4m} \end{cases}$

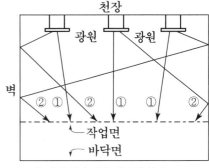

① 광원에서 직접 입사한 광속
② 반사를 거친 후 입사한 광속

(2) 조명률에 영향을 주는 요소

① 조명기구의 배광(제조업체 자료) : 협조형이 광조형보다 높다.
② 기구 효율이 높을수록 높다.
   기구효율 = 광 출력비 LOR(Light Output Ratio)=기구광속/램프광속
③ 실지수 : 클수록 조명률 높다.
④ 조명기구 설치간격과 설치높이의 비(S/H)
   실지수가 같고 동일 배광기구인 경우 S/H비가 클수록 조명률이 높다.
⑤ 실내면의 반사율 : 높을수록 좋다.

2. 실지수

(1) **정의** : 실내현상, 크기, 광원의 위치(높이)에 따라 결정되는 계수
  (기준면이 바닥인 경우를 실계수라 함)

(2) **공식**

$$\begin{cases} 실지수 = \dfrac{X \cdot Y}{H(X+Y)} \\[2mm] 실계수 = \dfrac{X \cdot Y}{Z(X+Y)} \end{cases}$$

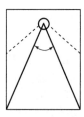

여기서, X : 방의 폭

　　　Y : 방의 안길이

　　　H : 작업면에서 광원까지 높이

　　　Z : 바닥에서 광원까지 높이

① H가 커질수록 벽면의 면적이 커지고 실지수가 감소함

② 바닥면적에 비해 높이가 상대적으로 낮으면 → 실지수와 조명률 증가

실지수 大
조명률 大

실지수 小
조명률 小

(3) **실지수와 기호**

기호	A	B	C	D	E	F	G	H	I	J
실지수	5.0	4.0	3.0	2.5	2.0	1.5	1.25	1.0	0.8	0.6
범위	4.5 이상	45~ 3.5	3.5~ 2.75	2.75~ 2.25	2.25~ 1.75	1.75~ 1.38	1.38~ 1.12	1.12~ 0.9	0.9~ 0.7	0.7 이하

예) $\dfrac{X}{H} = 6$, $\dfrac{Y}{H} = 4$이면 실지수 $= D$가 된다.

※ 반사율과 실지수가 구해지면 Table에 의해 조명률 구함

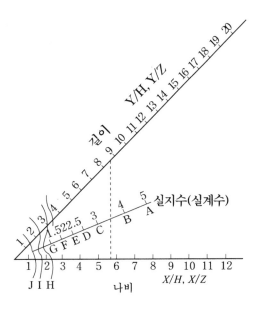

3. 보수율(유지율) 결정

(1) **정의** : 조도감소를 예상하여 소요 전광속에 여유를 주는 것으로 설계조도 결정을 위한 계수

(2) 보수율(Maintenance factor)과 감광보상률(Depreciation factor) 관계

$$M = \frac{1}{D}$$

(3) **적용**

① 기구의 구조, 재질, 실내먼지 상태에 따라 결정

② 실내상태, 작업내용, 청소기간, 광원의 사용기간 고려

(4) **공식**

$$M = M_\ell \times M_f \times M_d$$

여기서 M_ℓ : 광원의 열화에 대한 광속 유지율

$\quad\quad\quad M_f$: 기구열화에 대한 광속 유지율

$\quad\quad\quad M_d$: 광원 및 기구 오염에 의한 광속 유지율

※ 표준적인 보수율

광원의 종류 / 기구의 종류	형광램프			백열전구		
	좋음	보통	나쁨	좋음	보통	나쁨
노출형	0.74	0.70	0.62	0.91	0.88	0.84
하면개방형	0.74	0.70	0.62	0.84	0.79	0.70
간이밀폐형 (하면 커버)	0.70	0.66	0.62	0.79	0.74	0.70
안전밀폐형(패킹)	0.78	0.74	0.70	0.88	0.84	0.79

4. 적용

(1) 비교적 큰 실내에서 다수의 전반조명기구 사용시 작업면에 입사하는 평균광속계산
(2) 직육면체의 방에서 벽면의 반사율이 같은 경우
(3) 조명기구가 균등하게 배치된 경우
(4) 방이 비어있고 실내 각 면이 완전 확산 반사인 경우

문제27 전반조명 설계 시 고려사항

Ⅰ. 개요

전반조명은 실내 조도를 균일하게 얻기 위해 광속법에 의한 설계가 이루어지며 공장, 학교, 사무실 등에 주로 채용됨

Ⅱ. 전반조명의 기본요건

1. **시각의 효율성 :** 적정조도, 눈부심 배제
2. **시각의 편안함 :** 배광분포, 연색성
3. **시각적 분위기 :** 빛의 색, 방향, 반사 및 직·간접조명

Ⅲ. 전반조명의 특징

1. 방 전체의 균일한 조도 확보
2. 작업위치 변경이 자유롭다.
3. 대용량 광원을 사용할 수 있다.
4. 그림자가 부드럽고 안정적임

Ⅳ. 전반조명 설계순서

1. 대상물 파악

(1) 건축물 조건 파악(목적 및 성격, 내부구성, 건축주 의도 등)
(2) 각 space, 형태 조사(방 치수, 채광창, 마감재, 설비 배치 상태)
(3) 좋은 조명 요건(명시 조명, 분위기 조명 연출 방식)

2. 광원의 선정

(1) 광색, 연색성 고려 : 상점, 박물관
(2) 효율, 수명, 유지 보수 고려 : 고천장, 도로, 터널
(3) 색온도와 조도 관계

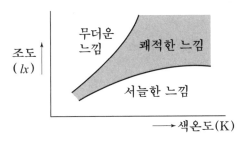

색온도와 조도

3. 조명기구 선정

(1) 설치장소 : 매입, 직부, 펜던트, 방습, 방수 등

(2) 배광 : 직접, 간접, 전반확산 조명 기구

(3) 눈부심 : 루버, 글로브, 반사갓, 젖빛 유리구

(4) 기구효율, 유지보수, 미관, 경제성 고려

4. 조명 기구 간격과 배치

(1) 광원의 종류, 층고, 가구 및 타설비 배치 감안

(2) 배광, 휘도분포, 그늘 등 고려

(3) 균일 조도를 얻기 위해서는 기구 간격을 작게 함

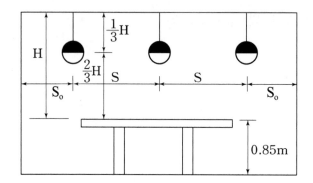

- 광원의 최대간격 : $S \leq 1.5H$
- 광원과 벽 간격 : $S_o \leq 0.5H$
- 벽면 반사 이용시 : $S_o \leq \dfrac{1}{3}H$

5. 요구조도 결정

(1) 설치장소, 작업종류, 경제성 고려(KS, CIE, 조명 설비학회 조도기준 참고)

(2) 작업 종류에 따른 조도 기준(KSA 3011)

구분	초정밀	정밀	보통	거친	단순
평준조도(lx)	2,500	1,000	400	200	100

6. 실(방)지수 계산

(1) 방의 크기 및 형태에 따른 빛의 이용률 정도를 나타내는 Factor

실(방)지수 $R = \dfrac{X \cdot Y}{H(X+Y)}$

X : 방의 폭

Y : 길이

H : 작업면에서 등기구까지 높이

(2) 실지수와 조명률의 관계

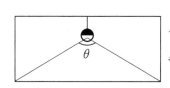
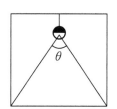

실지수大
조명률大

실지수小
조명률小

7. 조명률 결정

(1) 광원에서 나온 빛 중 작업면에 도달하는 빛의 정도

① 조명률 U = 작업면 입사광속/광원의 전 광속

② Table에서 선정(반사율, 조명방식, 기구간격, 실지수 등 Data 고려)

(2) 조명률 영향요소

천장↓, 실지수↑, S/H↑, 반사율 ↑, 직접조명기구 일수록 → 조명률 높다.

8. 감광보상률 ($\dfrac{1}{보수율}$)

(1) 일정기간 경과 후 조도 감소고려, 설계(초기) 조도에 여유를 주는 계수

(2) 조도 감소요인 : 램프 및 기구 열화·노후·오손, 실내 반사면 오손

(3) 적용값 → 직접 조명방식 : 1.3, 간접 조명방식 : 1.5~2.0

9. 광속 및 광원의 크기 (3배광법)

$$F = \frac{EAD}{U \cdot N} = \frac{E \cdot A}{U \cdot N \cdot M}$$

F : 개당 광속

D : 감광보상률 $= \dfrac{1}{M} > 1$

M : 유지율(보수율)

10. 광속 발산도분포 검토

(1) 방(실)계수, 조명방식에 따라 작업 대상물과 작업면과의 광속발산도 계산

(2) 최적의 보임조건 : 허용 한계치 충족

(3) 광속 발산도의 한계

작업내용	광속 발산도 비	
	사무실, 학교	공장
작업면과 그 주위(책과 책상면)사이	3:1	5:1
작업면과 떨어진 면 사이(책과 바닥면)	10:1	20:1
조명기구와 그 주위 사이	20:1	50:1
통로 부근(밝은 부분과 어두운 부분)	40:1	80:1

V. 조명 에너지 절감

1. 조명의 에너지 절약 7代 요소

$$전력\ 사용량[kwh]\ =\ \frac{\vec{E}\cdot A}{F\,U\,M}\times 점등시간(h)\times 개당\ 소비전력(W)$$

2. 고효율 램프 및 등기구 사용

3. 조명제어(감광, 대수제어)

4. 회로 분리 세분화

5. 센서 이용 자동점멸

6. 공조조명, 채광창 등 설치

VI. 결론

적절한 전반조명 설계를 위하여 실의용도 및 각종 Data를 충분히 활용, 경제적이고 합리적인 조명방식과 조도계산이 이루어져야 할 것임

참고 1 명시적 조명과 장식적 조명

항목	명시적 조명	장식적 조명(분위기조명)
조명의 조건	물체의 보임, 피로낮춤	미적, 심리적분야 중시
조도	적당한 밝기(경제성고려)	상황에따라 다양한 조명연출
휘도분포	균일한 조도(균제도 중시)	계획적인 배분
눈부심	광원 및 반사면에 의한 눈부심이 적을수록 좋다	주위를 끌 수 있는 의도적 눈부심 필요
그림자	없을수록 좋다	의도적인 입체감, 원근감 표현에 필요
미적효과	단순한 기구형태로 간단한 기하학적배열이 좋다	계획된 미의 배치 및 조합이 필요
심리적효과	맑은날 옥외의 감각이 좋다	사용목적에 따라 다른 감각 필요
경제성	광속과 비용을 비교	조명효과와 비용을 비교

문제28   3배광법에 의한 전반 조명설계(예)

※ 설계조건

12m×18m인 일반사무실/천장높이 3.8m, 6m마다 기둥이 있고 그 사이에 30cm 보가 있으며 천장은 6m×6m의 소간 6개로 나누어짐
반사율은 천장 75%, 벽 50%, 바닥 10%임

1. 방의 특징

크기 : $X = 12$m, $Y = 18$m, $A = 12 \times 18 = 216$m^2, $Z = 3.8$m
반사율 : 천장 75%, 벽 50%, 바닥 10%

2. 수평면 조도

일반사무실(KSC 조도기준에 의거) : 400 lx

3. 등기구

형광등 32W×3 루버 붙임(반직접) 적용

4. 광원의 높이

(1) 천장이 낮으므로 천장 직접붙임으로 함
(2) 작업면은 바닥 위 85cm이므로 ⇒ $H = 3.8 - 0.85 = 2.95 ≒ 3$m

5. 광원의 최대간격

[표-1]로부터 $S \leq H$(반직접)
∴ $S \leq 3$(m), $S_o \leq 1.5$(m)

6. 실지수

실지수 $= \dfrac{X \cdot Y}{H(X+Y)} = \dfrac{12 \times 18}{3(12+18)} = 2.5$

또는 $\dfrac{X}{H} = \dfrac{12}{3} = 4$, $\dfrac{Y}{H} = \dfrac{18}{3} = 6$이므로 방지수의 도표로부터 D를 얻는다.

7. 조명률

표에서 $\rho_c = 75\%, \rho_w = 50\%, \rho_f = 10\%$ 방지수 D로부터 $U = 0.51$

8. 감광보상률

[표-1]로부터 $D = 1.3$

9. 소요광속계산

$$NF = \frac{EAD}{U} = \frac{400 \times 216 \times 1.3}{0.51} = 220,000\,(\mathrm{lm})$$

10. 등기구, LAMP 수량 및 SPEC결정

$S = 3\,(\mathrm{m})$, $S_0 = 1.5\,(\mathrm{m})$이므로 $N = 4 \times 6 = 24$개

기구당 소요광속 $F = \dfrac{220,000}{24} = 9,166\,(\mathrm{lm})$

$FL - 32\mathrm{EX} - \mathrm{N}$의 광속(3파장 주백색) : $F = 3,150\mathrm{lm}$

기구당 LAMP 수 $= 9,166 \div 3,150 = 3$개

기구당 실광속 $= 3,150 \times 3 = 9,450\,(\mathrm{lm})$

11. 조도

(1) 초기조도 $E' = 9,450 \times 24 \times \dfrac{0.51}{216} \fallingdotseq 535.5\,(\mathrm{lx})$

(2) 실제조도 $E = E'/D = 535.5/1.3 = 412\mathrm{lx}$

　∴ KSC 조도기준에 만족

12. 소요 전력

전자식 안정기를 채용한 32W 3등용 기구의 총전력(손실감안) = 99W이므로

99W × 24 = 2,376(W)

단위면적당 전력 = 2,376/216 = 11(W/m²)

13. 등기구 배치

(1) 가로측 간격 $= 2 \times S_o + 5 \times S = 2 \times 1.5 + 5 \times 3 = 18\,(\mathrm{m})$

(2) 세로측 간격 $= 2 \times S_o + 3 \times S = 2 \times 1.5 + 3 \times 3 = 12\,(\mathrm{m})$

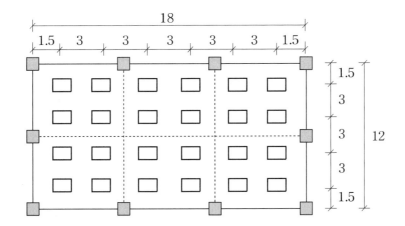

14. 광속 발산도 검토

(1) 작업 대상물(서류 $\rho_o = 65\%$)

$$H_o = 412 \times 0.65 = 268 \,(\text{rlx})$$

(2) 실계수

$$\frac{X}{Z} = \frac{12}{3.8} = 3.2, \quad \frac{Y}{Z} = \frac{18}{3.8} = 4.7 \text{이므로}$$

실계수 도표에 의해 E가 얻어짐

따라서 [표-2]로부터 반사율에 따른 조도비를 사용하여 다음 표와 같이 광속 발산도를 계산한다.

장소	반사율	조도비	조도	광속발산도(H_1)	광속발산도비(H_1/H_o)	허용한계치
① 천장	0.75	0.26	107	80	1/3.35	1/3~1/7
② 벽	0.5	0.6	247	124	1/2.16	1/3~1/7
③ 바닥	0.1	0.9	371	37	1/7.24	1/10

④ 작업 대상물의 주위 $\rho = 0.3$(니스칠 한 책상면으로 가정)

$$\begin{cases} H_b = 412 \times 0.3 = 124 \,(\text{rlx}) \\ H_b / H_o = 124 / 268 = 1/2.2 \end{cases}$$

∴ 허용한계치가 1/3 이상이므로 적합

15. 결론

상기와 같이 조도 계산 후 광속 발산도 비를 검토한 결과 최소 허용한계치 이내이므로 보임조건을 모두 충족함

[표-1] 조명률, 감광보상률 및 등의 가설간격

곡선에 의한 분류 / 배광	등기의 예	감광보상률(D) 보수상태 상	중	하	반사율 천장 벽 / 방지수	0.75 0.5	0.3	0.1	0.50 0.5	0.3	0.1	0.30 0.3	0.1
간접 ↑0.8 ↓0 S ≤ 1.2H	1.	전구 1.5	1.8	2.0	J	16	13	11	12	10	08	06	05
					I	20	16	15	15	13	11	08	07
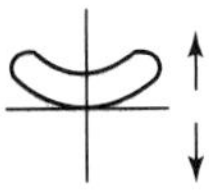	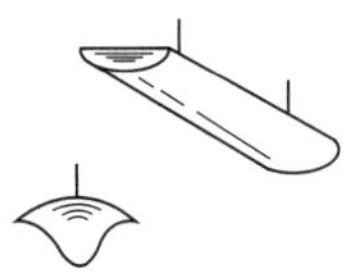				H	23	20	17	17	14	13	10	08
					G	28	23	20	20	17	15	11	10
					F	29	26	22	22	19	17	12	11
		형광등 1.6	2.0	2.4	E	32	29	26	25	21	19	13	12
					D	36	32	30	26	24	22	15	14
					C	88	35	32	28	25	24	16	15
					B	42	39	36	30	29	27	18	17
					A	44	41	39	33	30	29	19	18
반간접 ↑0.70 ↓0.10 S ≤ 1.2H	2.	전구 1.4	1.5	1.8	J	18	14	12	14	11	09	08	07
					I	22	19	17	17	15	13	10	09
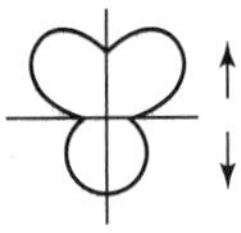	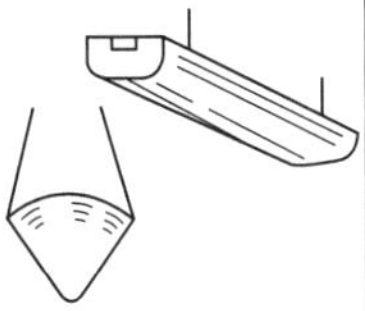				H	26	22	19	20	17	15	12	10
					G	29	25	22	22	19	17	14	12
					F	32	28	25	24	21	19	15	14
		형광등 1.6	1.8	2.0	E	35	32	29	27	24	21	17	15
					D	39	35	32	29	26	24	19	18
					C	42	38	35	31	28	27	20	19
					B	46	42	39	34	31	29	22	21
					A	48	44	42	36	33	31	23	22
전반확산 ↑0.10 ↓0.40 S ≤ 1.2H	3.	전구 1.4	1.5	1.7	J	24	19	16	22	18	15	16	14
					I	29	25	22	27	23	20	21	19
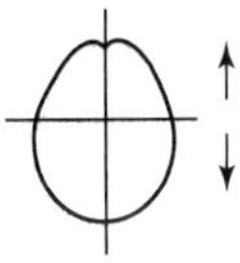	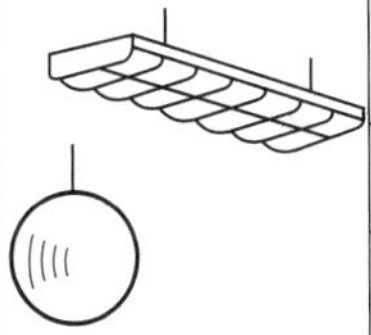				H	33	28	26	30	26	24	24	21
					G	37	32	29	33	29	26	26	24
					F	40	36	31	36	32	29	29	26
		형광등 1.4	1.5	1.7	E	45	40	36	40	36	33	32	29
					D	48	43	39	3	39	36	34	33
					C	51	46	42	45	41	38	37	34
					B	55	50	47	49	45	42	40	38
					A	57	53	49	51	47	44	41	40
반직접 ↑0.25 ↓0.55 S ≤ H	4.	전구 1.3	1.5	1.7	J	26	22	19	24	21	18	19	17
					I	33	29	26	30	26	24	25	23
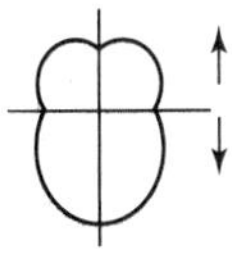	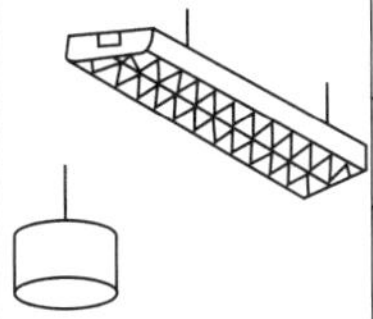				H	46	32	30	33	30	28	28	26
					G	30	36	33	36	33	30	30	29
					F	43	39	35	39	35	33	33	31
		형광등 1.3	1.5	1.8	E	47	44	40	43	39	36	36	34
					D	51	47	43	46	42	40	37	37
					C	54	49	45	48	44	42	42	38
					B	57	53	50	51	47	45	43	41
					A	59	55	52	53	49	47	47	43

조명률 U[%]

곡선에 의한 분류	배광	등기의 예	감광보상률(D) 보수상태 상	중	하	반사율 천장/벽 방지수	0.75 / 0.5	0.75 / 0.3	0.75 / 0.1	0.50 / 0.5	0.50 / 0.3	0.50 / 0.1	0.30 / 0.3	0.30 / 0.1
직접 ↑0 ↓0.75 $S \le 1.3H$	5.		전구 1.3	1.5	1.7	J	34	29	26	34	29	26	29	26
						I	43	38	35	42	37	35	37	34
						H	47	43	40	46	43	40	42	40
						G	50	47	44	49	46	43	45	43
						F	52	50	48	51	49	46	48	46
			형광등 1.5	1.7	2.0	E	58	55	52	57	54	51	53	51
						D	62	58	56	60	59	56	57	56
						C	64	41	58	62	60	58	59	58
						B	67	64	62	65	63	61	62	60
						A	68	66	64	66	64	66	64	63
직접 ↑0 ↓0.60 $S \le 0.9H$	6.		전구 1.4	1.5	1.7	J	32	29	27	32	29	37	29	27
						I	39	37	35	39	36	35	36	34
						H	42	40	39	41	40	38	40	38
						G	45	44	42	44	43	41	42	41
						F	48	46	44	46	44	43	44	43
			형광등 1.4	1.6	1.8	E	50	49	47	49	48	46	47	46
						D	54	51	50	52	51	49	50	49
						C	55	53	51	54	52	51	51	50
						B	56	54	54	55	53	52	52	52
						A	58	55	54	56	54	53	54	52

(조명률 U[%])

[표-2] 조도비

(a) 천장 E_c / E 천장의 반사율 0.5~0.8

조명방식		직접		간접			전반확산		
벽의 반사율		0.3	0.1	0.5	0.3	0.1	0.5	0.3	0.1
방바닥의 반사율		0.1~0.3		0.1~0.3			0.1~0.3		
방계수	J	0.26	0.24	3.58	4.35	5.18	1.52	1.71	2.12
	I	0.28	0.23	2.60	2.98	3.38	1.29	1.38	1.63
	H	0.26	0.18	2.11	2.32	2.54	1.14	1.18	1.35
	G	0.25	0.16	1.89	2.05	2.20	1.07	1.09	1.12
	F	0.26	0.14	1.70	1.81	1.91	0.99	1.00	1.09
	E	0.26	0.13	1.61	1.70	1.79	0.75	0.96	1.00
	D	0.27	0.13	1.53	1.60	1.66	0.92	0.92	0.92
	C	0.28	0.12	1.48	1.53	1.59	0.89	0.98	0.89
	B	0.28	0.12	1.41	1.49	1.49	0.86	0.86	0.86
	A	0.29	0.11	1.38	1.44	1.44	0.84	0.84	0.84

(b) 벽 E_ω/E 천장의 반사율 0.5~0.8
　　벽의 반사율 0.5~0.8

조명방식		직접 및 간접		전반확산	
방바닥의 반사율		0.3	0.1	0.3	0.1
방계수	J	0.85	0.83	1.33	1.30
	I	0.76	0.73	1.19	1.15
	H	0.71	0.67	1.10	1.05
	G	0.69	0.64	1.05	1.00
	F	0.68	0.62	1.01	0.96
	E	0.67	0.60	0.99	0.93
	D	0.66	0.59	0.97	0.91
	C	0.66	0.58	0.95	0.89
	B	0.65	0.57	0.93	0.88
	A	0.65	0.57	0.92	0.87

(c) 방바닥 E_f/E
　　천장의 반사율 0.5~0.8
　　방바닥의 반사율 0.1~0.3
　　벽의 반사율 0.1~0.5

조명방식		직접 및 간접	전반확산
방계수	J	0.66	0.91
	I	0.75	0.92
	H	0.81	0.94
	G	0.85	0.95
	F	0.88	0.96
	E	0.90	0.97
	D	0.92	0.98
	C	0.93	0.98
	B	0.95	0.99
	A	0.96	0.99

문제29 구역 공간법(ZCM : Zonal Cavity Method)

Ⅰ. 개요

1. 북미 조명학회에서 만든 실내 평균조도 계산법(전반조명)
2. 가장 정확하나 3배광법과 호환성 작고 계산 복잡

Ⅱ. 계산방법

1. 3배광법과 비교

(1) 공간비율(CR : Cavity Ratio) ↔ 실지수(R)와 반비례
(2) 이용률(CU : Cofficient of Utilization) ↔ 조명률(U)
(3) 광손실률(LLF : Light Loss Factor) ↔ 유지율(M)

2. 계산식 $E = \dfrac{N \cdot F \cdot CU \cdot LLF}{A}$

Ⅲ. 공간비율(CR)

1. CU값에 영향을 줌

2. 공간비율(CR)$= \dfrac{5 \times H(l+W)}{공간길이(l) \times 공간폭(W)}$

$$\begin{cases} 천장공간비율(CCR) = \dfrac{5H_{cc} \times (W+l)}{W \times l} \\[2mm] 방공간비율(RCR) = \dfrac{5H_{RC} \times (W+l)}{W \times l} \\[2mm] 바닥공간비율(FCR) = \dfrac{5H_{FC} \times (W+l)}{W \times l} \end{cases}$$

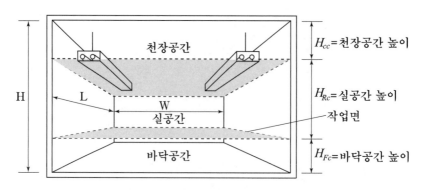

실내공간의 분할

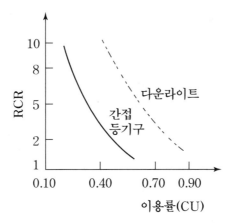

RCR에 따른 CU의 변화

3. 천장, 바닥, 벽의 반사율 : ρ_c, ρ_f, ρ_w

4. 유효공간 반사율(Table 이용)

(1) 각 반사율의 천장과 벽으로 구성된 천장공간 비율 → 유효천장공간 반사율(ρ_{cc})로 치환

(2) 각 반사율의 바닥과 벽으로 구성된 바닥공간 비율 → 유효바닥공간 반사율(ρ_{fc})로 치환

(3) 표에 나와 있지 않을 경우 보간 시행

(4) 천장부착 및 매입의 경우 CCR = 0, 작업면이 바닥인 경우 FCR = 0

Ⅳ. 이용률(CU)

1. 총 광속 중 작업면에 입사하는 광속비

2. ρ_{cc}, ρ_{fc}, ρ_w, RCR 이용 → Table에서 구함 $\begin{cases} \rho_{fc} : 20\% \text{ 기준} \\ \text{기타 : 보정계수 적용} \end{cases}$

예) 천장매입, $FCR = 1.5$, $RCR = 3$, $\rho_c = 70$, $\rho_w = 50$, $\rho_f = 30\%$라 가정하면 이때 이용률(CU)은?

Sol) 천장매입이므로 $CCR = 0$

　　 Table에 의해 $\rho_{cc} = 70\%$, $\rho_{fc} = 25\%$

　　 따라서 CU값은 $\begin{cases} \rho_{fc}\text{가 } 20\% \text{ 기준시 } 0.5\text{이므로} \\ \rho_{fc}\text{가 } 25\%\text{일 경우 } 0.5 \times 1.05\text{(보정계수)}=0.525 \end{cases}$

Ⅴ. 광 손실률(LLF)

1. 조도계산 결과를 실제 현장상황에 맞도록 보정하는 계수

2. 회복 불가능 요인과 회복가능 요인으로 구분

(1) 회복 불가능 요인 – 8가지

① 조명기구 주위온도 요인 : 주위온도가 광출력에 미치는 영향

② 열적요인 : 공기흐름에 대한 광출력 변화

③ 공급전압 요인 : 전압 변동에 따른 광출력 변화

④ 안정기요인(Ballast Factor) : 실제 사용 안정기와 표준 안정기의 광출력 비

⑤ 안정기-램프의 광학적 요인 : 실제와 배광 측정시 안정기-램프 조합의 충출력 비

⑥ 장치 작동요인 : 작동시와 정격 시험시의 램프-(표준)안정기-기구 조합 광속비

⑦ Lamp의 기울임 요인 : HID Lamp에서 주어진 점등자세와 정격의 광속비

⑧ 조명기구 표면 열화 요인 : 표면 열화에 따른 광출력 변화

(2) 회복 가능 요인 – 4가지

① 램프 광출력 감소 요인(LLD : Lamp Luminaire Depreciation)

→ 램프 수명 중 특정시기의 광속과 초기 광속에 대한 비

② 조명기구 먼지 열화 요인(LDD : Lumimaire Dirt Depreciation)

$$LDD = e^{-At^B}$$

A : 조명기구 유지등급

B : 대기환경등급

t : 청소주기

③ 실내면 먼지 열화 요인(RSDD : Room Surface Dirt Depreciation)

→ 먼지 열화 예상치, 조명기구의 종류, 방공간 비율(RCR) 값에 따라 표에서 선정

④ 램프 수명 요인(LBO : Lamp Burn-Out)

$$LBO = \frac{전체\ Lamp\ 개수 - 미작동\ Lamp\ 개수}{전체\ Lamp 개수}$$

(제조사의 수명 통계 자료 참고)

3. LLF 결정 시 고려사항

(1) 광손실률의 최종값 : 모든 요인들을 곱한 값

(2) 알 수 없는 요인의 값은 1로함

(3) 가능한 많은 요인들을 산정함

(4) 최종적인 LLF 값이 너무 적은 경우 조명기구 교체 필요

VI. 3배광법과 ZCM의 비교

3배광법	ZCM법
조도 $E = \dfrac{F \cdot U \cdot M \cdot N}{A}$ ⟷	조도 $E = \dfrac{F \cdot CU \cdot LLF \cdot N}{A}$
반사율 : 천장(ρ_c), 벽(ρ_w), 바닥(ρ_f)	유효공간 반사율(ρ_{cc}, ρ_{fc})로 치환 $\rho_c + \rho_w \rightarrow \rho_{cc}$, $\rho_f + \rho_w \rightarrow \rho_{fc}$
조명률 U(Table 이용) ⟷	이용률 CU(Table 이용)
실지수(R) = $\dfrac{폭 \times 길이}{(폭 \times 길이) \times 높이}$ (1공간으로 계산) ⟷	공간비율(CR) = $\dfrac{5H(길이 + 폭)}{길이 + 폭}$ (천장, 바닥, 방공간 3가지로 분류)
보수율(M) = $M_l \times M_f \times M_d$ ⟷	광손실률(LLF) = 회복 가능요인(4가지) × 회복불가능 요인(8가지)
(특징) 1) 최초의 광속법으로 현재 일본(한국)에서 사용하는 방식 2) 적용 간편하나 오차율 크다.	(특징) 1) 미국 방식(3배광법 보완) 2) 반드시 미국 조명기구와 이에 맞는 각종 factor 적용이 요구됨 3) 계산의 오차가 적다.(조도, 등기구 수) 4) 각종 Data 부족, 계산 복잡 (3배광법과 호환성 결여)

참고 1 공간비율에 따른 유효공간 반사율과 이용률 표

천장공간의 유효반사율(ρ_{cc})

CCR	$\rho_c = 90\%$				$\rho_c = 70\%$			$\rho_c = 50\%$		
	ρ_W				ρ_W			ρ_W		
	90%	70%	50%	30%	70%	50%	30%	70%	50%	30%
0	90	90	90	90	70	70	−70	50	50	50
0.5	88	85	81	78	66	64	61	48	46	44
1	86	50	74	69	63	58	53	46	42	39
1.5	85	76	68	61	59	53	47	44	39	34
2	83	72	62	53	56	48	41	43	37	30
2.5	82	68	57	47	53	44	36	41	34	27
3	81	64	52	42	51	40	32	40	32	24
4	78	58	44	33	46	35	26	38	29	20
5	76	53	38	27	43	32	22	36	26	17

바닥공간의 유효반사율(ρ_{FC})

FCR	$\rho_F = 50\%$			$\rho_F = 30\%$				$\rho_F = 10\%$		
	ρ_W			ρ_W				ρ_W		
	70%	50%	30%	65%	50%	30%	10%	50%	30%	10%
0	50	50	50	30	30	30	30	10	10	10
0.5	48	46	44	29	28	27	25	11	10	9
1	46	42	39	29	27	24	22	11	9	8
1.5	44	39	34	28	25	22	18	12	9	7
2	43	37	30	28	24	20	16	12	9	6
2.5	41	34	27	27	23	18	14	13	9	6
3	40	32	24	27	22	17	12	13	8	5
4	38	29	20	26	21	15	9	13	8	4
5	36	26	17	25	19	13	7	14	8	4

전반확산 등기구의 이용률 예($\rho_{FC} = 20\%$)

RCR	$\rho_{CC} = 70\%$			$\rho_{CC} = 50\%$		
	ρ_W			ρ_W		
	50%	30%	10%	50%	30%	10%
1	0.64	0.61	0.60	0.52	0.51	0.50
2	0.57	0.53	0.50	0.47	0.45	0.42
3	0.50	0.46	0.43	0.42	0.39	0.37
4	0.45	0.40	0.37	0.38	0.35	0.32
5	0.40	0.36	0.32	0.34	0.30	0.28
10	0.25	0.20	0.17	0.21	0.18	0.15

바닥공간의 유효반사율이 20%가 아닌 경우의 조절계수

RCR	$\rho_{CC}= 70\%$			$\rho_{CC}= 50\%$		
	ρ_W			ρ_W		
	50%	30%	10%	50%	30%	10%
1	1.07	1.06	1.06	1.05	1.04	1.04
2	1.06	1.05	1.04	1.04	1.03	1.03
3	1.05	1.04	1.03	1.03	1.03	1.02
4	1.04	1.03	1.03	1.03	1.02	1.02
5	1.03	1.02	1.02	1.02	1.02	1.01
10	1.02	1.01	1.02	1.02	1.01	1.01

CU를 조절하기 위해 $\rho_{FC} \geq 25\%$인 경우에는 표에 주어진 계수를 곱하고 $\rho_{FC} \leq 15\%$인 경우에는 이 계수로 나눈다.

문제30	건축화 조명

I. 건축화 조명이란

1. 건축과 조명을 일체화시킨 것으로 건축물의 일부 구조와 마감재를 이용, 좋은 조명 요건을 만족하고 쾌적한 분위기 연출에 목적이 있음
2. 조명 방식은 크게 천장과 벽면을 이용한 방식으로 매입 방법에 따라 다음과 같이 분류함

II. 천장면의 건축화 조명

1. 광천장 조명

(1) 조명 방식 : 천장면에 확산투과재인 메탈 아크릴 수지판을 붙이고 천장 내부에 광원을 비치하여 조명하는 방식

(2) 특징
① 천장면이 낮은 휘도의 광천장이 되므로 부드럽고 깨끗한 조명
② 유지 보수 용이하며 고조도 확보(1,000~1,500lx)

(3) 용도 : 고조도가 필요한 1층 홀, 쇼룸 등에 적용

(4) 설계시 고려사항
① 발광면의 휘도차이로 밝음이 얼룩지면 보기 싫으므로 램프 배열에 유의
평판 : $S \leq 1.5D$, 파형 플라스틱 판 : $S \leq D$
② 천장 내부의 보, 덕트 등으로 그늘지지 않도록 하며 건축상 피할 수 없는 경우 보조 조명 필요

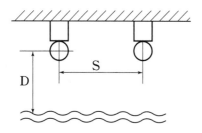 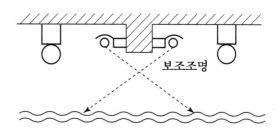

2. Louver 천장 조명

(1) 조명 방식 : 천장면에 루버판 부착하고 그 내부에 광원을 배치하여 조명
(2) 특징 : 직사현휘 없고 낮은 휘도, 밝은 직사광
(3) 용도 : 사무실, E/L 내부 조명

(4) 설계시 고려사항

① 루버면에 휘도의 얼룩짐 없도록 하고 직접 램프가 눈에 들어오지 않도록 보호각과 램프로부터 루버면까지의 거리를 검토하여 설계

㉠ 보호각 30° 전후의 경우 : $S \leqq 1.5D$

㉡ 보호각 45°의 경우 : $S \leqq D$

② 루버 세 편의 간격 a와 높이 h와의 관계

$$\tan\theta = \frac{h}{a} \rightarrow a = \frac{h}{\tan\theta}$$

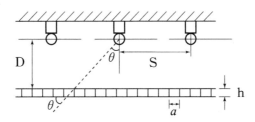

3. Cove 조명

(1) **조명방식** : 램프를 감추고 코브의 벽, 천장면에 플라스틱, 목재 등을 이용하여 간접조명으로 만들어 그 반사광으로 채광하는 방식

(2) **특징**

① 효율면에서는 낮아 높은 조도를 얻을 수 없으나 부드럽고 차분한 분위기

② 코브의 치수는 방의 크기, 천장 높이에 따라 결정

(3) **용도** : 로비, 중앙홀 등에 적용

(4) **설계시 고려사항**

① 천장과 벽이 2차 광원이 되므로 반사율과 확산성이 높아야 함

② 코브의 높이와 천장의 관계

㉠ 코브가 한쪽에만 있을 경우 : 기구 발광면을 천장의 마주 보이는 구석을 향하게 함

$$H = \frac{1}{4}S$$

㉡ 코브가 양쪽에 있을 경우 : 기구 발광면을 천장 중앙을 향하게 함

$$H = \frac{1}{6}S$$

③ 천장 전면 및 벽면에 얼룩이 없고 균일한 휘도 유지

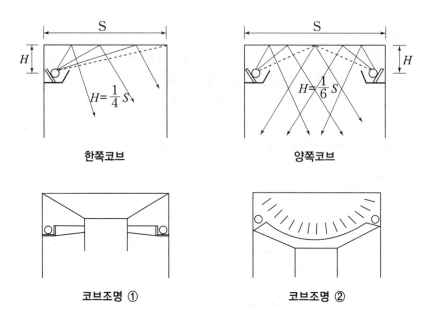

한쪽코브   양쪽코브

코브조명 ①   코브조명 ②

4. Down Light

(1) **조명 방식** : 천장면에 작은 구멍을 뚫어 그 속에 여러 형태의 등기구 매입

(2) **특징**

   ① 구멍 지름의 대소, 재료마감, 의장, 전체 구멍수, 배치 등에 따라 분위기를 변화시킬 수 있다.

   ② 천장면을 볼 때 눈에 거슬리지 않지만 천장면이 어두워짐

(3) **용도** : 호텔로비 접수부, E/L 출입구

(4) **고려사항** : 일반적인 등간격 배치보다 랜덤한 배치가 필요

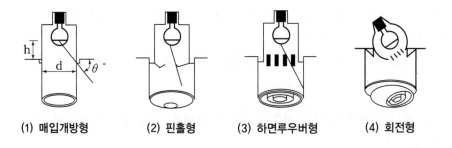

(1) 매입개방형   (2) 핀홀형   (3) 하면루우버형   (4) 회전형

5. Line Light

(1) 천장 매입형의 트로퍼(Troffer) 조명 방식의 일종

(2) 형광등의 조명 방식 중 가장 효과적인 방식

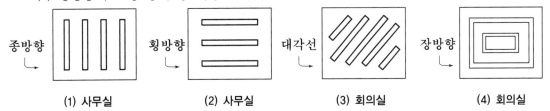

종방향 →	횡방향 →	대각선 →	장방향 →
(1) 사무실	**(2) 사무실**	**(3) 회의실**	**(4) 회의실**

6. Coffer 조명

(1) 조명 방식

천장면을 여러 형태의 사각, 삼각, 원형 등으로 구멍을 내어 다양한 형태의 매입 기구를 취부하여 실내의 단조로움을 피하는 조명 방식

(2) 특징 : 매입된 등기구 하부에는 주로 플라스틱을 부착하고 천장 중앙엔 반간접형 기구를 매다는 조명방식이 일반적임

(3) 용도 : 고천장의 은행 영업실, 1층 홀, 백화점 1층 등에 적용

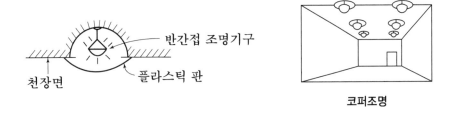

코퍼조명

Ⅲ. 벽면의 건축화조명

1. Corner 조명

(1) 조명방식 : 천장과 벽면의 경계구석에 등기구를 배치하여 조명하는 방식

(2) 특징 : 천장과 벽면을 동시에 투사

(3) 용도 : 지하도, 터널

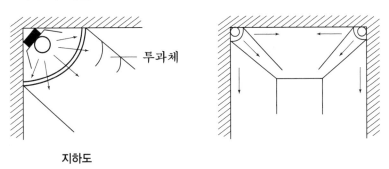

지하도

2. Cornice 조명

(1) 조명방식 : 코너조명과 같이 천장과 벽면 경계에 건축적으로 둘레턱을 만들어 내부에 등기구를 배치

(2) 특징 : 아래 방향의 벽면을 조명하는 방식으로 벽면 재질에 따라 효과 달라짐

(3) 용도 : 형광등의 건축화 조명에 적당

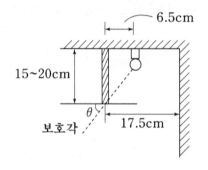
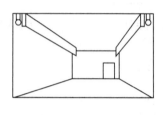

코니스 조명

3. Balance 조명

(1) 조명방식 : 숨겨진 램프의 직접광이 벽면 상·하 양방향을 비추는 방식

(2) 설계 고려사항

① 실내면 : 황색마감

② 밸런스판 : 투과율 낮은 재료(목재, 금속판 등)

(3) 특징 : 형광등이 적당하며 아늑하고 쾌적한 분위기 연출

(4) 용도 : 호텔 객실 등의 분위기 조명

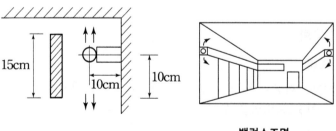

밸런스조명

문제31 박물관이나 미술관의 전시조명 설계시 고려사항

Ⅰ. 개요

1. 박물관이나 미술관에서는 미술품, 문서, 역사적 유물 등의 자료를 전시하는 중요한 장소로써 동시에 후세들도 관람할 수 있도록 현존한 상태로 보존되어야 한다.
2. 따라서 전시물 고유의 아름다움이 충분하게 표현되어 관람자에게 교양과 기쁨을 줄 수 있도록 조명효과를 연출함과 동시에 전시물 손상 방지 대책이 고려되어야 한다.

Ⅱ. 전시 조명의 목적

① 전시품을 손상시키지 않고 조명
② 주광에 근접한 색채 감각을 재현
③ 심리적 불쾌감을 주지 않는 쾌적한 관람

Ⅲ. 전시조명 설계시 고려사항

1. 조도와 광량

① 광량을 최소화 하기위해 조도를 낮게 유지
② 전시화면에 집중할 수 있도록 실내 전반조도는 전시물 조도보다 낮게 유지 (50~100lx정도)

2. 휘도 분포

① 시야내 고휘도광원이나 주광창 설치 배제
② 전시물 주변배경이나 휘도분포는 1/2~1/3 정도
③ 전시 순서에 따라 조도를 서서히 낮추어 낮은 휘도에 순응시킴

3. 연색성

작품의 색체를 충분히 보야야 하는 미술품은 Ra 90이상 일 것

4. 눈부심

심리적 불쾌감이나 눈의 피로를 주는 불쾌글레어가 없도록 함

5. 색온도에 따른 광색감

① 자연광의 영향을 받는곳 : 색온도가 높은광원 사용
② 자연광의 영향을 받지 않는곳 : 색온도가 낮은광원 사용
③ 보존을 위한 조명 : 색온도 3,000~4,000K

6. 광의 방향성과 확산성

전시물의 적절한 음영효과를 위해 인공광원으로 확산광과 지향성있는 광을 적절히 혼용

7. 전시에 따른 환경 조건

① 이상적인 기상 환경 조건은 $20\pm2(℃)$ 온도와 $50\pm5(\%)$ 유지
② 열반사와 자외선 차단장치 사용

8. 전시조명용 광원의 요건

(1) 가시방사 비율이 높고 적외선 및 자외선방사, 열복사가 적을 것
(2) 색온도가 낮고 연색성이 높을 것
(3) 장시간 사용 시에도 색온도의 변화가 없을 것
(4) 근 자외선을 포함한 400nm 이하의 방사 에너지 차단
(5) 장시간 사용이나 정격상태가 아닌 경우에도 안정성 유지

9. 조명에 의한 전시품의 노화(손상) 방지

(1) 연간 적산 조도량의 제한(기간이나 횟수 조정)
① 손상, 변퇴색 : 조사된 빛의 양(조도 × 시간)에 비례
② 국가별 연간 적산 조도량

구 분	서양	일본	한국	적산량 [lx]·h/년]
빛에 매우 민감한 것	50~150	150~300	75~300	120,000
빛에 비교적 민감한 것	75~200	300~750	300~750	480,000
빛에 민감치 않은 것	제한없음	750~1,500	700~1,500	제한없음

$$200[lx] \times 8[h] \times 300일 = 480,000[lx]\cdot h/년]$$

(2) 자외 방사에 의한 손상 방지
① UV 흡수 필터 설치
• 광원의 400[nm] 이하의 단파장 자외선 차단 UV 필터 설치.
• 필터를 쓸 수 없는 경우에는 퇴색 방지형 형광등 사용.

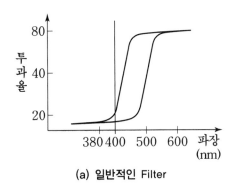

(a) 일반적인 Filter

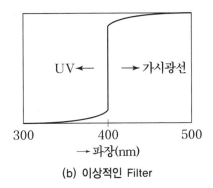

(b) 이상적인 Filter

(3) 적외 방사에 의한 손상 방지

① 가시광 투과 적외선 반사막 할로겐 전구 사용

② 적외선 투과 반사경체 할로겐 전구 사용

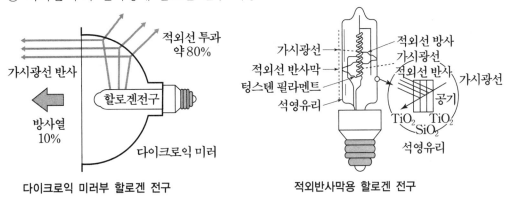

다이크로익 미러부 할로겐 전구

적외반사막용 할로겐 전구

(4) 기타

① 안정기, 변압기 등 발열부분은 진열장 외부에 설치하고 통풍용 Fan 설치.

② 진열장 내에는 적정 온습도 유지 (수분 : 10[g/㎡])

③ 열 발생없는 광섬유 조명 사용

Ⅳ. 결론

박물관의 전시 조명은 쾌적한 분위기 속에서 전시물을 관람할 수 있도록 전시조명의 요건을 만족시킴과 동시에 전시 유물의 보존성을 감안하여 광방사 에너지에 의한 유물손상을 최소화할 수 있는 조명연출을 위한 철저한 사전 기획이 필요하다.

문제32 고천장 조명 설계 시 고려사항

Ⅰ. 개요

1. 고천장 조명이란

광원의 설치 높이가 보통 10m 이상의 실내체육관(or 경기장), 공장 등의 건축물을 대상으로 한 조명으로써 여기서는 공장조명을 기준으로 기술하고자 함

2. 고천장 조명 계획 시 기본 고려사항

공장 조명	경기장 조명

① 안전성 확보(작업자 재해예방)
  → 눈부심, 그림자 방지 등
② 생산성 or 작업 능률 향상
  → 충분한 조도 확보
	① 시각대상물식별, 선수의 움직임이 잘 보일 것
	② TV중계에 필요한 수직면 조도 및 연색성 확보
	③ 기타 경기 종목별 조도, 연색성, 균제도,
	  조명방식 등 고려

Ⅱ. 공장의 고천장 조명설계

1. 조명방식

(1) 전반 + 국부조명방식 채용

(2) 작업장 Line : 직접조명방식, 휴게공간 : 간접, 반간접 조명
   제어실, 실험실 : VDT 환경의 Glareless형 직접 조명

2. 조도기준(KSA-3011)

작업형태	단순	거친	보통	정밀	초정밀
기준조도(lx)	100	200	400	1,000	2,000
조명방식	전반조명			전반+국부조명	

3. 대상물 파악

공장의 용도, 구조, 작업환경, 작업공정 등

4. 광원의 선정

(1) 요구조도, 연색성, 광속, 효율, 수명, 유지보수, 경제성 등 고려

(2) 광원의 종류 및 적용 장소

종류	특징	적용장소
IL, PAR Halogen	고연색성, 저가, 수명 짧음	국부조명
FL (T8, T5, T4)	고효율, 장수명, 저휘도	5m 이하의 전반, 국부조명
HID, PLS, 무전극	등당 광속 크고, 고효율, 고가	10m 이상이 고천장 조명

5. 조명기구 선정 및 배치

(1) 설치높이, 배광, 눈부심, 유지 보수성 고려

(2) 고천장은 대부분 직접형, 반사갓형 투광기구 선정 배치

(3) 고천장에 집광성 높은 조명기구 사용 시 벽면이 어두워지지 않도록 배치 고려

(4) 투광 등기구 종류 및 사양(직접형)

구분	광각형	중각형	협각형
빔 각도	60° 이상	30~60°	30° 이하
용도	근거리, 옥내 조명	중거리, 옥내외 조명	원거리, 옥외 조명

(5) 투광등기구 배치

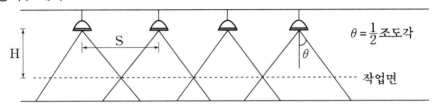

※ 조도각 및 최대 기준 간격(반사갓형)

구분	협조형	중조형	광조형
1/2 조도각(°)	14~19 미만	19~27 미만	27~37 미만
최대 기준간격(S/H)	0.5~0.7 미만	0.7~1.0 미만	1.0~1.5 미만
등과 벽간 거리	$S_o = \dfrac{1}{2}H$, $S_o = \dfrac{1}{3}H$(벽측 사용시)		

(6) 형광등기구는 Race – way 이용, 직부 연속 배치

III. 기타 고려사항

1. 유지 보수 및 안전대책

(1) Catwalk 설치

(2) 전동 Chain 등기구 채용 or Lift 설비

(3) 내진구조 or 보조지지금구 설치

(4) 낙하방지용 wire 보강

2. 전압강하 고려한 배선규격 선정(장거리 인 경우)

3. Flicker 대책 : 3상회로, Flickerless 안정기 채용

4. 눈부심 제한 : Glare Cut형(or 하부 글로브) 등가구 채용

5. 고소 위험지역 : 장수명 무전극 Lamp채용

6. 정전대비 : 혼광 조명사용(예 : HID + IL + 무전극 + FL + PLS)

HID는 Hot Strike형 안정기 채용 검토

7. 에너지 절약

    (1) 자연채광, 조명회로 세분화(창측 별도 회로구성)

    (2) 고효율 조명기구 채용(Lamp, 안정기, 반사갓)

    (3) Diming or on/off 자동점멸 회로(야외 휘도계, 조도계, 주광 Sensor 이용)

    (4) 등기구 보수 : 주기적 청소, 경제성 고려(부분 or 집단 교환방식 적용)

Ⅳ. 결론

고천장 조명은 조도분포의 균일화(균제도 확보)와 눈부심 방지를 위한 조명기구 배치에 유의하고 유지보수의 편리성과 경제적 측면 등을 고려하여 설계에 반영하여야 함

문제33 터널조명 설계기준

Ⅰ. 개요

1. 도로 터널 조명은 밝기의 변화에 대응한 시각적 순응을 고려하여 운전자가 교통상황, 선형변화, 장애물 등을 충분히 식별할 수 있도록 설계되어야 함
2. **관련 규정** : 터널 조명 기준(KSA 3703 : 2009)

Ⅱ. 설계 시 고려사항

1. **입구 부근의 시야 상황** : 터널 근접 기준점에서 시야 내 입구 주변물의 휘도가 차지하는 비율
2. **구조 조건** : 터널 단면 모양, 전체길이, 터널내 도로의 선형, 표면 반사율 등
3. **교통상황** : 설계속도, 교통량, 통행방식 등
4. **환기상황** : 배기설비 유무, 환기방식, 터널내 공기 투과율 등
5. **유지관리계획** : 청소방법, 청소빈도 등
6. **부대시설상황** : 교통신호기, 소화전, 전화, 라디오 청취시설, 대피소 등
7. **비상조명** : 터널길이 200m 이상 시 평균 10lx(최소 2lx) 수준 유지

Ⅲ. 터널조명의 구성

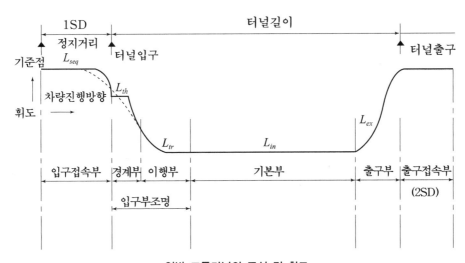

일방 교통터널의 구성 및 휘도

※ L_{seq} : 터널 진출입시 눈이 순응해야하는 터널 주변 휘도의 총량

1. 입구부 조명

주간에 터널 입구 부근에서 시각적 문제 해결을 위해 기본 조명에 부가하여 설치하는 조명
→ 경계부, 이행부로 구성

2. 기본부 조명

주·야간에 터널내 균일한 휘도로 운전자의 시각 인지성 확보를 위한 조명

3. 출구부 조명

주간에 터널 출구를 통해 보이는 높은 야외 휘도의 눈부심에 의한 시각적 장해 해결을 위해 기본 조명에 부가하여 설치하는 조명

4. 접속도로 조명

야간에, 입·출구부의 상황, 도로의 선형적 변화 인지를 위해 설치하는 조명

Ⅳ. 조명방식

1. 대칭 조명(Symmetric Lighting)

(1) 교통의 진행 방향과 동일 방향 및 반대 방향으로 같은 크기의 빛이 투사되는 조명방식
(2) 양 방향으로 대칭적인 광도분포를 보이는 조명기구를 사용하는 것이며, 표준장해물에서의 휘도대비계수가 0.2 이하이다.

2. 카운터빔 조명(Counter-beam Lighting)

(1) 빛이 교통의 진행과 반대되는 방향으로 물체에 투사되는 조명방식
(2) 이 방향으로 큰 배광을 갖도록 비대칭적으로 빛을 발산하는 조명기구를 사용하는 것이며, 노면휘도는 높아지고 장해물은 노면을 배경으로 검은 실루엣으로 나타나며, 표준 장해물에서의 휘도대비계수가 0.6 이상이다.

3. 프로빔 조명(Pro-beam Lighting)

(1) 교통의 진행과 같은 방향으로 빛이 물체를 향해 비치는 조명방식
(2) 이 방향으로 큰 배광을 갖도록 비대칭적으로 빛을 발산하는 조명기구를 사용하는 것이며, 이 경우 노면에 수직인 차량의 배면이나 물체의 휘도는 높아지게 된다.

※ 휘도대비 계수 : 터널의 특정 지점에서의 노면 휘도와 수직면 조도와의 비

V. 설계기준

1. 설계 속도와 정지거리

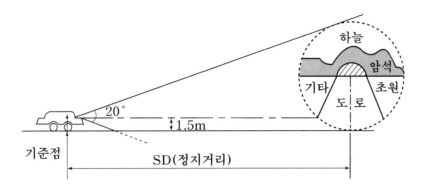

설계속도	60km/h	80km/h	100km/h
정지거리	60m	100m	160m

※ 정지거리 : 운전자의 반응시간 및 브레이크 조작 시간을 포함한 거리

2. 각 구간별 조명

(1) 경계부 조명

① 경계부 노면 휘도(L_{th})

경계부 노면 휘도에 대한 조절 계수(부표2)×원추형 시야내 경계부 노면 휘도(부표3)

② 경계부 조명 수준

정지거리의 절반지점부터 점차적, 선형적으로 감소하여 경계구역 종단에서 $0.4L_{th}$까지 감소되도록 함

(2) 이행부 조명

① 이행부는 경계부가 끝나는 지점에서 시작

② 단계별 휘도값 : $L_{tr} = L_{th}(1.9 + t)^{-1.4}$로 계산

③ 한 단계와 그 다음 단계의 최대 휘도비는 3이며, 이행부 최종 단계의 휘도는 기본부 휘도의 2배 이하

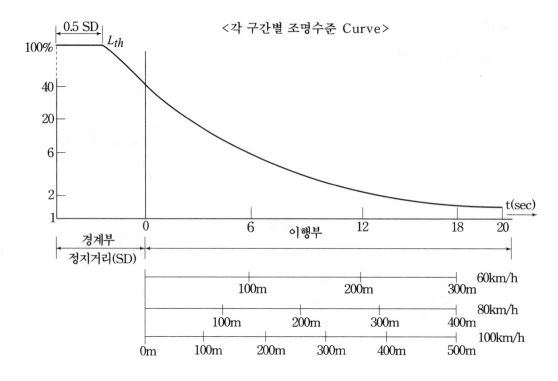

<각 구간별 조명수준 Curve>

※ 시간별 이행부에서의 단계별 휘도값($L_{th} \times \%$) ⇒ $L_{tr} = L_{th}(1.9 + t)^{-1.4}$

시간	0	2	4	6	8	10	12	14	16	18
L_{tr}(%)	40	14.9	8.3	5.5	4.0	3.5	2.5	2.1	1.78	1.5

(3) 기본부 조명

기본부 평균노면휘도 $L_{IN}(\text{cd/m}^2)$

정지거리(설계속도)	터널의 교통량		
	적음	보통	많음
160m(100km/h)	7	9	11
100m(80km/h)	5	6.5	8
60m(60km/h)	3	4.5	6

(4) 출구부 조명

기본부 휘도에서 시작, 출구 접속부 전방 20m 지점의 휘도가 기본부의 5배가 되도록 단계적으로 상승시킴

(5) 입·출구 접속부 조명

① 도로 조명기준 KSA 3701에 따름

② 입구 접속부 길이 : 정지거리 이상, 출구 접속부 길이 : 정지거리의 2배 이상

(6) 터널 술구역 천장 및 벽체조명

터널 벽 최소 2m 높이까지 평균휘도가 해당지점 노면 휘도의 100% 이상

(7) 터널 휘도 균제도

① 벽면 종합 휘도 균제도$\left(\dfrac{최소치}{평균치}\right)$: 0.4 이상

② 노면 차선축 균제도$\left(\dfrac{최소치}{최대치}\right)$: 0.6 이상

(8) 노면 조도 및 광속 계산

① 조도 $E = K \cdot L$

※ 조도 환산계수(K)

구분	LH	국토교통부	서울시
ASP '(lx/nit)	22	18	15
Con'c(lx/nit)	13	17	10

② 광속 $F = \dfrac{ESW}{UNM} = \dfrac{KLSW}{UNM}$ $\begin{cases} S : 등간격, \quad W : 차도폭 \\ L : 노면휘도, \quad K : 조도환산계수 \end{cases}$

VI. 결론

도로 터널 조명 설계시 터널 진입 전방의 안전한 시야 확보를 고려하고, 터널 내 조도선정에 있어서 가장 기준이 되는 적정 야외 휘도 선정이 우선 중요하며, 기타 설비 유지보수 및 운용비용 등을 종합적으로 검토하여야 함

1. L_{20}의 정의

입구 접속부의 평균휘도로써 20° 원추형 시계 내에서 측정된 휘도의 평균값으로 이는 관측자가 기준점에 위치하여 20°($2 \times 10°$)의 각도로 터널 입구 높이의 1/4에 해당하는 터널 입구의 중심을 향해 바라보는 상태에서 측정한 값

2. L_{20}의 편리한 점

계산이 가능하고 개구각도 20°의 휘도계로 측정할 수 있다는 점

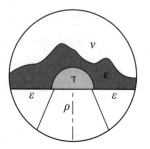

3. L_{20} 계산 방법

$$L_{20} = vL_c + \rho L_R + \epsilon L_E + \tau L_{th}^{(1)}$$

(단, $v + \rho + \epsilon + \tau = 1$)

$$\begin{cases} L_c : \text{하늘의 휘도(cd/m}^2) & v : 20° \text{ 시계 내 공중의 비율(\%)} \\ L_R : \text{도로의 휘도(cd/m}^2) & \rho : 20° \text{ 시계 내 도로의 비율(\%)} \\ L_E : \text{주변 휘도(cd/m}^2) & \epsilon : 20° \text{ 시계 내 주변의 비율(\%)} \\ L_{th} : \text{경계부 휘도(cd/m}^2) & \tau : 20° \text{ 시계 내 터널입구의 비율(\%)} \end{cases}$$

$$\begin{cases} L_{th}^{(1)} = \text{부표}(2) \times \text{부표}(3) \\ L_{th}^{(2)} = K \times L_{20} \text{(여기서 } L_{20} \text{은 측정 값 임)} \end{cases}$$

※ K값 Data

설계 속도(km/h)	$K = L_{th}/L_{20}$	
	대칭 조명 시스템	카운터 빔 조명 시스템
60km/h 이하	0.05	0.04
80km/h 이하	0.06	0.05
120km/h 이하	0.1	0.07

※ 20° 원추형 시계 내 야외 휘도(kcd/m²)

운전방향(북반구)	L_c(하늘)	L_R(도로)	L_E(주변)			
			바위	건물	눈	풀밭
북쪽	8	3	3	8	15	2
동·서쪽	12	4	2	6	10~15	2
남쪽	16	5	1	4	5~15	2

참고 2 KSA 3703 부표

※ 부표2 경계부 노면 휘도에 대한 조절계수

터널길이	교통량[1]	출구부 보임(기준점으로부터)				출구부 안보임(기준점으로부터)			
		주광입사				주광입사			
		좋음		나쁨		좋음		나쁨	
		벽면 반사율				벽면 반사율			
		30%초과	30%이하	30%초과	30%이하	30%초과	30%이하	30%초과	30%이하
50m 미만	전부	0%(주간 경계부 조명 필요 없음)				0%(주간 경계부 조명 필요 없음)			
50이상~ 100m 미만	적음	0%	0%	0%	0%	0%	50%	50%	50%
	보통	25%	25%	25%	25%	25%	50%	50%	50%
	많음	50%	50%	50%	50%	50%	50%	50%	50%
100m이상~ 200m 미만	적음	50%	50%	50%	50%	50%	100%	100%	100%
	보통	75%	75%	75%	75%	75%	100%	100%	100%
	많음	100%	100%	100%	100%	100%	100%	100%	100%
200m 이상	전부	100%				100%			

주) (1) 교통량 : 단위[차량대수/시간/차로]

① 일방통행 : 많음(1,000 이상), 보통(1,000 미만~300 초과), 적음(300 이하)

② 양방통행 : 많음(300 이상), 보통(300 미만~100 초과), 적음(100 이하)

※ 부표3 주간의 자동차 터널도로의 경계부 평균 노면 휘도 L_{th}[cd/m²]

20° 원추형 시야 내의 하늘의 비율		20° 원추형 시야 내의 경계부 평균 휘도 L_{th}[cd/m²]							
		20% 초과		20% 이하~ 10% 초과		10% 이하~ 5% 초과		5% 이하~0%	
시야 내의 밝기 상황		터널 방위[1,2]				주변 반사[3]			
		남향	북향	남향	북향	보통	높음	보통	높음
설계속도 (Km/h)	60	200	250	150	200	125	175	75	150
	80	260	360	200	300	180	270	150	240
	100	370	480	280	400	240	360	200	320

주) (1) 터널 입구의 방위(남향 : 남쪽 입구, 북향 : 북쪽 입구)

(2) 터널 입구의 방위가 동-서쪽의 경우 노면 휘도는 남향과 북향의 중간치를 선택한다.

(3) 터널 입구 주변의 반사에 따르는 영향

① 높음 : 터널 입구 부근의 지물이 흰색, 회색 등의 반사율이 높을 경우를 말하며, 입구 부근에 장기간 적설상태가 계속되는 경우도 여기에 포함된다.

② 보통 : 상기 이외의 경우를 말한다.

문제34 점멸 및 조광회로

Ⅰ. 개요

1. **점멸회로** : 스위치, 타이머, 전자 개폐기, 릴레이, 광도전소자 등을 조합하여 회로를 on
   – off하는 기능
2. **조광회로** : 원하는 밝기로 단계적, 연속적으로 제어하는 기능

Ⅱ. 점멸회로

1. 수동 점멸 회로

(1) 수동 S.W로 광을 on – off 제어
(2) 조작이 간편

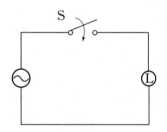

2. 자동 점멸 회로

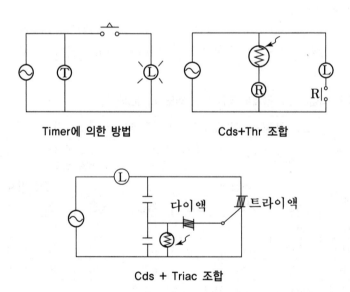

Timer에 의한 방법   Cds+Thr 조합

Cds + Triac 조합

(CdS 광전도소자 : 광량에 따른 저항값의 변화로 R 여자)

3. 마이크로 컴퓨터를 이용한 자동 점멸 회로

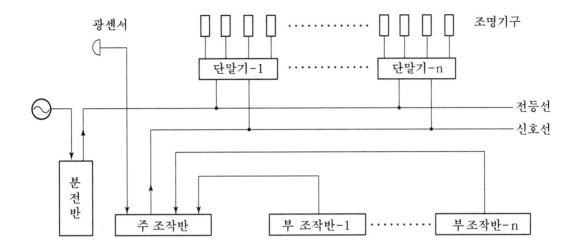

(1) 주광에 의한 조도레벨 유지제어
(2) 업무 스케줄에 따른 자동제어
(3) 자동제어 시스템은 중앙 집중방식으로 관리인이 상주하는 장소에 설치

Ⅲ. 조광회로

1. 종류 및 작동원리

(1) **전류가변식** : 가변 임피던스 Z를 조절 → I 가감(백열등)
(2) **전압가변식** : 단계별 TAP 전압 가변(형광등)
(3) **위상각 제어식** : 전력전자소자 이용, 도통각 제어

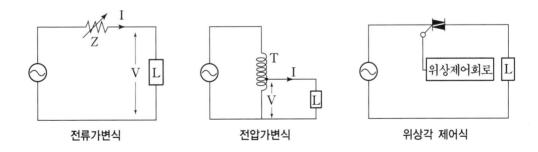

2. 소형 조광기(Dimmer)

(1) 회로 및 동작 파형(위상각 제어)

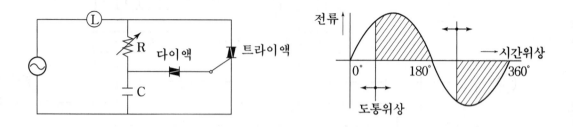

(2) 동작원리

① 전원전압이 양의 반 cycle인 경우 전류는 L로부터 R을 통해 C를 충전

② C의 충전전압이 다이액의 Break-over 전압을 초과시 다이액을 통해 트라이액 Gate로 급속방전 → 트라이액 도통 → L 점등개시

③ R가변을 통해 도통시간과 램프전류 제어

Ⅳ. 조광에서 주의사항

1. 백열전구의 경우 돌입전류 고려

2. 할로겐 전구는 할로겐 Cycle이 나빠져 수명단축

3. 형광램프는 유도성의 경우 램프전류의 입상이 늦어지면 트리거 펄스는 유지전류에 도달 시 까지 폭을 갖게 할 필요가 있음

4. 위상제어 방식은 고조파 or Flicker 발생에 유의

5. 기타 램프의 광출력, 수명, 색온도 영향을 고려 할 것

문제35 **IB에서의 조명제어 방식**

Ⅰ. 개요

1. 조명제어의 분류

조광제어, 점멸제어

2. 조명제어의 목적

(1) 쾌적한 환경 조성

(2) 에너지 절약

(3) 업무 능률 향상

(4) 관리의 효율성, 편리성 증대

(5) 건물 가치 향상

Ⅱ. 조명제어 방식

1. 조광제어(Dimming Control)

(1) 전류가변식

① 원리 : 전도성 용액이나 금속저항기를 이용한 임피던스가변

② 특징 : 발열, 효율이 낮아 거의 사용안함

(2) 전압가변식

① 원리 : 단권 TR 이용, 2차측 탭 조정

② 특징

㉠ 효율이 낮고 수명 한정적임

㉡ 다수회로를 독립 조정하는데 사용

(3) 위상각제어방식

① 원리 : Thyristor(Diac, Triac 등) 소자 이용한 도통각 조정

② 특징

㉠ 소형, 경량, 신뢰성 우수한 반면 고조파, Flicker 발생

㉡ 최근 가장 많이 사용

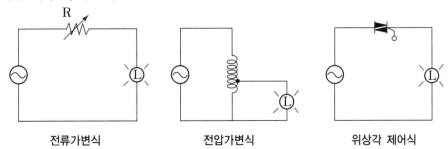

전류가변식   전압가변식   위상각 제어식

2. 점멸제어(조명대수제어)

(1) CCMS(Central Control Monitoring System)에 의한 조명 상태 감시 및 Schedule 제어, 개별 or 그룹별 제어 시스템

(2) 주요 제어 기능

종류	주요 기능
조도센서 이용	• 창측 회로 별도 구성, 주광센서에 의한 조도제어 • 재실 감지센서에 의한 조도제어
Time Schedule	• 24시간 Time Schedule 프로그램에 의한 자동제어
프로그램 제어	• PC를 통한 조명 감시 제어 • Program S/W에 의한 현장 조작 제어
전화기 이용 제어	• 전화 교환대와 조명 시스템 연계
Wireless 제어	• 적외선 방식의 송수신기 사용, 리모콘 조작, 디밍 제어 • 회의실, 세미나실 등 A/V 시스템과 연계, 효과적 조명 연출
그룹 및 패턴 제어	• 층별, 용도별, 지역별 그룹제어, 일괄제어 • 원하는 패턴(정전, 청소, 회의시)에 의한 조명 제어
기타 연계 기능	• 화재 수신반, 방범(감시카메라), 차량출입통제 • BAS 설비와의 연동

(3) 제어회로 구성도

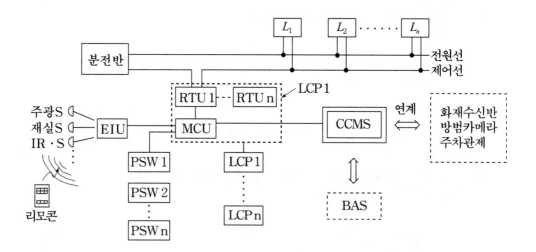

(4) 주요 구성품 기능

종류	구성요소		기능
중앙제어반 (CCMS)	CPU		프로그램에 의한 개별/그룹별, 패턴별 시간대별 제어
	CRT, Printer		Monitoring, 각종 Data출력
	I/F	CIU	MCU와 통신 인터페이스(MCU 32개까지 연결)
		TRU	전화기와 연계(Telephone Reservation Unit)
조명제어반 (LCP)	분산제어장치 (MCU : Main Control unit)		• 하나의 통신선에 병렬로 RTU 연결 사용 및 프로그램 설정 가능 • 최대 16개의 RTU와 프로그램 S/W 연결
	릴레이 구동장치 (RTU : Realy Terminal unit)		• 4개의 Relay 탑재 • 최대 16개까지 MCU에 연결 가능
현장제어반	Program Switch(PSW)		• MCU와 연결되는 현장제어 장치로 점소등 상태를 LED로 표시하고 그 wire 신호선을 이용하여 전송 • 고유번호 부여, 제어범위 설정 장소별, 시간대별 스케줄 제어 가능
	주광센서, 재실감지 센서		• 센서에 의한 자동점멸
	IR센서		• 리모콘 조작에 의한 조도제어

III. 결론

최근 IB환경의 조명제어는 첨단 무인 자동제어 실현으로 인력절감, 에너지 절약과 함께 건물내 최적의 조도를 유지시켜 업무능률 향상은 물론 BAS와의 연계를 통한 관리의 효율성을 극대화하는데 중요한 역할을 함

문제36 **건축물 조명제어시스템에 이용되는 주요 프로토콜(Protocol)**

I. 개요

1. 최근 필립스의 자료에 따르면 사무실 건물 내부에서 사용되는 에너지 분포를 보면 대략적으로 공조즉 냉난방 및 환기용으로 40%, 조명용으로 35%, 사무자동화기기용으로 15%, 온수용으로 10%정도의 분포를 나타나고 있다.

2. 건물 전반적으로 높은 효율의 조명에너지 이용을 효과적으로 달성하기 위해서는 고효율 광원 외에 진보된 조명제어 설비가 사용되어야 한다. 따라서 이러한 건물 조명제어에 필요한 여러 가지 다양한 프로토콜들이 개발되어 사용되고 있다

II. 조명제어 시스템의 구조

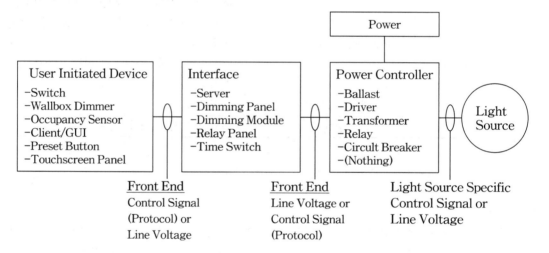

III. 건물 조명제어와 관련된 주요 프로토콜

1. 0-10VDC Front End(Cur ent Source)

(1) 이 방식은 ANSI E1.3 EntertainmentTechnology-Lighting Control Systems의 표준으로 여러 디지털 프로토콜의 방식이 발전되기 전에 건축시스템에서 가장 많이 사용된 아날로그 프로토콜

(2) 초기에 연극 및 연출 조명을 위해서 고안되었으며 근본적으로 조명제어 및 조광기(dimmer)을 제어하기 위한 것으로 0-10V의 직류전압으로 제어함

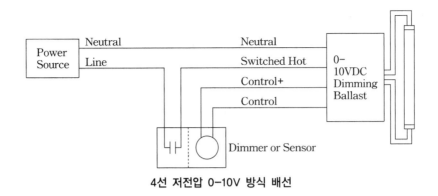

4선 저전압 0-10V 방식 배선

2. BACnet(Building Automation andControl Network)

(1) 건물 자동화 및 제어시스템의 통신 요구사항을 만족시키기 위해 특별히 설계된 프로토콜이며 최근의 많은 건물 자동화 시스템들에 사용

(2) 1995년에 ANSI/ASHRAE-135로 표준으로 채택, 국내는 2000년에 KSX6909의 표준 규격으로 제정되었고 현재까지 지속적으로 보완

(3) 냉난방 및 환기 등 공조기를 포함해 조명시스템, 출입관리시스템, 보안 및 화재 감지 시스템에 적용

3. DALI(Digital Ad res able LightingInterface)

(1) 유럽에서 개방형 디지털 조명제어 방식으로 현재 IEC60929 표준으로 처음에는 제어 기와 형광등 안정기 사이의 양방향 통신을 위해 고안되었지만 현재는 다른장치들과 제어기를 포함하려는 작업이 진행 중.

(2) 16개의 제어 구역에 대해 어떠한 결합이든 관리할 수 있고 양방향 특성의 실시간 응답으로 램프와 안정기의 유지보수 등에도 효율적으로 이용가능.

(3) 개별 제어시스템으로 동작할 수 있고, 또한 보다 큰 건물관리시스템에 Subsystem 으로 통합가능.

(4) DMX와 달리 DALI는 직접적으로 복잡한 LED 조명기구를 제어하고 동적효과를 극대화 시키는 목적에는 부적합.

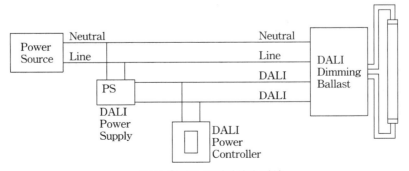

DALI 형광등 조광방식의 배선

4. DMX 512(Digital Multiplex)

(1) 통상 DMX라고 불리우는 DMX512는 1986년에 제어기와 조명설비 사이의 통신을 위해서 USITT(United States Institute for Theatre Technology)에 의해 최초로 만들어졌고, 대부분의 용도에서 Front end 방식으로 이용

(2) 디지털 조명제어 통신 네트워크에 대한 표준

(3) 네트워크 세그먼트(segment)당 최대 512개의 제어 채널을 제공하며 두 개의 와이어를 통해 표준 RS-485 전송장치를 사용, 250 kbps의 데이터를 전송함.

(4) LED 조명등의 온/오프, 조도, 색온, RGB 컬러, 모터제어 등이 가능.

5. KNX(Kon ex)

(1) 단독 주택 및 사무실 등 모든 건물의 지능적 제어를 위해 EIB(European InstalationBus)와 EHSA(European Home StandardsAs ociation)의 합의에 의해 만들어 짐.

(2) EN50 90, ISO/IEC 14543-3 등에 표준으로 되어있고 유럽, 특히 독일, 오스트리아, 스위스 등에서 조명 제어를 위해 광범위하게 사용되고 있고, 필립스도 KNX를 채택한 건물관리와 연계된 조명제어시스템을 보급함.

(3) KNX는 유선 및 무선 이더넷 통신을 허용하며 빌딩 관리 장치를 제어하는 BACnet과 Lonworks와 경쟁관계

6. LonWorks

(1) Echelon사에서 개발한 분산제어 네트워크 기술로 공장자동화, 건물관리 등에 서 폭넓게 사용.

(2) 2009년에 국제 표준화 기구 ISO와 국제전기표준 회의 IEC의 국제 표준 ISO/IEC 14908-1로 채택.

(3) 개방형 표준프로토콜로 마이크로프로세서로 Neuron Chip을 사용.

(4) 건물에너지관리분야에서는 기능적으로 BACnet, KNX와 경쟁관계

7. ZigBe

(1) IEEE 802.15.4에 근간을 둔 표준 프로토콜로 낮은 데이터 전송율, mesh 네트워크, 양방향 통신.

(2) 저전력소모의 범용적인 저가 무선 네크워크를 구성할 수 있기 때문에 블루투스나 와이파이 같이 빠르고 많은 데이터 전송이 필요한 고가형 제품이 필요하지 않은 용도에서 조명제어 외에도 산업용제어, 센서, 건물 자동화기기 등 많은 곳에서 효과적인 이용이 가능.

Ⅳ. 결 론

기존의 건물관리 시스템들은 각각 제조회사에 따라 다른 프로토콜을 갖는 장비들로 각 다른 기능들을 제어하였던 경향에서 BAKnet, Lonworks 등 개방형 프로토콜을 사용하는 기기들로 통합 관리 및 쉽게 확장할 수 있는 환경으로 가는 중에 있다. BACnet, Lonworks 이 미국에서 제안된 개방형 프로토콜이라면 최근에 유럽에서는 KNX를 제안해서 경쟁관계에 있다고 볼 수 있다. 한편 조명기기 자체는 DMX, DALI 등 조명기기의 규모에 맞는 표준 프로토콜이 널리 사용되고 있고 또 Zigbe 라는 무선통신 프로토콜을 조명시스템에서도 적용이 확장되고 있다.

문제37 | 조명기구를 이용한 눈부심의 제한

I. 개요

옥내 조명에서 눈부심 제어 방법이 여러 가지가 있으나 그 중 눈부심의 원인이 되는 조명
기구에서 특정 방향의 휘도를 제한하는 방법이 많이 사용됨

II. 눈부심 제한 조명기구의 분류

1. 국내

(1) G_1 : 세밀한 작업/발광면에 패널 등을 사용하여 눈부심 제한

(2) G_2 : 하면개방형

(3) G_3 : 램프 노출

2. 일본(국내보다 엄격)

(1) V_1 : VDT에 반사 방지가 안된 VDT 전용실

(2) V_2 : 반사 방지 처리가 된 VDT 전용실 or 처리가 안된 일반 사무실

(3) V_3 : VDT에서 반사 방지 처리가 된 일반사무실

3. CIE 등급

질적 등급	질적 수준	적용 장소의 예	눈부심 등급
A	매우 높다	제도실	1.12
B	높다	일반 사무실	1.5
C	중간	슈퍼마켓	1.85
D	낮다	화장실	2.2
E	매우 낮다	제철소	2.55

III. 눈부심 제어용(Glareless형) 조명기구

1. Glareless형 조명기구란

OA화에 따른 사무실의 VDT(Visual Display Terninal) 기기가 도입되면서 CRT 화면으로
부터 광막반사에 의한 Glare 발생을 억제하기 위해 Glare Zone 내 차광각을 제어하도록
설계된 조명기구

2. Glare Zone

시선을 중심으로 한 상하 30° 범위

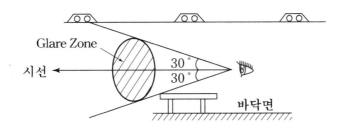

3. 차광각(보호각)의 제한 목적

차광각을 30°로 하는 것은 일반적 VDT 시작업에서 머리 뒤 조명기구로부터 연직각 60°
위쪽으로 빛이 VDT에 반사되기 때문

4. 차광각 제한 방법

(1) 일반 확산면 루버 사용 : 효율저하 방지를 위해 루버의 길이 D를 깊게, 루버 사이 간격
　　S를 짧게 함

(2) 파라볼릭 루버
　　① 단면이 모양이 포물선 형태
　　② 넓은 간격에서도 좋은 효율 유지 가능

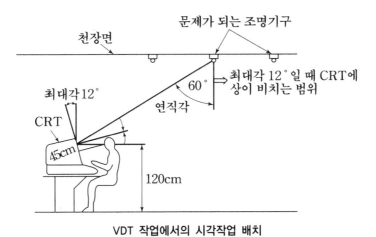

VDT 작업에서의 시각작업 배치

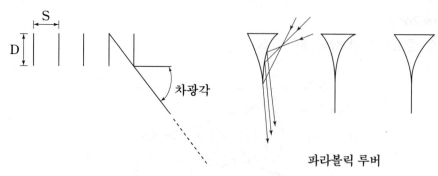

루버의 차광각과 파라볼릭 루버

5. 차광각 제한시 유의점

(1) 천장과 벽의 위쪽 부분이 어두워 방전체가 어두워지는 동굴효과 발생

(2) 심리적 불안감

전력품질, 유도장해

PART 18

문제1   뇌, 개폐 과전압(Surge) 발생과 저압설비 보호대책

I. 개요

1. 과전압 보호시설 기준

(1) 년간 뇌우일수 AQ2 이상(〉 25일/年)인 경우 대기현상에 의한 과전압 보호실시
보호레벨은 내 임펄스 Category Ⅱ 값을 초과하지 말 것

(2) 상기에 적합한 조건에서 SPD 또는 동등이상으로 과전압 감소조치

(3) 뇌 과전압 보호 → 개폐 과전압 보호도 동시 성립(추가 조치 필요 없음)

2. 과전압 (Surge)파형

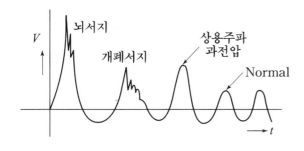
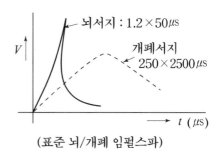

(표준 뇌/개폐 임펄스파)

3. 관련근거

KEC-213.2, IEC 60364-4-44, 61643, 62305

II. 뇌, 개폐에 의한 과전압(Surge)

1. 뇌서지

(1) 정의 : 뇌방전에 의해 발생하는 급준파 서지

(2) 종류 : 직격뢰, 간접뢰(유도뢰, 측뢰, 역류뢰)

(3) 침입경로

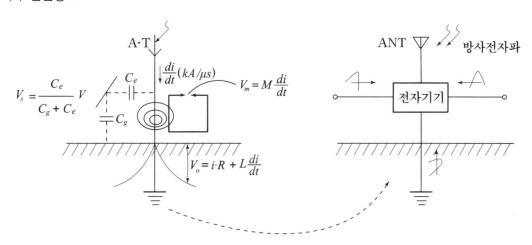

2. 개폐서지

(1) 정의

전원계통에서 개폐조작 조건의 갑작스런 변동에 의한 과도현상으로 고주파 또는 감쇠진동성 서지, 뇌서지에 비해 크기 작고 상승시간 늦음

(2) 종류

① 무부하 선로 개폐서지 : 투입서지, 차단시 재점호 서지
② 유도성 소전류 차단서지 : 전류절단, 반복재발호, 유발재단 서지
③ 기타 : 고장전류 차단서지, 3상 비동기 투입서지, 고속도 재폐로서지 등

Ⅲ. 기기 보호대책

1. 뇌서지 대책

(1) 수전설비

수용가 인입측 LA설치

(2) LPS(Lightning Protection System)

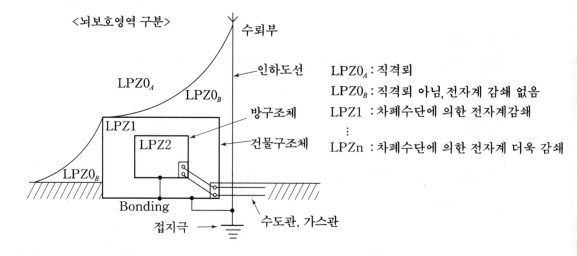

<뇌보호영역 구분>

$LPZ0_A$: 직격뢰
$LPZ0_B$: 직격뢰 아님, 전자계 감쇄 없음
$LPZ1$: 차폐수단에 의한 전자계감쇄
⋮
$LPZn$: 차폐수단에 의한 전자계 더욱 감쇄

① 외부 뇌보호 : 수뢰부, 인하도선, 접지전극
② 내부 뇌보호 : 뇌 등전위 본딩, 전기적 절연

(3) SPM(LPMS : LEMP 방호대책)

① 접지 및 본딩
ㄱ 바닥 메시화 + 1점접지 : 서지임피던스 저감, 기준전위 안정화(ZSRG)
ㄴ 본딩망 구축 : 기기간 전위차 최소화, 자계감소
② 차폐 : 공간차폐, 내부 배선차폐 (차폐 Cable, Cable Tray, 금속덕트이용)
③ 선로 적정배치 : 유도 루프 최소화

④ 협조된 SPD 시스템

㉠ LPZ별 에너지 협조, 내부 및 외부서지 영향으로부터 단계적 보호

㉡ 기기 정격 임펄스 내전압(SPD사양은 아래값 이하로 선정)

뇌임펄스 Category		Ⅳ	Ⅲ	Ⅱ	Ⅰ
임펄스 내전압(kV)	단상 120~240V	4	2.5	1.5	0.8
	3상 230/400V	6	4	2.5	1.5
대상설비		설비인입구	간선 및 분기회로	부하기기	특별보호기기
SPD 등급 및 설치장소		ClassⅠ (배전반)	ClassⅡ (분전반)	ClassⅢ (제어반)	

⑤ 절연 인터페이스 : 레벨 Ⅱ 절연기기, 절연변압기, 광케이블, 광결합기, SPD 이용

2. 개폐서지 대책

(1) **차단기** : 고속, 저항차단방식 채용, 절연내력 높은 매체사용

(2) **선로측** : 중성점접지, 분로리액터 설치

(3) **기기측** : SA, SPD설치

(4) **TR 고·저압 권선간 정전 차폐**(정전 이행전압 방지)

(5) **FACTS 또는 Custom Power 기기활용** : SVC, SVG, Active Filter 등

3. 기타 고려사항

(1) 배선이격 or 분리, Shield & Twisted Pair Wire 사용

(2) NCT, Line Filter 설치 등

Ⅳ. 결론

최근 고도 정보화 사회의 도래로 건축물의 저압계통에 민감한 전자장비의 사용이 급증하므로써 뇌 및 개폐에 의한 과도서지로부터 보호할 수 있는 다각적인 대처 기술이 필요하다.

문제2 개폐서지(종류, 발생 Mechanism, 대책)

Ⅰ. 개요

1. 개폐서지는 선로의 개폐조작에 따른 과도현상 때문에 발생되며, 투입서지와 개방서지로 분류됨

2. 개폐서지의 종류

(1) 무부하 선로 개폐서지 : 투입서지, 차단시 재점호서지

(2) 유도성 소전류 차단서지 : 전류절단서지, 반복재발호서지, 유발재단서지

(3) 기타 : 고장전류 차단서지, 3상 비동기 투입서지, 고속도 재폐로서지 등
　　　　　여기서는 (1), (2)항에 대하여 설명하고자 함

Ⅱ. 무부하 선로 개폐서지

1. 투입서지

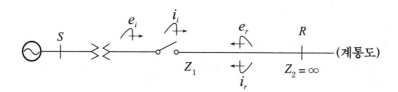

(계통도)

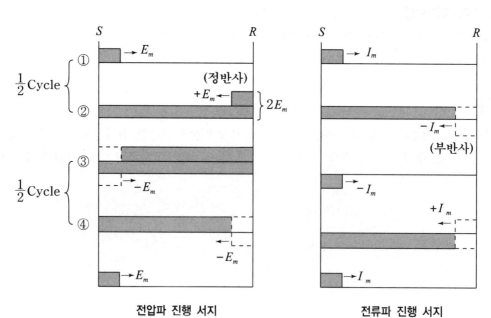

전압파 진행 서지　　　　　　　전류파 진행 서지

(1) 차단기 투입과 동시에 E_m, I_m의 진행파가 송전단으로부터 수전단에 도달시
종단 개방조건 $(Z_2 = \infty)$이라면 전압파는 정반사하여 $2E_m$의 이상전압 발생

$$\left. \begin{array}{l} e_r = \dfrac{Z_2 - Z_1}{Z_2 + Z_1}\, e_i \\[2mm] i_r = -\dfrac{Z_2 - Z_1}{Z_2 + Z_1}\, i_i \end{array} \right\} \; Z_2 = \infty \text{이므로} \; \begin{cases} e_r = e_i \,(\text{정반사}) \\[1mm] i_r = - i_i \,(\text{부반사}) \end{cases}$$

여기서 $Z_1,\ Z_2$: 선로와 선로종단의 특성 임피던스(파동임피던스)

(2) 반 사이클 후 송전단에서 $-E_m$이 진행되어 선로 파고 값이 E_m으로 되며 수전단에서
정반사하기 때문에 선로전압 E_m은 상쇄되어 0이 됨

(3) 즉, 무부하 송전선로의 차단기 투입시 발생서지는 기껏해야 2배정도로 무시해도 된다.

(4) 그러나 선로의 정전용량이 커서 잔류전하가 남아있는 경우 재발호와 같은 높은 서지
전압이 발생 될 수 있다.

2. 차단시 재점호서지

(1) 무부하 선로의 충전전류를 차단하는 경우 전류의 위상이 전압보다 $90°$ 앞서게 된다.

(2) 차단시 전류 영점에서 전압은 최대 E_m이고 선로에 그 전압이 잔류한다.

(3) $\dfrac{1}{2}$ Cycle후에는 차단기 극간에 $E_m - (-E_m) = 2E_m$이 인가되어 절연회복이 충분치 못
하면 재점호되고 잔류전압이 급격히 전원전압으로 되돌아가려고 진동을 발생, 최대
$3E_m$에 이르는 서지 발생

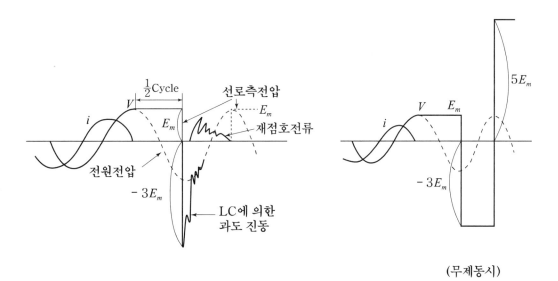

(무제동시)

III. 유도성 소전류 차단시 발생서지

1. 개요

소호력이 강한 공기차단기, 진공차단기 및 소유량 차단기 등을 사용하여 변압기의 무부하 여자전류, 소용량 전동기의 지연 소전류 차단시 발생

(1) 유도성 → 회로의 인덕턴스가 크다는 것을 의미

(2) 소전류 차단 → 전류 0점이 아닌곳에서 고속차단($-L\dfrac{di}{dt}$에 의한 이상전압 발생)

2. Surge 발생 현상

(1) 전류 절단 서지

① 지연소전류 차단시 전류의 자연 0점이 아닌 곳에서 강제 차단하는 경우 발생

② 그림의 A점에서 전류절단 발생시 부하 L에 축적된 전자(電磁)에너지가 부하의 대지 정전용량 C를 충전하는 정전(靜電)에너지로 변환됨

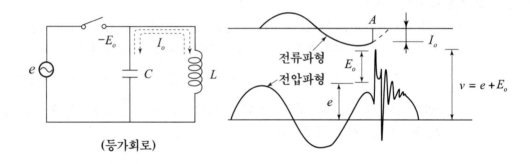

(등가회로)

③ 이때 L, C간 전기 진동이 일어나면서 극간 서지 v가 발생함

$$\frac{1}{2}Ce^2 + \frac{1}{2}LI_0^2 = \frac{1}{2}Cv^2$$

$$v = \sqrt{\frac{L}{C}I_0^2 + e^2} \simeq \sqrt{\frac{L}{C}}I_0$$

    I_0 : 전류절단값

    E_0 : 전류 절단 순간의 부하측 대지전압

④ 이와 같이 전류가 0이 아닌 점에서 차단되는 것을 전류절단(or 전류재단)이라 하며 이것은 회로의 인덕턴스 성분에 의해

    $E_o = -L\dfrac{dI_0}{dt}$의 관계식으로부터

$dt \simeq 0$ 이기 때문에 유기전압(역기전압)이 매우 커서 계통에 이상 전압 발생과 함께 회로의 L,C에 의한 진동주파수를 일으켜 과도진동 전압으로 나타나게 됨

(2) 반복 재발호서지

① 전류절단서지가 발생할 경우 차단기의 극간 절연회복이 충분치 않으면 발호와 소호가 짧은 시간에 여러번 반복되는 것

② 반복 재발호는 재발호시 회로에 흐르는 고주파전류가 강제적으로 전류영점을 만들기 때문(최대 상전압의 5~6배)

< 반복 재발호 파형 >

(전류절단시 과전압에 의한 파형) (L의 축적에너지에 의한 전압 Build-up)

($e_2 < e_1$ 일때 극간 절연회복 → 재발호정지)

(3) 유발절단(誘發絕斷)

3상 전류를 차단시 전류 영점이 되지 않는 상도 차단되어 큰 전류 절단에 의한 서지 전압 발생(실제 회로에서는 거의 발생 안함)

Ⅳ. 개폐서지 억제 대책

1. 차단기 : 고속, 저항차단 방식, 절연회복이 빠른 소호방식 채용

2. 선로측 : 중성점 접지, 분로리액터 설치

3. 수전설비 : LA, SA, SPD설치

4. TR고저압 권선간 정전차폐

(3상 불균형 투입에 의한 이행전압 방지)

5. 콘덴서 회로용 개폐기

기중→유입개폐기 사용, 회로에 직렬 리액터 사용

6. FACTS(or Custom power)기기 활용

(SVC, SVG, Active filter 등)

Ⅴ. 결론

개폐서지는 투입시 보다는 개방시, 부하시 보다는 무부하시 더 높은 이상전압이 발생되며 이 중 무부하 선로의 충전전류 차단시 가장 큰 이상 전압이 발생되므로 개폐기(차단기) 선정시 이를 고려해야 함

문제3 | IB환경에서 전자기기의 뇌서지 영향과 보호대책

Ⅰ. 개요

1. 최근기후변화로 인해 낙뢰 발생이 빈번하고 IB의 증가와 함께 서지에 취약한 전자·통신 기기들의 사용이 급증하면서 낙뢰로 인한 피해 대책이 시급하다.
2. **관련근거** : KSC IEC-62305, 60364, 61643

Ⅱ. 뇌서지 기본개념

1. **정의** : 뇌방전에 의해 발생하는 급준파 서지
2. **종류** : 직격뢰, 간접뢰(유도뢰, 측뢰, 역류뢰)

3. **표준 임펄스파형**

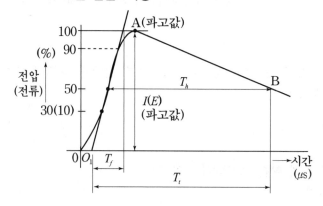

O_1 : 규약 0점　　OA : 파두장
AB : 파미장　　$I(E)$: 피크전류(피크전압)
T_f : 파두시간
$I(E)$: 피크전류(전압)
T_t : 파미시간, T_h : 반파고시간

$\left(\begin{array}{l}전압파형 : 1.25 \times 50 \mu s \\ 전류파형 : 8 \times 20 \mu s\end{array}\right.$

Ⅲ. 뇌서지 발생과 영향

침입경로	전자기기에 미치는 영향
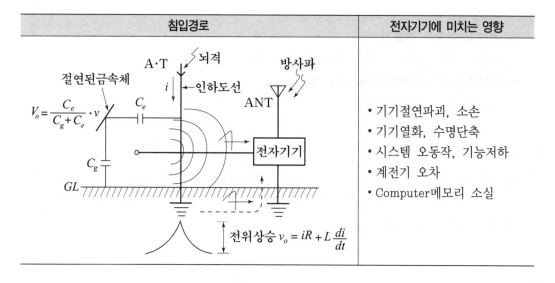	• 기기절연파괴, 소손 • 기기열화, 수명단축 • 시스템 오동작, 기능저하 • 계전기 오차 • Computer메모리 소실

Ⅳ. 서지전파모드 및 영향

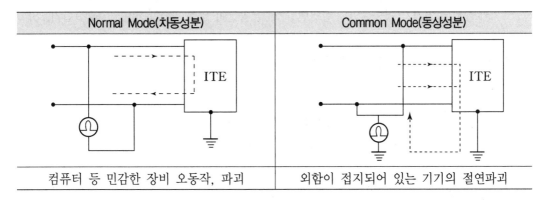

Normal Mode(차동성분)	Common Mode(동상성분)
컴퓨터 등 민감한 장비 오동작, 파괴	외함이 접지되어 있는 기기의 절연파괴

Ⅴ. 뇌서지 기본대책

1. 수전설비보호

LA, SA설치

2. LPS(뇌보호 시스템)

(1) 외부뢰 보호 : 수뢰부, 인하도선, 접지전극

(2) 내부뢰 보호 : 뇌 등전위본딩, 전기적 절연

3. SPM(LPMS : LEMP 방호시스템)

(1) 접지와 본딩

① 바닥 메시화 및 1점접지 : ZSRG 확보로 기준전위 안정화

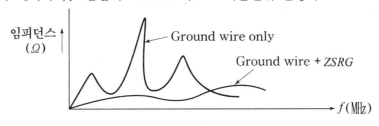

임피던스의 변화

② 본딩망(BNS) : 전위차, 자계감소목적

기본형태	시공형태
스타형, 메시형, Combination형	스타형, 수평메시형, 다중메시형

(2) 자기차폐와 선로경로 적정배치 : 내부 유도서지 감소

(3) 협조된 SPD 시스템

① LPZ별 에너지 협조

② SPD사양은 Category별 기기정격 임펄스 내전압 이하로 선정

(4) 절연 인터페이스

레벨 II 절연기기(이중절연), 절연변압기, 금속물이 없는 광섬유케이블, 광결합기, SPD 이용

VI. 전자·통신기기 뇌서지 보호대책

1. 보호방식 분류

구 분	구성도	기 능
공통접지법		전력선과 통신선을 SPD를 통해 과전압 억제 및 공통접지로 대지간 전위차 해소
By-pass법		전력선과 통신선을 SPD(바리스터소자)로 연결, 뇌서지를 Bypass시킴
절연법		전력선과 통신선에 절연 TR설치 → 전자기기로 침입하는 이행전압 억제

2. 뇌서지 보호시스템 구성(예)

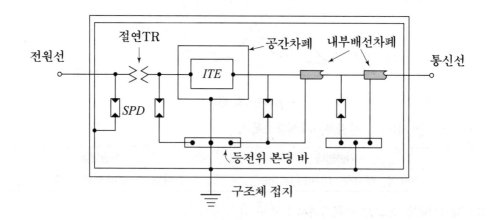

VII. 결론

컴퓨터 및 전자기기들은 뇌서지에 대단히 취약하므로 서지 종류, 침입경로, 전파모드 등을 고려하여 상술한 바대로 효과적인 보호대책이 필요하다.

문제4 노이즈 발생 및 방지대책

I. 개요

최근의 전자기기는 고직접화, 스위칭 소자의 고속화에 따라 $\frac{di}{dt}$ 에 의한 노이즈원을 발생시켜 시스템 오작동 및 데이터 소실 등 각종 산업재해를 초래하는 바 이에 대한 대책이 요구되는 실정임

II. Noise의 기본개념

1. **정의** : 전자기기 등에 악 영향을 끼치는 원하는 신호 이외의 고주파 잡음원

2. EMC환경의 주파수 영역 구분

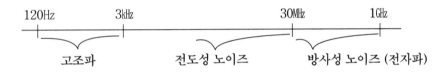

3. 노이즈 전달경로

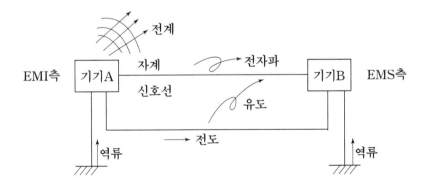

4. 노이즈 발생원
   (1) 방전에 의한 것(낙뢰, 코로나, 정전기 방전 등)
   (2) 전로의 개폐, 반도체소자의 고속 스위칭
   (3) 순시전압변동, 플리커, 기타 과도현상

Ⅲ. Noise의 종류

1. **방사 노이즈** : 전자파 형태로 공간을 통해 전달
2. **유도 노이즈** : 정전, 전자유도에 의해 전달

3. 전도 노이즈

노이즈 발생원으로부터 전원선, 신호선, 접지선을 통해 전달

(1) Normal Mode(차동성분) : 전원선간 걸리는 노이즈
(2) Common Mode(동상성분) : 전원선과 대지(접지)간 걸리는 노이즈

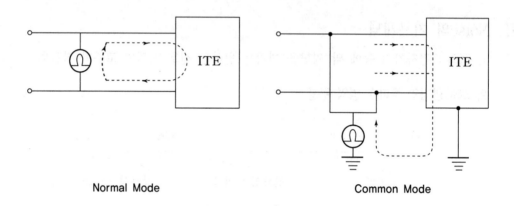

Normal Mode   Common Mode

(3) 선로상을 진행하는 과정에서 Mode 변환 발생 → 서로 독립적으로 취급곤란

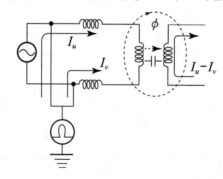

Ⅳ. Noise영향(장해)

1. 컴퓨터 시스템 오동작, 부품파손, Memory소실
2. 통신교란, 음향기기 잡음, 전자식 계전기(계기)오차
3. 생체의 열작용, 자극작용

V. Noise 방지대책

1. 정전유도 대책

(1) 전력선과 통신선간 거리 이격

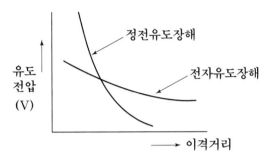

전자유도장해에 비해 이격거리에 대한 효과 크다.

(2) 연가실시

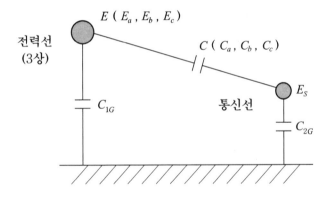

$$E_S = \frac{\sqrt{C_a(C_a - C_b) + C_b(C_b - C_c) + C_c(C_c - C_a)}}{C_a + C_b + C_c + C_{2G}} \times E$$

연가시 $C_a = C_b = C_c$가 되므로

$$\therefore E_S = 0 (\text{정전유도전압 발생 없음})$$

(3) 정전 Shield : Shield Cable 채용

2. 전자유도 대책

(1) 전력선과 통신선 교차배선

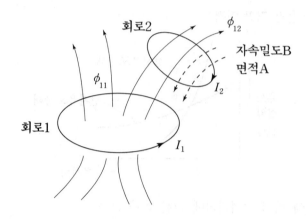

노이즈전압 $V_n = -\dfrac{d}{dt}\oint_A \overline{B}\cdot\overline{A}$

$= -\dfrac{d}{dt}\phi_{12} = -j\omega BA\cos\theta$

여기서 $\theta = 90°$ 교차시 $\cos\theta = 0$ 이므로

$\therefore V_n = 0$ (노이즈 발생 없음)

(2) 상호인덕턴스 M저감, 병행길이단축

$V_n = jwMl \times 3I_o(V)$

(3) 전자(電磁)Shield

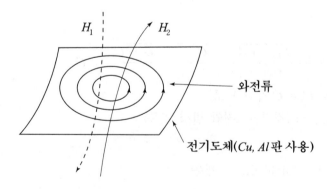

도전율이 높은 실드재 사용

도전율이 높은 재료일수록 (실드재료의 자기임피던스가 낮을수록) 역방향의 자력선도 강해 실드효과 크다. (예 : Al 〉Fe)

3. 전도 Noise대책

(1) Normal Mode Noise 저감

① RC Filter 채용

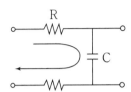

② Twisted Pair Cable 사용

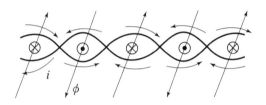

전류 i에 의한 ϕ발생 →
ϕ교차 상쇄로 Noise 저감

(2) Common Mode Noise 저감

① L·C Filter 채용

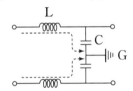

② N·C·T(Noise Cut Tr) 설치
  Ground Loop 차단, Normal Mode와 Common Mode Noise 모두 방지

③ Common Mode Choke 설치

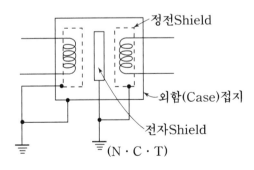

정전Shield
외함(Case)접지
전자Shield
(N · C · T)

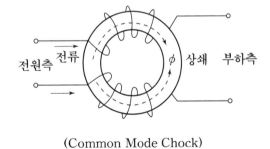

전원측 전류 ϕ 상쇄 부하측

(Common Mode Chock)

4. 접지 및 본딩

(1) 통합접지 시스템 구축(구조체 이용)

(2) 바닥 Mesh에 의한 기준전위(ZSRG)확보

(3) 등전위 본딩에 의한 전위차 해소

5. 기타

(1) EMC(EMI, EMS)인증 제품, 光Cable사용, 정보기기 간선 별도구축

(2) 다심 Cable채용, Ground Loop 최소화, 가급적 굵은 도체 사용 등

VI. 결론

1. 최근 반도체 기술의 급진보로 내부 노이즈원 발생과 동시에 외부 노이즈 환경에 취약성이 노출되어 전자기기에 각종 장해 유발

2. 따라서 상기에 기술한 대책을 통하여 노이즈 발생 억제, 통과저지, 기기내량 강화 등의 수단이 필요하다.

참고 1 Noise와 고조파의 차이점

1. 개요

(1) Noise란 원하는 신호 이외의 고주파성 잡음을 말함

(2) 전력전자 소자분야에서 2~50차까지의 것을 고조파라하고, 그 이상의 것을 보통 Noise로 취급

(3) IEC 1000-3에서는 40차 성분까지를 고조파로 보고(60Hz기준으로 볼 때 2.4kHz 까지의 주파수), 그 이상을 Noise로 구별

(4) 유럽 연합의 EMC규격 : 9kHz를 경계로 저주파, 고주파로 규정

(5) IEEE 1159에서는 100차(~6kHz)까지로 규정

2. Noise와 고조파의 차이

항 목	Noise	고조파
주파수대	약 9kHz 이상	3kHz 이하
주요 전달경로	표피, 공간(전도성, 유도성, 방사성)	선로(전도성)
발생패턴	랜덤	정량적
발생원인	정류소자 고속 스위칭(PWM제어) 뇌, 개폐서지 등	정류소자 스위칭(PAM제어), 회전기 슬롯, 철심포화 등
피해대상	전자 통신기기(오동작, 잡음)	전기기기(오동작, 과열, 소손)
발생크기에 영향을 미치는 주요 factor	스위칭 주파수	전원 임피던스
주요 저감대책	• Noise Filter, NCT설치 • UTP, STP Cable사용 • 차폐, 접지	• AC, DC Reactor채용 • 고조파 Filter 설치 • 다상, 다펄스화

참고 2 차폐(Shield)

1. **정전차폐** : 상호정전용량(예 : 전력선과 통신선간)에 의한 정전유도 방지
   대책 : 접지, Shield wire, Shield TR 사용

2. **자기(자계)차폐** : 공간자계흡수
   - 자계에 대한 차폐는 전계와는 달리 접지만으로 완전한 효과를 기대하기 어렵다.

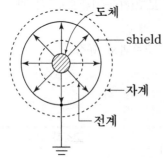

   - 직류와 저주파에 의한 자계 차폐
     → 투자율이 크고 두꺼울 수 록 효과 크다.
     (주파수가 높으면 → 투자율 저하 → 자기저항 증대 →
     Shield 효과감소)
   - 대책 : 고투자율 재료(Fe) 사용

3. **전자(電磁) 차폐**
   - 상호인덕턴스에 의한 전자유도 방지
   - 대책 : 고도전율 재료 사용(Cu, Al판)
   - 일반적으로 차폐라 하면 전자차폐를 흔히 가르킴

참고3 각종 Noise 방지용 변압기 비교

종 류	구 조	특 징
절연변압기 (Insulating TR	1차코일과 2차코일이 완전 분리되어 권선된 것으로 1차측 전압·전류가 2차측에 직접 연결되는 것을 방지	- 1차와 2차가 완전분리되어 전도가 없음. - 공통모드, 노말모드 노이즈는 모두 통과.
차폐변압기 (Shield TR)	1차와 2차권선 사이에 정전용량 차폐만을 부착하고 1차측에 전압·전류에 포함되는 고주파(노이즈)가 분포 정전용량을 통하여 2차측에 유도되는 것을 방지.	- 1차와 2차가 분리구성되고 정전 결합 없다. - 노말모드 통과, 공통모드의 주파수는 낮은 부분을 방지되나 높은 부분은 통과.
노이즈 차단 변압기 (Noise Cut TR)	코일과 트랜스의 외부에 다중피복 전자차폐판을 설치하고 코아와 코일의 재질, 형상을 고주파(노이즈)의 자속이 코일 상호간에 교차되지 않게 접속, 분포 정전용량 및 전자유도에 의한 노이즈의 전도를 방지	- 1차와 2차간 분리구성되고, 정전 결합이 없고, 고주파 전자유도가 없다. - 모말모드와 공통모도 노이즈 모드 방지.

문제5 | 맥스웰 방정식(Maxwell-Equation)

Ⅰ. 개요

1. 맥스웰 방정식은 페러데이, 암페어, 가우스 법칙의 미분형을 일반화된 전자계 방정식으로 유도하여 전계와 자계의 상호관계를 표현한 전자파 해석에 기본이 되는 방정식임

2. 헤르쯔의 전파의 발견 및 아인슈타인의 특수상대성 이론의 기초가 되었으며 전자기파의 개념을 광학까지 확립하는데 기여함

Ⅱ. 맥스웰 방정식의 4가지 형태

1. 전계 Gauss 법칙의 미분형

$$\nabla \cdot D \,(\mathrm{div}\, D) = \rho[\mathrm{C/m^3}] \quad \rightarrow \quad \nabla \cdot E = \frac{\rho}{\varepsilon}$$

(1) 전기를 띤 입자(전하)가 존재하면 그것으로부터 전기장(E)이 발생함

(2) 전기장의 발산($\mathrm{div}\, E$)은 전하밀도(ρ)에 비례하고 유전율(ε)에 반비례 함

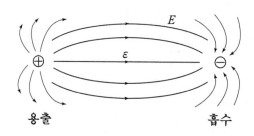

용출   흡수

2. 자계 Gauss 법칙의 미분형

$$\nabla \cdot B \,(\mathrm{div}\, B) = 0 \quad \rightarrow \quad \mathrm{div}\, H = 0$$

(1) 자기장의 발산 = 0

　① 자기장의 발생과 소멸은 없다.

　② 즉 임의의 폐곡면을 통해 발산하는 자속의 총합은 0이다.

(2) 자기 홀극은 존재하지 않는다.(N극에서 생겨 S극에서 소멸)

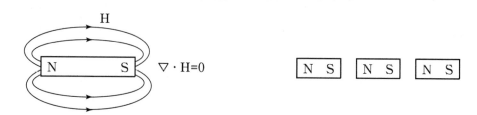

3. 전계 Faraday 법칙의 미분형

$$\nabla \times E(rot\,E) = -\frac{\partial B}{\partial t}\,[\mathrm{V/m^2}]$$

→ 자계가 시간적으로 변화하면 자계와 직각인 평면상에 회전하는 전계를 발생함
　(시변자계는 그와 반대방향으로 회전전기장 유도)

4. (수정된) 자계 Ampare 법칙의 미분형

$$\nabla \times H(rot\,H) = J + \frac{\partial D}{\partial t}\,[\mathrm{A/m^2}]$$

　　J : 전도전류밀도

　$\dfrac{\partial D}{\partial t}$: 변위전류밀도

→ 전도전류와 변위전류는 그 합성벡터와 직각인 평면에 회전 자기장을 발생시키고 그 방향은 암페어의 오른나사와 같다.

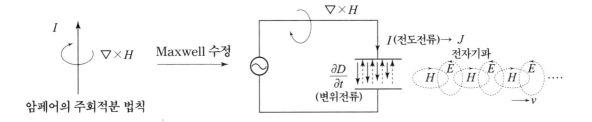

III. 결론

1. 맥스웰 방정식은 정상전류(전도전류)항 이외에 변위전류 항을 삽입함으로써 이것이 순차적으로 반복되어 파동으로 전파해 가는 전자파의 존재를 이론적으로 입증시킴
2. 따라서 맥스웰의 방정식을 종합정리하면
   (1) 전계와 자계의 상호관계 정립
   (2) 전자파 이론 정립
   (3) 전기학과 광학의 통합

참고 1 Maxwell방정식 해설

1. 등가변환 정리

(1) stockes 정리

폐곡선의 선적분을 면적적분으로 등가변환

$$\oint_c A.dl = \int_s (\nabla \times A).ds$$

(2) Gauss 발산정리

폐곡면의 면적적분을 체적적분으로 등가변환

$$\oint_s A.ds = \int_v (\nabla.A)dv$$

2. Maxwell방정식 유도

(1) 전계 Gauss법칙

임의의 폐곡면을 뚫고나오는 전속선수는 그 내부의 총 전하량과 같다.

$$\oint_s D.ds = Q$$

↓ Gauss 발산정리

$$\int_v (\nabla.D)dv = \int_v \rho dv$$

↓ 미분형

$$\nabla.D = \rho$$

(2) 자계 Gauss법칙

임의의 폐곡면을 통해 발산하는 자속의 합은 0이다.

$$\oint_s B.ds = 0$$

↓ Gauss 발산정리

$$\int_v (\nabla.B)dv = 0$$

↓ 미분형

$$\nabla.B = 0$$

(3) 전계 Faraday법칙

- 기전력은 전계를 폐회로를 따라 일주적분한것과 같다.
- 시변하는 자계는 자속의 변화를 방해하는 방향으로 기전력을 발생

$$e = \oint_c E.dl$$

$$\oint_c E.dl = -\frac{\partial}{\partial t}\int_s B.ds = -\frac{d\phi}{dt}$$

↓ stockes 정리

$$\int_s (\nabla \times E).ds = -\frac{\partial}{\partial t}\int_s B.ds$$

↓ 미분형

$$\nabla \times E = -\frac{\partial B}{\partial t}$$

(4) 자계 Ampare 법칙

직선도선에 흐르는 전류는 그 주위에 형성된 자계의 회전경로(폐회로)를 일주적분한 것과 같다.

$$\oint_c H.dl = I$$

↓ stockes 정리

$$\int_s (\nabla \times H).ds = \int_s J.ds$$

↓ 변위전류항 삽입(맥스웰이 수정)

$$\int_s (\nabla \times H).ds = \int_s (J + \frac{\partial D}{\partial t}).ds$$

↓ 미분형

$$\nabla \times H = J + \frac{\partial D}{\partial t}$$

3. Maxwell방정식 요약

법칙	적분형	미분형
1.전계 Gauss법칙	• 폐곡면내의 전속선수는 내부 전하량의 합과 같다. • $\oint_s D.ds = \int_v \rho dv$	• 발산 전속밀도(전기장)는 체적 전하밀도와 같다. • $\nabla \cdot E = \frac{\rho}{\epsilon_o}$
2.자계 Gauss법칙	• 폐곡면내의 자속의 합은 0이다. • $\oint_s B.ds = 0$	• 자속의 발산은 없다. • $\nabla.B = 0$
3.전계 Faraday법칙	• 시변하는 자계는 역기전력을 발생한다. • $\oint_c E.dl = -\frac{\partial}{\partial t}\int_s B.ds$	• 시변하는 자계는 그와 반대방향으로 회전전기장을 유도한다. • $\nabla \times E = -\frac{\partial B}{\partial t}$
4.자계 Ampare 법칙	• 자계를 폐경로를 따라 선적분하면 전류와 같다. • $\oint_c H.dl = \int_s (J + \frac{\partial D}{\partial t}).ds$	• 전도전류와 변위전류는 회전자계를 발생한다. • $\nabla \times B = \mu_o J + \mu_o \epsilon_o \frac{\partial E}{\partial t}$

문제6 맥스웰방정식을 이용하여 전자기 파동방정식을 유도하시오.

I. 개요

1. 자연현상은 입자와 파동으로 구성됨
2. 입자란 어떤 것을 던지면 그것이 직접 이동하는 것이고 파동은 매질이 각 위치에서 진동만 하고 있으나 진동하는 모습이 전체적으로 이동하는 것처럼 보이는 현상(이때 에너지가 따라감)

II. 파동을 표현하는 식

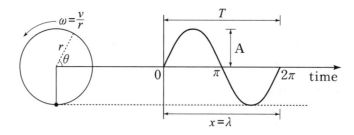

1. 한 위치(x 고정)에서 매질의 운동(어느 한 위치에서 매질입자가 시간의 함수로 진동)

$$y(t) = A\sin\omega t = A\sin\left(\frac{2\pi}{T} \cdot t\right)$$

$$\omega = \frac{2\pi}{T} = 2\pi f \,(\omega \;:\; 각\; 진동수)$$

2. 한 순간(t 고정)에 파동의 전체 모습(시간을 고정시키고 위치만 표시)

$$y(x) = A\sin kx = A\sin\left(\frac{2\pi}{\lambda}x\right)$$

$$k = \frac{2\pi}{\lambda} \qquad\qquad k \;:\; 파수(\text{wave number}$$

3. 시간과 위치 모두에 의존하는 파동을 표현하는 식

- $\boxed{y(x,t) = A\sin(kx - \omega t)} = A\sin\left(\frac{2\pi}{\lambda}x - \frac{2\pi}{T}t\right)$

- 파동의 속도 $v = \dfrac{\lambda}{T} = \dfrac{\omega}{k}$ (여기서, $T = \dfrac{2\pi}{\omega}$, $\lambda = \dfrac{2\pi}{k}$)

Ⅲ. (역학적)파동 방정식

1. 파동의 위치와 시간의 함수를 미분 방정식 형태로 나타낸 것

2. $y(x,t) = A\sin(kx - \omega t)$로부터 y를 x와 t에 대해 미분을 취하여 풀면

- 1차원 파동 방정식 → $\dfrac{\partial^2 y}{\partial x^2} - \dfrac{1}{v^2}\dfrac{\partial^2 y}{\partial t^2} = 0$

- 3차원 파동 방정식 → $\nabla^2 \varphi - \dfrac{1}{v^2}\dfrac{\partial^2 \varphi}{\partial t^2} = 0$ (∇ : 벡터 미분 연산자)

Ⅳ. 맥스웰의 전자기 파동 방정식 유도

1. 미분형태의 맥스웰 방정식

(1) 전기장에 대한 가우스 법칙 : $\nabla \cdot E = \dfrac{\rho}{\epsilon_o}$

(2) 자기장에 대한 가우스 법칙 : $\nabla \cdot B = 0$

(3) 전기장에 대한 페러데이 법칙 : $\nabla \times E = -\dfrac{\partial B}{\partial t}$

(4) 자기장에 대한 암페어 법칙(수정) : $\nabla \times B = \mu_o J + \mu_o \epsilon_o \dfrac{\partial E}{\partial t}$

2. 자유공간이나 진공상태(전하분포와 전류분포가 없는 곳)에서
   즉, $\rho = 0$, $J = 0$인 경우의 맥스웰 방정식

(1) $\nabla \cdot E = 0$ ⋯⋯⋯⋯⋯⋯ (1)

(2) $\nabla \cdot B = 0$ ⋯⋯⋯⋯⋯⋯ (2)

(3) $\nabla \times E = -\dfrac{\partial B}{\partial t}$ ⋯⋯⋯⋯⋯ (3)

(4) $\nabla \times B = \mu_o \epsilon_o \dfrac{\partial E}{\partial t}$ ⋯⋯⋯⋯ (4)

3. 전자기 파동 방정식

위의 (3)식의 양변에 Curl ($\nabla \times$)을 취하면

$$\nabla \times (\nabla \times E) = -\nabla \times \dfrac{\partial B}{\partial t} = -\dfrac{\partial}{\partial t}(\nabla \times B) = -\mu_o \epsilon_o \dfrac{\partial^2 E}{\partial t^2}$$

윗식 좌변의 벡터 3중곱은 다음과 같은 벡터 항등식 이용

$$A \times (B \times C) = B(A.C) - (A.B).C$$

$$\nabla \times (\nabla \times E) = \nabla(\nabla.E) - (\nabla.\nabla)E = -\nabla^2 E$$

이를 정리하면 다음과 같이 전기장과 자기장의 파동방정식이 구해짐

$$\therefore \quad \nabla^2 E - \mu_o \epsilon_o \frac{\partial^2 E}{\partial t^2} = 0 \quad \text{(전기장 파동방정식)}$$

마찬가지로 (4)식 양변에도 Curl 을 취해서 풀면

$$\therefore \quad \nabla^2 B - \mu_o \epsilon_o \frac{\partial^2 B}{\partial t^2} = 0 \quad \text{(자기장 파동방정식)}$$

파동 방정식 $\nabla^2 \varphi - \frac{1}{v^2} \frac{\partial^2 \varphi}{\partial t^2} = 0$로부터 파동의 속도 v를 구하면

$$\therefore v = \frac{1}{\sqrt{\mu_o \epsilon_o}} = 3 \times 10^8 \text{m/sec}$$

V. 결론

- 맥스웰이 암페어 법칙을 수정해서 연립 방정식을 풀어본 결과 전자기 파동 방정식이 구해짐
- 결국 전기장과 자기장이 파동의 형태로 진행되며 그것의 속도는 빛의 속도임 – 이것이 전자기파임
- 따라서 맥스웰은 빛과 전자기파가 관련이 있을 것으로 생각했는데 결론적으로 빛은 전자기파의 일종임이 밝혀짐

참고1 역학적 파동과 전자기파

역학적 파동	전자기파
매질이 진동하는 모습이 전달되는 현상	전기장과 자기장이 커졌다 작아졌다하는 모습이 전달되는 현상
역학적 파동과 함께 매질의 역학적 에너지가 전달됨	전자기파와 함께 전기에너지와 자기에너지가 전달됨
역학적 파동에는 매질이 반드시 필요함	매질이 따로 필요 없으며 전자기파가 통과하는 공간의 물질을 매질이라 부름

문제7 전자파 장해(EMI) 발생과 대책

Ⅰ. 개요

1. 전자파란 공존하는 전계와 자계의 시간적 변화에 의해 직교하며 진공 또는 물질중을 전파해 나가는 전자계 파동현상임

2. **전자파 대역**

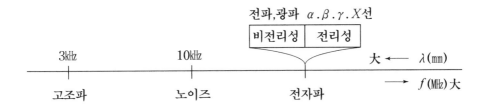

3. 관련규정

   (1) 해외 : ANSI/IEEE Std.100, IEC 61000시리즈, CISPR 등

   (2) 국내 : 전파법(47,62조), KSC-IEC 62305

Ⅱ. 전자파 발생이론(Maxwell 방정식)

1. **전도전류와 변위전류에 의한 회전자계**

$$rot\dot{H} = \dot{J} + \frac{\partial \dot{D}}{\partial t} \Rightarrow \text{변화하는 전기장은 회전자기장 발생}$$

2. **전자 유도에 의한 회전전계**

$$rot\,\dot{E} = -\frac{\partial \dot{B}}{\partial t} \Rightarrow \text{변화하는 자기장은 그와 반대방향으로 회전전기장을 유도}$$

3. **전자파 파형**

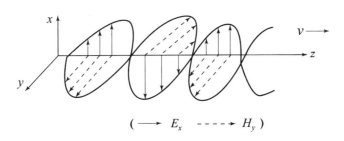

$$(\longrightarrow \quad E_x \quad \text{-----} \quad H_y\,)$$

전파속도 $v = \dfrac{1}{\sqrt{\epsilon_o \cdot \mu_o}} = 3 \times 10^8 \,(\text{m/sec}) \rightarrow$ 물질의 매질에 관계

Ⅲ. 전자파 환경

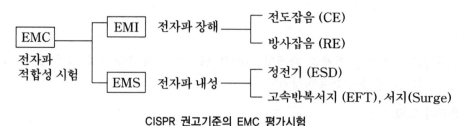

CISPR 권고기준의 EMC 평가시험

Ⅳ. 전자파 발생 및 침입 형태

1. 전자파 발생원

(1) 내부적 원인 : 고직접화 Network화에 따른 간섭

(2) 외부적 원인 : 송전 계통 코로나, 낙뢰, 정전기(ESD)

(3) 전원공급설비 : UPS, SMPS, 정류기, 차단기 등

(4) 부하설비 : 전자식 안정기, 고압방전등, 인버터, 유도로, 용접기 등

2. 침입형태(결합 Mechanism)

(1) 임피던스 결합

두회로가 공통 임피던스를 공유한 경우 한 회로의 과도서지는 기기 1,2간 전위차에 의해 기기 2측에 전류(I_2) 전도

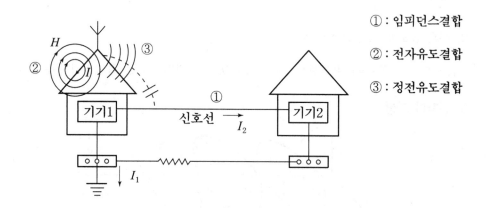

(2) 유도 결합(정전, 전자 유도 결합)

교란원과 피해 대상이 자계나 Capacitor에 의한 결합

(3) 방사성 결합

공기와 같은 공간의 매개체로 결합(전계와 자계결합)

3. 장해모드

(1) 공통모드 : 대지와 선간 발생
(2) 차동모드 : 왕복도선 상호간 발생

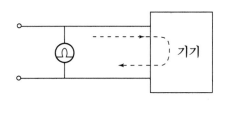

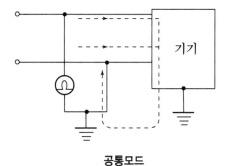

차동모드   공통모드

(3) EMI 발생모드

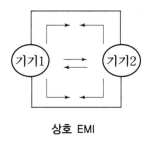

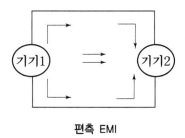

상호 EMI   편측 EMI

V. 전자파 영향

1. 인체에 미치는 영향

(1) 열적작용(고주파영향) : Joule 열에 의한 체온상승
(2) 비열작용(극저주파 영향) : 호르몬 분비계 이상
(3) 자극작용 : 근육수축, 두통, 피로

2. 기기에 미치는 영향

(1) System오동작 : 불량품 생산, 산업재해, 기록소실, 오차
(2) 통신교란, TV화면 떨림, 소자 절연파괴 등

Ⅵ. 전자파장해 방지대책

구 분		대 책
전달경로 (매체)측		• Twisted Pair선 사용, 전력선과 통신선 이격, 직각교차 • 병행길이 단축, Filter, NCT, 차폐, 유도루프 최소화 • 光Cable사용, 절연 or Shield TR사용
피해대상측	기기	• 내성증대, EMC적합제품사용, 접지 및 본딩
	인체	• 전파관련 국제기준 준수(WHO, IRPA 등) • 전자파 흡수율(SAR)허용기준치 준수 　　국내 : 1.6(W/kg) 　　유럽, 일본 : 2.0(W/kg)

Ⅶ. 결론

1. 고도 정보화 시대에서는 다양한 첨단 전자기기들을 유해 전자파로부터 보호함과 동시에 전자파 발생을 일으키지 않도록 함이 중요

2. 따라서 EMC대책에 대한 법적, 제도적 정비 및 기준이 강화되어야 한다.

문제8 전압 플리커

I. 개요

1. 전압변동

(1) 정상적 전압변동

(2) 과도적 전압 변동 – 순시 전압강하, 전압플리커

2. 전압플리커(Flicker)란

(1) 부하의 특성에 기인하는 전압동요(지상 전류에 의한 무효전력의 급변)에 의해서 조명이 깜박인다거나 TV영상이 일그러지는 등의 현상

(2) 관계식 : $\Delta V = X \cdot \Delta Q$ (ΔQ : 무효전력 변동분)

(3) Flicker 허용 기준치(전기 공급규정 41조 및 시행지침22)

구 분	허용기준치	비 고
예측 계산치	2.5% 이하	최대전압 강하율로 표시
실측치	0.45% 이하	ΔV_{10}으로 표시(1시간평균치)

II. 원인

1. 임피던스 변동이 심한 제강용 아크로, 압연기, 컴프레서, 저항 용접기 등의 부하

2. 직격뢰, 유도뢰 서지

3. 전동기의 빈번한 기동, 개폐기의 개폐동작

4. Thyristor의 Switching동작

III. 특징

1. 플리커와 주파수 관계

(1) 전압 플리커는 주파수 성분에 따라 인간 눈에 주는 깜박임 정도가 달라짐
   (보통 수~10 Cycle 정도가 가장 민감하게 느껴짐)

(2) 주파수 성분의 진폭은 대략 플리커 주파수에 역비례하여 감소함

(3) ΔV_{10}이란 AC전압 100V를 기준으로 ±1V의 변동폭으로 1초 동안 10회 변화한 것 이를 플리커 1%라 정함($\Delta V_{10} = 1\%$)

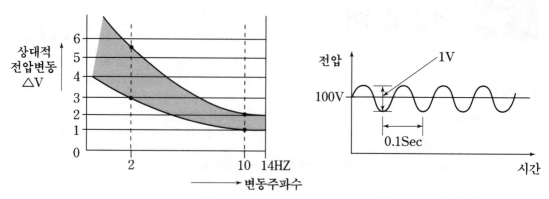

전압플리커와 주파수전형

2. 플리커의 크기

(1) 플리커 크기를 나타내는 척도로써 보통 ΔV_{10}을 사용

(2) 같은 크기의 전압 변동이라도 깜박임 감(感)은 변동주기에 따라 다르므로 모두 10㎐로 환산한 전압변동을 플리커의 기준으로 함. 이 환산을 하기위해 깜박임 시감도 곡선이 사용됨

$f_n(\mathrm{Hz})$의 전압변동이 ΔV_n이었다면

$$\Delta V_{10} = \sqrt{\sum_{n=1}^{m} (a_n \cdot \Delta V_n)^2}$$

여기서 a_n : 깜박임 시감도 계수

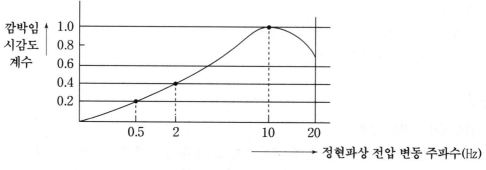

깜박임 시감도곡선

Ⅳ. 플리커의 영향

1. 조명의 깜박임, TV화면 일그러짐
2. 전동기 맥동음, 과열
3. 수변전 설비 지락 계전기 오동작, VCB Trip, Fuse용단
4. 전자기기 오동작, 소손

Ⅴ. 플리커 대책(전압변동대책)

전압변동은 주로 무효전력 변동에 기인($\Delta V = X_s \cdot \Delta Q$)

1. X_s를 작게 한다.

  (1) 단락용량 증가($P_s \propto \dfrac{1}{\%Z}$)

  (2) 선로 임피던스 감소

  (3) 직렬콘덴서 설치 : $\Delta V' = \Delta Q(X_s - X_c)$에서 $\Delta V_c = \Delta Q \cdot X_c$만큼 개선

  (4) 플리커 발생 동요 부하를 독립된 주상 변압기로부터 직접 공급 받도록 함

  (5) 3권선 보상 TR방식 채용

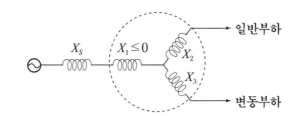

  (6) 루프배전, 뱅킹 or 네트워크방식 채용

2. 전압의 직접조정 OLTC(ULTC), IVR, BOOSTER 등

3. 변동무효전력 보상(Q보상) : 동기조상기, SC/Sh-R, SVC, SVG

4. 조명에서의 플리커 대책

  (1) **램프를** $\dfrac{1}{3}$ **씩 3상 접속** : 120° 위상이 다른 전원으로 점등시켜 빛 혼합

  (2) **2등용 회로 사용** : 방전전류 위상을 교대로 변화시킴

Ⅵ. 결론

최근 전자통신기기들의 증가 추세로 전력품질의 중요성이 날로 높아지고 있으며 이러한 Flicker현상으로부터 계전기의 오동작 사고나 기기소손 등의 피해가 없도록 다각적인 대처 노력이 필요하다.

참고 1 전압 플리커(IEC-61000 기준)

1. 정의

(1) 약 1200명의 피 측정자를 두고 230V, 50Hz, 600w 표준 백열전구의 전압과 주파수를 분당 반복률로 가변시키면서 측정자가 백열전구의 깜박임을 인지하는 정도를 파악

(2) 피 측정자의 50% 이상이 깜박임을 인지하였을 때를 플리커 평가의 주요한 기준 $P_{st} = 1.0$으로 삼는다.

2. Flicker의 한계치

(1) 저압계통

$$\begin{cases} P_{st} \leq 1 \ : \ 단시간(10분) \\ P_{lt} \leq 0.65 \ : \ 장시간(2시간) \end{cases}$$

(2) 특고압 계통

$P_{st} \leq 0.97, \ P_{lt} \leq 0.7$

(3) 저압, 특고압 계통 연계점에서의 신재생에너지 전원에 대한 플리커의 방출 한계치

$E_{psti} \leq 0.35, \ E_{plti} \leq 0.25$

$$\begin{cases} E_{psti} \ : \ \text{Emission Perception Short Term Index} \\ E_{plti} \ : \ \text{Emission Perception long Term Index} \end{cases}$$

3. JIS와 IEC 비교

$$\begin{cases} \text{JIS(일본)} \ : \ \Delta V_{10}을 \ 플리커 \ 지수라 \ 함 \\ \text{IEC} - 61000 \ : \ P_{lt} \ 와 \ P_{st} \ 를 \ 플리커 \ 기준척도로 \ 삼는다. \end{cases}$$

문제9 **전력품질 안정화 장치**

Ⅰ. 개요

최근 건축물의 IB화 추세에 따라 전력계통의 외란이나 EMI 발생에 대한 전력품질 안정화 대책이 절실히 요구됨

Ⅱ. 전력품질 안정화 장치 분류

전력계통측	수용가측
FACTS (Flexible AC Transmission System) → TCSC, TCBR, TCPR, SVC STATCOM(SVG), SSSC, UPFC 등	Custom Power 기기 → Active filter, UPS, SVC, SVG, DVR, SSTS, MFPC, SSB 등

Ⅲ. 전력품질의 분류(IEEE 1159)

장해요소	파 형	크기 및 지속시간	원인	영향
순시전압강하 (Sag or Dip)		0.1~0.9 pu 0.5~30 cycle	낙뢰, 중부하 개폐 돌입전류, 순간부하 급증	제어장치 오동작 방전등 소등, UVR 오동작
순시전압상승 (Swell)		1.1~1.8 pu 0.5~30 cycle	지락, 갑작스런 부하 감소	전자기기 오동작, 소손
정전 (Interruption)		0.1 pu 이하 3Sec~1min	전력기기 고장, 선로 사고, 휴즈, 차단기 동작	경제적 손실 안전사고
Surge		1.4 pu 이상 수 μs ~ ms	낙뢰, 전력계통 개폐 단락, 지락사고	기기절연파괴 및 열화
고조파 (Harmonics -Distortion)		0~20% (6kHz 이하) 지속적	비선형 부하 아크로, 변압기	기기소음, 진동, 과열, 손실증대, 오동작
Noise		0~1% (Broad band) 지속적	고주파 발생기기 (전자식 안정기, 스위칭 소자)	EMI 발생 (통신잡음)
Flicker		0.1~7% (25Hz 이하) 간헐적	아크로, 유도로 등 대형 부하 급변	TV화면 떨림 조명 깜박임

Ⅳ. Custom Power 기기

장치명	구성도	특 징
1) Active-filter		•고조파 검출 → 인버터→ 역위상 고조파 → 상쇄
2) SVC(Static Var-Compensator)		•대용량 Thyristor에 의한 무효전력 변동 보상장치 •전압변동, 상불평형 Flicker 방지
3) SVG (SV-Generator) = STATCOM		•대용량 자려식 인버터 사용, 전압차에 의한 진, 지상 무효전력공급 •역률, 전압변동 보상 •SVC에 비해 고속, 고신뢰성, 면적축소
4) DVR(Dynamic Voltage Restorer)	소용량 SVG	•수용가측 소용량 부하에 적용 •Sag보상
5) SSTS(Solid State Transfer Switch		•2회선 수전 또는 비상전원 소유의 수용가 계통사고 및 정전시 고속절체 •무정전 전원공급
6) MFPC(Multi – Function Power Conditioner		•다기능 통합장치 •고품질, 장시간 무정전 전력공급 및 감시 관리기능
7) SSB(Solid State Circuit Breaker)		•GTO등 고속 스위칭 소자 이용 •급전선 사고시 신속차단
8) DPI(Dip Proofing Inverter)		• 인버터를 통해(Capacitor에 에너지를 충·방전(1초이내 재충전) • 인버터 통해 $600\mu s$ 이내 순시전압강하 보상 • 단상 제어전원에 사용

V. FACTS 설비

구분		설비명칭	주요기능
Thyristor 제어설비	TCSC	Thyristor Controlled Series Capacitor	선로 임피던스제어 전력조류제어
	TCBR	Thyristor Controlled Braking Resiter	계통 동요 억제
	TCPR (TCPAR)	Thyristor Controlled Phase Regulator	위상각 제어 전력조류제어
	SVC	Static Var Compensator	모선전압제어
인버터 응용설비	STATCOM = SVG	Static Synchronous Compensator	모선전압제어
	SSSC	Static Synchronous Series Compensator	선로 임피던스 제어 전력 조류제어
	UPFC	Unified power Flow Controller	위상각제어 전압제어 전력조류제어

VI. 결론

전력품질 안정화 장치는 향후 분산형 전원 등과 더불어 각 지역 전력망에 연계, 운용되는 형태로 발전될 전망이며 이로 인한 21세기 정보화 사회의 고품질 전력 서비스 제공과 계통의 안정화 실현이 기대됨

| 문제10 | 정전기 현상과 정전기 장해 방지 대책 |

Ⅰ. 개요

1. 정전기란

대전물체에 축적된 과잉전하가 정지된 상태로 있는 것

2. 방전 Mechanism

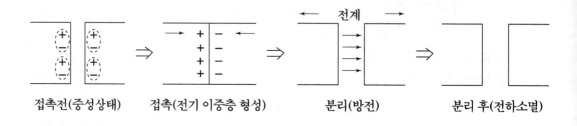

접촉전(중성상태)　　접촉(전기 이중층 형성)　　분리(방전)　　분리 후(전하소멸)

3. 정전기 발생에 영향을 주는 요소

(1) 물질의 종류 및 특성

(2) 이물(異物), 불순물 혼입

(3) 표면상태

(4) 발생이력

(5) 접촉면적, 접촉압력

(6) 분리속도

Ⅱ. 정전기현상

1. 역학현상

(1) 대전물체간의 쿨롱력 작용

(2) 쿨롱력 $F = \dfrac{Q_1 \cdot Q_2}{4\pi\epsilon r^2} = 9 \times 10^9 \cdot \dfrac{Q_1 \cdot Q_2}{r^2}\ (N)$ $\begin{cases} \text{같은전하 : 반발력} \\ \text{다른전하 : 흡인력} \end{cases}$

2. 정전기 대전

(1) 정전기 완화가 늦어져 물체에 전하가 축적되는 현상

① 지면 or 다른 물체로부터 절연되어있을 경우(절연저항 $10^9\,\Omega$ 이상)

② 축적된 정전에너지 $E = \dfrac{1}{2}Q \cdot V = \dfrac{1}{2}CV^2 = \dfrac{Q^2}{2C}\,(J)$

(2) 종류

마찰, 박리, 유동, 분출, 충돌, 파괴대전 등

3. 정전기 유도 현상

대전된 A를 절연된 금속체 B에 가까이하면 대전체 A와 가까운 쪽에는 A와 다른 전하가, 먼쪽에는 같은 전하가 유도되는 현상

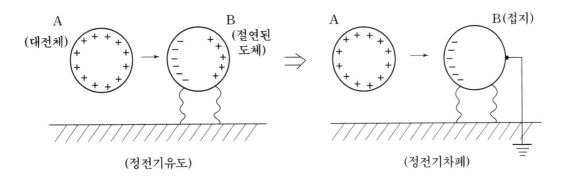

4. 정전기 방전현상

(1) 대전된 물체의 전리작용으로 전계강도 30kV/cm 이상시 발생되는 기체의 절연파괴 현상

(2) 종류 : 코로나, 스트리머, 불꽃, 연면, 뇌상방전 등

5. 정전기 완화

발생된 정전기를 잃어버리는 현상(정, 부전하의 균형회복)

(1) 방전에 의한 완화

(2) 도전에 의한 완화

① 주로 대전 물체와 대지간 전기전도에 의함

② $Q = Q_o \exp(-\dfrac{t}{RC})$, 완화시간 $\tau = RC = \rho \epsilon \,(\text{sec})$

③ 고유저항 or 유전율이 클수록 대전 상태 오래 지속

(접지된 금속체 : 저항 극히 작아 완화시간 매우 빠르기 때문에 정전기 축적이나 대전 발생 없음)

III. 정전기 장해

1. **생산 장해** : 작업능률저하, 품질저하, 작업 중단 등
2. **폭발, 화재** : 축적된 정전에너지 → 방전 → 가연물 착화
3. **전격** : 대전된 인체에서 방전 or 대전 물체에서 인체로의 방전에 의함
4. **기기고장** : 반도체 소자의 절연파괴, 오동작, 메모리 소실 등

IV. 정전기 장해 방지대책

1. 정전기 발생억제

(1) 도체의 대전방지 : 접지와 본딩 실시

(2) 절연체 대전방지 : 접촉표면 순도 및 청결유지, 표면저항률 낮춤, 습도유지, 대전방지제 사용(카본, 금속가루 등 도전성 물질 첨가)

2. 정전기 완화 방법

(1) 인체(작업자) 대전방지

① 도전화, 도전복 착용

② 손목접지대(Wrist Strip)

③ 도전성타일 등

(2) 차폐실시

금속제 도전성 Tape, Shield Cable 사용

(3) 제전기 사용

반대극성 이온공급으로 정전기 중화

① 전압 인가식

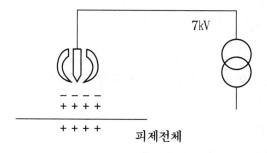

- 방전침에 고전압 인가
  → 공기 전리 → 이온 발생 → 코로나방전 → 대전체 정전기 중화
- 역대전 위험

② 자기 방전식

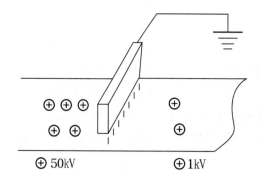

       ㉠ 스테인레스, 카본, 도전성 섬유 등에 의한 코로나 방전으로 제전

       ㉡ 약간의 대전이 남음(1KV정도)

    ② 이온식

       ㉠ 방사성 동위원소의 전리작용(α, β입자) → 제전이온형성 → 제전

       ㉡ 방사성 장해, 제전능력 부족

(4) 기타 습도조절(상대습도 65% 이상), 액체연료 이송배관의 유속제한 및 정치시간 유지 등

V. 결론

최근의 IB환경은 각종 절연재료의 다양화, 반도체 소자 사용의 증가, 건조한 공간 등으로 정전기 발생에 쉽게 노출되고 있어 각종 재해의 원인을 초래하는바 이의 대책이 필요하다.

문제11 변압기 이행전압

Ⅰ. 개요

1. 이행전압이란 변압기 1차측에 가해진 Surge가 정전적 혹은 전자적으로 2차측으로 이행하는 전압
2. **영향**
   (1) 변압기 2차권선 및 2차측에 접속되는 발전기 등 전기기기 절연에 악영향
   (2) 전압비가 큰 변압기에서는 이행전압이 2차측의 BIL을 상회 할 우려가 있어 이에 대한 보호대책이 필요하다.

Ⅱ. 이행전압의 종류

1. 정전 이행전압

변압기 권선에 가해지는 서지전압이 양권선간 및 2차권선과 대지간 정전용량으로 분포되어 생기는 전압

2. 전자 이행전압

(1) 변압기의 1차 권선에 흐르는 서지전류에 의한 자속이 전자적 결합에 의해 2차 권선과 쇄교해서 유기되는 전압
(2) 정전 이행전압에 비해 악영향이 적다.

3. 2차권선 고유진동 전압

이행전압에 의해 2차 권선에 생기는 고유진동 전압으로 위의 2가지 경우에 비해 작아서 보통 문제시 되지 않음
2차 권선에는 이상의 3가지 합성된 전압이 발생

Ⅲ. 정전 이행전압

1. 정전 이행전압 해석 모델

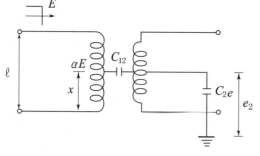

단상 등가회로   내부 전위분포

(1) 변압기 1차 양단자 전압의 파고값은 $E_{\min}$이고, 중앙부일수록 $E_{\max}$ 높아져 등가 정전 용량의 단자에 가해지는 전압의 평균값은 αE가 된다.

(2) 따라서 2차 권선으로 이행하는 전압

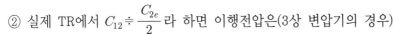

① $e_2 = \dfrac{C_{12}}{C_{12}+C_{2e}} \cdot \dfrac{1}{l} \displaystyle\int_{o}^{x} E_x \cdot dx = \dfrac{C_{12}}{C_{12}+C_{2e}} \cdot \alpha E$

단, C_{12} : 변압기 1,2차 권선간 정전 용량

C_{2e} : 변압기 2차권선과 대지간 정전용량

E_x : 1차권선 단부로부터 x인 거리에서의 서지 파고값

α : 변압기 구조에 따른 정수(보통 1.3~1.5)

② 실제 TR에서 $C_{12} \fallingdotseq \dfrac{C_{2e}}{2}$라 하면 이행전압은(3상 변압기의 경우)

㉠ 중성점 개방시 : $\alpha = 1.5 \rightarrow e_2 = \dfrac{1}{3} \times 1.5\,E = 0.5\,E\,(\Delta - \Delta$결선$)$

㉡ 중성점 접지시 : $\alpha = 0.6$적용 $\rightarrow e_2 = \dfrac{1}{3} \times 0.6E = 0.2E\,(Y - \Delta$결선$)$으로 1차 권선

에 가해지는 전압의 20~50%가 이행됨

(3) 따라서 정전이행 전압은

① 중성점 접지 상황에 따라 크게 상이함

② 1차측 전압이 높을수록 고·저압 권선간(절연거리가 커져) 정전용량이 작아지므로 이행전압이 낮아짐

2. 보호대책

(1) 2차측에 LA설치

(2) 2차측에 보호 Condensor 설치(주로사용)

① 2차측에 각상과 대지간 $0.05{\sim}0.1\mu F$의 콘덴서 설치

② 2차측에 길이가 긴 Cable이 접속된 경우 대지 정전용량이 커서 보호 콘덴서 생략 무방

(3) 2차측에 BIL(LIWL)향상

(4) Shield TR or 1:1절연 TR채용

Ⅳ. 전자이행 전압

1. 2차권선으로의 전자이행 전압 e_2와 1차측 서지전압 E와의 관계

$$e_2 = \dfrac{E}{a} \cdot \dfrac{Z_2{}'}{Z_1 + Z_2{}'}\left(1 - \epsilon^{-\frac{Z_1 + Z_2{}'}{L_S}t}\right)$$
$$L_S = L_1 + L_2 - 2M$$

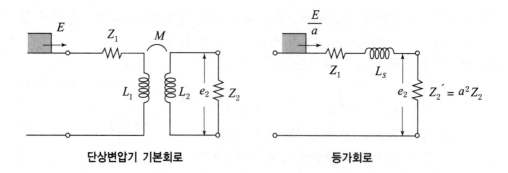

단상변압기 기본회로   등가회로

a : 권수비

e_2 : 전자이행전압

E : 1차측 서지전압 파고치

Z_1 : 1차측 서지 임피던스

$Z_2{}'$: 2차를 1차로 환산한 임피던스

L_S : 변압기권선 임피던스 → $L_s = L_1 + L_2 - 2M$

2. 전자이행 전압

(1) 주로 권수비에 반비례하고, 부하 임피던스에 비례 한다.

(2) 전자 이행 전압에 대해서 2차측 콘덴서는 진동분을 길게 하는 것 일 뿐 파고값 억제 효과는 없다.

(3) 정전 이행전압 억제대책만으로도 실제 계통에선 별 문제 없다.

3. 보호대책

(1) 저압측 선간 절연강화

(2) NCT 설치(정전, 전자이행 대책)

문제12

가공 전선로의 중성점 잔류전압

Ⅰ. 개요

1. 각 선로에는 다소의 정전용량의 차이로 그 중성점에 전위 발생
2. 이와 같이 보통 운전 상태에서 중성선을 접지하지 않을 경우 중성점에 나타나게 될 전위를 잔류전압이라 함

Ⅱ. 발생원인

1. 정상상태에서 선로 불평형에 기인
2. 과도상태에서 차단기 개폐가 3상 동시에 이루어지지 않을 경우 or 단선 사고 발생 등

Ⅲ. 불평형 유형

1. 전원의 불평형
발전기는 거의 완벽한 대칭구조로 불평형 없으나 변압기에서는 불평형 발생가능
2. 송전선의 연가 불충분에 의한 불평형 : 각상과 대지간 정전용량 불평형에 기인
3. 부하 불평형

Ⅱ. 잔류전압의 크기

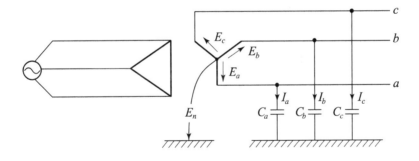

1. 식유도

(1) 중성점에 KCL 적용 → $\dot{I}_a + \dot{I}_b + \dot{I}_c = 0$ (∵ 비접지 이므로)

(2) 윗식을 다시쓰면 → $\dfrac{\dot{E}_a - \dot{E}_n}{Z_a} + \dfrac{\dot{E}_b - \dot{E}_n}{Z_b} + \dfrac{\dot{E}_c - \dot{E}_n}{Z_c} = 0$

(3) 이를 정리하면
$$\begin{cases} \dot{E}_n = \dfrac{\dot{Y}_a \dot{E}_a + Y_b \dot{E}_b + Y_c \dot{E}_c}{Y_a + Y_b + Y_c} \text{ (V)} \quad \cdots\cdots\cdots\cdots\cdots\cdots \text{①식} \\[4mm] \dot{E}_n = \dfrac{C_a \dot{E}_a + C_b \dot{E}_b + C_c \dot{E}_c}{C_a + C_b + C_c} \text{ (V)} \quad \cdots\cdots\cdots\cdots\cdots\cdots \text{②식} \end{cases}$$

2. E_a, E_b, E_c가 평형일 때

$$\dot{E_a} = \dot{E} = \dot{V}/\sqrt{3}, \quad \dot{E_b} = a^2\dot{E}, \quad \dot{E_c} = a\dot{E} \text{ 이므로}$$

$$\therefore \dot{E_n} = \frac{C_a + a^2 C_b + a C_C}{C_a + C_b + C_c} \times \dot{E} = \frac{(C_a - \dfrac{C_b}{2} - \dfrac{C_c}{2}) - j\dfrac{\sqrt{3}}{2}(C_b - C_c)}{C_a + C_b + C_c} \times \frac{\dot{V}}{\sqrt{3}}$$

위식의 실수부와 허수부의 제곱을 취하면 E_n의 절대값은

$$|\dot{E_n}| = \frac{\sqrt{(C_a - \dfrac{C_b}{2} - \dfrac{C_c}{2})^2 + \dfrac{3}{4}(C_b - C_c)^2}}{C_a + C_b + C_c} \times \frac{\dot{V}}{\sqrt{3}}$$

$$= \frac{\sqrt{C_a(C_a - C_b) + C_b(C_b - C_c) + C_c(C_c - C_a)}}{C_a + C_b + C_c} \times \frac{\dot{V}}{\sqrt{3}} \quad \cdots\cdots\cdots\cdots ③식$$

V. 잔류전압의 영향

1. $3\phi4W$식 Y결선에서 단상부하의 전위 상승에 따른 절연위협
2. 중성점 접지시 기본파의 단상전류로 인한 통신선 유도장해 발생

VI. 잔류전압의 방지 대책

1. 전선의 충분한 연가
2. 소호리액터 방식의 경우 각 相의 정전용량 불평형시 소호리액터 탭값을 각상 정전용량의 합과 같도록 병렬공진 시킴

$$\text{즉, } \omega L = \frac{1}{\omega(C_a + C_b + C_c)}$$

3. 부하 불평형 억제

VII. 결론

1. 전압 불평형, 연가 불충분시 : $|\dot{E_n}| = \dfrac{C_a\dot{E_a} + C_b\dot{E_b} + C_c\dot{E_c}}{C_a + C_b + C_c}$

2. 전압 불평형, 연가 충분시 : $|\dot{E_n}| = \dfrac{1}{3}(\dot{E_a} + \dot{E_b} + \dot{E_c}) = $ 영상분전압

3. 전압평형, 연가 불충분시 :

$$|\dot{E_n}| = \frac{\sqrt{C_a - (C_a - C_b) + C_b(C_b - C_c) + C_c(C_c - C_a)}}{C_a + C_b + C_c} \times \frac{\dot{V}}{\sqrt{3}}$$

4. 전압평형, 연가 충분시 : $|\dot{E_n}| = 0 (\because C_a = C_b = C_c = C)$

문제13   가공 전선로에 의한 통신선 유도장해

I. 개요

전력선에 통신선이 근접했을 때 선로 불평형이나 지락 사고 등으로 통신선에 유도전압에 의해 정전유도나 전자 유도장해를 일으킨다.

II. 정전 유도전압

1. **정의** : 전력선과 통신선간 상호 정전용량의 불평형이나 지락 사고시 통신선에 정전적으로 유도되는 전압

2. **영향** : 수화기에 유도전류가 흘러 상용주파 잡음 발생

3. **관련식**

(1) 전력선이 3상인 경우 통신선 유도전압 $\dot{E}_s$ 는

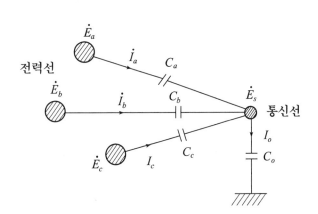

$$\begin{cases} \dot{I}_a = j\omega C_a(\dot{E}_a - \dot{E}_s) \\ \dot{I}_b = j\omega C_b(\dot{E}_b - \dot{E}_s) \\ \dot{I}_c = j\omega C_c(\dot{E}_c - \dot{E}_s) \\ \dot{I}_o = j\omega C_o \dot{E}_s \end{cases}$$

$\dot{I}_a + \dot{I}_b + \dot{I}_c = \dot{I}_o$ 이므로

$$j\omega C_a(\dot{E}_a - \dot{E}_s) + j\omega C_b(\dot{E}_b - \dot{E}_s) + j\omega C_c(\dot{E}_c - \dot{E}_s) = j\omega C_o \dot{E}_s$$

$$C_a \dot{E}_a + C_b \dot{E}_b + C_c \dot{E}_c = \dot{E}_s(C_a + C_b + C_c + C_o)$$

$$\therefore \ \dot{E}_s = \frac{C_a \dot{E}_a + C_b \dot{E}_b + C_c \dot{E}_c}{C_a + C_b + C_c + C_o} \ \cdots\cdots\cdots\cdots\cdots\cdots\cdots\cdots\cdots\cdots \ ①식$$

(2) 평형 3상 전원인 경우 : $\dot{E}_a = E = \dfrac{V}{\sqrt{3}}$, $\dot{E}_b = a^2 E$, $\dot{E}_c = aE$이므로

$$\dot{E}_s = \frac{C_a \dot{E} + C_b \cdot a^2 \dot{E} + C_c \cdot a\dot{E}}{C_a + C_b + C_c + C_o} = \frac{C_a + (-\frac{1}{2} - j\frac{\sqrt{3}}{2} C_b + (-\frac{1}{2} + j\frac{\sqrt{3}}{2})C_c}{C_a + C_b + C_c + C_o} \times \dot{E}$$

$$= \frac{\sqrt{C_a(C_a - C_b) + C_b(C_b - C_c) + C_c(C_c - C_a)}}{C_a + C_b + C_c + C_o} \times \frac{\dot{V}}{\sqrt{3}} \quad \cdots\cdots\cdots\cdots\cdots\cdots ②식$$

① 따라서 정전유도 전압은 주파수 및 양선로의 병행길이에 무관하며 전력선의 대지전압에 비례한다.

② 완전 연가시 ②式에서 $C_a = C_b = C_c = C$ 이므로
$|E_s| = 0(V)$가 되어 통신선에 정전유도전압은 없다.

III. 전자 유도전압

1. 정의

송전선에 1선 지락 사고시 큰 영상전류가 흐르면 통신선과의 전자적인 결합에 의해 통신선에 유도되는 전압(중성점 직접 접지방식의 경우)

2. 영향

인체 위해, 통신이나 통화불능 야기

3. 관련식

$$\dot{E}_m = -j\omega M l (\dot{I}_a + \dot{I}_b + \dot{I}_c) \begin{cases} \text{평상시 } \dot{E}_m \simeq 0 (\because \dot{I}_a + \dot{I}_b + \dot{I}_c = 0) \\ \text{지락 사고시 } \dot{E}_m = -j\omega M l (3\dot{I}_o) \end{cases}$$

l : 양선로의 병행길이(m)

$3\dot{I}_o$: 기유도전류(A)

M : 상호인덕턴스(mH/km)

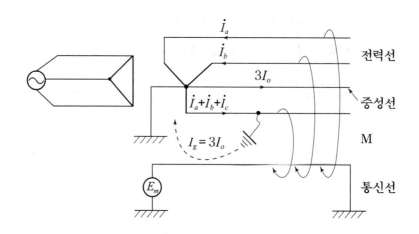

Ⅳ. 유도장해 경감대책

1. 정전유도 장해 대책

(1) 정전차폐

(2) 선로연가 실시

(3) 전력선과 통신선 거리 이격

2. 전자 유도장해 대책

(1) 전력선 측 대책

① M의 저감 : 이격, 전자차폐(가공지선 이용)

② 기 유도전류(I_o)의 저감

㉠ 비접지 or 소호리액터 접지 방식 채용

㉡ 저항접지 방식 : 저항값 크게 조절

㉢ 직접접지 방식 : 전류분포 조절(적정 접지장소 선정)

③ 고속도 지락 보호계전 방식 or 고속도 재폐로 방식의 채용

④ 전력선과 통신선의 직각교차

(2) 통신선 측 대책

① 길이(ℓ) 단축 : 도중에 중계 Coil(절연 TR)삽입, 구간 분할

② M의 저감 : 연피 Cable 채용

③ 유도전압 경감 : 우수한 피뢰기 채용, Twisted pair Cable 채용

④ I_o의 저감 : Filter(배류 Coil, 중화 Coil)설치

Ⅴ. 결론

1. 통신선 유도 장해 중 주로 평상 운전시에는 정전유도장해가, 지락 고장시에는 전자유도장해가 문제가 됨

2. 이들은 보통 동시에 발생하며 그 중 중성점 직접접지 계통에서 1선 지락시 전자 유도 장해가 가장 큰 영향을 끼침

3. 송전선 루트 설정이나 중성점 접지방식 결정 등에 이러한 유도장해 문제를 반드시 고려해야 함

문제14 통신선 전자유도장해 계산 실용식

I. 개요

송전선 각 상간의 상호 인덕턴스를 계산에 의해 구할 수 없는 것과 마찬가지로 전력선과 통신선간의 상호 인덕턴스 역시 계산에 의해 구할 수 없으므로 다음과 같은 여러 실험방법을 이용한다.

II. 전자유도 전압 계산방법

1. Carson-pollaczek의 식

(1) $V = \sum \omega M l k I (V)$

여기서 $\begin{cases} \omega : \text{각주파수} \\ M : \text{전력선과 통신선간 상호인덕턴스(H/km)} \\ l : \text{전력선과 통신선의 병행거리(km)} \\ k : \text{각종 차폐계수} \\ I : \text{기 유도 전류값} \end{cases}$

(2) $M = 0.2\ln\dfrac{2}{\gamma d \sqrt{4\pi\omega\sigma}} + 0.1 - j\dfrac{\pi}{20} [\text{mH/km}]$

여기서 $\begin{cases} \gamma : 1.7811(\text{Bessel 정수}) \\ d : \text{전력선과 통신선간 이격거리(m)} \\ \sigma : \text{대지의 도전율(℧/m)} \end{cases}$

2. Fukao의 식

(1) 도면을 이용한 실험식

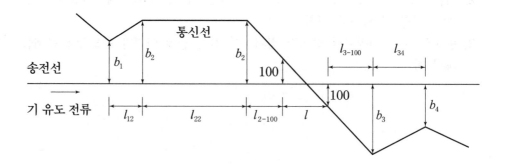

(2) 5만분의 1 지도에 기설 통신선로와 새로 건설할 전력선을 그리고 양선로간 이격거리를 b, 각 구간의 병행길이를 l로 표시함

(3) 양 선로가 교차시 이격거리 100m 이내는 별도로 나타냄

(4) 이때 유도전류 1(A)당의 통신선 유도 전압은

$$e_m = K \cdot f \left\{ \sum \frac{l_{ij}}{\frac{1}{2}(b_i + b_j)} + \sum \frac{l}{100} \right\} (\text{V/A})$$

$$= K \cdot f \left\{ \frac{l_{12}}{\frac{1}{2}(b_1 + b_2)} + \frac{l_{22}}{b_2} + \frac{l_{2-100}}{\frac{1}{2}(b_2 + 100)} + \frac{l}{100} + \frac{l_{3-100}}{\frac{1}{2}(100 + b_3)} + \frac{l_{34}}{\frac{1}{2}(b_3 + b_4)} \right\}$$

K : 지질계수 $\begin{cases} 산악지 : 0.0003 \sim 0.0008 \\ 평지 : 0.0004 \end{cases}$ f : 지락전류 주파수

전자 유도 전압은 병행길이 l에 비례하므로 이격거리 b는 5km 정도까지 계산함

(5) 전체 전자 유도전압은

$$E_m = e_m \times I = e_m \times 3 I_o \quad (I : 기 유도전류)$$

– 계산 결과 E_m값이 650V 초과시 별도의 경감대책이나 선로의 루트변경 고려

3. 기술기준에 의한 통신선의 전자유도전류 계산법

(1) 전력선 사용전압이 25kV를 넘는 경우의 적용식

① $I_T = V \cdot D \times 10^{-3} (0.33n + 26 \sum \frac{l_{ij}}{b_i b_j})$

여기서, $\begin{cases} I_T(\mu A) : 통신선 유도전류 \\ V(\text{kV}) : 전력선 사용전압 \\ D(\text{m}) : 전력선 선간거리 \\ b(\text{m}) : 전력선과 통신선의 병행 이격거리 \\ l(\text{m}) : 전력선과 통신선이 병행하는 부분의 통신선로의 길이 \\ n : 양선로의 교차점 수 \end{cases}$

② 전력선과 통신선이 교차하는 경우

㉠ 사용전압 60kV 교차점 전후 각 50m
㉡ 사용전압 60kV 초과시는 교차점 전후 각 100m $\Big\}$ 부분은 계산에서 제외함

(2) 전력선 사용전압이 25kV 이하인 경우의 적용식

$$I_T = V \cdot D \times 10^{-3} (2.5n + 2.76 \sum \frac{l_1 \log \frac{b_2}{b_1}}{b_2 - b_1} + 1.2 \frac{l}{b} + 18 \sum \frac{l_1}{b_1} b_2 + 18 \sum \frac{l}{b_2})$$

Ⅲ. 대지 저항률과 전자 유도전압 관계

대지 저항률 구분	대지 귀로 전류	상전류와 상쇄효과	전자유도전압
작다	집중	크다	작다
크다	분산	작다	크다

Ⅳ. 전자 유도전압 제한 값

구분	전자유도			대지 전위상승
	사고시 유도위험 전압	상시 유도위험 전압	상시 유도 잡음 전압	
제한값	배전선 : 460V 송전선 : 650V	인체위험 : 60V 기기오동작 : 150V	통신 Cable : 0.1mV	650V

Ⅴ. 1선 지락시 전자 유도전압에 대한 검토대상(한전 규정)

분류			인접통신선로의 조건	
			이격거리	병행길이
가공 배전선	다중접지	가공지선 無	100m 이내	500m 이상
		가공지선 有	100m 이내	1Km 이상
가공 송전선	직접 접지		5Km 이내	500m 이상
지중 송배전선	직접, 다중접지		500m 이내	5Km 이상

문제15 1선 지락 고장시의 통신선 정전 유도전압

Ⅰ. c상 지락시의 계통도

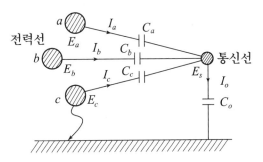

C_a, C_b, C_c : 전력선과 통신선의 상호
정전용량

C_o : 통신선의 대지정전 용량

Ⅱ. 비접지 계통의 1선 지락사고

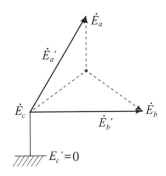

$\begin{cases} 점선 : 고장 전 \\ 굵은 실선 : 고장 후 \end{cases}$

1선(c상)지락시 Vector도

1. 정전 유도전압

(1) 전원이 평형이고 c상 지락 시 a, b상의 대지전압은 크기가 선간전압 V와 같아지고 c상
전압은 0이되며, b상을 기준으로 이를 나타내면

$$\dot{E_c}' = 0, \ \dot{E_b}' = \dot{V}, \ \dot{E_a}' = V \angle 60° = \left(\frac{1}{2} + j\frac{\sqrt{3}}{2}\right)\dot{V}$$

(2) 통신선에 대하여 KCL을 적용하면

$$\dot{I_a} + \dot{I_b} + \dot{I_c} = I_o$$

$$j\omega C_a(\dot{E_a}' - \dot{E_s}) + j\omega C_b(\dot{E_b}' - \dot{E_s}) + j\omega C_c(\dot{E_c}' - \dot{E_s}) = j\omega C_o\dot{E_s}$$

$\dot{E_c}' = 0$이므로

$$C_a\dot{E_a}' + C_b\dot{E_b}' = (C_a + C_b + C_c + C_o)E_s$$

$$\therefore \ \dot{E_s} = \frac{C_a\dot{E_a}' + C_b\dot{E_b}'}{C_a + C_b + C_c + C_o} \quad \text{...} ① 식$$

2. 연가 불충분시 정전 유도전압

$$\dot{E}_s = \frac{C_a\dot{E}_a{}' + C_b\dot{E}_b{}'}{C_a + C_b + C_c + C_o} = \frac{C_a(\frac{1}{2} + j\frac{\sqrt{3}}{2}) + C_b}{C_a + C_b + C_c + C_o}\dot{V}$$

$$|\dot{E}_s| = \frac{\sqrt{(\frac{C_a}{2} + C_b)^2 + \frac{3}{4}C_a^2}}{C_a + C_b + C_c + C_o}\dot{V} = \frac{\sqrt{C_a^2 + C_b^2 + C_aC_b}}{C_a + C_b + C_c + C_o}\dot{V} \quad \cdots\cdots\cdots\cdots ② 식$$

3. 완전 연가시 정전 유도전압

$$C_a = C_b = C_c = C \text{이므로}$$

$$|\dot{E}_s| = \frac{\sqrt{3}\,C}{3C + C_o} \quad \cdots\cdots\cdots\cdots\cdots\cdots\cdots\cdots\cdots\cdots\cdots\cdots ③ 식$$

Ⅲ. 직접접지 계통의 1선 지락사고

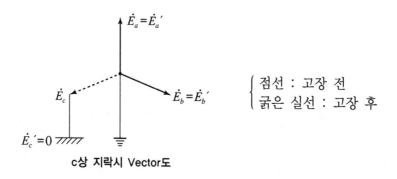

c상 지락시 Vector도

점선 : 고장 전
굵은 실선 : 고장 후

1. 정전 유도전압

직접 접지 계통의 경우 1선 지락시 나머지 건전상 대지전위 변동은 거의 없다.
b상을 기준으로 이를 나타내면 전원이 평형시

$$\dot{E}_c{}' = 0, \ \dot{E}_b{}' = \dot{E} = \frac{\dot{V}}{\sqrt{3}}, \ \dot{E}_a{}' = E\angle 120° = \left(-\frac{1}{2} + j\frac{\sqrt{3}}{2}\right)\frac{\dot{V}}{\sqrt{3}}$$

유도(잔류)전압을 $\dot{E}_s{}'$라 하면 앞서와 마찬가지로

$$\dot{E}_c{}' = \frac{C_a\dot{E}_a{}' + C_b\dot{E}_b{}'}{C_a + C_b + C_c + C_o} \quad \cdots\cdots\cdots\cdots\cdots\cdots\cdots\cdots\cdots\cdots\cdots ④ 식$$

2. 연가 불충분시 정전 유도전압

$$\dot{E}_s{}' = \frac{C_a\dot{E}_a{}' + C_b\dot{E}_b{}'}{C_a + C_b + C_c + C_o} = \frac{C_a\left(-\frac{1}{2} + j\frac{\sqrt{3}}{2} + C_b\right)}{C_a + C_b + C_c + C_o} \times \frac{\dot{V}}{\sqrt{3}}$$

$$\therefore |\dot{E}_s{}'| = \frac{\sqrt{\left(\frac{C_a}{2} + C_b\right)^2 + \frac{3}{4}C_a^2}}{C_a + C_b + C_c + C_o} \times \frac{\dot{V}}{\sqrt{3}} = \frac{\sqrt{C_a^2 + C_b^2 + C_aC_b}}{C_a + C_b + C_c + C_o} \times \frac{\dot{V}}{\sqrt{3}} \quad \cdots ⑤ 식$$

3. 연가 충분시 정전 유도전압

윗식에 $C_a = C_b = C_c = C$를 대입하면

$$|\dot{E_s}'| = \frac{\sqrt{C_a^2 + C_b^2 - C_a C_b}}{C_a + C_b + C_c + C_o} \times \frac{\dot{V}}{\sqrt{3}} = \frac{C}{3C + C_o} \times \frac{\dot{V}}{\sqrt{3}} = \frac{\sqrt{3}\,C}{3C + C_o} \times \frac{\dot{V}}{3} = \frac{1}{3}\dot{E_s} \cdots ⑥ \ 식$$

Ⅳ. 정전유도 대책

1. 평상시

(1) 선로 불평형 해소 → 연가실시, 차폐

(2) 이격

2. 지락사고시

(1) 중성선 직접 접지방식 채용

(2) 통신선 접지

(3) 선로연가

Ⅴ. 결론

1. 직접 접지 계통의 경우 1선 지락시 통신선에 유도되는 정전 유도전압은 비접지 계통에 비해 1/3의 크기 밖에 되지 않는다.

2. 그러나 지락사고시 통신선에 유도되는 전압은 이외에 전자 유도전압이 있는데 지락시에는 후자가 주로 문제가 되고 전자는 이격거리를 충분히 확보하면 급격히 감소하므로 큰 문제가 되지 않는다.

문제16 **차폐선에 의한 전자유도장해 경감효과**

Ⅰ. 개요

차폐선(shielding wire)이란 전력선과 통신선 사이에 대지와 단락시킨 전선을 전력선에 근접해서 설치한 것으로 전자유도장해 경감대책으로 유효함

Ⅱ. 차폐원리

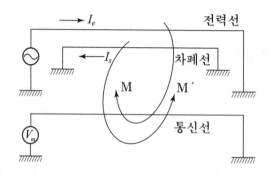

(1) 차폐선은 양단에서 단락
  단락전류(I_s)에 의해 통신선에 자속 M′가 발생됨
(2) 이 자속 M′와 전력선전류(I_e)에 의해 발생된 자속 M과의 위상이 반대
  → M값 상쇄로 V_m 감소

Ⅲ. 차폐선 설치효과

1. 차폐이론

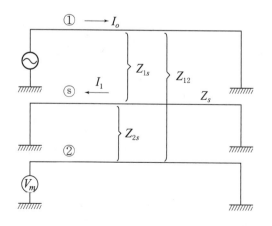

① : 전력선
② : 통신선
ⓢ : 차폐선

Z_{12} : 전력선과 통신선간 상호임피던스
Z_{1s} : 전력선과 차폐선간 상호임피던스
Z_{2s} : 통신선과 차폐선간 상호임피던스
Z_s : 차폐선의 자기임피던스

차폐선의 양단이 완전 접지 되었다고 하면 통신선에 유도되는 전압은?

$$V_m = -Z_{12}I_o + Z_{2s}I_1 \ \ (Z_{1s}I_o = Z_sI_1 \Rightarrow I_1 = \frac{Z_{1s}}{Z_s}I_o \text{를 대입})$$

$$= -Z_{12}I_o + Z_{2s} \cdot \frac{Z_{1s} \cdot I_o}{Z_s} = -Z_{12}I_o\left(1 - \frac{Z_{1s} \cdot Z_{2s}}{Z_s \cdot Z_{12}}\right) \ \cdots\cdots\cdots\cdots\cdots ①$$

여기서 $\begin{cases} I_o \ : \ \text{전력선의 영상전류} \\ I_1 \ : \ \text{차폐선의 유도전류} \end{cases}$

2. 차폐계수와 유도전압

① 차폐계수 $= \dfrac{\text{차폐가 있는 경우의 유도전압}}{\text{차폐가 없는 경우의 유도전압}} = \dfrac{V_m}{-Z_{12}I_o}$

$$\lambda = \left|1 - \frac{Z_{1s} \cdot Z_{2s}}{Z_s \cdot Z_{12}}\right|$$

② 만일 차폐선을 전력선에 접근 설치시 $Z_{12} \simeq Z_{2s}$이므로(가공지선의 경우)

$$V_m' = -Z_{12}I_o(1 - \frac{Z_{1s}}{Z_s})$$

$$\lambda' = \left|1 - \frac{Z_{1s}}{Z_s}\right|$$

③ 차폐선을 통신선에 접근 설치시 $Z_{1s} \simeq Z_{12}$이므로

$$V_m'' = -Z_{12}I_o\left(1 - \frac{Z_{2s}}{Z_s}\right)$$

$$\lambda'' = \left|1 - \frac{Z_{2s}}{Z_s}\right|$$

Ⅳ. 결론

1. 상기식에서 상호 인덕턴스(Z_{1s}, Z_{2s})에 대해 차폐선의 자기임피던스(Z_s)를 근접시킬 수록 ($Z_s \rightarrow Z_{1s}$, Z_{2s})차폐효과가 커짐

즉 Z_{1s} (또는Z_{2s}) $\simeq Z_s$일 때 $1 - \dfrac{Z_{1s}(\text{또는 } Z_{2s})}{Z_s} = 0$이 되어 유도전압$=0$

이는 곧 자기 임피던스가 작을수록 차폐선에 흐르는 전류를 크게 하여 차폐효과를 증대 시키는 결과가 됨

2. 이러한 이유로 가공지선은 ACSR, 통신차폐선은 구리편조 등을 사용

3. 또한 차폐효과는 차폐선 재질선정 뿐 아니라 접지저항을 낮추는 것이 중요하며 보통 λ $=0.5\sim0.7$정도(이때 전자유도전압은 30~50% 경감효과)로 함

고조파

PART 19

문제1 고조파의 프리에 급수 해석

Ⅰ. 개요

고조파란 주기적인 복합파의 각 성분중 기본파 이외의 것으로 제 n고조파란 기본파의 $\frac{1}{n}$ 배 크기에 n배 주파수를 갖는다.

따라서 왜형파는 프리에 급수로 전개하면 하나의 기본파와 그 정수배의 주파수를 갖는 고조파로 분해 할 수 있다.

Ⅱ. 왜형파의 프리에 급수(Fourier series)

1. 프리에 급수 전개 일반식

주기성 있는 왜형파는 프리에 급수로 전개하면 주파수와 진폭이 다른 무수히 많은 여현항과 정현항의 합으로 표시할 수 있다.

(1) 주파수와 진폭이 다른 무수히 많은 여현항의 合

$= a_o \cos ot + a_1 \cos \omega t + a_2 \cos 2\omega t + a_3 \cos 3\omega t + \ldots + a_n \cos n\omega t$

$= a_o + \sum_{n=1}^{\infty} a_n \cos n\omega t$

(2) 주파수와 진폭이 다른 무수히 많은 정현항의 合

$= b_o \sin ot + b_1 \sin \omega t + b_2 \sin 2\omega t + \ldots + b_n \sin n\omega t$

$= \sum_{n=1}^{\infty} b_n \sin n\omega t$

(3) $\therefore f(t) = a_o + \sum_{n=1}^{\infty} (a_n \cos n\omega t + b_n \sin n\omega t)$

      (비정현 주기파) (직류항)   (기본파 + 全차수 고조파항)

예)

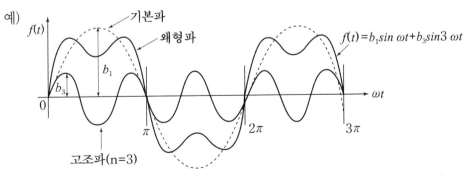

비정현 주기파 = 주기적인 왜형파

① a_o의 결정

$f(t)$의 평균 값 $a_o = \dfrac{1}{T}\displaystyle\int_o^T f(t)\cdot d\omega t = \dfrac{1}{2\pi}\displaystyle\int_o^{2\pi} f(t)\cdot d\omega t$

② a_n의 결정

$a_n = \dfrac{2}{T}\displaystyle\int_o^T f(t)\cdot \cos n\omega t\cdot d\omega t = \dfrac{1}{\pi}\displaystyle\int_o^{2\pi} f(t)\cdot \cos n\omega t\cdot d\omega t$ $(n=1,\ 2,\ 3\cdots)$

③ b_n의 결정

$b_n = \dfrac{2}{T}\displaystyle\int_o^T f(t)\cdot \sin n\omega t\cdot d\omega t = \dfrac{1}{\pi}\displaystyle\int_0^{2\pi} f(t)\cdot \sin n\omega t\cdot d\omega t$

2. 구형파(방형파)분석

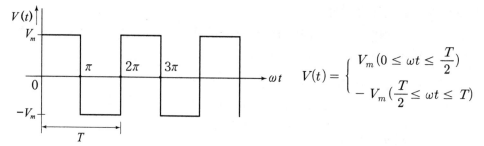

$$V(t) = \begin{cases} V_m\ (0 \leq \omega t \leq \dfrac{T}{2}) \\ -V_m\ (\dfrac{T}{2} \leq \omega t \leq T) \end{cases}$$

(1) $a_o = 0$ (대칭파의 한주기 평균값)

(2) $a_n = \dfrac{1}{\pi}\displaystyle\int_o^{2\pi} V(t)\cdot \cos n\,\omega t\cdot d\omega t$

$= \dfrac{1}{\pi}\left[\displaystyle\int_o^{\pi} V_m \cos n\omega t\cdot d\omega t + \displaystyle\int_{\pi}^{2\pi} -V_m\cos n\omega t\cdot d\omega t\right] = 0$

(3) $b_n = \dfrac{1}{\pi}\displaystyle\int_o^{2\pi} V(t)\cdot \sin n\,\omega t\cdot d\omega t$

$= \dfrac{1}{\pi}\left[\displaystyle\int_o^{\pi} V_m \sin n\omega t\cdot d\omega t + \displaystyle\int_{\pi}^{2\pi} -V_m\sin n\omega t\cdot d\omega t\right]$

$= \dfrac{V_m}{\pi}\left[\left(\dfrac{-1}{n}cos\, n\omega t\right)_o^{\pi} + \left(\dfrac{1}{n}cos\, n\omega t\right)_{\pi}^{2\pi}\right]$

① $n=$ 짝수 일때 $b_n = \dfrac{V_m}{n\pi}[-1+1+1-1] = 0$

② $n=$ 홀수 일때 $b_n = \dfrac{V_m}{n\pi}[1+1+1+1] = \dfrac{4V_m}{n\pi}$

$\therefore\ V(t) = \displaystyle\sum_{n=1}^{\infty} b_n\cdot \sin n\omega t = \dfrac{4V_m}{\pi}\displaystyle\sum_{n=1}^{\infty}\dfrac{1}{n}\cdot \sin n\omega t$

$= \dfrac{4V_m}{\pi}\left[\sin \omega t + \dfrac{1}{3}\sin 3\omega t + \dfrac{1}{5}\sin 5\omega t + ... + \dfrac{1}{2n-1}\sin (2n-1)\omega t\right]$

$\therefore$ 구형파 함수 그래프는 기본파인 $\sin \omega t$ 함수에 각 홀수차 고조파들의 합성파이다.

이를 각 차수별로 나타내면 다음과 같다.

차수	프리에 급수 전개식	n차 고조파 파형	$f(t)$
1	$f(t) = \dfrac{4A}{\pi}\sin\omega t$ A : 구형파의 파고치		(기본파)
3	$f(t) = 4\dfrac{A}{\pi}\left(\sin\omega t + \dfrac{1}{3}\sin 3\omega t\right)$		(1+3)
5	$f(t) = \dfrac{4A}{\pi}\left(\sin\omega t + \dfrac{1}{3}\sin 3\omega t \right.$ $\left. + \dfrac{1}{5}\sin 5\omega t\right)$		(1+3+5)
7	$f(t) = \dfrac{4A}{\pi}\left(\sin\omega t + \dfrac{1}{3}\sin 3\omega t \right.$ $\left. + \dfrac{1}{5}\sin 5\omega t + \dfrac{1}{7}\sin 7\omega t\right)$		(1+3+5+7)
⋮ ∞	$f(t) = \dfrac{4A}{\pi}\left[\sin\omega t + \dfrac{1}{3}\sin 3\omega t \right.$ $+ \dfrac{1}{5}\sin 5\omega t + \dfrac{1}{7}\sin 7\omega t + \ldots$ $\left. + \dfrac{1}{2n-1}\sin(2n-1)\omega t\right]$		(1+3+5+7··) 구형파

문제2 중성선에 흐르는 영상 고조파전류의 발생원리, 영향, 대책

Ⅰ. 개요

영상 고조파란 보통 3고조파를 말하며 주요 발생원은 1선지락 사고나 단상정류기 사용부하로 3φ4W식 배전선로의 중성선에 유입하여 각종장해의 원인을 제공함

Ⅱ. 대칭 좌표법에 의한 고조파 구분

구분	정상분	역상분	영상분
Vector도	E_{a1} E_{c1} E_{b1}	E_{a2} E_{C2} E_{b2}	E_{a0} E_{b0} E_{c0}
고조파 차수	3n+1 : 4,7,10⋯	3n−1 : 2,5,8⋯	3n : 3,6,9⋯

Ⅲ. 영상 고조파 전류 발생원리

1. 기본파와 영상 고조파(3고조파)관계

구분	Vector도	중성선전류 계산식
기본파 (3상평형분)	$\dot{I}_{R1}$ 120° 240° $\dot{I}_{T1}$ $\dot{I}_{S1}$	$\dot{I}_{R1}+\dot{I}_{S1}+\dot{I}_{T1} = I_{m1}\sin\omega t + I_{m1}\sin(\omega t - 240°)$ $+ I_{m1}\sin(\omega t - 120°)$ $= 0$
3고조파 (영상분)	$\dot{I}_{R3}$ $\dot{I}_{S3}$ $\dot{I}_{T3}$ $\dot{I}_{R3}\ \dot{I}_{S3}\ \dot{I}_{T3}$	$\dot{I}_{R3}+\dot{I}_{S3}+\dot{I}_{T3} = I_{m3}\sin3\omega t + I_{m3}\sin3(\omega t - 240°)$ $+ I_{m3}\sin3(\omega t - 120°)$ $= 3I_{m3} \cdot \sin3\omega t$ $= I_{m1}\sin3\omega t$ (여기서 $I_{m3} = \frac{1}{3}I_{m1}$)

2. 제 3고조파 전류 중첩의 원리

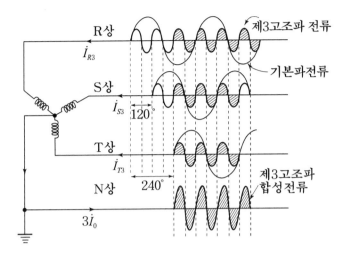

중성선에 흐르는 3고조파전류 합성값은 기본파 전류의 크기(I_{m1})와 같고 3배의 주파수 ($\frac{1}{3}$배의 주기)를 갖는다.

Ⅳ. 중성선 영상분 고조파영향

1. 변압기 과열, 손실 증가

(1) 유출되는 영상분 고조파는 변압기 1차로 변환되어 △권선 내 순환 → 과열발생

(2) 손실증가 : 표피효과에 의한 Coil의 동손, 철손 증가

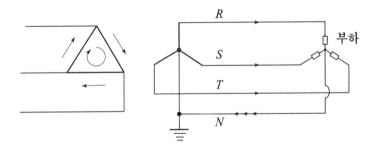

① 동손 $P_c = I^2 \cdot r_{ac}$(여기서 $r_{ac} = r_{dc} \times k_1(1 + \lambda_s + \lambda_p)$

② 히스테리시스손 $P_h = a_h \cdot f \cdot B_m^{1.6}$

③ 와류손 $P_e = a_e(k \cdot f \cdot B_m)^2$

2. 중성선 Cable의 과열

(1) 각상 영상분 고조파 전류의 3배의 전류가 중성선에 흘러 과열

(2) 주파수 3n배 → 표피효과에 의한 침투깊이저하 → 유효 단면적감소 → 교류저항 증가→ 과열발생

$$\delta = \frac{1}{\sqrt{\pi f \sigma \mu}}(mm) \quad \begin{cases} \delta : \text{침투깊이} \\ \sigma : \text{도전율} \\ \mu : \text{투자율} \end{cases}$$

3. 중성선 대지전위 상승

(1) 중성선과 대지간 전위차 $V_N = I_N \cdot (R + j3X_L) = 3I_0(R + j3X_L)$이 되어 큰 전위차 발생

(2) 차단기, 계전기 오동작

   ① ELB, MCCB의 오동작

   ② 보호계전기(OCGR)의 오동작

      ㉠ 계전기 구동 토크 $T = K \cdot \omega \cdot \phi_1 \cdot \phi_2 \sin\theta - K_S$

        ($\omega = 2\pi f$, K_s : 스프링억제력)

      ㉡ 차수가 높은 고조파 유입시 구동토크 증가로 민감하게 반응

(3) 잡음(RFI) 발생

4. 통신선 유도장해

(1) 중성선에 영상고조파 발생시 인접통신선에 유도장해 일으킴

(2) $E_m = -j\omega Ml \times (3 \cdot I_o)$

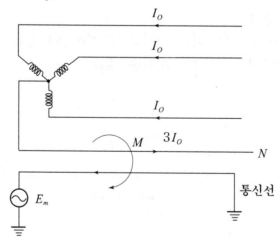

5. 중성선 영상분 고조파 저감대책

(1) 변환장치의 다상화, 다펄스화 → PWM제어 채용

(2) 리액터(ACL, DCL), Filter(수동, 능동)설치

(3) 계통분리, 고조파 내량증대, 단락용량 증대

(4) 4심, 5심 Cable의 굵기 선정시 고조파전류 저감계수 적용

(5) 영상고조파 저감장치 설치(NCE or ZED)

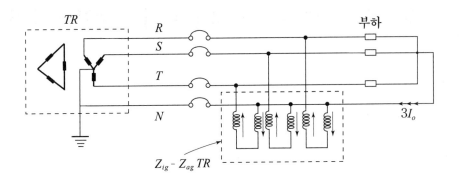

① 각상별 두개의 위상이 서로 반대인 일종의 Zig-Zag TR사용하여 영상분 전류 저감
② NCE(Neutral Current Eliminator), ZED(Zero Seguenee Current Eliminating Derice)
  라고도 함

문제3 고조파가 전력용 콘덴서에 미치는 영향과 대책

Ⅰ. 고조파 정의

1. 주기적인 왜형파의 각 성분 중 기본파 이외의 것

2. 제 n고조파란 기본파에 대해 크기는 $\frac{1}{n}$배, 주파수 n배인 파형으로 보통 제 2~50차 (120Hz~3kHz) 정도까지를 말함

Ⅱ. 고조파 발생 Mechanism

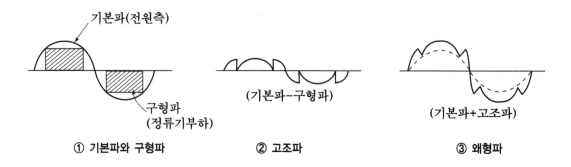

기본파(전원측)

구형파
(정류기부하)

(기본파-구형파)

(기본파+고조파)

① 기본파와 구형파　　　② 고조파　　　③ 왜형파

Ⅲ. 고조파가 콘덴서에 미치는 영향

1. 용량성, 공진현상 발생

고조파 왜곡 확대로 인한 기기(콘덴서, 리액터, TR)과열 or 소손

(1) 고조파 발생회로 해석

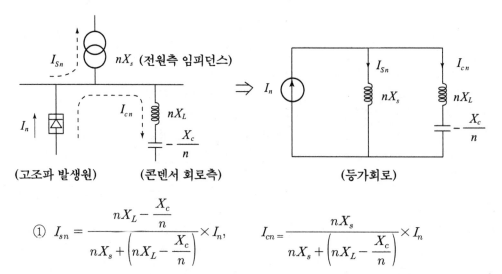

I_{Sn}　nX_s (전원측 임피던스)

I_{cn}　nX_L

I_n　$-\dfrac{X_c}{n}$

(고조파 발생원)　(콘덴서 회로측)

$\Rightarrow$　I_n　I_{Sn}　nX_s　I_{cn}　nX_L　$-\dfrac{X_c}{n}$

(등가회로)

$$① \quad I_{sn} = \frac{nX_L - \dfrac{X_c}{n}}{nX_s + \left(nX_L - \dfrac{X_c}{n}\right)} \times I_n, \qquad I_{cn} = \frac{nX_s}{nX_s + \left(nX_L - \dfrac{X_c}{n}\right)} \times I_n$$

② 여기서 $\dfrac{nX_L - \dfrac{X_c}{n}}{nX_s} = \beta$ 라 놓으면

$\therefore \dfrac{I_{sn}}{I_n} = \dfrac{\beta}{1+\beta}, \quad \dfrac{I_{cn}}{I_n} = \dfrac{1}{1+\beta}$ 가 됨

(2) 고조파 분류(分流) 패턴 및 확대현상

회로조건		패턴	확대현상
$\beta > 0$ $\rightarrow \left\| nX_L - \dfrac{X_c}{n} \right\| > 0$ or $\dfrac{I_{sn}}{I_n} < 1, \ \dfrac{I_{cn}}{I_n} < 1$		유도성	고조파 확대현상 없음(바람직한 패턴)
$\beta = 0$ $\rightarrow \left\| nX_L - \dfrac{X_c}{n} \right\| = 0$ or $\dfrac{I_{sn}}{I_n} = 0, \ \dfrac{I_{cn}}{I_n} = 1$		직렬공진	고조파는 전부 콘덴서 회로측으로 유입(Filter로써 작용)
고조파 확대 조건	$-\dfrac{1}{2} < \beta < 0$	용량성 ($\beta < 0$)	콘덴서 회로측으로 고조파 확대
	$\beta < -2$		전원측으로 고조파 확대
	$-2 < \beta < -\dfrac{1}{2}$		전원 및 콘덴서 회로 양측으로 고조파 확대
	$\beta = -1$ $(1+\beta = 0)$	병렬공진	고조파 양측으로 무한확대(절대 피해야 할 패턴)

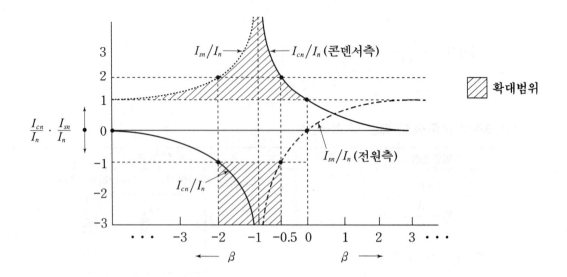

2. 콘덴서 전류 실효치 증대

(1) $X_c \propto \dfrac{1}{f}$: 고조파 전류는 임피던스가 낮은 콘덴서측으로 유입

(2) $I = I_1 \cdot \sqrt{1 + \Sigma (\dfrac{I_n}{I_1})^2}$ (A) : 부싱리드 및 내부배선 접속부 과열

3. 콘덴서 단자전압 상승

$V = V_1 \cdot \left(1 + \Sigma \dfrac{1}{n} \cdot \dfrac{I_n}{I_1}\right)$: 콘덴서 내부소자 or 직렬 리액터내부 층간 및 대지절연 파괴

4. 콘덴서 실효용량 증가

$Q = Q_1 \cdot \left[1 + \Sigma \dfrac{1}{n} \cdot \left(\dfrac{I_n}{I_1}\right)^2\right]$: 유전체손 증가 → 내부소자 온도상승, 콘덴서 열화

5. 고조파 전류로 인한 손실 증가

$W = W_1 \cdot \left[1 + \Sigma n^\alpha \cdot \left(\dfrac{I_n}{I_1}\right)^2\right]$ (단, $1 < \alpha < 2$)

IV. 대책

1. 직렬 리액터 부착

→ 합성리액턴스가 유도성이 되도록 리액터 선정(5고조파의 경우 6% 선정)

(1) $5\omega L \geq \dfrac{1}{5\omega C} \Rightarrow X_L \geq 0.04 X_c$ 이므로 유도성 고려 6%적용

(2) 유도성을 고려한 공진차수 $n = \sqrt{\dfrac{X_c}{X_L}} = \sqrt{\dfrac{1}{0.06}} = 4.1$차

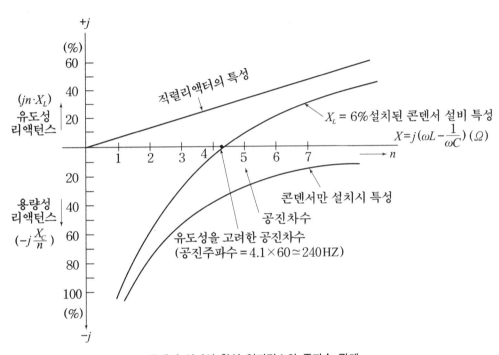

콘덴서 설비의 합성 임피던스와 주파수 관계

2. 저압측 자동역률 조정장치 취부

경부하시 전압상승(페란티현상)방지

3. 전력용 콘덴서 사용대신 동기 조상기 채용검토

V. 결론

기술한 바와 같이 전력계통의 콘덴서 회로에서 기기의 열화, 손상을 방지하기 위하여 공진현상 및 용량성으로 인한 고조파 확대가 발생하지 않도록 설계 시 주의가 필요하다.

문제4 **고조파가 전력용 변압기에 미치는 영향과 대책**

Ⅰ. 개요

변압기에 고조파가 흐를 경우 누설자속이 고조파의 영향을 받고, 이 고조파 자속에 의해 권선의 와류손과 기타 표류 부하손이 증가, 변압기 온도상승을 초래하므로 사용 중인 변압기는 용량을 감소하여 운전해야 함

Ⅱ. 고조파가 전력용 변압기에 미치는 영향

1. 변압기 권선의 과열

→ 고조파 발생회로에서

(1) $nX_L - \dfrac{X_c}{n} > X_s$ 일 때 변압기 쪽으로 고조파 전류 과대유입

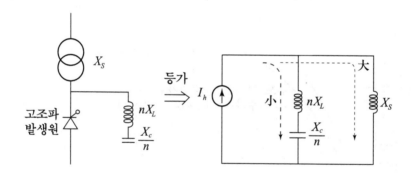

(2) 고조파 전류가 변압기 Δ 권선 내 순환에 의한 과열

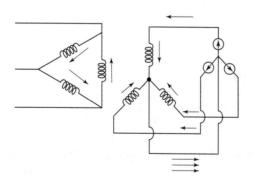

변압기 온도상승

$$\Delta\theta = \Delta\theta_1 \times \left(\dfrac{I_e}{I_1}\right)^{1.6}$$

I_1 : 기본파 전류

$\Delta\theta_1$: 기본파 전류에 대한 권선온도상승

$\Delta\theta$: 유입변압기 온도 상승

I_e : 고조파 전류를 포함한 등가전류

2. 변압기의 동손 증가

(1) 기본파전류에 고조파 전류가 포함 시 코일의 표피효과에 의해 동손 증가

① 고조파에서의 표피효과 영향

㉠ 보통 전기저항은 주파수에 비례

㉡ 제 7고조파에서 저항은 기본파의 2배 이상으로 나타남

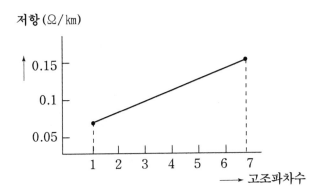

(2) 동손 증가율

① $\Delta P_c = \dfrac{P_{cn}}{P_{c1}} \times 100 \, (\%)$

② 제 5고조파가 10%포함시 동손은 약 5%증가

3. 변압기 철손 증가

(1) 철손은 히스테리시스손과 와류손으로 분류

$$P_i = \sigma_h \cdot f \cdot B_m^{1.6} + \sigma_e \cdot (k \cdot t \cdot f \cdot B_m)^2 \, (W)$$

σ_h : 히스테리시스손 계수

σ_e : 와류손 계수

k : 파형률

t : 철판두께

(2) 따라서 철손은 주파수와 최대자속밀도의 비선형 함수임

4. 철심의 자왜현상으로 인한 이상음 발생

고조파 전류에 따른 변압기 철심의 자왜(磁歪)현상 : 주파수가 높을수록 증가 → 소음발생

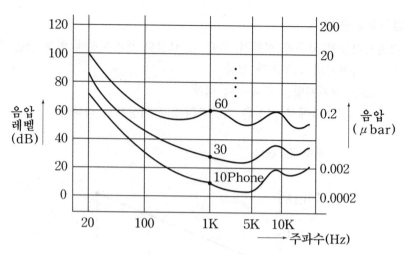

로빈슨 닷슨 등감곡선

5. 무부하시 변압기권선과 선로 정전용량간 공진현상

변압기 단자측에서 본 임피던스가 전원측과 부하측에서 병렬공진이 형성되면 고조파 확대현상 발생하므로 유의

6. 절연열화

고조파전압 발생시 파고치를 증가시켜 절연변화의 원인

7. 변압기 출력감소

- 변압기 출력 감소율(THDF : Transformer Harmonics Derating Factor)

  ① 단상부하

  $$THDF = \frac{\sqrt{2} \cdot I_{true \cdot s}}{I_{peak}} \text{ (고조파 포함시 1 이하)}$$

  Derating Power (KVA) = Name plate kVA × THDF

  예) Irms : 500A이고, Ipeak : 1,000A인 경우(단상부하)

  $$THDF = \frac{\sqrt{2} \cdot I_s}{I_{peak}} = \frac{\sqrt{2} \times 500}{1,000} = 70.7(\%)$$

  즉 변압기 용량이 70.7(%)로 감소

  ② 3상부하

  $$THDF = \sqrt{\frac{P_{LL-R}(pu)}{P_{LL}(pu)}} \times 100(\%)$$

  여기서, $P_{LL-R}(pu) = 1 + P_{EC-R}(pu)$: 정격시 부하손

  $P_{LL}(pu) - 1 + K \cdot factor \times P_{EC-R}(pu)$: 고조파 포함 부하손

  P_{EC-R} : 와류손

Ⅲ. 대책

1. 변환기의 다상화, 다펄스화
2. SC+SR설치(유도성 회로 구성)
3. 리액터(ACL, DCL) 및 Filter 채용(수동, 능동 Filter)
4. 변압기 고조파 내량 강화 K-factor에 따른 THDF 고려한 설계
5. 단락용량 증대
6. phase shift TR 채용

문제5 | 고조파가 회전기기에 미치는 영향과 대책

I. 개요

고조파가 회전기에 미치는 영향의 대부분은 고조파 주파수에서 철손과 동손으로 인해 열의 증가와 함께 효율과 토크를 저하시키고 진동과 소음을 발생시키는 원인이 됨

II. 고조파가 회전기기에 미치는 영향

1. 손실증가

(1) 동손 $P_c = 3\left[I_1^2 \cdot r_{1+} \sum_{n=2}^{n} I_n^2 (r_1 + r_{2n})\right]$

P_c = 1차와 2차 동손의 합

I_1 : 기본파 전류

(2) 철손 $P_i = \sigma_h \cdot f \cdot B_m^{1.6} + \sigma_e (k \cdot t \cdot f B_m)^2 (\mathrm{W/kg})$

σ_h : 히스테리시스 손실계수

σ_e : 와류손계수

k : 파형률

t : 철심두께

2. 소음

전자소음(고조파영향가장 큼), 통풍소음, 회전축 소음

3. 진동의 원인

(1) 상대기계를 포함시킨 회전체의 불평형

(2) 기계의 고유진동수와의 공진

(3) 전동기 맥동토크에 의한 상대적인 진동

4. 맥동토크

맥동토크의 영향은 구동 주파수가 낮을 때 즉 최대속도가 낮을 때 크다.

5. 역상전류에 의한 토크감소

역상 고조파전류 유입에 의한 역토크발생 → 전력손실분으로 작용

Ⅲ. 대책

1. 손실증가 방지대책

(1) 저항을 작게함
(2) 회전자저항의 주파수에 의한 2차동손 저감
(3) 자속밀도 저감으로 철손 감소
(4) 인버터 파형개선

2. 소음증대 방지대책

(1) 전동기 공진주파수를 벗어나게 함
(2) 전동기 자속밀도저감
(3) 전동기 공극자속 균일화
(4) 인버터 파형개선
(5) ACL설치

3. 진동방지대책

(1) 커플링에 고무방진판 등으로 고주파진동 흡수
(2) 기기 몸체 밑에 방진고무 삽입
(3) 인버터 파형 개선
(4) 전동기와 인버터간 ACL삽입

4. 맥동토크 방지대책

고차 고조파 저감 → PWM채용시 $\frac{1}{4}$로 감소

5. 발전기 역상고조파 유입방지

댐퍼권선 설치

문제6 고조파 저감 대책

I. 고조파저감 대책의 기본 유형

기본대책	저감방법	발생원	계통측	피해기기
고조파 발생 저감	펄스수, 리액턴스증가, PWM 제어 NCE설치, 고조파필터채용	○	○	○
배전계통 개선	단락용량증가, 배전선 상전압 평형, 계통분리(공급 배전선 전용화)		○	
고조파 확대 방지	유도성 회로 구성(SC+SR 설치)			○
고조파 내성 강화	K-factor 변압기 채용, 여유용량선정		○	○

II. 고조파 저감대책

1. 리액터(ACL, DCL) 설치

(1) ACL 설치 : 전원의 Total리액턴스를 크게 하여 저차 고조파 저감

(2) DCL 설치 : 직류파형의 리플을 작게 하여 전류변화 완화로 고조파 저감

(3) 리액터가 없는 경우에 비해 ACL → 50%, ACL + DCL → 55% 이상 고조파 발생저감

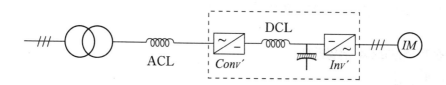

2. 변환기의 다 펄스화

(1) 출력 상수를 높이면 → 고조파 발생차수 증가 → 고조파 전류(I_n) 크기감소

$$I_n = k_n \cdot \frac{I_1}{n}$$

k_n : 고조파 저감 계수

n : 발생고조파차수($n = mP \pm 1, m = 1, 2, 3 \dots$)

(2) 다 펄스화로 저차수 고조파 감소

① P가 6pulse시 → 5, 7, 11, 13 …

② P가 12pulse시 → 11, 13, 23, 25 …

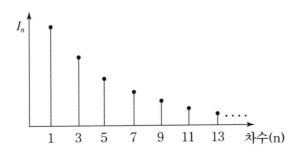

3. PWM 방식 채용

(1) 전원 고조파 전류를 발생측에서 억제하는 방식

(2) 스위칭 주파수가 6~7kHz 이상시 종합전류 왜형률 약 5%로 억제 가능

(3) ACL+DCL+PWM제어 리플 저감 Filter 채용시 → 저차 고조파 2% 이하로 억제 가능

4. Phase Shift TR 설치

(1) 30° 위상차를 주면 고조파도 상회전에 따라 변위됨

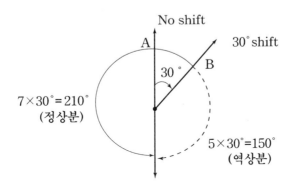

(2) Harmonic Shift

5고조파 : $5 \times 30° = 150°$

7고조파 : $7 \times 30° = 210$

따라서 5, 7 고조파가 반대방향이 되어 서로 상쇄됨

5. Filter 설치

(1) 수동 Filter(Passive Filter)

특정차수의 고조파 흡수

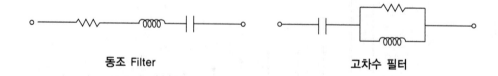

동조 Filter   고차수 필터

(2) 능동 Filter(Active Filter)

인버터 응용기술에 의해 역위상 고조파를 발생시켜 고조파 소거

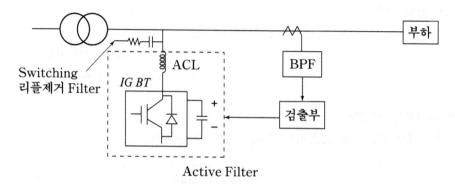

Active Filter

6. 전원 단락 용량 증대

(1) 부하의 고조파 발생전류 I_n은 고조파 전압 V_n에 비례하고 전원 단락 용량에 역비례

(2) $I_n = \dfrac{V_n}{nX_L}$

공진차수 $n = \sqrt{\dfrac{X_c}{X_L}} = \sqrt{\dfrac{전원단락용량(S_n)}{콘덴서용량(Q_c)}}$

7. 계통분리

비선형 부하를 다른 부하와 분리, 별도의 모선으로 공급

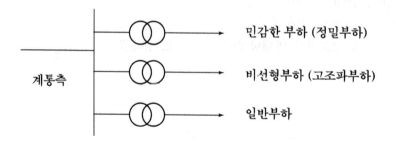

8. 중성선 고조파 저감장치

NCE(Neutral Current Eliminator) or ZHED(Zero Harmonic Eliminating Device)라 하며, 2개의 위상이 서로 반대로 결선된 Zig-Zag TR 사용하여 영상분 전류를 Zero화

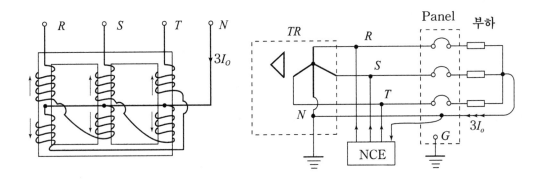

Ⅲ. 결론

고조파 전류가 상한치를 초과하는 경우 상기와 같이 다각적인 저감대책과 함께 기기제조자, 수용가, 전력회사측의 상호 협력하에 유기적이고 종합적인 관리체계가 필요하다.

문제7 고조파 Filter(수동, 능동 Filter)

I. 개요

고조파 저감대책으로 고조파 발생량 저감, 임피던스 분류(分流)조건변경, 기기내량 강화 등이 있으며 여기서는 계통측에서 고조파 저감에 효과적으로 사용되고 있는 수동 Filter와 능동 Filter에 대해서 기술하고자 함

II. 수동 Filter(Passive Filter, L-C Filter)

1. 원리

(1) L-C공진현상 이용 → 고조파 전류를 흡수 함으로써 유출전류 저감
(2) 진상 콘덴서설비와 상이점 : 공진점과 고조파 과부하 내량

2. 종류 및 특징

(1) 동조 Filter(Low pass Filter) : 저차 고조파 저감

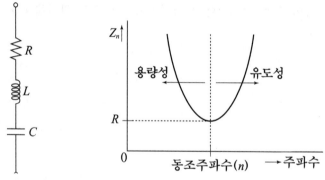

① RLC의 직렬회로에 의해 구성되어 단일 고조파에 공진
② 공진 주파수에서 저저항 특성

  ㉠ $Z_n = R + j(nX_L - \dfrac{X_C}{n})$에서

  $L \cdot C$공진시 $nX_L - \dfrac{X_C}{n} = 0$가 되어 $Z_n = R$(최소)

  $\begin{cases} n보다\ 저주파수시\ nX_L < \dfrac{X_C}{n}\ :\ 용량성 \\ n보다\ 고주파수시\ nX_L > \dfrac{X_C}{n}\ :\ 유도성 \end{cases}$

  따라서 특정 주파수대에서만 저임피던스로 작용하여 해당 고조파전류를 흡수하고 그 외의 주파수대에선 고임피던스로 작용

ⓛ 주파수 선택도(첨예도) $Q_n = \dfrac{\omega_n L}{R}$ 이 되어 R이 작을수록 첨예도가 커서 Filter 효과가 좋다.

Q_n을 너무 높게 잡으면 R이 작아져 고조파 과전류(과부하)에 의한 과열 초래

③ 동조 Filter 수량은 고조파 차수별로 필요

－ 5, 7, 11차의 3종류 조합이 표준

(2) 고차수 Filter(High Pass Filter) : 고차 고조파 저감

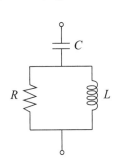
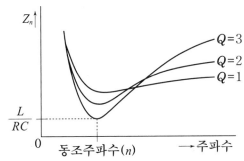

① $Z_n = \dfrac{1}{j\omega_n C} + \dfrac{1}{\dfrac{1}{R} + \dfrac{1}{j\omega_n L}}$ 에서 공진시 $Z_n = \dfrac{L}{RC}$ 이 됨

(∵ 허수부는 0가 되므로)

② 공진 주파수 선택도 $Q_n = \dfrac{R}{\omega_n L}$ (보통 20~40)

동조 Filter와는 반대로 R을 크게하면 첨예도 커짐

③ 반면 Q_n을 둔하게(R을 작게)하면 광범위한 고조파에 대응가능

→ 공진 차수 이상의 고주파에 대해서도 주파수에 별 영향 없이 저임피던스를 유지하여 고차수 고조파 흡수 가능

④ 공진 차수 이후 고차수 일수록 $\dfrac{X_C}{n}$가 작아지고 nX_L이 커져 R로 Bypass

→ 고조파의 과부하 전류는 R값에 의해 제한

Ⅲ. 능동 Filter(Active Filter)

1. 원리 : Inverter 역위상의 고조파 발생시켜 고조파 상쇄

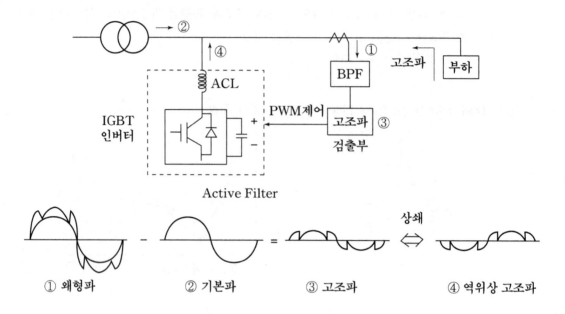

Active Filter

① 왜형파   ② 기본파   ③ 고조파   ④ 역위상 고조파

2. 적용 : 고조파 Filter기능 外에 역률개선, 전압변동억제, 플리커 억제, 순시전압강하 억제 등

Ⅳ. 수동 Filter와 능동 Filter 비교

구 분	수동 Filter	능동 Filter
고조파 억제 효과	•분로를 설치한 차수만 억제됨 　(5,7,11차의 3종류 필터 조합이 표준) •저차 고조파 확대 현상 있음 •전원 임피던스 영향이 큼	•임의의 고조파 동시 억제 기능 •저차 고조파 확대 없음 •전원 임피던스 영향 적음
과부하	•부하증가나 계통전압 왜곡이 커지면 　과부하 발생으로 과열	•과부하 발생 없음
역률개선	고정적	가변적
증설대응	Filter간 협조필요	용이
(전력) 손실	장치용량의 1~2%	장치용량의 5~10%
가격	100%	300~600%
원리	L·C 공진 특성이용	인버터기술 응용
설치면적	小	大(300~700%)

| 문제8 | 고조파 관리기준 |

I. 용어의 정의

1. THD (Total Harmonics Distortion)

(1) 기본파 전압(전류) 실효치 대비 고조파 전압(전류) 실효치의 함유율로써 고조파 발생 규제치의 판단기준으로 사용됨

(2) $V_{THD} = \dfrac{\sqrt{V_2^2 + V_3^2 + \cdots + V_n^2}}{V_1} \times 100\,(\%) = \dfrac{\sqrt{\sum_{n=2}^{\infty} V_n^2}}{V_1} \times 100\,(\%)$

2. TDD (Total Demand Distortion)

(1) 최대부하전류 대비 고조파 전류의 함유율로써 고조파 전류 규제치의 판단기준으로 사용됨

$$I_{TDD} = \dfrac{I_{THD}}{I_{1peak}(15\,or\,30\min)} = \dfrac{\sqrt{\sum_{h=2}^{\infty} I_h^2}}{I_L} \times 100\,(\%)$$

(2) $I_L = I_{1peak}$ (기본파의 최대부하전류) : 12개월 월 평균 최대 부하 전류

II. 전압 THD규정

1. IEEE Std·519

Bus Voltage at PCC	Individnal Voltage Distortion(%)	THD(%)(Total Voltage Distortion)
1kV 이하	5.0	8.0
69kV 이하	3.0	5.0
69kV~161kV	1.5	2.5
161kV 이상	1.0	1.5

※ PCC(Point of Common Coupling)

2. 한전 전기 공급 약관

계통 전압 \ 항목	지중선로가 있는 S/S에서 공급하는 고객		가공선로가 있는 S/S에서 공급하는 고객	
	전압왜형율(%)	등가방해전류(A)	전압왜형율(%)	등가방해전류(A)
66kV 이하	3	–	3	–
154kV 이상	1.5	3.8	1.5	–

3. 등가방해전류 (EDC : Equivalent Disturbing Current)

(1) 통신선에 영향을 주는 고조파 전류의 한계 규정

(2) $EDC = \sqrt{\sum_{n=1}^{\infty} (S_n^2 \times I_n^2)}$

여기서, S_n : 통신 유도계수

I_n : 영상고조파 전류

Ⅲ. 전류 THD 규정

1. IEEE Std.519

(120V∼69kV, 단위 %)

SCR = Isc/Ic (단락비)	Individnal Harmonics Order (Odd Harmonics)					
	<11	11<h<17	17<h<23	23<h<35	35<h	TDD
<20	4.0%	2.0%	1.5%	0.6%	0.3%	5.0%
20∼50	7.0%	3.5%	2.5%	1.0%	0.5%	8.0%
50∼100	10.0%	4.5%	4.0%	1.5%	0.7%	12.0%
100∼1,000	12.0%	5.5%	5.0%	2.0%	1.0%	15.0%
>1,000	15.0%	7.0%	6.0%	2.5%	1.4%	20.0%

(1) 짝수 고조파의 관리 기준은 상기 홀수 고조파의 25% 이내

(2) I_{sc} : Pcc에서의 단락전류

(3) I_L : Pcc에서의 (기본파) 최대 부하 전류

2. 일본 「고조파 억제 대책 Guide Line」

■ 수용가 계약전력 1KW당 고조파 유도 전류 상한치(mA/kW)

수전전압	5차	7차	11차	13차	17차	19차	23차	23차 이상
6.6kV	3.5	2.5	1.6	1.3	1.0	0.9	0.76	0.7
22kV	1.5	1.3	0.82	0.69	0.53	0.47	0.39	0.36
154kV	0.25	0.18	0.11	0.09	0.07	0.06	0.05	0.05

3. 고조파 전류 허용한도(국내기준)

구분	KSC4310 : 무정전전원장치(UPS)		KSC8100 : 형광램프용 전자식안정기	
	입력(1차)	출력(1차)	저 고조파 함유형	고 고조파 함유형
전류THD(%)	15% 이하	5% 이하	20% 이하	30% 이하

4. IT(Interference Telephone) Product Guide Line

(1) IEEE Std.519

IT Product 크기	청각장해 정도
10,000 이하	영향 없음
10,000 ~ 25,000	청각장해 가능성 있음
25,000 이상	청각장해 발생

(2) IT Product

전류 고조파에 의해 인간의 청각에 장해를 미치는 정도

(3) IT Product

$$\sqrt{\sum_{n=1}^{100} (I_n \times T_n)^2}$$

I_n : 1~100차까지 차수별 전류

T_n : Telephone Interference Weight Factor

문제9 **K-factor와 THDF**

I. 개요

1. 전력전자 기술 진보에 따른 비선형 부하급증으로 고조파 유입
   → 변압기 손실증가 및 용량 감소효과 초래

2. K-factor란
   (1) 비선형 부하에서 발생하는 고조파 부하전류에 의한 변압기 와류손 증가로 변압기가 온도상승하는 영향을 수치화한 개념
   (2) 비선형 부하에 견디는 변압기의 성능 측정 기준으로 고조파 영향에 대해 변압기가 과열없이 안정적으로 공급할 수 있는 능력을 나타내는 지표

3. 관련규정 : IEEE/ANSI C-57-110 (1986)
   전류 왜형률 5%초과시 K-factor 적용토록 규정

II. K-factor 산출 및 적용

1. 환산식(변압기 2차측 고조파 전류 측정후 수식에 대입)

$$K\text{-}factor = \frac{\sum_{h=1}^{\infty}(h^2 \cdot I_h^2)}{\sum_{h=1}^{\infty} I_h^2}$$

   h : 고조파 차수
   I_h : 제 h차 고조파 전류

2. 부하특성에 따른 대략 적용치

K-factor \ 부하구분	비선형 1φ	비선형 3φ	선형	부하특성
1	–	–	100	순수 선형부하(일그러짐 없음)
7	–	50	50	50% 선형, 50% 3상 비선형부하
13	–	100	–	100% 3상 비선형 부하
20	50	50	–	50% 단상, 50% 3상 비선형부하
30	100	–	–	100% 단상 비선형 부하

Ⅲ. **THDF**(Transformer Harmonics Derating Factor)

변압기 고조파 출력 감소계수

1. 산출식

(1) 단상부하

$$THDF = \frac{\sqrt{2} \cdot I_{true \cdot s}}{I_{peak}} \quad \text{(고조파 포함시 1 이하)}$$

(2) 3상부하

$$THDF = \sqrt{\frac{P_{LL-R}}{P_{LL}}} \times 100 = \sqrt{\frac{1 + P_{EC-R}}{1 + K\text{-}factor \times P_{EC-R}}} \times 100(\%)$$

P_{LL-R} : 정격시 부하손(pu)

P_{LL} : 고조파 포함 부하손(pu)

P_{EC-R} : 와류손(pu)

2. 변압기 용량별 와류손

Type	몰드, 건식		유입식		
MVA	1 미만	1 이상	2.5 미만	2.5~5 미만	5 이상
P_{EC-R}(와류손)%	5.5	14	1	2.5	12

3. 적용 예

(1) 1MVA MOLD TR의 3상 비선형 부하일 경우

→ K-factor 13, 와류손 14% 이므로

$$THDF = \sqrt{\frac{1 + 0.14}{1 + (13 \times 0.14)}} \times 100 = 64(\%)$$

(2) 3상 비선형 부하로써 변압기용량의 64%에 대한 부하

$(1MVA \times 0.64 = 6,400KVA)$를 걸어야 안전함

Ⅳ. 결론

비선형 부하가 있는 경우 고조파 억제 대책과 아울러 K-factor값에 따른 THDF를 고려한 여유율을 적용하여 변압기 용량을 선정하는 것이 바람직하다.

즉, K-factor가 클수록 변압기 용량을 정격보다 크게 선정할 필요가 있음

예제1 K-factor가 13인 비선형부하에 3상 750kVA 몰드변압기로 전력을 공급하는 경우 고조파 손실을 고려한 변압기 용량은?

해설

(1) $THDF = \sqrt{\dfrac{P_{LL-R}}{P_{LL}}} \times 100 = \sqrt{\dfrac{1+P_{EC-R}}{1+K\text{-}factor \times P_{EC-R}}} \times 100(\%)$

$\quad\quad = \sqrt{\dfrac{1+0.055}{1+(13 \times 0.055)}} \times 100 = 78.4(\%)$

(2) 따라서 와류손 증가로 변압기 실제출력은

$\quad$ $P = 750 \times 0.784 = 588 \text{kVA}$로 감소됨

(3) 결론
- 용량이 750kVA인 변압기가 고조파의 와류손에 의한 온도상승 영향으로 출력이 588kVA로 감소됨
- 따라서 750kVA 부하에 대해서는 $THDF$를 고려하면

  $\dfrac{750}{0.784} = 957\text{kVA}$가 되므로

  1,000kVA 용량을 갖춘 변압기 사용이 요구됨
- 이렇게 제작된 변압기를 K-factor 적용 변압기라 하며
  변압기 명판에는

정격용량 750kVA
K-factor 13적용

  이라 표기함

참고 1 K-factor 변압기와 능동 Filter

1. K-factor 적용 변압기

- 권선을 연속적으로 연가함(Y권선을 지그재그 결선하여 고조파 상쇄)
- Delta 권선에 대해 권선 굵기를 표준 변압기보다 굵게 해서 제 3고조파가 Delta 권선을 순환하더라도 권선이 과열되지 않도록 함
- Y권선에 대해서는 제 3고조파가 흘러 중성점 접속부가 과열될 수 있으므로 중성점 접속부의 굵기를 상권선의 130% 이상 설계함

2. 능동 Filter와 K-factor 적용 변압기의 특징비교

구분	능동 Filter	K-factor 적용 변압기
가격	300%	100%
역률	무효전력 보상 가능	무효전력 보상불가
유지보수	복잡	불필요
피해기기	개별대책 불필요	개별대책 필요
전력손실	운용시간이 긴 경우 전력 절감효과 크다.	운용시간이 긴 경우 전력손실이 커진다.
적용시 고려사항	심야의 짧은 운용시간에 대해서는 투자비 대비 비효율적임	1) 심야의 짧은 시간에는 고조파가 발생하는 경우 적용 유리 2) 제작비 고가 이나 한전의 시설 분담금 지원 및 기본요금 책정에서 유리

문제10 · 3상 평형배선에서 4심 및 5심 케이블 고조파전류 저감계수

Ⅰ. 개요

3상 4선식 배전방식에서 컴퓨터 등의 OA기기 사용 증가로 발생되는 영상분 고조파에 의해 중성선에 선전류보다 큰 전류가 흐르게 되는데 이처럼 회로내 허용 전류에 영향을 미치게 되므로 이를 고려하여야 함

Ⅱ. 4심 및 5심 케이블 고조파 전류 저감계수(KSC IEC 60364-5-52)

선전류의 제3고조파 성분(%)	저감계수	
	선전류를 고려한 규격결정	중성선 전류를 고려한 규격결정
0 ~ 15%	1.0	–
15 초과 ~ 33%	0.86	–
33 초과 ~ 45%	–	0.86
〉 45%	–	1.0

Ⅲ. 저감계수의 적용

1. 선전류를 고려한 규격결정(고조파 성분 33% 이하인 경우)

$$케이블 \ 허용 \ 전류 = \frac{회로부하전류}{선전류를 \ 고려한 \ 저감계수}$$

2. 중성선 전류를 고려한 규격결정 (고조파성분 33% 초과인 경우)

(1) 중성선 전류 = 부하전류 × 고조파성분(%) × 3

(2) $케이블 \ 허용전류 = \dfrac{중성선 \ 전류}{중성선전류를 \ 고려한 \ 저감계수}$

Ⅳ. 고조파 전류에 대한 저감계수의 적용사례

예) 39A의 부하가 걸리도록 설계된 3상 회로를 4심 PVC절연 케이블을 이용하여 목재의 벽에 설치한다고 했을 경우

1. 제 3고조파 성분이 20% 포함하고 있다면 선전류를 고려한 저감계수 0.86을 적용

→ $설계부하전류 = \dfrac{39}{0.86} = 45(A)$

따라서 Cable굵기는 표에 의거 10mm² 선정

2. 제 3고조파 성분이 40%포함하고 있다면 중성선 전류는

$39 \times 0.4 \times 3 = 46.8(A)$ 이므로 중성선전류를 고려한 저감계수 0.86 적용

→ 설계부하전류 $= \dfrac{46.8}{0.86} = 54.4(A)$

따라서 Cable굵기는 표에 의거 10mm² 선정

3. 제 3고조파 성분이 50% 포함하고 있다면 중성선 전류는

$39 \times 0.5 \times 3 = 58.5(A)$ 이므로 저감계수는 1을 적용

따라서 Cable 굵기는 표에 의거 16mm² 선정

V. 결론

1. 이상은 Cable규격은 모두 Cable허용전류를 기준으로 결정한 것이며 전압강하 및 그 밖의 설계 관련 사항을 배제한 것임

2. 따라서 설계 시 고조파전류 성분의 발생 정도에 따른 저감계수 적용을 반드시 고려하여야 한다.

문제11 고조파 왜형률과 역률과의 상관관계

Ⅰ. 개요

1. 고조파는 비선형 부하에서 발생하여 선로나 타기기에 악영향 초래
2. 고조파가 전력품질에 미치는 영향을 정량적으로 평가하기위해 THD, TDD등의 지수를 사용하며 여기서는 역률과의 관계를 설명하기로 함

Ⅱ. 종합 고조파 왜형률(THD : Total Harmonics Distortion)

1. 정의

고조파전압 실효치와 기본파전압 실효치의 比로써 나타내며 고조파 발생의 정도를 파악하는데 주로 사용됨

2. 산출식

$$V_{THD} = \frac{\sqrt{\sum_{n=2}^{\infty} V_n^2}}{V_1} = \frac{\sqrt{V_2^2 + V_3^2 + \cdots + V_n^2}}{V_1} \times 100(\%)$$

여기서, $V_2, V_3 \cdots V_n$ 각 차수별 고조파 전압

V_1 : 기본파전압

3. THD관리기준

(1) 국내기준(한전 전기공급 약관제 34조)

계통 전압별	66KV 이하	154KV 이상
전압왜형률(THD)%	3.0	1.5

(2) 해외기준(IEEE 519)

모선전압	각고조파 전압왜형률(%)	총전압 왜형률(THD)%
69kV 이하	3	5.0
69kV초과 161kV 이하	1.5	2.5
161kV 이상	1	1.5

Ⅲ. 총 수요전류 왜형률(TDD : Total Demand Distortion)

1. 정의

최대부하 전류대비 고조파 전류의 함유율을 나타내며 고조파 전류 규제치의 판단기준으로 사용됨

2. 산출식

$$I_{TDD} = \frac{\sqrt{\sum_{h=2}^{\infty} I_h^2}}{I_L} = \frac{\sqrt{I_2^2 + I_3^2 + \cdots + I_h^2}}{I_L} \times 100(\%)$$

I_L : 최대부하 전류(기본파) : 12개월 월간 최대 부하전류 평균

3. TDD관리기준(IEEE 519)($V_n = 120V \sim 69kV$, $I_L = 1\%$ 시)

ISC/I_L일 때 각 차수별 전류 왜형률(%)				TDD(%)
$h < 11$	$11 \leq h < 17$	$17 \leq h < 23$	$23 \leq h < 35$	
4.0	2.0	1.5	0.6	5.0

Ⅳ. 전류 고조파 왜형률과 역률과의 상관관계

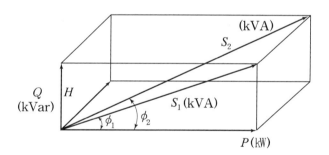

1. 기본파 역률

$$\cos \phi_1 = \frac{P}{S_1} = \frac{P}{\sqrt{P^2 + Q^2}}$$

2. 고조파 함유파의 역률

$$\cos \phi_2 = \frac{P}{S_2} = \frac{P}{\sqrt{P^2 + Q^2 + H^2}} \quad (H : 고조파성분 무효전력)$$

→ 피상전력 증가분 $\Delta S = (S_2 - S_1)$ 만큼 역률저하

3. 즉 $\cos\phi_2 = \dfrac{1}{\sqrt{1+TDD^2}} \times \cos\phi_1$**의 관계에서**

(1) 고조파에 의해 전류파형이 왜곡되면 계통의 역률저하

　예) 고조파 전류의 실효치가 기본파 전류의 실효치와 같은 크기일 경우

　　즉, 고조파 왜형율이 100%인 경우

　　$\cos\phi_2 = \dfrac{1}{\sqrt{1+1}} \times \cos\phi_1 = 0.707\cos\phi_1$ 이 되므로

　　역률은 기본파 성분만 있는 경우에 비해 약 70% 수준이 된다.

(2) 반대로 역률 저하시 전류 파형의 왜형률이 증대 되므로 왜형률 평가시 반드시 이를 고려해야 함

4. 왜형률 평가시 유의사항

(1) 전류 고조파 왜형률 산출시 역률도 함께 고려

　→ 수용가의 역률이 낮을 경우 먼저 역률을(90% 이상) 개선 후 고조파를 측정한 다음 전류 고조파 왜형률을 산출해서 이를 평가해야 함

(2) 역률개선용 콘덴서 설치의 경우 공진현상 없도록 할 것

예제1 $\cos\phi_2 = \dfrac{1}{\sqrt{1+TDD^2}} \times \cos\phi_1$ 관계식 유도

(여기서 $\cos\phi_1$: 기본파역률, $\cos\phi_2$: 고조파함유파의 역률)

해설 **1. 기본파 역률** $\cos\phi_1 = \dfrac{P}{S_1} = \dfrac{P}{\sqrt{P^2+Q^2}}$

2. 고조파 함유파의 역률 $\cos\phi_2 = \dfrac{P}{S_2} = \dfrac{P}{\sqrt{P^2+Q^2+H^2}}$

여기서 P : 기본파성분의 유효전력($VI_1\cos\phi_1$)

Q : 기본파성분의 무효전력

S_1 : 기본파성분의 피상전력(VI_1)

S_2 : 고조파성분의 피상전력($V\sum\limits_{n=2}^{\infty}I_n$)

H : 고조파성분의 무효전력

I_1 : 기본파 전류

I_n : 고조파 전류

3. 식 유도

$$\frac{\cos\phi_2}{\cos\phi_1} = \frac{\dfrac{P}{\sqrt{P^2+Q^2+H^2}}}{\dfrac{P}{\sqrt{P^2+Q^2}}} = \frac{1}{\sqrt{\dfrac{P^2+Q^2+H^2}{P^2+Q^2}}} = \frac{1}{\sqrt{1+\dfrac{H^2}{P^2+Q^2}}}$$

$$= \frac{1}{\sqrt{1+(\dfrac{V\sum\limits_{n=2}^{\infty}I_n}{VI_1})^2}} = \frac{1}{\sqrt{1+\left(\dfrac{\sum\limits_{n=2}^{\infty}I_n}{I_1}\right)^2}} = \frac{1}{\sqrt{1+\left(\dfrac{\sqrt{\sum\limits_{n=2}^{\infty}I_n^2}}{I_1}\right)^2}} = \frac{1}{\sqrt{1+TDD^2}}$$

따라서 $\cos\phi_2 = \dfrac{1}{\sqrt{1+TDD^2}} \times \cos\phi_1$ 이 된다.

문제12 고조파가 전기기기에 미치는 영향, 대책

Ⅰ. 개요

1. 최근 IB의 증가와 함께 비선형 부하의 사용급증에 따른 고조파 발생으로 전기기기에 전원 품질을 저하시키고 각종 악영향을 초래하는 바 이에 대한 대책이 필요함.

2. **고조파 정의**

   (1) 주기적인 왜형파의 각성분중 기본파 이외의 것(기본파에 비해 주파수 n배, 크기 $\frac{1}{n}$배)

   (2) 기본파 주파수의 2~50차(~ 3kHz) 정도까지를 말함

Ⅱ. 고조파 발생 이론

1. 고조파 발생 Mechanism

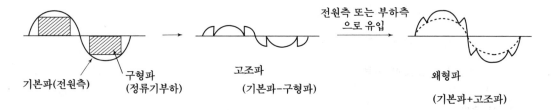

기본파(전원측)   구형파
(정류기부하)   고조파
(기본파−구형파)   전원측 또는 부하측
으로 유입   왜형파
(기본파+고조파)

2. 고조파 발생회로 및 분류(分流)

   (1) $nX_S < nX_L - \dfrac{Xc}{n}$ 일 때 전원측으로 유입

   (2) $nX_S > nX_L - \dfrac{Xc}{n}$ 일 때 콘덴서 회로측으로 유입

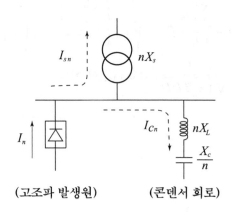

(고조파 발생원)   (콘덴서 회로)

3. 고조파와 발생 차수 관계

(1) 발생차수가 높을수록 고조파 크기, 저차수 고조파 감소
발생 차수를 높이려면 정류기 출력상수(P)를 높임

(2) 관련식 $I_n = k_n \times \dfrac{I_1}{n}$ $(n = mP \pm 1, m = 1, 2, 3 \cdots)$

① P = 6pulse : 5, 7, 11, 13 …

② P = 12pulse : 11, 13, 23, 25 …

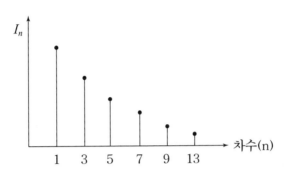

Ⅲ. 고조파 발생원인 및 영향

발생원, 피해기기	원인	미치는 영향
전력 변환장치 (인버터, 컨버터 등)	• 정류소자 Switching	• 타 부하기기로 고조파 유입 → 기기 과열, 소손
변압기	• 히스테리시스 현상 → 여자전류 왜곡	• 3고조파 △권선내 순환→ 과열 • 철심의 자왜현상→ 소음, 진동 • 와류손, 표피효과→ 손실증가, 출력저하
회전기기	• 슬롯 구조, 철심포화에 의한 고조파	• Torgue맥동→ 소음, 진동 • 손실증가, Torgue감소 • 역상분 고조파에 의한 발전기 댐퍼권선 과열, 출력감소
조명(형광등)	• 전자식 안정기 고주파 점등	• 고조파 전류→ 콘덴서 임피던스감소 → 콘덴서, 쵸크 Coil과열·소손
SC/SR	• 공진 현상, 부적절 조합	• 기기 진동, 과열 소손
Cable	• 표피효과, 근접 효과	• 교류저항증대→ 발열·손실 증가 $P_c = I^2 \cdot R \to R = R_{dc} \times k_1 \times (1 + \lambda_s + \lambda_p)$ $P_h \propto f,\ P_e \propto f^2$

중성선	• 중성선에 3고조파(영상분) 합성전류 흐름 • 중성선 대지 전위 상승 $V_{N-G} = I_N \times (R + j3X_L)$	• 중성선 과열 • 통신선 유도장해 $E_{DC} = \sqrt{\sum_{n=1}^{n} (S_n^2 \times I_n^2)}$ E_{DC} 규제값 : 154kV 지중 : 3.8A
보호계전기, 변성기 등 PF, MCCB 등	• 과대 고조파 유입 • 계전기 토크 $T \propto k_1 \omega \phi_1 \times \phi_2 - k_2$	• 오차, 오동작, 소손
기타	• 고조파(H)에 의한 피상전력증가 $(S_1 \rightarrow S_2)$	• 기기 역률저하 $\cos\theta_2 = \dfrac{\cos\theta_1}{\sqrt{1 + TDD^2}}$

V. 대책

구 분	대 책
발생원측	• 변환기의 다상화, 다펄스화 • PWM제어방식 채용(문제점 : Noise 발생)
피해기기측	• SC+SR설치(유도성 회로 구성) • 기기 고조파 내량 강화 • 발전기 : 설계시 등가 역상전류 고려, 댐퍼권선설치 • 계전기 : 고조파 필터 설치, Digital형 채용 • UPS, 차단기, 간선 : 여유용량 산정 • 변압기 : K-factor에 따른 THDF 고려한 설계
배전계통측	• 계통분리, 전원 단락용량 증대 • 4심, 5심 Cable : 고조파 저감계수 적용, 굵은선 사용 • TN-S 방식 채택, 연가 실시
기타	• 필터설치(수동, 능동), Phase shift TR설치 • 중성선 고조파 저감장치 설치(NEC, ZED)등

VI. 결론

고도의 첨단 정보화 시대에서 고조파로 인한 물질적, 사회적 손실을 최소화 하기위해 고조파 환경수준, 허용기준치, 고조파 내량 수준 등에 대한 기기제조자, 전력회사, 수용가 측면의 다각적이고 종합적인 대처방안이 필요하다.

방재, 열화진단, 환경대책

PART 20

문제1 방폭 전기설비

I. 개요

1. 연소의 3요소

가연물, 점화원, 산소

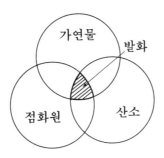

2. 점화의 종류

충격마찰, 고온표면, 자연발화, 단열압축, 전기불꽃, 정전기, 복사열선 등

3. 방폭의 기본

(1) 폭발성 분위기 생성 방지 → 폭발성 가스 누설, 체류방지

(2) 점화원으로의 작용억제

점화원 격리, 전기기기 안전도 증가, 점화능력의 본질적 억제

II. 위험장소의 분류

1. 개념도

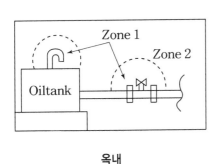

옥내

옥외

2. 주요국가의 방폭 지역 분류

위험분위기 국가별	지속적, 장기간의 위험분위기 조성	보통 상태하에서 위험분위기 발생	이상 상태하에서 위험분위기 단시간 존재
IEC/유럽	Zone-0/Division-0	Zone-1/Division-1	Zone-2/Division-2
한국/일본	0종 장소	1종 장소	2종 장소
NEC(북미)	Class-1, Division-1		Class-1, Division-2

3. 방폭 전기설비의 종류

(1) 耐壓 방폭구조(Explosion proof – "d")

① 가장 많이 사용되는 구조

② 점화원이 될 우려가 있는 부분을 전폐구조인 기구에 넣어 폭발성 가스가 내부로 침입해 폭발하여도 용기(Enclosure)가 그 압력에 견디고 내부 고온이 틈새로 새어도 점화 파급 우려가 없도록 한 것

③ 가스의 종류, 발화온도에 따라 용기의 폭발등급 및 최고온도 결정

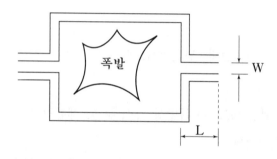

(2) 油入 방폭구조(Oil immersed type – "O")

① 전기기기의 불꽃, 아크고온이 발생하는 부분을 기름속에 넣어 외부의 폭발성 가스가 인화될 우려가 없도록 한 것

② 항상 필요유량 유지, 유면온도상승 규제

③ 유면으로부터 위험부근까지 최소 10mm 이상 이격

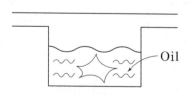

(3) 內壓(or壓力) 방폭구조(Pressurized type – "f")

① 점화원이 될 부분을 용기 내에 넣고 신선한 공기 또는 불연성 가스 등의 보호기체를 용기 내부에 공급, 내부압력 유지 및 폭발성 가스 침입 방지

② 운전 중 보호기체의 공급능력 저하시 자동경보 또는 운전정지

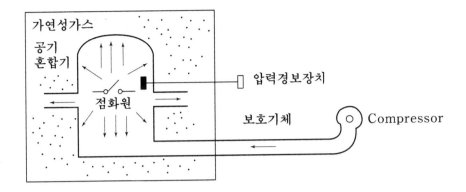

(4) **安全增** 방폭구조(Increased Safety type – "e")
　① 점화원이 되기 쉬운 부분에 특별히 안전도를 증가시켜 제작한 것
　② 만일 전기기기에 고장이나 파손이 생겨 점화원이 생긴 경우에도 폭발 우려 있음에 특히 주의

(5) **本質安全** 방폭구조(Intrinsic Safety type – "I")
　① 폭발을 일으키는 최소착화에너지에 기초
　② 단선이나 단락 등 전기불꽃이 생겨도 폭발성 분위기가 점화하지 않는 본질적인 구조로써 불꽃 점화시험에서 확인된 규격

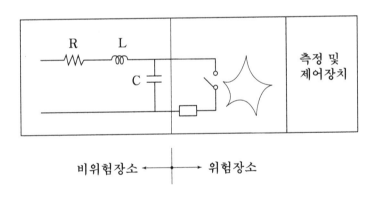

　③ 타 전기회로와의 혼촉, 정전유도, 전자유도에 의해 방폭성 상실 우려

(6) 특수 방폭구조(Special type – "S")
　① 폭발성 가스의 인화를 방지할 수 있는 것이 시험 기타의 방법에 의해 확인된 구조
　② 대상기기 : 계측제어, 통신관계 등 미소전력 회로기기

Ⅳ. 결론

　방폭의 기본대책은 위험한 분위기가 될 확률과 점화원이 발생할 확률을 Zero에 접근시켜 폭발성 분위기의 생성 방지 및 점화원으로써의 작용을 억제 시키는 데 있다.

참고 **1** NEC의 위험지역 분류

• Group, Class, Division 결정

분류	내용
Group 결정	Group A : 아세틸렌 Group B : 수소 Group C : 일산화탄소, 에틸렌 Group D : 가솔린, 벤젠, 프로판, 알콜 Group E~G : 분진
Calss 결정	Class Ⅰ : 인화성 분진, 가스 및 증기 Class Ⅱ : 가연성 분진 Class Ⅲ : 발화 용이한 섬유, 솜부스러기
Division 결정	Division Ⅰ : 인화성 가스 및 증기가 정상상태에서 존재할 수 있는 영역 Division Ⅱ : 인화성 가스 및 증기가 비정상상태에서 존재할 수 있는 영역

참고 2 **IEC의 위험지역 및 등급분류**

1. Zone별 분류

(1) Zone 0 : 폭발성 가스 or 혼합공기가 계속 or 장시간 존재

(2) Zone 1 : 폭발성 가스 or 혼합공기가 정상상태에서 발생 가능성

(3) Zone 2 : 폭발성 가스 or 혼합공기가 발생가능성 없고 나타나더라도 짧은 시간존재

2. 폭발등급 및 가스분류

등급	MESG(mm)	가스 분류
I	–	메탄
II$_A$	0.9 초과	Group A(프로판)
II$_B$	0.5 이상 0.9 이하	Group B(에틸렌)
II$_C$	0.5 미만	Group C(아세틸렌)

※ MESG(Max Explosion Safety Gap : 최대 폭발 안전틈새)

- 폭발외부유출 한계틈새
- 내용적 8ℓ, 틈길이 25mm의 표준용기에 인화성 가스를 넣고 틈의 폭을 변화시켜 점화했을 때 화염이 표준용기외부로 미치지 않는 한도내의 용기의 틈의 최대 폭을 의미
- 이 틈새의 크기가 가스에 따라 다르며 폭발등급을 정하여 방폭기기를 제조하는 기준이 됨

3. 발화온도등급

온도등급	T_1	T_2	T_3	T_4	T_5	T_6
최고 표면온도	≤450℃	≤300℃	≤200℃	≤135℃	≤100℃	≤85℃

문제2 전기화재의 원인과 대책

Ⅰ. 개요

1. 화재의 발생조건과 등급 분류

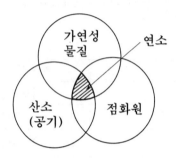

연소의 3요소

A급	일반 화재
B급	유류 화재
C급	전기 화재
D급	금속 화재
E급	가스 화재

2. 전기화재란 점화원이 전기, 정전기 등으로 인해 발생하는 화재로써 국내에서는 전체 화재 발생 중 약 30%를 차지 할 정도로 그 비중이 높으므로 철저한 점검 및 대책이 필요함

Ⅱ. 전기화재 원인

1. 과부하 전류 : I^2Rt Joule 열 → 피복변질 → 적열 후 용융

2. 단락 : 대전류 및 단락점 Spark

3. 지락, 누전 : 허용누설전류 $\leq \dfrac{최대정격전류}{2,000}$ (mA)

4. 접속부 과열

(1) 접촉저항 증가에 의한 과열

(2) 아산화동 증식 발열 현상

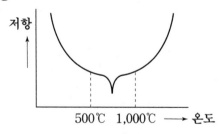

5. 절연 열화

국부적 과열 → Tracking → Graphite화 → 단락발화

6. 전기 Spark : 스위치 접점 ON, OFF시 발생

7. **정전기** : 방전시 Spark

8. **열적경과** : 전등, 전열기 주변 가연물

9. **기타** : 낙뢰, 이상전압에 의한 대전류 절연파괴

Ⅲ. 전기화재 예방대책

1. 기본대책

(1) 전기용품, 전기재료의 품질향상

(2) 안전관리 철저 → 정기적인 열화진단, 예방보전

(3) 자탐 시스템 구비 → 누전 or 화재 경보기, 소화 설비

(4) 접지 및 본딩 → 정전기, 누전, 낙뢰 사고에 의한 화재예방

(5) 단락, 지락, 과부하에 대한 보호장치

2. 화재 요인별 대책

화재요인	대책
지락, 누전	• 누전 경보기, 지락 및 누전 차단기 설치 • 정기적인 절연저항, 절연내력 측정시험
단락, 과부하에 의한 과전류	• 정격 휴즈 및 차단기 사용 • 적정 배선 시공방법(KSC-IEC 60364에 준함) • 적정 규격의 전선 사용 → $S \geq \dfrac{I\sqrt{t}}{K}$ (mm²)
접속부 과열	• 전선 Connector부 연결상태 점검(전선납땜접속) • 단자대 나사조임 상태, 접촉면 상태 점검 • 규격에 맞는 접속기구, 터미널러그사용 • 접속방법에 따라 적정 크기의 접속함 선정
정전기 방전	• 가급적 도전성 재료 사용하고 접지 및 본딩 • 대전방지제 사용, 가습(습도조절) • 제전기사용(인위적 중화), 정전차폐
접점 Spark	• 발화점 이격 • 접점부 본질 안전 방폭 구조

3. 전기설비 대책

구분	발화원인	대책
변전 설비	• 전기, 기계적 열화 • 유입기기 oil • 소동물, 설치류 침입	• 정기적인 열화진단 및 예방보전 • 건식, 불연화기기 채용 • 변전실, 배전반 밀폐구조
전동기 설비	• 정류자 전기불꽃	• 정기적 브러쉬 마모 점검 교체 or 가급적 교류 전동기 사용
	• 과부하 운전	• 과부하 보호장치(EOCR) 설치 및 적정 기동 방식 채용
전열기	• 코드선 열화, 반 단선	• 적정용량의 내화전선 사용 • 코드는 가급적 짧고 적정 인장강도 필요 • 인화성 물질은 열원과 이격
콘센트 설비	• 과부하 or 플러그 접속 불량	• 콘센트는 원칙적으로 2이상 분기 사용금지 • 플러그는 완전접속(접지극 부착된 전용플러그 사용)

4. Cable 화재 방지 대책

(1) 신설 Cable : 선로설계 적정화, 난연화

(2) 기설 Cable : 난연성 도료, 방화테이트, 방화 Sheet

(3) Cable 부설경로 : 관통부 방화조치

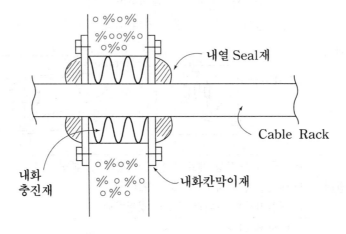

내열 Seal재

Cable Rack

내화 충진재

내화칸막이재

참고 1 Graphite화 와 Tracking현상

1. Graphite화 (가네하라) 현상

목재, 플라스틱 등 유기 절연체가 전기 스파크에 의해 절연체 표면에 미소한 탄화 도전로가 생성 → 전류 흐름에 의한 Joule 열 발생 → 도전로 증식, 확대 → 출화(단락 발화)

2. Tracking 현상

전기기기의 유기 절연체 표면에 경년변화나 먼지 등의 오염물질 부착 또는 습기, 수분의 영향을 받은 상태에서 어떤 원인으로 발생되는 미소 불꽃에 의해 탄화 도전로가 생성되는 현상

3. Graphite화와 Tracking 현상 비교

Graphite화 현상	Tracking 현상
저압 누전화재의 출화 Mechanism으로서 가네하라가 발견한 현상이며, 출화까지를 포함한 의미임	• 전기재료의 절연성능의 열화 현상의 일종으로 간주 되어 왔으며, 탄화 도전로의 생성이 최종적으로는 단락이나 지락으로 진전되어 절연파괴를 초래하는 것 (발생불꽃에 의한 국부적인 절연파괴) • 출화 前 단계를 말하며 통상 전기 기계 기구에서 나타나는 현상

4. 결론

(1) Graphite와 Tracking은 상호 밀접한 관계로 절연체 표면에 탄화 도전로가 생성된다는 점에서 매우 유사함

(2) 양자는 지금까지 명확히 구분되어 있지 않지만 화재 원인 조사상 관례적으로 전기기계 기구에 나타나는 경우를 Tracking 현상, 전기기계 기구 이외에 나타나는 경우를 가네하라(Graphite)현상이라고 받아들이는 경향이 있음

문제3 화재 대비 전력간선 선정 및 설치 방법

Ⅰ. 개요

최근 국내의 전기화재현황을 조사한 결과 전체 화재 중 점유율 약 25.4%로 선진국에 비해 월등히 높은 수준으로 나타나 이에 대한 대책이 필요함

Ⅱ. Cable화재현상 및 특징

1. 화재발생(1차 재해)	큰 연소력 → 화재급속확대 → 재산피해
2. 연소가스(2차 재해)	• 진한연기, 유독가스 : 소화활동장해, 인명피해 • 연소시 염화수소 발생 : 고가 기기 부식
3. Cable 부설경로 연소특성	• 밀폐덕트, pit 내부 : 축열효과 • 수직덕트, Shaft : 굴뚝효과

Ⅲ. Cable 화재 원인

내부적 원인	외부적 원인
• 단락 〉 과부하 〉 누전 〉 지락 〉 접촉불량 • 허용전류 감소에 의한 열화 　→ 전선 열화, 다조부설이 원인 • 절연 파괴부 아크열	• 용접불꽃 • 접속기기류 과열 • 가연물 점화 • 방화, 낙뢰

Ⅳ. 화재대비 전력간선 선정

1. 선정시 고려사항

(1) 일반적인 고려사항

허용전류, 전압강하, 기계적강도, 기타(장래 부하증설, 고조파부하 등)

(2) Cable 발화특성 고려

① 내열, 난연, 내화성

② 연소가스(유독성, 저독성, 부식성)

2. 방재용 전력간선 선정

(1) 일반 난연 Cable

종류	600V F-CR(FR-CV), TFR-CV(Tray용)
용도	일반 저압 전력 간선용

(2) 저독성 난연 Cable : 기존 Cable에 시즈층을 HF 난연 보강

종류	600V HF 난연 Cable	22.9kV-Y FR-CNCO-W
용도	지하 전력구, 지하철, 병원 대형빌딩, 호텔	전력구, 공동구내 적용 22.9kV-Y계통의 지중선

(3) 소방용 Cable

종류	내열전선(FR-3)	내화전선(FR-8)
내열특성	380℃/1분간 견디는 전선	840℃/30분간 견디는 전선
용도	신호용(600V 이하 회로) 비상방송, 각종 화재경보배선	강전용(600V 이하 회로) 옥내소화전, Sprinkler펌프배선

(4) MI Cable : 도체에 고순도 무기절연체($Mg\,O_2$)로 절연

종류	1심, 2심, 4심, 6심용
특징	내열, 내연, 내부식성, 방수, 방습성, 유연성
용도	비상 E/V 및 소방 pump 전원, 화학플랜트 및 방폭지역

V. 화재 대비 전력간선 시설방법

1. 간선의 내화, 내열 배선 시설 방법(건축법 시행령 제 10조 2항)

사용전선	구분	시설방법
HIV, CV 클로로프렌 외장 Al피, 연피 CD Cable Bus Duct	내화 배선	• 금속관, 2종 금속제 가요관, 합성 수지관 사용 • 내화구조의 벽 또는 바닥에 깊에 25mm 이상 배설
	내열 배선	• 금속관, 금속제 가요관, 금속덕트, 불연성 덕트내 시설하는 Cable 공사방법에 따름
	기타	• 내화성능을 갖는 배선 전용실 및 Shaft, pit, Duct 등에 설치 • 타 배선과 공용시 150mm 이상 기격, 또는 최대 배선 지름의 1.5배 이상 높이의 불연성 격벽 설치
내열, 내화, MI Cable		• Cable 공사방법에 따름

2. Cable 방화대책

(1) 신설 Cable

① 선로설계 적정화, 케이블 난연화

② 소화설비 배치, 화재 감지시스템 설치

③ 관통부 방화조치(내화등급별 밀봉)

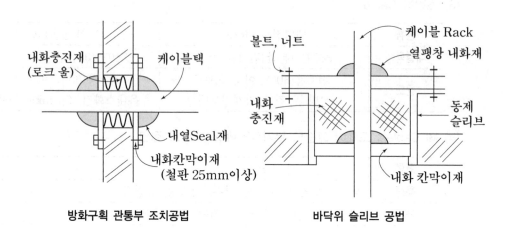

방화구획 관통부 조치공법   바닥위 슬리브 공법

(2) 기설 Cable

① 난연성 도료 도포, 방화테이프, 방화 Sheet

② 화재 감지기 설치(정온식 감지선형)

(3) Cable 부설경로

① 케이블 처리실 전구간 난연처리

② 전력구(공동구) 난연처리 : 수평 20m마다 3m, 수직 45° 이상은 전량

③ 외부 열원 대책 : 차폐 이격 등

Ⅵ. 결론

1. 빌딩의 고층화, 전전화, IB화에 따라 Cable 화재 피해도 날로 증가 추세

2. Cable 화재의 2차적 피해 확산 방지를 위해 저독성 난연 Cable의 사용확대 및 건축물의 방화구획, 관통부의 방화조치 등이 필요하다.

| 문제4 | 방재용 Cable의 종류 및 특징 |

Ⅰ. 개요

1. 최근 국내 전기화재 현황을 조사한 결과 전체 화재중 점유율 약 25.4%로 이는 OECD국가중 가장 높은 수준이며 이중에서도 Cable 화재로 인한 패해가 큰 것으로 나타나 이에 대한 대책이 필요함

2. **난연 피복재료의 변천**

   (1) V : 일반 비닐

   (2) FR (Flame Retardant) : 난연비닐

   (3) FRLS (Flame Retardant Low Smoke) : 난연, 저연 비닐

   (4) HF-PO (Halogen Free-Polyolefin) : 저독, 난연 폴리올레핀

Ⅱ. 난연/저독성 난연 Cable 비교

구분		난연 Cable	HF난연 Cable
정의		전선의 피복재료에 난연성 재료를 첨가하여 불꽃 확산 방지	Halogen계 요소(Cl_3, F, Br_2등)를 포함하지 않는 난연성 재료를 첨가
특징		화재시 연기, HCl 등 발생으로 시계 방해, 인명피해, 금속물 부식 등 2차적 재해 원인	난연 Cable의 문제점 보완한 저독, 난연성 Cable
재료	절연체	난연 가교PE	HF난연 가교PE
	시스	난연PVC	HF난연 폴리올레핀
Halogen Acid Gas		30%	0.5%
연소시험		수직 연소시험(KSC3004)	수직 Tray 연소시험(IEEE 383)

Ⅲ. 방재용 전력 Cable 종류 및 특징

1. **일반 난연 케이블**

   (1) 종류 : 600V F-CV(FR-CV), TFR-CV(Tray용) 케이블

   (2) 용도 : 일반 저압 전력 간선용

2. 저독성 난연 케이블

구분	600V HF 난연 케이블	22.9kV-Y FR-CNCO-W
구조	도체 절연체 개재물 테이프 시즈 (HF난연 폴리올레핀)	도체(수밀층 컴파운드 충진) 내부 반도전층 절연층 외부 반도전층 부풀음테이프 (반도전성) 중성선 부풀음테이프(일반) HF Compound
용도	지하 전력구, 지하철, 병원 대형빌딩, 호텔 등	전력구, 공동구내 적용 22.9kV-Y 계통의 지중선

3. 소방용 Cable

구분	내열전선(TR-3/NFR-3)	내화전선(FR-8/NFR-8)
구조	도체 절연체(XLPE) 내열보강층 (Glass tape) 개재물 시즈(FR-PVC/HF90)	도체 내화층 절연체 (XLPE) 개재물 내화보강층 (Mica tape) 시즈(FR-PVC/HF90)
내열특성	380℃/15 분간 견디는 전선	840℃/30분간 견디는 전선
용도	신호용(600V 이하 회로) 비상방송, 각종 화재 경보배선	강전용(600V 이하 회로) 옥내 소화전, Sprinkler 펌프배선

4. MI Cable

구조	용도	특징
동관 동도체 산화마그네슘 (M_gO_2)	• 비상 E/V, 소방 Pump전원 • 화학플랜트, 방폭지역 (1심, 2심, 4심, 6심 등이 사용)	• 내열, 내연, 내부식성 • 방수, 방습성 • 유연성

Ⅳ. 케이블 방화대책

1. 신설 Cable

(1) 선로 설계 적정화, 케이블 난연화, 소화설비배치

(2) 화재 감시 시스템 설치, 관통부 방화조치(내화등급별 밀봉)

2. 기설 Cable

(1) 난연성 도료 도포, 방화 테이프 감기, 방화 Sheet 깔기

(2) 화재 감지기 설치(정온식 감지선형)

3. Cable 부설경로

(1) 케이블 처리실 전구간 난연 처리

(2) 전력구(공동구) 난연처리 : 수평 20m마다 3m, 수직 45° 이상 전량

(3) 외부 열원 대책 : 차폐, 이격 등

Ⅴ. 최근 기술 동향

1. 무연 Cable(Lead-Free) : 피복에 납(P_6)성분 제거한 친환경 Cable 생산

2. P.P(폴리프로필렌) 절연소재 전선개발 : 무연, 난연, 비할로겐(HF)성

Ⅵ. 결론

최근 빌딩의 고층화, 전전화, IB화에 따라 Cable 화재 피해도 날로 증가, Cable 화재의 2차적 피해 확산을 방지하기 위해 저독성 난연 Cable의 사용 확대 및 지속적인 기술개발이 필요하다.

문제5 전기부식 방지대책

Ⅰ.개요

1. 부식(Corrosion)의 정의

에너지 준위가 높은 물질에서 낮은 화합물로 되돌아가는 과정에서 물질 자체나 그 특성이 변질되는 것(금속의 산화현상)

2. 관련기준

KEC-241.16

Ⅱ. 부식 발생 현상(실험)

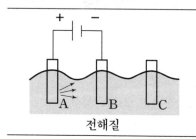

전해질

극판	전류상태	표면상태	판별
A	유출	심한부식	전식
B	유입	부식 없음	방식
C	무관	약간 녹슴	자연부식

Ⅲ. 부식의 종류

1. **습식** : 자연부식, 전식
2. **건식** : 고온가스, 비전해질에 의한 부식

Ⅳ. 방지 대책

1. 부식원인 제거
2. 내식성의 금속재료 선정
3. 방식피복
4. 매설관 토양개선
5. 전기방식
6. 기타(도장, Bonding, 도금, 절연 등)

Ⅴ. 전식 이론

1. 전해법칙(Faraday's Law)

(1) 제 1법칙 : 전류가 흐를 때 반응물질의 양은 통과한 전기량에 비례
(2) 제 2법칙 : 일정한 전기량에서 전해되는 물질의 양은 금속 화학당량에 비례

$$W = k \cdot Q = k \cdot I \cdot t \, [g] \begin{cases} k = \dfrac{Z}{F}, \ Z : \text{금속의 화학당량}, \ k : \text{전기화학당량} \\ F : \text{파라데이 상수(전자 1Mole당 전하량)} \simeq 96,500 \, C/Mole \end{cases}$$

2. 전식의 정의

물이나 토양과 같은 전해질 속의 금속이 전류의 흐름으로 이온화하여 소모되는 현상 → 1파라데이 전류(96,500 Coul)가 흐를때 1g당량 금속 소모

3. 전식의 발생요건

(1) 양극반응(Anodic-reaction) : $Z_n \rightarrow Z_n^{2+} + 2e^-$ (금속산화 : 양극제소모)

(2) 음극반응(Cathodic-reaction) : $2H^+ + 2e^- \rightarrow H_2$ (전기방식)

(3) 이온경로 : 대지, 전해질

(4) 금속경로 : 전류경로

Ⅵ. 전식 개념

1. M_g의 부식원리

양극에서 전류의 유출 = 전자의 소모를 의미

2. F_e의 방식원리

음극에서 전류의 유입 = 전자의 환원을 의미

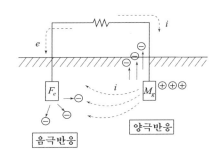

Ⅶ. 전기방식

1. 원리 : 음극과 양극의 전위차 → 전류흐름 → 전위평형(동전위) → 부식정지

2. 전기방식법

구분	(1) 희생 양극법	(2) 외부 전원법
구성도		
원리	이종금속간 전위차로 방식전류 발생 (이온화 경향이 큰 금속을 양극으로 사용)	직류전원을 가해 강제로 방식 전류공급
장점	• 간편하고 유지보수 불필요 • 타 시설물에 간섭 적음 • 과방식 염려 없음	• 효과범위 넓고, 양극소모 적다. • 전류조절 가능
단점	• 효과범위 작음 • 양극소모 크다.(양극 보충 필요) • 전류조절 곤란	• 타 매설물에 간섭(도시지역 적용 주의) • 전원필요 • 설치, 유지보수비 고가
적용	단거리, 소규모 구조물	장거리, 대규모 구조물

3. 배류법

구분	(1) 직접 배류법	(2) 선택 배류법	(3) 강제 배류법
구성도			
원리	레일과 매설배관 사이에 도체를 직접연결	역류방지용 선택 배류기 사용 (직접 배류법 + 선택 배류기)	직류전원장치로 배류 촉진 (선택 배류법 + 외부 전원법)
특징	• 간단하고 경제적 • 전철 정지시 효과 없고 역전류시 부식 발생	• 낮은 비용, 역전류에 의한 전식방지 • 효과범위 제한적	• 외부전원법에 비해 저렴 • 과방식 우려 • 기타 외부전원법과 동일

3. 전기방식 시설 기준

(1) 전로 사용전압은 저압, 전기 방식회로 최고 사용전압은 직류 60V 이하

(2) 전원장치 : 견고한 금속제 외함 수납, 절연변압기 사용

(3) 지표 또는 수중에서 양극 주위 1m 이내 거리의 임의 2점간 전위차는 5V(방호조치시 10V) 초과하지 말 것

(4) 양극 지중 매설 깊이는 75cm 이상

(5) 저압 가공전선과 동일 지지물에 시설할 경우 별개 완금류에 30cm 이상 이격

Ⅷ. 결론

대지 내에는 전식에 의한 접지극, 상수도, 도시가스관, 지하 송유관 등의 부식으로 경제적 손실 뿐 아니라 각종 사회적 재해의 원인이 되는바, 주변 시설물의 철저한 사전조사와 함께 효과적인 전식 방지를 위한 설계 및 시공이 필요하다.

문제6 고압 Cable 열화종류 및 진단방법

I. 개요

1. Cable 열화진단 목적

이상 유무를 사전에 파악, 고장원인을 제거함으로써 고장률 저하 및 정전사고 피해 예방을 통하여 전원의 신뢰성 확보

2. Cable 열화 진행과정

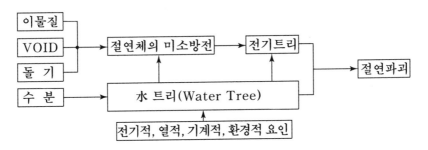

II. 전력 Cable 열화형태

1. 전기 Tree

케이블 절연체에 공극, 돌기와 같은 결점 부분에서 국소 고전계에 의한 부분방전 → Tree형태로 진전

2. 水 Tree

(1) Cable 내 수분에 의한 전계 집중으로 발생하는 Tree 형태

(2) 水 Tree 종류

① Vented tree { 내도 Tree : 내부 반도전층에서 발생
                외도 Tree : 외부 반도전층에서 발생

② Void 水 tree : 절연체 중의 공극에서 발생

③ Bow tie tree : 이물질로부터 발생

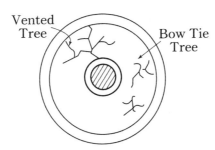

이중 Vented Tree가 Cable 절연상태에 크게 영향을 미침

3. 화학 Tree

황화물이 침투, 동도체와 반응하여 황화동, 산화동, 아산화동을 만들고 이 분자들이 절연체 중에서 쉬스측으로 수지형태로 전전하는 열화형태

Ⅲ. Cable 열화 진단법

1. 사선(정전)상태에서의 진단

(1) 절연저항 시험(Megger Test)

① DC전압을 인가하여 절연저항 측정, 간단하나 측정오차 크다

② 수동식(발전기식)과 자동식(전지식)이 있음

(2) 직류 고전압 시험(직류 누설 전류 측정)

① 절연체에 직류 고전압 인가, 누설전류(I_0)크기와 시간특성 변화로부터 절연성능 진단

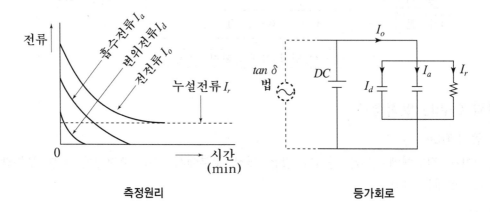

측정원리   **등가회로**

$$전전류\ I_0 = I_d + I_a + I_r \begin{cases} I_a : c성분에 의한 흡수전류 \\ I_r : r성분에 의한 누설전류 \\ I_d : 변위전류 \end{cases}$$

② 누설전류, 성극비, Kick 현상 유무 검토로 판정

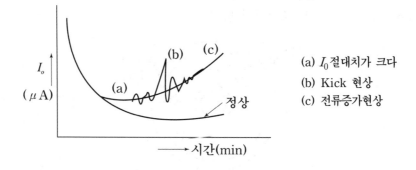

(a) I_0절대치가 크다
(b) Kick 현상
(c) 전류증가현상

$\left\{\begin{array}{l} \text{수 Tree 점검에 유효} \\ \text{간단히 측정할 수 있어 현장 시험에 적합} \end{array}\right.$

(3) 유전 정접법(tanδ법)

절연체에 상용주파 교류전압 인가 → Shelling Bridge 회로의 평형조건이용, 손실각 측정

$\left\{\begin{array}{l} \text{유전체손 } W_d = I_r \cdot E = I_c \cdot \tan\delta \cdot E = \omega CE^2 \tan\delta \\ \tan\delta = \dfrac{I_r}{I_c} = \dfrac{1}{\omega CR} \\ \text{따라서 } R \downarrow \to I_r \uparrow \to \tan\delta \uparrow \end{array}\right.$

(4) 부분방전 시험(PD : Partial Discharge)

① 상용주파 교류고전압 인가, 절연물 중 Void, 균열, 이물질 등에 의한 국부적 결합부에서 발생하는 부분방전 측정
② 부분방전 개시전압, 최대 부분방전 전하량, 부분방전 패턴 측정

2. 활선상태에서의 진단법

(1) 직류전압 중첩법

① GVT 중성점을 통해 저전압의 직류 50V를 교류전압에 중첩시켜 직류전압과 동상의 Cable 접지선에 흐르는 직류 누설전류 검출에 의한 절연저항 측정
② 전원공급 설비가 커서 운반용으로는 부적합하나, 하나의 설비로 다수의 Cable을 동시 측정, 분석 가능
③ 직류 중첩전압에 의해 보호계전기 오동작 우려

(2) 활선 수 tree에 의한 직류 성분법

① 수 tree 발생부위는 침·평판전극의 정류작용에 의해 교류 반파마다 직류 발생
② 水 tree에 의해 발생하는 직류성분 누설전류를 Cable 실드 접지에서 측정, 열화진단
③ 측정용 전원장치 필요 없고 측정이 간단

(3) 활선 tanδ 법

① 종래 정전상태에서 측정된 tanδ를 활선 상태에서 측정하는 방법
② 고압 배전선에서 분압기를 통해 전압을 검출, CT를 통해 Cable 접지선 전류측정, 그 위상차로 tanδ 측정
③ 미주전류 영향 없으나 고압선에 의한 감전위험

(4) 활선 부분방전 진단법

① 부분방전 시 도체와 Shield 사이의 정전용량 성분에 의해 pulse전류가 Shield 접지
   선으로 흐르면 RF나 RC센서로 이를 검출

② 부분방전 스펙트럼진단과 활선 RF 진단법이 있음

③ 측정회로 간단, 검출감도 양호

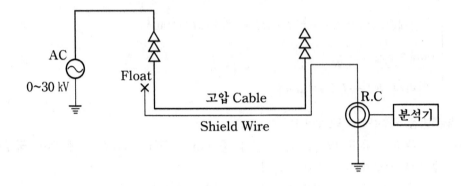

문제7 변전설비 열화진단 및 열화 판정 기준

I. 개요

1. 열화 진단 목적

수변전 설비의 이상 유무를 사전에 파악, 고장 원인 제거 및 부품 교체를 통한 설비의 수명 연장, 고장률 저하, 정전사고피해 예방

2. 변전 설비 열화 요인

(1) 전기적 요인 : 이상전압, 부분방전

(2) 기계적 요인 : 진동, 전자력, 피로, 마모, 이완 등

(3) 화학(환경)적 요인 : 부식, 오손, 산화, 패킹의 열화

(4) 열적 요인 : 과부하, 국부과열, 고온, 과전류(단락) 등

II. 주요기기 열화진단법

열화 진단법	TR	Cable	회전기	차단기, 폐쇄함내, 기타
부분방전(PD)시험	○	○		
유전정접(tanδ)측정	○	○	○	
절연저항 측정	○	○	○	
가스 분석법	○ (유입식)			
충격전압 시험(BIL)	○			
절연유 내압, 산가측정	○ (유입식)			
직류 누설전류 측정		○		
적외선 열화상 진단	○	○	○	○

III. 열화 진단 방법 및 판정기준

1. 부분방전(Partial-Discharge) 시험

(1) 절연물에 상용주파 교류전압인가 → 내부 Void, 이물질 등 국부적 결함부에서 발생하는 부분방전 측정(국부적 코로나에 의한 고조파 검출)

(2) 판정기준

측정구분	적합	요주의	불량
UHF, RC에 의한 측정치	65nC 미만	65~100nC	100nC 이상
초음파센서(AE)에 의한 측정치	30k~1MHz	1MHz 이상	

(3) TR 부분방전 측정회로(On-Line 예방진단 System)

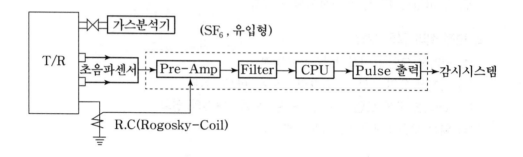

2. 유전정접(tanδ)측정

(1) 절연체에 상용 주파 교류전압 인가 → Shelling Bridge 회로에 의한 손실각 측정

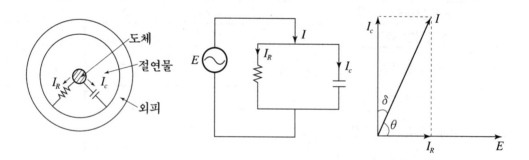

유전체손 $W_d = I_c \cdot \tan\delta \cdot E = \omega CE^2 \tan\delta$

(2) 판정기준

tanδ(%)	1.25 이하	1.25~5.0	5.0 이상
판정	양호	요주의	불량

3. 절연저항 측정(Megger test)

(1) DC 500~2000V 전압 인가, 일정시간(약 1분)후 절연저항값 판독

(2) 판정기준

전압	3.3kV	6.6kV	22.9kV	150V	~300V	~400V	400V 이상
절연저항 기준치(MΩ)	20	30	50	0.1	0.2	0.3	0.4

4. 유중가스 분석

(1) 유입식 T/R 내부 이상 발생시 → 과열 → 절연유 분해 → Gas 발생 → 분석

6성분가스검출$(H_2, CO, CH_4, C_2H_2, C_2H_4, C_2H_6)$

(2) 판정기준

가연성 가스 총량 0.06(㎖/100㎖ oil)초과시, C_2H_2(아세칠렌) 소량 검출시 불량 판정

5. 직류 고전압 시험(직류 누설 전류 측정)

(1) 절연체에 직류 고전압 인가, 누설전류(I_0)크기와 시간특성 변화로부터 절연성능 진단

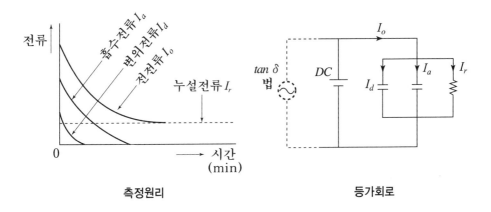

측정원리   등가회로

전전류 $I_0 = I_d + I_a + I_r$

I_a : c성분에 의한 흡수전류
I_r : r성분에 의한 누설전류
I_d : 변위전류

(2) 성극비(Polarization)

① 누설전류에 의한 시간 변화 지수

② 성극비 = $\dfrac{\text{전압인가1분후전류}}{\text{전압인가10분후전류}}$

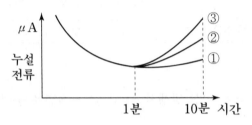

Cable 성극지수 곡선

(3) 판정기준

구분	① 양호	② 주의	③ 불량(파괴)
성극비	1.0	0.4	0.25
누설전류	0.1μA 이하	0.1~1μA	1μA 이상

(4) 누설전류, 성극비, Kick 현상 유무 검토로 판정

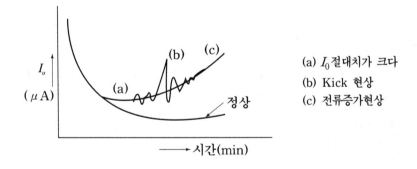

(a) I_0 절대치가 크다
(b) Kick 현상
(c) 전류증가현상

6. 적외선 열화상 진단

(1) 적외선 카메라로 열을 영상으로 변환하여 열화진단
→ 비접촉식으로 활선상태에서 설비 온도 분포를 통해 발열점 위치 즉시 확인

(2) 판단기준

온도차	5℃ 미만	~10℃ 미만	10℃ 이상
판정	정상	요주의	이상

Ⅳ. 최근 동향

1. 최신 On-Line 진단 기능

(1) Read time 감시 기능

(2) 이상 발생 경보

(3) Trend 및 수명 예측

(4) 데이터 분석, 관리의 자동화

2. 국내 P사

절연유 열화센서 이용한 On-Line 진단장비 개발

Ⅴ. 결론

최근 변전설비의 대용량화, 초고압화 추세에 따라 On-Line 상에서의 상태감시 및 사고 예측 진단 기술의 발전이 더욱 가속화될 전망임

참고 1 변전설비 예방 보전 시스템

1. 예방보전이란

설비의 기능을 설정기준치로 유지하거나 향상시키는 일

2. 시스템 도입 배경

(1) 건축물의 대형화, IB화 → 정전에 따른 사회적, 경제적 손실 최소화
(2) 센서·정보처리 기술의 진보 → 예방보전의 무인화, On-line화

3. 예방보전 주기와 고장률, 신뢰도 관계

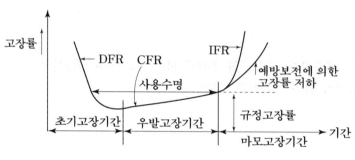

Bath-tub Curve

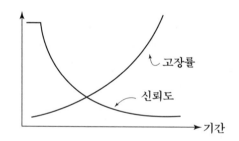

고장률과 신뢰도 관계

4. 예방 진단 기술의 변천

종전	현재
Off-Line	On-Line
정기적 점검	Real time 감시
첨단장비와 전문인력 필요	센서응용기술, 컴퓨터 및 통신 기술 이용
수작업 의존	인력최소화 및 자동 관리

5. 예방 보전의 분류

(1) 시간 계획 보전(Scheduled Maintenance) : 정해진 시간에 부품 교환 및 수리
 ① 정기 보전(Periodic-Maintenance) : 예정된 간격으로 기기 교체
 ② 경시보전(Age Based-Maintenance) : 누적 동작시 정해진 교환 주기후 교체
(2) 상태 감시 보전(Condition Based-Maintenance) : On-Line 열화진단 및 추적 감시

6. 예방 보전 기술의 구비조건

(1) 신뢰성, 안전성, 확장성이 있을 것

(2) 무정전 상태에서 부품(센서류) 교환이 가능할 것

(3) 측정 방법이 간단하고, 온라인 측정이 가능할 것

(4) 기기 내부의 이상 징후를 조기에 발견할 수 있을 것

(5) 이상전압(Surge, Noise 등)에 영향을 미치지 않을 것

7. On-Line 예방보전 시스템

(1) 전체 구성도

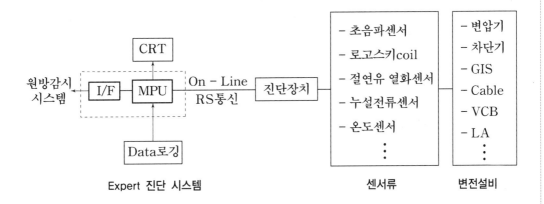

(2) GIS On-Line System(부분방전 측정 회로 예)

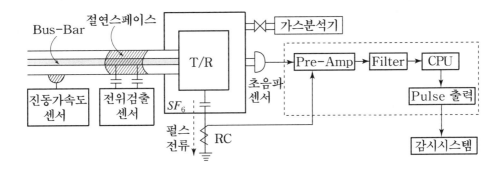

① 검출원리

절연물에 상용주파 교류전압 인가

② 검출방법

㉠ 전기적 검출법 : 절연 스페이스법(전위차법), 접지선 전류법(RC 측정)

㉡ 기계적 검출법 : 초음파, 진동, 화학적 검출법, X선 촬영 법 등

문제8 수변전 설비 환경대책

Ⅰ. 개요

1. 환경에 영향을 주는 요소

구분	대상
소음 및 진동	변압기, 차단기, 발전기, E/V등
가스 누출 오염	가스차단기 – SF_6, 케이블화재 : 유독성가스 축전지설비 – 부식성가스, 발전기 연료 : Sox, Nox배기가스
기름 누출 오염	• 변압기(절연유) • 대지오염, PCBs 오염 • 발전기 oil • 대지오염
미관, 풍치훼손	• 도시 밀집지역 환경민원으로 부지 확보난

2. 환경에 영향을 받는 요소

주위 온·습도, 염진해, 기타 재해(지진, 낙뢰, 수해, 화재 등)

Ⅱ. 수변전 설비 환경 대책

1. 소음 및 진동

(1) 소음원에 따른 기준치(NEMA 규격)

구분	변압기	강제 송풍기	보일러, 급수펌프
소음레벨	65~85폰	85~90폰	85~90폰

(2) 대책

① 저소음기기 채용

② 방음 및 흡음 장치

③ 방진재 사용(방진 고무, 방진PAD, 방진 Spring 등)

2. 가스 유출 억제

(1) 가스차단기 : SF_6가스 사용량 감축, 회수 재활용, 대체가스 개발 촉진

(2) Cable(화재시 유독가스) : PVC재질 → Halogen Free화

(3) 축전지 설비(부식성 가스) : 무보수 밀폐형 채용

(4) 발전기(SOx, NOx 가스) : Diesel → 가스터빈 채용

3. 기름 누출 방지

(1) 변압기(절연유)

① 유입식보다 Mold식, 건식 채용

② 집유조 설치로 대지 누출 오염 방지, PCBs 농도 관리

(2) 발전기 연료

집유조 설치로 대지 누출 오염 방지

4. 미관 및 풍치훼손 대책

(1) 가공선로 → 지중선로 채용

(2) 지상 → 지하 변전소 건설

(3) 개방형 → Cubicle형

(4) 슬림화, Compact화 → GIS, C-GIS

5. 주위 온·습도 관리

(1) 항온 항습 시설

① 직사광선 영향 피하고 주위온도 40℃ 이하로 관리

② 습도에 의한 절연물 오손, 섬락 발생 방지 : 상대습도 60% 이하 유지

(2) 환기시설

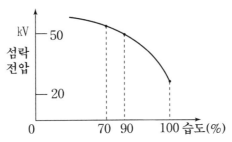

① 발전기 흡입 공기온도 증가시 출력저하 대처

② 전기기기 발열에 의한 온도상승 대처

③ 실내 온도상승 억제에 필요한 환기량

$$Q = k \cdot \frac{P}{t_2 - t_1} \ \ (\text{m}^3/\text{min})$$

Q : 필요환기량,

t_1 : 흡입구 온도,

t_2 : 배출구 온도,

k : 온도에 의한 공기와 관련 정수($\text{m}^2 \cdot$ ℃/min·kW),

P : 기기발열량(kW)

6. 염·진해

(1) 매연 및 염분에 의한 전기기기 표면오손 및 열화

(2) 염진해 대책(애자 등)

   ① 과절연 설계

   ② 정기적 세정(활선, 주수활선 세정)

   ③ 실리콘 컴파운드 도포

   ④ 기기 밀폐화

7. 기타 재해

(1) 지진대책

   ① 구조면 : 기초 Anchor, 기기 바닥재의 강고 강화 → 방진, 내진 Stopper등

   ② Cable tray, Bus Duct : 유연성 확보 → Expension Joint, Spring Hanger 등

(2) 낙뢰 대책

   ① 외뢰·피뢰침, 인하도선, 접지전극

   ② 내뢰·등전위 본딩, 전기적 이격, SPD 설치

(3) 수해 대책

   전기실 침수 우려 없는 곳 위치, 배수펌프 설치

(4) 화재 대책

   ① 변전실 방화구획, 기기 Oiless화

   ② 난연성 Cable 사용, 옥내CO_2 및 할론 설비 등

문제9 변전소 소음발생 원인 및 대책

Ⅰ. 개요

1. 소음 발생원 종류

(1) 변압기

(2) 차단기

(3) 공기압축기

(4) 송풍기 및 비상 발전기

2. 소음레벨 이론

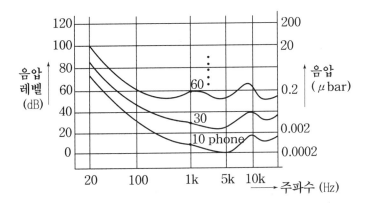

(1) 소음레벨 단위 : phone, dB(데시벨)

(2) 음압레벨(SPL : Sound Pressure Level)

$$SPL = 20\log_{10}\frac{P}{P_0}(dB) \begin{cases} P : \text{음압측정값} \\ P_0 : 1000\text{Hz에서 최소 가청음압} : 2\times10^{-4}\mu\,bar \end{cases}$$

예) $20\log_{10}\dfrac{0.2}{0.0002} = 60dB$

(3) 이 음압레벨과 같은 크기로 들리는 다른 주파수의 음을 phone이라 함

(즉, 1KHZ에서 60dB 일 때 음의 감도 60phone은 20Hz에서 100dB의 세기에서 느끼는 감도와 같다.)

Ⅱ. 변압기 소음 발생원과 방지대책

1. 소음 발생원

(1) 철심의 자왜현상에 따른 진동에 의한 것 → 고조파 영향

(2) 철심 이음새 및 성층간 작용하는 전자력에 기인하는 진동에 의한 것

(3) 권선 전자력에 기인하는 진동에 의한 것

(4) 냉각팬, 송유펌프 등에 의해 발생

2. 변압기의 소음저하 대책

(1) 자속밀도의 저감 → 1,000Gauss에 대해 2~3폰

(2) 철심과 탱크간 방진 고무 삽입 → 약 3폰

(3) 철판 1중, 2중 방음벽 설치 → 약 10~20폰

(4) 콘크리트 방음벽 설치 → 약 30폰

(5) 기타 차음 울타리 설치 → 약 15폰

3. 차단기의 소음과 방지 대책

(1) 소음 발생 원인

① 투입, 트리핑 할때 기구가 발생하는 기계음

② 공기 차단기 등 배기에 의한 음의 발생

(2) 저감 대책

① 공기 차단기 : 배기공에 소음기 부착 → 15~20폰 감쇄

② 저소음 차단기 채용 : 가스 차단기, 진공차단기

③ 큐비클화

4. 공기 압축기, 송풍기 소음 대책

(1) 공기 압축기는 차단기와 단로기 조작용으로 용량 적고 옥내 or Cubicle 내 위치하며 동작시간도 짧아 별 문제시 안됨

(2) 송풍기가 있는 경우 환기 덕트내 환기구의 충분한 방음처리

5. 비상용 디젤 발전설비 소음 대책

(1) 발생소음

엔진 배기음, 기계음 및 환기팬, 쿨링타워 등의 소음

① 배기음은 출구 1m에서 약 100~110폰 정도

→ 소음기 부착(65폰 이하로 감소)

② 기계음은 기계실 옆 1m에서 약 100~110폰 정도

→ 콘크리트 벽 실내 설치(70폰 이하로 저감)

참고 1 음압레벨과 로빈슨 다드슨 등감곡선

1. 개요

(1) 인간의 귀는 어떤 주파수에 대해서는 아주 민감하지만 반대로 어떤 주파수에 대해서는 둔감함

(2) 이러한 관계를 나타낸 것이 로빈슨 다드슨 곡선이며 이는 1930년대 미국 벨 연구소의 Fletchen-Munson에 의해 작성된 FM-Curve를 보완한 것임

2. 음의 기본적 성질

(1) 음 : 공기속을 진행하는 공기입자의 소밀한 진동파

(2) 음파 : 공기 중에서 소밀한 부분을 만들어 일정한 파가 되어 전달되는 소리

(3) 음속, 주파수, 파장

① 음속 $C = 331.5 + 0.62t$(m/sec)

$$\begin{cases} C : 공기중의 음의 전파속도, \ t : 공기중의 온도(℃) \\ 상온 \ 15℃에서의 \ 음속은 \ 약 \ 340m/sec \end{cases}$$

② 주파수

㉠ 1초간의 소밀의 파가 일어나는 횟수(단위 : Hz)

㉡ 가청 주파수 범위 : 20 ~ 20000Hz

③ 파장과 주파수 관계

$\lambda = \dfrac{C}{f}$, (λ : 파장, f : 주파수)

(4) 음압 : 소리전달파의 압력변화

단위 : PA, μ bar → 1PA=10μbar

3. 로빈슨 다드슨의 등감곡선

(1) phone과 Decibel의 관계를 나타낸 곡선으로 기준 tone인 1KHz의 음압에 대해서 느끼는 소리의 세기와 동일한 느낌을 주로 다른 주파수에서의 음압을 추적해 이를 도표화 한 것

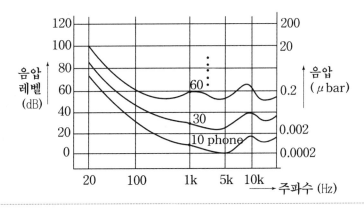

(3) 음압레벨(SPL : Sound Pressure Level)

① 등감 곡선에서와 같이 주파수 1,000Hz 일때 phone과 Decibel의 관계를 나타낸 것

$$SPL = 20\log_{10}\frac{P}{P_0}(dB) \quad \begin{cases} P : \text{음압측정값} \\ P_0 : 1000\text{Hz에서 최소 가청음압값}(2\times10^{-4}\mu \text{ bar}) \end{cases}$$

예) 음압 측정값이 0.2μ bar라 하면 $SPL = 20\log_{10}\frac{2\times10^{-1}}{2\times10^{-4}} = 60dB$

즉 1KHz에서 60db일 때 음의 감도 (60phone)는 20Hz대의 100dB의 세기에서 느끼는 감도와 같다.

② 가청음압레벨 : 0~120dB

4. 결론

로빈슨 다드슨 등감곡선에 의하여 사람의 귀의 감도는 지역에 비해 고역의 주파수 대에서 훨씬 민감한(3,000~4,000Hz에서 감도가 가장 좋고 100Hz이하에서 둔감함)을 나타내고 있다.

문제10 # 코로나 방전(Corona Discharge)

Ⅰ. 개요

1. 기온, 기압의 표준상태(20℃, 760mmHg)에 있어서 직류 30kV/cm, 교류 21kV/cm(실효값) 정도의 전위경도를 가하면 절연이 파괴되는데 이를 파열극한 전위경도라 함

2. **코로나 현상이란**

   전선로나 애자 부근에 임계전압이상이 가해지면 공기의 절연이 국부적으로 파괴되어 낮은 소음이나 엷은 빛을 띠면서 방전되는 현상

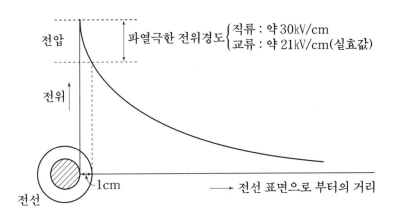

Ⅱ. 특성

1. **임계전압**

   (1) $E_0 = 24.3 m_0 m_1 \delta d \log_{10} \dfrac{2D}{d}$ $\begin{cases} d : \text{전선의 직경(cm)} \\ D : \text{선간거리(cm)} \end{cases}$

   ① m_0 : 전선표면계수

      (매끈한 선 : 1, 거친단선 : 0.98~0.93), 연선 : 0.89~0.8)

   ② m_1 : 기후에 관한 계수 → (맑은 날씨 : 1.0, 안개, 비오는 날씨 : 0.8)

   ③ δ : 상대 공기밀도

      $\delta = \dfrac{0.386b}{273+t}$ $\begin{cases} b : \text{기압(mmHg)} \to \text{표고(m)에 반비례} \\ t : \text{기온(℃)} \end{cases}$

   ④ 전선의 굵기가 커지면 → 코로나 임계전압 상승 → 코로나 발생 억제됨

      전선의 굵기가 가늘면 → 코로나 발생되기 쉽다.

2. 코로나 손실(Peek의 식)

$$P_0 = \frac{241}{\delta}(f+25)\sqrt{\frac{r}{D}} \times (E-E_0)^2 (\text{kW/km}\cdot\text{wire})$$

$\begin{cases} E : \text{전선의 임계전압}, \ E_0 : \text{코로나 임계전압} \\ f : \text{주파수}, \ r : \text{전선반경}, \ D : \text{선간거리}, \ \delta : \text{상대 공기밀도} \end{cases}$

3. 전선간 코로나 방전

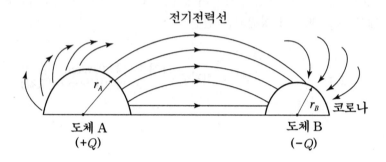

$r_A, \ r_B$: 도체의 반경(m)

Q : 전하(C)

$E_A, \ E_B$: 도체표면의 전계강도(V/m)

$$E_A = \frac{Q}{4\pi\epsilon_0 r_A^2}, \quad E_B = \frac{Q}{4\pi\epsilon_0 r_B^2}$$

• $r_A > r_B$ 일 때 $E_A < E_B$ 이므로

따라서 직경이 작은 도체 B쪽이 코로나 방전을 일으키기 쉽다.

4. 코로나 장해(영향)

(1) 전력 손실 발생 → Peek's 식 의거

(2) 코로나 잡음

교류전압 반파마다 피크치에 의해 간헐적으로 코로나 펄스에 의한 잡음 발생 → 전파 장해(라디오 소음, TV간섭)

(3) 고주파 전압, 전류발생

제 3고조파 $\begin{cases} \text{중성선 직접접지계통 : 유도장해} \\ \text{비접지 계통 : 파형 일그러짐} \end{cases}$

(4) 소호리액터에 대한 영향

① 코로나 발생시 전선 겉보기 굵기 증가 → 대지 정전용량 증대 → 계통 부족 보상

② 코로나 손실의 유효분 전류나 제 3고조파 전류는 잔류전류가 되어 소호작용을 방해

③ 1선지락시 → 건전상 대지전위상승 → 코로나 발생 → 고장점의 잔류전류 유효분 증가 → 소호 능력 저하

(5) 전력선 반송장치에의 영향

전력선 반송을 이용한 보호계전기나 반송 통신설비에 잡음장해

(6) 전선의 부식

코로나에 의한 화학 작용(오존 or 산화질소 + 수분 → HNO_3(초산))발생으로 전선이나 바인드 부식

(7) 진행파의 파고값 감쇠(코로나의 유일한 장점)

이상 전압 진행파(Surge)는 코로나를 발생시키면서 진행하며 코로나 방전에 의해 감쇠 효과를 나타냄

5. 방지대책

(1) 굵은 전선 채용 – 표면의 전위 기울기를 완만히 하여 코로나 임계전압상승

(2) 복도체 채용 – 코로나 임계전압 상승 및 송전능력 증대

(3) 가선금구개량

표면이 거칠거나 돌출부에는 코로나 발생이 쉬우므로 금구류 표면을 완만하게함

6. 결론

코로나 방전 개시전압은 선간거리, 전선 굵기, 표면전위경도, 주위 기후조건 이외에도 먼지 등 이물질이 전선표면에 접촉되어 돌출부가 생길 경우 코로나 영향이 심화되므로 이를 고려한 방지 대책이 필요하다.

문제11 잔류성 유기오염 물질(PCBs) 관리법

I. 개요

1. 추진배경
(1) 스톡홀름 협약의 국내 비준(07.1.25)
(2) 잔류성 유기오염물질 관리법 시행(08.1.28)
→ 법률 제 8292호, 시행규칙(환경부령 제 275호)

2. 업무처리 원칙

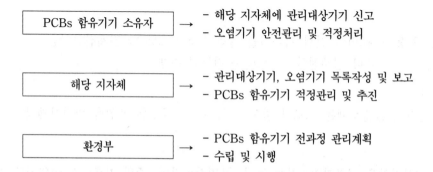

PCBs 함유기기 소유자 →
- 해당 지자체에 관리대상기기 신고
- 오염기기 안전관리 및 적정처리

해당 지자체 →
- 관리대상기기, 오염기기 목록작성 및 보고
- PCBs 함유기기 적정관리 및 추진

환경부 →
- PCBs 함유기기 전과정 관리계획
- 수립 및 시행

II. PCBs(polychlorinated Biphenyls : 잔류성 유기오염 물질)란

1. 독성, 잔류성, 생물농축성 및 장거리 이동성의 특징을 지니고 있어 사람과 생태계를 위태롭게 하는 물질

2. 법 제 24조 1항(대통령령이 정하는 기준)
관리 대상 : 1리터당 50mmg 이상의 PCBs

3. PCBs의 특징
(1) 독성(Toxicity) : 암, 내분비계 장애(환경호르몬) 발생
(2) 잔류성(persistance) : 분해가 느려 생태계에 오래남아 피해 발생
(3) 생물농축성(Bioaccumulation) : 생체내 축적정도가 큼
(4) 장거리 이동성(Long-run transprot) : 바람, 해류따라 수천km 이동

4. 관리 대상 전기기기
(1) 유입식 변압기
(2) 유입식 콘덴서
(3) 유입식계기용 변압·변류기
(4) 기타 전기절연유를 절연매체로 사용하는 전력장비

5. 신고항목

(1) 제조사 및 제조년월 일

(2) 용량 및 총 중량

(3) 절연유량 및 절연유 교체 여부

(4) PCBs 농도(유입식 변압기만 해당)

6. 신고 및 변경 신고 절차

(1) 해당 지자체에 기한내 신고 or 변경신고

(2) 해당 지자체는 신고 증명서 발급

(3) 변경신고 사유 : 관리 대상기기의 폐기, 절연유 교체(PCBs, 2ppm 이상 함유시)

7. 업무처리 내용

(1) 지자체 : 관리 대상기기 및 오염기기 목록작성 → 환경부 보고

  (PCBs 함유량이 50ppm 이상인 관리대상기기를 오염기기로 분류)

(2) 환경부 : PCBs 함유기기 통합관리 프로그램 구축 및 운용

(3) 소유자 : 오염기기 안전관리

  ① 안전관리상 주의사항 표시, 오염여부 식별장치 부착 등 조치

  ② 사용을 마친후 잔류성 유기 오염 물질 관리법에 따라 적정 처리

문제12 건축 전기설비의 내진설계 및 시공 대책

Ⅰ. 개요

1. 최근 전세계적으로 지진에 대한 피해가 매우 심각하며 한반도 역시 지진 안전지대가 아닌바 이에 대한 대책이 요구됨

2. **내진설계의 목적**
   (1) 인명의 안전
   (2) 재산의 보호
   (3) 설비 기능유지

Ⅱ. 관련근거

1. **건축법 제38조, 영32조 2항**
   (1) 3층 이상, 연면적 1,000m² 이상 건축물(창고, 축사 제외)
   (2) 국가적 문화유산
   (3) 기타 정부지정 건축물

2. 전기설비 기술기준 제21조 5항

3. 건축전기 설비 설계기준(내진시공지침)

Ⅲ. 지진 발생학설

1. **탄성 반발론**
   지각속에 축적된 탄성에너지가 어느 지표면 단층에 가해져 지각이 파괴되면서 진동 전파

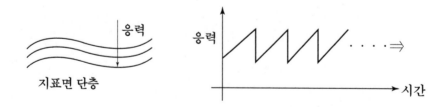

2. 판구조론

맨틀의 이동으로 지표면의 플레이트가 움직이는 것

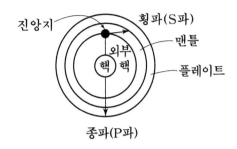

(1) 실제파 : 지구 같은 곳에서 표면으로 나오는 진동

$\begin{cases} \text{P파(종파) : 지구내부 통과} \\ \text{S파(횡파) : 맨틀까지만 도착} \end{cases}$

(2) 표면파 : 지표면에 전해지는 진동(LP파, LQ파)

IV. 내진 설계시 고려사항

1. 내진설계 개념

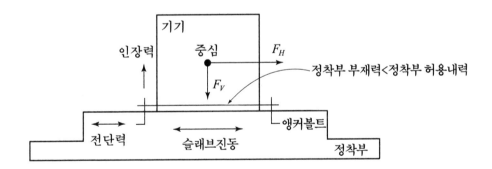

2. 지진 위험도 평가

(1) 지역계수

지진지역	행정구역	지역계수
1	지진지역 2를 제외한 장소	0.11(설계기준)
2	강원북부, 전남 남서부, 제주도	0.07

(2) 지반등급

지반종류에 따라 $S_A \sim S_E$ 5종으로 구분

(3) 지진 응답 예측

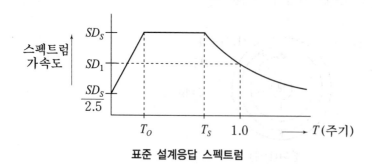

표준 설계응답 스펙트럼

SD_S : 단주기 스펙트럼 가속도
SD_1 : 주기 1초에 대한 가속도
$T_0 = 0.2\,T_S$(정상부 지속구간)
$$T_S = \frac{SD_S}{SD_1}$$

지진지역, 지반종류에 따라 가속도 계수 결정

3. 설계하중 계산

(1) 수평설계 지진력 $F_H = F_P$(단, F_P = 가속도 계수 × 기기중량)

(2) 수직설계 지진력 $F_V = \dfrac{1}{2}F_H$

(3) 가속도 계수 $\alpha = \dfrac{F_H}{W_P(기기중량)}$

(4) 내진등급 선정

① 건축 전기설비의 내진등급

등급	S	A	B
할증계수	2.0	1.5	1.0
선정기준	건축물 기능유지 및 안전확보상 중요 설비	손상시 2차 피해가 우려되는 설비	피해정도가 작고 복구, 보수가 간단한 설비
대상	비상 발전기, E/V, 간선 등	변압기, 배전반	조명, 콘센트

② 전기배관의 내진 지지재 종류 및 설치 방법

㉠ 내진 지지재 종류

- S_A종 : 지지부재에 작용하는 인장, 압축, 휨모멘트에 저항 할 수 있는 부재
- A종 : S_A종과 동일한 부재력을 받는 지지부재로 구성
- B종 : 행거와 진동 방지용 부재로 구성

㉡ 설치방법

내진등급 / 설치장소	S급	A, B급
상층, 옥상, 옥탑	약 12m 마다 1개소 S_A종 설치	약 12m마다 1개소 A, B종 설치
중간, 1층, 지하층	약 12m 마다 1개소 A, B종 설치	일상적인 시공방법에 따름

V. 전기설비 내진시공 대책

1. 수변전 설비

(1) 변압기 : 기초 Amchor 보강, 접속부 가요성 부여, 방진시공

(2) 발전기 : 기초위 방진시공, 연료 및 냉각수 배관은 가요관 사용, 배기관 스프링행거 고정

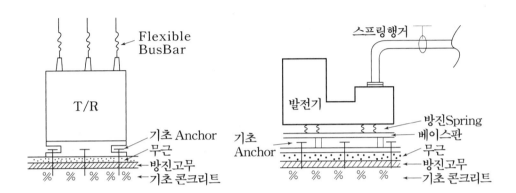

(3) 배전반, SWGR : 부재의 강성을 높이고 기초 보강

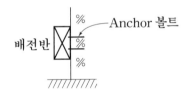

(4) 옥외애자 : 동적하중에 견디고 고강도형 사용

(5) GIS : 기초부는 정적 설계, Bushing은 동적 내진설계

2. 축전지 설비

(1) Angle Frame은 관통볼트 or 용접방식

(2) 축전지 인출선은 가요성 배선

3. Bus Duct

(1) Rigid/Spring Hanger와 Flex-Joint 조합 시공

(2) BusDuct 고유 진동 주기

$$T = \frac{2\pi\ell^2}{\lambda^2}\sqrt{\frac{\rho_A}{E_I \cdot g}}$$

$$\begin{cases} \rho_A : 중량(\text{kg/cm}) \\ E_I : 휨강성(\text{kg} \cdot \text{cm}^2) \end{cases}$$

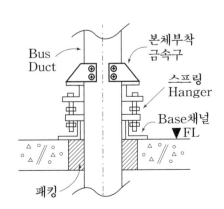

4. 조명기구

(1) 행거용 볼트, 낙하방지용 체인 설치

(2) 파이프 행거, Race way 등은 볼트와 철선 이용하여 진동방지

5. Elevator

(1) 기기전도, 변형, 레일 이탈방지

(2) 로프나 Cable이 승강로內 돌출부에 걸리지 않도록 조치
　　→ Rope Guide 설치, 돌출부는 막음 경사판 시공

(3) 지진 관제 운전장치

VI. 결론

지진발생시 인명피해는 물론, 전력공급 중단 등 2차적 재해가 국가의 사회적 경제적으로 막대한 손실을 끼치는 바 전기설비의 내진 설계에 대한 관련 지침이나 기준마련 등 세부적인 제도적 정비가 시급하다.

약전, 통신, 제어

PART 21

문제1	호텔 정보전달 시스템

I. 개요

1. 호텔 서비스의 특징

(1) 24시간 서비스

(2) 국제화

(3) 커뮤니티 프라쟈로써의 역할

2. 정보전달 시스템 목적

(1) 호텔 관리(운영)기능 제공

① 객실 관리 시스템

② Front office/Back office system

③ POS(Point Of Sales) system

(2) 정보통신 설비 : CCTV, CATV, 주차관제, BAS, 감시제어 등

(3) 호텔 정보 서비스

① Business 환경 제공 : 통합배선(Voice/Data)

② Convention 기능 제공 : 동시통역 설비, A/V 설비 등

II. 호텔 정보전달 시스템

1. 객실 관리 시스템

(1) 각 객실의 고객유무, 온도조절, 전원제어 등을 관리하는 목적

(2) Check-In/Check Out 등 예약, 정산 업무

2. Front office/Back office system

(1) Front office : 고객의 예약, 정산, 청소 등 전반적인 대고객 관련 system

(2) Back office : 내부적인 호텔 관리에 필요한 system(인사, 총무, 회계, 자재)

3. POS system

매장의 재고, 판매, 주문 등 판매관련 system

4. 일반 정보통신 설비

(1) CCTV설비

지하주차장, 승강기, 복도, 연회장 등 안전 및 보안을 위한 system

(2) 주차관제 시스템

주차장 관리, 요금정산 등 차량통제 유도를 위한 system

(3) BAS(Building Automatic System)

① 조명제어 : 에너지 절감 및 성력화를 위한 전등제어, 관리 시스템

② 전력제어 : 수변전 설비의 감시, 조작 및 Data 관리 시스템

③ 설비제어 : 냉난방, 공조 설비 등 호텔 환경 쾌적 유지 시스템

(4) CATV 설비

① 케이블 TV 방송시청 가능토록하며, 각 실내 유효채널 이용

② 연회장등에서 자주방송 가능토록 연계

(5) 승강기 감시 : 승강기 운전 합리화 및 감시제어

(6) SI 및 FMS

① SI(System Integration)

상기 시스템을 통합, 관리 운영이 편리하고 효율성을 꾀함

② FMS(Facility Management System)

도면관리, 유지보수 등 시설 유지관리를 위한 시스템

5. 호텔 정보서비스 설비

(1) 통합배선 구축

① DPBX 설치 운영 : 전화서비스, 통신요금 자동정산, 다기능 전화, 메시지 전달 서비스, 비디오텍스에 의한 정보제공, 모닝콜 서비스 등

② 객실 및 Business센타 유무선 Internet 환경 제공

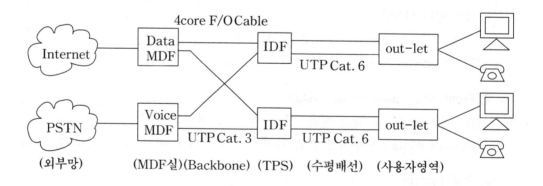

(2) A/V 시스템

① 연회장 : 행사가 가능한 A/V시설, 특수조명시설

② Convention : 동시통역설비, A/V 및 특수 조명 시설

③ 노래방, Fitness 등 각 실 용도에 맞는 A/V 시설

Ⅲ. 호텔 관리 운영 구성도

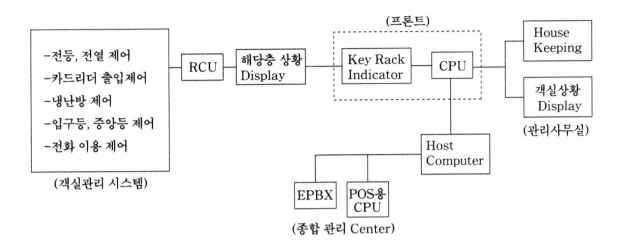

Ⅳ. 결론

최근의 호텔 정보전달 시스템은 디지털 정보통신기반의 토탈 시스템 구축으로 인텔리전트화, 정보서비스의 다양화 등을 통하여 타 호텔과의 차별화를 도모하는 추세임

참고 1 호텔 객실 관리 시스템

1. 개요

(1) 호텔의 객실관리 시스템은 Front와 사무실, 객실간 On-Line Network을 구성, 객실의 자동집중관리를 통해 냉난방과 전등, 전열에 관계하는 동력 광열비의 대폭적인 절감과 객실의 서비스 개선을 목표로 함

(2) 도입효과
① 에너지 절약
② 고객에 대한 서비스 향상
③ 호텔 경영의 합리화
④ 방범, 방재관리의 실현

2. 객실 관리 기능

(1) 객실의 온도관리
① 객실온도제어, 외출온도차제어, 공실기중온도 설정
② Check-In시 강제운전, 냉난방 모드의 일괄 변경 등

(2) 객실 전력 관리
객실의 Key-Sensor와 Control Box 이용, 전기에너지 절약
① 대상 부하 : 전등, 전열(Audio, TV, 기타)
② 제어 방법

구분	제어방법
입실시	입구등 : 자동점등/1분후 자동소등 중앙등 : 자동점등, On/Off 가능 기타 전등, 전열 : 전원투입
퇴실시	냉장고와 지정전원(금고 등) 제외한 모든 전등, 전열 전원이 약 5초 후 자동차단

(3) 객실 표시기(Room Indicator)
Check-In, 입실, 외출, check-out, 청소상황, 화재경보 비상호출

(4) 객실 입구 표시기(Indicator)
① 각 객실 입구의 챠임벨 스위치 플레이트에 손님의 재실 유무표시
② Maid가 Maid Room을 떠나 청소 중에도 객실상황 파악가능(관리요원 외에는 알 수 없음)

(5) 챠임벨
컨트롤 Box에 챠임벨 내장, 입구표시기와 함께 설치된 S/W를 누르면 벨소리 출력

(6) 메시지 서비스

프론트 Key-Rack의 메시지용 버튼을 눌러 메시지 유무 입력

→ KeyRack의 메시지용 램프점등 및 각 실 Night table 패널에 램프 점멸 신호
출력(또는 DPBX를 통해 전화기에 메시지램프 출력)

(7) 비상호출

객실 비상호출 버튼을 누르면 해당기기(Front, House keeping, Maid room)에서
경보신호 출력

(8) 제어반(OP)CRT 표시기능

① 초기설정 : 객실운영에 필요한 각종 Data 초기값 설정

② 객실 현황 : 투숙객, 청소, 온도, check-out 예정 현황 등 각종 통계 표시

3. 객실 관리 계통도

(1) 전체 구성도

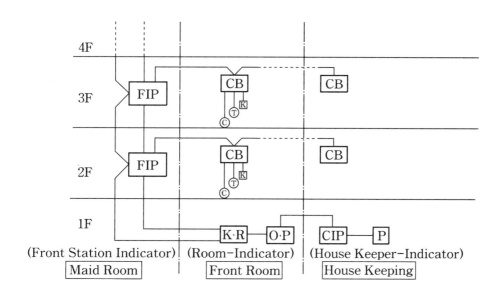

K·R : Key Rack

OP : Operation Panel

CIP : Central Indicator Panel

P : Printer

FIP : Floor Indicator Panel

CB : Control Box

K : Key Sensor

T : Thermo-Sensor

C : 입구 Indicator

(2) 객실 내 배선도

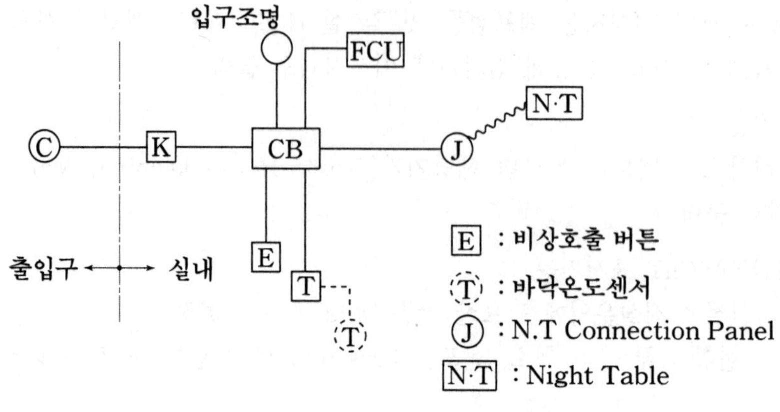

입구조명

FCU

N·T

C — K — CB — J ~~~ N·T

출입구 ←—→ 실내

E

T

(T)

E : 비상호출 버튼
T : 바닥온도센서
J : N.T Connection Panel
N·T : Night Table

문제2 | # 병원 정보전달 시스템

Ⅰ. 개요(HIS : Hospital Information System)

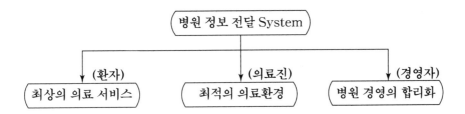

Ⅱ. HIS 도입효과

1. 환자의 서비스개선 → 대기시간 단축, 진료의 질적 향상
2. 진료 생산성 향상 → 수익증대
3. 경영 효율화 → 재무구조 개선
4. 의사결정지원 → 의료 환경변화에 대응

Ⅲ. 병원 정보전달 설비

1. OCS(Order Communication System) : 처방전달 시스템

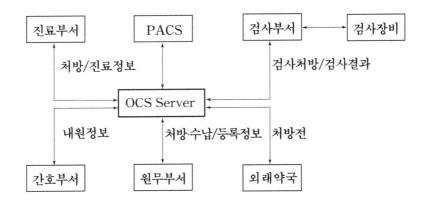

2. EHR(Electronic Health Record) : 전자건강기록
3. EDI(Electronic Data Interchange) : 전자문서교환
4. CRM(Customer Relationship Management) : 고객관리시스템
5. EMR(Electo-Medical Record) : 전자의무기록
6. PACS(Picture Archiving Communication System) : 의료영상 정보전달 시스템

7. PMS(Patient Monitoring System) : 환자 감시시스템

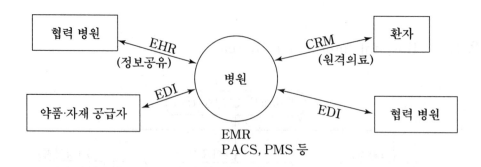

8. Nurse-Call 설비

(1) 기본호출기능

환자(병실)	복도	Nurse-station	외부(이석시)
환자호출(확인) →	복도표시등 →	호출표시·호출음	→ paging → Handy N·C

(2) Bed, 화장실, 욕실 등에서 호출 가능하도록 구성

9. Paging 설비

(1) 전화기 이용·구내 DPBX와 접속, 무선으로 호출 또는 메시지 전달
(2) 유도 무선식과 무선 방사식
(3) Dr ↔ Nurse 간 : Nurse Call + Paging(연동)

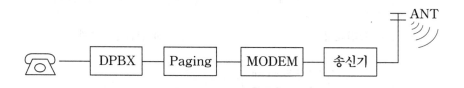

10. 기타(일반 정보 통신설비)

(1) 표시설비, 병원 LAN설비, CATV, CCTV설비, Video-Tex
(2) 종합영상설비, Interphone, Clock, P/A 설비 등

Ⅳ. HIS 구성도

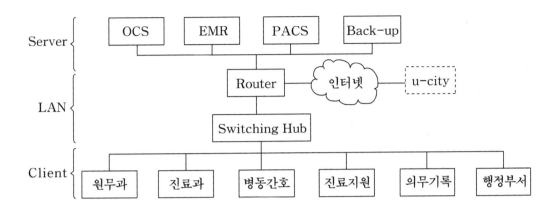

Ⅴ. 최근동향

1. 원격 진료 Service

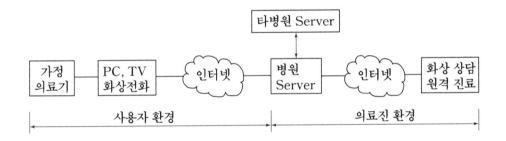

2. u-진료 system

(1) Non-Stop Service → Smart Card화

(2) Mobile 진료 → PDA 폰 휴대 의사간 메시지, 음성정보 교환

Ⅵ. 향후전망

1. 위성 또는 광 Cable에 의한 원격진료 확대

2. 병원간 통합 Network 구축

문제3 TV 공청 및 CATV 설비에 대하여

Ⅰ. 개요

1. 공중파 난시청 해소용으로 시작

CATV(Communication Antenna TV)=MATV(Master Antenna TV)

2. 그 후 Cable을 이용한 유선 방송시스템으로 발전

CATV : Cable Television

Ⅱ. TV 공청 설비와 유선방송 설비 비교

구분	MATV(TV공청)	CATV(유선방송)
정의	건물의 옥상 등에 공통안테나를 세워 양질의 전파를 각 세대에 분배하는 설비	유선방송국(So)에서 TV방송국의 공중파 재송신과 자주방송을 지역망을 통해 가입자에게 분배하는 설비
도입효과	•미관 향상 안테나 난립 방지 및 급전선 단일화 •난시청 해소	•다채널 방송 : 다양한 공중파 재송신 및 전문채널 시청가능 •지역 정보화 사회 발전에 기여 •쌍방향 통신의 부가서비스 기능 제공

Ⅲ. System 구성

1. 구성도

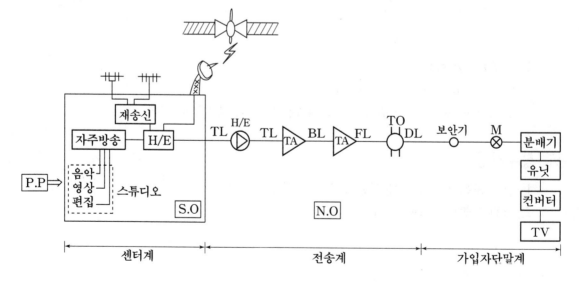

2. 구성요소

(1) 센터계(Center Section, 송출계)

Head End 등의 송출설비 : 수신점 설비, H/E설비, 스튜디오 설비 등

(2) 전송계(Transmission Section)

① H/E에서 송출된 프로그램 신호를 각 가입자의 단말기까지 송신하기 위한 전송로

② 주요구성 : 주간선(TL), 분배선(FL), 인입선(DL)

③ 전송기기 : 증폭기, Cable(동축, 광), 커넥터, 수동소자류

(3) 단말계(Terminal or Subscriber Section)

① 방송수신을 위한 가입자 댁내 인입설비

② 주요구성 : 보안기, 임피던스 정합기, Tap Off, Outlet(직렬유닛), 컨버터, TV 수상기 등

Ⅳ. CATV 발전단계

구분	제1단계	제2단계	제3단계	제4단계
시대	50~60년대	70년대	80년대	90년대 이후
서비스형태 및 목적	중계 재전송 (MATV)	자주방송 (지역유선)	정보제공 (전국적인 CATV)	정보센터 (쌍방향 CATV)
스테이션 형태	공시청	헤드엔드	방송국	방송국 컴퓨터
전송로	동축	동축	동축, 광, 위성	광, 위성
서비스 범위	국지적	지역사회	지방/전국	전국/전세계

Ⅴ. 쌍방향 CATV 발전단계

1. **제 1단계** : 가입자가 신청 프로그램을 컨버터 장치를 통해 정해진 시간대 시청
2. **제 2단계** : 가입자가 방송센터 컴퓨터와 통신
3. **제 3단계** : 가입자 장비(컨버터)에 마이크로 프로세서 내장(원격감시 등)
4. **제 4단계** : 가입자 장비에 RAM 추가, 데이터 서비스제공(홈쇼핑 등)

Ⅵ. 설계 시 고려사항

1. 서비스 내용결정 - 기본 영상서비스, 부가서비스 범위
2. 망의 구조와 형태 결정
3. 분배센터 선정
4. 시스템 신뢰성과 유지 보수성
5. 증폭기 수량 결정
6. 경제성 - 수요예측, System확장성 고려

Ⅶ. 최근동향

1. 방송과 통신(BISDN)의 융합 → 대화형 서비스
2. DSB와 HDTV와의 연계
3. 디지털 지상파 방송확대 실시

문제4 **IB 통합 감시제어 시스템**

Ⅰ. 개요

1. 정의 : IB(Intelligent Building : 지능형 건축물)란

건축 환경 및 정보통신등 주요 시스템을 유기적으로 통합, 첨단서비스 기능을 제공함으로써 경제성, 기능성, 안정성을 추구하는 건축물

2. IB의 기본구성

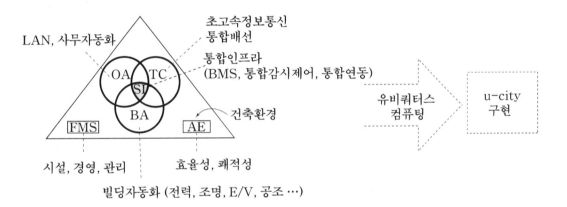

Ⅱ. 도입목적

1. 인력절감과 관리의 효율화
2. 최적 환경 유지 및 건물기능 향상, space 축소
3. 에너지 절약
4. Security 확보
5. 건물 이용자의 편리성 제공

Ⅲ. 통합 감시제어 시스템

1. 제어기술의 변천

(1) Master/Slave system → 분산형(Distributed)system

(2) 중앙 집중형 → Network화

(3) Closed, Single-Vendor → Open, Multi-Vendor

2. System 기본구성

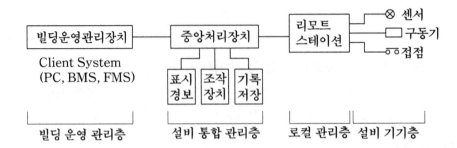

3. 시스템 분류

(1) 신호처리방식 : Analog 방식, Digital 방식

(2) Network 방식 : Ethernet(TCP/IP), LonWorks, BACnet 등

(3) 제어방식 : 디지털 직접제어(DDC), 분산제어(DCS), 논리연산제어(PLC)

(4) 결합방식 : 1 : 1 방식, 1 : N 방식, N : N 방식 등

4. 시스템 비교

(1) Network 방식 비교

구분	BACnet	Lon Works
정의	ANSI/ASHRAE에서 표준화한 BA 시스템용 데이터통신 프로토콜	• Echelon 사에서 개발한 Lontalk 기반의 현장 제어기 통신용 네트웍 프로토콜 • LonTalk protocol : ANSI/EIA 표준으로 채택
특징	멀티벤더 시스템 통합 가능하므로 이기종 중앙관제 시스템 간 통합성 제공	분산제어의 표준 Solution 제공으로 이기종 중앙관제 시스템과 현장제어 시스템간 혼합운용성 제공

(2) 제어방식 비교

구분	DDC(집중제어)	DCS(분산제어)	PLC(논리연산제어)
구성도	CPU Host Computer — N·W — RTU ------ RTU (Remote Terminal Unit)	MMI Man-Machine Interface — N·W — FCU ------ FCU (Field Control Unit)	CPU PLC — I/F — Actuators
기능	•RTU를 중앙 HC에서 제어	• 통합컨트롤러가 각 현장기기들 제어 • OS상에서 전 공정 제어조작	• PLC 제어기기가 디지털제어 수행

특징	• PC에 의한 정보처리 • 인력절감, 에너지절약 • HC 고장시 파급 큼	• 복잡, 특성화된 기능 수행 • 시스템 이중화 • 대규모 및 고가	• 초기비용 저렴 • 소규모의 디지털 제어
확장성	곤란	S/W 추가변경 가능	메모리 확장의 한계
적용	공조기, 밸브제어	연속공정, 중대형 플랜트, 빌딩	소규모의 단순제어

(3) 결합방식 비교

종류	특징
1:1 감시제어	•제어기마다 신호전송로 설치 감시제어 (소규모)
1:N 집중제어	•CPU를 이중화하는 방식
N:N 집중감시제어	•Micro-Computer를 대상기기마다 설치, 다양한 정보처리

5. 통합 감시제어 주요기능

시스템 별	주요기능
BMS(빌딩관리 시스템)	설비 기기제어, E/V 군관리, 주차관제 시스템 등 ID
방재관리 시스템	카드, 화재, 소화, 방화제어, CCTV등 방재감시제어
에너지 관리 시스템	전력, 조명제어, 에너지 공조 제어 시스템

IV. 설계 및 시공시 고려사항

1. Power, CPU, Network 등의 이중화로 신뢰성 확보
2. Hardware, Software 표준화, pakage화, Open protocol 사용
3. 고조파, Noise, 유도장해, EMC 등의 대책
4. 제어용, 감시용 Cable은 차폐 Cable 사용

V. 최근동향

1. 개방형 시스템(Open System)의 표준 프로토콜 : 주로 BACnet, Lon Works 등 채택
2. Security System 강화추세
3. BAS + FMS → SI(시스템 통합)로의 발전

VI. 결론

시스템 통합(SI)기술을 기반으로 한 통합감시제어는 유비쿼터스 컴퓨팅 기술과 융합, 향후 u-city 구축에도 보다 폭넓게 활용될 전망임

| 문제5 | 주차관제 시스템 |

I. 목적

1. 주차장을 이용하는 차량과 운전자의 안전하고 효율적인 유도
2. 주차장 운영에 필요한 설비의 자동화 및 관리의 최적화

II. 계획 시 검토사항

1. 주차장 구조, 규모, 대수
2. 요금부과 여부
3. 주차 회전율
4. 장내 유도 방향
5. 주차 출입구 및 부근 도로상황
6. 건축주 의도

III. 주차관제 설비구성

1. 신호관제 시스템

(1) 주차장내 차량의 흐름을 안전하고 원활하게 제어하는 시스템으로 기본구성은 차체검지
장치, 신호제어 및 표시장치로 되어 있다

(2) 구성도

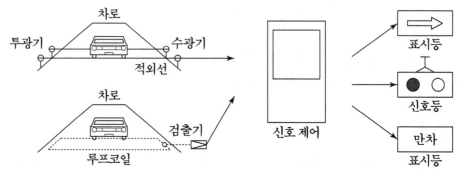

(3) 차체 검지장치

① 초음파 식

발음기와 수음기 설치, 차량 출입시 20~40KHz 정도의 초음파를 발사, 그 반사신호
이용

② 광전식(적외선 빔 방식)

㉠ 적외선 빔을 물체가 차광, 검지신호 출력

㉡ 2대 2조 사용, 사람과 차량 구분

③ Loop Coil 방식

　㉠ 차량 접근시 L.C의 자계 변화에 의한 와전류 유도 → 검지 → 증폭 → Relay 동작

　㉡ 동작방식 : Bridge 회로방식, 주파수 변조방식, 위상차 방식

(4) 신호제어 및 표시장치

① 동작원리 : 검지장치가 차체를 검지하여 신호등과 경보를 하여 벨이 작동한다.

② 신호제어방식

　㉠ 시소제어식 : 차의 차로 통과 예정시간을 설정하는 타이머 복귀법

　㉡ 폐색제어식 : 차로 내 공차가 되었을 때 신호를 복귀하는 방법으로 고속주행, 경사로 등에 해당.

③ 주차대수 카운터

　㉠ 만차, 공차 상황 등을 표시장치에 표시.

　㉡ 장내·외 혼잡의 경우 차의 유도를 효율적으로 제어.

2. 재차관리 시스템

(1) 주차장의 주차상황을 표시, 집중감시하고 적절히 유도하는 장치

(2) 재차 검지기 종류

① 광전자식(적외선식)

② 초음파식

③ 중량감지 Sensor + L.C 방식(예 : 영종도 신공항 주차장)

(3) 재차 표시반 : 재차검지기 신호를 창식 또는 그래픽 면에 점멸표시

(4) 유도 표시등 : 재차 상황 표시등, 만차 등, 진행방향 전환표시등

3. 주차요금계산 시스템

(1) 주차권 발행, 주차요금 계산, 집계 등의 업무처리

(2) 차단기(Car Gate), 주차권 발행기, 요금계산기, 요금 표시기 등으로 구성

4. 장내 감시 시스템

(1) 주차장내 CCTV 카메라와 관제실 내 모니터 연결, 장내 상황표시

(2) 대규모 지하 주차장에는 주차동선이 여러 곳 분산되므로 동선 출입상황감시

5. 주차 관제시스템 구성도

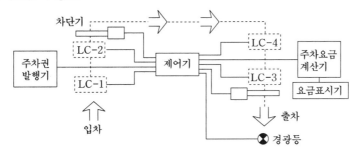

Ⅳ. 설계 및 시공 시 고려사항

1. 발권 계산처리 소요시간과 적정 처리대수 산정
2. 대규모 주차장(1일 출입대수, 1,000대 이상)은 차량 출입구 2개소 이상 분산 설치
3. 주차권 발행기, 차단기 등은 충돌위험이 없도록 경사로 부근 설치를 피할 것
4. 옥외에 기기 설치 시 방수에 주의
5. 주차권 발행기, 요금계산대는 차가 안전하고 용이하게 접근할 수 있는 장소에 위치
6. 주차대수 30대 이상시 CCTV 설치
7. 조도기준은 주차구획 10lx, 주차장 출입구 300lx, 민원출입통로 50lx 이상유지(주차장법 시행규칙 제6조)
8. 지하 주차장 출입구는 순응상태를 고려한 조명설계
9. 주차장 출입구 부근 외기 노출시 Snow Melting 설비 고려
10. 루프 코일 리드선을 10~20m 이내, 1방향 연선(5회/m)으로 금속관 내 배선

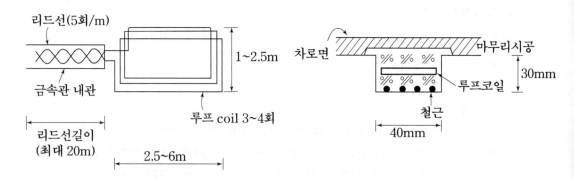

Ⅴ. 주차관제 설비 최근동향

1. 차량 번호 인식장치

(1) Image Processor 이용, 문자식별 영상화하여 차량 번호 추출
(2) 촬상부, 조명부, 차량검지 연동부, 화상인식 처리부로 구성

2. 무인 자동화 및 홈 네트워크와의 연계장치

(1) 정기권 차량 R/F 신호에 의한 자동 출입, 방문차량은 세대와 화상통화
(2) 세대 차량 진입시 홈 네트워크를 통해 메시지(문자 또는 음성) 통보
(3) 무인요금 정산소 운영

3. 각종 신호 및 표시등 친환경 광원(LED) 사용

참고 1　주차장법 시행규칙에서 정하는 노외주차장의 조명설비와 CCTV 설치기준

1. 노외주차장의 조명설비

자주식주차장으로서 지하식 또는 건축물식 노외주차장에는 벽면에서부터 50센티미터 이내를 제외한 바닥면의 최소 조도(照度)와 최대 조도를 다음 각목과 같이 한다.

　① 주차구획 및 차로 : 최소 조도는 10럭스 이상, 최대 조도는 최소 조도의 10배 이내

　② 주차장 출구 및 입구 : 최소 조도는 300럭스 이상, 최대 조도는 없음

　③ 사람이 출입하는 통로 : 최소 조도는 50럭스 이상, 최대 조도는 없음

2. 노외주차장의 CCTV 설치기준

(1) 노외주차장에는 자동차의 출입 또는 도로교통의 안전을 확보하기 위하여 필요한 경보장치를 설치하여야 한다.

(2) 주차대수 30대를 초과하는 규모의 자주식주차장으로서 지하식 또는 건축물식 노외주차장에는 관리사무소에서 주차장 내부 전체를 볼 수 있는 폐쇄회로 텔레비전 및 녹화장치를 포함하는 방범설비를 설치·관리하여야 하되, 다음 각 목의 사항을 준수하여야 한다.

　① 방범설비는 주차장의 바닥면으로부터 170센티미터의 높이에 있는 사물을 알아볼 수 있도록 설치하여야 한다.

　② 폐쇄회로 텔레비전과 녹화장치의 모니터 수가 같아야 한다.

　③ 선명한 화질이 유지될 수 있도록 관리하여야 한다.

　④ 촬영된 자료는 컴퓨터 보안시스템을 설치하여 1개월 이상 보관하여야 한다.

문제6 건축물에서 신호전송에 주로 사용되는 UTP케이블, 동축케이블, 광케이블의 구조, 특징 및 종류에 대하여 설명하시오.

I. UTP(Unshield Twist Pair Cable)

1. 구조 및 특징

(1) 쉴드가 없는 두 줄의 도선을 꼬아놓은 케이블
(2) 자계에 의한 유도를 받아도 각 루프마다 유도기전력을 서로 없애주기 때문에 어느 정도의 잡음내성을 가진다.
(3) 전송속도는 각 카테고리에 따라 수[Mbps]이다.
(4) 가격이 저렴
(5) 꼬임선의 거리를 단축시키면 대역폭과 데이터 전송을 높일 수 있다.

2. 종류(전송속도)

(1) 카테고리 3 : 전송속도 10[Mbps]이상을 100m 까지 전송
(2) 카테고리 4 : 전송속도 16[Mbps]이상을 100m 까지 전송
(3) 카테고리 5 : 전송속도 100[Mbps]이상을 100m 까지 전송
(4) 카테고리 6 : 전송속도 1[Gbps]급으로 100m 까지 전송

3. 용도

한 빌딩 내에서 저속 LAN 구성 시 사용

II. 동축케이블(Coaxial Cable)

1. 구조 및 특징

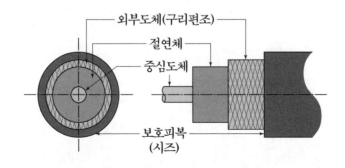

(1) 중심도체를 외부도체가 둘러싼 구조차폐 및 고주파수대 사용으로 누화, 잡음의 영향이 없다.

(2) TP 보다 주파수특성 및 전송특성 우수(광대역 장거리전송에 유리)

(3) 전송속도 10[Mbps]이다.

2. 종류(전송방식)

(1) 베이스밴드 방식 : 디지털 신호를 변조하지 않고 그대로 전송

(2) 브로드밴드 방식 : 반송파의 아날로그신호로 변조하여 데이터 전송(MODEM필요)

3. 용도

장거리전화 및 광대역TV 전송

Ⅲ. 광섬유 케이블

1. 구조

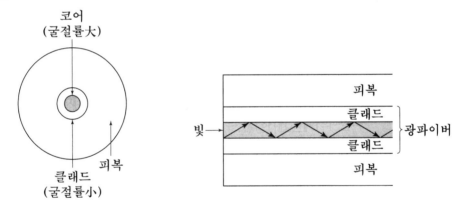

(1) 유리나 플라스틱으로 만들어진 가는 섬유

(2) 반사 또는 굴절에 의해 광 에너지 전파

(3) 코어와 Grading으로 구성

2. 특징

(1) 광대역성 : 대용량 전송가능

(2) 저손실 : 장거리 전송가능

(3) 비전도체 : 무유도성(잡음, 누화발생 없음)

(4) 세경, 경량 : 접속, 분기 등에 고도의 기술을 요함

(5) 전송속도 1[Gbps] 이상의 초고속 통신에 이용

3. 종류

(1) 단일 모드형

① 전송대역이 수십 [GHz/km]로 가장 넓다.

② 코어 지름이 적다 (접속분기가 중요한 LAN에는 부적합)

(2) 다중 모드형

① 코어지름이 크고, 굴절률이 높다.

② 전송대역이 20[GHz/km]

③ 소규모 LAN에 적용

(3) 굴절률 분포형

① 코어지름이 크고, 굴절률이 낮다.

② 전송대역이 수백[GHz/km]

③ 대용량의 전송이 요구되는 LAN에 적용

4. 용도

(1) 초고속, 대용량 장거리 데이터 전송매체로 최적

(2) 차세대 멀티미디어 매체로 보급 확대 중

문제7 光통신(Optical Communication)

Ⅰ. 개요

1. 광통신의 정의

광통신은 굴절률이 큰 Core와 굴절률이 작은 Cladding으로 이루어진 광섬유를 통해 빛의 전반사를 이용, 정보를 주고받는 통신방식

2. 전자파의 종류

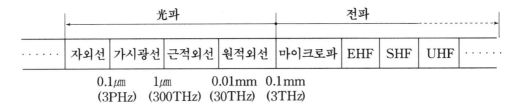

Ⅱ. System의 구성

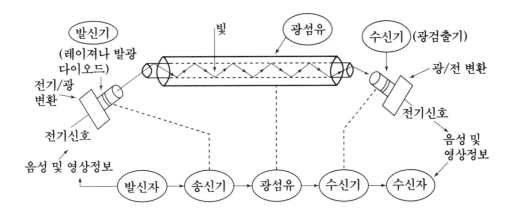

Ⅲ. 광파의 전파원리

1. 굴절의 법칙(Snell's Law)

두 매질에서의 속도차에 따라 경계면에서 경로가 꺾이는 현상

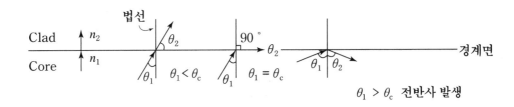

(1) 굴절계수($n = \dfrac{c}{v}$)

→ 자유공간에서의 빛의 속도(c)대 매질에서의 빛의 속도(v)의 비

(2) 임계각(θ_c) : 굴절각이 직각일 때의 입사각

(즉, 전반사가 일어날 수 있는 입사각의 최소값)

θ_1 : 입사각, θ_2 : 굴절각 이라면

$\therefore n_1 \cdot \sin\theta_1 = n_2 \cdot \sin\theta_2$ → 입사각에 비례하여 굴절각도 변화

예) 매질1(물)의 굴절률(n_1)=1.31

매질2(공기)의 굴절률(n_2)=1 일 때 입사각 30°이면

$$\theta_2 = \sin^{-1}\left(\frac{n_1}{n_2}\sin\theta_1\right) = \sin^{-1}\left(\frac{1}{1.33} \times \frac{1}{2}\right) = 22.1°$$

2. 전반사 원리

(1) 굴절률이 높은 Core와 굴절률이 낮은 clad 사이에 임계각 이상으로 광파를 입사시키면 광파는 Core내를 전반사하면서 전파되어감

즉 $n_1 > n_2$라면 빛이 $n_1 \to n_2$로 진행할 때

$\theta_1 > \theta_2$에서 전반사 발생

(2) 윗식에서 $\dfrac{n_2}{n_1} = \dfrac{\sin\theta_1}{\sin\theta_2}(n_1 > n_2)$

θ_2가 90° 일때 $\theta_1 = \theta_c$가 되어 $\therefore \theta_c = \sin^{-1}\dfrac{n_2}{n_1}$가 됨

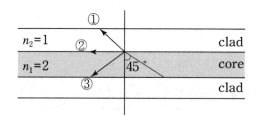

입사각 45°일 때 광파진행 방향은?

$\sin\theta_c = \dfrac{n_2}{n_1} = \dfrac{1}{2}$ $\therefore \theta_c = 30°$

입사각이 45°이면 임계각이($\theta_c = 30°$)보다 크므로 전반사 발생

광파의 방향 → ③의 방향으로 전반사 함

Ⅳ. 광섬유 Cable(OFC)

1. 광섬유의 구조

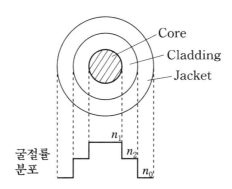

$n_2 > n_1$: Core의 굴절률(n_1)이 Clad의 굴절률(n_2)보다 높다

(1) Core : 광파를 전달하는 물질

(2) Cladding : 광파를 Core 내 유지시키며 Core에 강도제공

(3) Jacket : 광섬유를 수분과 부식으로부터 보호

2. 광섬유의 분류

(1) 전파모드에 의한 분류 $\begin{cases} \text{단일모드(SM : Single Mode)} \\ \text{다중모드(MM : Multi Mode)} \end{cases}$

(2) 굴절률에 의한 분류 $\begin{cases} \text{계단형(SI : Step Index) : 불연속분포} \\ \text{언덕형(GI : Graded Index) : 연속분포} \end{cases}$

(3) 특성비교

항목 구분	SM-SI	MM-SI	MM-GI
Core경	$10\mu m 10\%$	$50\mu m \pm 3\mu m$	
Clad경	$125 \pm 3\mu m$	$125 \pm 3\mu m$	
사용파장	$1.3\mu m$, $1.5\mu m$	$0.85\mu m$	
대역폭	수십GHz(넓다)	수십MHz(좁다)	수백MHz(중간)
광파손실	매우적다(0.1dB/km)	1dB/km	0.7dB/km
분산손실	없다	있다(多)	있다(小)
사용광선	M광선(자오광선)	S.H Screw Helical	S.H
접속	어렵다	용이	용이

3. 광섬유 Cable의 특징

특징	장점	단점
광대역, 저손실	대용량, 장거리전송 가능	–
비도전체 : (SiO_2)석영유리	무 유도성(잡음, 누화, 도청 의 영향 없음)	• 별도의 급전선 필요 • 분산현상 발생
세경, 경량	운반, 포설이 용이	가공, 접속이 어려움
유리섬유	자원풍부(모래에서 채취)	기계적강도 약함

문제8 | **SMPS(Switching Mode Power Supply)**

Ⅰ. 개요

1. SMPS는 전자계산기, OA기기 등의 전자통신기기 뿐 아니라 역률개선회로, 전동기 구동 회로, 전자식 안정기 회로 등 다양하고 폭넓은 응용분야를 가짐
2. SMPS의 특성을 규정짓는 중요한 부분은 DC-DC Converter이며 이에 따라 SMPS 종류가 결정됨

Ⅱ. SMPS의 정의

SMPS란 Power tranststor나 FET등 반도체소자를 스위치로 사용, 직류 입력전압을 일단 구형파로 변환한 후 Filter를 통하여 제어된 직류 출력을 얻는 장치임

Ⅲ. SMPS의 구성

1. DC-DC Converter

직류입력전압 V_i를 직류 출력전압 V_o로 변환하는 장치

2. Feed back 제어회로

(1) 비교기 : 증폭된 오차와 톱니파를 비교하여 구동펄스 발생
(2) 구동회로 : DC-DC Converter의 주 스위치를 구동하는 회로
(3) 오차증폭기 : 출력전압의 오차를 증폭

3. SMPS 기본 구성도

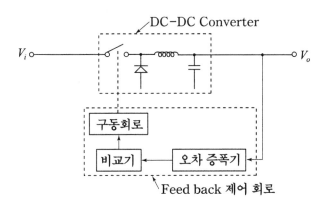

IV. 종류 및 특징

1. PWM Converter

(1) 분류 : 강압, 승압, 승강압형/절연형, 비절연형

(2) 특징

① 스위치의 전압, 전류 파형이 구형파이고 그 구형파의 펄스폭을 조정함으로써 출력 전압이 안정화됨

② DC-DC Converter 중에서 주류를 이루고 있는 방식

2. 공진형 인버터

(1) 필요성

① 주파수 증가 추세 → 스위칭 손실저감과 고속 스위칭 소자 필요

② 고속 스위칭시 → 회로의 인덕터 or 커패시터의 축적전하에 의해 서지, 노이즈발생, 따라서 이를 개선하기 위해 공진 회로를 이용한 것

(2) 공진 스위치에 따른 분류

① 전류 공진형 : 공진형 인덕턴스가 스위치와 직렬접속

② 전압 공진형 : 공진형 커패시터가 스위치와 병렬접속

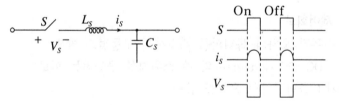

전류 공진형

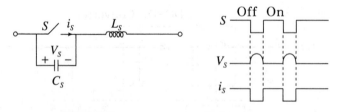

전압 공진형

(3) 공진형태에 따른 분류

① 준 공진형 : 전압 또는 전류 어느 한쪽만 공진시키는 것

② 직병렬 공진형 : 전압, 전류 양쪽 모두 공진 시키는 것

3. Soft Switching Converter

(1) 영전압 스위칭 PWM Converter

영전압 스위칭 특성을 PWM 컨버터에 접목시킨 것(대표적인 회로방식)

(2) 영전압 천이 PWM Converter

스위치가 turn on 또는 turn off 되는 천이구간 동안만 공진시켜 거의 0에 가까운 스위칭 손실을 실현

V. 최근 동향

1. PFC와 EMI 규격에 적합한 직류전원장치 개발
2. 소형화 기술로 공진형 Converter, Soft Switching 대두
3. 디바이스 기술로 One chip화된 스마트 파워 개발
4. 직류 전원장치의 직접화

문제9 직류 전원장치의 기술발전 추세

Ⅰ. 개요

1. 직류전원장치는 다이오드를 반파, 전파하는 방법에서부터 Linear, SMPS등 여러 종류가 있지만 대표적인 SMPS를 중심으로 언급하고자 함

2. SMPS는 반도체 소자의 스위칭 프로세스를 이용 : 전력의 흐름을 제어함으로써 종래의 안정화 전원에 비하여 고효율, 소형, 경량화에 큰 장점을 지닌 직류 안정화전원임

Ⅱ. 법적기준

1. EN 60555-2(가정용 기기)
2. IEC 61000-3-2(500W 이하의 소형기기)

Ⅲ. 직류전원장치의 원리

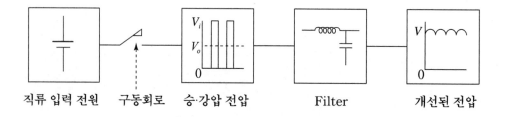

직류 입력 전원   구동회로   승·강압 전압   Filter   개선된 전압

Ⅳ. 직류전원장치의 기술개발 추세

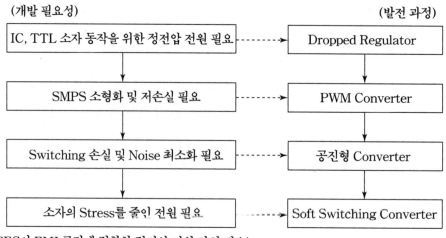

V. 직류전원장치 종류 및 특징비교

분류	PWM Converter	공진형 Converter	Soft Switching Converter
특징	구형파인 전압, 전류 펄스폭 조정	PWM Converter의 스위치 대신 공진 스위치 사용	영전압 스위칭 특성을 PWM Converter에 접목
종류	• 비절연형 Converter 　→ Buck, Boost 등 • 절연형 Converter 　→ Half Bridge, 　　　push pull, Full Bridge, 　　　Forward, Fly back	• 공진 스위치 분류 　→ 전류 공진형 　　　전압공진형 • 공진형태 분류 　→ 준 공진형 　　　직·병렬 공진형	• 영전압 스위칭 　PWM Converter • 영전압 천이 　　PWM Converter

VI. 직류전원장치의 최근동향

1. PFC와 EMI 규격에 적합한 직류전원장치 개발
2. 소형화 기술로 공진형 Coverter, Soft 스위칭 대두
3. 디바이스 기술로 One-chip화된 스마트 파워 개발
4. 직류 전원장치의 직접화

문제10 PLC(Programmable Logic Controller)

Ⅰ. PLC 정의

PLC란 종래에 사용하던 제어반 내의 릴레이, 타이머, 카운터 등의 기능을 LSI, 트랜지스터 등의 반도체 소자로 대체시켜 기본적인 시퀀스 제어기능에 수치연산 기능을 추가하여 프로그램 제어가 가능토록 한 자율성 높은 제어장치임

Ⅱ. PLC 기능

1. 디지털, 아날로그 입·출력 제어
2. Logic 연산 및 산술연산
3. 타이머, 카운터 기능
4. 고속펄스 입력 및 펄스열 출력
5. 데이터 통신제어 기능

Ⅲ. PLC 특징

1. 프로그램 가능하며 프로그램 작성과 변경용이
2. 열악한 산업 환경 하에서도 작동
3. 소형, 경제성, 확장성
4. 신뢰성 및 유지보수의 용이성

Ⅳ. Relay와 PLC제어의 비교

구분	Relay 제어	PLC제어
Sequence 제어	○	○
타이머, 카운터	○	○
Logic, 수치연산	×	○
디지털 제어	×	○
고속펄스	×	○
통신제어	×	○

Ⅴ. 적용분야

제철·제강산업, 화학·섬유 공업, 자동차·기계·물류 산업, 상하수도 핌프제어, 공상 자동화 설비 등

Ⅵ. PLC의 구조

1. Hard ware 구조

(1) 중앙처리 장치(CPU) : μ-processor 및 메모리

(2) 입·출력부 : 외부기기와의 신호연결

(3) 전원부 : 각 부에 전원공급

(4) 주변장치 : PLC 내 메모리에 Program 기록, 저장, 출력

(5) 구성

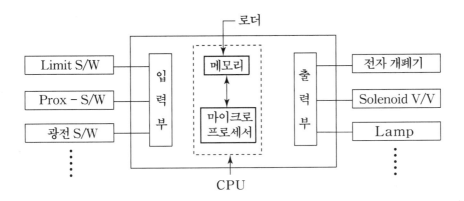

(6) 주요기능

  ① 중앙처리장치(CPU)기능

    ㉠ 메모리에 저장되어 있는 프로그램 해독, 처리, 실행

    ㉡ 고속 및 반복실행, 2진수로 데이터 처리

    ㉢ 메모리 종류: RAM, ROM, Flash 메모리

  ② 입력부 기능

    ㉠ 외부기기로부터 신호를 CPU내 메모리로 전달

    ㉡ 입력의 종류 : DC 24V, AC 110V, 220V 등

    ㉢ 외부기기로부터의 노이즈 차단 및 접점상태 표시

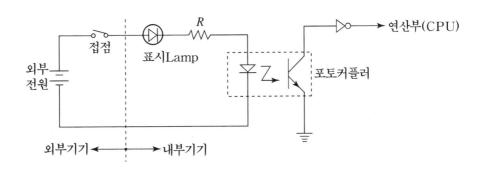

③ 출력부 기능

㉠ 내부연산의 결과를 외부에 접속된 기기에 전달하여 구동시킴

㉡ 종류 : Relay 출력, 트랜지스터 출력, SSR(Solid State Relay) 출력

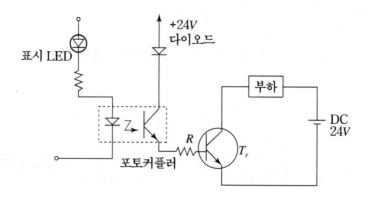

2. Softwore 구조

(1) Hard wired Logic

① 제어기기들은 배치하고 리드선으로 배선해서 필요한 동작 구현

② Soft ware + Hard ware

③ 사양 변경시 전체교체

(2) Soft wired Logic

① Soft ware + Hard ware 분리 가능

② 프로그램 이용, 동작조건과 순서 지정

③ 사양 변경시 Soft ware만 교체

문제11 | 폐루프(Closed Loop) 제어계의 기본구성과 각 구성요소

Ⅰ. 개요

제어란 어떤 대상 시스템의 상태나 출력이 원하는 특성에 따라 가해지도록 입력시호를 적절히 조절하는 방법으로 개루프 제어계와 폐루프 제어계가 있으며 여기서는 폐루프 제어계에 대해 설명하기로 함

Ⅱ. 정의

폐루프(Closed Loop)제어 시스템이란 출력 신호를 검출기를 통해 측정하여 기중 입력 신호와 비교한 수 설정된 목표 값에 도달하기 위한 제어시스템 임

Ⅲ. 기본구성

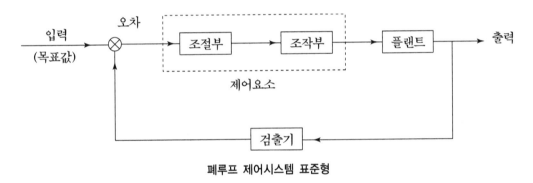

폐루프 제어시스템 표준형

Ⅳ. 구성요소

1. 기준입력요소(설정부)

목표값에 비례하는 기준입력 신호를 발생시키는 장치

2. 비교부

제어변수의 기준값(Referense value)과 측정값을 비교하여 오차신호(Error Signal)를 생성함
- 오차신호 = 기존입력신호 − 측정값

3. 제어요소

동작신호는 조작량으로 변환하는 요소이고 조절부와 조작부로 구성
(1) 조절부 : 기준입력과 검출부 출력을 합하여 제어계에 필요한 신호를 만들어 조작부에 보내는 부분
(2) 조작부 : 조절부로부터 받은 신호를 조작량으로 바꾸어 제어대상에 보내주는 부분

4. 궤환(Feedback) 요소

(1) 제어량을 검출하여 주 궤환 신호를 만드는 요소로 "검출부"라고도 함

(2) 검출된 제어량과 기존 입력신호와 비교시키는 부분

5. 계단함수 입력-출력의 변화

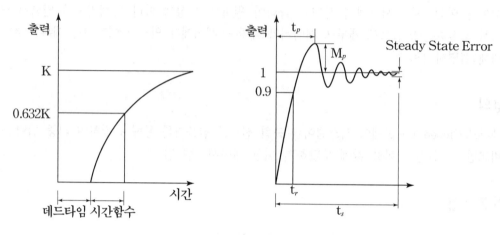

계단 입력에 의한 2차 시스템 반응

(1) 시간정수(time-constant)

① 1차 시스템에 계단함수를 입력했을 때 최종 출력 값의 63.2%에 도달할 때까지 걸리는 시간

② 시간 상수가 작으면 출력은 입력의 변화에 빠르게 반응함

(2) 데드타임(Dead Time)

플랜트에 입력변화를 주었을 때 출력변화가 최초로 나타날 때 걸리는 시간

(3) 오버슈트(Over Shoot : M_p)

시스템에 계단 입력을 주어 출력된 값이 설정값을 초과하는 값 중 최대 값을 설정값으로 나누어 %로 표현한 값

(4) 시간상승(rise time : t_r)

시스템에 계단입력을 주어 출력된 출력 값이 설정값의 10%에서 90%까지 걸리는 시간

(5) 정정시간(Setting time : t_s)

시스템에 계단 입력을 주어 출력된 값이 허용범위에 도달 후 그 후 허용범위 내에서 계속 유지하는데 걸리는 시간

(6) 최대시간(peak time : t_p)

시스템에 계단 입력을 주어 출력된 값이 오버슈트지점에 도달하는데 걸리는 시간

V. 시스템 설계시 고려사항

1. 불안정한 플랜트의 응답특성은 안정화 시킬 것
2. 정상상태 오차(Steady State Error)를 최소화 할 것
3. 시스템의 과도응답(Transient response) 특성 개선
4. 시스템의 매개변수(Parameter)변화에 대한 민감도(Sensitivity)를 감소시킬 것
5. 시스템 출력이 제어 목표 신호를 추적(Tracking control)하도록 할 것
6. 외부로부터 무작위 외란(Disturbunce)에 의한 영향을 감소시킬 것

문제12 PID 제어

Ⅰ. 개요

PID 제어란 에러 값에 대한 비례(P), 적분(I), 미분(D) 제어를 의미함

Ⅱ. 자동제어의 분류

1. P 제어

(1) Error 값에 비례하여 제어량을 변화시키는 방법

(2) 정상오차(Steady State Error)가 없어지지 않음

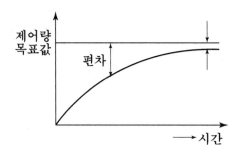 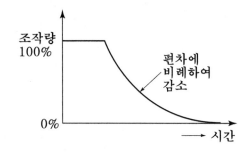

2. I 제어

(1) Error값을 적분한 값으로 제어하는 방법

(2) P 제어만으로는 처리할 수 없는 작은 오차(잔류편차)를 시간단위로 적분하여 그 값이 어떤 크기가 되면 조작량을 증가시켜 편차를 없애는 방법

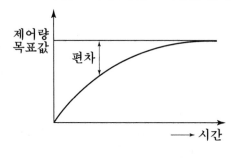 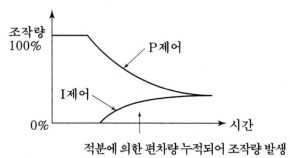

적분에 의한 편차량 누적되어 조작량 발생

Ⅰ 제어는 일정시간 오차가 누적되어 일정값을 초과하면 시작

(3) D 제어

① 오차값을 미분한 기울기의 반대 방향으로 조작량 변화

② D 제어는 외부잡음에 민감하여 오동작 우려가 있어 잘 사용하지 않고 일반적으로 P, Ⅰ 제어와 조합한 PID 제어를 사용함

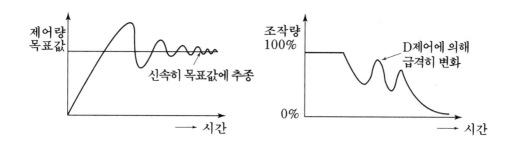

Ⅲ. PID 제어 특성

1. 제어요소

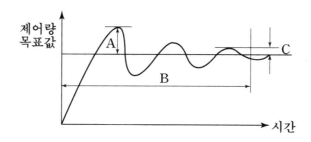

(1) A : Over Shoot

　① 목표 값에 비해 최고로 오차가 커지는 부분이 얼마인가를 나타냄

　② 이 값이 너무 커지면 시스템에 무리를 주거나 오동작

(2) B : 목표 값 도달시간

　이 시간이 짧을수록 좋다.

(3) C : 정상상태 오차

　제어량이 목표량의 일정범위에 도달해도 남아있는 오차

2. 조작량(제어량) 결정

PID 제어기의 조작량(MV : Manipulated Variable)계산의 일반식

$$MV(t) = K_p e(t) + K_i \int_0^t e(t) \cdot dt + K_d \frac{de(t)}{dt}$$

　여기서, $e(t)$: 오차량

　　　　　K_p, K_i, K_d : Gain(이득) → 제어기 특성 결정요소

3. 제어기능

(1) P 제어 : 목표 값 도달시간(B)을 줄인다.

(2) I 제어 : 정상상태오차(C)를 줄인다.

(3) D 제어 : 오버슈트(현재치의 급변이나 외란 : A) 값을 억제하고 안정성(Stability) 향상

4. 적용분야

서보모터의 속도/위치제어, 보일러 온도제어 등

| 문제13 | 원격검침의 종류 및 특징 |

Ⅰ. 개요

1. 원격검침 시스템의 정의

(1) 각 세대의 에너지 사용량을 검침원이 직접 방문하지 않고 실시간으로 무인 자동검침 및 요금 정산을 처리하는 시스템

(2) 수집된 데이터는 단지내 LAN을 통하여 각 세대에 전달되며, Web Screen으로 실시간 확인 가능(option)

2. 검침대상 : 전력량, GAS, 냉·온수, 난방열량 등

3. 적용 장소 : 공동주택, 주상복합, 오피스텔, 상가 등

Ⅱ. 발전과정

1세대		2세대		3세대
방문검침(유인)	⇒	근거리 검침(유인)	⇒	원격검침(무인)

Ⅲ. 도입효과

1. **경제성** : 무인검침에 따른 인건비 절감
2. **신뢰성** : 정확한 데이터 기록, 저장/실시간 정산, 처리, 통보
3. **보안성** : 개인 프라이버시 보호, 범죄예방
4. **관리의 효율성** : 전용 Server 구축으로 효율적 DB 관리

Ⅳ. 종류 및 특징 비교

종류	운영실태	특징
전용회선 방식 (PSTN)	상용화 운영중	• 신뢰도, 안정성 우수, 시스템 구축용이 • 시공난이, 회선 유지보수 및 사용료
전력선 통신 방식 (PLC)	시범운영	• 구축비용 저렴하나 별도의 통신장비 필요 • Noise 및 신호 감쇄 현상(신뢰성 저하)
CATV 방식	시범운영	• 초기투자비 과다, 회선유지보수 어려움 • 서비스지역 제한(CATV 가입자에 한함)
무선통신 방식 (CDMA)	상용화 운영중	• 설치(모뎀) 및 유지보수 용이 • 주파수 지원에 제한적 • 외부환경 영향
인터넷 방식	상용화 운영중	• 대용량 정보전달 용이 • 자가망(LAN)이용 가능

V. 적용사례(도곡동 T-PJT 현장)

1. 구성도(M-BUS + PLC 형태)

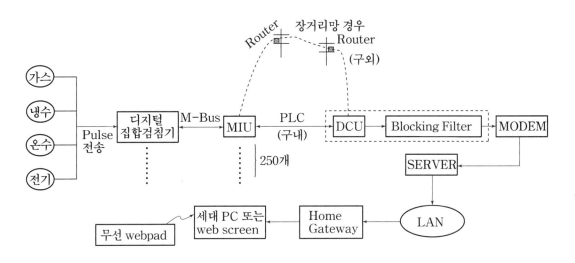

2. 구성요소

(1) 계량기 : 전기, 가스, 수도(냉·온수), 난방 열량 등의 사용량 계측

(2) 집합검침기 : 계량기의 각 Data를 집합, 중계기를(MIU)를 거쳐 Server로 전송

(3) 통신회선 : 유, 무선 방식으로 분류

(4) 검침시스템(Server) : 검침 Data 기록, 저장 및 과금 정산

3. 통신방식

분류	통신 Interface	특징
pulse통신	각종 계량기 출력신호	계량기 출력을 pulse 신호로 송출
M-BUS 통신	MIU ↔ 집합검침기	MIU와 디지털 집합검침기간 BUS 구성 (단기간 전송적합)
PLC 통신	MIU ↔ DCU	전력선에 Data 실어 전송 장거리 전송에 적합
Blocking Filter	DCU ↔ MODEM	원하는 신호만 pass, 불요신호 차단
MODEM	DCU ↔ Server	PLC/RS-485 통신변환, 변복조기능

VI. 설계 및 시공시 고려사항

1. PLC 방식의 경우

DCU 전용 panal에 Blocking Filter 내장 및 UPS 전원 공급 → Blocking Filter는 필히 검증된 제품 사용

2. 매층별 EPS실 내 MIU 설치, 유지보수 공간 확보

3. DCU는 그룹별 분산설치(DCU 1개당 MIU 250개 수용가능)

4. Gas 계량기 방폭 배선

Gas 계량기 : 본질안전 방폭 배선(Zener Barrier설치)검토 → 위험지역으로 들어가는 전기적 에너지 제한

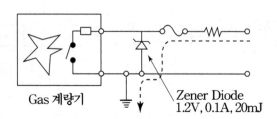

Gas 계량기   Zener Diode
1.2V, 0.1A, 20mJ

Ⅶ. 결론

1. 최근 PLC 방식 원격검침 Infra 구축이 홈 네트워크 인증제도의 심사항목으로 채택

2. 따라서 사전에 PLC 특성에 대한 기술검토는 물론, 공인인증기관으로부터 제품의 철저한 신뢰성 평가가 선행될 수 있도록 제도적 정비와 기술지원이 필요한 시점임

| 문제14 | 전력선 통신(PLC) |

I. 개요

전력선 통신(PLC : PowerLine Communication)이란, 전력공급선을 매체로 행하여지는 통신방식을 말함

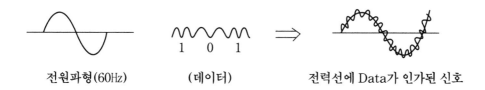

전원파형(60Hz)　　　(데이터)　　　전력선에 Data가 인가된 신호

II. 전력선 통신방식 분류

1. 전압에 따른 분류

(1) 저압방식 : 220V 구내선로/단거리구간 통신(신호전송)
(2) 고압방식 : 22.9kV 배전선로/장거리구간 통신(가입자 Access 망 역할)

2. 전송속도에 따른 분류

분류	사용주파수대	전송속도	응용
저속	10k~450KHZ	수십 bps ~ 10kbps	HA, 조명, 전력감시제어
중속	10k~450KHZ	10kbps ~ 1Mbos	인터넷 정보가전, AMR System
고속	1.7M~30MHZ	1Mbps 이상	가입자 Access 망(초고속인터넷 통신)

III. 구성 및 기능

1. 구성도

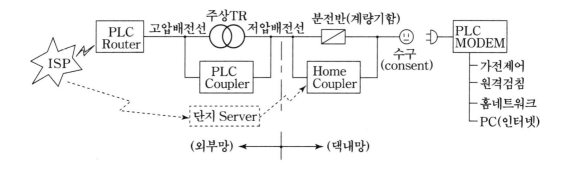

2. 주요기능

(1) PLC Router : 인터넷 Backbone 망과 연결해 주기위한 장치

(2) PLC – Coupler : 고·저압 연계 기능

(3) Home – Coupler : 옥내 분전반을 bypass, 신호증폭 및 통신신호 분배 → Blocking filter + Signal coupler

(4) PLC–MODEM : 디지털 신호 변·복조 기능

Ⅳ. 전력선 통신의 특징

장점	단점
• 투자비 저렴 (별도의 통신선 불필요, 공기 단축 등) • 콘센트 이용, 간편하게 접근가능	• 제한된 전송전력 • 높은 부하 잡음과 간섭 • 가변하는 신호감쇄 및 임피던스 특성 • 주파수의 선택적 Fading 특성

Ⅴ. 전력선 통신 핵심기술

1. Front End Skill : 전력선에 신호를 실어주든가 분리해 내는 기술

(1) Band pass Filtering 기술 : 원하는 신호만 받아들이고, 전력이나 각종 Noise 신호 제거

(2) Impedane Matching 기술 : 선로의 임피던스와 Matching 시켜, 최대의 신호전력이 상대측에 전달되도록 하는 것

(3) 기본구성

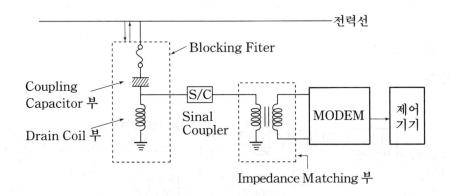

2. Channel coding : Error 검출 및 정정기법

(1) 전송된 Data bit stream에 부가정보(Redundancy)를 추가하고, 이를 이용

(2) CRC, optimized FEC, Zero-Cross Bi-phase 방식 등

3. MODEM 기술

(1) 신호 변·복조기술로 열악한 전력선 채널 특성 극복 및 전송속도 향상

(2) FSK, SS, OFDM 방식 등

4. MAC(Media Access Control) 기술

(1) 신호패킷의 충돌로 인해 낭비되는 시간과 대역폭을 줄여 안정되고 신속한 신호전송

(2) CSMA/CD, CSMA/CDCR, Token passing 방식 등

VI. 전력선 통신 protocol

구분 protocol	X-10	CE-BUS	Lonworks	Z-BUS
통신속도	60bps	1 Mbps	2k~1.25Mbps	360bps~1Mbps
통신방법	단방향	양방향	양방향	양방향
MAC	없음	CSMA/CDCR	LonTalk(CSMA/CA)	CSMA/CDCR
제조사	X-10	EIA	Echelon	PLANET(국내)

VII. 최근동향

1. 세계 최초로 고속 PLC 기술 국가표준안(KSX-4600-1)이 국제 표준안 확정고시

2. 08 ' 12월 지경부[녹색 전력IT 10대 과제]로 선정

3. 05 ' 7월 국내 전파법 개정(전파법 58조, 시행령 46조)

(1) 사용 주파수 대역 : 450KHz 이하 → 30MHz 이하

(2) 전계 강도 : 54dBμV/m → 500dBμV/m 이하로 규제 완화

4. PAN(Power line Area Network) 기술로 초고속 통신 기술 연구 진행중

(1) 전력선 주위에 생성되는 자기장에 Data를 실어 전송하는 기법

(2) 초고속(전송속도 2.5Gbps 이상), 대용량, 장거리, 저가인 반면 기술 실현 불투명

5. Xeline사 - ETRI, 한전등과 공동으로 현재 50Mbps급 개발중

VIII. 결론

1. 지금까지 저속 중심의 PLC 통신 기술이 향후 초고속 가입자망 시장을 목표로 한 고속 PLC의 상용화를 위한 기술 개발이 본격 진행중이나 품질이나 속도저하를 야기하는 PLC 고유의 기술적 난제를 극복할 수 있는 대안이 필요하다.

2. 따라서 PAN 기술개발 상용화시 통신기술 발전의 대변화가 예고됨

문제15 Ubiquitous

Ⅰ. 개요

Ubiquitous란 라틴어로 언제, 어디서나 동시에 존재한다는 의미, 즉 시간과 장소에 구애됨 없이 자유롭게 Computing 및 Networking 가능한 환경을 말함

Ⅱ. Ubiquitous-Computing / Networking 비교

구분	U-Computing	U-Networking
개념	광의적표현(Ubiq-Netwroking포함)	협의적표현
제안자	미, Markweiser	일, 노무라 연구소
초점 대상	사물(사물에 Computing 내장 : Intelligent object화)	기존 전자기기 (휴대용기기 or 정보가전)
현실성	먼 미래 실현가능	수년 내 실현가능

Ⅲ. Ubiq-Computing 기술

1. Computing 개념의 진화

구분	대형 Computer 시대	PC 시대	Ubiquitous시대
시기	80년대	90년대	2005년 이후
Computer	Main Frame(client server)	+PC	+Intelligent object
대응관계	Many peple One computer	One person One computer	One person Many Computers

2. 요구조건

(1) 장소에 구애받지 않을 것

(2) 자연스럽게 존재할 것

(3) 스스로 판단할 수 있을 것(자율성)

3. 적용시 고려사항

(1) 전기설비의 디지털화, IT화 실현 가능성(진단, 감시, 계측 등)

(2) 지능형 기기로써 전력에너지, 정보전달 가능성

(3) 자기복구능력을 갖춘 통합제어시스템 구성

(4) 정보통신과 에너지 융합 네트워크 구성 가능성

(5) 수용가 기기의 통합 및 호환성, 시스템의 실시간 파악 가능

(6) 효율적 유지보수 및 경비절감 가능성

4. 5대 요소기술

구분	내용
센서기술	• 외부로 변화를 인지하는 입력장치 • 수동형/능동형, 5감/동작/상황 등 인식(적용 예 : RFID)
프로세서 기술	• 입력 Data 분석 및 판단(실시간, 고성능처리)
Communication 기술	• 유·무선 통신기술 • W PAN, Bluetooth, Ad-hoc Network, IPV6 등
Interface 기술	• 사람과 기기간 연결(인간 친화적, 지능화요구) • 센서 기술 다양화(음성, 문자, 동작인식 등)
보안 및 privacy	• 정보의 누출, 왜곡, 소실방지(기밀성, 인증, 무결성) • privacy 보호

IV. 응용분야

1. U-city 구축

(1) 첨단 정보통신 Infra와 Ubiquitous 정보서비스 융합

(2) 국내 추진 계획

① U-BIZ : 서울상암, 인천송도(IFEZ)

② U-R&D : 대전, 충북

③ U-문화, 관광 : 전주, 광주, 제주

④ U-port : 부산

⑤ U-농업 : 경북

⑥ U-홈&시설관리 : 화성동탄, 관교, 용인흥덕, 파주운정

2. 녹색 전력 IT

(1) 전력기술 + IT기술 + 신재생 접목을 통한

→ 전력 시설물의 지능화, 친환경화, 네트워크화

(2) 11대 국책과제 중 PLC-Ubiquitous 기술포함

3. U-IT 839전략

구분	적용대상
8대 신규 서비스	Wibro, U-home, RFID, W-CDMA DMB/DTV, 텔레메트릭스, IT서비스, VoIP(IPTV)
3대 인프라 구축	BcN(광대역 통신망), USN(U-센서네트워크) IPV6
9대 신성장동력	차세대 이동통신기기, D-TV/방송기기, 홈 네트워크 기기 ITSoC, 차세대 PC, Embedded Software, 디지털 Contents, RFID/USN, 지능형 로봇

V. 개발과제

1. **기술적 과제** : 기술의 표준화, 부품 저가화, 안전한 Software, 정보의 간소화
2. **경제적 과제** : 다양한 비즈니스 모델, Killer Application 개발
3. **사회적 과제** : privacy 문제, 안전성문제, 관련법 정비, 전문 인력 양성

VI. 결론

Ubiquitous 기술을 어떻게 분류할 것인가에 대한 국·내외적 공감대는 아직 마련되어 있지 않은 상황이나 최근 관심을 끄는 IT, U-city 분야 등에 적용가능한 차세대 핵심기술로써 지속적 기술투자와 연구개발이 필요하다.

| 문제16 | RFID (Radio – Frequency IDentification : 무선인식) |

Ⅰ. RFID 정의

1. 안테나와 칩으로 구성된 태그에 사용목적에 맞는 정보를 저장, 제품에 부착한 후 판독기를 통해 정보를 인식, 처리하는 기술

2. 바코드와 달리 빛 대신 전파를 이용, 먼 거리에서도 무선으로 정보인식가능

Ⅱ. 기본동작원리

태그, 리더, 안테나로 구성되어 각 객체에 부는 Tag가 리더의 발사전파를 흡수해 해당전파에 Tag의 고유정보를 실어 반사하는 원리임

Ⅲ. System 구성 및 기능

1. System 구성

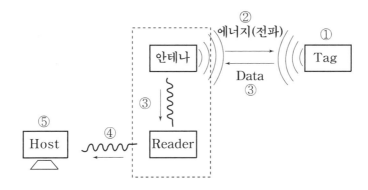

(1) Tag

집적회로 안에 정보를 저장하고 저장된 정보를 안테나를 통해 리더로 보내는 역할로 에너지원 유무에 따라 능동형과 수동형이 있음

(2) Antenna : 리더와 연결되어 신호를 송수신하는 역할

(3) Reader : 인식한 정보들을 기본적으로 처리하는 역할

(4) 기타(미들웨어) : 처리정보가 많아질 경우 중복, 불필요정보 제거

2. 동작순서

(1) 암호화된 방식으로 태그의 메모리에 정보저장

(2) 태그를 지닌 객체가 안테나의 전파 영역내에 진입

(3) 태그의 메모리에 저장된 정보를 리더에 전송

(4) 리더는 데이터를 정보처리시스템(Host Computer)에 전달

(5) 정보처리 시스템은 수신된 데이터를 판독, 분석

Ⅳ. RFID 통신방식

1. 태그의 에너지원 유무에 따라

(1) 수동형(passive)

① 리더의 에너지원만으로 칩의 정보를 읽고 통신하는 방식(즉 리더의 전파로 Tag가 유도전류에 의한 전원을 공급받아 송수신)

② 능동형에 비해 저렴하고 동작 수명이 길다.

(2) 반수동형(Semi-passive)

태그의 에너지원(Battery내장)으로 칩의 정보를 읽는데 사용하고 통신에는 리더의 에너지원을 사용함

(3) 능동형(Active)

① 태그의 에너지원으로 칩의 정보를 읽고 그 정보를 통신하는데 모두사용

② 에너지원을 가지고 있어 수동형에 비해 원거리 인식가능

2. 전파의 주파수대역에 따라

(1) LFID(Low Frequency ID) : 120~140KHz 대역의 전파사용

(2) HFID(High Frequency ID) : 13.56MHz 대역의 전파사용

(3) UHFID(ultra High Frequency ID) : 868~956MHz 대역의 전파사용

Ⅴ. 기존 바코드와 비교

1. 개별상품까지 식별 가능하여 단품관리, 상품별 이력관리 실현가능

2. 비교적 거리가 떨어진 곳에서도 수백개의 동시 인식 가능하며 정보처리 속도의 획기적인 향상

3. **태그형태** : 바코드는 종이에 인쇄된 형태이나 RFID는 마이크로 칩 형태로 되어있어 저장 능력이 매우 크고 쉽게 손상되지 않으나 고가임

구분	인식방법	인식거리	동시인식 (인식속도)	정보수정	정보량	Tag 가격
RFID	전파	10m 이상	가능(200개/2초)	가능	60kbyte	고가
바코드	빛	10cm 이내	불가(1개/2초)	불가	100kbyte	저가

Ⅵ. RFID 적용

교통카드, 교통요금 징수시스템(하이패스), 주차관제, 도서관리, 출입통제시스템, 동물 식별관리, 매장 물품재고관리 등

Ⅶ. 해결과제

1. 태그비용 고가 - 가격하락으로 대중화 실현
2. 리더기의 품질향상 및 설치비용
3. 인식거리가 길어 오동작, 오계산 위험성 존재 - 방어벽 설치
4. 개인정보유출 및 사생활 침해 논란
5. 국제 규격 표준화 - 국가간 주파수가 달라 상호 호환성 결여

Ⅷ. 최근 동향

1. 2000년부터 ISO에서 표준화 추진
2. 국내 2005, 10월 고려대, 국가보안연구소, 한국 정보보호 진흥원(KISA)과 공동으로 RFID 차세대 암호 알고리즘(KBI) 개발

Ⅸ. 향후전망

1. 현 13.56MHz 대역 → 향후 900MHz 대역의 제품 주력예상
2. 생산, 유통, 보관, 소비의 全과정에 대한 정보를 담고 기존의 인공위성, 이동통신망, 인터넷망과 연계하여 정보시스템과 통합사용
3. Ubiquitous Computing Sensor 기술로써의 발전진행

문제17 | 전력용 반도체 소자의 종류 및 특징

Ⅰ. 개요

1. 최근 전력용 반도체 소자의 고성능화, 다양화로 전력계통은 물론, 산업용 및 가전분야에 이르기까지 전력변환장치로써 널리 이용되고 있다.

2. 소자의 기술변천

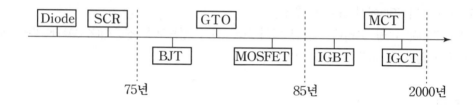

Ⅱ. 소자의 분류

분류	종류
Thyristor 계열	Power Diode, SCR, SCS, SSS, TRIAC, GTO 등
Power Transistor 계열	BJT, MOSFET, IGBT 등
Hybrid형	MCT, IGCT

Ⅲ. 주요 소자의 종류 및 특징

종류 및 기호	특성곡선	특징
Diode A○─▷│─○K	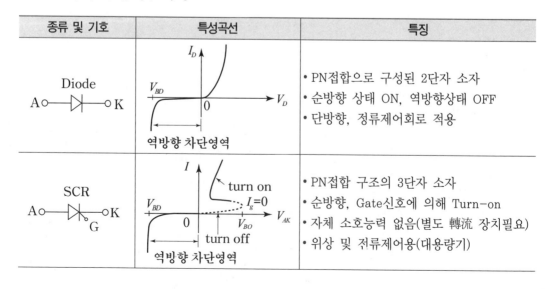	• PN접합으로 구성된 2단자 소자 • 순방향 상태 ON, 역방향상태 OFF • 단방향, 정류제어회로 적용
SCR A○─▷│─○K G		• PN접합 구조의 3단자 소자 • 순방향, Gate신호에 의해 Turn-on • 자체 소호능력 없음(별도 轉流 장치필요) • 위상 및 전류제어용(대용량기)

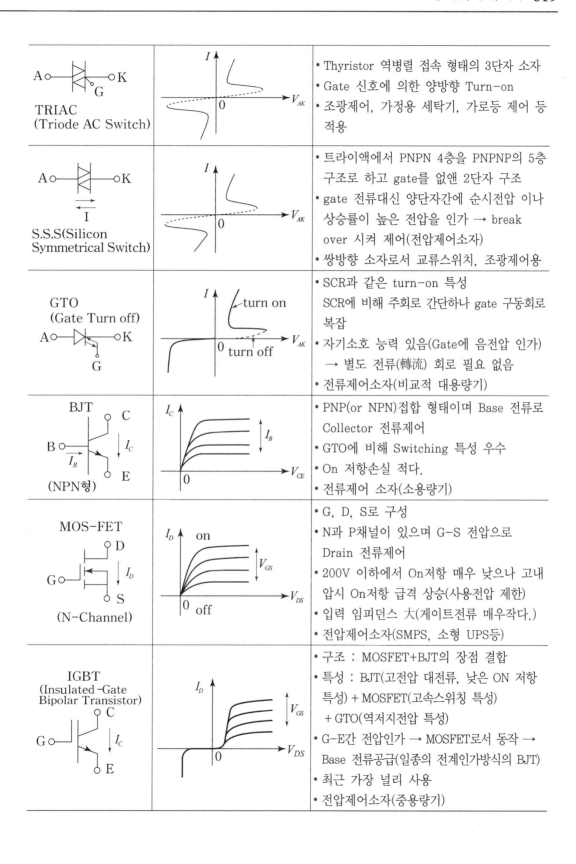

소자	기호·특성	설명
TRIAC (Triode AC Switch)	A○ ⊣⊢ ○K G	• Thyristor 역병렬 접속 형태의 3단자 소자 • Gate 신호에 의한 양방향 Turn-on • 조광제어, 가정용 세탁기, 가로등 제어 등 적용
S.S.S(Silicon Symmetrical Switch)	A○ ⊣⊢ ○K I	• 트라이액에서 PNPN 4층을 PNPNP의 5층 구조로 하고 gate를 없앤 2단자 구조 • gate 전류대신 양단자간에 순시전압 이나 상승률이 높은 전압을 인가 → break over 시켜 제어(전압제어소자) • 쌍방향 소자로서 교류스위치, 조광제어용
GTO (Gate Turn off)	A○ ◁ ○K G	• SCR과 같은 turn-on 특성 SCR에 비해 주회로 간단하나 gate 구동회로 복잡 • 자기소호 능력 있음(Gate에 음전압 인가) → 별도 전류(轉流) 회로 필요 없음 • 전류제어소자(비교적 대용량기)
BJT (NPN형)	C, B, E, I_B, I_C	• PNP(or NPN)접합 형태이며 Base 전류로 Collector 전류제어 • GTO에 비해 Switching 특성 우수 • On 저항손실 적다. • 전류제어 소자(소용량기)
MOS-FET (N-Channel)	D, G, S, I_D	• G, D, S로 구성 • N과 P채널이 있으며 G-S 전압으로 Drain 전류제어 • 200V 이하에서 On저항 매우 낮으나 고내 압시 On저항 급격 상승(사용전압 제한) • 입력 임피던스 大(게이트전류 매우작다.) • 전압제어소자(SMPS, 소형 UPS등)
IGBT (Insulated –Gate Bipolar Transistor)	C, G, E, I_C	• 구조 : MOSFET+BJT의 장점 결합 • 특성 : BJT(고전압 대전류, 낮은 ON 저항 특성) + MOSFET(고속스위칭 특성) + GTO(역저지전압 특성) • G-E간 전압인가 → MOSFET로서 동작 → Base 전류공급(일종의 전계인가방식의 BJT) • 최근 가장 널리 사용 • 전압제어소자(중용량기)

IV. 소자 적용범위(처리능력)

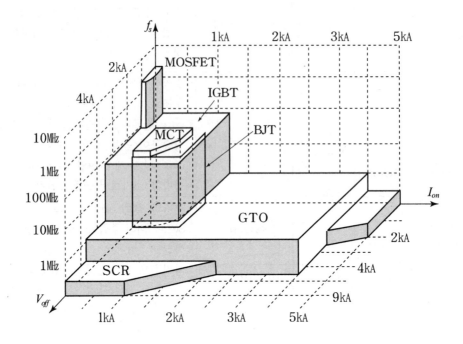

V. 소자 구비조건

1. Turn-on → 가능한 허용전류가 크고 내부저항이 작을 것
2. Turn-off → 과도전압에 견디고 누설전류를 신속 차단
3. Switching 시간이 짧을 것(고조파 감소)
4. Switiching 구동 회로가 간단하고 구동전력 작을 것

VI. 응용분야

1. **전력** : 교류 및 직류 변환장치, FACTS, SVC, SVG 등
2. **산업** : Inverter, UPS, 정류기, SMPS 등
3. **교통** : 고속철, 전철, 전기자동차의 Drive제어 등
4. **가전** : 조광기, 세탁기, 에어컨, 냉장고 등

VII. 최근동향 및 향후전망

1. IGCT(Integrated Gate Commutation Thyristor) 출시

   (1) IGBT + GTO 의 특성 결합

   ① IGBT 특성의 높은 스위칭 주파수와 낮은 스위칭 손실
   ② 개량된 GTO 특성의 높은 내전압 특성과 낮은 도통 손실

(2) 적용사례 : 한국형 고속열차 시제 차량(HSR-350X)에 첫 적용

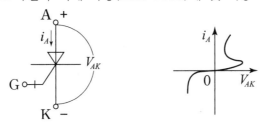

2. IGBT 발전전망

(1) IPM(Intelligent Power Module)

모듈 Type의 IGBT 소자에 Gate Drive 및 보호기능 내장

(2) IEGT(Injection Enhanced Gate Transistor)

소자 용량을 향상시킨 주입촉진형 IGBT(3.3KV 1.2KA → 4.5KV 1.5KA)

3. 광 Thyristor 필요성 대두

고전압 회로에서 Gate 회로의 절연이나 노이즈 문제 해결 요구됨

4. MCT(MOS Controlled Thyristor)

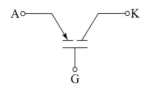

(1) Thyristor구조에 MOS gate 제어 가능한 전압제어소자
(2) 대용량의 전력처리능력, On 전압강하가 작다(1.1V)
(3) GTO보다 Gate 전류가 작아 구동전력이 작다.

Ⅷ. 결론

전력용 반도체 소자는 국책 연구 과제인 전력 IT의 Key Device로써 고속, 대용량화, 저손실화 실현을 위한 지속적인 관심과 연구가 필요하다.

참고 1 Power Diode의 원리

1. 반도체의 결합구조 및 에너지 밴드선도

(1) 진성반도체

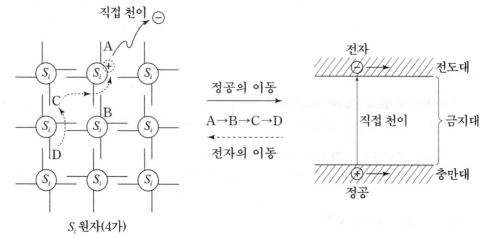

S_i 원자(4가)

(2) 진성 + 불순물 반도체

① 5가(Doner) 원자와의 결합 ⇒ N형 반도체

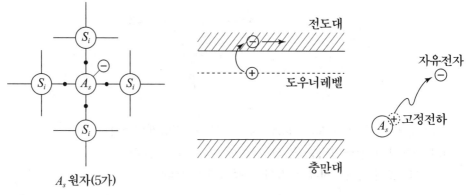

A_s 원자(5가)

② 3가(Accepter)원자와의 결합 ⇒ P형 반도체

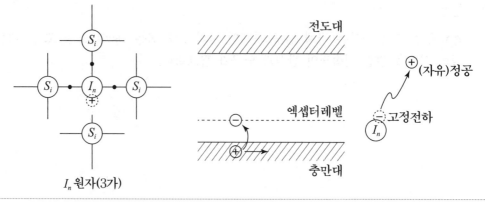

I_n 원자(3가)

2. N형과 P형 반도체

(1) N형 반도체 : ⊕의 고정전하와 움직일 수 있는 ⊖전하(자유전자)가 중성을 이룬 것

$\begin{cases} \text{다수 Carrier : 전자(90\%)} \\ \text{소수 Carrier : 정공(10\%)} \rightarrow \text{소멸과 생성을 반복} \end{cases}$

(2) P반도체 : ⊖의 고정전하와 움직일 수 있는 ⊕전하(자유정공)이 중성을 이룬 것

$\begin{cases} \text{다수 Carrier : 정공(90\%)} \\ \text{소수 Carrier : 전자(10\%)} \rightarrow \text{소멸과 생성을 반복} \end{cases}$

3. P-N접합 다이오드

(1) P-N 접합시(no-bias)

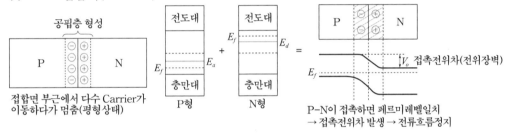

(2) 순방향 바이어스시

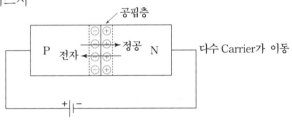

(3) 역방향 바이어스 시

다수 Carrier가 양쪽 극으로 끌려 공핍층 증가

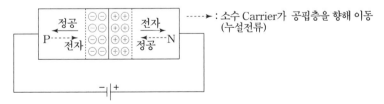

(4) 역방향 바이어스 증가시

소수 Carrier 이동이 빨라지면서 공핍층 파괴
→ 절연파괴에 이름

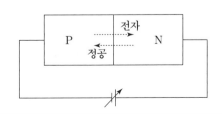

문제18　최근 전력 변환 장치에 널리 사용되고 있는 IGBT 소자의 특징에 대해 설명

Ⅰ. 개요

IGBT(Insulated Gate Bipolar Transistor)란 Biopolar Tr과 MOSFET 두 제품의 장점을 결합한 대전류, 고전압 대응이 가능하면서 스위칭속도가 빠르고 전력손실이 적은 특성을 보유하고 있어 최근 가장 많이 사용되고 있다.

Ⅱ. IGBT의 주요기능

1. Gate 단자에 인가한 전압을 정(+) 또는 부(−)로 하는 것으로서 Emitter−Collector 간의 On/Off 제어를 행하는 Switching 소자임
2. MOSFET의 전압구동과 대전류 Bipolar Tr의 낮은 On저항 강하의 이점을 살린 Switching 소자임

Ⅲ. IGBT의 구조

1. Thyristor(PNPN 4층구조)의 Gate에 MOSFET를 접속한 구조

2. 등가회로 및 기호

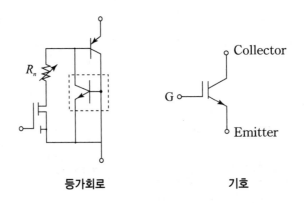

등가회로　　　　　　　기호

Ⅳ. 동작원리

1. Gate−Emitter간 전압을 인가하면 MOSFET가 On하고, PNP Tr의 Base 전류가 공급되기 때문에 IGBT는 On 상태
2. Gate−Emitter간 전압을 0으로 하면 부(−) Bias에 의해 Off 상태

V. IGBT의 정격

항목	기호	정격
Collector-Emitter간 전압	V_{ces}	3,300V
Gate-Emitter간 전압	V_{ges}	±20V
Collector 전류	I_c	1200A
Collector 손실	P_c	7,100W
스위칭 주파수	−	0~15KHz

VI. IGBT의 특징

1. MOSFET에 비해 온저항이 낮으면서 동등한 전압제어특성을 가짐
2. 스위칭 특성은 MOS보다는 늦고 B·T나 GTO보다는 빠르다.
3. B·T보다 C-E간 전압의 고내압화 가능
4. 저 Inductance 구조 → GTO에 비해 전류상승률($\frac{di}{dt}$)제한용 리액터 불필요
5. 구동회로 소형, 경량, 저전력화 → GTO에 비해 Snubber 회로 생략

VII. 응용분야

1. 전동기, 철도, 전기자동차 분야의 가변속 구동
2. 무정전 전원 공급장치(UPS)
3. 전력계통분야 − SCV, SVG, FACTS
4. 신에너지용 변환장치(태양광, 풍력발전, 연료전지, SMES …)

VIII. 최근동향

1. 다이오드 및 각종 보호회로 내장한 IPM(Intelligent Power Module)화
2. 표준 인덕턴스나 열저항 저감한 실장 설계기술 개발
3. IGCT(IGBT + GTO결합)의 출시

IX. 결론

IGBT 소자는 최근 가장 각광을 받고 있는 전력변환용 반도체 소자로써 산업용에서 가정용에 이르기까지 폭넓게 사용되고 있으며 기후변화 협약에 대응한 미래 전기전자분야의 에너지 산업을 지탱할 수 있는 Key-Device로써 그 역할이 크다.

Professional Engineer
Building Electrical
Facilities

건축물 전기설비, 설계, 감리

PART 22

문제1 **건축전기설비 분류 및 최근추세**

Ⅰ. 개요

건축설비 = 건축전기설비 + 건축기계설비

건축기계설비	항온항습, 공기조화, 급배수 및 위생설비
건축전기설비	전원설비, 전력공급설비, 전력부하설비, 감시제어설비 약전 및 정보통신 설비, 반송설비, 접지 및 피뢰설비, 방범 및 방재설비

Ⅱ. 건축전기설비의 분류

1. 전원설비

(1) 수변전설비

　① 수변전기기(변압기, 차단기, 콘덴서, 변성기, 피뢰기)

　② 보호계전(OCR, OCGR, UVR, OVR …)

(2) 예비전원설비

　① 축전지설비, UPS

　② 비상 발전기(디젤, 가스터빈)

　③ 분산형 전원(열병합, 신재생)

2. 전력공급설비

전력간선 및 분기회로 : Cable, Bus Duct, OA배선 등

3. 전력부하설비

(1) 조명설비(백열등, 방전등, 신광원)

(2) 전동력설비(직류기, 유도기, 동기기, 기동 및 제어장치)

(3) 전열 & Consent 설비

4. 감시제어설비

전력·조명제어, BAS, 방재(자탐 + 방범)

5. 반송설비

E/L & ESC 설비, 기타(덤웨이터, 컨베이어, 무빙워크, Air chute, 곤도라 등)

6. 약전/정보통신 설비

(1) TV 공청 및 CATV 설비, 통합배선(전화 + Data + 영상)

(2) 주차관제 및 원격검침, 홈네트워크 시스템, PLC통신

7. 접지 및 피뢰 설비

(1) 통합접지 시스템

(2) 피뢰설비(LPS, SPM)−IEC62305

(3) ANSI/IEEE, IEC 접지설계

8. 방범, 방재설비, 열화진단

(1) 자탐, 항공장애등 설비, 방범(출입통제, CCTV설비)

(2) 방폭, 방식 설비, 내진설비, 방재용 Cable, 열화진단

Ⅲ. 건축전기설비의 최근추세

분야	최근동향
수변전설비	• 디지털 복합계전기, 지능형 수배전반 • Amorphus TR, 자구미세화 TR • C-GIS
예비전원 설비	• 회전형 UPS(Dynamic, Flywheel형) • 분산형 전원과의 계통연계(연료전지, 태양광, 풍력, 소형열병합 등) • 전력저장기술(Flywheel 저장, BESS, SMES 등) • Smart Grid
동력, 반송설비	• MRL 도입, PM동기전동기 + Vector제어 인버터 • 리니어 모터, BLDC, Double(Multi) Deck, Twin E/L, 군관리 퍼지제어
조명설비	• 고효율 친환경 신광원(무수은, 무전극 램프, LED, OLED, PLS…)
약전/정보통신 설비	• 정보통신 인증 등급 : 초고속+홈네트워크 인증제도 도입 • RFID, Ubiquitous Infra 기술 • 원격검침, 무인 주차관제 시스템
접지 및 피뢰설비	• 국제화 추세(IEC 60364, 62305, ANSI/IEEE) • 통합접지 시스템 → B형 접지극(구조체, Mesh)+등전위본딩 • 피뢰침 설비 　- 고층 B/D 회전구체법 적용, 측뢰보호 　- LPS : 수뢰부, 인하도선(병렬 2줄이상), 접지극/피뢰 등전위 본딩 　- SPM(LPMS) : 본딩망, 차폐, SPD설치
방범 및 방재설비	• 방범 : 출입통제 - 지문, 성문, 홍채인식 　　　　댁내 Home Network와 연계 • 방재 : BAS + 통합감시제어, Analog감지기 + R형 수신반
신재생, 초전도설비	• 신재생설비 : 태양광, 태양열, 연료전지, 풍력발전 등 • 초전도설비 : 초전도 전력저장장치, 초전도한류기, 초전도 Cable 등

Ⅳ. 결론

최근의 건축물은 지능화, 초고층화, 친환경화 추세에 있으며 이를 뒷받침 하기위한 각종 건물인증제도 도입이 시행되고 있는바 건축전기설비 분야도 이에 부응한 제도적 정비와 기술개발이 지속적으로 필요하다.

문제2 | ## 지능형 건축물(IB) 인증제도

Ⅰ. 개요

1. IB(Intelligent Building : 지능형 건축물)란

건축 환경 및 정보통신 등 주요 시스템을 유기적으로 통합, 첨단 서비스기능을 제공함으로써 경제성, 기능성, 안정성을 추구하는 건물

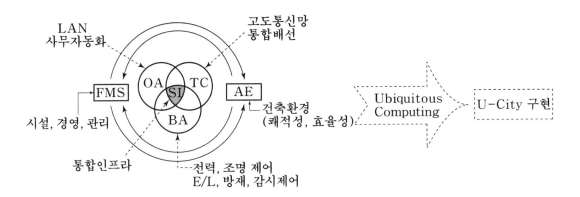

2. 관련근거

(1) 건축법 제65조 2 (지능형 건축물의 인증)

(2) 지능형 건축물의 인증기준 (국토교통부 고시 제2016-180호)

Ⅱ. IB 인증 주요내용

1. 인증대상 건축물 : 건축법 시행령[별표1]

(1) 주거시설 : 단독주택, 공동주택

(2) 비주거시설 : 근린생활, 문화및집회, 종교, 판매, 업무시설 등

2. 인증등급 및 점수

비주거시설 & 주거시설					
등급	1등급	2등급	3등급	4등급	5등급
점수	85점 이상	80점~85점	75점~80점	70점~75점	65점~70점

3. 인증심사기준

구분	분야	비주거시설		주거시설	
		지표수	배점	지표수	배점
예비인증 및 본인증	건축계획 및 환경	8	13	5	10
	기계설비	7	12	6	15
	전기설비	9	15	5	15
	정보통신	13	20	6	20
	시스템통합	11	20	6	20
	시설경영관리	12	20	9	20
	합계	60개	100점	37개	100점

4. 인증 유효기간 : 인증일로부터 5년

5. 인증 운영기관 : 한국감정원

6. 지능형건축물의 건축기준 완화

(1) 분야 : 조경설치면적, 용적률, 건축물 높이제한

(2) 완화비율

지능형건축물인증 등급	1등급	2등급	3등급	4등급	5등급
건축기준 완화비율(%)	15	12	9	6	0

Ⅲ. 전기설비 평가항목 및 평가기준

1. 주거시설(5개항목)

평가항목	평가기준	구분	점수
전기 및 정보통신 관련실 배치	침수방지, 전력공급 안정성 확보 위한 위치	필수	3
수변전설비 계획	예비변압기 구성	평가	3
비상발전 계획	비상발전기 용량 및 비상전력 공급 수준	필수	3
전력간선 설비	전력간선 용량 예비율	평가	3
써지 보호설비	써지 보호설비의 적용 수준	평가	3

2. 비주거시설(9개항목)

평가항목	평가기준	구분	점수
전기실 안전 계획	침수방지, 전력공급 안정성 확보 위한 위치	필수	2
전원설비 구성	예비변압기 구성, 발전기 용량	평가	2
자유배선 공간확보	EPS 공간의 면적 확보 여부	평가	2
써지 보호설비	써지 보호설비의 적용 수준	평가	1
고조파 보호설비	고조파 보호설비의 적용 수준	평가	1
소방 안전설비	소방 안전설비 적용 수준	필수	2
피뢰 설비	뇌 보호시스템 등급 수준	평가	1
전력사용량 계측	에너지 사용량 측정 위한 전력량계 설치 수준	필수	2
조명제어 설비	제어되는 조명기구 비율	평가	2

Ⅳ. 도입효과

1. **국가적 측면** : 관련 산업의 기술발전유도, 정보화 사회 구현
2. **사업자 측면** : LCC 비용 절감, 홍보 및 마케팅전략 효과, 부동산 가치 상승
3. **소비자 측면** : 편리성, 쾌적성 등 삶의 질적 향상, 유지관리비용 절감

Ⅴ. 결론

각종 인증제도의 난립을 재정비하고 제도별 특징을 부각시키고 제도 운영의 합리화를 꾀하여 사업자 입장에서 비용절감 및 인센티브 혜택을 동시에 만족시키고, 건물 인증평가의 간편성 및 절적 향상을 도모하는 것이 필요하다.

문제3 **건물에너지관리시스템(BEMS)에 대하여 설명하시오.**

Ⅰ. BEMS(Building Energy Management System)의 정의

건축물의 쾌적한 실내환경 유지와 효율적인 에너지관리를 위하여 에너지사용내역을 모니터링하여 최적화된 건축물에너지 관리방안을 제공하는 계측, 제어, 관리, 운영 등이 통합된 시스템

Ⅱ. BEMS의 도입목적

1. 쾌적한 실내환경 유지
2. 건물 에너지관리의 효율화
3. 에너지절약과 수요관리
4. 온실가스 배출량 감축

Ⅲ. BEMS의 구성 및 기능

1. 구성개요

- 건물 시설물의 에너지 정보를 모니터링, 분석, 리포팅, 검증지원 제공
- 에너지원(전기, 열, 가스, 신재생에너지)의 Zone별, 장비별 에너지 관리
- 에너지 DB 구축 및 미래 에너지 계획 수립의 기반 구축

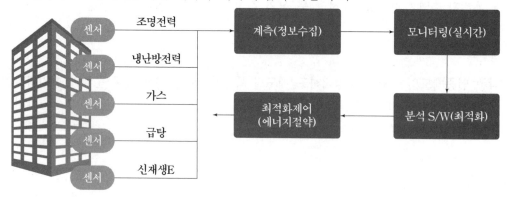

2. 구성요소

분류		내용
시스템 기반	하드웨어	• 고성능센서 : 온습도센서, CO_2센서, 재실감지센서, 조도센서 등 • 계측기기 : 전력량계, 유량계, 열량계, 풍속계 등 • 유무선통신, 자동제어기기 : 계측정보 전송장치, 통신장치, Controller 등
	소프트웨어	• 건물에너지 소비량 분석기술에 기반한 최적제어 알고리즘 및 프로그램 • 모니터링 장비 : 모니터, PC, Data저장서버 및 분석S/W, 알고리즘
전문인력		하드웨어 및 소프트웨어 개발자, BEMS운용 전문가

3. 구성도(예시)

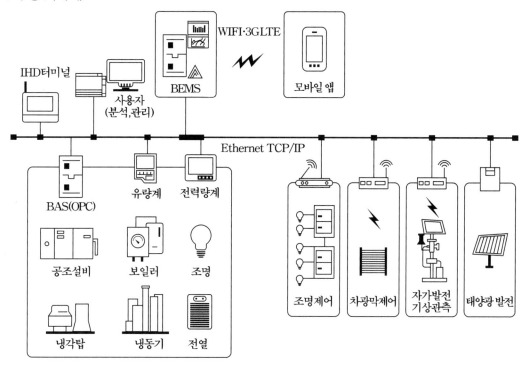

4. BEMS의 기능

(1) 주요기능

구분	분류	내용
기본기능	가시화기능 (Vlsual ization)	에너지 소비 정보를 실시간으로 화면에 표시 및 감시하고 소비량에 대한 트렌트 제공
선택기능	분석기능 (Analysis)	에너지 정보를 이용하여 원별, 종류별, 장비별, 수요처별 에너지 소비량 분석, COP 분석, 수요처별 온습도, CO_2, 발생량, 조도 분석, 기기운전상황 등 제공
	관리기능 (Management)	에너지 소비량 예측, 에너지 소비 비용 분석, 정책 결정, 제어시스템 연동 정보 제동

(2) 세부기능

① 건물의 설비 감시제어와 유기적인 통합관리
  - 설비의 에너지 사용량 수집 및 분석
  - 설비운전 데이터 수집 및 분석
② 에너지 절감을 위한 공조관리
  - 공조시스템의 최적 제어 알고리즘 구현
  - BAS시스템의 EMS 기능과 연계
  - 에너지를 최소화하는 통합 최적 제어 수행

③ 고장검출진단 및 유지보수 서비스
- 건물설비의 LCC분석을 통한 종합관리
- 설비의 가동시간 분석 및 점검주기 체크
- 설비의 다양한 경보데이터 분석/고장검출
④ 전력수요를 실시간 예측한 부하관리 서비스
- 건물의 전력수요를 예측한 부하관리
- 건물의 신재생에너지의 관리 서비스
- BAS시스템과 연계한 최적 부하 관리
- 전력 피크관리를 통한 순차적 부하 제어

Ⅳ. 설치 의무화 대상

1. 공공기관에서 에너지절약계획서 제출 대상중 연면적 $10,000m^2$ 이상 건축물을 신축 또는 증축하는 경우

2. 관련법 근거
- 녹색건축물 조성 지원법 제6조의2 (녹색건축물 조성사업 등)
- 에너지이용 합리화법 제28조의3 (에너지관리시스템의 지원 등)
- 공공기관 에너지이용 합리화 추진에 관한 규정 제6조

3. 설치 확인내용
- BEMS의 기본기능에 대한 평가(9개 항목)를 통한 BEMS 설치여부 확인
- 모든 항목 최소기준 만족하고 60점 이상 시 BEMS 설계 및 설치로 인정

(평가결과에 따라, 1~3등급으로 구분)

	항목	평가 내용	배점
1	데이터 수집 및 표시	수집한 건물 에너지 정보 표시	10
2	정보 감시	관제값에서 에너지정보 감시	15
3	데이터 조회	관제값에서 데이터 조회	5
4	에너지소비 현황 분석	에너지소비 현황파악 및 증감요인 분석	15
5	설비의 성능 및 효율 분석	설비의 성능 및 효율 분석, 에너지 효율화 방안 도출	15
6	실내·외 환경 정보 제공	실내·외 환경정보 제공하여 분석, 활용	10
7	에너지 소비량 예측	건물운영에 따른 에너지소비량 예층	10
8	에너지비용 조회 및 분석	건물이 에너지소비에 따른 비용 파악 및 비용 절감 방안 도출	10
9	제어시스템 연동	BEMS를 통한 설비 제어	10

- 확인기관 : 한국 에너지공단

참고 1 BEMS와 기존시스템과의 비교

기술 구분	목적	설명
BAS(Building Autimaion System)	건물 설비에 대한 자동화 운용 및 중앙 감시	건물에너지 설비에 대한 상태 감시 및 자동화된 감시 조작 시스템
IBS(Intelligent Building System)	지능화된 건물 내 시스템의 통합 관리	건물 설비, 조명, 엘리베이터, 방제 등을 포함한 통합 관리
FMS(Facility Management Systim)	건물의 경영에 대한 관리 기능 제공	건물 정보, 자재, 작업, 인력 도면, 시스템, 예산에 대한 관리 보고서 작성, 이에 대한 평가 및 분석 등의기능을 수행하는 시스템
BMS(Building Managment System)	각 설비의 정보 관리 및 효율적인 운용	상태 감시 및 제어, 에너지 사용 관리, 주차 관제 등 각 설비의 단일 시스템을 관리 하는 기능
EMS(Energy (Management System)	설비의 에너지 사용 절감	건물 설비에 대한 에너지 사용량을 관리하는 시스템
BEMS(Building energy Management System)	에너지 사용 절감 및 체계적인 시설에 대한 운용	에너지 및 환경 관리를 통해 빌딩 섧에 대한 관리 지원 및 시설 운영을 지원하는 시스템으로 BAS에 대한 중앙감시시스템 운영

문제4 제로에너지건축물(Zero Energy Building) 인증제도

Ⅰ. 개요

1. 제로에너지건축물의 정의(녹색건축물 조성 지원법 제2조)

"제로에너지건축물" 이란 건축물에 필요한 에너지 부하를 최소화하고 신에너지 및 재생에너지를 활용하여 에너지 소요량을 최소화하는 녹색건축물을 말한다.

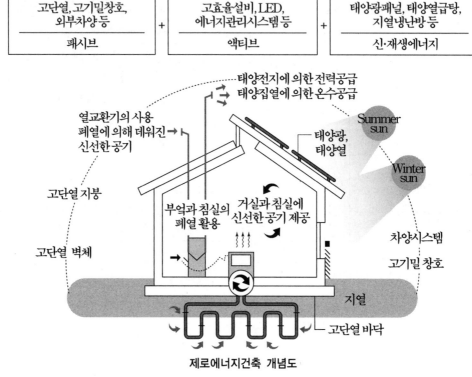

제로에너지건축 개념도

2. 인증제도의 정의

녹색 건축물을 대상으로 에너지 자립도에 따라 1~5등급까지 제로에너지 건축물인증을 부여하는 제도

Ⅱ. 인증의무대상

1. 연면적 1,000m² 이상 신축, 재축, 별동 증축 공공건축물 (2020년 기준)

(1) 중앙행정기관, 지방자치단체

(2) 공공기관(공공기관 운영에 관한 법률 제4조)

(3) 지방공사 및 지방공단(지방공기업법 제 49조, 76조)

2. 단계별 의무화 추진

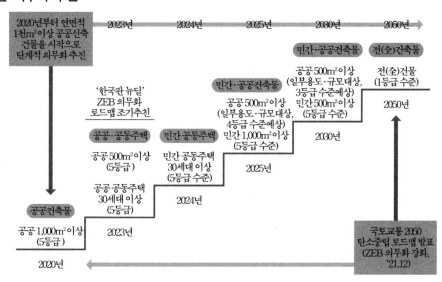

Ⅲ. 인증제도 기준

건축물 에너지효율등급 1++ 이상, 에너지자립률 20% 이상, BEMS 또는 원격검침전자식 계량기 설치

건축물에너지효율등급 1++ 이상	건물에너지 해석 프로그램(ECO2)평가 • 주거용 : 90kWh/m² 년 미만 • 비주거용 : 140kWh/m² 년 미만	• 냉방/난방/급탕/조명/환기 소요량 및 신재생에너지 생산량 평가 • 1차에너지소요량(kWh/m² · 년) 　= $\sum$ 용도별 에너지소요량× 　　1차에너지 환산계수
에너지자립률 20% 이상	건물에너지 해석 프로그램(ECO2)평가 • 건물에서 소비하는 에너지 중 신재생에너지 생산량 비율	• 냉방/난방/급탕/조명/환기 소비량 및 신재생에너지 생산량 평가 • 에너지자립률(%) = $\frac{\text{단위면적당 1차에너지 생산량}(kWh/m²·년)}{\text{단위면적당 1차에너지 소비량}(kWh/m²·년)} \times 100$
BEMS 또는 원격검침 전자식 계량기 설치	체크리스트 평가항목별 적용여부 판단 • 에너지 소비량을 계측, 실시간으로 관리하는 시스템	• (BEMS)데이터 수집 및 표시, 정보감시, 제어시스템 연동 등 9개 항목 평가 • (원격검침)데이터 수집 및 표시, 계측기 관리, 데이터 관리 등 6개 항목 평가 • (추가 권장 3개)

Ⅳ. 제로에너지건축물의 적용기술

구 분	정책 개요	관련 규정
패시브 의무화	• 패시브수준으로 신축건축물 단열기준강화(2017년)	「건축물의 에너지절약설계기준」별표1
신재생 의무화	• 신축·증축·재축하는 1천m² 이상 공공건축물은 예상 에너지사용량의 30%를 신재생에너지설비로 공급 (2020년)	「신재생에너지법」 제12조제2항
LED 의무화	• 신축 공공건축물은 실내조명설비를 LED로 설치 • 기존 건축물의 실내조명설비도 LED로 교체(2020년)	「공공기관 에너지이용 합리화 규정」제11조
고효율 의무화	• 에너지기자재 수요발생시 고효율에너지 기자재인증 제품 또는 에너지소비효율 1등급 제품 우선 구매(旣 시행)	「공공기관 에너지이용 합리화 규정」제11조

Ⅴ. 제로에너지건축물의 기대효과

1. 온실가스 부문

'30년 기준 13백만 톤의 온실가스 감축이 가능

2. 에너지 부문

'30년 기준 3.4백만 TOE를 절감하여 화력발전소(500MW급) 10개소 대체 및 연간 약 1.2 조원의 에너지 수입비용 절감

3. 경제·고용 부문

제로에너지건축물 조성을 통해 건설 산업 부문에 연간 10조원 추가 투자 유발 시 연간 10 만 명의 고용유발 효과

문제5 초고층 빌딩의 수직간선 계획 및 설계

Ⅰ. 초고층 빌딩의 정의

1. 국내 건축법 시행령(제2조 제15호)
층수가 50층 이상이거나 높이가 200m 이상의 건축물

2. 국제 초고층협회 (Council on Tall Buildings and Urban Habitat)
- 50층 이상이거나 300m(984 feet)가 넘는 건물
- 바람, 지진 등 횡하중이 구조계획에 주된 영향을 끼치는 건축물
- 세장비(밑면과 높이의 비율)가 최소 1:5 이상인 건축물

Ⅱ. 초고층 수직간선 계획시 고려사항

1. 전압강하 고려 : 부변전실(설비층) Zoning 계획

2. 간선의 대용량화 : 단락전류에 따른 열적, 전자기계적 강도

3. 수직간선의 하중고려

4. 지진, 풍압에 의한 건물의 변위 영향 (최대/층간변위)

5. Column Shortening 현상

Ⅲ. 수직간선의 부설시 문제점 보완대책

1. 장거리 수직포설에 따른 전압강하
(1) 부변전실을 저, 중, 고층부로 나누어 간선공급

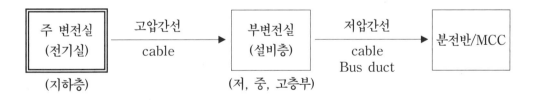

(2) 전압강하 고려 부변전실에 고압배전방식 적용
고압간선은 주로 케이블을 사용하고 저압간선은 Bus duct를 사용한다.

(3) 초고층에 주로 적용되는 대용량의 저압간선
Al-Fe Low Impedance Bus duct, Al 파이프 (절연)모선, ACSR-VV모선 등

2. 간선의 대용량화로 단락전류 증대

(1) 간선의 단락강도 검토

① 열적강도

$$(\frac{I}{A})^2 \cdot t = k \log \frac{1+a_{20}(T_2-20)}{1+a_{20}(T_1-20)}$$

T_1 : 단락이전 도체온도, T_2 : 차단시 도체온도, k : 도체재료상수,

a_{20} : 20℃ 에서의 저항온도계수

② 기계적강도

전자기계력 $F = K \times 2.04 \times 10^{-8} \times \frac{I_m^2}{D} [\text{kg/m}]$

K : 케이블 배열에 따른 정수(삼각배열 K=0.866)

I_m : 단락전류 최대값(비대칭)[A]

D : 케이블 중심 간격[m]

(2) 대책

① 수직간선에서 각층 분기점에 지락 및 단락보호용 차단기 설치

② 전자 기계력에 의한 반발력을 지탱하기 위해 케이블 진동 방지장치 설치

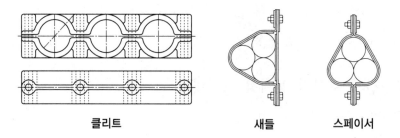

| 클리트 | 새들 | 스페이서 |

3. 간선 수직하중 분산대책

(1) 케이블 자중에 의한 하중대책

① 최상층에 I빔을 설치하여 행거 고정장치를 통해 매다는 방식 적용

② 케이블을 고정하는 H빔은 케이블 정하중의 3배이상의 안전율을 고려

(2) 약 40층당 EPS Transfer 설치로 케이블 또는 Bus duct의 수직하중 분산

4. 진동, 내진대책

(1) 지진, 풍압 등으로 건물 최상층부분의 최대변위와 층간변위에 의한 응력으로 진동발생

(2) 대책

  ① Bus duct

    – 수평으로 분기되는 Bus duct 는 건물과 함께 진동하도록 지지하고 Bus duct 관성 억제를 위해 금속구로 지지

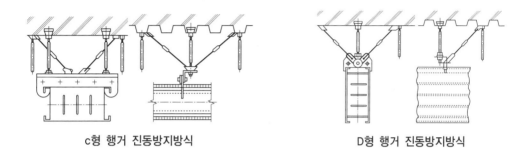

    c형 행거 진동방지방식   D형 행거 진동방지방식

    – 수직 Bus duct는 진동을 흡수할수 있도록 Spring Hanger로지지
    – 직선부가 긴 구간에 적당한 개소에 Expansion Joint부 설치
    – Spring Hanger 상호간 공진고려, Hanger 간격 결정
      (보통 30~40m구간마다 Spring Hanger 및 Expension Joint 설치)

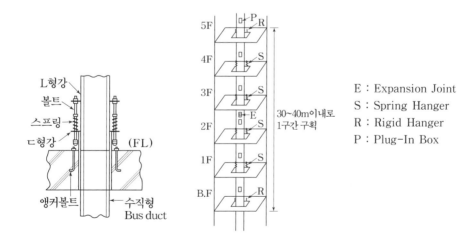

E : Expansion Joint
S : Spring Hanger
R : Rigid Hanger
P : Plug-In Box

    – Bus Duct는 건물에 기대어 포설되므로 Bus Duct 와 건물의 고유진동주기가 상호 일치하지 않도록 한다.
    – 중·고층 건물 진동주기 $T_1 = (0.06 \sim 0.1)N(\text{sec})$
     N : 층수
    – Bus Duct 고유진동 주기

$$T = \frac{2\pi l^2}{\lambda^2} \sqrt{\frac{\rho_A}{E_I \cdot g}} \text{ (sec)}$$

ρ_A : Bus Duct 단위길이당 중량(kg/m)

E_I : Bus Duct 휨강성(kg·cm^2)

② 케이블
  - 내부에 강선삽입으로 기계적 강도 보강
  - 전용금구를 사용하여 고정 : 클리트, 새들, 스페이서 등
③ Cable tray
  Flexible Connector(Bonding jumper) 설치

5. 기둥축소(Column Shortening) 대책

(1) 건물의 하중 및 재료적 특성에 의해 탄성, 비탄성 변형으로 기둥이 지속적으로 축소되는 현상

(2) 대책
  ① Bus duct
    구간별 Spring Hanger 및 Expension Joint 설치로 완충작용
    (진동, 내진 대책과 병행)
  ② 케이블 트레이
    각층 Slab에 Sliding Joint Connector를 사용하여 각층에서 충격에 신축적으로 대응

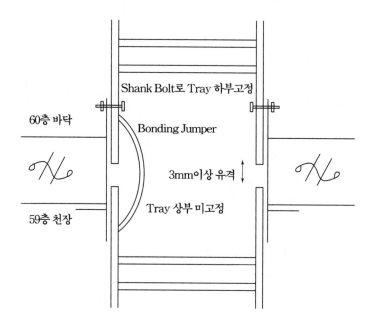

<table>
<tr><td>문제6</td><td>최근 인텔리젼트 빌딩의 전력공급방안</td></tr>
</table>

Ⅰ. 개요

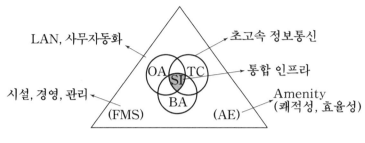

IBS 개념도

Ⅱ. IBS의 특징

1. 생산성
2. 융통성
3. 경제성
4. 쾌적성
5. 독창성
6. 효율성
7. 기능성
8. 안정성

Ⅲ. IB의 전력공급방안

1. 전원설비 신뢰도 향상대책

(1) 수전방식 – 예비전원, 2회선 수전 또는 SNW 수전방식 채용

(2) 변전 시스템 – 이중모선, TR 예비 Bank 확보

(3) 고신뢰성 기기채용

① 기기 밀폐화, Oiless화, Compact화

㉠ 변압기 – Mold, 가스절연

㉡ 차단기 – GCB, VCB

㉢ 수배전반 – C-GIS, Clad switch gear

② Intelligent 화

㉠ 다기능 디지털 보호계전기, 복합계전기

㉡ 전자화(지능형) 배전반

(4) 전력간선

① 집중식 → 중간식 or 분산식 채용

② 대전류, 전압강하 고려 : Bus Duct 채용

(5) 예비전원설비

① 비상발전기

Co-Gen 활용, 환경적 측면 - 가스터빈, 경제성측면 - 디젤

② UPS 설비

㉠ 델타변환, 회전형(Dynamic, Flywheel)

㉡ 병렬예비운전 : N+1, N+1+bypass, N+2, Bank예비운전

③ 축전지 설비 : 무보수 밀폐형

2. IB 전력 계통 구성방안(22.9kV/2회선, 이중모선, C-GIS)

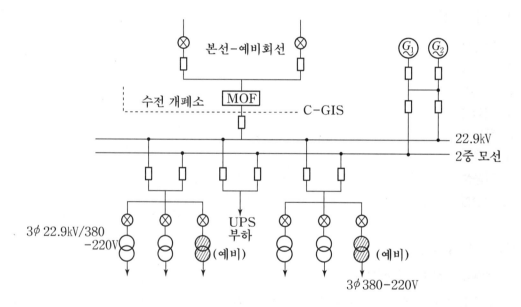

3. 전원품질 향상 대책

(1) 뇌서지 등 이상전압 침입 방지

→ IEC 62305 규격에 의한 피뢰설비, SPD, 등전위 본딩 등

(2) 고조파, Noise, 전자파 장해 방지

→ Active Filter, NCT, 차폐 및 이격

(3) 전압변동, 순시전압저하, 역률저하 등 무효전력 보상

→ SVC, SVG, APFR 등

4. 예방진단, 감시제어의 자동화

(1) On-Line 열화진단 System 도입

　부분방전 초음파진단, 유중가스분석 등

(2) 통합 감시제어

　① DCS 분산제어

　② 개방형 protocol 사용(TCP/IP, LonTalk, Bacnet 등)

5. 친환경 전기설비 도입

(1) 분산형 전원 연계(태양광, 풍력, 연료전지, 소형 열병합 등)

(2) 친환경 광원 : 무수은, 무전극 방전램프, LED, OLED 광원

(3) 친환경 축전지 : Ni-수소, Geltype(VGS, CGS)

6. 기타

(1) 방재설비 : 방화구획, 간선 불연화, 난연화, 내진대책

(2) 에너지 Saving

　고효율 인증기기(변압기, 전동기 등), 진상콘덴서, VVVF, 디멘드 Control 등

(3) 접지시스템 : 통합접지 시스템 구축(공용접지 + 구조체접지 + 등전위본딩)

Ⅳ. 결론

최근 첨단 IB의 전력설비 계획 및 설계시 고품질, 고 신뢰도 측면 뿐 아니라 분산형 전원 계통연계, 친환경 설비 도입 등 스마트 그리드 시대에 대비한 다각적인 검토와 연구가 필요하다.

문제7 고령자 시설의 전기설비

I. 개요

1. 고령자란 65세 이상인자로써 직업생활의 퇴직 등 생활패턴의 변화와 함께 신체적 쇠퇴에 의해 종래의 설비에 불편을 느낄 수 있어 이에 대응한 설비를 고려해야 함
2. **관련기준** : 고령자용 공동주택 기준(KSP 1509)

II. 고령화 현상

1. 신체의 변화

운동기능 저하, 뼈 골절,
눈의 기능 감퇴

2. 생리적 변화

생리 리듬의 완화, 밤잠 설침,
수면시간 단축, 잦은 화장실 출입

3. 기타

심리적 불안감, 유연성 감퇴, 망각,
생활 패턴 변화 등

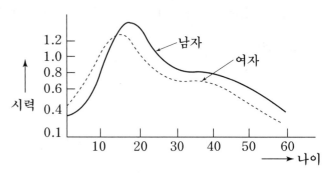

나이에 따른 시력의 변화

III. 고령자를 위한 전기설비

1. 전원설비

(1) 장래증설, 이용형태에 대응한 충분한 공급 능력확보
(2) 고 신뢰성, 안정성 고려한 공급시스템 구축
→ 본선+예비선 수전, 이중모선 방식, 예비전원(비상발전기+UPS)

2. 조명설비

(1) 충분한 조도확보 – 고령자 시력감퇴 고려

구분	고령층	젊은층
수예, 재봉	1500~3000lx	750~1500lx
독서	600~1500lx	300~750lx
조리, 화장	500~1000lx	200~500lx

(2) 개인실에는 주조명(Ceiling Light)와 보조조명(Down Light) 설치

   → S/W 구분, 밝기 조정

(3) 눈부심 억제 : 저휘도 유백색 등기구 사용

(4) 색의 보임방법 : 고령화에 따른 안구의 황색 변화고려(주백색 FL사용)

(5) 암순응 지연고려 : 각 실간 밝음의 단차 최소화

(6) 유지보수 : 장수명의 전구(무전극 램프, 인버터 안정기 전용 FL)

(7) 보안 : 밝기 센서+타이머+인체 감지센서 조합형, 심야 Foot Light

3. 배선기구

(1) 배선기구의 표시가 확실할 것

(2) 조작 방법이 쉽고 스위칭 감각이 명확할 것 : 와이어리스 or 리모콘 S/W

(3) 스위치 설치위치 높게 → 바닥위 90~100cm

(4) 욕실 내 호출 스위치에 풀 스위치 붙이 푸쉬버튼 사용 : 위급시 NC에 통보

(5) 코드 발걸림에 의한 전도 방지 : 쉽게 탈착되는 마그넷 콘센트 적용

4. 방재·방범 설비

(1) 주택용 화재 경보기, 누전경보기 설치

(2) I·H Cooking Heater 설치 : 불사용에 의한 화재 위험방지

(3) 화상 인식 인터폰, 와이어리스 시큐리티 도입 등

Ⅳ. 고령자 복지설비

1. 조명설비

(1) 입구, 거실·복도 조명 : 실외주광 + 다운라이트 이용

   → 따사롭고 유연한 분위기 연출

(2) Nurse Center : 야간대기 간호사 고려, 24시간 점등, 외부 및 유출방지

2. 배선기구

(1) 베리어프리 개념적용 : 배선기구는 벽 매입형(돌출부분 최소화)

(2) 배치의 적정성 : 콘센트는 높게(50cm이상), 너스콜은 적정장소에 설치

3. 정보통신 시스템

(1) 간호지원 시스템 : 입주자 이상시 호출통보, 상황감지

   ① 너스콜 시스템

   ② 화장실 장기체류 검지 시스템

   ③ 배회 검지시스템

   ③ 디지털 도어락(각 구역별 패스워드에 의한 이동)

(2) CCTV 설비 : 통로, 옥외 휴게 부분에 설치, 입주자의 긴급 상황에 대처

(3) 시설관리시스템 : 각종 Data 관리를 통한 업무의 생력화

(4) 홈 네트워크 구성 : 지역 커뮤니티와의 연결

(5) System 구축사례

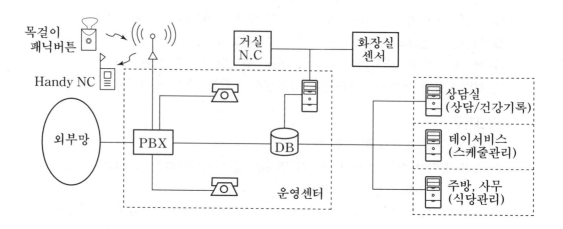

V. 결론

1. 국내는 이미 지난 2000년 총 인구 중 65세 이상 인구 비율이 7.2%로 고령화 사회에 진입 → 현재 9.1% → 향후 2018년에는 14.3% → 2026년 20.8%가 되어 초고령화 사회에 도달할 전망임

2. 따라서 보다 질 높은 고령화 시설을 위한 다양화 설비와 IT 기술융합 등 지속적 연구와 제도적 지원이 필요한 시점이다.

문제8 ## 감리에 대하여

I. 개요

감리라 함은 전력시설물의 설계, 설치, 보수 공사에 대해 발주자의 위탁을 받아 관계법령 및 설계도서 등에 따라 설계 및 시공되었는지 여부를 확인하고 기술지도와 발주자의 권한을 대행하는 것으로 여기서는 공사감리를 중점 논하기로 함

II. 법적근거

전력기술관리법 제 11조(설계감리), 제 12조(공사감리)

III. 감리대상

1. 설계 감리대상

(1) 용량 80만kW 이상 발전설비

(2) 전압 30만V 이상 송전, 변전설비

(3) 전압 10만V 이상 수전설비, 구내 배전설비, 전력사용설비

(4) 국제공항 및 전기철도의 수전, 구내배전, 전력 사용설비

(5) 층수 21층 이상, 연면적 5만㎡ 이상의 건축물 전기설비(공동주택 제외)

2. 공사 감리대상

(1) 모든 전력시설물 공사

(2) 공사계획 인가, 신고대상 건물

(3) 600V 미만 보수공사 5,000만원 이상

(4) 제외대상

① 일반용 전기설비, 임시전력 공사

② 보안을 요하는 군사시설 내, 소방공사업법에 의한 비상전원, 조명, 콘센트

③ 공사비 5천만 원 미만의 증설, 변경 공사

④ 공사비 1억 미만의 비상 발전설비 공사

Ⅳ. 감리원 배치

총 공사비	책임 감리원	보조 감리원
20억원 이상	특급	초급
10억원 이상 20억원 미만	고급	초급
10억원 미만	중급	초급

Ⅴ. 감리원 업무

1. 공사계획서 검토
2. 공정표 검토
3. 설계도서 검토
4. 공사가 설계도서 내용대로 적합하게 행하여지는지 확인
5. 전력시설물 규격에 관한 검토, 확인
6. 사용자재의 규격 및 적합성 검토 및 확인
7. 재해 예방 대책 및 안전관리 확인
8. 설계변경 검토 및 확인
9. 공사진척 조사, 검토
10. 준공도서 검토 및 준공검사
11. 하도급 타당성 검토
12. 기타 공사의 질적 향상을 위한 사항 등

Ⅵ. 감리원 소양

1. 감리원 자세

(1) 당해 공종 특수성 파악
(2) 공명정대하고 명확한 업무처리
(3) 철저한 시공검사 및 엄격한 품질관리
(4) 품질 향상을 위한 기술개발 및 보급

2. 감리원 역할

(1) 발주자 이념, 설계자 의도파악 반영
(2) 발주자와 시공자간 이해관계 조정
(3) 부실공사 방지
(4) 기술지도 및 자문

Ⅶ. 현행 감리제도 문제점 및 대책

문제점	대책
감리자의 전문성 결여	소정의 교육, 배치기준개선, 기술자격자 우대
감리원 권한 미흡 및 책임 불분명	법적권한 강하 및 책임한계 규정화
발주자의 불필요한 간섭	법적 보호제도 마련
과도한 행정업무	양식의 간소화 및 규정개선
감리대가 열악	덤핑수주 방지를 위한 제도마련
근무환경 열악	사무용품, 필수지급품 기준마련 및 제도적 보장

Ⅷ. 최근경향

1. CM제도의 활성화 추세
2. CM이란 건설사업의 공사비 절감(Cost), 품질향상(Quality), 공기단축(time)을 목적으로 발주자가 전문지식과 경험을 지닌 건설사업 관리자에게 건설 사업 관리자에게 건설 사업 관리의 일부 또는 전부를 위탁 관리하게 하는 새로운 계약 발주 방식으로 건설공사에 관한 기획, 타당성 조사 분석, 설계, 조달, 계약, 시공관리, 감리, 평가, 사후관리 등에 관한 업무 수행에 있음

문제9 전력기술관리법에 의한 감리원 배치기준을 설명하시오.

Ⅰ. 개요

책임감리원 및 보조감리원의 자격(제22조제2항 관련)

공사 종류	총예정공사비	책임감리원	보조감리원
발전·송전·변전 ·배전·전기철도	총공사비 100억원 이상	특급감리원	초급감리원 이상
	총공사비 50억원 이상 100억원 미만	고급감리원 이상	초급감리원 이상
	총공사비 50억원 미만	중급감리원 이상	초급감리원 이상
수전·구내배전· 가로등·전력사용 설비 및 그 밖의 설비	총공사비 20억원 이상	특급감리원	초급감리원 이상
	총공사비 10억원 이상 20억원 미만	고급감리원 이상	초급감리원 이상
	총공사비 10억원 미만	중급감리원 이상	초급감리원 이상

Ⅱ. 감리원배치기준

1. 법 제12조의2제1항에 따른 감리업자등은 감리원을 배치함에 있어 발주자의 확인을 받아 별표 2의 전력시설물공사 감리원수 이상으로 배치하여야 한다.
2. 감리업자등은 제1항에도 불구하고 일정규모 이상 공동주택 및 건축물의 전력시설물공사 는 발주자의 확인을 받아 별표 2의2의 공동주택 등의 감리원 배치기준에 따라 공사기간 동안 감리원을 배치하여야 한다.
3. 제1항 및 제2항에 따라 감리업자등은 공사현장에 상주하는 상주감리원과 상주감리원을 지원하는 비상주감리원을 각각 배치하여야 하며, 비상주감리원은 고급감리원 이상으로 써 해당 공사 전체기간동안 배치하여야 한다. 다만, 법 제12조의2제1항제2호에 따라 감 리업무를 수행하는 경우와 제1항 별표 2의 감리원배치기준에 따라 감리원 1명 이상을 총 공사기간동안 상주 배치하는 경우에는 비상주감리원을 배치하지 아니할 수 있다.
4. 감리업자등은 제1항부터 제3항까지에 따라 감리원을 배치하는 경우 감리원의 퇴직·질 병 등 부득이한 사유로 배치계획을 변경하여 배치하고자 하는 때에는 다음 각 호에 해 당하는 감리원으로 미리 발주자의 승인을 얻어 교체·배치하여야 한다.
5. 감리원을 배치하는 때에는 해당 전력시설물의 공사일정에 따라 공사가 시작되는 날부터 끝나는 날까지 적정하게 배치하여야 한다.
6. 비상주감리원은 9개 이하의 현장에 중복하여 배치할 수 있으나 상주감리원(책임감리원 및 보조감리원)과 다른 법령에 따른 상주감리원을 겸할 수 없다.

7. 영 별표 3 또는 제1항·제2항에도 불구하고 다음 각 호의 공사는 영 별표 2에 따른 감리원 중 「국가기술자격법」에 따른 전기 분야 기술사(전기안전기술사를 포함한다)를 책임감리원으로 배치하여야 한다. 다만, 법 제12조의2제1항제2호에 따라 감리업무를 수행하는 다음 각 호의 공사 중 보수공사에 대하여는 그러하지 아니하다.
   (1) 용량 80만킬로와트 이상의 발전설비공사
   (2) 전압 30만볼트 이상의 송전·변전설비공사
   (3) 전압 10만볼트 이상의 수전설비·구내배전설비·전력사용설비공사

8. 감리원이 4주 이상의 입원 또는 치료를 이유로 감리업자가 제5항에 따라 발주자의 승인을 얻어 감리원을 교체한 경우에는 그 감리원을 교체한 날부터 3개월 이내에 사업수행능력평가에 참여시켜 평가를 받거나 다른 공사감리용역에 배치하여서는 아니 된다.
   다만, 그 감리원이 배치되었던 공사감리용역이 끝난 경우에는 그러하지 아니하다.

공동주택 등의 감리원 배치기준(제25조제2항 관련)

구 분	규 모	감리원배치 인원수
가. 공동 주택	300세대 이상 800세대 미만	영 별표 3의 기준에 따른 책임감리원 1명을 포함한 감리원 1명 이상을 총 공사기간동안 배치
	800세대 이상	영 별표 3의 기준에 따른 감리원을 다음과 같이 배치 - 책임감리원 : 1명을 총 공사기간동안 배치 - 보조감리원 : 1명 이상을 총 공사기간대비 50퍼센트 이상 배치. 다만, 400세대를 초과할 때마다 총 공사기간대비 50퍼센트 이상 추가배치
나. 건축물	연면적 10,000 제곱미터 이상 연면적 30,000 제곱미터 미만	영 별표 3의 기준에 따른 책임감리원 1명을 포함한 감리원 1명 이상을 총 공사기간동안 배치
	연면적 30,000 제곱미터이상	영 별표 3의 기준에 따른 감리원을 다음과 같이 배치 - 책임감리원 : 1명을 총 공사기간동안 배치 - 보조감리원 : 1명 이상을 총 공사기간대비 50퍼센트 이상 배치. 다만, 20,000제곱미터를 초과할 때마다 총 공사기간대비 50퍼센트 이상 추가배치

문제10 CM(Construction Management)

Ⅰ. 개요

1. CM의 정의

건설사업의 공사비 절감(Cost), 품질향상(Quality), 공기단축(time)을 목적으로 발주자가
전문지식과 경험을 지닌 건설사업 관리자에게 건설 사업 관리자에게 건설 사업 관리의
일부 또는 전부를 위탁 관리하게 하는 새로운 계약 발주 방식

2. CM의 기본개념

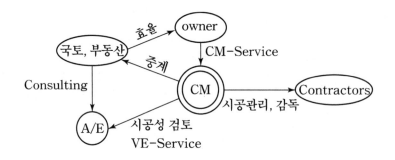

(1) 전문지식, 전문기술
(2) 체계적인 관리기법
(3) 총괄적인 관리업무
(4) 사업추진계획, 조정, 통제

Ⅱ. 관련근거

1. 건설산업 기본법(제 2조 6항), 건술기술 관리법(제 22조 12항)
2. 국가계약법(시행령 제 91조 2항)

Ⅲ. CM 대상공사(의무규정 아님)

1. 건설기술 관리법(제 22조 2항)

(1) 대규모 복합공정 건설공사 : 공항, 철도, 발전소, 댐, 플랜트 등
(2) 설계, 시공관리의 난이도가 높은 공사
(3) 발주처 기술인력 부족으로 원활한 공사 관리가 어려운 공사
(4) 기타 발주처가 필요하다고 인정하는 건설공사

2. 국가 계약법(제 91조 2항 건설사업 관리제약)

대형공사 : 100억 이상 건설공사

Ⅳ. CM의 유형

1. **CM for fee** : CM의 전형적인 방법, 발주자의 Agency로 순수관리업무만 수행
   공사 결과에 대한 모든 책임은 발주자에게 귀속
2. **CM at Risk** : CM이 발주자를 대신해 책임지고 공사수행, 공사결과에 대한 Risk 부담

Ⅴ. CM의 업무내용

1. 미국 CM협회(CMAA) 표준 CM 서비스

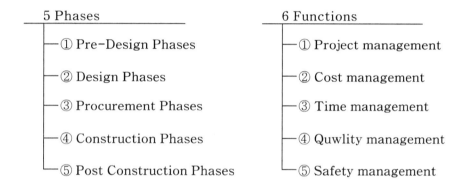

5 Phases
- ① Pre-Design Phases
- ② Design Phases
- ③ Procurement Phases
- ④ Construction Phases
- ⑤ Post Construction Phases

6 Functions
- ① Project management
- ② Cost management
- ③ Time management
- ④ Quwlity management
- ⑤ Safety management

2. 건설사업관리 업무지침

건설공사에 관한 기획, 타당성조사 분석, 설계, 조달, 계약, 시공관리, 감리, 평가, 사후관리 등에 관한 업무수행

3. CM과 책임감리의 차이점

구분	CM	책임감리
업무성격	용역서비스	용역서비스
주체의 성격	발주자 대리인	발주자 대리인
참여시점	사업 초기단계	시공단계
관리주체	사업성 검토, 공기, 공사비, 품질, 안전, 사후관리	품질, 안전
관리관점	Management & Lead	Inspection & Control
관리목적	사업이 잘 되도록 하는 것	공사가 적합하게 진행되도록 하는 것

VI. 국내 CM의 적용효과

1. 건설사업 초기단계에서 예상되는 문제점 및 낭비요소 최소화
2. 설계단계에서 경제성(VE)과 시공성 검토를 통한 사업비 절감
3. FAST, Track(설계시공 병행방식)을 통한 사업 기간의 단축
4. 단계별 전문 분야별 관리를 통한 부실시공 방지 및 품질확보
5. 건설사업 참여자간의 원활한 Communication 및 조정으로 발주자의 목표달성
6. 전문 단일조직으로 일관성 있는 사업 진행가능
7. 전문가 조직의 과학적 분석 및 평가를 통해 발주자에게 최적의 의사 결정안 제공
8. 건설사업 참여자들로부터 발생 가능한 클레임 최소화
9. 사업 진행에 관한 정보를 발주자 및 참여자간에 실시간 제공

참고 1 전력기술관리법에 의한 전력시설물 설계도서의 종류

1. 설계 설명서

2. 설계도면
  (1) 옥외전력인입, 통신인입, 보안등 전력간선 평면도
  (2) 변전실 단선 결선도, 기기평면도, 접지평면도, 상세도
  (3) 기계실 동력설비 평면 및 MCC 결선도
  (4) 간선계통도 : 전력, 전화, OA, TV공청, 방송, 방재, 기타 약전 계통도
  (5) 각 System Block Diagram
  (6) 각 층별 평면도
    ① 전등 평면도
    ② 전력간선, 동력 및 전열 평면도
    ③ 전화, OA, TV공청, 평면도
    ④ 방재(화재경보, 유도등 등) 평면도
    ⑤ 방송 및 기타 약전설비 평면도

3. 전기 계산서
  (1) 부하용량, 변압기용량, 발전기 용량, 조도 계산서
  (2) 단락용량, 축전지용량, 전압강하 계산서
  (3) 전화 회선수 산출, TV 전계강도계산, 기타 방송용량 계산서
  (4) 기타(방재-수신반, 무선통신 보조설비 계산)계산서 등

4. 시방서 : 전기, 통신
  (1) 표준 시방서
  (2) 특기 시방서
  (3) 자재 시방서

5. 공사비 내역서 : 전기, 통신
  (1) 산출조서 : 물량 산출 및 인건비 산출
  (2) 내역서, 일위대가표 : 공사내역서, 공 일위대가표 포함
  (3) 자재 단가 적용표, 외부업체 견적서

문제11 BIM(Building Information Modeling)기법

Ⅰ. BMI의 정의

BMI이란 기존의 건축 및 건설 방식을 2D(2차원 설계) → 다차원으로 전환하고 수량, 공정 및 각종 분석 등의 정보를 통합적으로 활용, 설계에서부터 유지관리에 이르는 모든 정보를 생산하고 관리하는 기술임

Ⅱ. 기존방식과의 비교

기존방식	BIM 기법
• 도면 중심의 작업 • 공종별 세분화, 전문화 • 각각 고유언어(심벌, 용어, 기법)로 2D 캐드 도면 제작 • 도면의 불분명, 누락, 오류, 공종간 간섭	• 모델링 중심의 3D-4D 비쥬얼 언어로 작성 • 시공상세도 별도작성 불필요 • 공정 및 간섭 check 용이 • 도면 물량 자동산출 → 별도산출 불필요 • 소요자재의 정확한 물량산출 → 자재 Loss 없음

Ⅲ. 전기설비분야의 BIM

1. 활용방안

(1) 각종기기 설치를 입체 상황에서 확인가능

(2) 천장 내부공간에서 타 공종간의 배관배선 Cross-check 가능

(3) 각종 KS 심벌 → 실물 심벌로 변환

(4) 상세도, 시방서 및 효과적인 협업과정 지원

(5) 설계와 시공의 효과적인 협업과정 지원

(6) 공사 공정계획 및 분석, 자재조달의 Just in time 적용가능

(7) 공사과정의 검정, 지도, 추적

2. 적용 예

(1) 도면작성

① 수변전설비 Panel의 배치시 자동 3D 생성

② 배선평면도 정보 입력시 3D 생성

③ 도면 범례, 목차, 주기사항 자동생성

(2) 부하설비 계산서 작성

① BIM program 적용, 부하계산

② 조명 시뮬레이션 기능

(3) 도면 물량산출 및 법규검토

① 전기설비 수량, 배선수량 자동집계

② 최신규정의 법규를 BIM에 입력시 자동검토(예 : 단위면적당 화재감지기, 스피커 배치 등)

(4) 각 분야별 Cross check 기능

평면작업시 건축 FL, 전기 FL, 배관분야 FL 높이 검토하여 상호간섭 check(단, 전분야 BIM 적용시 check 가능)

Ⅳ. 현 국내 BIM program 사용현황

1. PDS : Micro-Station용 3D Modeling program-제조사(AVEVA)

2. PDMS : Cad상 3D Modeling program-제조사(AVEVA)

3. Revit : Auto Cad 3D Modeling program-제조사(Auto Cad)

Ⅴ. BIM의 추진 단계

1. 계획단계(PD : Pre-Design)

사업성분석, 상품개발, 대지계획, 사업비예측

2. 설계단계(SD : 계획설계, DD :기본설계, CD : 실시설계)

설계오류검토, 도면 생산성 향상, 비정형 디자인 검토

3. 납품(PR : Procurement)

4. 시공관리 단계(CA : Construction Administration)

(1) 간섭 검토를 통한 시공오류제거

(2) 시공 시뮬레이션을 통한 피크부하 분산, 프로젝트 비용 및 일정관리

5. 운전 및 유지보수 단계(OP : Operation)

디지털 유지관리체계 구축, 환경 및 성능관리, 방재 및 피난관리

Ⅵ. 현행 문제점

1. 소규모 설계사무소에서는 적용이 곤란

2. 전문 엔지니어 부재

3. 자동계산 program의 처리능력 한계

VII. BIM의 최근 동향

1. 미국 GSA(연방조달청) : 2007년부터 예산 프로젝트 BIM 제출
2. 덴마크 공공공사분야 : 2007년 1월부터 BIM 채택
3. 기타 핀란드, 노르웨이, 싱가포르 등서 채택
4. 국내는 정부에서 2009년 하반기부터 향후 10년 정책 로드맵 제시

기초이론(회로, 전자기)

PART 23

문제1 열전현상(Seebeck, Peltier, Thomson 효과)

Ⅰ. 개요

열전현상이란 금속이나 반도체에서 열과 전기가 서로 관계하는 물리현상으로 Seebeck 효과, Peltier 효과, Thomson 효과 등이 있다.

Ⅱ. Seebeck 효과(1821년 독일)

1. 두 종류의 금속 또는 반도체에 온도차를 주면 열기전력이 발생

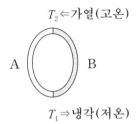

2. 관계식

(1) $\alpha = \dfrac{dV}{dT}$: Seebeck 계수 또는 열전능(Thermo-electric power)

→ 온도 변화에 대한 전위차의 변화량으로 온도 T의 함수로써 근사적 실험식 $\alpha = a + bT$임

(2) 열기전력 $dV = \alpha \cdot dT$의 관계에서

$$V = \int_{T_1}^{T_2} \alpha \cdot dT = \int_{T_1}^{T_2} (a + bT) \cdot dT = a(T_2 - T_1) + \frac{1}{2}b(T_2^2 - T_1^2)$$

(a, b : 금속 종류에 따른 열전 정수)

3. 열전대(Thermo – Couple)

두 금속(A, B)의 조합(예 : 구리 – 콘스탄탄, 백금 – 백금로듐)

4. 응용

열전 온도계, 열전발전

Ⅲ. Peltier 효과(1843 프랑스)

1. 두개의 다른 금속이나 반도체 A, B를 접속해서 그 온도를 일정 유지하면서 전류 I를 흘리면 접합부에 Joule 열 이외에 열이 발생하거나 흡수되는 현상

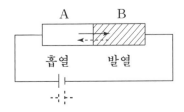

2. 이 효과는 가역적이고 회로에 통과하는 전류의 방향을 반대로 하면 접속점의 발열과 흡열도 반대로 됨

3. $Q = \pi \cdot I$
$\begin{cases} Q \;:\; \text{단위시간당 발열량 또는 흡수량} \\[4pt] \pi \;:\; \text{펠티에 계수} \begin{cases} \pi_{AB} \;:\; 正(A \to B) \to \text{발열} \\[4pt] \pi_{BA} \;:\; 負(B \to A) \to \text{흡열} \end{cases} \end{cases}$

4. **적용** : 전기에너지를 사용, 열을 발생시키거나 흡수하고자 할 경우(예 : 전자냉동)

Ⅳ. Thomson 효과(1851년 영국)

1. 동일 금속선의 일부에 온도차가 있을 때 전류를 흘리면 그 온도 차이점에서 열이 발생하거나 흡수되는 현상

   (1) 전류를 고온 → 저온 발생시 $\begin{cases} \text{구리, 은} \to \text{열 발생} \\[4pt] \text{철, 백금} \to \text{열 흡수} \end{cases}$

   (2) 전류 방향 반대로 하면 발생과 흡수도 반대(단, 납은 이 효과가 거의 없음)

2. 그림과 같이 금속 또는 반도체 일부분 Δx의 약간에 온도차 ΔT가 있고 고온에서 저온으로 전류 I가 흐른다고 하면 그 단위 시간당 발열량
   $\Rightarrow Q = \tau \cdot I \cdot \Delta T$
   τ : Thomson 계수(발열을 正으로 함)

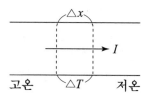

Ⅴ. 결론

1. 이상 기술한 열전효과는 물리적으로도 밀접하게 연결되어 있으며 각각의 계수 사이에는
   $$T \cdot \frac{d\alpha_{AB}}{dT} = \tau_A - \tau_B$$
   $\pi_{AB} = \alpha_{AB} \cdot T$의 관계가 있다

2. 펠티에 효과는 제어벡 효과의 반대현상

3. 펠티에 효과는 이종(異種) 금속으로의 흡열, 발열 현상인데 비해 톰슨효과는 동일 금속으로의 흡열, 발열 현상임

문제2 전기력선과 Gauss 법칙

Ⅰ. 전기력선과 전계의 세기

1. 전계의 방향과 크기를 시각적으로 알기 쉽게 표현하기 위해 전계가 미치는 공간에 가상적으로 그려지는 선

2. 전기력선상의 임의의 점에 대한 접선방향은 그 점에서의 전계의 방향을 나타내며 전계의 세기는 그 점에서 단위 면적을 수직으로 관통하는 전기력선수, 즉 전기력선밀도 (개/m²)와 같도록 정의함

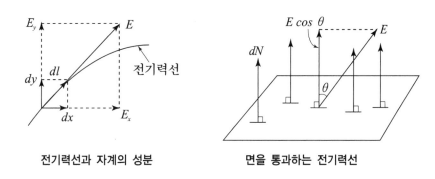

전기력선과 자계의 성분   면을 통과하는 전기력선

3. 위의 그림과 같이 E가 미소면적 $dS(m^2)$에 대해 각 θ만큼 기울어져 있을 경우에도 면을 통과하는 유효전기력선은 면에 수직인 성분이 되고 그 선의 접선방향이 전계의 방향이 됨

Ⅱ. 전기력선의 성질

1. 정전하의 전기력선은 무한방향으로 분포한다.
2. 부전하의 전기력선은 무한방향에서 오는 형태로 분포한다.
3. 전기력선은 서로 교차하지 않는다.
4. 정전계에서 전기력선은 폐곡선이 되지 않는다.
5. 전하가 없는 곳에는 전기력선의 발생과 소멸이 없다.
6. 전기력선의 방향은 전위가 높은 점에서 낮은 점으로 향한다.
7. 전기력선은 도체면에 수직이며 등전위선(면)과 항상 직교한다.
8. 도체 내부에는 전기력선이 없다.

Ⅲ. 전기력선 분포형태

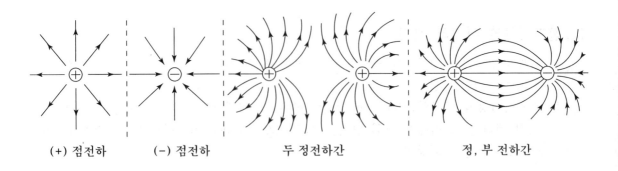

(+) 점전하 (−) 점전하 두 정전하간 정, 부 전하간

Ⅳ. Gauss 법칙

1. 정의

(1) 전계를 전하에서 발산하는 전기력선 밀도로 취급하여 전계와 전하의 관계를 수식화한 법칙

(2) 균일한 대칭형 전하분포에서 폐곡면 내의 점전하에 대해 폐곡면을 통과하는 전기력선 수는 폐곡면 내의 전하총합의 $\dfrac{1}{\epsilon_0}$ 배와 같다.

2. 관계식

(1) 전계 E의 방향이 폐곡면 S의 법선 n(단위벡터)과 각 θ를 가지고 있을 때 E의 n방향 의 성분을 E_n이라 하면 S를 관통하는 전기력선수 N은

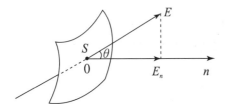

전기력선 밀도는 전계의 세기와 같으므로

$$\frac{dN}{dS} = E\cos\theta$$

$$dN = EdS\cos\theta = E \cdot dS (dS : \text{면벡터})$$

(2) 따라서 폐곡면 S를 수직으로 관통하는 총 전기력선수

$$N = \oint_s E \cdot dS = \frac{Q}{4\pi\epsilon_0 r^2} \oint_s dS = \frac{Q}{\epsilon_0} (\text{개})$$

∴ 1(C)의 점전하에서는 $\dfrac{1}{\epsilon_0} = 1.12 \times 10^{11}$ 개의 전기력선이 나온다.

예제1 선전하밀도가 ρ_L[C/m]인 무한히 긴 선전하로부터 거리가 각각 a[m], b[m]인 두 점 사이의 전위차 V_{ab} [V]를 구하시오.

해설

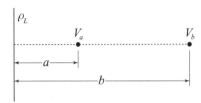

1. 가우스법칙

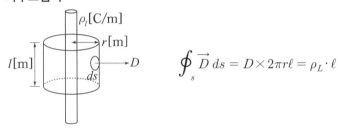

$$\oint_s \overrightarrow{D}\,ds = D \times 2\pi r\ell = \rho_L \cdot \ell$$

(폐곡면에서 나오는 전속선수는 폐곡면내의 전하량 총화와 같다)

2. 전속밀도

$$D = \frac{\rho_L}{2\pi r}$$

3. 전계의 세기

$$E = \frac{\rho_L}{2\pi \varepsilon_0 r}$$

4. 따라서 a[m], b[m]인 두 점 사이의 전위차

$$V_{ab} = -\int_b^a E \cdot dr = \int_a^b E \cdot dr = \int_a^b \frac{\rho_L}{2\pi\varepsilon_0 r}dr = \frac{\rho_L}{2\pi\varepsilon_0}\int_a^b \frac{1}{r}dr$$

$$= \frac{\rho_L}{2\pi\varepsilon_0}[1\mathrm{n}r]_a^b = \frac{\rho_L}{2\pi\varepsilon_0}(1\mathrm{n}b - 1\mathrm{n}a) = \frac{\rho_L}{2\pi\varepsilon_0} \cdot 1\mathrm{n}\frac{b}{a}$$

■ **별해**

- 전위 : 무한 원점에서(∞)부터 전계내 임의의 한 점까지 단위 전하 +1[C]을 이동시키는 데 필요한 일

(1) a점의 전위 : $V_a = -\int_{\infty}^{a} \overrightarrow{E} \cdot dr = -\int_{\infty}^{a} \dfrac{\rho_l}{2\pi\varepsilon r} dr$

(2) b점의 전위 : $V_b = -\int_{\infty}^{a} \overrightarrow{E} \cdot dr = -\int_{\infty}^{b} \dfrac{\rho_l}{2\pi\varepsilon r} dr$

(3) 전위차 : $V_{ab} = V_a - V_b = \dfrac{\rho_l}{2\pi\varepsilon}\left(\int_{\infty}^{b} \dfrac{1}{r} dr - \int_{\infty}^{a} \dfrac{1}{r} dr\right)$

$\qquad = \dfrac{\rho_l}{2\pi\varepsilon}\left([1\mathrm{n}r]_{\infty}^{b} - [1\mathrm{n}r]_{\infty}^{a}\right) = \dfrac{\rho_l}{2\pi\varepsilon}(1\mathrm{n}b - 1\mathrm{n}\infty - 1\mathrm{n}a + 1\mathrm{n}\infty)$

$\qquad = \dfrac{\rho_l}{2\pi\varepsilon}(1\mathrm{n}b - 1\mathrm{n}a) = \dfrac{\rho_l}{2\pi\varepsilon}1\mathrm{n}\dfrac{b}{a}$

문제3 | **전류의 자기작용과 Ampere법칙**

Ⅰ. 전류의 자기작용

1. 도선에 흐르는 전류에 의한 2가지 물리적 현상

   (1) Joule열의 발생

   (2) 자기장의 발생

2. **1820年 Oersted** : 전류의 자기작용 최초 발견
   도선 가까이 놓인 자침이 도선에 흐르는 전류에 의해 도선에 직각이 되도록 회전하는
   사실로부터 어떤 물질에 전류를 흘리면 이 물질을 에워싼 닫혀진 자기력선에 의해 자계가
   발생 → 자침의 두 자극이 힘을 받아 회전

3. 그 후 Ampere, Faraday, Maxwell에 의해 전기현상과 자기현상의 상호관계가 규명되고
   자성의 근원은 전류임이 알려짐

Ⅱ. 암페어의 오른나사 법칙

직선상 도선에 전류를 흘리면 주위의 자침은 그림과 같이 이 도선에 수직인 방향으로 회전
력을 받는다. 즉, 전류가 오른나사의 진행방향으로 흐르면 자계는 그 나사의 회전방향으로
발생하고 전류가 나사의 회전방향으로 흐를 때는 자계는 그 진행방향으로 생기는 현상을
말함

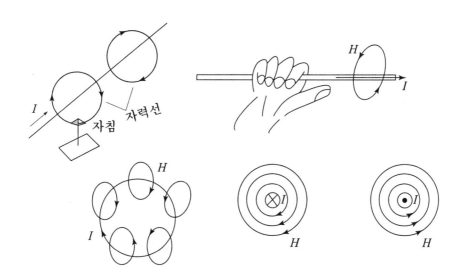

III. Ampere의 주회적분법칙(Ampere's circuital law)

1. 전류분포가 대칭적인 형태에 의한 자계를 구하고자 할 때 이용하는 법칙으로서 그림과 같이 폐경로자계 H의 선적분한 것은 그 폐경로에 의해 만들어진 면을 통과하여 지나가는 총전류 I와 같다. 이를 수식으로 표현하면

$$\oint_c Hdl = I$$

2. 무한장 직선도체에 의한 자계

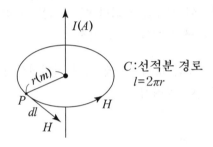

(1) 도선으로부터 거리 r에 있는 점 P의 자계를 H, 그 점의 선소를 dl로 하면 H와 dl이 이루는 각은 0이므로 폐회로 C에 대한 선적분은

$$\oint_c H \cdot dl = H\oint_c dl = 2\pi r\, H = I \text{로 표시됨}$$

$$\therefore H = \frac{I}{2\pi r}\,(\text{A/m})(\text{자계 } H\text{는 전류에 비례하고 도선으로부터 거리 } r\text{에 반비례})$$

(2) N회 도선 중의 폐회로에 대해서는 그 폐회로가 쇄교하는 전류가 IN이므로

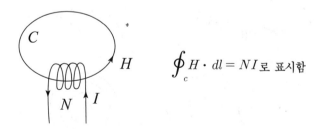

$$\oint_c H \cdot dl = NI \text{로 표시함}$$

참고 **1** 원형 coil 중심축의 자계(Bio-Savart's Law)

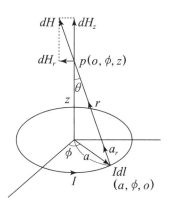

By Bio-Savart's Low

$$dH = \frac{Idl \times a_r}{4\pi r^2} = \frac{Idl \times r}{4\pi r^3} (\text{A/m})$$

$$r = -aa_r + za_z \Rightarrow r = \sqrt{a^2 + z^2} (\text{m})$$

$$a_r = \frac{r}{r} = \frac{-aa_r + za_z}{r}$$

$$Idl = Iad\phi \cdot a_\phi$$

$$dH = \frac{Iad\phi a_\phi \times (-aa_r + za_z)}{4\pi r^3} = \frac{Iad\phi(aa_z + za_r)}{4\pi r^3} [\text{A/m}] 이므로$$

$$dH_z = \frac{a^2 Id\phi}{4\pi r^3} a_z, \quad dH_r = \frac{a_z Id\phi}{4\pi r^3} a_r 이 된다.$$

> ※ 참고
>
> $$a_\phi \times (-a_r) = a_r \times a_\phi = a_z$$
>
> $$a_\phi \times a_z = a_r$$
>
> 원통좌표계순서
>
> $$r, \phi, z$$

상기 그림에서 dH_r은 대칭성에 의해 상쇄되므로

$$dH = \frac{a^2 Id\phi}{4\pi r^3} a_z (\text{A/m})$$

$$\therefore H = \frac{a^2 I}{4\pi r^3} \oint d\phi \cdot a_z = \frac{a^2 I}{2r^3} a_z = \frac{a^2 I}{2(a^2 + z^2)^{3/2}} a_z (\text{A/m})$$

$$\sin\theta = \frac{a}{r} 이므로 \rightarrow r = \frac{a}{\sin\theta}$$

$$\therefore H = \frac{a^2 I}{2r^3} a_z = \frac{a^2 I}{2(\frac{a}{\sin\theta})^3} a_z = \frac{I}{2a} \sin^3\theta a_z (\text{A/m})$$

만일 원형 coil 중심에서의 자계는 $z = 0$, $\theta = \frac{\pi}{2}$이므로 N회의 coil에서는

$$\therefore H = \frac{NI}{2a} (\text{A/m})$$

문제4 아래 그림을 이용하여 도선에 흐르는 전류에 의해서 각 도선이 받는 단위 길이당 힘을 구하고, 플레밍의 왼손법칙을 설명하시오.

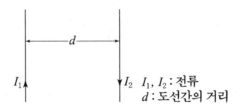

I_1, I_2 : 전류
d : 도선간의 거리

Ⅰ. 각 도선이 받는 힘

평행한 도선에 전류가 흐를 경우 한쪽 도선에 흐르는 전류가 만든 자기장에 의해 전류가 흐르고있는 다른쪽 도선에 힘을 받게되는데 이 힘에 의해 두도선은 서로 끌어당기거나 밀어내게 된다.

도선 1이 만드는 자계의 크기는 암페어의 법칙에 의해

$$H = \frac{I_1}{2\pi d}$$ .... ①

길이 1인 도선 2가 받는 전자력은

$$F = I_2 B l \sin\theta = \mu_0 I_2 H l \sin\theta$$

2개의 도선은 평행이며 도선 1이 만드는 자기장과 도선2는 서로 수직인 상태이므로

$$F = \mu_0 I_2 H l$$ .... ②

①식의 H를 ②식에 대입해 풀면

$$F = \frac{\mu_0 I_1 I_2 l}{2\pi d}$$ 이 된다.

도선 1이 받는 힘의 크기도 조건이 모두 같기 때문에 동일하게 적용됨
따라서 단위길이당 각 도선이 받는 힘은

$$\therefore F = \frac{\mu_0 I_1 I_2}{2\pi d}$$ 가 됨

Ⅱ. 플레밍의 왼손법칙 설명

1. 힘의 방향은 플레밍의 왼손법칙에 의해 아래 그림과 같다.

같은방향으로 흐르는 전류의 도선은 서로 흡인력이, 반대방향으로 흐르는 전류의 도선은 서로 반발력이 작용함

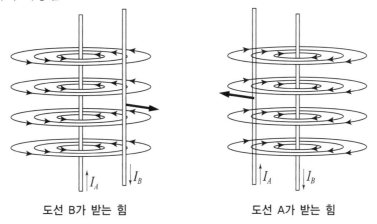

도선 B가 받는 힘   도선 A가 받는 힘

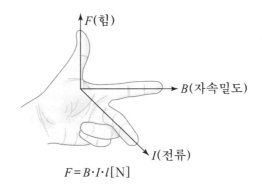

$$F = B \cdot I \cdot l [\text{N}]$$

2. 전류가 다른 방향의 경우 반발력이 생기는 이유

2개의 도선사이의 자기장의 방향은 같은 방향이어서 서로 합쳐져서 자력선 밀도가 커지고 힘은 밀도가 큰쪽에서 작은쪽으로 향하게 되어 서로 밀어내게 된다.

(전류가 같은 방향의 경우는 서로 상쇄되어 흡인력 발생)

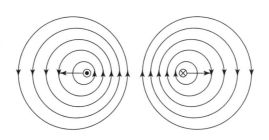

문제5 | 테브난, 노튼의 정리

Ⅰ. 테브난의 정리(Thevenin's theorem) : 등가 전압원 정리

1. 능동 회로망을 두 단자 1, 2측에서 보았을 때 이것을 등가적으로 하나의 전압원 V_0에 하나의 임피던스 Z_0가 직렬로 된 것으로 대치할 수 있다.

2. 회로망에서 단자 1, 2간의 개방전압을 V_0, 단자에서 회로망 쪽을 본 임피던스를 Z_0라 하면 (이 때 Z_0는 전압원 단락 후 구한 내부합성 임피던스)
   단자간에 Z를 접속했을 때 Z에 흐르는 전류

$$I = \frac{V_0}{Z_0 + Z}$$

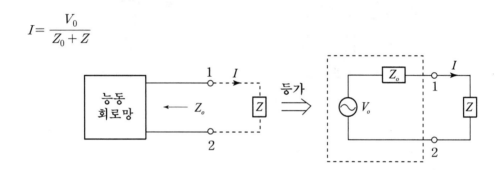

Ⅱ. 노튼의 정리(Norton's theorem) : 등가 전류원 정리

1. 능동 회로망을 단자 1, 2측에서 보았을때 등가적으로 하나의 전류원 I_s와 하나의 어드미턴스 Y_0(또는 Z_0)가 병렬로 접속된 것으로 해석할 수 있다.

2. 그림에서 단자간 단락전류를 I_s, 단자에서 회로망 쪽을 본 어드미턴스를 Y_0라 하면 (이 때 Y_0는 전원을 제거 후 구한 내부 합성어드미턴스)
   단자간에 어드미턴스 Y를 접속했을 때 Y에 흐르는 전류

$$I = \frac{Z_0}{Z_0 + Z} I_s = \frac{Y}{Y_0 + Y} I_s$$

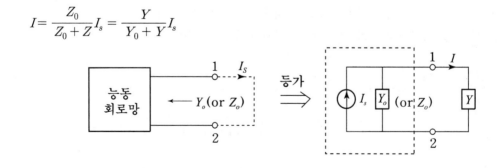

Ⅲ. 테브난과 노튼의 정리비교

1. 테브난과 노튼의 정리는 서로 쌍대 관계임

$$I = \frac{V_0}{Z_0 + Z} \quad \leftrightarrow \quad I = \frac{Y}{Y_0 + Y} I_s$$

2. 테브난의 정리는 임피던스와 단자개방전압을 사용한데 비해 노튼의 정리는 어드미턴스와 단자 단락전류를 사용하여 부하전류를 구하는 방법으로 그 결과는 같다.

Ⅳ. 적용

1. 회로망 일부만 해석할 필요가 있을 때
2. 최대 전력전달을 위한 부하조건의 해를 구할 때 유용

예제1 그림의 회로에서 단자 a, b에 40(Ω)의 저항을 연결할 때 흐르는 전류를 테브난의 정리 및 노튼의 정리를 이용해서 구하라.

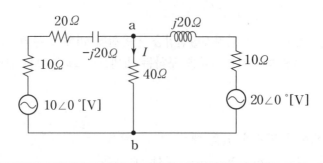

해설 1. 테브난의 정리

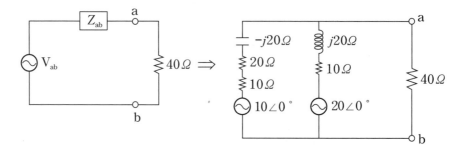

$$I = \frac{V_{ab}}{Z_{ab} + Z}$$

(1) $V_{ab} = \dfrac{\dfrac{10\angle 0°}{30 - j20} + \dfrac{20\angle 0°}{10 + j20}}{\dfrac{1}{30 - j20} + \dfrac{1}{10 + j20}} = \dfrac{10(10 + j20) + 20(30 - j20)}{(10 + j20) + (30 - j20)} = 17.5 - j5 \, (V)$

(2) $Z_{ab} = \dfrac{1}{\dfrac{1}{30 - j20} + \dfrac{1}{10 + j20}} = \dfrac{(30 - j20) \cdot (10 + j20)}{(30 - j20) + (10 + j20)} = 17.5 + j10 \, (Ω)$

(3) $\therefore \; I = \dfrac{V_{ab}}{Z_{ab} + Z} = \dfrac{17.5 - j5}{17.5 + j10 + 40} = 0.28 - j0.137 \, (A)$

2. 노튼의 정리

$$I = \frac{Y}{Y_0 + Y} I_s = \frac{Z_0}{Z_0 + Z} I_s \, (A)$$

(1) $I_s = \dfrac{V_0}{Z_0} = \dfrac{17.5 - j5}{17.5 + j10} = 0.63 - j0.65 \, (A)$

(2) $I = \dfrac{Z_0}{Z_0 + Z} \times I_s = \dfrac{17.5 + j10}{(17.5 + j10) + 40} \times (0.63 - j0.65) = 0.28 - j0.137(A)$

or $I = \dfrac{Y}{Y_0 + Y} I_s = \dfrac{\dfrac{1}{40}}{\dfrac{1}{(17.5 + j10)} + \dfrac{1}{40}} \times (0.63 - j0.65) = 0.28 - j\,0.137(A)$

예제2 그림의 단자 a, b에 $1.8\,\Omega$ 의 저항을 연결할 때 흐르는 전류를 테브난과 노튼의 정리를 이용해서 구하라.

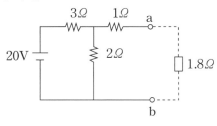

해설 **1. 테브난의 정리**

(1) 개방 단자전압 $V_0 = \dfrac{2}{3+2} \times 20 = 8(V)$

(2) 20V의 전압원 단락 → $R_{ab} = 1 + \dfrac{3 \times 2}{3 + 2} = 2.2\ (\Omega)$

(3) 등가회로 → Z접속시 $I = \dfrac{V_0}{Z + Z_0} = \dfrac{8}{1.8 + 2.2} = 2(A)$

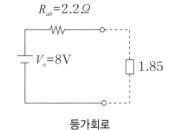

등가회로

2. 노튼의 정리

(1) 전원제거 → $Y_0 = \dfrac{1}{Z_0} = \dfrac{1}{2.2}$

(2) 출력단 단락

$I_T = \dfrac{20}{\left(3 + \dfrac{2 \times 1}{2 + 1}\right)} = \dfrac{60}{11}\,(A)$

$I_s = \dfrac{2}{2 + 1} \times I_T = \dfrac{40}{11}\,(A)$

등가회로

(3) 등가회로 → Y에 흐르는 전류 $I = \dfrac{\dfrac{1}{1.8}}{\dfrac{1}{2.2} + \dfrac{1}{1.8}} \times \dfrac{40}{11} = 2(A)$

따라서 결과는 같다.

예제3 그림의 휘스톤 브리지에서 R_L에 흐르는 전류를 구하라.

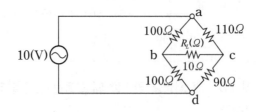

해설 테브난의 정리를 이용

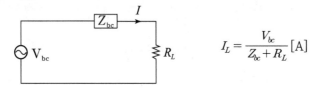

$$I_L = \frac{V_{bc}}{Z_{bc} + R_L}\,[\text{A}]$$

1. 먼저 b, c 양단의 개방전압 V_{bc}

$$V_{bc} = V_{bd} - V_{cd} = \frac{100}{100 + 100} \times 10 - \frac{90}{110 + 90} \times 10 = 0.5\,(\text{V})$$

2. b, c에서 본 임피던스(전원을 제거하고 단자 a, d간을 단락)

$$Z_{bc} = \frac{100 \times 100}{100 + 100} + \frac{110 \times 90}{110 + 90} = 99.5\,(\varOmega)$$

3. $I = \dfrac{V_{bc}}{Z_{bc} + R_L} = \dfrac{0.5}{99.5 + 10} = 0.00457 = 4.57\,(\text{mA})$

문제6 | **중첩의 정리(Super position's theorem)**

Ⅰ. 중첩의 정리

1. 선형 회로망 내에 다수의 전원(전압원, 전류원)이 동시에 존재할 때 어떤 점의 전위 또는 전류는 각 전원이 단독으로 그 위치에 존재한다고 했을 때의 그 점의 전위 또는 전류의 합과 같다.

2. 이 원리를 이용하면 2개 이상의 전원을 포함한 회로에서 각 가지의 전류 또는 전압은 전원들을 순차적으로 하나씩 작동시키면서 얻은 해를 합산하여 간단히 구할 수 있다.
(이 때 전원이 작동하지 않는 전압원은 단락, 전류원은 개방함)

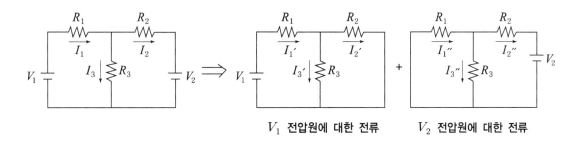

V_1 전압원에 대한 전류 V_2 전압원에 대한 전류

3. 각 지로에 흐르는 전류 I_1, I_2, I_3는?
⇒ $I_1 = I_1{'} + I_1{''}$, $I_2 = I_2{'} + I_2{''}$, $I_3 = I_3{'} + I_3{''}$

예제1

I_a, I_b = ?

I_a
2Ω
$12V$ $6A$ 4Ω I_b

해설 1. 12V 전압원 단락, 6A 전류원에 대한 $I_a{'}$, $I_b{'}$를 구함

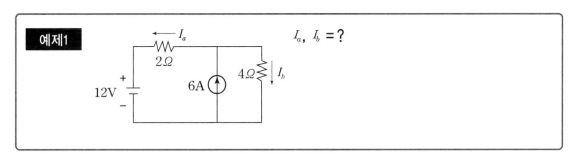

$$
\begin{cases}
I_a{'} = \dfrac{4}{2+4} \times 6 = 4\,(\mathrm{A}) \\[2mm]
I_b{'} = \dfrac{2}{2+4} \times 6 = 2\,(\mathrm{A})
\end{cases}
$$

2. 6A 전류원 개방, 12V 전압원에 대한 전류 I_a'', I_b'' 를 구함

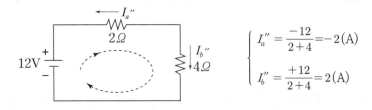

$$\begin{cases} I_a'' = \dfrac{-12}{2+4} = -2(A) \\[3mm] I_b'' = \dfrac{+12}{2+4} = 2(A) \end{cases}$$

3. 따라서 $I_a = I_a' + I_a'' = 4 - 2 = 2(A)$

$\qquad I_b = I_b' + I_b'' = 2 + 2 = 4(A)$

예제2 그림과 같은 회로에서 중첩의 원리를 이용, Z_3에 흐르는 전류 I_3를 구하라.

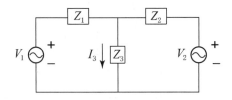

해설 중첩의 원리를 이용, 다음과 같이 회로를 표현

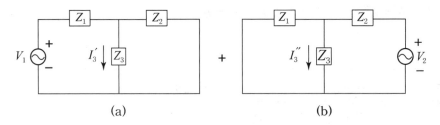

(a)   (b)

1. (a)회로에서

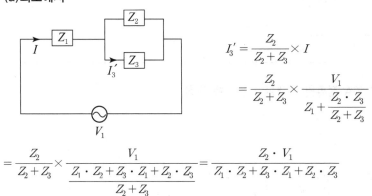

$$I_3' = \frac{Z_2}{Z_2 + Z_3} \times I$$

$$= \frac{Z_2}{Z_2 + Z_3} \times \frac{V_1}{Z_1 + \dfrac{Z_2 \cdot Z_3}{Z_2 + Z_3}}$$

$$= \frac{Z_2}{Z_2 + Z_3} \times \frac{V_1}{\dfrac{Z_1 \cdot Z_2 + Z_3 \cdot Z_1 + Z_2 \cdot Z_3}{Z_2 + Z_3}} = \frac{Z_2 \cdot V_1}{Z_1 \cdot Z_2 + Z_3 \cdot Z_1 + Z_2 \cdot Z_3}$$

2. (b)회로

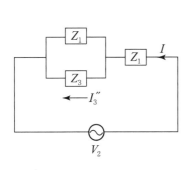

$$I_3'' = \frac{Z_1}{Z_1 + Z_3} \times I$$

$$= \frac{Z_1}{Z_1 + Z_3} \times \frac{V_2}{Z_2 + \dfrac{Z_1 \cdot Z_3}{Z_1 + Z_3}}$$

$$= \frac{Z_1}{Z_1 + Z_3} \times \frac{V_2}{\dfrac{Z_1 \cdot Z_2 + Z_3 \cdot Z_1 + Z_2 \cdot Z_3}{Z_1 + Z_3}}$$

$$= \frac{Z_1 \cdot V_2}{Z_1 \cdot Z_2 + Z_3 \cdot Z_1 + Z_2 \cdot Z_3}$$

3. $I_3 = I_3' + I_3'' = \dfrac{Z_1 \cdot V_2}{Z_1 \cdot Z_2 + Z_3 \cdot Z_1 + Z_2 \cdot Z_3}$

$$= \frac{Z_2 \cdot V_1 + Z_1 \cdot V_2}{Z_1 \cdot Z_2 + Z_3 \cdot Z_1 + Z_2 \cdot Z_3}$$

예제3 그림과 같은 회로에서 테브난의 정리를 이용하여 Z_3에 흐르는 전류 I_3를 구한 것이 중첩의 원리에 의해 구한 결과와 일치함을 확인하라.

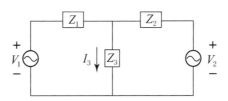

해설 테브난의 정리를 이용, 회로를 다시 그리면

$$I_3 = \frac{V_{ab}}{Z_0 + Z_3}$$

1. $Z_0 = \dfrac{Z_1 \cdot Z_2}{Z_1 + Z_2}$

2. $V_{ab} = \dfrac{Y_1 V_1 + Y_2 V_2}{Y_1 + Y_2} = \dfrac{\dfrac{V_1}{Z_1} + \dfrac{V_2}{Z_2}}{\dfrac{1}{Z_1} + \dfrac{1}{Z_2}} = \dfrac{Z_2 V_1 + Z_1 V_2}{Z_1 + Z_2}$

3. $I_3 = \dfrac{V_{ab}}{Z_0 + Z_3} = \dfrac{\dfrac{Z_2 V_1 + Z_1 V_2}{Z_1 + Z_2}}{\dfrac{Z_1 \cdot Z_2}{Z_1 + Z_2} + Z_3} = \dfrac{Z_2 \cdot V_1 + Z_1 \cdot V_2}{Z_1 \cdot Z_2 + Z_3 \cdot Z_1 + Z_2 \cdot Z_3} [A]$

따라서 앞장에서 중첩의 원리를 이용하여 구한 해와 결과 일치함

예제4 다음 회로의 부하전류를 중첩의 정리를 이용하여 부하전류 I_L(A)을 구하시오.

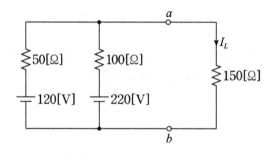

해설 **1.** 120V의 전압원 작용 시 부하에 흐르는 전류 I'

$$I' = \dfrac{120}{50 + \dfrac{100 \times 150}{100 + 150}} \times \dfrac{100}{100 + 150} = 0.44[A]$$

2. 220V의 전압원 작용 시 부하에 흐르는 전류 I''

$$I'' = \dfrac{220}{100 + \dfrac{50 \times 150}{50 + 150}} \times \dfrac{50}{50 + 150} = 0.4[A]$$

3. $\therefore I_L = I' + I'' = 0.44 + 0.4 = 0.84[A]$

예제5 다음 회로에서 저항 R_1, R_2에 흐르는 전류 I_1, I_2를 구하시오

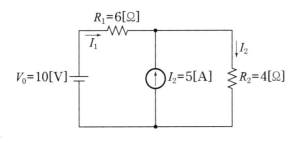

해설 1. 중첩의 원리를 적용, 전압원만의 회로(전류원개방)에서 전류를 구하고 전류원만의 회로(전압원단락)에서 전류를 구한 후 이를 중첩시킴

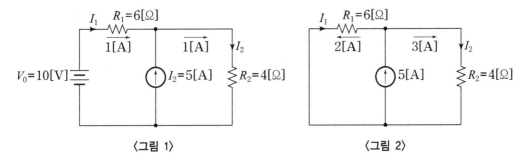

〈그림 1〉　　　　　　　　〈그림 2〉

2. 그림1에서 R_1과 R_2에 흐르는 전류는

$$I_1' = I_2' = \frac{10}{6+4} = 1A$$

3. 그림2에서 R_1과 R_2에 흐르는 전류는

$$I_1'' = 5 \times \frac{4}{6+4} = 2A$$

$$I_2'' = 5 \times \frac{6}{6+4} = 3A$$

4. 따라서 R_1과 R_2에 흐르는 전 전류는

$$I_1 = 1 - 2 = -1A$$

$$I_2 = 1 + 3 = 4A$$

문제7 밀만의 정리(Millman's theorem)

I. 밀만의 정리

1. 테브난과 노튼의 정리를 합성

2. 회로망내 내부 임피던스를 갖는 전압원이 병렬로 다수 접속된 경우 하나의 등가전원으로 대치하여 회로의 양단자간 전압을 구할 수 있다.

II. 해설

1.

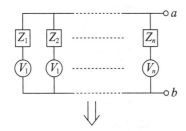

$$Z_o = Z_1 // Z_2 // \cdots\cdots // Z_n$$

$$\frac{1}{Z_o} = \frac{1}{Z_1} + \frac{1}{Z_2} + \cdots\cdots + \frac{1}{Z_n}$$

$$Z_o = \frac{1}{\dfrac{1}{Z_1} + \dfrac{1}{Z_2} + \cdots\cdots + \dfrac{1}{Z_n}}$$

2.

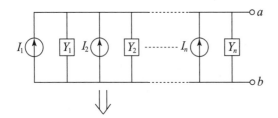

$$Y_o = Y_1 // Y_2 \cdots\cdots // Y_n$$

$$Y_o = Y_1 + Y_2 + \cdots\cdots + Y_n$$

3.

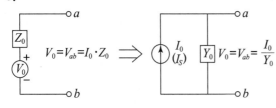

$$V_0 = V_{ab} = I_0 \cdot Z_0 \quad\Longrightarrow\quad V_0 = V_{ab} = \frac{I_0}{Y_0}$$

Theremin 등가회로   Norton 등가회로

$$\therefore \ V_{ab} = I_o Z_o = \frac{I_o}{Y_o} = \frac{I_1 + I_2 + \cdots\cdots + Z_n}{Y_1 + Y_2 + \cdots\cdots + Y_n} = \frac{Y_1 V_1 + Y_2 V_2 + \cdots\cdots Y_n V_n}{Y_1 + Y_2 \cdots\cdots + Y_n}$$

예제1 그림과 같은 불평형 Y회로에 평형 3상전압을 가할 때 중성점 전압 V_N은?

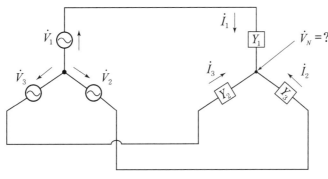

해설 1. 부하가 불평형이므로 중성점에는 V_N의 전압이 걸림

2. 각 선전류

$$\begin{cases} \dot{I}_1 = \dot{Y}_1(\dot{V}_1 - \dot{V}_N) \\ \dot{I}_2 = \dot{Y}_2(\dot{V}_2 - \dot{V}_N) \\ \dot{I}_3 = \dot{Y}_3(\dot{V}_3 - \dot{V}_N) \end{cases}$$

3. Vector 합으로 $\dot{I}_1 + \dot{I}_2 + \dot{I}_3$ 이므로

$$\dot{Y}_1(\dot{V}_1 - \dot{V}_N) + \dot{Y}_2(\dot{V}_2 - \dot{V}_N) + \dot{Y}_3(\dot{V}_3 - \dot{V}_N) = 0$$

$$\dot{Y}_1\dot{V}_1 - \dot{Y}_1\dot{V}_N + \dot{Y}_2\dot{V}_2 - \dot{Y}_2\dot{V}_N + \dot{Y}_3\dot{V}_3 - \dot{Y}_3\dot{V}_N = 0$$

$$\dot{Y}_1\dot{V}_1 + \dot{Y}_2\dot{V}_2 + \dot{Y}_3\dot{V}_3 - (\dot{Y}_1 + \dot{Y}_1 + \dot{Y}_3)\dot{V}_N = 0$$

$$\therefore \dot{V}_N = \frac{\dot{Y}_1\dot{V}_1 + \dot{Y}_2\dot{V}_2 + \dot{Y}_3\dot{V}_3}{\dot{Y}_1 + \dot{Y}_2 + \dot{Y}_3}$$

가 되어 밀만의 정리에 의해 구한 것과 같다.

예제2 다음의 회로에서 테브난, 노튼, 밀만, 중첩의 정리를 이용하여 부하에 흐르는 전류를 각각 구하고 그 결과가 모두 일치함을 증명하시오.

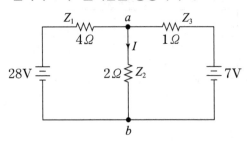

해설 **1. 테브난의 정리**

(1) 등가회로(임피던스와 개방전압 이용)

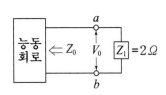

(2) Z_2에 흐르는 전류

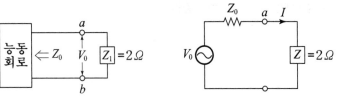

① $Z_o = \dfrac{4 \times 1}{4 + 1} = \dfrac{4}{5}(\Omega)$ ← 전압원 단락 후 구함

② $I_o = \dfrac{V_1}{Z_1} + \dfrac{V_2}{Z_3} = \dfrac{28}{4} + \dfrac{7}{1} = 14(A)$

③ $V_o = I_o Z_o = 14 \times \dfrac{4}{5} = \dfrac{56}{5}(V)$

④ $I = \dfrac{V_o}{Z_o + Z_2} = \dfrac{\dfrac{56}{5}}{\dfrac{4}{5} + 2} = 4(A)$

2. 노튼의 정리

(1) 등가회로(어드미턴스와 단락전류 이용)

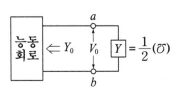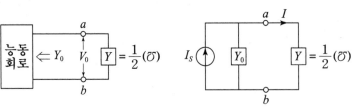

$I = \dfrac{Y}{Y_o + Y} \times I_S (I_S = Y_o \cdot V_o)$

(2) Y에 흐르는 전류

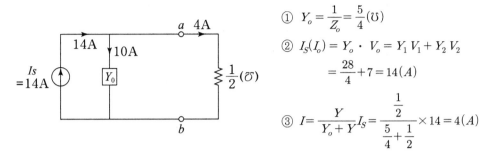

① $Y_o = \dfrac{1}{Z_o} = \dfrac{5}{4}(\mho)$

② $I_S(I_o) = Y_o \cdot V_o = Y_1 V_1 + Y_2 V_2$

$\qquad = \dfrac{28}{4} + 7 = 14(A)$

③ $I = \dfrac{Y}{Y_o + Y} I_S = \dfrac{\dfrac{1}{2}}{\dfrac{5}{4} + \dfrac{1}{2}} \times 14 = 4(A)$

3. 밀만의 정리

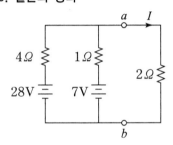

① $V_o = \dfrac{Y_1 \cdot V_1 + Y_2 \cdot V_2 + Y_3 \cdot V_3}{Y_1 + Y_2 + Y_3}$

$\qquad = \dfrac{\dfrac{28}{4} + \dfrac{7}{1} + \dfrac{0}{2}}{\dfrac{1}{4} + \dfrac{1}{1} + \dfrac{1}{2}} = 8(V)$

② $I = \dfrac{8}{2} = 4(A)$

4. 중첩의 정리

(1) 28V의 전압원 작용 시 Z 흐르는 전류 I'

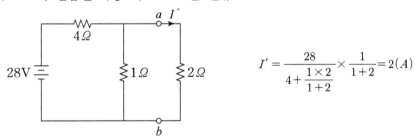

$I' = \dfrac{28}{4 + \dfrac{1 \times 2}{1 + 2}} \times \dfrac{1}{1 + 2} = 2(A)$

(2) 7V의 전압원 작용 시 Z에 흐르는 전류 I''

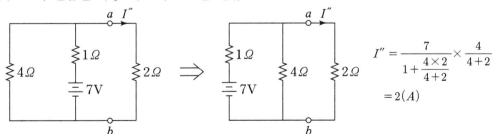

$I'' = \dfrac{7}{1 + \dfrac{4 \times 2}{4 + 2}} \times \dfrac{4}{4 + 2}$

$\qquad = 2(A)$

(3) $\therefore I = I' + I'' = 2 + 2 = 4(A)$

5. 결론

계산결과 부하전류에 흐르는 전류는 4A로 모두 일치함

예제3 다음 회로에서 스위치 SW를 닫기 직전의 전압 V_{oc}[V]와 a-b점에서 전원측을 쳐다본 등가 임피던스[Z_{eq}], 스위치 SW를 닫은 후 Z에 흐르는 전류[A]를 구하시오.
(밀만, 노튼, 테브난, 중첩의 정리 이용)

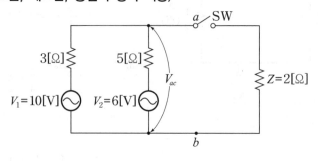

해설 **1. 밀만의 노튼의 정리 이용**

(1) 밀만의 정리 이용

$$V_{oc} = \frac{Y_1 V_1 + Y_2 V_2}{Y_1 + Y_2} = \frac{\dfrac{10}{3} + \dfrac{6}{5}}{\dfrac{1}{3} + \dfrac{1}{5}} = \frac{68}{8}\,[\text{V}]$$

(2) 노튼정리 이용

$$Y_0 = Y_1 + Y_2 = \frac{1}{3} + \frac{1}{5} = \frac{8}{15}\,[\text{℧}]$$

$$I_0 = Y_0 \times V_{oc} = \frac{8}{15} \times \frac{68}{8} = \frac{68}{15}\,[\text{A}]$$

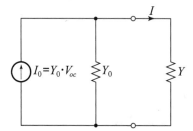

$$\therefore I = \frac{Y}{Y_0 + Y} \cdot I_0 = \frac{\dfrac{1}{2}}{\dfrac{8}{15} + \dfrac{1}{2}} \times \frac{68}{15} = \frac{68}{31} = 2.2\,[\text{A}]$$

2. 테브난 정리 이용

$$Z_0 = \frac{15}{3+5} = \frac{18}{8}\,[\Omega]$$

$$I_0 = \frac{10}{3} + \frac{6}{5} = \frac{68}{15}\,[\text{A}]$$

$$V_{oc} = I_0 \cdot Z_0 = \frac{15}{8} \times \frac{68}{15} = \frac{68}{8}\,[\text{V}]$$

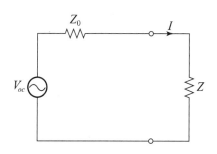

$$\therefore I = \frac{V_{oc}}{Z_0 + Z} = \frac{\dfrac{68}{8}}{\dfrac{15}{8} + 2} = \frac{68}{31} = 2.2\,[\mathrm{A}]$$

3. 중첩의 이용 정리

(1) 전압원의 이용

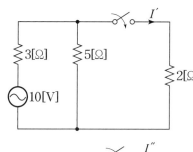

$$I' = \frac{10}{3 + \dfrac{10}{5+2}} \times \frac{5}{5+2} = \frac{50}{31}\,[\mathrm{A}]$$

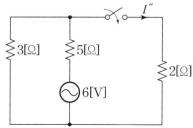

$$I'' = \frac{6}{5 + \dfrac{6}{3+2}} \times \frac{3}{3+2} = \frac{18}{31}\,[\mathrm{A}]$$

$$\therefore I = I' + I'' = \frac{50}{31} + \frac{18}{31} = \frac{68}{31} = 2.2\,[\mathrm{A}]$$

(2) 전류원 이용

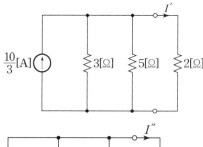

$$I' = \frac{\dfrac{15}{3+5}}{\dfrac{15}{3+5}+2} \times \frac{10}{3} = \frac{50}{31}\,[\mathrm{A}]$$

$$I'' = \frac{\dfrac{15}{3+5}}{\dfrac{15}{3+5}+2} \times \frac{6}{5} = \frac{18}{31}\,[\mathrm{A}]$$

$$\therefore I = I' + I'' = \frac{68}{31} = 2.2\,[\mathrm{A}]$$

4. 결론

주어진 상기회로의 문제를 (1) 밀만과 노튼의 정리, (2) 테브난의 정리, (3) 중첩의 정리를 이용하여 각각 전류를 계산해 본 결과 그해가 모두 일치함

문제8 순저항 회로조건, 동상조건

예제1 그림과 같은 회로가 주파수에 무관하게 순저항(정저항)이 되기 위한 조건

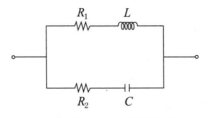

해설 임피던스 함수 $Z(s)$에서 $s=j\omega$를 대입하여 정리하면

$Z(j\omega)=\dfrac{A_0(\omega)+jA_1(\omega)}{B_0(\omega)+jB_1(\omega)}$ 로 표시되며, $A_0(\omega)$, $B_0(\omega)$는 ω에 대해 우함수

$A_1(\omega)$, $B_1(\omega)$는 기함수이다.

$Z(j\omega)=R(\omega)+jX(\omega)$, $\dfrac{A_0(\omega)}{B_0(\omega)}=\dfrac{A_1(\omega)}{B_1(\omega)}$ 의 관계가 만족하면

$Z(j\omega)$는 주파수에 무관하게 항상 일정한 실수값을 갖는데 이런 회로를 정저항(순저항) 회로라 한다.

$$Z=\frac{(R_1+j\omega L)(R_2+\frac{1}{j\omega C})j\omega C}{(R_1+j\omega L)+(R_2+\frac{1}{j\omega C})j\omega C}=\frac{(R_1+j\omega L)\cdot(j\omega CR_2+1)}{R_1 j\omega C-\omega^2 LC+R_2 j\omega C+1}$$

$$=\frac{j\omega CR_1R_2+R_1-\omega^2 LCR_2+j\omega L}{(1-\omega^2 LC)+j\omega C(R_1+R_2)}$$

$$=\frac{(R_1-\omega^2 LCR_2)+j(\omega L+\omega CR_1R_2)}{(1-\omega^2 LC)+j\omega C(R_1+R_2)}=\frac{A_0+jA_1}{B_0+jB_1}$$

$\dfrac{A_0}{B_0}=\dfrac{A_1}{B_1}$ 의 관계에 있으면, $Z_0=\dfrac{A_0}{B_0}$ 가 되고 허수부 = 0 ⇒ 정저항회로

$$\frac{R_1-\omega^2 LCR_2}{1-\omega^2 LC}=\frac{L+CR_1R_2}{C(R_1+R_2)}$$

$$\omega^2 LC(L-CR_2^2)+(CR_1^2-L)=0$$

$$\therefore\ L-CR_2^2=0,\ CR_1^2-L=0$$

$$R_1=R_2=\sqrt{\frac{L}{C}}$$

$\therefore Z=\sqrt{\dfrac{L}{C}}$ 이 되어 정저항회로가 됨

예제2 그림과 같은 회로에서 인덕터 L에 흐르는 전류가 교류 전원전압 E와 동상이 되기
위한 저항 R_2의 값을 구하시오.

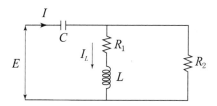

해설 회로에 흐르는 全電流를 I, L에 흐르는 전류를 I_L이라 하면,

$$I = \frac{E}{\dfrac{1}{j\omega C} + \dfrac{R_2(R_1 + j\omega L)}{R_2 + R_1 + j\omega L}} \qquad I_L = I \times \frac{R_2}{R_2 + R_1 + j\omega L}$$

위의 두 식에서 $I_L = \dfrac{E}{\dfrac{R_1 + R_2 + j\omega L + j\omega C R_2(R_1 + j\omega L)}{j\omega C(R_1 + R_2 + j\omega L)}} \times \dfrac{R_2}{R_1 + R_2 + j\omega L}$

$$= \frac{E \cdot R_2}{\dfrac{R_1}{j\omega C} + \dfrac{R_2}{j\omega C} + \dfrac{L}{C} + R_2(R_1 + j\omega L)}$$

$$= \frac{E}{-j\dfrac{1}{\omega C}\left(\dfrac{R_1}{R_2} + 1\right) + \dfrac{L}{R_2 C} + R_1 + j\omega L}$$

여기서 전압과 L에 흐르는 전류가 동상이 되려면 분모의 허수부가 0가 되어야 함

$$\therefore \; -j\frac{1}{\omega C}\left(\frac{R_1}{R_2} + 1\right) + j\omega L = 0$$

$$-j\frac{1}{\omega C}\left(\frac{R_1}{R_2} + 1\right) = -j\omega L$$

$$1 + \frac{R_1}{R_2} = \omega^2 LC, \quad \frac{R_1}{R_2} = \omega^2 LC - 1$$

$$\therefore \; R_2 = \frac{R_1}{\omega^2 LC - 1}$$

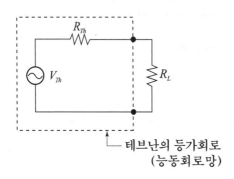

문제9 최대전력전달(Maximum Power Transfer)과 효율관계

I. 개요

1. **테브난 등가회로** : 내부를 알 수 없거나 매우 복잡한 회로망을 하나의 전압원과 저항으로 표시한 것

2. **최대전력전달** : 아래의 회로망에서 부하저항을 얼마로 가변시켜야 그 부하에 최대의 전력을 전달할 수 있는가를 알아보는 법칙

즉, V_{Th}, R_{Th} = Constant 하고 부하저항 R_L의 변화에 의해 R_L에 공급되는 전력이 변화하는 것임

└ 테브난의 등가회로
(능동회로망)

II. 최대전력전달 조건

1. 부하저항(R_L)값

(1) R_L의 변화에 의해 공급되는 전력(P)이 최대가 되는 지점을 알아보려면 최대-최소 법칙을 이용 → 즉, 기울기가 0인 지점을 찾는다.

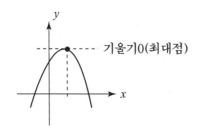

기울기0(최대점)

기울기0(최소점)

(2) 회로를 다시 그리면

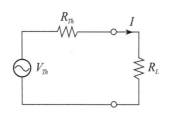

R_L에 공급되는 전력

$P = I^2 R_L$ → 여기서 $I = \dfrac{V_{Th}}{R_{Th} + R_L}$

$\therefore P = \left(\dfrac{V_{Th}}{R_{Th} + R_L} \right)^2 \cdot R_L$

(3) 따라서 최대-최소 법칙에서 R_L로 P를 미분하여 그 값이 0이 되도록 함

$$\frac{dP}{dR_L} = \frac{d}{dR_L}\left[\left(\frac{V_{Th}}{R_{Th}+R_L}\right)^2 \cdot R_L\right] = 0$$

$$= V_{Th}^2 \cdot \left[\frac{(R_{Th}+R_L)^2 - R_L \cdot 2(R_{Th}+R_L)}{(R_{Th}+R_L)^4}\right] = 0$$

여기서 이 식을 만족하려면 분자항은 0가 되어야 하므로

$$(R_{Th}+R_L)^2 - R_L \cdot 2(R_{Th}+R_L) = 0$$

$$\therefore R_L = R_{Th}$$

이때 부하측에 전달되는 최대전력 $P_m = \left(\frac{V_{Th}}{R_{Th}+R_L}\right)^2 \cdot R_L = \frac{V_{Th}^2}{4R_L}$ 이 된다.

2. 효율과의 관계

(1) 효율 $\eta = \dfrac{\text{부하의 소비전력}}{\text{전원의 공급전력}} = \dfrac{\left(\dfrac{V_{Th}}{R_{Th}+R_L}\right)^2 \cdot R_L}{\left(\dfrac{V_{Th}}{R_{Th}+R_L}\right) \cdot (R_{Th}+R_L)} = \dfrac{R_L}{R_{Th}+R_L}$

(2) 따라서 최대전력 전달시 효율은 $R_{Th} = R_L$일 때 이므로

$$\therefore \eta_m = \frac{R_L}{R_{Th}+R_L} \times 100\% = 50(\%)$$

III. 결론

1. 부하저항(R_L)을 전원의 내부저항 (R_{Th})과 같도록 Matching 시키면 최대전력을 공급 받을 수 있다.
2. 최대전력을 얻기 위해서는 효율을 희생시켜야 함

예제1 최대전력 전달조건

      1) 전원 내부 저항과 부하저항 연결 시

      2) 전원 내부 임피던스와 부하저항 연결 시

해설 1. 전원 내부 임피던스가 순저항 R_g, 부하 순저항 R_L일 때

$$Y = \frac{f(x)}{g(x)}, \quad Y' = \frac{f'(x)g(x) - f(x)g'(x)}{g(x)^2}$$

$$P_L = I^2 R_L = \left(\frac{E_g}{R_g + R_L}\right)^2 \cdot R_L = \frac{E_g^2 \cdot R_L}{(R_g + R_L)^2}$$

$$\frac{dP_L}{dR_L} = 0 \quad \Rightarrow \quad \frac{dP_L}{dR_L} = \frac{E_g^2(R_g + R_L) - E_g^2 R_L \cdot 2(R_g + R_L)}{(R_g + R_L)^4}$$

$$= \frac{(R_g + R_L) - 2R_L}{(R_g + R_L)^3} \times E_g^2 = 0$$

$$R_g + R_L - 2R_L = 0 \quad \Rightarrow \quad R_g - R_L = 0$$

$$\therefore \boldsymbol{R_g = R_L}\text{이 된다.}$$

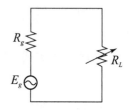

2. 전원 내부 임피던스가 $Z_g = R_g + jX_g$이고, 부하 순저항 R_L일 때

$$P_L = I^2 R_L = \left\{\frac{E_g}{(R_g + jX_g) + R_L}\right\}^2 \cdot R_L$$

$$= \left\{\frac{E_g}{(R_g + R_L) + jX_g}\right\}^2 \cdot R_L = \frac{E_g^2 \cdot R_L}{(R_g + R_L)^2 + X_g^2}$$

$$\frac{dP_L}{dR_L} = \frac{E_g^2\{(R_g + R_L)^2 + X_g^2\} - E_g^2 R_L \cdot 2(R_g + R_L)}{\{(R_g + R_L)^2 + X_g^2\}^2}$$

$$= (R_g + R_L)^2 + X_g^2 - 2R_L(R_g + R_L) = 0$$

$$= R_g^2 + 2R_g R_L + R_L^2 + X_g^2 - 2R_L R_g - 2R_L^2 = 0$$

$$\rightarrow X_g^2 + R_g^2 - R_L^2 = 0$$

$$R_L^2 = X_g^2 + R_g^2 \quad \rightarrow \quad \therefore \boldsymbol{R_L = R_g + jX_g}\text{가 된다.}$$

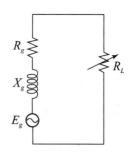

예제2 회로에서 E, r, R, L 및 f 가 불변일 경우 C를 가감할 때 회로에 흐르는 전류를 최대로 하는 C값을 구하라.

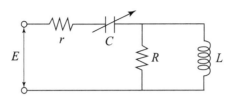

해설 문제에서 I 가 최대가 되려면 $I = \dfrac{V}{Z}$ 에서 Z 가 최소가 되면 된다.

$$Z = r - j\frac{1}{\omega C} + \frac{j\omega CR}{R + j\omega L} = r - j\frac{1}{\omega C} + \frac{j\omega LR \cdot (R - j\omega L)}{(R + j\omega L) \cdot (R - j\omega L)}$$

$$= r - j\frac{1}{\omega C} + \frac{j\omega LR^2 + \omega^2 L^2 R}{R^2 + \omega^2 L^2}$$

$$= r - j\frac{1}{\omega C} + \frac{\omega^2 L^2 R}{R^2 + \omega^2 L^2} + \frac{j\omega LR^2}{R^2 + \omega^2 L^2}$$

$$= \left(r + \frac{\omega^2 L^2 R}{R^2 + \omega^2 L^2} \right) + j\left(\frac{\omega LR^2}{R^2 + \omega^2 L^2} - \frac{1}{\omega C} \right)$$

→ 허수부가 0가 되면 Z 최소

$$\therefore \quad \frac{\omega LR^2}{R^2 + \omega^2 L^2} - \frac{1}{\omega C} = 0, \qquad \frac{\omega LR^2}{R^2 + \omega^2 L^2} = \frac{1}{\omega C}$$

$$\therefore \quad C = \frac{R^2 + \omega^2 L^2}{\omega^2 LR^2} \quad \text{이 된다.}$$

예제3 다음 교류회로에서 저항 R을 변화시킬 때 저항에서 소비되는 최대전력은?
$(E = 200\text{V}, \ C = 15\mu\text{F}, \ f = 60\text{Hz})$

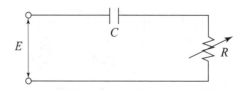

해설 회로전류를 I, 소비전력을 P 라 하면

$$P = I^2 R = \left(\frac{E}{\sqrt{R^2 + \left(\frac{1}{\omega C}\right)^2}} \right)^2 \cdot R = \frac{E^2 \cdot R}{R^2 + \left(\frac{1}{\omega C}\right)^2} = \frac{E^2}{R + \frac{1}{R}\left(\frac{1}{\omega C}\right)^2}$$

분모를 A라 놓으면 $\dfrac{dA}{dR} = 1 - \dfrac{1}{R^2}\left(\dfrac{1}{\omega C}\right)^2 = 0$

$\therefore R = \dfrac{1}{\omega C}$ (최대전력 조건)

$\therefore P_{\max} = \dfrac{E^2}{\dfrac{1}{\omega C} + \omega C \left(\dfrac{1}{\omega C}\right)^2} = \dfrac{1}{2}\omega C E^2 = \dfrac{1}{2} \times 2 \times 60 \times 3.14 \times 15 \times 10^{-6} \times 200^2 = 113.1\,(\text{W})$

예제4 그림과 같이 저항 R과 정전용량 C 가 병렬로 있다.
전 전류를 일정하게 유지할 때 R에서의 소비전력을 최대로 하는 R의 값을 구하라.(단, 주파수는 f 라 함)

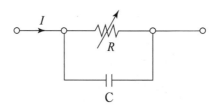

해설

(1) $I_R = I \times \dfrac{\dfrac{1}{j\omega C}}{R + \dfrac{1}{j\omega C}} = \dfrac{I}{1 + j\omega CR}$

$\therefore |I_R| = \dfrac{I}{\sqrt{1 + \omega^2 C^2 R^2}}$

(2) $P = |I_R|^2 \cdot R = \dfrac{|I|^2 \cdot R}{1 + \omega^2 C^2 R^2} = \dfrac{|I|^2}{\dfrac{1}{R} + \omega^2 C^2 R}$ 에서 분모 A가 최소 일 때 P는 R에서의 최대 전력이

된다.

즉, $A = \dfrac{1}{R} + \omega^2 C^2 R$ 에서

$\dfrac{dA}{dR} = \dfrac{-1}{R_2^2} + \omega^2 C^2 = 0, \quad \dfrac{1}{R_2^2} = \omega^2 C^2$

$\therefore \ R = \dfrac{1}{\omega C} = \dfrac{1}{2\pi f C}$

예제5 다음 그림에서 저항 R 을 가감할 때 소비되는 전력의 최대값을 갖는 저항 R 을 구하시오.

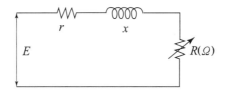

해설 소비되는 전력의 최대값

$P = I^2 R = \left(\dfrac{E}{\sqrt{(r+R)^2 + x^2}} \right)^2 \cdot R = \dfrac{E^2 \cdot R}{(r+R)^2 + x^2}$

$P = \dfrac{E^2}{\dfrac{1}{R}(r+R)^2 + \dfrac{x^2}{R}}$ 에서 분모가 최소가 되면 P는 최대

$\dfrac{1}{R}(r^2 + 2rR + R^2) + \dfrac{x^2}{R} = \dfrac{r^2}{R} + 2r + \dfrac{x^2}{R} + R$

$A = \dfrac{r^2}{R} + 2r + \dfrac{x^2}{R} + R$ 이라 놓으면

$\dfrac{dA}{dR} = \dfrac{r^2}{R_2} + 0 - \dfrac{x^2}{R_2} + 1 = 0 \quad \rightarrow \quad 1 = \dfrac{x^2 + r^2}{R^2}$

$R^2 = x^2 + r^2 \quad \rightarrow \quad \therefore R = \sqrt{r^2 + x^2}$ 이 된다.

예제6 그림과 같은 회로에서 R에 최대전력을 공급하고자 할 때 R의 값은?

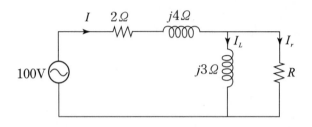

해설 **1. 전체 임피던스 Z 산출**

$$Z = 2 + j4 + \frac{j3R}{R+j3}$$

2. 전체 전류 I 산출

$$I = \frac{V}{Z} = \frac{100}{2 + j4 + \dfrac{j3R}{R+j3}}$$

3. R에 흐르는 전류 I_r 산출

$$I_r = \frac{100}{2 + j4 + \dfrac{j3R}{R+j3}} \times \frac{j3}{R+j3} = \frac{j300}{2R - 12 + j(6+7R)}$$

4. $|I_r| = \dfrac{300}{\sqrt{(2R-12)^2 + (6+7R)^2}}$

5. R에 걸리는 전력 P_r

$$P_r = |I_r|^2 \cdot R = \frac{90,000R}{(2R-12)^2 + (6+7R)^2} = \frac{90,000R}{53R^2 + 36R + 180}$$

6. P_r이 최대가 되기 위해서는 $\dfrac{dP_r}{dR} = 0$이 되어야 함

$$\frac{dP_r}{dR} = \frac{90,000(53R^2 + 36R + 180) - 90,000R(106R + 36)}{(53R^2 + 36R + 180)^2}$$

$$= \frac{90,000(180 - 53R^2)}{(53R^2 + 36R + 180)^2} = 0$$

$$\therefore R = \sqrt{\frac{180}{53}} \, (\Omega)$$

문제10 | R-L-C 직렬공진에 대하여

Ⅰ. 직렬공진의 정의

R-L-C 직렬회로에서 특정주파수대에서 $X_L(\omega L)$과 $X_C(\frac{1}{\omega C})$가 같아져서 임피던스가 최소가 되고 전류는 최대가 되는 상태

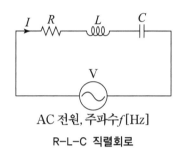

AC 전원, 주파수 f[Hz]

R-L-C 직렬회로

Ⅱ. 직렬공진의 특성

1. 리액턴스와 주파수의 관계

R-L-C 직렬회로에서전원의 각주파수 ω를 변화시킬 때 회로 리액턴스의 변화를 나타내면 다음과 같다.

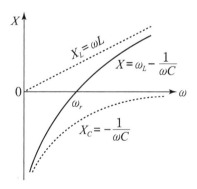

2. R, X, Z와 주파수의 관계

공진 주파수에서는 $X = 0$이므로 $Z = R$이 되고, 따라서 임피던스는 최소가 된다.

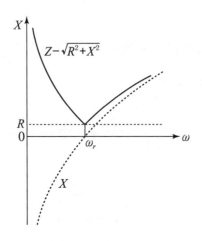

3. 어드미턴스의 특성

임피던스특성과 역의 관계가 있다. $\omega = \omega_0$에서 어드미턴스 Y는 최대가 되며, 그 값은 $\dfrac{1}{R}$이 된다. 따라서 회로손실과 관계되는 저항 R이 작을수록 Y곡선은 더욱 예리하게 되는데 이러한 특성곡선을 공진곡선이라 한다.

직렬공진시 전류가 매우 크게 되어 L, C 양단에는 매우 큰 전압이 나타난다.

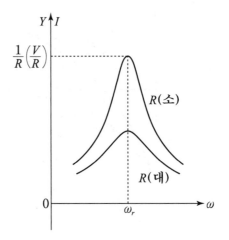

Ⅱ. 직렬공진시 전류 및 주파수

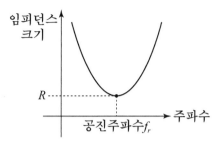

주파수와 임피던스 관계

$Z = R + j(\omega L - \dfrac{1}{\omega C})$에서

공진시 ($\omega L = \dfrac{1}{\omega C}$ 일때) 임피던스는 최소가 되고

전류는 최대가 된다.

즉 $Z_r = R(\Omega)$, $I_r = \dfrac{V}{R}(A)$

공진주파수 $f_r = \dfrac{1}{2\pi\sqrt{LC}}$ (Hz)

Ⅲ. 직렬공진시 전압 확대율 (Quality factor)

1. **전압확대율이란** : 공진시 L과C에 걸리는 전압이 리액턴스와 저항의 비율로 나타나며, 이 비율값을 말한다.

2. **공진시 각소자에 걸리는 전압**

   (1) R에 걸리는 전압 : $V_R = R \times I = V(V)$

   (2) L에 걸리는 전압 : $V_L = j\omega L \times I = j\dfrac{\omega L}{R}V(V)$

   (3) C에 걸리는 전압 : $V_C = \dfrac{1}{j\omega C} \times I = -j\dfrac{1}{\omega CR}V(V)$

3. V_L 과 V_C 의 크기는 같고 위상이 반대 (전체회로에 작용되는 전압은 0이 된다)

4. L의 전압확대율 : $\dfrac{\omega L}{R}$ 배 , C의 전압확대율 : $\dfrac{1}{\omega CR}$ 배가 된다.

> **예제1** R=5Ω, L=0.159H, C=50F의 직렬회로에 100V의 AC 전압인가 시 공진시의 전류, 공진주파수, L과 C에 걸리는 전압 및 소비전력(KW)을 계산하시오.

해설 1. 직렬공진(전류최대)조건

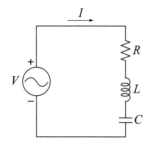 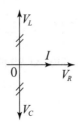

$$I = \frac{V}{Z} = \frac{V}{R + j(\omega L - \frac{1}{\omega C})}$$

$\omega L = \omega C$일 때 즉, 직렬공진시 전류는 최대

2. 공진시 전류 및 주파수

공진전류 $I_r = \frac{V}{R} = \frac{100}{5} = 20A$

공진 주파수 $f_r = \frac{1}{2\pi \sqrt{LC}} = \frac{1}{2\pi \sqrt{0.159 \times 50 \times 10^{-5}}} = 56.45 Hz$

3. L과 C에 걸리는 전압

(1) $V_L = X_L I = \omega_r L \times \frac{V}{R} = 2\pi \times 56.45 \times 0.159 \times \frac{100}{5} = 1,127.9\,V$

(2) $V_C = X_C I = -\frac{1}{\omega_r C} \times \frac{V}{R} = -\frac{1}{2\pi \times 56.45 \times 50 \times 10^{-6}} \times \frac{100}{5} = -1,279.9\,V$

4. 소비전력

$$P = I^2 R = (\frac{100}{5})^2 \times 5 = 2\,kW$$

문제11 ## R-L-C 직렬회로의 과도현상 해석

Ⅰ. 과도현상이란

시간 $t=0$에서 어떤 상태의 변화가 발생한 후 정상치에 도달하기 이전에 나타나는 전압이나 전류의 과도기적인 현상

Ⅱ. R-L-C 직렬회로 해석

1. 전압 평형 방정식(KVL)

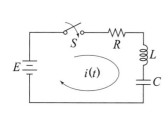

$$L \cdot di(t)dt + Ri(t) + \frac{1}{C}\int i(t)\cdot dt = E \quad \cdots\cdots\cdots (1)$$

(1)식을 $\mathcal{L}$ 변환하면

$$RI(s) + SLI(s) + \frac{1}{Cs}I(s) = \frac{E}{s}$$

$$\therefore\ I(s) = \frac{E}{s\left(R+sL+\dfrac{1}{Cs}\right)} = \frac{CE}{s^2LC + sRC + 1} \quad \cdots\cdots\cdots (2)$$

2. 특성방정식

(2)식으로부터 특성방정식은

$$s^2LC + sRC + 1 = 0\text{로부터 } s^2 + \frac{R}{L}s + \frac{1}{LC} = 0 \quad \cdots\cdots\cdots\cdots (3)$$

(3)식으로부터 특성근을 구하면 $s = \dfrac{-RI\sqrt{R^2 - \dfrac{4L}{C}}}{2L}$

$$\left. \begin{array}{l} \text{즉 } s_1 = -\dfrac{R}{2L} + \sqrt{\left(\dfrac{R}{2L}\right)^2 - \dfrac{1}{LC}} \\[4mm] s_2 = -\dfrac{R}{2L} - \sqrt{\left(\dfrac{R}{2L}\right)^2 - \dfrac{1}{LC}} \end{array} \right\} \quad \cdots\cdots\cdots (4)$$

(4)식으로부터 2개의 특성은 s_1, s_2인 그 일반해는 2계 선형 미방형태

즉 $i(t) = k_1 \cdot e^{s_1 t} + k_2 e^{s_2 t} \quad \cdots\cdots\cdots\cdots (5)$

여기서 미정계수 k_1, k_2는 초기조건으로부터 결정됨

편의상 다음과 같이 정의되는 α와 ω_o를 도입하면

$$\begin{cases} \alpha = \dfrac{R}{2L} \ : \ \text{감쇠정수} \\[3mm] \omega_o = \dfrac{1}{\sqrt{LC}} : \text{공진 각 주파수} \end{cases}$$

(3)식의 특성 방정식은 다음과 같이 표시됨

$$s^2 + 2\alpha s + \omega_o = 0 \quad \cdots\cdots (6)$$

이것의 판별식 $D = \alpha^2 - \omega_o{}^2 \quad \cdots\cdots (7)$

즉 α와 ω_o에 의해 특성근이 달라지고 그 결과 자연응답(과도해)의 동작도 달라짐

3. 자연응답(조건별 4가지 형태)

(1) $\alpha > W_o$: 과제동(over damping)

$$\begin{cases} s_1 = -d + \sqrt{\alpha^2 - \omega_o{}^2} = -(\alpha - D) = -P_1 \\ s_2 = -\alpha - \sqrt{\alpha^2 - \omega_o{}^2} = -(\alpha + D) = -P_2 \end{cases}$$

즉, 두 특성근은 서로 다른 실근이므로 이때의 자연응답형태는 식(5)로부터

$$i(t) = k_1 \cdot e^{-P_1 t} + k_2 \cdot e^{-P_2 t} \quad \cdots\cdots (8)$$

초기조건을 구해서 (8)식에 대입하면

$$i(t) = \frac{E}{L(P_2 - P_1)} e^{-P_1 t} + \frac{-E}{LC(P_2 - P_1)} e^{-P_2 t} = \frac{E}{2DL} e^{-P_1 t} + \frac{-E}{2DL} e^{-P_2 t}$$

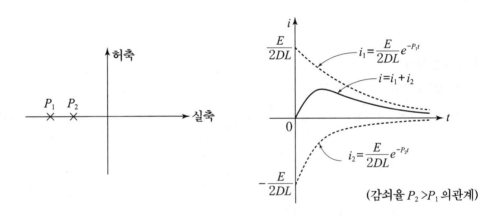

(감쇠율 $P_2 > P_1$ 의관계)

따라서 자연응답 $i(t)$는 두 지수함수의 합이다.

(2) $\alpha = \omega_o$: 임계제동(Critical damping)

2개의 특성근이 동일한 負의 실근(중근)이 되므로

$$s_1 = s_2 = -\alpha$$

식(5)로부터 이때의 자연응답은

$$i(t) = k_1 \cdot e^{-\alpha t} + k_2 e^{-\alpha t} = (k_1 + k_2) e^{-\alpha t} = k e^{-\alpha t}$$

가 되어 불완전해가 됨(∵ 2계 미만의 일반해는 2개의 임의의 실수이어야 함)

따라서 특성근이 중근일때 일반해는 다음과 같이 변형된 형식으로 주어짐

$$i(t) = k_1 \cdot e^{-\alpha t} + k_2 \cdot t \cdot e^{-\alpha t} \quad \cdots\cdots (9)$$

초기 조건으로부터 미정계수를 구하여 (9)식에 대입하면

$$i(t) = \frac{E}{L} t \ e^{-\alpha t} \quad \dots\dots\dots\dots\dots\dots\dots\dots\dots\dots\dots\dots\dots\dots (10)$$

이 경우 응답곡선은 직선과 감쇠 지수함수의 곱으로 나타남

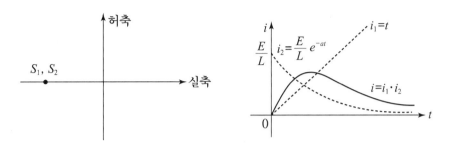

과제동시는 임계제동에 비해 원점 부근에서 대체로 변화폭(기울기)이 크고 전 구간에 걸쳐 임계제동시 보다 큰 응답특성을 보임

(3) $\alpha < \omega_o$: 부족제동(Under damping)

두 특성근이 서로 공액 복소수 이므로

$$s_1, \ s_2 = -\alpha \pm j\sqrt{\omega_o{}^2 - \alpha^2} = -\alpha \pm j\omega_d$$

따라서 자연응답 형태는

$$i(t) = k_1 e^{(-\alpha + j\omega_d)t} + k_2 e^{(-a - j\omega_d)t} = e^{-\alpha t}(k_1 e^{j\omega_d t} + k_2 e^{-j\omega_d t})$$

$$= k \ e^{-\alpha t}\sin(\omega_d t + \theta) \quad \dots\dots\dots\dots\dots\dots\dots\dots\dots\dots\dots (11)$$

(여기서 ω_d : 자유진동 각 주파수)

초기조건을 구하여 대입해 풀면

$$i(t) = \frac{E}{\omega_d L} e^{-\alpha t}\sin\omega_d t \quad \dots\dots\dots\dots\dots\dots\dots\dots\dots\dots (12)$$

이 경우의 자연응답은 감쇠지수함수와 정현파의 곱으로 표시됨

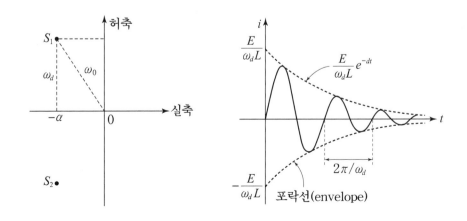

(4) $\alpha = 0$: $R = 0$인 무손실 회로

식(11)로부터 두 특성근은 순허수가 된다.

$s_1,\ s_2 = \pm j\omega_d = \pm j\omega_o$

이 경우 자연응답은 식(12)로부터

$$i(t) = \frac{E}{\omega_d \cdot L}\sin\omega_d \cdot t = \frac{E}{\omega_o \cdot L}\sin\omega_o \cdot t \quad\cdots\cdots\cdots\cdots\cdots (13)$$

이것은 자유진동 각 주파수 ω_d가 주어진 R-L-C회로의 공진 각 주파수 ω_o와 같은 무감쇠 정현파를 나타냄

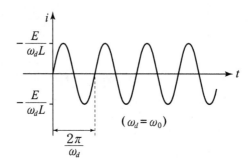

III. 결론

R-L-C 직렬회로의 자연응답 특성을 요약해보면

특성 방정식의 특성근 s값에 따라 자연응답은 s가 실수이면 → 감쇠함수, s가 복소수이면 → 감쇠진동함수, s가 순허수이면 → 무감쇠 진동함수를 보인다.

참고 1 Laplace Transform

1. Laplace 변환의 정의

(1) 어떤 함수 f(t)에 대해($t \geq 0$) 라플라스 변환을 하면

$$L\{f(t)\} = \int_0^\infty f(t) \cdot e^{-st} dt 의 형태로 나타냄$$

(이 때 $L\{f(t)\} = F(s)$로 표현)

(2) 즉 라플라스 변환이란 시간에 대한 함수(속도, 가속도 등)를 s에 관한(주파수 관련) 함수로 변환시켜 풀고, 이를 역 라플라스 변환을 취하여 해를 구하는 방법임

2. Laplace 변환 사용목적

(1) 복잡한 미분 방정식의 형태를 라플라스 변환을 사용하면 s함수에 대한 간단한 대수방정식으로 푸는 일이 가능함

(2) 따라서 자동제어, 진동학 분야에서 기계를 수학적으로 모델링 할 때 적용하면 계산이 간단하고 시스템 해석에 유용함

3. 결론

어떤 미분방정식의 해는 대수방정식으로부터 구한 해를 역 변환시켜 얻은 해와 그 결과가 일치한다.

※ 라플라스 – 프랑스의 수학자(1749. 3 ~ 1827. 3)

참고 **2**

다음의 직렬회로에서 직류전압 인가시 각각의 과도현상에 대하여
1) R-L 직렬회로   2) R-C 직렬회로   3) L-C 직렬회로

해설 1. R-L 직렬회로

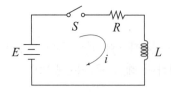

(1) 전류식

평형 방정식 $L\dfrac{di}{dt}+R_i=E$ .... ①

①식을 라플라스 변환하면

$$Ls\,I(s)+RI(s)=\dfrac{E}{s}$$

$$I(s)=\dfrac{E}{s\,(Ls+R)}=\dfrac{E}{Ls\,(s+\dfrac{R}{L})}$$ .... ②

②식을 부분 분수로 전개하면

$$I(s)=\dfrac{E}{L}\left(\dfrac{E}{s\,(Ls+R)}=\dfrac{E}{Ls\,(s+\dfrac{R}{L})}\right)$$

$$K_1=\dfrac{1}{s+\dfrac{R}{L}}\bigg|_{S=0}=\dfrac{L}{R}, \qquad K_2=\dfrac{1}{s}\bigg|_{s=-\frac{R}{L}}=-\dfrac{L}{R}$$

$$\therefore\ I(s)=\dfrac{E}{L}\cdot\dfrac{L}{R}\left(\dfrac{1}{s}-\dfrac{1}{s+\dfrac{R}{L}}\right)$$ .... ③

③식을 역 라플라스 변환하면

$$\therefore\ i(t)=\dfrac{E}{R}\left(1-e^{\frac{R}{L}t}\right)$$ .... ④

$$\begin{cases} 제1항 : 정상전류 \to \dfrac{E}{R} \\[4mm] 제2항 : 과도전류 \to \dfrac{E}{R}e^{-\frac{R}{L}t} \end{cases}$$

(2) 시정수

1) 식④를 Graph로 나타내면

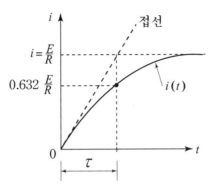

2) 윗 그림에서 $i(t)$곡선은 $t=0$에서 급격히 증가하다 시간이 경과 할수록 서서히 증가함

이때 만일 $t=0$에서의 비율로 계속 증가시 τ가 시정수임

→ 즉 $t=0$에서 $i(t)$곡선에 접선을 그어 $\dfrac{E}{R}$ 직선과 만나는 점에서 수선을 내려 시간축과 만나는 점

3) 그러나 시간이 경과 할수록 전류의 증가비율이 감쇄하여 $t=\tau$초 경과 후

$i(\tau)=0.632\dfrac{E}{R}$에 도달함

4) $\tau=\dfrac{L}{R}$ 임을 증명하면

- $\tan\theta = \dfrac{di(t)}{dt}\bigg|_{t=0} = \dfrac{E}{R} \cdot \dfrac{R}{L}e^{-\frac{R}{L}t}\bigg|_{t=0} = \dfrac{E}{L}$

또한 그림에서 $\tan\theta = \dfrac{\dfrac{E}{R}}{\tau}$ 이므로

$\tan\theta = \dfrac{E}{L} = \dfrac{\dfrac{E}{R}}{\tau} \Rightarrow \therefore \tau = \dfrac{\dfrac{E}{R}}{\dfrac{E}{L}} = \dfrac{L}{R}$ .... ⑤

- 지수함수 $e^{-\frac{R}{L}t}$ 에서

$\dfrac{R}{L}$ 을 감쇄율이라 하고 τ의 역수가 됨

즉 감쇄율 $\alpha = \dfrac{1}{\tau} = \dfrac{R}{L}$ .... ⑥

$\therefore i(t) = \dfrac{E}{R}(1-e^{-\frac{1}{\tau}t})$ .... ⑦

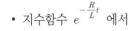

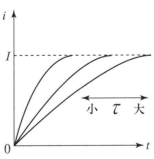

(3) 전압식(E_R, E_L)

    1) 저항에 걸리는 전압

$$E_R = R \cdot i(t) + R \cdot \frac{E}{R}(1 - e^{-\frac{R}{L}t}) = (1 - e^{-\frac{R}{L}t})\,(V) \quad \cdots\cdots\cdots\cdots\cdots\cdots ⑧$$

    2) 인덕턴스에 유기되는 전압

$$E_L = L \cdot \frac{di}{dt} = L \cdot \frac{d}{dt} \cdot \frac{E}{R}(1 - e^{-\frac{R}{L}t})$$

$$= L \cdot \frac{E}{R} \cdot \frac{R}{L} e^{-\frac{R}{L}t} = E \cdot e^{-\frac{R}{L}t}\,(V) \quad \cdots\cdots\cdots\cdots ⑨$$

    3) 즉 $t = 0$에서는 全전압이 인덕턴스에 걸리고
        $t = \infty$에서는 全전압이 저항에 걸린다.

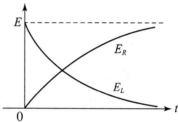

2. R-C 직렬회로

(1) 전류식

    초기 전하량이 없는 경우 $t = 0$ 순간

    평형 방정식 $Ri(t) + \dfrac{1}{C}\displaystyle\int i(t) \cdot dt = E \quad \cdots\cdots\cdots\cdots ①$

    ①식을 $\mathcal{L}$ 변환하면

$$RI(S) + \frac{1}{Cs}I(S) = \frac{E}{s}$$

$$I(s) = \frac{E}{s(R + \frac{1}{Cs})} = \frac{E}{R} \cdot \frac{1}{s + \frac{1}{RC}} \quad \cdots\cdots\cdots\cdots\cdots\cdots\cdots ②$$

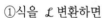

    ②식을 $\mathcal{L}^{-1}$변환하면

$$\therefore i(t) = \frac{E}{R}e^{-\frac{t}{RC}} \quad \cdots\cdots\cdots\cdots\cdots\cdots\cdots\cdots\cdots\cdots\cdots ③$$

(2) 시정수

    1) 식 ③식을 Graph로 나타내면

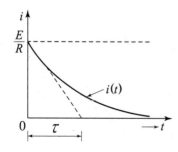

    2) 전류곡선에 대한 시정수 τ는

$$\tan\theta = \frac{di(t)}{dt}\bigg|_{t=0} = -\frac{E}{R^2 C}$$

    한편 $\tan\theta = -\dfrac{\frac{E}{R}}{\tau} = -\dfrac{1}{R^2 C}$

$$\therefore \tau = RC \quad \cdots\cdots\cdots\cdots\cdots ④$$

(3) 전압식

1) 저항 R에 걸리는 전압

$$E_R = Ri(t) = E \cdot e^{-\frac{1}{RC}t} \quad \cdots\cdots\cdots\cdots\cdots\cdots\cdots\cdots ⑤$$

2) 커패시턴스 C에 걸리는 전압

$$E_C = \frac{1}{C}\int i(t) \cdot dt = E(1 - e^{-\frac{1}{RC}t}) \quad \cdots\cdots\cdots\cdots ⑥$$

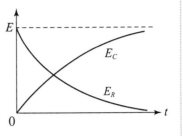

3) 따라서 $t = 0$에서 전전압이 저항에 걸리고
$t = \infty$에서 전전압이 커패시턴스에 걸린다.

3. L-C 직렬회로

1) 전류식

평형 방정식 $L\dfrac{di(t)}{dt} + \dfrac{1}{C}\int i(t) \cdot dt = E \quad \cdots\cdots\cdots\cdots\cdots\cdots ①$

①식을 $\mathcal{L}$ 변환하면

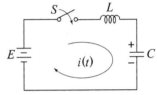

$$LsI(s) + \frac{1}{Cs}I(s) = \frac{E}{s}$$

$$I(s)\left(Ls + \frac{1}{Cs}\right) = \frac{E}{s}$$

$$\therefore I(s) = \frac{E}{s\left(Ls + \dfrac{1}{Cs}\right)} \quad \cdots\cdots\cdots\cdots\cdots\cdots\cdots\cdots\cdots\cdots ②$$

②식으로부터 특정방정식은 $Ls^2 + \dfrac{1}{c} = 0 \quad \cdots\cdots\cdots\cdots\cdots ③$

③식으로부터 특성근은 $s_1, \ s_2 = \pm j\dfrac{1}{\sqrt{LC}} \quad \cdots\cdots\cdots ④$

따라서 자연응답은 2개의 미분방정식 형태로 주어짐

$$i(t) = K_1 \cdot e^{jS_1t} + K_2 e^{-jS_1t} = K_1 \cdot e^{j\frac{1}{\sqrt{LC}}t} + K_2 \cdot e^{-j\frac{1}{\sqrt{LC}}t} \quad \cdots\cdots\cdots\cdots ⑤$$

초기조건을 구하여 이를 대입해서 풀면

$$i(t) = \frac{E}{\sqrt{L/C}}\sin\frac{1}{\sqrt{LC}}t \quad \cdots\cdots\cdots\cdots\cdots\cdots\cdots\cdots\cdots\cdots\cdots ⑥$$

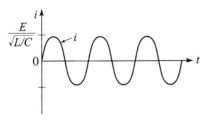

따라서 i는 정현적으로 진동

2) 전압식

(1) L의 단자 전압

$$E_L = L\frac{di}{dt} = E\cos\frac{1}{\sqrt{LC}}t$$

(2) C의 단자전압

$$E_C = \frac{1}{C}\int i \cdot dt = E(1 - \cos\frac{1}{\sqrt{LC}}t)$$

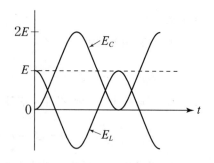

(3) 따라서 E_L은 인가전압 E보다 커지는 일은 없으나 E_C는 E보다 커지는 일이 있는데 그 최대값은 $2E$가 된다.

전기회로와 자기회로의 쌍대성(Duality)

Ⅰ. 개요

1. 자성체에 의한 자속분포를 구하는 데는 전기회로의 전류분포와 같이 생각하여 구할 수 있다.

2. 전류가 흐르는 통로를 전기회로라 하며 자속이 통하는 통로를 자기회로(Magnetic - Current) 또는 자로(磁路)라 한다.

Ⅱ. 옴의 법칙(Ohm's Law)

1. 전기회로의 옴의 법칙

(1) 도체에 흐르는 전류는 도체 양단의 전위차에 비례하고 도체의 저항에 반비례

$$\Rightarrow I = \frac{E}{R}\,(\text{A})\text{로 나타냄}$$

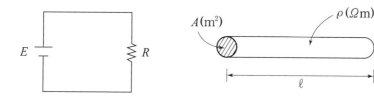

(2) 여기서 전기저항 $R = \rho \frac{l}{A}\,(\Omega)$, ρ : 고유저항 $(\Omega \cdot \text{m})$

도전율 $k = \frac{1}{\rho}\,(\mho/\text{m})$: 고유저항의 역수

2. 자기회로의 옴의 법칙

(1) 자기회로 내 기자력은 환상 coil 권수를 N, 자로의 평균길이를 l(m)로 하고 코일에 전류 I(A)를 흘리면 암페어의 주회적분 법칙에 의해 다음과 같이 표시

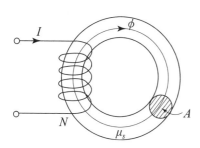

① 기자력 $F = NI = \oint_c H \cdot dl = \oint_c \frac{\phi}{\mu A}\,dl\,(\text{AT})$

$(\phi = BA = \mu HA \rightarrow H = \frac{\phi}{\mu A}\,\text{관계에서})$

② 여기서 자기회로의 자기저항

$$R_m = \oint_c \frac{dl}{\mu A} = \frac{\cdot\, l}{\mu A}\,(\text{AT/Wb})$$

(2) 이를 다시 정리하면 $F = NI = Hl = R_m \cdot \phi$(AT)의 관계에서

$\therefore \phi = \dfrac{NI}{R_m}$: 자기회로를 통과하는 자속 ϕ(Wb)는 NI(AT)에 비례하고 R에 반비례

3. 키르히호프의 법칙(Kirhhoff's Law)

(1) 전기회로

① 전기회로에서 임의의 결합점으로 유입하는 전류의 대수합은 0이다.

$$\sum_{i=1}^{n} I_i = 0$$

② 임의의 폐회로 내에서 취한 유기기전력의 대수합은 그 폐회로의 저항에서 생기는 전압강하의 대수합과 같다.

$$\sum_{i=1}^{n} E_i = \sum_{i=1}^{n} I_i R_i$$

(2) 자기회로

① 자기회로에서 임의의 결합점으로 유입하는 자속의 대수합은 0이다.

$$\sum_{i=1}^{n} \phi_i = 0$$

② 임의의 폐자로에서 각 부의 자기저항과 자속의 곱의 대수합은 그 폐자로에 있는 기자력의 대수합과 같다.

$$\sum_{i=1}^{n} R_{mi} \cdot \phi_i = \sum_{i=1}^{n} N_i \cdot I_i$$

4. 손실관계

구분	전기회로	자기회로
자속의 누설	구성도체와 주위 절연물은 전도도의 값의 차가 대단히 크므로 전류의 대부분은 도체 내부로 흐름	전기회로와 달리 자로를 구성하는 철심의 투자율과 공기의 투자율의 비가 적어 공기 중으로 누설되는 누설자속의 고려가 필요
손실	Joule의 법칙에 의한 $I^2 R$(W)의 손실 발생 → 저항에 의한 손실 존재	자기저항 R_m(AT/Wb)에 일정 자속 ϕ(Wb)를 통하여도 손실발생 안함 → 히스테리시스 손실 존재

5. 전기회로와 자기회로의 쌍대성

		전계 및 전기회로		자계 및 자기회로
1	옴의 법칙	$I = \dfrac{E}{R}$ (A)	옴의 법칙	$\phi = \dfrac{NI}{R_m}$ (Wb)
2	키르히호프의 법칙	$\bullet \displaystyle\sum_{i=1}^{n} I_i = 0$ $\bullet \displaystyle\sum_{i=1}^{n} E_i = \sum_{i=1}^{n} I_i R_i$	키르히호프의 법칙	$\bullet \displaystyle\sum_{i=1}^{n} \phi_i = 0$ $\bullet \displaystyle\sum_{i=1}^{n} R_{mi} \cdot \phi_i = \sum_{i=1}^{n} N_i \cdot I_i$
3	손실	저항손(Joule 열)	손실	히스테리시스 손
4	유전율	$\bullet \epsilon = \epsilon_s\, \epsilon_0 \,[\mathrm{F/m}]$ $\bullet \epsilon_0 = 8.855 \times 10^{-12}\,[\mathrm{F/m}]$	투자율	$\bullet \mu = \mu_s\, \mu_0 \,[\mathrm{H/m}]$ $\bullet \mu_0 = 4\pi \times 10^{-7}\,[\mathrm{H/m}]$
5	전하	$\bullet Q[\mathrm{C}]$ $\bullet$ 고립전하가 존재한다.	자하	$\bullet m[\mathrm{Wb}]$ $\bullet$ 고립자하가 존재하지 않는다.
6	쿨롱력 (정전력)	$F = \dfrac{Q_1 Q_2}{4\pi\epsilon r^2} = 9 \times 10^9 \dfrac{Q_1 Q_2}{\epsilon_s r^2}\,[\mathrm{N}]$	쿨롱력 (정자력)	$F = \dfrac{m_1 m_2}{4\pi\mu r^2}$ $= 6.33 \times 10^4 \dfrac{m_1 m_2}{\mu_s r^2}\,[\mathrm{N}]$
7	전속밀도	$\bullet D = \dfrac{Q}{S} = \epsilon E\,[\mathrm{C/m^2}]$ $\bullet \Delta \cdot \dot{D} = \rho\,[\mathrm{C/m^2}]$ $\bullet$ 전속은 고립전하로부터 발산되므로 기본적으로 불연속 이다. $\bullet$ Gauss의 정리	자속밀도	$\bullet B = \dfrac{\phi}{S} = \mu H\,[\mathrm{Wb/m^2}]$ $\bullet \Delta \cdot \dot{B} = 0\,[\mathrm{Wb/m^2}]$ $\bullet$ 자속은 $\pm m\,[\mathrm{Wb}]$이 늘 함께 있으므로 발산은 항상 연속 이다. $\bullet$ Gauss의 정리
8	전계의 세기	$\bullet E = \dfrac{D}{\epsilon}\,[\mathrm{V/m}]$ $\bullet$ 전기력선	자계의 세기	$\bullet H = \dfrac{B}{\mu}\,[\mathrm{AT/m}]$ $\bullet$ 자기력선
9	정전용량	$C = \dfrac{Q}{V} = \dfrac{\epsilon S}{d}\,[\mathrm{F}]$ (단, 평판 콘덴서)	인덕턴스	$L = \dfrac{N\phi}{I} = \dfrac{N^2}{R_m} = \dfrac{\mu S N^2}{l}\,[\mathrm{H}]$
10	정전 에너지	$W_C = \dfrac{1}{2} QV = \dfrac{1}{2} CV^2 = \dfrac{Q^2}{2C}\,[\mathrm{J}]$	자기 에너지	$W_L = \dfrac{1}{2}\phi I = \dfrac{1}{2} L I^2\,[\mathrm{J}]$
11	정전에너지 밀도 =정전응력	$W_C = \dfrac{1}{2} DE = \dfrac{1}{2}\epsilon E^2 = \dfrac{D^2}{2\epsilon}$ $= \dfrac{\sigma^2}{2\epsilon} = f\ [\mathrm{J/m^2} = \mathrm{N/m^2}]$	자기 에너지 밀도 =전자석의 힘	$W_L = \dfrac{1}{2} BH = \dfrac{1}{2}\mu H^2$ $= \dfrac{B^2}{2\mu} = f\ [\mathrm{J/m^2} = \mathrm{N/m^2}]$

12	전기저항	$R = \rho \dfrac{l}{S} = \dfrac{l}{\sigma S} [\Omega]$	자기저항	$R_m = \dfrac{l}{\mu S} = \dfrac{l}{\mu_s \mu_0 S} [\text{AT/Wb}]$
13	도전율	$\sigma = \dfrac{1}{\rho} [\mho/\text{m} = \text{S/m}]$	투자율 (도자율)	$\mu = \mu_s \mu_0 [\text{A/m}]$
14	선전하에 의한 전계	• $E = \dfrac{\lambda}{2\pi\epsilon r} [\text{V/m}]$ • 방사상 방향 • Gauss의 정리에서 유도	선전류에 의한 자계	• $H = \dfrac{I}{2\pi r} [\text{AT/m}]$ • 주위를 회전하는 방향(오른손) • Ampere의 주회적분법칙에서 유도
15	전하량	$Q = CV$	쇄교자속	$N\phi = LI$
16	분극	• $P [\text{C/m}^2]$ • $D = \epsilon_0 E + P [\text{C/m}^2]$	자화	• $J [\text{Wb/m}^2]$ • $B = \mu_0 H + J [\text{Wb/m}^2]$

문제13 │ 무효전력의 의미

Ⅰ. 무효전력(Reactive Power)의 개념

1. **전기회로의 기본적인 3가지 요소** : R, L, C
2. **R 회로** : 실제의 유효전력 소비
3. **L, C 회로** : 스스로 에너지를 소비하지 않음
   (1) 전원으로부터 에너지를 받아 이를 저장 후 다시 전원측으로 방출(반복)
   (2) L 회로 : 전류의 위상을 전압보다 90° 뒤지게 함(지상 무효전력 발생) ↔ 관성
   (3) C 회로 : 전류의 위상을 전압보다 90° 앞서게 함(진상 무효전력 발생) ↔ 스프링

Ⅱ. 무효전력 발생의 근본원인

1. **R만의 회로**

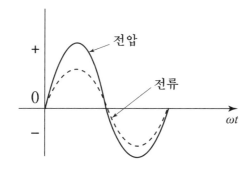

   (1) 전압, 전류의 위상차는 0상태

   (2) 전압이 +일때 → 전류 +
       전압이 −일때 → 전류 − } (전력은 항상 (+))

   (3) 전기기기는 계속해서 전력을 소비

2. **RLC 회로(유도성)**

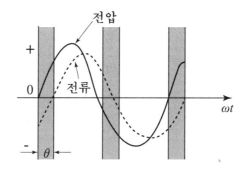

(1) 전류의 위상이 θ 만큼 늦음

(2) θ 만큼 늦은(빗금) 부분에서는 전압이 +이면 전류는 −, 전압이 −이면 전류는 +

  ⇒ 전력 = 전압×전류 로 항상 (−)부호

(3) 즉 전력을 전원측으로 반환한다는 의미

(4) 이 경우 전류는 계속 흐르나 실제로 부하에서 사용하는 전력은 감소

3. L만의 회로

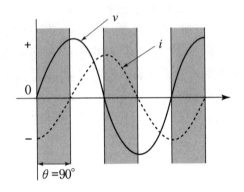

(1) θ =90° 즉 $\cos\theta$ =0

(2) 이 경우 1/4 cycle 동안은 전력을 반환하고 다음 1/4 cycle 동안은 전력을 받아 축적하는 일을 반복 수행

(3) 부하에서 소비되는 전력은 0이다.

4. C만의 회로

상기 내용과 반대 개념

Ⅲ. 무효전력, 유효전력, 피상전력 관계

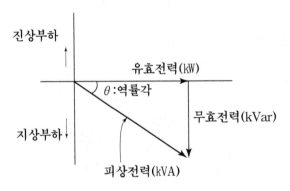

1. 무효전력 { 지상(유도성)부하
        진상(용량성)부하

2. **무효전력** $Q = VI\sin\theta\,(\text{kVAR})$

   유효전력 $P = VI\cos\theta\,(\text{kW})$

   피상전력 $S = VI^*\,(\text{kVA})\,(\text{지상부하기준})$
   $$= P + jQ = \sqrt{P^2 + Q^2}$$

Ⅳ. 결론

1. 전류가 L과 C 내부에 흐를 때는 에너지는 소비하지 않지만, 변압기와 선로를 통해 흐르게 되면 변압기 저항과 선로저항에서 유효전력을 소비함

2. 또한 I^2R의 Joule열이 발생하여 변압기, 발전기 및 전선의 온도를 상승시키고 전력손실을 초래하게 됨

예제1 다음 회로에서 전력계(Wattmeter)에 나타난 전력을 구하시오.

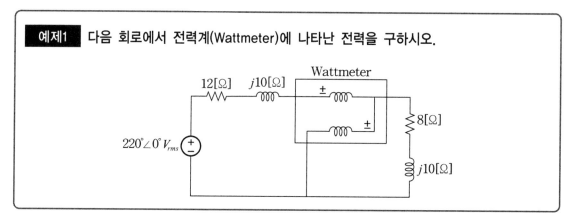

해설 주어진 회로에서 전력계 2차측에 걸리는 부하측 전압, 전류를 각각 V_L, I_L이라 하면

1. 부하전압

$$V_L = \frac{8 + j10}{12 + 8 + j(10 + 10)} \times 200 \angle 0^\circ = 90 + j10$$

2. 부하전류

$$I_L = \frac{200 \angle 0^\circ}{12 + 8 + j(10 + 10)} = 5 - j5$$
$$I_L^* = 5 + j5$$

3. 복소전력

$$S = P + jQ = V_L \times I_L^* = (90 + j10) \times (5 + j5) = 400 + j500$$

따라서 유효전력 $P = 400\,\text{W}$

무효전력 $Q = 500\,\text{VAR}$

참고 1 실효값(RMS : Root-Mean-Square)

1. 정의

교류는 직류와 달리 전압, 전류의 크기와 위상이 주기적으로 바뀌기 때문에 특정 순간의 전압이나 전류의 위상과 크기는 알 수 있지만 이걸 갖고 설명하기엔 무리가 있다.

교류전류의 실효값 = 저항에 동일하게 평균전력을 공급하는 직류전류의 값

2. 실효값의 유도

전압, 전류가 변하지 않는 직류전류의 경우 실효값을 따로 구할 필요가 없지만 교류는 이를 계산해야 할 필요가 있다.

(1) 교류회로에서 저항에 공급되는 평균전력 P는

$$P = \frac{1}{T}\int_0^T i(t)^2 \cdot R \cdot dt$$

(2) 직류회로에서의 전력 $P = I_{dc}^2 \cdot R$

$I_{dc}^2 \cdot R = \frac{1}{T}\int_0^T i(t)^2 \cdot R \cdot dt$로 놓고 I_{dc}를 풀면 이때 I_{dc}가 교류회로의 실효값 I_{rms}가 된다.

즉, $I_{rms} = \sqrt{\frac{1}{T}\int_0^T i(t)^2 \cdot dt}$ $\xrightarrow{\text{전압에 대해서는}}$ $V_{rms} = \sqrt{\frac{1}{T}\int_0^T v(t)^2 \cdot dt}$

$\sqrt{}$: Root $\quad \frac{1}{T}\int_0^T dt$: Mean $\qquad i(t)^2$: Square

(보통 가정용 전원 콘센트에 220V 60Hz라고 쓰여 있는데 220V는 정현파전압의 실효치를 뜻함)

$e = E_m \sin\omega t$라 하면

평균치 $e_a = \frac{1}{\frac{T}{2}}\int_0^{\frac{T}{2}} e \cdot dt = \frac{2}{T}E_m\int_0^\pi \sin\omega t \cdot d\omega t$

$\frac{1}{\pi}E_m[-\cos\omega t]_0^\pi = \frac{1}{\pi}E_m(1+1) = \frac{2}{\pi}E_m$

실효치 $e_{rms} = \sqrt{\frac{1}{T}\int_0^T e^2 \cdot dt} = \sqrt{\frac{1}{T}\int_0^T \frac{1}{2}(1-\cos 2\omega t)d\omega t}$

$E_m\sqrt{\frac{1}{T} \cdot \frac{1}{2} \cdot [\omega t - \frac{\sin 2\omega t}{2}]_0^T} = E_m\sqrt{\frac{1}{2T}[T-0]} = \frac{E_m}{\sqrt{2}}$

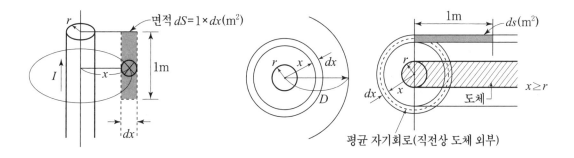

문제14 **직선도체의 작용 인덕턴스와 정전용량**

Ⅰ. 개요

작용 인덕턴스 및 작용정전 용량이란

1선의 대지에 대한 값인 자기(self)와 다른도체와의 값인 상호(Mutual)의 값의 合으로 이루어짐

Ⅱ. 작용 인덕턴스

1. Ampare의 주회적분 법칙

임의의 폐곡선 C에 대한 자계 H의 선적분은 그 폐곡선을 관통하는 전류 I의 合과 같다. $\left(\oint H \cdot dl = I\right)$

2. 직선도체 외부의 쇄교 자속수

(1) 직선도체에 전류가 흐르면 그 주위에 자계형성, 이때 도체 중심으로부터 x점의 자계의 세기는 $\oint H \cdot dl = I \rightarrow H \cdot 2\pi x = I$로부터

$$\therefore H = \frac{I}{2\pi x}(\mathrm{A/m})$$

(2) 자속밀도 $B = \mu H = \dfrac{\mu I}{2\pi x}(\mathrm{wb/m^2})$

(3) 그림에서 단위 길이 1m인 도체 주변의 단면적 $dS = 1 \times dx(\mathrm{m^2})$ 부분을 통과하는 자속 $d\phi(\mathrm{wb})$는 $d\phi = B \cdot dS = \dfrac{\mu I}{2\pi x}dx(\mathrm{wb/m})$

(4) 전류 $I(A)$와의 쇄교 자속수를 $d\Psi_o$라 하면

$I(A)$의 권수 N=1회라 할 때 $d\Psi_o = N \cdot d\phi = \dfrac{\mu I}{2\pi x}dx(\mathrm{wb/m})$

(5) 따라서 도체 반경 r로부터 거리 D점까지 도체 외부의 쇄교자속

$$\Psi_o = \int_r^D d\Psi_o = \int_r^D \frac{\mu I}{2\pi x}dx = \frac{\mu I}{2\pi} \cdot \ln\frac{D}{r}(\mathrm{wb/m})$$

3. 직선도체 내부의 쇄교 자속수

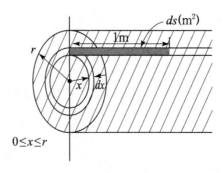

직선상 도체 내부

(1) 전류 I는 반지름 r의 단면을 균일하게 분포해서 흐른다고 가정하면 도체 중심으로부터 내부거리 x인 점의 전류를 I'라 하면 전류는 단면적에 비례하므로

$$I : I' = \pi r^2 : \pi x^2 \text{에서 } I' = \frac{x^2}{r^2} I(A)$$

(2) 그 점의 자계의 세기 $H_i = \dfrac{I'}{2\pi x} = \dfrac{I}{2\pi r^2} x (A/m)$

(3) 자속밀도 $B' = \mu H_i = \dfrac{\mu I}{2\pi r^2} \cdot x (wb/m^2)$

(4) 역시 I'에 대해 단위길이 1m인 단면적 $dS = 1 \times dx (m^2)$부분을 통과하는 자속 $d\phi'(wb)$는 $d\phi' = B' \cdot dS = \dfrac{\mu I}{2\pi r^2} x \cdot dx (wb/m)$

(5) 전류 I'와의 쇄교자속수를 $d\Psi_i$라 할 때 반경 x인 원통내부에 해당하는 부분만 쇄교하므로 자속 $d\phi'$가 전류 $I' = \dfrac{x^2}{r^2} \cdot I$와의 쇄교수는

$$d\Psi_i = N \cdot d\phi' \times \frac{x^2}{r^2} = \frac{\mu I}{2\pi r^4} \cdot x^3 \cdot dx (wb/m)$$

(6) 따라서 도체 내부의 全 쇄교자속수

$$\Psi_i = \int_o^r d\Psi_i = \frac{\mu I}{2\pi r^4} \int_o^r x^3 \cdot dx = \frac{\mu I}{8\pi} (wb/m)$$

4. 직선도체 내·외부의 쇄교자속수

$$\Psi = \Psi_i + \Psi_o = \frac{\mu I}{8\pi} + \frac{\mu I}{2\pi} \ln \frac{D}{r} (\text{wb/m})$$

$$L = L_i + L_o = \frac{\Psi}{I} = \frac{\mu}{8\pi} + \frac{\mu}{2\pi} \ln \frac{D}{r} [\text{H/m}] \;\; (\because \frac{\text{wb}}{\text{A}} = \text{H})$$

$\mu_s = 1 (\text{동, } Al \text{선})$ 이라하면 $\mu_o = 4\pi \times 10^{-7}$ 을 대입하면

$$\therefore \; L = \left(\frac{1}{2} + 2 \times 2.3023 \log_{10} \frac{D}{r} \right) \times 10^{-7} (\text{H/m})$$

$$= 0.05 + 0.4605 \log_{10} \frac{D}{r} (\text{mH/Km})$$

III. 작용 정전용량

1. Gauss's Law

임의의 폐곡면 S를 통과하는 전기력선 총수는 그 폐곡면 내에 존재하는 전하 Q의 $\frac{1}{\epsilon}$ 배
와 같다.

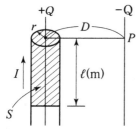

가공선

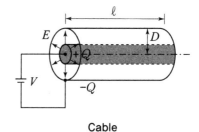

Cable

$$\oint_s E \cdot dS = \frac{Q}{\epsilon}$$

$$E \cdot 2\pi r \cdot l = \frac{Q}{\epsilon} \text{에서}$$

$$\therefore E = \frac{\lambda}{2\pi \epsilon r} (\text{V/m})$$

여기서 $\lambda = \frac{Q}{l} = C \cdot V (\text{C} = \text{F/m})$

(λ : 단위 길이당 선전하 밀도)

2. 임의의 P점과의 전위

$$V = - \int_D^r E \cdot dr = \int_r^D E \cdot dr = \int_r^D \frac{\lambda}{2\pi \epsilon_o \cdot r} \cdot dr = \frac{\lambda}{2\pi \epsilon_o} [\ln r]_r^D$$

$$= \frac{\lambda}{2\pi \epsilon_o} \ln \frac{D}{r} [V]$$

3. 정전용량

(1) 가공선의 경우

$$C = \frac{\lambda}{V}(\mathrm{F/m}) \text{ 에서 } C = \frac{2\pi\epsilon_o}{\ln\dfrac{D}{r}} = \frac{1}{2.3023\log_{10}\dfrac{D}{r}} \times \frac{1}{2 \times 9 \times 10^9}$$

$$= \frac{0.02413}{\log_{10}\dfrac{D}{r}} \times 10^{-9}(\mathrm{F/m}) = \frac{0.02413}{\log_{10}\dfrac{D}{r}}(\mu\mathrm{F/Km})$$

(2) Cable(유전체)의 경우

$$C = \frac{2\pi\epsilon}{\ln\dfrac{D}{r}} = \frac{0.02413\epsilon_s}{\log_{10}\dfrac{D}{r}}$$

∴ 유전체가 삽입된 경우 정전용량은 증가됨

※ 각종 절연재료의 유전율

절연 재료	유침지	부틸, 에틸렌프로릴렌, 규소고무	(가교)폴리에틸렌	PVC
ϵ_s	3.4~3.7	4.0	2.3	7.0

참고 1 전기를 빛낸 과학자 인명 연대기

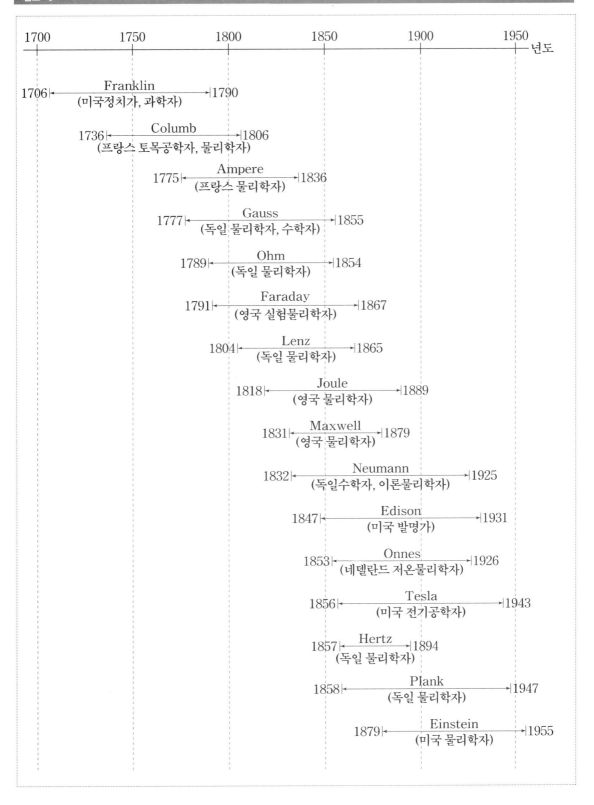

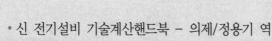

참고문헌

- 신 전기설비 기술계산핸드북 – 의제/정용기 역
- 보호계전기 독본 – 겸지사/임무영저/정해상 역
- 보호계전시스템의 실무활용기술 – 기다리/유상봉외
- KSC IEC 60364 – 한국 표준협회
- KSC IEC 60364 해설 – 한국전력 기술인 협회
- KSC IEC 62305 – 한국 표준협회
- IEEE Guide for Safety in AC Substation Grounding
    – ANSI/IEEE Std 80-2000
- KEC핸드북–대한전기협회
- 에너지절약 전기설비기술 – 문운당/지철근
- 발송배전기술사 – 동일출판사/지성호외
- 건축전기설비 기술사 해설 – 동일출판사/김세동
- 건축전기설비기술사 핵심문제 총람 – 의제 편집위원회
- 전력계통구성과 IEC에의한 해석 – 기다리/김정철
- 전원설비 및 설계 – 성안당/최홍규, 강태은
- 전력사용시설물 설비 및 설계 – 성안당/최홍규외
- 21세기 수변전설비 계획 과 설계 – 의제/박동화외
- 수변전 설비 계획 과 설계 – 이순영
- 최신 전기설비 – 문운당/지철근, 정용기
- 전기설비 기술계산 – 한국전력기술인협회
- 전기인의 명심보감 – 의제/정용기, 신효섭
- 접지의 핵심기초기술 – 의제/이복희, 이승칠
- 접지, 등전위본딩 설계실무지식 – 성안당/다께히꼬 다까하시/정종욱 역
- 전기기기 – (주)북스힐/고태언외
- 신편 전기기기 – 동명사/이윤종
- 신재생 에너지 – 인피니티 북스/윤석천, 에너지관리공단
- 신재생에너지의 감리실무 – 한국전력 기술인협회
- 소형 풍력발전기 설계와 제작 – 일진사 과학나눔역구회/정해상 편저
- 최신 전기안전공학 – 신광문화사/김두현외
- 초전도 입문 – 전자자료사 다까시 하사모토/이화용 역
- 기초 초전도 물리학 – 겸지사/김영철, 정대영
- 초전도공학 개론 – 대영사/김석환, 한승엽

- 고전압 방전플라즈마 – 인터비젼/이명의, 김종인
- 방전, 고전압공학 – 동명사/전춘생
- 최신 조명환경 원론 – 문운당/장우진외
- 빛과색의 환경디자인 – 일본건축학회 편저/성안당/윤혜림역
- 세계조명용 램프산업 및 시장동향분석 – 산업자원부/한국과학기술정보연구원
- 인버터 응용메뉴얼 – 기다리/미쯔비시 전기편/장승식 역
- 현대인버터 기술지침서 – 현대 중공업(주) 전기전자 시스템 사업부
- 송전공학 – 대영문화사/이존우
- 최신 송배전공학 – 동일 출판사/송길영
- 차단기와 단로기의 보수유지 입문 – 성안당/토미오 고우/김희진, 신재화 공역
- 회로이론 – 동일출판사/이덕출외
- 기초전자기학 – ITC/박기엽, 남충모
- 전기박사 네이버 카페 – 이재언
- 알기쉬운 전자기학 – 도서출판 정일/정용성, 여종한 공저
- 전기설비의 트러블 원인과 방지대책 – 한국전력 기술인협회
- 정보 디스플레이 입문 – 들샘/박병주
- 정보통신설비의 뇌보호 – 인하대 출판부/이복희, 이승칠
- 고압 자가용수용가의 고조파장해 억제대책 사례
    – 성안당/요시노부 다께이시 외/이종선 역
- 전자기기의 노이즈 대책 – 가남사편집부
- 경보 Protective Relays – KyongBo Electric Co.Ltd
- 전기기기 제품 총람 – LS산전
- 전기전자 물성 – 윤영섭, 이천 공저
- 알기쉬운 반도체 세미나 – 성안당/덴다 세이이찌 저/정학기 역
- 대학 기초 물리학 – 도서출판 테크미디어/윤진희 · 차동우

저자 프로필

저자 **서 학 범**
- 건축전기설비기술사
- 인하대학교 전기공학과 졸업
- 현대모비스(주) 근무
- 삼성물산(주) 건설부문 근무
- 서울시 한강사업본부 전기설계 심의위원
- 한국산업인력공단 NCS교재 집필위원
- 前)대산전기학원 기술사반 전임교수 역임
- 現)한솔아카데미 집필위원
- 現)한솔아카데미 건축전기설비기술사 교수

건축전기설비기술사

定價 65,000원

저 자	서	학	범	
발행인	이	종	권	

2015年 1月 26日 초 판 발 행
2016年 1月 28日 2차개정판발행
2017年 1月 23日 3차개정판발행
2019年 1月 25日 4차개정판발행
2020年 1月 21日 5차개정판발행
2021年 11月 10日 6차개정판발행
2023年 7月 4日 7차개정판발행

發行處 **(주) 한솔아카데미**

(우)06775 서울시 서초구 마방로10길 25 트윈타워 A동 2002호
TEL : (02)575-6144/5   FAX : (02)529-1130
〈1998. 2. 19 登錄 第16-1608號〉

※ 본 교재의 내용 중에서 오타, 오류 등은 발견되는 대로 한솔아
카데미 인터넷 홈페이지를 통해 공지하여 드리며 보다 완벽한
교재를 위해 끊임없이 최선의 노력을 다하겠습니다.

※ 파본은 구입하신 서점에서 교환해 드립니다.

www.inup.co.kr / www.bestbook.co.kr

ISBN 979-11-6654-353-1 14560
ISBN 979-11-6654-351-7 (세트)

건축기사시리즈
①건축계획

이종석, 이병억 공저
536쪽 | 25,000원

건축기사시리즈
②건축시공

김형중, 한규대, 이명철, 홍태화
공저
678쪽 | 25,000원

건축기사시리즈
③건축구조

안광호, 홍태화, 고길용 공저
796쪽 | 26,000원

건축기사시리즈
④건축설비

오병칠, 권영철, 오호영 공저
564쪽 | 25,000원

건축기사시리즈
⑤건축법규

현정기, 조영호, 김광수, 한웅규
공저
622쪽 | 26,000원

건축기사 필기 10개년
핵심 과년도문제해설

안광호, 백종엽, 이병억 공저
1,030쪽 | 43,000원

건축기사 4주완성

남재호, 송우용 공저
1,412쪽 | 45,000원

건축산업기사 4주완성

남재호, 송우용 공저
1,136쪽 | 42,000원

7개년 기출문제
건축산업기사 필기

한솔아카데미 수험연구회
868쪽 | 35,000원

실내건축기사 4주완성

남재호 저
1,284쪽 | 38,000원

실내건축산업기사
4주완성

남재호 저
1,020쪽 | 30,000원

건축설비기사 4주완성

남재호 저
1,144쪽 | 42,000원

건축설비산업기사
4주완성

남재호 저
770쪽 | 36,000원

10개년 핵심
건축설비기사 과년도

남재호 저
1,086쪽 | 38,000원

건축기사 실기

한규대, 김형중, 안광호, 이병억
공저
1,672쪽 | 49,000원

건축기사 실기
(The Bible)

안광호, 백종엽, 이병억 공저
818쪽 | 35,000원

건축산업기사 실기

한규대, 김형중, 안광호, 이병억
공저
696쪽 | 32,000원

건축산업기사 실기
(The Bible)

안광호, 백종엽, 이병억 공저
300쪽 | 26,000원

시공실무
실내건축(산업)기사 실기

안동훈, 이병억 공저
422쪽 | 30,000원

건축사 과년도출제문제
1교시 대지계획

한솔아카데미 건축사수험연구회
346쪽 | 30,000원

Hansol Academy

**건축사 과년도출제문제
2교시 건축설계1**
한솔아카데미 건축사수험연구회
192쪽 | 30,000원

**건축사 과년도출제문제
3교시 건축설계2**
한솔아카데미 건축사수험연구회
436쪽 | 30,000원

**건축물에너지평가사
①건물 에너지 관계법규**
건축물에너지평가사 수험연구회
818쪽 | 27,000원

**건축물에너지평가사
②건축환경계획**
건축물에너지평가사 수험연구회
456쪽 | 23,000원

**건축물에너지평가사
③건축설비시스템**
건축물에너지평가사 수험연구회
682쪽 | 26,000원

**건축물에너지평가사
④건물 에너지효율설계 · 평가**
건축물에너지평가사 수험연구회
756쪽 | 27,000원

**건축물에너지평가사
2차실기(상)**
건축물에너지평가사 수험연구회
940쪽 | 40,000원

**건축물에너지평가사
2차실기(하)**
건축물에너지평가사 수험연구회
905쪽 | 40,000원

**토목기사시리즈
①응용역학**
염창열, 김창원, 안광호, 정용욱,
이지훈 공저
804쪽 | 24,000원

**토목기사시리즈
②측량학**
남수영, 정경동, 고길용 공저
452쪽 | 24,000원

**토목기사시리즈
③수리학 및 수문학**
심기오, 노재식, 한웅규 공저
450쪽 | 24,000원

**토목기사시리즈
④철근콘크리트 및 강구조**
정경동, 정용욱, 고길용, 김지우
공저
464쪽 | 24,000원

**토목기사시리즈
⑤토질 및 기초**
안성중, 박광진, 김창원, 홍성협
공저
640쪽 | 24,000원

**토목기사시리즈
⑥상하수도공학**
노재식, 이상도, 한웅규, 정용욱
공저
544쪽 | 24,000원

**10개년 핵심 토목기사
과년도문제해설**
김창원 외 5인 공저
1,076쪽 | 45,000원

**토목기사 4주완성
핵심 및 과년도문제해설**
이상도, 고길용, 안광호, 한웅규,
홍성협, 김지우 공저
1,054쪽 | 39,000원

**토목산업기사 4주완성
7개년 과년도문제해설**
이상도, 정경동, 고길용, 안광호,
한웅규, 홍성협 공저
752쪽 | 37,000원

토목기사 실기
김태선, 박광진, 홍성협, 김창원,
김상욱, 이상도 공저
1,496쪽 | 48,000원

**토목기사 실기
12개년 과년도문제해설**
김태선, 이상도, 한웅규, 홍성협,
김상욱, 김지우 공저
708쪽 | 33,000원

**콘크리트기사 · 산업기사
4주완성(필기)**
정용욱, 고길용, 전지현, 김지우
공저
976쪽 | 36,000원

**콘크리트기사
12개년 과년도(필기)**

정용욱, 고길용, 김지우 공저
576쪽 | 27,000원

**콘크리트기사ㆍ산업기사
3주완성(실기)**

정용욱, 김태형, 이승철 공저
748쪽 | 29,000원

**건설재료시험기사
4주완성(필기)**

고길용, 정용욱, 홍성협, 전지현
공저
742쪽 | 36,000원

**건설재료시험기사
13개년 과년도(필기)**

고길용, 정용욱, 홍성협, 전지현
공저
656쪽 | 29,000원

**건설재료시험기사
3주완성(실기)**

고길용, 홍성협, 전지현, 김지우
공저
728쪽 | 28,000원

**콘크리트기능사
3주완성(필기+실기)**

정용욱, 고길용, 전지현 공저
524쪽 | 23,000원

**지적기능사(필기+실기)
3주완성**

염창열, 정병노 공저
640쪽 | 28,000원

측량기능사 3주완성

염창열, 정병노 공저
562쪽 | 25,000원

**건설안전기사 4주완성
필기**

지준석, 조태연 공저
1,394쪽 | 35,000원

**산업안전기사 4주완성
필기**

지준석, 조태연 공저
1,560쪽 | 35,000원

**공조냉동기계기사 필기
5주완성**

조성안, 이승원, 한영동 공저
1,502쪽 | 38,000원

**공조냉동기계산업기사
필기 5주완성**

조성안, 이승원, 한영동 공저
1,250쪽 | 32,000원

**공조냉동기계기사 실기
5주완성**

조성안, 한영동 공저
950쪽 | 36,000원

**조경기사ㆍ산업기사
필기**

이윤진 저
1,836쪽 | 49,000원

**조경기사ㆍ산업기사
실기**

이윤진 저
1,050쪽 | 45,000원

조경기능사 필기

이윤진 저
682쪽 | 28,000원

조경기능사 실기

이윤진 저
340쪽 | 26,000원

조경기능사 필기

한상엽 저
712쪽 | 27,000원

조경기능사 실기

한상엽 저
738쪽 | 28,000원

**전산응용토목제도기능사
필기 3주완성**

김지우, 최진호, 전지현 공저
438쪽 | 25,000원

Hansol Academy

전기기사시리즈(전6권)
대산전기수험연구회
2,240쪽 | 107,000원

전기기사 5주완성
전기기사수험연구회
1,680쪽 | 40,000원

전기산업기사 5주완성
전기산업기사수험연구회
1,556쪽 | 40,000원

전기공사기사 5주완성
전기공사기사수험연구회
1,608쪽 | 39,000원

**전기공사산업기사
5주완성**
전기공사산업기사수험연구회
1,606쪽 | 39,000원

전기(산업)기사 실기
대산전기수험연구회
766쪽 | 40,000원

**전기기사 실기 15개년
과년도문제해설**
대산전기수험연구회
808쪽 | 35,000원

전기기사시리즈(전6권)
김대호 저
3,230쪽 | 119,000원

**전기기사 실기 17개년
과년도문제해설**
김대호 저
1,446쪽 | 34,000원

**전기(산업)기사
실기 모의고사 100선**
김대호 저
296쪽 | 24,000원

전기기능사 필기
이승원, 김승철, 홍성민 공저
598쪽 | 24,000원

공무원 건축구조
안광호 저
582쪽 | 40,000원

공무원 건축계획
이병억 저
816쪽 | 35,000원

**7·9급 토목직
응용역학**
정경동 저
1,192쪽 | 42,000원

9급 토목직 토목설계
정경동 저
1,114쪽 | 42,000원

응용역학개론 기출문제
정경동 저
686쪽 | 40,000원

**측량학(9급 기술직/
서울시·지방직)**
정병노, 염창열, 정경동 공저
722쪽 | 25,000원

**응용역학(9급 기술직/
서울시·지방직)**
이국형 저
628쪽 | 23,000원

**스마트 9급 물리
(서울시·지방직)**
신용찬 저
422쪽 | 23,000원

**7급 공무원
스마트 물리학개론**
신용찬 저
614쪽 | 38,000원

1종 운전면허
도로교통공단 저
110쪽 | 12,000원

2종 운전면허
도로교통공단 저
110쪽 | 12,000원

1·2종 운전면허
도로교통공단 저
110쪽 | 12,000원

지게차 운전기능사
건설기계수험연구회 편
216쪽 | 14,000원

굴삭기 운전기능사
건설기계수험연구회 편
224쪽 | 14,000원

**지게차 운전기능사
3주완성**
건설기계수험연구회 편
338쪽 | 11,000원

**굴삭기 운전기능사
3주완성**
건설기계수험연구회 편
356쪽 | 11,000원

BIM 주택설계편
(주)알피종합건축사사무소
박기백, 서창석, 함남혁, 유기찬
공저
514쪽 | 32,000원

토목 BIM 설계활용서
김영휘, 박형순, 송윤상, 신현준,
안서현, 박진훈, 노기태 공저
388쪽 | 30,000원

BIM 구조편
(주)알피종합건축사사무소
(주)동양구조안전기술 공저
536쪽 | 32,000원

**초경량 비행장치
무인멀티콥터**
권희춘, 김병구 공저
258쪽 | 22,000원

**시각디자인 산업기사
4주완성**
김영애, 서정술, 이원범 공저
1,102쪽 | 35,000원

**시각디자인
기사·산업기사 실기**
김영애, 이원범 공저
508쪽 | 34,000원

BIM 기본편
(주)알피종합건축사사무소
402쪽 | 30,000원

**BIM 건축계획설계
Revit 실무지침서**
BIMFACTORY
607쪽 | 35,000원

**전통가옥에서 BIM을
보며**
김요한, 함남혁, 유기찬 공저
548쪽 | 32,000원

BIM 주택설계편
(주)알피종합건축사사무소
박기백, 서창석, 함남혁, 유기찬
공저
514쪽 | 32,000원

BIM 활용편 2탄
(주)알피종합건축사사무소
380쪽 | 30,000원

BIM 기본편 2탄
(주)알피종합건축사사무소
380쪽 | 28,000원

BIM 토목편
송헌혜, 김동욱, 임성순, 유자영,
심남수 공저
278쪽 | 25,000원

Hansol Academy

디지털모델링 방법론
이나래, 박기백, 함남혁, 유기찬
공저
380쪽 | 28,000원

**건축디자인을 위한
BIM 실무 지침서**
(주)알피종합건축사사무소
박기백, 오정우, 함남혁, 유기찬 공저
516쪽 | 30,000원

**BIM건축운용전문가
2급자격**
모델링스토어, 함남혁 공저
826쪽 | 32,000원

**BIM토목운용전문가
2급자격**
채재현, 김영휘, 박준오, 소광영,
김소희, 이기수, 조수연
614쪽 | 35,000원

BE Architect
유기찬, 김재준, 차성민, 신수진,
홍유찬 공저
282쪽 | 20,000원

**BE Architect
라이노&그래스호퍼**
유기찬, 김재준, 조준상, 오주연
공저
288쪽 | 22,000원

**BE Architect
AUTO CAD**
유기찬, 김재준 공저
400쪽 | 25,000원

건축관계법규(전3권)
최한석, 김수영 공저
3,544쪽 | 110,000원

건축법령집
최한석, 김수영 공저
1,490쪽 | 55,000원

건축법해설
김수영, 이종석, 김동화, 김용환,
조영호, 오호영 공저
918쪽 | 32,000원

건축설비관계법규
김수영, 이종석, 박호준, 조영호,
오호영 공저
790쪽 | 34,000원

건축계획
이순희, 오호영 공저
422쪽 | 23,000원

건축시공학
이찬식, 김선국, 김예상, 고성석,
손보식, 유정호, 김태완 공저
776쪽 | 30,000원

**현장실무를 위한
토목시공학**
남기천,김상환,유광호,강보순,
김종민,최준성 공저
1,212쪽 | 45,000원

알기쉬운 토목시공
남기천, 유광호, 류명찬, 윤영철,
최준성, 고준영, 김연덕 공저
818쪽 | 28,000원

Auto CAD 건축 CAD
김수영, 정기범 공저
348쪽 | 20,000원

친환경 업무매뉴얼
정보현, 장동원 공저
352쪽 | 30,000원

**건축시공기술사
기출문제**
배용환, 서갑성 공저
1,146쪽 | 68,000원

**합격의 정석
건축시공기술사**
조민수 저
904쪽 | 65,000원

**건축전기설비기술사
(상권)**
서학범 저
784쪽 | 65,000원

건축전기설비기술사
(하권)

서학범 저
748쪽 | 65,000원

마법기본서 PE
건축시공기술사

백종엽 저
730쪽 | 60,000원

스크린 PE
건축시공기술사

백종엽 저
376쪽 | 30,000원

토목시공기술사
기출문제

배용환, 서갑성 공저
1,186쪽 | 65,000원

합격의 정석
토목시공기술사

김무섭, 조민수 공저
804쪽 | 55,000원

건설안전기술사

이태엽 저
600쪽 | 50,000원

소방기술사 上

윤정득, 박견용 공저
656쪽 | 55,000원

소방기술사 下

윤정득, 박견용 공저
730쪽 | 55,000원

산업위생관리기술사
기출문제

서창호, 송영신, 김종삼, 연정택,
손석철, 김지호, 신광선, 류주영 공저
1,072쪽 | 70,000원

상하수도기술사 6개년
기출문제 완벽해설

조성안 저
1,116쪽 | 65,000원

소방시설관리사 1차
(상,하)

김흥준 저
1,630쪽 | 60,000원

문화재수리기술자(보수)

윤용진 저
728쪽 | 55,000원

건축에너지관계법해설

조영호 저
614쪽 | 27,000원

ENERGYPULS

이광호 저
236쪽 | 25,000원

수학의 마술(2권)

아서 벤저민 저, 이경희, 윤미선,
김은현, 성지현 옮김
206쪽 | 24,000원

스트레스,
과학으로 풀다

그리고리 L. 프리키온, 애너이브
코비치, 앨버트 S.융 저
176쪽 | 20,000원

숫자의 비밀

마리안 프라이베르거, 레이첼
토머스 지음, 이경희, 김영은,
윤미선, 김은현 옮김
376쪽 | 16,000원

지치지 않는 뇌 휴식법

이시카와 요시키 저
188쪽 | 12,800원

행복충전 50Lists

에드워드 호프만 저
272쪽 | 16,000원

4차 산업혁명
건설산업의 변화와 미래

김선근 저
280쪽 | 18,500원

e-Test 엑셀
ver.2016
임창인, 조은경, 성대근, 강현권
공저
268쪽 | 15,000원

e-Test 파워포인트
ver.2016
임창인, 권영희, 성대근, 강현권
공저
206쪽 | 15,000원

e-Test 한글
ver.2016
임창인, 이권일, 성대근, 강현권
공저
198쪽 | 13,000원

e-Test 엑셀
2010(영문판)
Daegeun-Seong
188쪽 | 25,000원

e-Test
한글+엑셀+파워포인트
성대근, 유재휘, 강현권 공저
412쪽 | 28,000원

재미있고 쉽게 배우는
포토샵 CC2020
이영주 저
320쪽 | 23,000원

소방설비기사
기계분야 필기
김흥준, 한영동, 박래철, 윤중오
공저
1,130쪽 | 39,000원

소방설비기사
전기분야 필기
김흥준, 홍성민, 박래철 공저
990쪽 | 37,000원

건축산업기사 실기(The Bible)

안광호, 백종엽, 이병억
280쪽 | 26,000원

건축산업기사 실기

한규대, 김형중, 안광호, 이병억
696쪽 | 32,000원